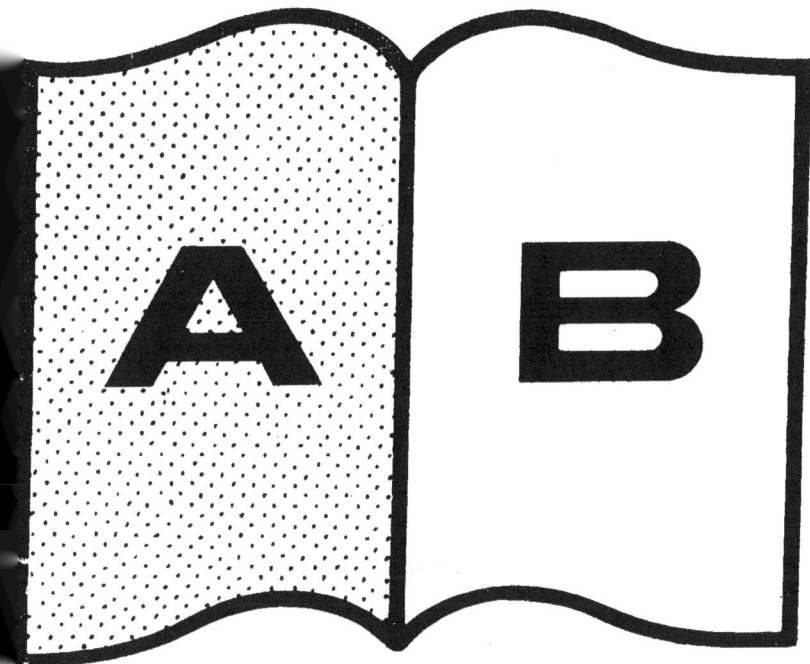

Contraste insuffisant

NF Z 43-120-14

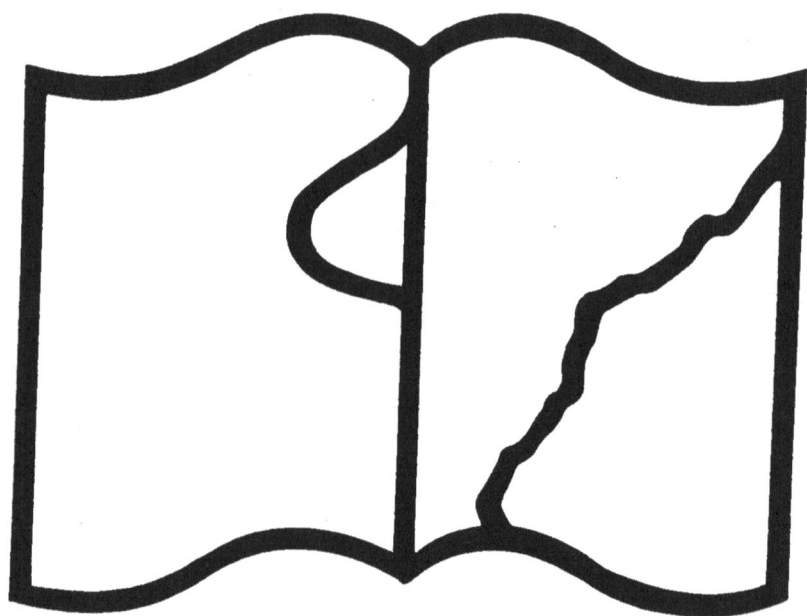

Texte détérioré — reliure défectueuse

NF Z 43-120-11

2

44235

CORRESPONDANCE

INÉDITE

DE BUFFON

Z

PARIS. — IMPRIMERIE DE CH. LAHURE ET Cᵉ
Rues de Fleurus, 9, et de l'Ouest, 21

CORRESPONDANCE

INÉDITE

DE BUFFON

A LAQUELLE ONT ÉTÉ RÉUNIES

LES LETTRES PUBLIÉES JUSQU'A CE JOUR

RECUEILLIE ET ANNOTÉE

PAR

M. HENRI NADAULT DE BUFFON

son arrière-petit-neveu

TOME PREMIER

PARIS

LIBRAIRIE DE L. HACHETTE ET Cie

RUE PIERRE-SARRAZIN, N° 14

1860

La vie de Buffon n'a point encore été écrite : son caractère privé est peu connu; les traits saillants de sa grande physionomie n'ont point été mis dans leur vrai jour.

Possesseur de matériaux importants et instruit de l'existence de diverses collections inédites dont il nous a été permis de tirer copie, nous avons de bonne heure conçu la pensée de rassembler et de classer dans leur ordre chronologique les lettres de Buffon que nous pourrions réunir.

En publiant cette correspondance, qui aura pour les admirateurs de son génie une si grande valeur morale, historique et littéraire, nous avons voulu, non-seulement rendre hommage à la mémoire de l'immortel naturaliste, mais accomplir un devoir de famille.

En 1785, Hérault de Séchelles visita Buffon, et, de

I   *a*

retour à Paris, il fit paraître dans un journal du temps le récit de son voyage à Montbard. Après la mort du naturaliste, cet écrit devint un livre, et ce livre fut un pamphlet[1].

Et cependant, à cette source viennent puiser chaque jour ceux qui veulent étudier Buffon et pénétrer dans l'intimité de sa vie.

L'écrit d'Hérault de Séchelles a paru du vivant de l'homme dont il révèle, en les dénaturant, les habitudes et les mœurs.

Buffon était directement attaqué : pourquoi n'a-t-il pas répondu ?

Il a gardé le silence, parce qu'il ne répondit jamais aux attaques dirigées contre lui. Cette noble réserve, cette dédaigneuse indifférence, furent, durant sa longue carrière, une règle de conduite dont il ne se départit jamais.

Un homme[2] qui a beaucoup vécu près de lui, et qui fut son secrétaire durant six années, entreprit une réfutation consciencieuse du livre d'Hérault de Séchelles ; mais l'œuvre ne fut point achevée.

Désireux, à notre tour, de montrer tel qu'il fut celui dont nous avons de bonne heure appris, dans les récits

1. L'écrit d'Hérault de Séchelles a eu plusieurs éditions et une grande publicité. Il parut pour la première fois en 1785 dans le *Magasin encyclopédique*, sous le titre de *Visite à Buffon*. En l'an XI (1801), on en fit une nouvelle édition sous le titre de *Voyage à Montbard*. En 1828 et 1829, J. B. Noellat en donna deux autres éditions. Il avait été en 1797 traduit en espagnol sous ce titre : *Vida del Conde Buffon*.

2. M. Humbert-Bazile, mort juge au tribunal de Chaumont. Nous devons à Mme Beaudesson, sa fille, quelques communications que nous avons mises à profit dans ce recueil.

de la famille, à connaître la vie, à honorer la mémoire, nous avons patiemment réuni et mis en ordre les matériaux que nous offrons aujourd'hui au public.

Nous aurions pu, à l'aide de ces précieux documents, entreprendre une apologie de Buffon et la réfutation du *Voyage à Montbard*. Mais nous ne connaissons pas de tâche plus ingrate ; le succès en est toujours douteux. On lit, il est vrai, les pages qui justifient ; mais on a lu aussi celles qui déchirent, et, comme la nature humaine est plus portée au blâme qu'à l'éloge, les spectateurs de l'attaque et de la défense n'y voient qu'un divertissement ; ce n'est pour eux que la lutte de deux hommes, dont l'un a porté un coup que l'autre s'efforce de parer. Les droits de la vérité n'ont rien à gagner d'ordinaire à cette espèce de duel.

Au lieu de réfuter Hérault de Séchelles, nous avons mieux aimé laisser parler Buffon lui-même.

Sa correspondance qui, certes, n'a pas été écrite pour la postérité, nous le montre sous un aspect tout à fait nouveau. Cet homme, auquel ses contemporains ont tant reproché la régularité solennelle de sa vie, ne pose pas dans ses lettres ; il a dépouillé son habit de cérémonie ; il est d'une simplicité et d'une franchise qui trahissent ses sentiments les plus cachés, ses pensées les plus intimes de chaque jour et presque de chaque heure. On le voit réellement tel que la Providence l'a fait, avec ce puissant génie que ses œuvres attestent, mais aussi avec ces vertus sociales et privées qui font le charme de la société domestique.

Sa vie tout entière se trouve dévoilée dans la correspondance qu'on va lire.

La première lettre du recueil est à la date de l'année 1729 ; la dernière est écrite par Buffon à Mme Necker, sa plus constante amie, trois jours avant sa mort, le 11 avril 1788.

Nous le trouvons d'abord à Angers, où il achève ses études, et d'où le chassera bientôt une affaire d'honneur. Il noue avec un ami d'enfance une correspondance qui se continuera dans des jours plus calmes. Nous le suivons dans le midi de la France et en Italie, où l'a conduit le jeune duc de Kingston, dont le précepteur, qui avait un goût prononcé pour l'histoire naturelle, éveille en lui l'instinct du naturaliste.

Nous sommes initiés à ses premiers travaux, à ses premiers succès. Ses études sont variées, mais ses vues sont encore incertaines. Il ne voit pas clairement quelle destinée l'avenir lui réserve, lorsqu'une circonstance imprévue vient lui ouvrir soudain une vaste carrière et fixer un but aux hésitations de son esprit : Dufay meurt, et Buffon lui succède comme intendant du Jardin du Roi.

Ici commence une période nouvelle L'*Histoire naturelle* est annoncée, les premiers volumes de cet important ouvrage paraissent ; l'auteur nous parle de son œuvre, il nous en dit l'immense succès ; nous le voyons mépriser la critique injuste que lui suscite l'envie, mais s'affecter en même temps des recherches de la Sorbonne, qui a découvert dans son livre des propositions suspectes d'hérésie, et le menace de sa censure.

L'orage se calme, et le succès du livre grandit. Buffon entre à l'Académie française, et les volumes de l'*Histoire naturelle* se succèdent d'année en année.

Mais la renommée qui commence ne suffit pas à cette âme sensible et aimante; il cherche dans un sentiment partagé le bonheur que ne peuvent donner ni les triomphes de la vanité, ni les satisfactions de l'amour-propre. Il se marie, et contracte, à un âge où les premières fougues de la jeunesse se sont calmées, un mariage d'inclination. Il épouse une femme sans fortune, plus jeune que lui, et le bonheur devient la récompense d'un choix que le cœur seul a dicté. Mais bientôt sa jeune femme, mortellement atteinte, languit et succombe aux attaques d'une longue et douloureuse maladie. Ici nous recueillons des témoignages touchants d'une sensibilité souvent mise en doute.

Avant de mourir, sa femme lui a donné un fils. La tendresse dont il entoure son unique enfant, les soins qu'il prodigue à son éducation et à sa jeunesse, démentent de la manière la plus formelle cette opinion qu'il eut une nature égoïste et un cœur froid. Dans les lettres où il parle de son fils, dans celles où il lui envoie ses instructions et ses conseils, dans celles même qui contiennent des reproches mérités, on lira des passages d'une tendresse vraie et d'une préoccupation presque maternelle.

Profondément atteint par la mort prématurée de sa jeune femme, il tombe malade à son tour. La maladie s'aggrave; ses jours sont en danger; et, à Versailles, où l'on croit sa fin prochaine, une intrigue de cour enlève à son fils la survivance de la charge d'intendant du Jardin du Roi qu'il lui destinait. Buffon, chez qui la force du corps est égale à la force de l'âme, revient à la santé ; il apprend, malgré le mystère qui l'entoure, l'injustice dont il est victime ; mais il garde le silence et ne fatigue pas de ses réclamations ceux qui l'ont injustement traité. Cette attitude pleine de dignité appelle sur lui de nouvelles faveurs. Il a ses entrées à la cour, et sa statue, commandée par le directeur des bâtiments de la Couronne, s'élève aux frais du Roi. A ce moment, il est au comble de la gloire ; son nom est partout répété ; les souverains étrangers lui envoient des présents et viennent tour à tour lui apporter des témoignages non équivoques de leur profonde admiration.

Bientôt sa santé s'affaiblit, sans que ses immenses travaux se ralentissent. De longues pages restent encore à écrire dans l'histoire de la nature. Il appelle alors à son aide les collaborateurs qu'il a formés, et nous reconnaissons la part que chacun d'eux est venu prendre à son grand ouvrage.

Pendant qu'il poursuit l'achèvement du livre de l'*Histoire naturelle*, il accomplit une autre œuvre non moins importante. Nous voyons, sous sa direction puissante, se former et se développer le Jardin du Roi. Les collections du Jardin se classent, ses limites s'étendent, son enseignement se perfectionne, et autour de Buffon se groupent d'éminents professeurs, tous choisis par lui.

Ici, on recueille, à chaque page, des traits d'un no-

ble désintéressement. Il abandonne généreusement
au Cabinet d'Histoire naturelle les riches et nombreux présents qui lui sont personnellement adressés.
Pour hâter l'achèvement des grands travaux qu'il a
projetés, il engage sa fortune et compromet sa santé.

La vieillesse affaiblit son corps sans rien enlever à
la fraîcheur ni à la vivacité de son esprit, et il met le
comble à sa réputation en publiant, dans un âge avancé,
le plus parfait de ses ouvrages, les *Époques de la nature.* Cependant le mal intérieur qui mine sa santé
s'aggrave ; les crises deviennent plus fréquentes, sans
que la douleur puisse abattre son courage.

Nous assistons enfin à sa dernière heure. Elle est
digne de sa vie. Buffon s'endort dans le sein de la
religion, et remet avec confiance son âme entre les
mains de Dieu, devant qui s'est toujours incliné son
génie.

Voilà les points saillants de sa vie, telle qu'elle
se trouve écrite par lui-même dans sa correspondance.

C'est le tableau simple et vrai d'une noble carrière
laborieusement remplie. On y reconnaît une grande
unité. L'homme privé ne vient jamais démentir l'homme
public, et on ne surprend point, aux heures de confiance et d'abandon, le premier qui étudie le rôle que
doit jouer le second.

Cette belle vie, dont on peut suivre les divers incidents, se présente sous plusieurs aspects, et Buffon y
paraît toujours à son avantage.

Dans ses lettres à l'abbé Le Blanc, dans celles qu'il

adresse soit au président de Brosses, soit au président
de Ruffey, trois amis d'enfance, il est dévoué, aimant,
généreux; il souffre de leurs souffrances et gémit des
épreuves que leur envoie une fortune contraire; mais
il est toujours le premier à se réjouir de leurs succès.
Avec le temps, on voit grandir et se fortifier cette vail-
lante amitié; les calculs de l'intérêt, les froissements
de l'amour-propre, les envirements de la gloire, les
mánœuvres cachées de l'envie, les années, l'éloignement, rien ne peut ébranler ce robuste attachement
qui était né au début d'une carrière commencée en
commun, et que la mort seule a rompu.

La correspondance de Buffon avec son fils, dont l'enfance et la première jeunesse furent entourées de
toutes les caresses de la fortune et qui devait payer si
cher un instant de prospérité, nous montre un père
tendre et indulgent, jamais un mentor grondeur et
chagrin. Ce noble cœur, que n'ont refroidi ni les ab-
sorbantes méditations de l'étude, ni les préoccupations
d'une popularité qui embrassait le monde entier, ressent pour son unique enfant une tendresse profonde
dont on rencontrera de touchants et nombreux témoignages. Il s'inquiète des dangers que court ce fils
chéri, au retour d'un lointain voyage, et il s'en inquiète
au point d'en perdre le sommeil et le repos. Un autre
jour, c'est une maladie du jeune officier, dont il ne connaît pas la nature, et qui lui enlève toute liberté d'esprit; il est forcé d'interrompre ses travaux.

Dans sa correspondance avec Gueneau de Montbeillard, dans ses lettres à l'abbé Bexon, ces deux élèves

qu'il a pris soin de former et qui se sont tour à tour
inspirés de son génie; dans ses lettres à Faujas de
Saint-Fond qu'il a donné à la science, on retrouve cet
esprit juste et droit, cette raison forte, cette logique absolue qu'on admire dans l'*Histoire naturelle*. Rien n'est
plus curieux à étudier, dans ces lettres familières, que
les procédés du grand écrivain. Comme il parle à des
amis, il ne craint pas de révéler toute sa pensée. Il corrige, il discute, il critique, et quand ses collaborateurs
ont eu quelques heureuses inspirations, il s'empresse
de le reconnaître, sans oublier de se louer parfois lui-
même. Il savait tout ce que lui avaient coûté ses plus
belles pages : peut-on s'étonner qu'il eût le sentiment
très-vif de leur perfection? Mais ce qui charme surtout,
dans ces épanchements du savant et de l'homme de
lettres, c'est la suite et l'enchaînement des idées, la
persistance des principes, la révélation de la méthode
qui ne cessera pas un instant de présider à la composition de l'*Histoire naturelle*. Nous ne craignons pas
d'affirmer qu'on ne la comprend bien qu'après avoir
lu les lettres de Buffon à ses collaborateurs.

Toute joie humaine a ses retours, et dans certains
passages de cette correspondance, à la suite de paroles
qui trahissent l'auteur satisfait d'une œuvre longtemps
méditée et heureusement accomplie, on rencontrera
quelquefois l'expression d'un sentiment d'incertitude
et de fatigue. Buffon se plaint; son esprit se lasse,
mais ne se décourage jamais.

Les lettres qu'il adresse à Mme Daubenton et à
Mme Necker, sont des modèles d'esprit, de grâce et

d'exquise délicatesse. On reconnaît, dans ces pages charmantes, la plume qui décrivait le *beau cygne*, et ce qui vaut mieux encore, on y sent une certaine tendresse de cœur dont la pesante main de la vieillesse et des souffrances inouïes n'ont jamais pu tarir la source.

Les lettres écrites à Thouin, nous révèlent enfin une aptitude, jusqu'alors peu connue, du grand naturaliste : le génie de l'administration. De son cabinet de Montbard, Buffon dirige le Jardin du Roi et en surveille les intérêts avec l'habileté d'un homme d'affaires consommé. Bâtiments, terrassements, plantations, échanges ou acquisitions de terrains, négociations, transactions, instances judiciaires, démarches de tout genre auprès des ministres ou de leurs commis, il embrasse, dans ses moindres détails, cette machine compliquée et en fait jouer les ressorts. On le voit conduire, sans jamais commettre une faute, le gouvernement absolu qui lui est confié, et poursuivre, malgré des difficultés sans cesse renaissantes, l'achèvement du monument qui ne le recommande pas moins que l'*Histoire naturelle* à la reconnaissance de la postérité. Chose merveilleuse! A force de persévérance, de finesse et d'esprit de conduite, il est parvenu à *enchaîner ces malheureux moines, qui lui ont fait tant de chicanes.* Il a obtenu de messieurs de Saint-Victor, ses méticuleux voisins, un échange de terrain, grave dérogation aux lois qui régissaient alors les biens de mainmorte, mais sans laquelle le Jardin des Plantes était condamné à étouffer dans son étroite enceinte.

Tous les obstacles s'aplanissent successivement devant cette volonté puissante. Si l'argent manque dans les coffres de l'État, Buffon contracte des emprunts onéreux et fait hardiment toutes les avances nécessaires; si le mauvais vouloir ou les calculs intéressés de ses voisins contrarient ses plans par de sourdes menées ou par d'injustes procès, il oppose son crédit et son infatigable constance aux ruses de la chicane. Il meurt sans avoir pu achever complétement son œuvre; mais ses plans seront exécutés, et son but est atteint.

L'esprit d'ordre et un rare bon sens, une réelle indépendance qui prend sa source dans une grande dignité de caractère, telles sont les qualités dominantes de l'homme extraordinaire dont il nous a été donné de révéler les plus secrètes pensées.

C'est dans le commerce intime de ce prodigieux génie qu'on peut apprendre à quel prix s'achètent les succès durables. Riche imagination, mémoire fidèle, esprit vif et pénétrant, voilà des dons précieux que la nature distribue à ses élus d'une main avare, et qui cependant sont frappés de stérilité, si le travail ne vient pas les féconder. Buffon, qui n'était pas dans les déshérités, fut avant tout le plus laborieux des écrivains. Il savait que, pour atteindre à sa perfection, une œuvre veut être longtemps méditée et travaillée plus longtemps encore. Aujourd'hui, on ne cherche qu'à se hâter en toutes choses; il faut qu'un livre, à peine conçu, soit achevé. Et cependant écrire vite et bien, produire sans efforts et créer pour l'avenir une œuvre impérissable, sont des idées qui s'excluent. Ce paradoxe peut flatter l'amour-propre, mais il répugne à la raison. Buffon, qui travaillait pour la postérité, *vingt fois sur le métier remettait son ouvrage;* il n'ignorait pas que la pensée n'est autre chose que la pierre brute que peut seul faire valoir l'art patient du lapidaire.

Tout grand édifice demande un grand travail; Buffon consacra à celui qu'il voulut élever toute une vie prolongée au delà des limites ordinaires, et prouva ainsi que, parmi les qualités qui font l'homme de génie, figurent au premier rang la patience et la force.

Le travail, c'est parfois le succès; c'est plus encore, Buffon nous le dira souvent, c'est toujours le bonheur.

Sa correspondance n'a pas le mérite littéraire des écrits si parfaits dus à la plume la plus patiente du dix-huitième siècle; mais on y rencontre à chaque pas la trace des brillantes qualités qu'il avait reçues de la nature et dont il sut doubler la puissance par sa persévérance énergique. Ce langage familier sans bassesse, spirituel sans afféterie, l'expression naturelle et vraie des meilleurs sentiments, plaisent infiniment. De temps à autre, le grand écrivain se trahit, pour ainsi dire malgré lui, et des éclairs de génie illuminent tout à coup l'humble lettré. Ce sont des jugements jetés en passant, et qui étonnent par leur vérité et leur profondeur; ce sont de ces mots significatifs qu'il est difficile d'oublier et qui atteignent quelquefois, sans en avoir la prétention, à la plus haute éloquence. Lorsque les correspondants de Buffon sont des femmes, il semble aussitôt que le grave historien de la nature se transforme; il redevient jeune, tendre, délicat, sans cesser jamais d'être respectueux. C'est la politesse du gentilhomme unie à la grâce la plus exquise de l'esprit. Placé par son génie à la tête de la société de son temps, mais aussi indépendant que possible de la puissance d'opinion qui courbait alors toutes les intelligences, nous voulons parler de la coterie philosophique, il s'exprime sur les hommes et sur les choses avec une franchise et souvent avec une nouveauté d'aperçus que le public de nos jours appréciera ; car il est fatigué de ne voir le dix-huitième siècle qu'à travers les préjugés de Voltaire. Mais, alors même que la correspondance de Buffon n'aurait d'autre mérite que celui d'un miroir fidèle, elle serait encore d'un grand prix, puisqu'elle reflète de la manière la plus exacte cette belle figure dont le temps a rehaussé la noblesse.

Cette correspondance est suivie de notes et d'éclaircissements destinés à dissiper les obscurités du texte, à compléter les documents qu'il renferme, et enfin à préciser les événements historiques auxquels il fait allusion. La tâche d'un annotateur est toujours ingrate. On peut tour à tour lui faire le reproche de trop dire ou de ne pas dire assez, de dépasser le but ou de ne le point atteindre. Entre ces deux extrêmes, prendre un terme moyen est difficile. Sur tout ce qui a trait à Buffon, sur tout ce qui éclaire d'une lumière plus vive les principaux événements de sa vie, nous n'avons pas craint de nous étendre. Notre livre étant surtout destiné à le mieux faire connaître, nous n'avons pas hésité à y faire entrer un certain nombre de

documents inédits, qui viennent compléter par d'intéressants détails l'histoire de sa vie. Nous avons été
sobre de particularités sur les hommes dont les noms
sont cités dans le cours de l'ouvrage. Quelques-uns
cependant nous ont paru exiger plus de développements; ce sont ceux qui ont joué un rôle actif dans la
vie de Buffon, et occupé une place importante dans
son affection ou dans son intimité.

Ces notes sont réunies à la fin de chaque volume
et forment un recueil d'éclaircissements auxquels le
lecteur n'aura recours que chaque fois que l'obscurité
du texte aura laissé quelque indécision dans son esprit, ou lorsqu'il voudra rapprocher des lettres de Buffon les documents qui s'y rapportent et qui servent à
les mieux faire comprendre.

Pour accomplir la tâche que nous avons entreprise,
il a fallu beaucoup de patience et de temps; il a fallu
aussi l'assistance d'un grand nombre d'amis complaisants. Le nom de Buffon nous a porté bonheur, et,
dans les recherches que nous n'avons cessé de faire,
nous avons rencontré une sympathie dont nous avons
été profondément touché.

C'est aussi un devoir pour nous de parler d'une
autre collaboration.

M. A. Lesieur, ancien chef de division au ministère
de l'instruction publique, inspecteur général honoraire
de l'enseignement supérieur, a bien voulu joindre ses
soins aux nôtres, et n'a pas reculé devant le travail
fatigant et ingrat auquel oblige la surveillance jour-
nalière d'un livre qui s'imprime loin de l'auteur.

Il acceptera, nous l'espérons, ce témoignage public de notre reconnaissance, et ne se refusera pas au plaisir que nous avons à écrire son nom en tête d'un livre pour la perfection duquel il n'a ménagé ni les conseils, ni la fatigue, ni le temps.

Notre tâche n'est pas encore achevée.

Un recueil de morceaux inédits n'est en effet jamais complet tant qu'il peut s'augmenter encore. Si quelques lettres de Buffon dignes d'être conservées ont échappé à nos recherches, si quelques collections nous sont demeurées inconnues, nous ne désespérons pas de joindre un jour les documents qu'elles renferment à ceux que nous avons déjà recueillis.

Faire naître dans la pensée de ceux qui liront ce livre le désir de le compléter, est une ambition qui nous est peut-être permise; nos soins nous sembleraient trop payés, si quelque admirateur du grand naturaliste, découvrant de nouvelles lettres inédites, nous donnait la satisfaction d'en enrichir notre recueil.

LETTRES

CONTENUES DANS LE PREMIER VOLUME[1].

1. Le premier chiffre indique la page où se trouve la lettre, et le deuxième chiffre renvoie aux notes qui se réfèrent à cette lettre.

Année 1775.

LETTRES

CONTENUES DANS LE SECOND VOLUME.

Année 1777.

1. Les lettres qui suivent, ayant été recueillies pendant l'impression, n'ont pu être placées à leur ordre chronologique.

Appendices.

TABLE ALPHABÉTIQUE

DES PERSONNES AUXQUELLES SONT ADRESSÉES LES LETTRES

DE BUFFON[1].

A

ACADÉMIE DE DIJON (MM. de l'—). I, 62; 16 juillet 1753.

ANDRÉ (M.—, curé de Saint-Rémy). II, 69; 17 novembre 1779.

ANGEVILLER (M. le comte d'—). I, 161; 17 novembre 1773.

ARTUR (M.—, médecin du Roi à Cayenne). I, 36; 4 janvier 1742.— 38; 10 février 1747. — 50; 17 février 1751.

B

BARRUEL (M. le comte de—). II, 137; juillet 1782.

BEAUBOIS (M. de—, architecte, ancien avocat au Parlement). II, 162; 7 mai 1783.

BEXON (l'abbé—). II, 30; 27 juillet 1777.— 35; 5 décembre 1777. — 37; 5 février 1778.— 39; 11 février 1778. — 46; 3 mars 1778. — 47; 30 mars 1778. — 48; 27 avril 1778. — 51; 21 mai 1778. — 52; 3 août 1778. —66; 8 août 1779. — 69; 24 décembre 1779. — 75; 20 janvier 1780. — 81; 9 juillet 1780. — 103; 12 août 1781. — 128; 14 juin 1782. — 128; 18 juin 1782. — 154; 4 décembre 1782.— 156; 16 décembre 1782. — 158; 24 février 1783. — 159; 5 mars 1783.— 162; 23 juin 1783.—166; 14 juillet 1783. — 170; 17 août 1783.

BEXON (Mlle Hélène—). II, 58; 1er octobre 1778. — 122; 26 mai 1782.

BOUCHERON (Mlle —, depuis Mme Daubenton). I, 138; 30 mai 1771.— 141; 9 décembre 1771. (*Voy.* Mme Daubenton).

BOUHIER (Le président—). I, 23; 23 décembre 1736. — 29; 8 février 1739.

BRETEUIL (M. le baron de—, ministre de la maison du Roi). II, 160; 24 avril 1783. — 227; 13 février 1788.

BUFFON (M. le comte de—, officier aux gardes françaises). II, 120; 7 mai 1782. — 122; 27 mai 1782. —125; 10 juin 1782. — 130; 4 juillet 1782. — 136; 12 juillet 1782. — 140; 7 août 1782. — 142;

---

1. Le chiffre romain indique le volume; le chiffre arabe qui suit immédiatement indique la page.

1

c

S

SAINT-FLORENTIN (M. le comte de —). II, 230; 13 octobre 1749.

SIGUY (M. —, architecte à Paris). II, 129; 24 juin 1782.

SOCIÉTÉ LITTÉRAIRE (MM. de la — fondée à Dijon par le président de Ruffey). I, 62; 8 juillet 1753.

SONNINI (M.—, correspondant du cabinet du Roi). II, 27; 4 avril 1777.

T

TAVERNE (M.—). I, 146; 13 octobre 1772.

THÉOLOGIE (MM. les députés et syndic de la Faculté de —). I, 51; 12 mars 1751.

THOUIN (M. —, jardinier en chef du Jardin du Roi). II, 84; 15 septembre 1780. — 86; 24 décembre 1780. — 89; 3 janvier 1781. — 91; 9 février 1781. — 94; 28 février 1781. — 102; 20 juillet 1781. — 108; 23 septembre 1781. — 165; 2 juillet 1783. — 168; 19 juillet 1783. — 173; 8 novembre 1783. — 176; 27 juin 1784. — 177; 4 août 1784. —

195; 25 mai 1785. — 196; 10 juin 1785. — 197; 22 juillet 1785. — 199; 9 août 1785. — 203; 8 septembre 1785. — 204; 3 octobre 1785. — 205; 17 octobre 1785. — 206; 26 octobre 1785. — 216; 10 juin 1786. — 220; 18 octobre 1786. — 226; 27 septembre 1787. — 233; 13 juillet 1781. — 234; 5 août 1781. — 235; 19 août 1781. — 238; 31 août 1785. — 240; 12 septembre 1787. — 241; 23 septembre 1787.

TRÉCOURT (M. —). II, 117; 7 mars 1782. — 226; 21 décembre 1782. — 237; 26 avril 1783.

TRESSAN (M. le comte de —). I, 181; 3 mai 1775.

V

VAINES (M. de —). I, 179; 19 janvier 1775. — 180; 23 janvier 1775. — II, 56; 10 septembre 1778.

VOLTAIRE (Ier à Ferney). I, 174; 12 novembre 1774.

W

WATELET (M. —). I, 88; 14 novembre 1763.

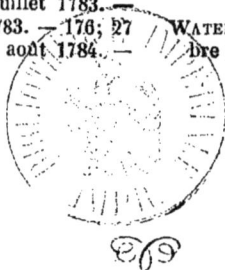

CORRESPONDANCE

DE BUFFON

CORRESPONDANCE

DE BUFFON.

I

AU PRÉSIDENT DE RUFFEY[1].

....1729.

J'aurais répondu depuis longtemps, monsieur, à la lettre
dont vous m'avez honoré, si plusieurs incidents malheureux ne m'en eussent empêché. Il ne s'en est rien fallu que
je n'aie fait voyage en l'autre monde, par la méprise d'un
garçon apothicaire qui me fit avaler, en guise de quinquina,
six cents grains d'ipécacuana, ce qui fait environ vingt-cinq
fois la dose ordinaire. Vous pouvez aisément juger à quel
excès de faiblesse ce quiproquo m'a réduit; il a été tel que
je ne peux depuis deux mois reprendre mes forces ni m'appliquer à quoi que ce soit.

Il fallait que ce fût une déesse, même au-dessus de Vénus,
puisqu'il semble dans votre ouvrage que vous en fassiez une

1

divinité différente de cette reine des Grâces; mais peut-être
avez-vous fait comme Phidias : vous aurez, dans vos plaisirs
vagabonds, pris une pièce de l'une, une grâce de l'autre, un
trait d'une troisième, et du tout ensemble vous aurez formé
votre ode; car elle est belle partout, et en cela différente de
presque toutes les beautés d'à présent. Ce qui me ferait
soupçonner que j'aurais deviné juste, c'est qu'à Paris un
homme de votre humeur se pique rarement de constance et
peut, dans la diversité des objets, trouver plus de plaisir que
dans un attachement unique.

Les amusements moins variés de la province vous ennuient
et vous causent des regrets, cela est bien naturel; mais
pourtant, à parler vrai, vous n'avez pas grand tort de trouver Dijon peu amusant. Je suis ici d'une façon si gracieuse,
et je trouve tant de différence entre le savoir-vivre de cette
ville et celui de notre bonne patrie, que je puis vous assurer
de ne la pas regretter de si tôt. Si vous aviez comme moi séjourné un an dans des provinces différentes de la vôtre, et où
vous n'auriez pas été noyé dans la multitude comme à Paris,
vous diriez à coup sûr qu'il ne faut que sortir de chez soi
pour valoir quelque chose, et être estimé et aimé au niveau
de son mérite *. . . . .

Pour moi, je ferai mon possible pour me tenir hors de Dijon aussi longtemps que je pourrai, et si quelque chose m'y
ramène jamais avec plaisir, ce sera l'envie seule d'y voir le
petit nombre de ceux pour qui je conserve de l'estime. Vous
êtes un de ceux, monsieur, pour qui j'en ai et qui en mérite
davantage. Quel plaisir aurais-je si j'étais sûr de votre souvenir pendant mon absence, et si vous receviez avec satisfaction les assurances du respect avec lequel je suis, monsieur,
votre très-humble et très-obligeant serviteur.

LECLERC.

* La fin de cette phrase manque dans l'original, qui se trouve lacéré en
cet endroit.

En cas que vous soyez toujours sur le même pied avec M. Le Belin, j'ose vous supplier de lui faire agréer mes respects. S'il y avait dans ce pays quelque chose pour votre service et celui de vos amis, ne m'épargnez pas.

(Inédite. — De la collection de M. le comte de Vesvrotte.)

II

AU MÊME.

Angers [1], le 25 juin 1730.

Voulez-vous bien, monsieur, recevoir mes félicitations sur votre nouvelle dignité? L'amitié dont vous m'avez toujours honoré me fait espérer que vous agréerez toute la part que j'y prends. Je suis charmé qu'une occasion de cette sorte se soit présentée pour vous demander de vos nouvelles. Il y a quelque temps que je pensai déjà en saisir une qui ne vous était pas moins glorieuse, quoique peut-être moins utile: c'était un compliment que je voulais vous faire sur la belle ode dont vous avez enrichi le *Mercure* au sujet de la naissance de Mgr le Dauphin [2]; mais, comme j'ignorais si vous étiez à Dijon ou à Paris, je ne pus satisfaire à mon envie. Recevez-les donc aujourd'hui tous deux, et soyez persuadé que je vois vos progrès de toute espèce avec le plaisir le plus sensible; heureux si, dans les grandes affaires qui vont vous occuper [3], je pouvais vous dérober quelques moments où vous voudriez bien me donner de vos nouvelles et de celles des Muses. Je vous le demande, monsieur, avec instance, et vous prie de me croire avec respect, monsieur, votre très-humble et très-obéissant serviteur.

LECLERC.

M. Leclerc, chez Mme Claveau la veuve.

(Inédite. — De la collection de M. le comte de Vesvrotte.)

III

AU MÊME.

Nantes, le 5 novembre 1730.

J'aurais eu l'honneur de vous répondre bien plus tôt, monsieur, si ma santé me l'eût permis; mais, depuis ma dernière lettre, à peine ai-je eu un moment favorable. Les fièvres de toute espèce m'ont attaqué successivement avec tant de furie et d'opiniâtreté, que je n'en suis pas encore remis. Il me semble qu'à présent je pourrais faire une ode sur leurs fureurs, tant je les ai senties. L'habitude et la grande familiarité que j'ai eues avec elles me vaudraient un Apollon, et j'écrirais par réplétion de mon sujet et de l'abondance du cœur. Vous qui les avez si bien décrites, ne les avez-vous pas aussi trop senties ? Quelle drogue! Je crois que c'était celle qui précédait l'Espérance dans la boîte de Pandore; car je m'imagine que, des maux qui doivent tourmenter notre espèce, les petits sortirent les premiers. L'égratignure vint avant le coup d'épée; autrement on ne l'aurait pas sentie, et ce malheureux bahutier n'avait garde de ne nous pas débiter toute sa marchandise. Quoi qu'il en soit, je les lui ai renvoyées et m'en suis défait à force de quinquina, et quand même leur exil serait sujet à retour sans rappel, j'ai lieu d'attendre qu'il durera autant que mon voyage. Je le commençai avant-hier, et je dois aller à Bordeaux, où je ne compte être que dans quinzaine, à cause des séjours que je ferai ici, à la Rochelle et à Rochefort. J'étais déjà venu l'an passé dans cette ville : elle peut passer pour une des plus peuplées du royaume; l'on y fait grand'chère, l'on y boit d'excellent vin; mais tout est excessivement cher. Paris même, en comparaison, est un lieu de bon marché; les habitants sont tous marchands, gens grossiers, si méprisés dans notre patrie, mais dont la façon de vivre me paraît la plus raisonnable.

Ils ne font point de façons de préférer un ordinaire à une pistole par tête à des habits galonnés ou à un carrosse à six chevaux, et aiment mieux l'abondance dans la bourgeoisie que la disette dans la noblesse. Qu'en pensez-vous? Pour moi, je ne peux leur donner le tort. Il y a ici bonne comédie, concert à dix pistoles par souscription; tout s'y sent de la richesse que produit le commerce, au lieu qu'à Angers, comme à Dijon, tout y est maigre, épargné. L'on y fait plus qu'on ne peut; orgueil et gueuserie y marchent ensemble, filles légitimes du mépris ridicule que l'on y a pour le négoce. Je n'avais pas mauvaise opinion de ma patrie avant que d'en être hors; mais, depuis que j'en juge par comparaison et que je suis dans le point de vue d'où l'on doit la considérer, je ne peux m'empêcher de voir les défauts du tableau, et je ne mets pas en problème si c'est la faute de mes yeux ou celle de la peinture, puisque, avant que d'être devenu connaisseur par l'expérience, ils lui étaient favorables. Appuyé par votre autorité, je conclus donc contre elle, et cela sans réserve. Si elle ne vous possédait pas, je n'y ai ni ne me soucie d'y avoir aucun commerce, et vous êtes le seul à qui je me fais gloire de conserver le respect et l'estime; vous en êtes trop digne pour que cela ne vous soit pas dû partout, à plus forte raison dans un pays où la sottise des autres relève le mérite. J'ose vous demander en revanche un peu de part dans votre souvenir, et de vos nouvelles à vos heures de loisir; je tâcherai de mériter ces faveurs par le sincère et respectueux attachement avec lequel je serai toute ma vie, monsieur, votre très-humble et très-obéissant serviteur.

LECLERC.

Adressez à M. Leclerc, chez milord duc de Kingston, à l'adresse de M. Alexandre Gordon, négociant à Bordeaux[1].

(Inédite. — De la collection de M. le comte de Vesvrotte.)

IV

AU MÊME.

Bordeaux, le 22 janvier 1731.

Je n'aurais pas tant tardé, monsieur, à vous offrir tous les vœux que j'ai formés pour vous au renouvellement de l'année, si le mauvais état de ma santé m'eût permis d'avoir les mains aussi libres et aussi empressées que le cœur. Mais il a fallu malgré moi prendre patience, et retarder jusqu'à ce jour pour vous assurer que personne au monde n'a fait plus de souhaits pour tout ce qui pouvait vous être agréable et avantageux, que personne n'est plus jaloux de votre amitié que moi, et que je m'efforcerai toujours de la mériter par le retour le plus tendre et l'estime la plus parfaite. Après ces protestations, qui partent du cœur, vous pouvez juger de l'empressement avec lequel je vous les aurais témoignées, s'il m'eût été permis de le faire; mais j'ai eu le malheur de retomber, à mon arrivée dans cette ville, dans toutes sortes de maux : la fièvre, devenue vrai Protée pour moi, m'attaque sous mille formes différentes, et je ne suis point encore sûr, à beaucoup près, d'avoir arrêté toutes ses métamorphoses. Je m'aperçois seulement de celle qu'elle a faite chez moi, en ne me laissant que la peau et les os, et à peine assez de forces pour les traîner; la rigueur de la saison ne contribue pas à me les rendre plus portatifs, et je n'augure bien de ma guérison qu'au printemps.

Votre dernière lettre me fit un plaisir sensible. Je ne doute point du tout de vos bontés et de votre amitié, puisqu'au milieu d'un chaos d'affaires et d'occupations sérieuses, vous vous êtes souvenu de moi et avez bien voulu me donner une partie d'un temps si précieux.

Ce que vous me dites de la stérilité des plaisirs à Dijon ne m'étonne point. C'est souvent qu'on est réduit à passer le

carnaval sans comédie ni bal. Il y en avait une italienne, fort
bonne, dans cette ville. Francisque et sa troupe[1] y représentaient, avec un succès et un applaudissement infinis; mais
malheureusement le feu prit, il y eut hier huit jours, au bâtiment qui servait aux représentations, et le consuma avec
huit autres maisons; il fut mis par un feu d'artifice allumé
sous le théâtre pour brûler don Juan dans le Festin de Pierre.
Les pauvres comédiens ont perdu toutes leurs hardes; à
peine Francisque put-il se sauver en robe de chambre.
Pour surcroît de malheur, on voulait les poursuivre et leur
faire payer, par la prison ou autrement, le dommage du
feu; mais tant de gens se sont intéressés pour eux, on leur a
fait tant de présents par les quêtes, qu'on dit qu'ils seront
bientôt en état de représenter encore dans la salle du concert, qu'on leur donnera pour rien. C'est là l'action la plus
sage que j'aie vu faire en ce pays, où la moitié des gens sont
grossiers, et l'autre petits-maîtres, mais petits-maîtres de
cent cinquante lieues de Paris, c'est-à-dire bien manqués.
Vous ririez de les voir, avec des talons rouges et sans épée,
marcher dans les rues, où la boue couvre toujours les pavés
de deux ou trois pouces, sur la pointe de leurs pieds, et de là, à
l'aide d'un décrotteur, passer sur un théâtre où jamais ils ne
sont que comtes ou marquis, quand même ils ne posséderaient
qu'un champ ou une métairie, et qu'ils ne seraient que chevaliers d'industrie. Comme il y en a un grand nombre qui
s'empressent auprès des étrangers, nous n'avons pas manqué d'en être assaillis; mais heureusement ils n'ont pas
assez d'esprit pour faire des dupes. Le jeu est ici la seule
occupation, le seul plaisir de tous ces gens; on le joue gros
et, en ce temps de carnaval, sous le masque. Le jeu ordinaire
est les trois dés; mais ce qu'il y a de plus singulier, c'est que
chaque masque apporte ses dés et son cornet. Il faut être
bien bête pour donner dans un pareil panneau. Nous comptons partir de cette ville dans huit ou dix jours; supposé
que vous me fassiez l'honneur de m'écrire, ne laissez pas

que d'y adresser votre lettre : elle me sera envoyée à Montauban, où nous comptons faire quelque séjour. Adieu, monsieur; faites-moi toujours la grâce de m'aimer; peu de personnes sentiront aussi bien le prix de votre amitié; personne au monde ne s'empressera plus à la conserver. Je suis, avec quels termes il vous plaira, et dans quels termes vous voudrez, monsieur, votre très-humble et très-obéissant serviteur.

Leclerc.

(Inédite. — De la collection de M. le comte de Vesvrotte.)

V

AU MÊME.

Montpellier, le 2 avril 1731.

Monsieur,

J'ai reçu à Montauban, et longtemps après sa date, la lettre que vous m'aviez adressée à Bordeaux. J'y aurais cependant répondu bien plus tôt si, depuis ce temps, je n'avais pas été toujours sur les grands chemins. L'amitié ne se plaît pas comme l'amour dans une vie de dissipation, et je trouve qu'un peu de recueillement nous fait penser à nos amis avec plus de plaisir; aussi ai-je attendu mon arrivée dans cette ville pour vous entretenir de la mienne, et pour vous faire mes remercîments de l'intérêt que vous prenez à ma santé. Elle est, Dieu merci, parfaitement rétablie depuis deux mois, et je n'ai maintenant à me plaindre que d'en avoir trop pour un garçon, et surtout pour un garçon voyageur qui n'a pas les mêmes facilités que vous, messieurs, citoyens permanents d'une bonne ville, de faire évanouir son superflu. Puisque nous sommes sur cet article, mandez-moi comment vont les plaisirs de cette espèce. L'on m'a dit que Malteste [1] avait pour maîtresse une des plus jolies dames qu'il y ait à Dijon. Ne pensez-vous pas avec moi que les Danaé sont main-

tenant bien communes, et Cupidon si aveugle qu'il ne peut
plus rien distinguer que le brillant de l'or[2]?

Je reçois souvent des lettres de l'abbé Le Blanc[3], qui m'a
même envoyé son recueil d'élégies ; mais, comme il l'a
adressé à Bordeaux, il n'a pas encore eu le temps de venir
jusqu'à moi. Je sais que cet ouvrage fait du bruit, même dans
les provinces, et qu'il s'en fait à Paris un débit considérable.
L'adresse de l'auteur est à la *Croix de fer*, rue de Savoie, faubourg Saint-Germain. Il faut qu'il ait eu des raisons bien
pressantes pour se priver du plaisir de vous écrire ; je sais le
cas qu'il fait de l'honneur de votre correspondance.

Depuis mon départ de Bordeaux, j'ai séjourné plus d'un
mois à Montauban. La ville est petite, mais charmante par
sa situation, sa bâtisse et l'air pur qu'on y respire. Les habitants y sont tout à fait polis, grands joueurs de piquet et
d'hombre, presque ennemis du quadrille, amateurs des promenades, où ils passent une partie de la journée à parler gascon et à admirer les environs de leur ville, qui réellement
sont tout à fait agréables. Ils peuvent se flatter de manger
les meilleures volailles de France et de faire très-bonne chère
à très-bon marché.

Toulouse est une grande et belle ville ; son étendue est immense. On la croit plus vaste que Lyon ; ce qu'il y a de vrai,
c'est qu'elle est au moins six fois aussi grande que Dijon. Le
sexe y est tout à fait beau, et, excepté les vieilles, je ne me
souviens pas d'y avoir vu une laide femme. Les maisons y
sont superbement bâties, quoique un peu à l'antique ; les rues
bien percées, le nombre des carrosses immense. J'aurais fort
souhaité que mon séjour ne se fût pas borné à quatre jours.
Je n'ai point vu de ville dont le coup d'œil fût plus flatteur ;
nous en sortîmes pour aller à Carcassonne, Béziers, Nar-
bonne, où rien ne me choqua que les rues sombres et si
étroites qu'à peine trois personnes de front y peuvent passer
à leur aise. Je remarquai avec surprise dans tous les cabarets
de grands éventails mobiles sur des poulies, qui servent à

rafraîchir les hôtes, qui sont obligés d'y dîner en chemise, et qui, malgré ces précautions, ne laissent pas que d'y suer à grosses gouttes. Les chaleurs ne sont pas tout à fait si grandes ici, où règne un vent périodique depuis le midi jusqu'au soir, qui rafraîchit et corrige les ardeurs permanentes d'un soleil brûlant, et que l'on ne peut éviter qu'en restant toute l'après-dînée chez soi. La ville est assez belle, mais pleine d'inégalités, de hauts, de bas; on peut l'appeler un magasin mal rangé de belles maisons. L'on n'y a ni beurre, ni bœuf, ni veau, ni volailles qui vaillent; mais, en récompense, l'on y boit de bons vins de liqueur et l'on y respire le meilleur air de France. Il n'y a que huit jours que nous y sommes, et nous y avons déjà un logement magnifique. Milord en donne cinquante livres par mois. Il y a ici quelques habiles gens qui composent, comme vous le savez, une académie qui fait partie de celle des sciences de Paris.

Que direz-vous, monsieur, de la liberté avec laquelle je vous fais de si longues et peut-être de si ennuyeuses narrations? Il faut, je vous l'avoue, se flatter d'être bien de vos amis pour en user ainsi. Mais, en vérité, si vous êtes ennuyé, c'est un peu la faute de votre politesse; il ne fallait pas me permettre de vous entretenir de mes voyages, et mes lettres se seraient bornées à vous assurer d'une estime et d'un attachement éternels. Agréez donc, malgré la longueur de mon épître, les assurances que j'ose vous en offrir, et croyez-moi, dans ces sentiments, monsieur, votre très-humble et très-obéissant serviteur.

LECLERC.

Adressez à M. Leclerc, en compagnie de milord duc de Kingston, à l'adresse de M. Bascou, négociant à Montpellier.

(Inédite. — De la collection de M. le comte de Vesvrotte.)

VI

AU MÊME.

Rome, le 20 janvier 1732.

J'apprends, monsieur, par une lettre de mon père[1], que vous vous plaignez de mon silence, et j'entreprends avec bien du plaisir de me justifier auprès de vous. Mais, avant que de vous faire mes excuses, trouvez bon que je vous remercie de votre souvenir; il est d'autant plus flatteur pour moi, puisque vous m'en trouvez digne dans le temps même que vous aviez quelque raison de m'accuser de négligence. Ce ne sera cependant jamais mon vice, et surtout à votre égard; je vous suis trop attaché, mon cher monsieur, et vous êtes trop digne des sentiments que j'ai pour vous, pour que je ne fasse pas tous mes efforts pour mériter l'amitié dont vous voulez bien m'honorer. Cessez donc de m'accuser, monsieur, et prenez-vous-en au dieu des flots, qui, comme je l'ai appris depuis, a fait boire outre mesure trois courriers dans leur passage de Livourne à Gênes; car je vous ai écrit de cette première ville une longue lettre il y a environ deux mois. Je vous faisais mes excuses d'avoir tardé si longtemps à vous demander de vos nouvelles; ces excuses étaient prises de mon long séjour sur les grands chemins, des occupations et des distractions inséparables du voyage, enfin du mouvement perpétuel où je me suis trouvé depuis mon départ de Dijon. Mes excuses faites, je vous suppliais de m'honorer de vos commissions dans ce pays-ci. Je vous demandais si vous n'agréeriez pas que je vous en rapportasse des pommades et des fleurs, choses si convenables pour accompagner un sonnet chez la déesse de vos chansons; je vous questionnais sur cette aimable enfant, et je vous demandais si la pluie d'or l'emportait sur Apollon, ou, pour parler plus chrétiennement, si saint Matthieu était toujours son évangéliste; enfin je prenais part à vos plaisirs, et, comme vous voyez, à tout ce qui pouvait même les intéresser. Le hasard a voulu que vous ayez tout ignoré, et j'ai été puni, sans l'avoir mérité, par le long silence que vous avez été obligé de garder à mon égard. Faites-y donc trêve aujourd'hui, monsieur, et faites-moi la grâce de me répondre aussitôt que vous aurez reçu ma lettre, et ajoutez-y celle de ne me pas traiter comme un serviteur inutile dans un pays si abondant en choses curieuses, dont quelques-unes peuvent être de votre goût. Mon séjour n'y sera pas de longue durée, et même je compte quitter cette sainte ville avant trois semaines. Ainsi, ayez la bonté d'adresser votre réponse chez M. Tomasso Baldi, banchiere, à Florence, où je retourne en sortant d'ici. Le duc de Saint-Aignan, ambassadeur de France [2], n'y est pas encore arrivé; il reste, à ce que l'on dit, auprès de Gênes, sans qu'on puisse deviner pourquoi. L'on a fait ici de magnifiques préparatifs pour le recevoir. Rome est à cette heure dans son brillant; le carnaval est commencé depuis quinze jours; quatre opéras magnifiques et autant de comédies, sans compter plusieurs petits théâtres, y font les plaisirs ordinaires, et je vous avoue qu'ils sont extraordinaires pour moi par l'excellence de la musique et le ridicule des danses, par la magnificence des décorations [3] et la métamorphose des eunuques [4] qui y jouent tous les rôles des femmes; car l'on n'en voit pas une sur tous ces théâtres, et cette différence est si peu sensible pour le peuple romain, qu'il a coutume de lorgner et de parler de la beauté de ces hongres de la même façon que nous raisonnerions de celle d'une jolie actrice : tant ils ont conservé le goût de leurs ancêtres, dont ils ont si fort dégénéré pour toute autre chose. Il fait ici un temps charmant, et ce janvier est un avril de France, où je pense qu'il doit faire bien de la neige, puisque le dernier courrier de Paris a retardé de quatorze jours. Quoiqu'il y en ait vingt de passés depuis le commencement de la nouvelle année, vous voudrez bien cependant me per-

mettre de prendre cette occasion pour vous offrir tous les
vœux que je fais pour votre prospérité : ils ne pourraient
que vous être agréables, si vous saviez avec combien de sincérité et de dévouement j'ai l'honneur d'être, monsieur, votre très-humble et très-obéissant serviteur.

LECLERC DE BUFFON.

(Inédite. — De la collection de M. le comte de Vesvrotte.)

VII

AU MÊME.

Paris, le 9 août 1732.

J'aurais, monsieur, bien des excuses à vous faire sur le
long temps que j'ai passé sans vous demander de vos nouvelles ; mais j'ose espérer que vous m'en dispenserez en faveur
des distractions inséparables, comme vous le savez, des premiers temps que l'on passe en cette ville. Maintenant que le
chaos est débrouillé, et que je puis vous offrir mes services
un peu moins à l'aveugle qu'auparavant, trouvez bon, monsieur, que je vous supplie de les agréer, et de m'en donner
des marques en me chargeant de toutes vos commissions.
Rien ne me prouvera davantage que vous ne m'avez pas tout
à fait oublié, et je vous promets de mériter par mon zèle la
même amitié dont vous avez bien voulu m'honorer jusqu'à
présent.

Faites-moi le plaisir de me dire s'il est vrai que vous ayez
fait un voyage à Genève, et en ce cas si vous auriez remis à
M. Crâmer[1] un livre, de la part de M. de Gemeaux[2]. Vous
excuserez, monsieur, cette curiosité, quand je vous dirai que
c'est pour savoir des nouvelles de M. Crâmer, à qui nous
avons écrit tous deux sans avoir eu réponse.

On représente à l'Opéra le ballet des Sens avec un nouvel
acte aussi mauvais que les autres[3]. Il fait une chaleur exces-

sive. Le parlement se rebrouille et avec la cour et avec lui-
même. Les princesses vont voir les jeunes gens nager à la
porte Saint-Bernard⁴, et la loterie ou la *friponnerie* de Saint-
Sulpice va toujours son train⁵. C'est à peu près là tout ce que
je sais de nouvelles, excepté celles du café; mais on y en débite tant de fausses qu'il y aurait conscience à les écrire; et
après cela, je les crois moins intéressantes que celles que
l'on débite à Dijon dans vos cercles. Donnez-m'en de bonnes
de votre santé, et faites-moi le plaisir de me dire s'il n'y
aurait point d'espérance de vous revoir ici. Je parle d'une
espérance prochaine; car je ne doute pas que vous n'y reve-
niez dans quelque temps, et je suis persuadé que vous connaissez trop Paris, sa liberté et ses plaisirs, pour ne pas venir encore en jouir. Adieu, monsieur; jusqu'à cet heureux
temps honorez-moi de votre souvenir, et croyez-moi toujours, avec le plus respectueux attachement, monsieur, votre
très-humble et très-obéissant serviteur.

LECLERC DE BUFFON.

Mon adresse est chez M. Boulduc, apothicaire du roi, faubourg Saint-Germain.

(Inédite. — De la collection de M. le comte de Vesvrotte.)

VIII

AU MÊME.

Buffon, près Montbard, le 27 septembre 1732.

Je suis au désespoir, mon cher monsieur, d'une négligence
dont cependant je ne suis point cause. Imaginez-vous que
mon père, ayant reçu votre lettre dans son temps, crut apparemment me l'avoir envoyée, et point du tout. Je l'ai
trouvée aujourd'hui en fouillant des papiers. J'étais fort
étonné aussi, à Paris, quand M. de La Bastide vint me voir

de votre part et me dire que, si j'avais acheté des livres, je
pouvais les lui remettre, parce qu'il comptait passer à Dijon
dans peu et vous les porter. Je répondis à M. de La Bastide
que j'avais eu l'honneur de vous écrire, mais que vous ne
m'aviez pas fait réponse, et que je ne pouvais comprendre
de quels livres il voulait parler. Enfin j'ai été sur cela et sur
votre santé, sur vos voyages et sur vos plaisirs, jusqu'à aujourd'hui, plus ignorant que la part que j'y prends ne me
permettait de l'être. Aussi me préparais-je à vous écrire de
nouveau quand j'ai trouvé votre lettre. Recevez donc, monsieur, à présent ma réponse, et ne m'imputez pas, je vous
supplie, le silence qui lui a succédé. Je ne suis ici que pour
six semaines, et je vous assure que je ne serai pas de retour à
Paris que je ferai toutes vos commissions avec zèle; c'est
leur retard qui me fâche, et je suis prêt à me vouloir mal
d'un contre-temps de pur hasard, qui m'ôte le plaisir de
vous servir pour la première fois. Mettez-moi, je vous supplie, monsieur, dans l'occasion de m'en venger, et ne m'épargnez pas où je pourrai vous être bon à quelque chose. Il n'y
a que quinze jours que j'ai quitté Paris. On m'a dit, à Montbard, que MM. Lebault[1] et de Brosses[2] y avaient passé pour
retourner à Dijon; je crois que ce dernier, du moins il me l'a
dit, reviendra cet hiver à Paris. Mais vous, monsieur, n'au-
rions-nous point d'espérance de vous y voir, et êtes-vous fait
pour la province? Malgré les liens qui vous y attachent, je
ne désespère pas de vous voir à Paris; vous l'avez goûté, et
j'ai l'honneur de vous connaître assez pour croire que vous
vous y plaisez beaucoup. Pour moi, qui n'y ai encore passé
que trois ou quatre mois, je ne puis en connaître tous les
plaisirs. Après cela, je suis de ces gens un peu extraordinaires pour le goût dans les plaisirs; je n'en ai, par exemple,
point trouvé aux spectacles, qui me paraissent languir de
froideur. La tragédie de *Zaïre*[3], de Voltaire, a pourtant eu
cinq ou six chaudes représentations; mais j'aimais mieux en
sortir que d'y être étouffé. Je verrai dans *le Mercure*, avec

grand plaisir, la pièce de votre façon dont vous me parlez.
J'ai reçu, hier, une lettre de M. le président Bouhier[4]; il me
dit de mettre sous votre enveloppe, qui est franche, un catalogue de livres que je dois lui envoyer[5]. Vous voulez bien
permettre que cela soit ainsi; mais ce ne sera qu'à mon retour à Paris. Je compte vous en écrire souvent, et réparer en
quelque façon l'accident arrivé à votre lettre, par mon empressement à exécuter vos ordres. Je suis, avec le plus sincère attachement, monsieur, votre très-humble et très-obéissant serviteur.

LECLERC DE BUFFON.

(Inédite. — De la collection de M. le comte de Vesvrotte.)

IX

AU MÊME.

Buffon, près Montbard, le 25 octobre 1732.

Je vous envoie ci-joint, monsieur, un catalogue de livres
italiens que je vous supplie de faire remettre à M. le président Bouhier; il vient de m'arriver à Paris, où je ne compte
plus retourner si tôt que je vous l'avais dit. Vous ne devine-
riez pas, monsieur, ce qui me retient ici, et vous ne vous
seriez pas douté que mon père, à l'âge de cinquante ans, pût
devenir assez amoureux, ou, pour mieux dire, assez fou pour
me faire craindre un second mariage, et cela avec une fille
de vingt-deux ans, qui n'a presque pour elle que sa jeunesse[1]. Vous sentez, monsieur, le tort que me ferait cette
affaire; aussi vous pouvez juger de toute la force avec laquelle je m'y oppose. Comme j'ai des espérances de réussir,
je vous prie de tenir ceci secret. Pour moi, monsieur, je me
fais un plaisir de n'en point avoir pour vous; l'amitié dont
vous voulez bien m'honorer, et l'estime que j'ai pour vous, ne
le permettraient pas. Il y a plus, c'est une convenance entre
la situation où je me trouve et celle où je vous ai vu quelque-

fois ; je veux parler du mécontentement d'un fils bien né, causé par un père ou dur ou passionné. Toutes ces choses ensemble me font trouver un grand plaisir à vous faire part des peines de ma situation ; je voudrais avoir mérité que vous y prissiez quelque part.

On débite ici comme une nouvelle que M. le comte de Tavannes [2] est nommé à l'ambassade de Portugal ; je serais bien aise de savoir si elle est vraie.

Permettez-moi de vous prier de m'aider à vendre ou à louer notre maison à Dijon [3] ; en cas que vous connussiez quelqu'un à qui elle pût convenir, vous me ferez, monsieur, un grand plaisir de me les procurer. J'ai l'honneur d'être, avec le plus respectueux attachement, monsieur, votre très-humble et très-obéissant serviteur.

LECLERC DE BUFFON.

M. le président Bouhier a eu la bonté de m'écrire qu'il parlerait de notre maison à M. le marquis de Vienne [4], qui en cherche une à louer.

(Inédite. — De la collection de M. le comte de Vesvrotte.)

X

AU MÊME.

Dijon, le 29 janvier 1733.

J'eus, monsieur, l'honneur hier de voir Mme votre mère, et demain j'aurai celui de dîner avec elle et votre bon ami M. le président Folin [1]. Vous pouvez vous imaginer, monsieur, si vous eûtes bonne part à notre conversation d'hier ; elle me demanda beaucoup comment vous vous amusiez à Paris, s'il était vrai que vous fussiez lié d'amitié avec Milord Duc. Je lui répondis à tout cela comme si je l'eusse parfaitement su et comme si je l'avais vu de mes yeux. Ainsi n'allez pas me démentir auprès d'elle. Que vous seriez heu-

reux, mon cher monsieur, si vous aviez un père aussi tendre
que l'est cette bonne maman! Je suis persuadé que le séjour
de Paris vous en deviendrait encore plus gracieux. Celui de
cette ville me plairait davantage, si je n'étais obligé de plaider
avec mon père pour retirer d'entre ses mains le bien qui
m'appartient[2]. Voici les nouvelles du pays : il y a quelques
jours que de jeunes éveillés jouèrent au bal à *la cloche fon-
due* et donnèrent le fouet à M. de la Mare[3] le fils; la mère,
qui était présente, se démasqua et voulut faire du bruit; on
lui répondit en se moquant, qu'elle avait tort, et que tout cela
n'était qu'une *foutaise*. Au concert de dimanche, le conseiller
Malteste rencontra Mme Jolivet sur l'escalier, et lui mit, à ce
qu'on dit, quoi? direz-vous, la main dans la gorge jusqu'au
nombril. Elle se retourna, et, justement courroucée, elle
donna un soufflet sanglant. Celui-ci répondit par des injures
atroces ; l'on ne sait encore comment tout cela tournera.
Mme Jolivet a remercié au concert, parce qu'on voulait l'o-
bliger à chanter dans les chœurs. Autre aventure : un jeune
trésorier, que bien vous connaissez[4], eut, dimanche, un soufflet au bal, qu'on dit qu'il reçut bénignement; il n'y avait
heureusement que deux dames et cinq p.... . Les deux premières furent obligées d'en sortir, parce qu'on exploitait les
autres derrière leur dos.

Adieu, monsieur; faites-moi l'honneur de m'aimer un peu
et la justice de me croire, avec le plus respectueux dévouement, monsieur, votre très-humble et très-obéissant serviteur.

LECLERC DE BUFFON.

Si vous me faites l'honneur de m'écrire, ayez la bonté,
monsieur, d'adresser vos lettres à Montbard.

(Inédite. — De la collection de M. le comte de Vesvrotte.)

XI

A M. DAUBENTON,

AVOCAT AU PARLEMENT [1].

Paris, le 28 janvier 1734.

J'ai reçu, monsieur, toutes vos lettres, auxquelles je répondrai par détail dans la suite; car je n'ai qu'un instant pour vous dire aujourd'hui que j'ai vu M. de Montigny[2], et que vous devez être sûr que je ne négligerai rien pour l'engager à nous tenir parole. Il me l'a nouvellement promis encore, et m'a assuré que, sans qu'il le sût, l'on ne pouvait lever les charges[3], en me réitérant que l'affaire des charges municipales ferait finir la vôtre. Je le verrai souvent; il est encore ici pour un mois, et vous pouvez compter qu'il faudra bien qu'il le fasse. Retirez du carrosse et mettez, je vous supplie, sur le mémoire de mon grand-père[4] le port d'une boîte à son adresse, où il trouvera les pièces d'étain qu'il m'a demandées. Adieu, monsieur; je suis plus que je ne puis vous le dire votre très-humble et très-obéissant serviteur. BUFFON.

(Inédite. — De la collection de M. Henri Nadault de Buffon.)

XII

A L'ABBÉ LE BLANC.

Montbard, le 13 juin 1735.

Je ne vous ferai pas, mon cher ami, le détail ennuyeux des occupations forcées et des sottes affaires qui jusqu'ici m'ont empêché de vous écrire; je vous prierai seulement de me pardonner ce retardement, en vous assurant qu'il a été indispensable. S'il m'avait été possible de jouir d'un instant, je n'aurais pas manqué de vous témoigner combien j'ai été

sensible à votre souvenir, à votre succès et à celui de votre
pièce à la cour[1]. Les petits vers que vous adressez à
M. votre père sont tout à fait bien tournés; puissent-ils
aussi bien réussir auprès de lui qu'auprès des connaisseurs!
Mais je doute fort qu'ils vous produisent quelque chose de
plus qu'un compliment ou un remercîment. Je n'ai pas rencontré l'abbé Flory aux états[2]; je crois qu'il avait suivi M. de
Dijon[3] dans sa disgrâce. Vous avez su sans doute qu'il eut
ordre de sortir de la ville, pendant la tenue des états, pour
avoir refusé d'y siéger après l'évêque d'Autun[4]. Si je n'ai
pas vu vos parents, j'ai en revanche vu beaucoup de vos
amis. Ruffey me demanda si vous ne viendriez pas, et il me
dit qu'il vous avait écrit pour vous offrir un appartement
chez lui; il me parut un peu mortifié de votre silence. Le
président Bouhier me fit bien des questions sur votre
compte; il vous aime assurément beaucoup; si vous veniez à
Dijon, vous y seriez accueilli, recherché de tout le monde.
Ne croyez pas, mon cher, que je vous le dise ainsi parce que
Montbard est sur le passage, et que vous ne pourriez vous
dispenser d'y séjourner. Je vous assure que je le souhaite
beaucoup; mais la vérité est que l'on vous loue beaucoup dans
votre patrie. J'ai en mon particulier bien lieu de m'en louer;
je m'y suis réjoui à merveille, et M. le duc[5] m'a fait la
grâce de me parler très-souvent et de m'accorder une pépinière à Montbard, aux frais de la province. Je suis actuellement très-occupé de sa construction et de mes bâtiments,
dont l'embarras augmente au lieu de diminuer[6]. J'ai demandé à Dijon des nouvelles de votre critique; on me dit que
Michault[7] pourrissait dans la poussière de son greffe, pour
tâcher d'en tirer de quoi faire les frais de l'impression, et le
livre pourrit aussi chez le libraire. Savez-vous qu'il doit
s'établir à Dijon une académie des sciences? Vous connaissez
peut-être le vieux bonhomme Pouffier[8], doyen du Parlement; il a laissé des sommes considérables pour cet établissement. et l'on y travaille actuellement. Voilà bien des nou-

velles de province; donnez-m'en de Paris, et surtout des vôtres. Adieu, mon cher ami; je suis plus que personne au monde votre très-dévoué et très-affectionné serviteur.

BUFFON.

(Inédite. — De la collection du British Museum. M. Flourens en a publié un extrait ².)

XIII

AU MÊME.

Montbard, le 26 septembre 1738.

Mon cher ami, j'ai reçu dans leur temps les deux lettres que vous m'avez fait le plaisir de m'écrire. Vous parlez si bon anglais dans la dernière, que j'aurais deviné vos études de Londres; mais, depuis votre retour à Thoresby [1], vous n'avez plus de maîtresse de langue, et je crois bien que c'est le seul meuble que vous regrettiez de tous ceux de cette grande ville. Je suis charmé des descriptions que vous me faites; sûr de votre goût, j'ai un vrai plaisir à juger d'après vous. Vous faites un assez long séjour en Angleterre pour vous mettre au fait de toute la nation; je vous invite de prendre là le canevas de quelque ouvrage [2]. Vous avez le coup d'œil bon, et j'imagine que le bon et le mauvais, le convenable et le ridicule de ce pays, ne sont pas difficiles à saisir. Que vous m'avez fait plaisir de m'apprendre que notre cher Hickman se ménage sur la pipe! Continuez vos efforts, et tâchez de l'éteindre absolument; sa santé nous est trop chère pour qu'on puisse la comparer avec un plaisir aussi peu aimable. Embrassez-le pour moi, et dites-lui que je l'aimerai toute ma vie de tout mon cœur.

Le 5 octobre.

Ce commencement de lettre est, comme vous voyez, de bien vieille date. J'ai été obligé de faire un petit voyage; à mon retour, je l'ai trouvée sur mon bureau avec la lettre toute pleine d'amitié que vous m'avez écrite. Soyez persuadé, mon cher

ami, que je sens combien je mérite les reproches que vous
me faites; il ne s'en faut guère que je ne sois aussi paresseux
qu'Hickman. C'est une partie de pipe ou de chasse qui lui
ôte le temps d'écrire, et c'est une plantation [3] ou une démoli-
tion qui fait ici la même chose; mais dorénavant je serai
plus exact, et surtout dès que je serai de retour à Paris, à la
Saint-Martin. Je vous prie d'assurer milord duc de mes respects et de mon zèle. Je ferai sa commission de vin, du
mieux qu'il me sera possible, et j'ai déjà écrit pour cela.
J'irai exprès à Dijon pour être plus sûr de la qualité du vin
et du climat; enfin je ne négligerai rien pour qu'il ait du
bon, du meilleur; mais je vous prie de me marquer s'il souhaite des vins prêts à boire ou seulement des vins de cette
dernière récolte. Si j'osais lui dire ce que je pense à cet
égard, je serais d'avis d'en prendre deux pièces de vieux et
quatre de nouveau. Un fort roulier conduira trois queues ou
six pièces, et, pendant que vous boiriez les deux premières,
les autres se feront. On assure que les vins de cette année
seront bons; ainsi je choisirais, dans les meilleures années
de Nuits ou de Vougeot, le vin le plus ferme, le plus rosé
et le plus propre à résister au mouvement de la mer. D'ailleurs il serait fort difficile d'en trouver de très-bons en
vieux; il n'en reste que quelques pièces dans la cave de
quelques particuliers, et il est extrêmement cher. Je ne laisserai pas, en attendant votre réponse, que de faire mes diligences pour avoir ce qu'il y aura de meilleur en vins prêts
à boire; mais je n'en prendrai que deux pièces jusqu'à ce
que j'aie de nouveaux ordres. A l'égard de la voiture, je
ne manquerai pas d'envoyer un de mes domestiques avec le
roulier; il faut un attelage de six ou sept bons chevaux. Il
coûtera beaucoup moins d'envoyer beaucoup par une seule
voiture que d'envoyer la même quantité par deux petites voitures. On compte qu'une queue contient cinq cents bouteilles;
les trois queues feront quinze cents bouteilles. Faites-moi
savoir si cela conviendra et si ce n'est pas trop. Je pourrais

profiter du retour du roulier pour me faire venir du vin de
Bordeaux; demandez, je vous supplie, à Hickman combien
il coûte à Boulogne. J'ai encore un plaisir à vous demander :
c'est de m'envoyer un *Horace*, gravé[4], et de me dire si les
seconds volumes sont achevés de graver; si le livre de M. de
Moivre[5], pour lequel j'ai trois souscriptions, est achevé d'imprimer, je vous enverrais les quittances, et vous joindriez
ces trois exemplaires à l'*Horace* gravé. Nous chantons votre
chanson de la chasse, qui est assurément très-jolie. Ces demoiselles vous font mille compliments. *Baniche*[6] se marie
dans huit jours avec Daubenton; si vous n'étiez pas si loin,
on vous enverrait du *fricot*. La grande fille pourrait bien
aussi se marier dans peu; mais son amant ne l'a encore vue
qu'une fois, et elle n'en est pas empressée. La Daubenton
est jolie et a bien les plus beaux tétons du monde. Le dessous
de votre tour est peint en porcelaine[7]. Voilà bien de bonnes
raisons pour vous rappeler l'année prochaine; mais j'imagine que vous ne quitterez pas aisément et de si tôt la bonne
maison et les bonnes gens chez qui vous vivez. Je vous souhaite toujours bien des plaisirs. Adieu; écrivez-moi au plus tôt.
Vous pouvez dire au duc que le président Rigoley[8] est en famille; sa femme vient d'accoucher d'une fille. Dites à Hickman
que Mlle de Roncère est mariée à un homme de vingt-quatre
ans ; c'est apparemment pour réparer le temps perdu. Je n'ai
point reçu de nouvelles de Maupertuis[9], ni de Clairaut[10].

BUFFON.

(Inédite. — De la collection du British Museum. M. Flourens en a publié
un fragment.)

XIV

AU PRÉSIDENT BOUHIER.

Paris, le 23 décembre 1736.

Je viens, monsieur, d'apprendre avec une grande joie le
mariage de Mlle votre fille[1]. Je vous suis trop attaché et à tout

ce qui vous touche, monsieur, pour ne pas prendre une très-grande part à cette heureuse nouvelle. Permettez-moi donc de vous en faire mon compliment et de vous offrir en même temps mes sentiments et mes vœux. J'ai reçu la lettre dont vous m'avez honoré, monsieur, et M. l'abbé Le Blanc m'a lu celle où vous avez la bonté de vous souvenir de moi. Je lirai votre nouvel ouvrage², monsieur, avec cette ardeur que je me sens pour toutes les excellentes choses; mais j'ai bien peur que cette matière ne soit bien éloignée de toutes celles que je pourrais lire avec quelque connaissance. J'admire, je vous l'avoue, votre fécondité, et, sans compliments, je ne puis m'étonner assez du grand nombre de bonnes choses que vous nous donnez, quoique je sache à merveille que vous nous en cachez encore davantage. Il paraît une nouvelle épître de Voltaire sur la philosophie de Newton³, dédiée à Mme du Châtelet⁴. C'est assurément un très-beau morceau de poésie, mais qui déplaît en quelques endroits par des traits outrés contre Rousseau⁵.

Permettez-moi, monsieur, d'assurer Mme Bouhier⁶ et Mlle votre fille⁷ de mes respects très-humbles. J'ai l'honneur d'être, avec un dévouement entier, monsieur, votre très-humble et très-obéissant serviteur.

BUFFON.

(Tirée des manuscrits de la Bibliothèque impériale.— Publiée par M. Flourens.)

XV

A L'ABBÉ LE BLANC.

Paris, le 22 février 1738.

Vous êtes donc à Londres, mon cher ami, pour jusqu'à Pâques? Que je souhaiterais pouvoir vous y aller joindre! Mais je commence à désespérer de notre voyage. M. Mac-Donnel m'écrit que ses forces reviennent si lentement qu'il n'a pu être du voyage de M. le duc à Paris, et qu'il se retire dans

son ermitage pour se tranquilliser. Cela n'annonce guère un
voyage prochain, et j'en suis fâché pour le plaisir seul que je
me promettais de vous voir vous et mes amis. J'ai prié Dufay [1]
d'écrire au duc de Richemont [2]; il m'a assuré qu'il le ferait, et
il a en effet écrit de Versailles. Ainsi je n'ai pu voir la lettre,
mais je suis persuadé qu'il a parlé de vous comme vous
pouvez le souhaiter. Je m'imaginais que, si nous avions été
vous voir, nous aurions pu vous ramener. Mais vous auriez
cependant grand tort de quitter, si vous vous trouvez bien,
et vous ne pouvez manquer de vous bien trouver, si vous
avez appris à aimer la chasse et les courses.

Il s'en faut bien que nous jouissions ici de la même douceur
de saison que vous autres habitants du nord de l'Angleterre;
actuellement il gèle bien fort, et avant cette gelée le ciel a
toujours été couvert, quoique l'air fût assez tempéré. Je suis
charmé quand je pense que vous vous levez tous les jours
avant l'aurore; je voudrais bien vous imiter; mais la malheureuse vie de Paris est bien contraire à ces plaisirs. J'ai soupé
hier fort tard, et on m'a retenu jusqu'à deux heures après
minuit. Le moyen de se lever avant huit heures du matin, et
encore n'a-t-on pas la tête bien nette après ces six heures de
repos! Je soupire pour la tranquillité de la campagne [3]. Paris
est un enfer, et je ne l'ai jamais vu si plein et si fourré. Je
suis fâché de n'avoir pas de goût pour les beaux embarras;
à tout moment il s'en trouve qui ne finissent point. J'aimerais mieux passer mon temps à faire couler de l'eau et à planter des houblons que de le perdre ici en courses inutiles, et
à faire encore plus inutilement sa cour. Je compte bien mettre à profit vos avis: nous planterons des houblons, nous
ferons de la bière, et, si nous ne pouvons la faire bonne, nous
nous vengerons sur du bon vin.

Votre bonne amie [4] ne se porte pas aussi bien que je le voudrais. Je m'aperçois qu'elle a trop de confiance ou de facilité pour la médecine. On l'a bourrée de remèdes, et e suis
bien surpris de ce que son tempérament est encore assez bon

pour se soutenir. Je crois que la santé demande plutôt un régime doux et uniforme qu'une suite de remèdes qui ne peut manquer de produire quelque chose de violent. Je n'ai pu voir encore M. Baudot; mais j'ai dit à votre ami que j'avais de l'argent à lui remettre de votre part, et je ne manquerai pas de le faire la première fois que je pourrai le joindre.

Les affaires de Mme de La Touche[5] sont en bon train et donnent quelque espérance bien fondée. Nous avons fait une grande information contre le vilain petit homme; il y a déjà plus de vingt témoins d'entendus, dont plusieurs déposent de faits très-favorables pour nous, de sorte qu'il y a lieu d'espérer que cette information, une fois bien faite, pourra faire tomber l'autre, ou du moins en diminuer si fort les charges qu'elles ne seront plus assez grosses pour faire prononcer un jugement infamant. Vous pouvez bien penser, mon cher ami, que je fais et ferai de mon mieux. M. d'Arty[6] pourra rendre compte de mon zèle et de mes empressements.

Je serais bien mortifié si, après les soins que je me suis donnés pour le vin, il se trouvait gâté ou même médiocre. Apprenez-m'en des nouvelles dès que vous en saurez. Dites-moi aussi quand milord Waldergrave[7] revient; je crains fort qu'il ne soit pas assez longtemps à Londres pour que vous puissiez y profiter de son séjour. Dites à Hickman que ses *courtilières*[8] et ses couleurs partiront demain, et que j'écris à M. Smith de les lui envoyer d'abord. Adieu, mon cher ami. Je vous souhaite toujours bien de la gaieté et de la santé; la mienne est un peu dérangée depuis un mois. Je vous embrasse et suis, de tout mon cœur, votre très-humble serviteur.

BUFFON.

(Inédite. — L'original de cette lettre appartient à M. V. Cousin, qui a bien voulu nous le communiquer avec une obligeance dont nous lui témoignons ici toute notre gratitude. M. Flourens en a publié un passage:)

XVI

AU MÊME.

Paris, le 4 mars 1738.

Ne soyez pas surpris, mon cher ami, si je ne vous ai pas écrit en anglais; je crains tout ce qui fait perdre du temps, et je n'aime guère ce qui mortifie l'amour-propre. Vous parlez cette langue à merveille, et je n'ai garde de vous en faire compliment en la parlant mal; j'aime mieux vous dire la vérité, que de vous la faire sentir en vous ennuyant d'un jargon qui n'aurait d'autre mérite que de vous convaincre de votre supériorité, et qui m'ôterait auprès de vous celui de la reconnaître. Je sors de chez Mme Denis[1], à qui j'ai lu votre lettre en français; j'y ai trouvé votre ami M. Baudot[2], auquel j'ai remis un paquet qu'Eustache m'a donné de votre part. Nous sommes tous très-charmés de vous savoir à Londres[3], et je vous souhaite en mon particulier bien des plaisirs dans cette grande ville; je crains fort ou, pour tout dire, je ne puis espérer de pouvoir vous y aller joindre[4]. Le pauvre Mac-Donnel a eu un second accès de goutte aussi violent que le premier : il y a près d'un mois que je ne l'ai vu; il est à sa campagne, où il ne peut manquer de s'ennuyer; je lui ai écrit et il n'a pu me répondre. La goutte a pris les pieds et les mains. Quand même il aurait le bonheur d'en être quitte bientôt, il lui faudra bien du temps pour que ses forces reviennent; enfin je regarde cette partie de voyage comme désespérée, dont je suis très-fâché, aussi bien que vos bons amis, qui comptaient sur votre retour avec le nôtre. Je vais différer d'acheter le velours que vous me demandez pour Milord Duc, parce que, selon toutes apparences, ce ne sera pas moi qui le lui porterai, et qu'il faut que je sache si cette marchandise n'est pas contrebande, et si je puis la lui envoyer par la voie de M. Smith[5], à Boulogne. Marquez-

moi par le premier ordinaire s'il faut l'envoyer à M. Smith.
Je vais demain faire passer une boîte où il y a des drogues
pour M. Hickman, des peignes, des insectes dans de l'esprit-
de-vin, la *Métromanie*[6] imprimée, etc. J'ai donné à M. Baudot
les 50 francs que vous m'avez marqués. J'ai écrit à M. Mi-
doch, pour qui j'ai fait ici quelques avances, de vous les remettre; il s'agit de soixante et quelques livres. Je souhaiterais fort de pouvoir faire venir plusieurs livres anglais dont
j'ai besoin; mais je crains que cela ne vous dérange d'avancer tant d'argent; je vous enverrai toujours mon mémoire,
et, quand je saurai la somme qu'ils me coûteront, je chercherai quelque voie pour vous la faire tenir. J'écrirai à Hickman de vous la faire compter, et je la mettrai en recette sur
leur mémoire. J'ai été à la première représentation d'une
pièce qui a très-bien pris; c'est *Maximien*, tragédie de M. de
La Chaussée[7]. Je crois qu'elle ne mérite pas absolument toutes les claques qu'on lui a prodiguées; cependant il faut
avouer qu'elle est bien conduite et que les caractères en sont
beaux et bien soutenus. Adieu, mon cher ami; faites-moi
promptement réponse au sujet du velours. S'il venait quelque espérance pour notre voyage, vous en seriez d'abord
instruit. Je serai toute ma vie votre ami le plus attaché.

BUFFON.

M. de Brosses loge avec moi et vous fait des compliments.

(L'original de cette lettre appartient à M. Jules Janin, qui a bien voulu
nous en donner communication. Elle a été insérée dans une édition de l'Histoire naturelle. M. Flourens en a publié un extrait.)

XVII

FRAGMENT DE LETTRE A L'ABBÉ LE BLANC *.

1738.

.... Je compte aller dans peu faire un tour à Dijon. Bien des gens me demanderont de vos nouvelles; je vous supplie, mon cher ami, de m'en donner souvent. Il n'y en a point dans ce pays; tout y est sur le même ton qu'il y a deux ans. Nous parlons souvent de vous; nous buvons quelquefois à votre santé à la fontaine Sainte-Barbe. Le vieux avare que votre bon appétit pensa faire mourir, est crevé cet hiver, sans avoir voulu faire de testament. J'ai bien pensé que Voltaire réussirait fort mal à commenter Newton, et je ne crains pas que le public appelle du jugement de M. de Moivre. Je voudrais bien, mon cher, que vous fussiez ici ; nous avons un endroit charmant pour planter des houblons. Adieu; je vous embrasse et suis, de tout mon cœur, votre très-dévoué et très-affectionné serviteur.

BUFFON.

(L'original de ce fragment de lettre appartient à M. V. Cousin, qui a bien voulu nous le communiquer. Il a été publié en partie par M. Flourens.)

XVIII

AU PRÉSIDENT BOUHIER.

Paris, le 8 février 1739.

A toutes les bontés dont vous m'honorez, monsieur, à la part que vous daignez prendre à ce qui me regarde, je ne

---

* Le premier feuillet de cette lettre a été détruit; le second feuillet, qui a été conservé, porte l'adresse de l'abbé Le Blanc, et ce qui reste de cette lettre, écrite de la main de Buffon, prouve qu'elle doit se rapporter à la fin de l'année 1738.

puis répondre que par des sentiments de la plus vive et de la
plus sincère reconnaissance. On m'a fait ici mille fois plus
d'honneur que je ne mérite; on a hâté la vacance de la place
que je remplis à l'Académie [1]; on m'a préféré à des concur-
rents distingués. Tous ces avantages, dont je me sens si peu
digne, n'auraient peut-être pas trouvé grâce à des yeux aussi
éclairés que les vôtres; ainsi je tâchais de les supprimer, au
hasard d'être grondé, comme vous l'avez fait. Permettez-moi
de vous remercier, monsieur, de ces bons sentiments, et de
vous supplier de me les conserver.

Je vous rends grâces de la quittance que vous avez eu la
bonté de m'envoyer. Vous trouverez, monsieur, ci-jointe la
reconnaissance de M. Bailly [2] pour toucher ce qui reste de
l'année de gages. Je comptais vous envoyer en même temps
l'argent que je dois recevoir au premier jour des gages de secrétaire, et que l'on m'a promis de me faire toucher ici; mais
on me remet de jour en jour. Le prix du loyer de ma maison
a été employé, ce premier semestre, à payer quelques dettes
que j'avais à Dijon; mais dans la suite, nous nous arrange-
rons à cet égard. Ce qu'il y a, c'est que je reçois mon loyer à
deux termes, et que par conséquent je ne pourrais m'empêcher
de vous supplier d'attendre une partie de votre rente pendant
six mois [3], au cas que je chargeasse M. le procureur général [4]
de votre payement. Le libraire s'était trompé d'abord en ne
demandant que 25 fr. pour les trois derniers volumes de
l'*Histoire généalogique* [5]; ils en coûtent 33. Je vous envoie ci-
jointe la quittance du libraire; on les a remis depuis longtemps chez le sieur Martin. J'ai déjà fait partir la note des trois
livres d'Angleterre que vous souhaitez, monsieur; car on attend toujours trop longtemps les livres de ce pays-là. Si nous
n'avons pas guerre avec ses compatriotes, milord duc de
Kingston restera à Paris au moins un an. Je vous enverrais
dès demain les mémoires de Pétersbourg; mais, comme j'é-
tudie quelques questions qu'ils contiennent, auriez-vous la
bonté de les attendre jusqu'au printemps? Comme nous ne

convenons pas des faits, M. Bourguet[6] et moi, je pense qu'il est inutile de lui répliquer; mais je suis étonné qu'il assure les animalcules dans la semence des femelles, et d'autres choses de cette espèce, qui sont toutes reconnues différentes de ce qu'il avance, par des expériences réitérées. Il paraît depuis quinze jours un petit écrit en forme de gazette, ou plutôt de feuilles de *Spectateur*, intitulé *le Cabinet du philosophe*[7]. On n'a pas goûté cet ouvrage.

M. Marivaux[8] a donné aussi une brochure qui fait le second tome de la *Vie de Marianne*. Les petits esprits et les précieux admireront les réflexions et le style. La pièce de Voltaire ne peut se soutenir et ne se soutient pas, avec tous les raccommodages qu'il y a faits[9]. Enfin, pour finir, j'aurai l'honneur de vous dire que je vais, au premier jour, faire imprimer une traduction, avec des notes, d'un ouvrage anglais de physique qui a paru nouvellement, et dont les découvertes m'ont tellement frappé et sont si fort au-dessus de ce que l'on voit en ce genre, que je n'ai pu me refuser le plaisir de les donner en notre langue au public: c'est un in-4 d'environ trois cents pages[10].

Adieu, monsieur. Honorez-moi toujours de vos bontés, et croyez-moi, avec l'attachement le plus respectueux, monsieur, votre très-humble et très-obéissant serviteur.

BUFFON.

(Tirée des manuscrits de la Bibliothèque impériale.— Publiée par M. Flourens.)

XIX

A M. HELLOT,

DE L'ACADÉMIE DES SCIENCES[1].

Montbard, le 23 juillet 1739.

J'allais, mon cher ami, répondre à votre première lettre, quand j'ai reçu la seconde. Je savais déjà la mort du pauvre Dufay[2], qui m'avait véritablement affligé. Nous perdons beaucoup à l'Académie: car, outre l'honneur qu'il faisait au corps par son mérite, il était si fort répandu dans le monde et à la cour qu'il obtenait bien des choses étonnantes pour le Jardin du Roi, et je vous avoue qu'il l'a mis sur un si bon pied, qu'il y aurait grand plaisir à lui succéder dans cette place ; mais je m'imagine qu'elle sera bien convoitée. Quand j'aurais plus de raisons d'y prétendre qu'un autre, je me donnerais bien garde de la demander; je connais assez M. de Maurepas³, et j'en suis assez connu, pour qu'il me la donne sans sollicitations de ma part. Je prierai mes amis de parler pour moi, de dire hautement que je conviens à cette place ; c'est tout ce que j'ai de raisonnable à faire quant à présent. A l'égard de ce que vous me dites, que M. de Maurepas est déterminé à conserver le Jardin du Roi dans l'Académie, je n'ai pas de peine à le croire; mais, quand même il n'aurait pas pris en guignon Maupertuis, je ne crois pas qu'il lui donnât cette place. Mais il y a d'autres gens à l'Académie. Marquez-moi si vous entendez nommer quelqu'un; en un mot, dites-moi tout ce que vous saurez.

Vous pourrez bien lâcher quelques mots des vœux de M. le comte de Caylus⁴ à M. de Maurepas. Il y a des choses pour moi; mais il y en a bien contre, et surtout mon âge ; et cependant, si on faisait réflexion, on sentirait que l'intendance du Jardin du Roi demande un jeune homme actif qui puisse braver le soleil, qui se connaisse en plantes et qui sache la manière de les multiplier, qui soit un peu connaisseur dans tous les genres qu'on y demande, et par-dessus tout qui entende les bâtiments, de sorte qu'en moi-même il me paraît que je suis bien leur fait; mais je n'ai pas encore grande espérance, et par conséquent je n'aurai pas grand regret de voir cette place remplie par un autre⁵.

Je ne puis pas me résoudre à perdre l'espérance de vous posséder ici. Helvétius⁶ vient de m'écrire qu'il me tiendrait parole au mois de septembre. Tâchez, mon cher ami, de venir dans le même temps; vous ferez votre voyage aussi court ou aussi long que vous jugerez à propos, et assuré-

ment on n'aura pas droit de crier contre vous, si, par exemple, vous ne vous absentez que pendant un mois. Adieu; je
vous embrasse de tout mon cœur et je vous remercie. Écrivez-moi tout ce que vous saurez du Jardin du Roi.

BUFFON.

(Tirée de la collection de M. de Châteaugiron. — Publiée en fac-simile [1],
dans l'*Isographie des hommes célèbres*. Paris, 1828-1830, in-fol. M. Flourens en a donné un extrait.)

XX

AU PRÉSIDENT DE RUFFEY.

Montbard, le 5 décembre 1740.

Permettez-moi, mon cher monsieur, de vous envoyer toutes
mes paperasses, et de vous supplier de toucher pour moi les
1026 livres 18 sous d'une part, et les 698 livres d'autre part,
qui sont portés pour mon remboursement par les ordonnances
de MM. les élus. Si vous voulez me faire le plaisir tout entier,
vous m'enverrez une rescription de ces deux sommes sur
M. Doublot [1], receveur des crues à Montbard, que vous pren-
drez chez M. Edme Seguin, receveur général des crues, à qui
vous remettrez cet argent.

J'ai déjà fait distribuer une grande partie des arbres aux
particuliers dénommés dans l'état envoyé par MM. les élus [2].
Je fais mettre les reçus de chacun en marge, et quand le
tout sera distribué, je renverrai cet état ainsi signé pour ma
décharge. Comme cette ordonnance de distribution ne comprend pas, à beaucoup près, tous les arbres qu'on peut donner
cette année, et qui sont portés dans le mémoire que j'en ai
envoyé, j'ai cru que MM. les élus voudraient bien permettre
de les donner à d'autres particuliers, qui sont venus en grand
nombre en demander lorsqu'ils ont appris la première distri-
bution. J'enverrai un état de ces particuliers avec leurs quittances en marge, pour qu'on puisse ratifier cet état. Les or-
milles y seront aussi comprises; on m'en demande jusqu'à

Châlon-sur-Saône. A l'égard des frênes et des ormes que la Chambre a réservés pour les grands chemins, on n'en a donné aucun. J'exécuterai ponctuellement les ordres de MM. les élus pour les faire planter, et je me suis fait donner un dénombrement des terres depuis Montbard, en allant du côté de Saint-Rémy, et je distribuerai à chaque possesseur de ces terres le nombre d'arbres nécessaire pour planter l'extrémité de leur terrain qui aboutit au grand chemin, à six pieds du fossé et à la distance de trente pieds chaque arbre. Je dois vous observer, monsieur, qu'il y a beaucoup de terrains où l'orme et le frêne ne peuvent réussir et où le noyer réussira. J'aurai soin de ne mettre les ormes et les frênes que dans des terrains convenables. L'année prochaine, s'il plaît à MM. les élus de réserver aussi les noyers, on pourra planter sans interruption plus de trois lieues de chemin.[3] Vous me donnerez vos ordres à cet égard, et j'aurai grande attention à ce que ces plantations soient bien faites. J'ai l'honneur d'être, mon cher monsieur, dans les sentiments de la plus tendre amitié et du respect le mieux fondé, votre très-humble et très-obéissant serviteur.

BUFFON.

J'attendrai que cette plantation des chemins soit faite pour aller à Paris.

(Inédite. — De la collection de M. le comte de Vesvrotte.)

XXI

A M. LANTIN,
DOYEN DU PARLEMENT DE BOURGOGNE [1].

Montbard, le 26 septembre 1741.

J'ai toujours différé, monsieur, de répondre à la lettre que vous m'avez fait l'honneur de m'écrire au sujet de la médaille de l'Académie de Dijon[2], parce que j'attendais une réponse de M. le comte de Caylus, à qui je m'étais adressé pour connaître les meilleurs ouvriers et pour savoir comment il fallait en faire l'inscription et la gravure. Il vient de me répondre que M. de Boze[3], de l'Académie des inscriptions, décidera de l'exergue de la légende, etc. ; que Bouchardon[4] dessinera et que Marteau gravera ; il ajoute que, comme l'Académie de Dijon ne lui paraît pas décidée, il lui faut un mémoire instructif auquel il répondra, soit pour le prix des coins, soit pour le marché du balancier. Si vous me permettez de vous faire mes observations à ce sujet, je vous dirai qu'il serait fort inutile de faire faire cette médaille à Genève, parce qu'elle serait très-certainement sujette à être arrêtée et confisquée. Il ne convient point aussi de mettre le portrait du fondateur; cela ne s'est jamais fait pour une médaille qui doit servir de prix; c'est tout au plus si on met son nom dans l'exergue. A l'égard du prix, on assure qu'il ne montera pas aussi haut que vous le craignez. M. de Boze ne prendra rien pour l'inscription; Bouchardon ne prendra point d'argent, et on en sera quitte pour lui envoyer une feuillette de vin de Bourgogne. Quand l'inscription sera décidée, vous saurez tout aussitôt les prix des coins et du balancier; cela dépend du dessin, selon qu'il est plus ou moins chargé. Quand vous m'aurez, monsieur, marqué vos intentions, j'écrirai à M. de Caylus, qui a bien voulu se charger de cette affaire, et qui, assurément, est plus en état que personne de la bien faire. J'ai l'honneur d'être, avec un respectueux attachement, monsieur, votre très-humble et très-obéissant serviteur.

BUFFON.

(Tirée des archives de l'Académie de Dijon.—Publiée, en 1819, par C. X. Girault.)

XXII

A M. ARTHUR,

MÉDECIN DU ROI, A CAYENNE[1].

Au Jardin du Roi, le 4 janvier 1742.

J'ai reçu, monsieur, la caisse de curiosités que vous avez bien voulu m'adresser par la voie de M. Bélami, et je vous en fais mes remercîments. M. de Jussieu[2] s'est chargé de vous écrire en détail sur ce qu'elle contenait. Je serais très-fâché que vous pussiez, monsieur, vous dégoûter de rendre service au Jardin du Roi. J'ai renouvelé mes représentations au sujet de vos appointements[3], et l'on vous a accordé encore une augmentation de trois cents livres; c'est tout ce que nous avons pu faire. Vous avez obligation à M. de La Porte[4], qui s'est porté de fort bonne grâce à faire valoir vos raisons et les miennes auprès de M. le comte de Maurepas. Comme il protége immédiatement notre Cabinet d'histoire naturelle, qui est actuellement arrangé et dans un très-bel ordre, vous lui ferez bien votre cour si vous voulez bien, monsieur, m'adresser toutes les curiosités que vous pourrez ramasser. J'ai l'honneur d'être bien sincèrement, monsieur, votre très-humble et très-obéissant serviteur.

BUFFON.

(Inédite. — Communiquée par M. le docteur Tessereau. — M. Flourens en a publié un extrait.)

XXIII

AU PRÉSIDENT DE RUFFEY.

Paris, le 25 janvier 1743.

Je vous aurais, mon cher et aimable Ruffey, répondu plus tôt, et même je vous aurais prévenu si, depuis un mois que je suis de retour à Paris, je n'avais pas été très-incommodé d'une grande fluxion qui n'est dissipée que depuis très-peu de jours. Je suis plus sensible que je ne puis vous le dire aux marques de votre souvenir et de votre amitié, et je ne crois pas que le retour de toute la mienne suffise à ma reconnaissance et aux sentiments que vous méritez et que je vous ai voués. Je vous supplie de me continuer les vôtres, qui sont si flatteurs pour moi, et je ferai toujours tout ce que je pourrai pour m'en rendre digne.

Je vous renvoie vos questions sur l'ormille apostillées. Si on désire quelque chose de plus à cet égard, je le ferai avec grand plaisir ; mais, comme cette culture est aisée, il y en a tout autant qu'il en faut pour mettre au fait un jardinier. .

Toutes les comédiennes ont des rhumes, des fluxions ou des ch..... p..... Cela nous prive de la représentation des pièces nouvelles. Piron[1] attend l'hiver prochain pour donner Montézume, à cause de Mlle Gaussin[2], qui a une ou deux de ces incommodités.

M. le cardinal est toujours très-mal, et tout le monde croit que nous sommes à la veille de le perdre[3]. On parle d'une trêve et de quelques arrangements pour une future paix ; il est à souhaiter que cet avenir ne se fasse pas attendre[4]. Adieu, mon cher Ruffey ; je vous embrasse de tout mon cœur. Quand plaira-t-il à votre vieil oncle de vous sommer par son testament de venir faire un tour dans le cabinet du Jardin du Roi, où il y a une petite caisse de curiosités qui vous attendent, et que je vous enverrai s'il ne se détermine pas bientôt?

BUFFON.

(Inédite. — De la collection de M. le comte de Vesvrotte.)

XXIV

A M. ARTHUR,
MÉDECIN DU ROI, A CAYENNE.

Paris, le 10 février 1747.

Je n'ai pas reçu, monsieur, les lettres que vous m'avez fait l'honneur de m'écrire, et il y a environ deux ans que j'ai reçu votre avant-dernière lettre. Cela ne m'a pas fait oublier, monsieur, les services que vous avez bien voulu nous faire pour le Jardin et pour le Cabinet, et j'en ai parlé plus d'une fois à M. le comte de Maurepas et à M. de La Porte; mais la guerre fait la réponse à tout. J'espère cependant qu'au moyen d'un changement qui doit se faire dans les officiers de votre colonie, vous aurez lieu dans la suite d'être plus content.

Je vous ai recommandé et vous fais recommander par mes amis, et je vous assure que je l'ai fait avec la vivacité qu'inspire le désir sincère d'obliger.

Je suis bien aise que vous ayez pris quelque affection pour Buvée; c'est un honnête garçon, courageux, et qui mérite qu'on s'intéresse à ce qui le regarde. S'il m'eût envoyé quelque chose, j'eusse peut-être obtenu quelques légers appointements pour lui. Ce sont surtout des animaux que nous désirons beaucoup, et je voudrais bien qu'il vous en envoyât; et s'il y a quelques pierres figurées et d'autres pétrifications à Cayenne, je souhaiterais fort en avoir, aussi bien que des échantillons des pierres à bâtir et autres de ce pays.

Vous me feriez grand plaisir aussi de me dire si les montagnes de la Guyane sont fort considérables, et si le grand lac de Parime[1], qu'on appelait le lac d'Or, est connu; si quelqu'un y a été nouvellement, et si en effet il est d'une étendue si considérable, et s'il ne reçoit aucun fleuve.

Faites-moi l'amitié de me marquer quelles sont les espèces de poissons les plus communes sur vos côtes et dans les rivières de cette partie des Indes. Je vous demande grâce pour toutes ces questions, et je suis persuadé que vous voudrez bien répondre ce que vous en savez. Il y a encore un fait sur lequel je voudrais bien être éclairci, c'est de savoir s'il n'y a point de coquilles pétrifiées· dans les Cordillères au Pérou [2]. M. de La Condamine[3] prétend en avoir cherché inutilement. Si par hasard vous trouvez quelqu'un qui puisse vous instruire sur cela, je vous en serai infiniment obligé. Faites-moi, monsieur, l'honneur de m'écrire aussi souvent que vous le pourrez, et ne doutez pas de l'attachement avec lequel je suis, monsieur, votre très-humble et très-obéissant serviteur.

BUFFON.

(Inédite. — Communiquée par M. le docteur Tessereau.— M. Flourens en a publié un extrait.)

XXV

A L'ABBÉ LE BLANC.

Montbard, le 16 octobre 1747.

Vous trouverez, mon cher ami, que j'ai beaucoup tardé à vous faire réponse. Ce n'est pas que je n'eusse voulu vous donner sur-le-champ toute la consolation que vous pouvez attendre de moi; mais j'ai été dans les embarras et dans l'inquiétude, et, quoique mes peines ne soient rien en comparaison des vôtres, je n'ai pas laissé de les sentir, et je n'ai pas eu le loisir de vous marquer plus tôt combien j'ai été touché de tout ce qui est arrivé[1]. Le récit que m'en a fait M. Daubenton[2] m'a indigné; il y a bien de la noirceur dans le pays que vous habitez : il y a bien du courage à y être honnête homme, puisqu'on est presque sûr d'être la victime des méchants. Cependant vous ne devez pas être entièrement abattu; il n'y a que la mauvaise conscience qui puisse nous mener au désespoir. Consolez-vous donc, mon cher ami, consolez-vous dans votre vertu; lorsque votre âme sera tranquille, il vous sera

facile de pourvoir aux autres besoins. Je crois que, malgré vos
malheurs, vous pouvez compter sur un certain nombre de personnes qui s'intéressent véritablement à vous; je mets M. Trudaine[3] du nombre, et vous pouvez compter que, si je vais
à Montigny, j'emploierai tout auprès de lui pour l'engager à
vous rendre service. Je garde votre lettre pour en faire usage
dans ce temps. Ne prenez point de parti extrême jusqu'à ce
que nous nous soyons vus. Je serai à Paris, au plus tard, au
20 novembre. Vous êtes trop injustement opprimé pour que
tous les honnêtes gens ne réclament pas pour vous. C'est là
le cas de parler haut; mais il faut que ce soient vos amis et
non pas vous qui parliez. Vous ne sauriez mieux faire que de
garder le silence quant à présent; mais je vous conseille de
retourner peu à peu dans les maisons où vous alliez. Je suis
persuadé, par exemple, que M. Trudaine sera bien aise de
vous voir; car, en effet, il vous a plaint et il a été très-fâché
de vos malheurs. Je ne puis vous dire combien j'y ai été sensible moi-même; encore actuellement, je n'en entends pas
parler de sang-froid. Comptez donc toujours, mon cher ami,
sur tous les sentiments que vous pouvez désirer de moi, et
soyez sûr que peut-être personne ne vous est plus essentiellement attaché que je le suis.

BUFFON.

(Inédite.— De la collection du British Museum.— M. Flourens en a publié
un extrait.)

XXVI

AU MÊME.

Montbard, le 10 août 1749.

J'ai appris, mon cher ami, de très-bonne part, qu'il était
beaucoup question de vous pour la place à l'Académie[1]. Je
m'en réjouis avec vous, et je vous écris pour vous demander
si je ne pourrais pas vous servir auprès de quelqu'un par mes
sollicitations.

On dit que vous n'avez d'autre compétiteur que l'abbé Trublet[2]. Cela me donne de grandes espérances; car, quelque appuyé qu'il soit par les Tencin[3], si vos amis d'un certain ordre
agissent, vous serez certainement préféré, et d'ailleurs vous
méritez si fort de l'être! M. le comte d'Argenson[4] ne m'a pas
encore envoyé la liste des personnes auxquelles on donnera
le livre de l'Histoire naturelle[5]; mais j'espère que cela ne re-
tardera que de quelques jours encore. Avez-vous eu occasion d'en parler à M. de Voyer[6]? Donnez-moi, je vous supplie, de vos nouvelles, et surtout de celles de votre affaire de
l'Académie. Vous savez combien je m'intéresse à ce qui vous
regarde, et combien je vous suis attaché.

BUFFON.

(Insérée dans le tome II des *Mélanges* des Bibliophiles français, 6 volumes
in-4°, 1827 à 1829. — M. Flourens en a publié un extrait.)

XXVII

AU PRÉSIDENT DE RUFFEY.

Le 14 février 1750.

Il faut que vous me pardonniez, mon cher monsieur, d'a-
voir passé tant de temps sans répondre à la lettre obligeante
et remplie d'amitié que vous m'avez écrite au commencement
de l'année. J'ai été incommodé pendant quelque temps; j'ai
eu aussi beaucoup d'occupation; je n'ai donc pu vous répondre plus tôt; mais je n'en ai pas été moins sensible aux marques de votre souvenir, et j'ai été extrêmement flatté de ce
que mon livre ne vous a pas déplu. Je fais un cas infini de
votre manière de penser, et votre suffrage m'a fait un véritable plaisir; d'ailleurs il est d'accord avec celui du public. La
première édition de l'ouvrage, quoique tirée en grand nombre, a été entièrement épuisée en six semaines; on en a fait
une seconde et une troisième, dont l'une paraîtra dans huit
ou dix jours, et l'autre dans un mois. Elles sont toutes les
deux entièrement semblables à la première, à l'exception de

la troisième qui est in-douze. L'ouvrage est aussi déjà traduit en allemand, en anglais et en hollandais[1]. Je ne vous fais tout ce détail que parce que je ne puis ignorer que votre amitié pour moi ne vous fasse prendre part à tout ce qui peut m'intéresser.

Il a dû, en effet, vous paraître singulier qu'après toutes les découvertes de nos disséqueurs d'insectes, après tous les efforts des physiciens modernes pour rayer à jamais cet axiome de philosophie : *Corruptio unius generatio alterius*[2], j'aie entrepris de le rétablir. Cependant ce n'est point un projet ; c'est chose faite et que je puis prouver, non-seulement par les observations que j'ai déjà rapportées, mais encore par beaucoup d'autres que j'ai réservées pour l'histoire des animaux ou prétendus animaux microscopiques, que je donnerai après celle de tous les autres animaux. Notre quatrième volume, qui contient un traité de l'économie animale de ma façon, et l'histoire des animaux domestiques, par M. Daubenton, paraîtra au mois de juillet ; le cinquième et le sixième, qui contiennent un traité sur les mulets, et un autre sur les monstres, avec l'histoire de tous les animaux quadrupèdes, sauvages et étrangers, paraîtront au mois de mai de l'année prochaine.

Destouches[3], après plusieurs années d'interruption, vient de reparaître au théâtre et de donner une nouvelle pièce dont on ne dit pas grand mal ; c'est beaucoup dans un temps où l'on est si difficile et si fort porté à la critique.

Ne viendrez-vous pas bientôt faire un tour ici? je le désirerais beaucoup. Comptez, je vous supplie, mon cher monsieur, sur tous mes sentiments et sur l'inviolable attachement avec lequel j'ai l'honneur d'être votre très-humble et très-obéissant serviteur.

BUFFON.

(Inédite. — De la collection de M. le comte de Vesvrotte.)

XXVIII

AU PRÉSIDENT DE BROSSES.

Le 16 février 1750.

Vous serez sans doute étonné, mon cher Président, de ce qu'après m'avoir écrit les choses les plus obligeantes, j'aie passé tant de temps sans vous faire réponse. Je vous dirais bien et avec vérité que je suis dans le même cas avec bien d'autres ; mais cette raison, si elle était seule, ne vaudrait rien pour vous et serait mauvaise pour moi. Vous saurez donc que j'ai été incommodé pendant un temps assez long, et que depuis j'ai été chargé de petites affaires et de grandes occupations. Le jugement que vous avez porté de mon ouvrage n'a pu que me flatter beaucoup ; je crois connaître si bien votre esprit et votre goût, et je fais tant de cas de l'un et de l'autre, que j'eusse été très-mortifié si mon livre vous eût déplu. Cependant, quoique vous m'ayez accordé votre suffrage en général, il me semble que vous me le refusez pour deux choses que je regarde comme ce qu'il y a de mieux prouvé dans tout l'ouvrage : je veux parler de ma théorie sur la génération[1] et de la cause de la couleur des nègres, que j'attribue aux effets du vent d'est[2]. Si vous prenez la peine d'en lire ce que j'en dis avec un globe sous les yeux, je crois que vous ne douterez pas plus que moi de tout ce que j'ai avancé sur les différentes couleurs des hommes. A l'égard de la génération, je ne sache aucune difficulté que j'aie dissimulée et aucune, du moins qui soit réelle et générale, à laquelle je n'aie pas répondu. Tout l'ouvrage a eu un grand succès ; mais cette partie du second volume a plus encore réussi que tout le reste. Il n'y a eu que quelques glapissements de la part de quelques gens que j'ai cru devoir mépriser. Je savais d'avance que mon ouvrage, contenant des idées neuves, ne pouvait manquer d'effaroucher les faibles et de révolter les orgueilleux ; aussi je me suis très-peu soucié de leurs clabauderies.

J'ai été aussi fâché que vous de ce que nous n'avons pu nous joindre l'année dernière. J'ai été vous chercher deux ou trois fois ; vous êtes venu aussi plus d'une fois au Jardin du Roi ; mais vous connaissez assez Paris pour savoir que c'est le pays où l'on voit le moins les gens qu'on aime et le plus ceux dont on ne se soucie guère. J'entendis très-bien parler dans le temps de votre mémoire lu à la rentrée de votre Académie³. Je n'étais pas encore de retour ; j'aurais eu probablement le plaisir de l'entendre. Je ne doute pas qu'en rassemblant avec exactitude et discernement les passages des anciens on ne puisse venir à bout de faire remonter l'histoire beaucoup plus haut qu'on ne l'a fait jusqu'ici, et je désirerais beaucoup que vous pussiez vous occuper sérieusement de ce projet⁴. Mais les affaires et les occupations de votre état s'accordent peu avec de pareilles études, qui demandent beaucoup de suite et de combinaisons difficiles à ordonner ; je vous y exhorte cependant, et je vous recommande Platon comme une source dans laquelle vous trouverez bien de l'abondance à tous égards⁵. J'espère que vous continuerez à me donner quelquefois de vos nouvelles ; je serai toujours également sensible aux marques de votre amitié, et également empressé à vous donner des preuves des sentiments par lesquels je vous suis attaché.

BUFFON.

(Inédite. — De la collection de M. le comte de Brosses.)

XXIX

A L'ABBÉ LE BLANC.

Montbard, le 21 mars 1750.

J'ai été, mon cher ami, depuis votre départ, fort incommodé d'une chute que j'ai faite en allant à Versailles¹, et ensuite j'ai eu des occupations si pressées que je n'ai pu vous écrire plus tôt. Je commence par vous dire que ce que vous me

marquez au sujet de votre santé m'étonne et m'inquiète.
Comment se fait-il que vous n'ayez pas encore pu oublier les
sujets de chagrin qu'on vous a donnés si mal à propos, et
qui n'ont fait tout au plus qu'une impression passagère sur
l'esprit des autres? Vous avez triomphé de vos ennemis; vous
êtes mieux du côté de la fortune que vous ne l'avez été jusqu'ici; vous voyagez avec un homme que vous aimez[2], dans
un pays où vous pouvez trouver à tout moment des objets de
votre goût. Tout cela me ferait croire que vous devriez être
heureux, et, si vous l'étiez, votre santé se rétablirait bientôt.
Il n'y a, ce me semble, qu'une seule précaution à prendre,
et que l'état où vous êtes et le climat que vous habitez paraît
exiger, c'est que vous mangiez peu. Bien des gens me demandent de vos nouvelles, M. Guéneau[3], M. Daubenton, M. Nicole[4],
M. du Prey, M. de la Popelinière[5], et bien d'autres. J'en ai dit
à M. Trudaine, et il m'a paru sensible à votre souvenir. Tout
le monde parle bien de votre voyage, et vos ennemis sont
dans le silence. L'un de ceux qui vous ont fait le plus de tort,
l'abbé[6] que vous me citez, me paraît tomber tous les jours
de plus en plus dans le mépris. Pourquoi donc ne vous tran-
quillisez-vous pas, mon cher ami? Reposez-vous sur nous de
tout ce qui peut regarder votre réputation. J'aimerais mieux
combattre pour cette cause que pour la mienne, contre les
jansénistes, dont le gazetier m'a attaqué aussi vivement, mais
un peu moins malhonnêtement qu'il n'a fait le président
Montesquieu[7]. Il a répondu par une brochure assez épaisse
et du meilleur ton[8]. Sa réponse a parfaitement réussi; malgré
cet exemple, je crois que j'agirai différemment et que je ne
répondrai pas un seul mot. Chacun a sa délicatesse d'amour-
propre; la mienne va jusqu'à croire que de certaines gens ne
peuvent pas même m'offenser. J'aurai occasion de voir un
de ces jours Mme la marquise de Pompadour[9], et je chercherai à lui parler de vous. Comptez que je ferai de même
toutes les fois que je verrai M. de Tournehem[10] et M. de Voyer.
Je vous suis bien obligé des remarques d'histoire naturelle

que vous me faites dans vos lettres, et j'en ferai usage. J'attends que vous soyez établi à Rome pour un peu de temps ; je vous enverrai alors un petit mémoire sur ce que je souhaiterais avoir.

Je ne sais guère de nouvelles autres que celles que la Gazette peut vous apprendre. Nous avons reçu à l'Académie M. de Malesherbes à la place de M. le duc d'Aiguillon[11], qui est mort il y a six semaines. Je reçois souvent des lettres de Maupertuis, et j'ai envie de lui faire vos compliments. On donnera après Pâques une pièce de Marmontel[12] *Cléopatre* ; quelques gens en disent beaucoup de bien. *Aristomène*[13] est tombé à l'impression. Nous avons aussi, à ce qu'on prétend, *Rome sauvée* de Voltaire[14]. Il dit dans le monde que Madame la duchesse du Maine[15] a exigé qu'il la donnât au public. La seconde édition de notre livre sera en vente au 1er avril, et la troisième, qui est in-douze, le sera à la fin du même mois. M. votre père m'a écrit une lettre de politesse et d'amitié à laquelle j'ai répondu de mon mieux.

Adieu, mon cher ami ; continuez à me donner de vos nouvelles souvent, et comptez, je vous prie, sur les sentiments les plus sincères et les plus inviolables. N'oubliez pas de gagner le grand jubilé, pour vous et pour vos amis[16].

BUFFON.

(Insérée dans le tome II des *Mélanges* des Bibliophiles français, 6 vol. in-4°, 1827-1829. — M. Flourens en a publié un extrait.)

XXX

AU MÊME.

Montbard, le 23 juin 1750.

Je vous écris directement, mon cher ami, parce qu'il y a huit jours que je suis à Montbard, et que je n'ai pas cru qu'il convînt d'envoyer ma lettre par la poste à M. Perrier[1]. Je vous suis très-sensiblement obligé des services que vous m'avez

rendus au sujet de mon livre. J'ai pris la liberté d'écrire à
M. le duc de Nivernais [2], qui m'a répondu de la manière du
monde la plus polie et la plus obligeante. J'espère donc qu'il
ne sera pas question de le mettre à l'index [3], et, en vérité, j'ai
tout fait pour ne pas le mériter et pour éviter les tracasseries
théologiques, que je crains beaucoup plus que les critiques
des physiciens ou des géomètres. La troisième édition de cet
ouvrage vient de paraître, et se débite avec autant de rapidité
que la première et la seconde.

Je partage avec vous la satisfaction que vous avez eue de
voir vos ouvrages goûtés par tout ce que nous avons de plus
respectable dans l'Église, et je suis charmé que vous les ayez
présentés à Sa Sainteté, et que vous ayez eu son approbation.
J'ai fait voir cet article de votre lettre à quelques personnes,
et j'imagine qu'à votre retour vous obtiendrez le privilége que
vous demandez, et qu'il est en effet très-injuste de vous refuser. Le P. Jacquier [4] est un homme d'un grand mérite, et je
suis charmé que vous soyez de ses amis. Je vous serai bien
obligé si vous voulez bien l'assurer de ma part que personne
ne peut l'estimer et l'honorer plus que je le fais. Dans la dispute que j'eus il y a plus de deux ans avec Clairaut, au sujet
du mouvement de l'apogée de la lune [5], je défendis Newton et
ses commentateurs; mais Clairaut s'étant depuis rétracté, et
ayant supprimé les parties de son mémoire qui attaquaient
directement les commentateurs, j'ai été obligé aussi de supprimer ce que j'avais écrit pour maintenir cette théorie, et il
n'y a d'imprimé dans le volume de 1745 que ce qui regarde
en général la loi de l'attraction. Je vous écris ceci pour que
le R. P. Jacquier voie que je désire beaucoup une part dans
ses amitiés.

J'écrirai au premier jour à Maupertuis, et je tâcherai de lui
proposer d'une manière efficace les choses que vous souhaitez. Au reste, je ne vous réponds de rien. Maupertuis est en
effet un honnête homme; mais il se grippe quelquefois, et je
ne sais s'il n'est pas toujours piqué. Quoi qu'il en soit, je lui

écrirai, et je lui écrirai pressamment, surtout pour que vous soyez de l'Académie.

Je retourne à Paris dans trois semaines. Je suis venu passer ici le temps du voyage de Compiègne[6]. On vous aura peut-être écrit que Voltaire fait jouer chez lui toutes les pièces que les comédiens ont refusées. J'entends faire à quelques-uns des éloges de sa *Rome sauvée;* l'abbé Sallier[7], qui l'a vu représenter, m'en a dit du bien. Vous avez bien fait de lui écrire; il m'a demandé souvent de vos nouvelles. Mme Dupré m'a aussi chargé de vous dire bien des choses de sa part. J'ai souvent parlé de vous chez elle et chez M. Trudaine, et il ne m'a pas paru qu'ils aient, comme vous vous le persuadiez, changé de manière de penser sur votre sujet. Oubliez, mon cher ami, les chagrins que vous avez eus; les autres ont déjà oublié les calomnies qui les ont occasionnés. Soyez donc tranquille; portez-vous bien et continuez à me donner souvent de vos nouvelles. Personne ne vous est plus essentiellement attaché que je le suis.

BUFFON.

De la collection de M. Feuillet de Conches. — Publiée par M. Flourens.)

XXXI

AU MÊME.

Montbard, le 22 octobre 1750.

.... Maupertuis me marque que Voltaire doit rester en Prusse, et que c'est une grande acquisition pour un roi qui a autant de talent et de goût. Entre nous, je crois que la présence de Voltaire plaira moins à Maupertuis qu'à tout autre; ces deux hommes ne sont pas faits pour demeurer ensemble dans la même chambre[1].

Les affaires du clergé font aujourd'hui grand bruit. Tous les honnêtes gens admirent la bonté du Roi et crient contre l'orgueil et la désobéissance des prêtres, qui ont refusé net-

tement de donner la déclaration des biens qu'ils possèdent.
Heureusement on tient ferme, et on leur a déjà fait sentir
qu'on les y forcerait [2]. Ils sont tous renvoyés et retenus dans
leurs diocèses, et comme le Roi est à Fontainebleau, diocèse
de Sens, l'archevêque [3] a cru qu'il lui serait permis d'aller
comme à l'ordinaire faire sa cour; mais il a reçu ordre de
rester à son archevêché. Je tiens cette nouvelle de son neveu,
dont je suis voisin.   BUFFON.

(Insérée dans le tome II des *Mélanges* des Bibliophiles français, 6 vol.
in-4°, 1827-1829. — Publiée par M. Flourens.)

XXXII

A SAMUEL FORMEY [1].

Paris, le 6 décembre 1750.

J'ai, monsieur, des excuses sans nombre à vous faire. Quelque bonté et quelque indulgence que vous ayez, je ne sais ce
que vous devez penser de moi, d'abord de ne vous avoir pas
remercié de toutes les attentions obligeantes que vous m'avez
marquées, et ensuite d'avoir même oublié de vous marquer
ma reconnaissance des présents que vous m'avez faits.

J'avais envie de prendre un médiateur auprès de vous. Je
voulais écrire à M. le président de Maupertuis de vous demander grâce pour moi. Il aurait pu vous dire en même temps
l'estime particulière que j'ai conçue pour vous, monsieur, et
le cas que je fais depuis longtemps des productions de votre
esprit. Vous pensez avec une facilité et une fécondité qui me
charment, et vous écrivez comme vous pensez. J'ai lu *les
Songes*, *l'Existence de Dieu* [2], etc., avec bien du plaisir, et je
voudrais bien voir ce que vous avez écrit au sujet de mon livre d'histoire naturelle [3]. Mais aucun de nos libraires ne connaît la *Bibliothèque impartiale* [4]. J'ai remis à leur destination
les livres que vous venez de m'envoyer et ceux que vous aviez
envoyés précédemment. Le projet du *Dictionnaire encyclopédi-*

4

que paraît ici depuis quelques jours⁵. Vous êtes nommé, monsieur, avec des éloges qui vous sont dus, et non-seulement comme auteur, mais comme un galant homme, qui sacrifie son bien particulier à l'avantage public. Au reste, cet ouvrage, dont les auteurs m'ont communiqué plusieurs articles, sera bon. On réimprime ici *l'Astronomie nautique*⁶ et la *Vénus physique*⁷ de M. de Maupertuis. J'aurai l'honneur de lui écrire bientôt et de lui en donner des nouvelles. Je vous offre, monsieur, mes services en ce pays-ci, et je vous supplie d'être persuadé de la sincérité de mes sentiments et du désir que j'aurais de vous en donner des preuves. J'ai l'honneur d'être avec la plus parfaite estime, monsieur, votre très-humble et très-obéissant serviteur.

BUFFON.

(Inédite. — Tirée des manuscrits de la Bibliothèque impériale, collection Matter.)

XXXIII

A M. ARTHUR,

MÉDECIN DU ROI, A CAYENNE.

Au Jardin du Roi, le 17 février 1751.

J'ai reçu, monsieur, la caisse de curiosités et les échantillons que je vous avais demandés et que vous avez bien voulu m'envoyer pour le Cabinet du Roi; je vous en fais, monsieur, tous mes remercîments et j'aurai soin d'en informer le ministre aussi bien que M. de La Porte. Je désirerais fort qu'on voulût se prêter à reconnaître un peu votre zèle et vos services déjà anciens dans la colonie. Vous ne pouviez nous faire plus de plaisir que de nous envoyer des oiseaux, la suite que nous avons n'étant pas complète, à beaucoup près. J'ai l'honneur d'être, avec un parfait attachement, monsieur, votre très-humble et très-obéissant serviteur.

BUFFON.

(Inédite. — Communiquée par M. le docteur Tessereau.)

XXXIV

A MM. LES DÉPUTÉS ET SYNDIC DE LA FACULTÉ DE THÉOLOGIE.

Le 12 mars 1751.

Messieurs,

J'ai reçu la lettre que vous m'avez fait l'honneur de m'é-crire [1], avec les propositions qui ont été extraites de mon li-vre, et je vous remercie de m'avoir mis à portée de les expli-quer d'une manière qui ne laisse aucun doute ni aucune incertitude sur la droiture de mes intentions; et si vous le désirez, messieurs, je publierai bien volontiers, dans le pre-mier volume de mon ouvrage qui paraîtra, les explications que j'ai l'honneur de vous envoyer [2].

Je suis avec respect, messieurs, votre très-humble et très-obéissant serviteur.

BUFFON.

(Insérée dans les diverses éditions de l'*Histoire naturelle*.)

XXXV

A L'ABBÉ LE BLANC,

HISTORIOGRAPHE DES BATIMENTS DE S. M. TRÈS-CHRÉTIENNE, EN COMPAGNIE DE M. DE VANDIÈRES [1], DIRECTEUR GÉNÉRAL DES BATIMENTS, A FLORENCE.

Au Jardin du Roi, e 24 avril 1751.

Je viens de recevoir votre lettre datée de Florence, 1er avril, et je suis charmé, mon cher ami, de voir que vous commen-cez à vous rapprocher de nous. Le temps où vous devez re-venir en effet ne doit plus être éloigné, et j'aurais voulu que vous m'en eussiez dit quelque chose. Comme vous ne me dites rien non plus de votre santé, je suppose qu'elle est bonne. La mienne n'est pas parfaite; j'ai depuis près de cinq mois un rhume qui m'incommode beaucoup. Quantité de gens sont dans le même cas; cet hiver a été terrible par les maladies que l'humidité continuelle a produites. Encore actuellement, il pleut, et depuis plus de deux mois il n'y a pas eu un seul jour sans pluie. Il y a eu à Paris deux inondations, toutes deux fort grandes ; vous en aurez une idée en vous disant que le terrain qui termine le Jardin du Roi était inondé, et qu'il y avait par conséquent sept ou huit pieds d'eau dans les marais voisins ; ils sont encore couverts de plus d'un pied partout. Mon premier soin, en arrivant à Paris, sera de demander de vos nouvelles ; je vous dis : en arrivant à Paris, parce qu'il n'y a que quelques jours que je suis de retour de Montbard, où j'ai passé près de deux mois. Baudot me dit que vous aviez écrit de Florence, et il suppose, comme moi, que vous ne devez pas tarder à revenir. Tous vos amis le désirent ; il y a près de seize mois que vous êtes parti ! Je dînai avant-hier avec M. de La Popelinière ; il vous aime, et nous parlâmes beaucoup de vous. J'ai vu aussi M. le marquis de L'Hôpital[2] chez M. Boulongne[3], et j'ai pris jour pour l'aller voir chez lui et causer de vous à mon aise. Il parle de vous aussi bien que vous et vos amis pouvez le désirer. J'avais lu à M. et Mme de Boulongne l'article de votre lettre datée de Naples où vous faisiez l'éloge de cet honnête ambassadeur ; il me parut qu'ils en étaient très-flattés. J'ai aussi fait voir à plusieurs personnes votre description du Vésuve[4]. Comme je l'ai trouvée parfaitement bien faite, j'ai eu du plaisir à la lire à un grand nombre de personnes, et entre autres à M. Trudaine et à Mme Dupré. J'ai aussi quelquefois entendu parler de vous pour l'Académie française, et je suis fâché que M. La Chaussée[5], pour exclure Piron, ait tourné les vues de l'Académie sur le marquis de Bissy[6], qui, comme vous le savez, a eu la dernière place vacante ; car il me paraît qu'on désire Piron, et il aurait mieux valu pour vous qu'il y fût entré que d'avoir à y entrer. Je rencontrai hier le marquis de Senneterre l'aveugle chez M. d'Ancereine ; il parla beaucoup et parla bien de vous, aussi bien que le bonhomme duc de Cadrousse. La nouvelle édition de vos lettres a bien fait dans le monde ; la réputation que cet

ouvrage mérite s'affermit tous les jours. J'ai dîné aujourd'hui
à la Bibliothèque du Roi avec Duclos[7], qui, comme vous le savez, est devenu un homme de la cour. Il vient de donner un
ouvrage qui essuie bien des jugements divers; pour moi, je
le trouve bon et très-bon, quoiqu'il y ait quelques défauts.
Beaucoup d'esprit, peu de modestie, peut-être faute d'hypocrisie, un logement au Louvre, la place d'historiographe, et
surtout la faveur de Mme la marquise de Pompadour, en voilà
plus qu'il n'en faut pour avoir des ennemis; aussi M. Duclos
en a-t-il beaucoup. Je trouve que son livre est l'ouvrage d'un
homme d'esprit et d'un honnête homme. Nous parlâmes de
vous; il en dit beaucoup de bien, et je crois que vous pouvez
compter sur lui. Je dis à M. l'abbé Sallier que vous lui faisiez
des compliments par ma lettre; il m'a chargé de vous en remercier. M. Daubenton m'a prié de la même chose. Je n'ai
pas encore vu M. Doussin; mais je sais qu'il se porte bien, et
nous savons tous deux que c'est un homme excellent. On a
écrit de Berlin que Maupertuis crache le sang et qu'il est dangereusement attaqué; j'en suis véritablement affligé. Il paraît
une critique aussi amère que mauvaise contre le livre du président de Montesquieu. Il n'est pas non plus encore hors d'affaire avec la Sorbonne; pour moi, j'en suis quitte à ma très-
grande satisfaction. De cent vingt docteurs assemblés, j'en ai
eu cent quinze, et leur délibération contient même des éloges
auxquels je ne m'attendais pas[8]. Je vous remercie, mon cher
ami, de tout ce que vous avez eu la bonté de faire pour moi.
Je ne savais pas que j'eusse été reçu à l'Académie de Bologne; si cela est, je vous en ai l'entière obligation, et j'écrirai
au P. Jacquier pour lui marquer aussi la reconnaissance
que je lui dois; mais je n'ai point encore reçu de lettre d'a-
vis[9]. Il m'est venu il y a trois jours, par la voie de M. le cardinal de Tencin, une lettre de M. Zanotti[10], par laquelle il me
remercie au nom de l'Académie. Je lui ai envoyé mon livre,
mais il ne parle pas de ma nomination. Je vous prie même de
vous en instruire plus particulièrement. Nous n'avons pas

voulu vous charger de commissions pour le Cabinet; lorsque
vous serez de retour, nous nous servirons bien volontiers de
vos amis et de vos connaissances en Italie, et nous demanderons par votre moyen les choses qui nous manquent. J'aurai
soin de retirer ici la caisse que vous m'annoncez, et de conserver pour vous la petite lampe, et nous distribuerons les
graines suivant vos intentions. On est ici fort occupé du jubilé. L'affaire du clergé pour le vingtième n'est point encore
finie; l'archevêque de Sens et l'évêque d'Auxerre [11] se sont
traités comme des fiacres dans leurs mandements. M. de Malesherbes, qui a la librairie [12], en est fort en train et la mène
bien. Le *Dictionnaire encyclopédique* entrepris par MM. d'A-
lembert [13] et Diderot [14] va bien; il y a déjà plus de mille souscriptions de reçues. Le premier volume est presque achevé
d'imprimer. Je l'ai parcouru ; c'est un très-bon ouvrage.

Adieu, mon cher ami. Je vous embrasse et j'espère que vous
viendrez bientôt.   BUFFON.

(Inédite. — De la collection du British Museum. — M Flourens en a publié divers passages.)

XXXVI

A M. FEUILLET,

MAIRE ET SUBDÉLÉGUÉ A LA FÈRE EN PICARDIE.

Montbard, le 29 septembre 1751.

Vous me faites, monsieur, beaucoup d'honneur de me consulter au sujet de votre entreprise, et je suis très-flatté des po-
litesses dont votre lettre est remplie; mais vous me supposez
peut-être plus de lumière que je n'en ai sur cet objet, et je ne
crois pas, monsieur, que je puisse rien dire que vous n'ayez
pensé vous-même. Je connais comme vous, monsieur, la
machine dont vous vous servez et les effets qu'on en peut
attendre; je viens même d'acheter tout nouvellement celle
qui était à Drancy près le Bourget, pour l'envoyer à MM. les
élus de Bourgogne, qui veulent s'en servir pour trouver

du charbon de terre. L'entreprise de Mme de Lailly, à qui
cette machine appartenait, n'a pas réussi ; elle a trouvé des
sables mouvants et des roches presque impénétrables ; elle a
été forcée d'abandonner son entreprise après avoir eu de
l'eau d'abord à soixante et dix pieds. Comme il s'en fallait de
cinq pieds que cette eau ne montât au niveau de la surface du
terrain, elle a voulu forer plus profondément et jusqu'à
deux cent cinquante pieds, ce qui n'a servi qu'à faire perdre la première eau sans en trouver d'autre. Le succès de
ces opérations est donc incertain et dépend beaucoup du
hasard. Il n'y a pas des veines d'eau partout, et, plus on
descend, plus la probabilité d'en trouver diminue. Cependant, puisque vous me demandez mon avis, je vous dirai,
monsieur, que je ne voudrais pas que vous abandonnassiez
encore votre entreprise, et que vous ne devez pas encore
perdre toute espérance. Je connais la matière de la couche que vous percez, on m'en a envoyé plusieurs échantillons ; c'est une vraie marne, c'est-à-dire une poussière de
pierre à chaux, et cette marne est mêlée de débris de plantes
dans lesquelles celle qu'on appelle vulgairement la *queue
de renard* est la plus abondante. Cette couche de matière
ne contient point de coquilles de mer, et, quoiqu'elle soit
très-anciennement déposée dans le lieu où vous la trouvez,
elle est cependant beaucoup moins ancienne que les couches ordinaires du globe qui contiennent des coquilles, et
toutes sont fondées sur la glaise ou sur le sable. Je présume
donc qu'au-dessous de cette énorme épaisseur de marne vous
devez trouver de la glaise ou du sable : j'entends par glaise la
matière dont on fait les tuiles et les briques. Je vous conseille
donc, monsieur, de ne point abandonner votre entreprise jusqu'à ce que vous ayez percé en entier le lit de marne. Vous
n'aurez point d'eau tant qu'il durera ; mais, si la glaise est dessous, vous aurez de l'eau dès que vous y serez arrivé, et si
malheureusement vous ne trouvez que du sable, vous aban-
donnerez alors ; car il n'y aura plus aucune espérance. Si la

matière de la couche vient à changer, envoyez-m'en un échan-
tillon, et je vous dirai ultérieurement mon avis. Au reste, je
ne crois pas que vous foriez longtemps sans trouver la fin de
cet amas prodigieux de marne, et vous êtes en droit d'espérer
de l'eau tant qu'il ne sera pas percé tout entier. Je ne vous
dirai rien pour vous, monsieur; c'est louer votre zèle que de
l'encourager. J'ai l'honneur d'être, avec tous les sentiments
qui vous sont dus, monsieur, votre très-humble et très-obéissant serviteur.

BUFFON.

(Cette lettre a appartenu à M. Duriveau, officier du génie, demeurant à la
Fère. Imprimée avec son autorisation, en 1828, dans une publication de la
Société royale d'Agriculture, elle a été insérée en partie dans un Recueil de
fac-simile, publié par J. Cassin en 1834. Cette lettre, qui appartient actuellement à la ville de Dijon, montre, d'une façon certaine, à quelle époque
remontent les premiers essais entrepris pour le forage des puits artésiens;
elle donne, de plus, l'opinion de Buffon sur le succès probable de ces sortes
d'entreprises, et renferme une dissertation scientifique sur la nature des terrains dans lesquels de semblables recherches peuvent présenter quelque
chance de succès.)

XXXVII

AU PRÉSIDENT DE RUFFEY.

Le 22 juillet 1752.

Je vous envoie ci-joint, mon très-cher Ruffey, une rescription de 658 livres, et je vous supplie de me faire le service
de toucher cet argent et de payer pour moi 657 liv. 6 s. 6 d.
que je dois au procureur Regnault l'aîné, vis-à-vis le palais,
pour deux années d'arrérages. Ne manquez pas, je vous
en prie, de tirer quittance de ces deux années échues au
1er janvier dernier, et envoyez-moi cette quittance; car il
faut être en règle, surtout quand on a affaire à un procureur.

M. Durand m'a dit vous avoir envoyé vos livres. Nous faisons
tous les jours de belles expériences sur le tonnerre[1]. C'est
moi qui les ai fait connaître et exécuter le premier. Si vous
avez dessein de les répéter, vous n'avez qu'à faire élever dans

votre jardin une perche de vingt ou trente pieds de hauteur, sceller avec du plâtre un cul de bouteille cassée au-dessus de la perche, en sorte que le creux soit en haut, poser sur ce creux une verge en fer longue d'un pied ou deux et très-pointue, et la maintenir par un contre-poids, comme l'on tient en équilibre un marmouset d'ivoire sur un petit guéridon; ensuite attacher à la verge de fer un long fil d'archal dont vous conduirez l'extrémité dans votre galerie d'assemblée; vous ferez avec ce fil de fer, lorsqu'il y aura de l'orage, toutes les épreuves que l'on fait avec les machines électriques. J'oubliais de vous dire que, pour empêcher le creux de la bouteille de se remplir d'eau (ce qui détruirait l'effet), il faut mettre par-dessus un entonnoir en fer-blanc. Mais je ne pense pas que vous êtes trop habile pour vous faire tant de détail. Les nuées sont souvent électriques sans tonnerre, et le moment où il y a le plus d'électricité, c'est lorsque l'éclair brille. L'abbé Nollet meurt de chagrin de tout cela [2].

Adieu, mon cher monsieur, donnez-moi de vos nouvelles et aimez-moi toujours.   BUFFON.

(De la collection de M. le comte de Vesvrotte. — Publiée en partie par M. Foisset en 1842, dans sa Vie du président de Brosses.)

XXXVIII

AU MÊME.

Août 1752.

Je vous remercie et vous remercie encore, mon cher Ruffey, de votre bonté, de votre amitié et de la quittance que vous m'avez envoyée. Il n'y a rien à craindre, et au contraire, à mettre la barre de fer au-dessus de la maison. J'en ai une ici au-dessus de mon logement[1]; mais j'aurais préféré la mettre dans le jardin, s'il n'eût été public; et, pourvu que la pointe de la verge surpasse de deux ou trois pieds la hauteur des bâtiments qui environnent votre jardin, elle ne manquera jamais de réussir. Je crois seulement avoir oublié une circon-

stance : c'est qu'il faut mettre au-dessus de la perche une
boîte de six pouces et carrée, remplie de résine, dans laquelle
résine, au lieu de plâtre, vous infixerez le cul de la bouteille
cassée ; et ne pas oublier l'entonnoir renversé pour couvrir le
cul de la bouteille et la boîte ; il faut, en effet, que le fil de fer
que vous attacherez au-dessus de l'entonnoir à la verge de fer,
et que vous amènerez dans votre galerie, ne touche à rien et
soit soutenu par des cordons de soie. Si, au lieu d'une pointe
de fer, vous mettez une pointe d'argent, vous verrez que le
feu électrique des nuages rendra cette pointe d'un beau jaune
doré. Voilà, comme vous voyez, une singulière façon de faire
du vermeil ; mais, sans plaisanterie, cette expérience est jolie,
et prouve que le feu du tonnerre n'est pas tout à fait du soufre ; car le soufre rend l'argent noir. Il y aurait aussi une belle
expérience à tenter, mais je n'en ai pas le temps : ce serait de
savoir si l'électricité ne serait pas le phlogistique des chimistes[2]. Pour cela il faudrait faire fondre du plomb dans un
vaisseau de verre, le remuer jusqu'à ce qu'il fût calciné en
poussière jaune, et ensuite l'électriser continuellement, pour
voir si l'on ne viendrait pas à le revivifier en métal par le
moyen de l'électricité ; j'en doute, mais cependant cela vaut la
peine d'être tenté. Piron, que j'ai rencontré hier, n'a refusé
d'être de votre société que parce qu'il a cru que cela l'engageait à quelque thème en vers ou en prose ; je lui ai dit que
non, et il m'a dit qu'en ce cas il consentait à être mis sur la
liste [3] ; mais il ne faut pas non plus oublier l'abbé Le Blanc.
Il ne m'en a pas parlé, et c'est de moi-même que je pense à
lui ; et, comme vous avez quelque amitié pour lui, vous devez
y penser aussi, et à l'abbé Sallier, comme étant de la province ;
car il me semble que le plan de votre société est bien
vaste : 1° la ville ; 2° la province ; 3° le royaume ; 4° toutes les
nations. Adieu, mon cher monsieur, vous pouvez être sûr des
tendres et respectueux sentiments qui m'attachent à vous pour
ma vie.   BUFFON.

(Inédite. -- De la collection de M. le comte de Vesvrotte.)

XXXIX

A GUENEAU DE MONTBEILLARD.

Au Jardin du Roi, lundi 18 septembre 1752.

Je vous ai, mon très-cher monsieur, tout autant d'obligations que si vous m'eussiez envoyé la dispense ; votre avis est
aussi sûr. L'évêque est arrivé vendredi soir ; samedi matin
j'ai eu la dispense, non pas sans peine, mais enfin je l'ai, et
nous partons demain mardi pour aller coucher à Sens. Le
mercredi nous coucherons à Cussy-les-Forges, jeudi nous serons à la Maison-Neuve, entre sept et huit, et je serai comblé
de joie si je vous y trouve. N'oubliez pas d'envoyer le perru-
quier à la Villeneuve, où nous irons coucher le jeudi, et j'espère que le vendredi matin la cérémonie sera faite et que
nous reviendrons à Montbard le même jour, et vous verrez,
mon cher monsieur, que je me soucierai encore moins des
critiques de mon mariage[1] que de celles de mon livre[2]. J'ai
marqué à Mlle de Malain les obligations qu'elle vous a.
Adieu, à jeudi, sept ou huit heures à la Maison-Neuve. Je
vous embrasse bien tendrement, mon très-cher monsieur.

J'emporte votre habit dans ma malle.

BUFFON.

(Inédite. — Appartient à la ville de Semur et est conservée dans sa Bibliothèque.)

XL

AU PRÉSIDENT DE RUFFEY.

Montbard, le 12 décembre 1752.

Je vous renvoie, monsieur et très-cher ami, l'écrit que
vous m'avez communiqué. Je le trouverais bon si je n'en
étais pas l'objet ; mais j'y suis loué beaucoup plus que je ne
mérite, et cela suffit pour m'engager à vous supplier de ne le

pas faire imprimer[1] ; car du reste vous avez très-bien saisi le fond des systèmes et les circonstances des hypothèses, et la manière dont vous les défendez est fort bonne, fort simple et fort naturelle. Il n'y a que le commencement et la fin de votre ouvrage que je regarde comme peu utiles à la question.

Je n'avais pas besoin, mon cher ami, de cette nouvelle preuve de votre amitié et de vos sentiments pour moi ; je vous en remercie cependant de tout mon cœur, et je vous supplie d'être bien persuadé de tout l'attachement et de l'amitié sincère avec lesquels je serai toute ma vie votre très-humble et très-obéissant serviteur.

BUFFON.

Je pars après-demain pour Paris. Donnez-moi, je vous en prie, de temps en temps de vos nouvelles.

(Inédite. — De la collection de M. le comte de Vesvrotte.)

XLI

AU MÊME.

Montbard, le 25 mars 1753.

Je vous envoie, mon cher Président, une lettre de M. Pagny[1], qui a grande envie d'aller à Dijon faire un cours de physique, et je crois que vous le favoriserez volontiers en lui donnant votre belle salle pour faire des expériences, et même un logement si cela ne vous incommodait pas. Vous pourriez, mon cher ami, lui procurer aussi des leçons en ville. Si rien ne s'oppose à ce projet, ayez la bonté de lui écrire vous-même ; son adresse est dans sa lettre.

Comme Mme de Ruffey est venue à Montfort[2], nous avons espéré pendant quelque temps d'avoir l'honneur et le plaisir de vous voir à Montbard ; mais elle est partie et elle a emporté avec elle toutes nos espérances. Adieu, mon très-cher

monsieur ; je vous suis toujours plus inviolablement attaché
que personne.

BUFFON.

(Inédite. — De la collection de M. le comte de Vesvrotte.)

XLII

AU MÊME.

Montbard, le 4 juillet 1753.

Je ne doute pas, monsieur et cher ami, de l'intérêt que
vous prenez à ce qui me regarde, et c'est avec autant de plaisir que de reconnaissance que je reçois les nouvelles marques
d'amitié que vous me donnez au sujet de mon élection à l'A-
cadémie française. C'est la première fois que quelqu'un a été
élu sans avoir fait aucune visite ni aucune démarche, et j'ai
été plus flatté de la manière agréable et distinguée dont cela
s'est fait que de la chose même, que je ne désirais en aucune
façon[1]. Je suis bien fâché d'avoir des compliments bien différents à vous faire sur la mort de M. de Vesvrotte[2] et sur celle de
la pauvre Mme de Chomel[3]. Je sais que Mme de La Forest[4] est
bien affligée et qu'elle revient au premier jour à Montfort.
Vous viendrez peut-être la consoler. En ce cas, je me flatte que
j'aurais le plaisir de vous voir, et Mme de Buffon vous en
prie avec autant de sincérité que d'empressement. Je suis à
Montbard pour jusqu'au 15 d'août, que je retournerai à Paris
pour ma réception. Je ne sais pas trop encore ce que je leur
dirai[5] ; mais il me viendra peut-être quelques inspirations
comme à Marie Alacoque, et je ne parlerai pas d'elle de peur
du coq-à-l'âne[6]. Je vous prie d'assurer Mme de Ruffey de tout
mon respect. Vous connaissez, monsieur et cher ami, tous les
sentiments du tendre et inviolable attachement avec lesquels
je suis votre très-humble et très-obéissant serviteur.

BUFFON.

(Inédite. — De la collection de M. le comte de Vesvrotte.)

XLIII

A LA SOCIÉTÉ LITTÉRAIRE,

FONDÉE A DIJON PAR LE PRÉSIDENT DE RUFFEY.

Montbard, le 8 juillet 1753.

Messieurs,

Le compliment que vous avez la bonté de me faire est un nouveau suffrage aussi précieux pour moi que celui d'aucune autre compagnie. Il est des temps où les honneurs sont plus doux, et c'est quand on voudrait honorer une Société¹ qui nous honore. J'étais dans ce cas, et je suis très-satisfait d'avoir au moins un titre à vous offrir, et quelque chose à joindre aux sentiments de respect avec lesquels je suis, messieurs, votre très-humble et très-obéissant serviteur.

BUFFON.

(Inédite. — Tirée des archives de a Société, aujourd'hui entre les mains de M. le comte de Vesvrotte.)

XLIV

A MM. DE L'ACADÉMIE DE DIJON.

Montbard, le 16 juillet 1753.

Messieurs et illustres confrères,

C'est avec autant de respect que de sensibilité que je reçois le compliment que vous avez la bonté de me faire au sujet de mon élection à l'Académie française. J'aurais été bien fâché de ne pouvoir compter votre suffrage parmi ceux dont on a bien voulu m'honorer, et je ne puis, messieurs, vous en faire mes remercîments autrement que par les assurances de mon zèle, de ma reconnaissance et de mon dévouement. C'est dans tous ces sentiments que j'ai l'honneur d'être,

Messieurs et illustres confrères,

Votre très-humble et très-obéissant serviteur.

BUFFON.

(Tirée des archives de l'Académie, publiée en 1819, par C. X. Girault.)

XLV

AU PRÉSIDENT DE RUFFEY.

7 août 1753.

J'ai reçu, mon cher Président, la petite rescription de 290 livres, et lorsque je serai à Paris, je demanderai un livre d'explication sur l'usage du microscope pour vous l'envoyer. J'ai fait quelques changements à mon discours[1], et entre autres, j'ai ôté le *considéré* et *considérable* dont, en effet, on pouvait faire une mauvaise épigramme. Je vous embrasse bien sincèrement, et je vous suis attaché pour ma vie.

BUFFON.

(Inédite. — De la collection de M. le comte de Vesvrotte.)

XLVI

A L'ABBÉ LE BLANC.

Montbard, le 23 novembre 1753.

J'ai reçu, mon cher ami, votre compliment avec d'autant plus de sensibilité que vous êtes plus en droit de penser que j'avais tort avec vous de ne vous avoir point parlé de mon mariage. Je vous remercie donc très-sincèrement de cette marque de votre amitié, et je ne puis mieux y répondre qu'en vous avouant tout bonnement le motif de mon silence. Il en était de cette affaire comme de quelques autres, sur lesquelles nous ne pensons pas tout à fait l'un comme l'autre; vous m'eussiez contredit ou blâmé, et je voulais l'éviter, parce que j'étais décidé et que, quelque cas que je fasse de mes amis, il y a des choses qu'on ne doit pas leur dire; et de ce nombre sont celles qu'ils désapprouvent, et auxquelles cependant on est déterminé. Au reste, je ne doute nullement, mon cher ami, de la part que vous voulez bien prendre à ma satisfaction, et je serais très-fâché que vous eussiez vous-même quelque soupçon sur ma manière de penser. Les mauvais propos ne me feront jamais d'impression, parce que les mauvais propos ne viennent jamais que de mauvaises gens. Mme de Buffon, qui connaît votre ancienne amitié pour moi et qui vous a lu plus d'une fois, me charge de vous faire ses compliments et de vous dire qu'elle aime beaucoup vos lettres. Je compte partir le 15 décembre pour retourner à Paris, où j'espère vous voir souvent et vous renouveler l'assurance de mon attachement.

BUFFON.

(Inédite. — Une copie de cette lettre, dont l'original est perdu, appartient à M. V. Cousin, qui a bien voulu nous la communiquer. — M. Flourens en a publié des extraits.)

XLVII

AU PRÉSIDENT DE RUFFEY.

Paris, le 24 décembre 1753.

Mme de Buffon m'écrit, monsieur et cher ami, qu'elle a reçu une feuillette de vin blanc que vous avez eu la bonté de m'envoyer; je vous en fais tous mes remercîments, et je vous promets bien d'en boire à votre santé. Mais, quelque désir que j'aie qu'elle soit bonne, je vous avoue que je ne pourrai boire ici assez longtemps pour vider ce tonneau : il n'y a que vous au monde qui envoyiez des essais d'un pareil volume. J'espère être de retour à Montbard dans le commence-

ment de février, pour y rester jusqu'à Pâques. Je n'ose espérer de vous y voir; mais la première fois que vous viendrez à
Montfort, tâchez d'amener M. Lardillon, qui vous est fort attaché, et que je désespère d'avoir sans votre secours. L'abbé
Le Blanc vous a adressé une belle lettre[1] sur un beau sujet et
bien nouveau[2], et sur lequel il aurait dit encore de meilleures
choses s'il avait eu plus de temps. Le jour de la réception
n'est pas encore fixé[3]. Mandez-moi si je vous ai donné les
premiers volumes de l'*Histoire naturelle* in-12, afin que je
vous envoie le septième et le huitième qui vont paraître[4].

Je vous supplie de faire agréer les assurances de mon respect à Mme de Ruffey. C'est avec les sentiments de la plus
tendre amitié et du plus entier attachement que je serai toute
ma vie, monsieur et cher ami, votre très-humble et très-
obéissant serviteur.

BUFFON.

(Inédite. — De la collection de M. le comte de Vesvrotte; appartient aujourd'hui à M. de La Porte.)

XLVIII

AU MÊME.

Montbard, le 26 août 1754.

J'attendais, mon cher Président, que vous fussiez hors du
tourbillon, pour vous répondre et vous remercier de ce que
vous avez bien voulu me donner de vos nouvelles, et de celles
de vos amusements et de vos voyages. Les nôtres se sont bor-
nés à aller jusqu'à Montfort, où vous ne venez plus, et où je
crois cependant qu'on ne serait pas fâché de vous voir, malgré la mauvaise humeur qu'on laisse un peu paraître sur votre
compte. J'eus même ces jours passés une espèce de querelle
à ce sujet, mais qui se termina bien. Je suis fâché de votre
brouillerie, d'abord à cause de Mme de Ruffey, et ensuite à
cause de moi, parce que cela vous éloigne de Montbard.

1 5

Il y a déjà du temps que je vous dois de l'argent pour du vin blanc et du vin rouge que vous m'avez envoyé ; faites-moi le plaisir de me marquer la somme, et je vous la ferai tenir à Dijon. Si vous avez fait quelque pièce de vers sur l'avénement du prince de Condé, j'espère que vous me ferez l'amitié de me l'envoyer. M. le docteur Daubenton doit arriver dans quinze jours, et il sera peut-être bien aise d'avoir le secret du chartreux de Nancy pour conserver les oiseaux. L'abbé Le Blanc vous aura sans doute envoyé sa traduction du livre de M. Hume sur le commerce, dont j'ai été fort content[1].

Mme de Buffon, qui a pris beaucoup d'estime et d'attachement pour Mme de Ruffey, me charge de vous faire ses compliments. Elle espère toujours que nous pourrons nous revoir ici. Adieu, mon cher Ruffey; je vous embrasse et suis de tout mon cœur votre très-humble et très-obéissant serviteur.

BUFFON.

(Inédite. — De la collection de M. le comte de Vesvrotte.)

XLIX

AU MÊME.

Le 6 janvier 1755.

Je vous offre, mon cher Président, mes vœux pour vous et pour tout ce qui vous est cher. Je vous envoie une rescription de 200 livres pour les deux queues de vin que vous m'avez envoyées. Je l'ai trouvé bon, et dans quelque temps je vous prierai de m'en envoyer du pareil, si vous en avez encore.

Le discours de d'Alembert à l'Académie, quoique bon, n'a pas réussi à l'impression autant que je l'aurais désiré; celui de Gresset est devenu célèbre par une tirade assez hors de propos contre les évêques ; vous les avez tous deux sans doute, et vous pouvez en juger[1]. L'abbé d'Olivet[2] se dit fort de vos amis, et j'ai quelque peine à le croire; tant de gens disent qu'il n'est nullement aimable, que je me suis laissé persuader.

Donnez-moi, mon cher Ruffey, des nouvelles de votre santé, de vos occupations, de votre Académie, et comptez que de vous tout m'intéresse. Mes respects, je vous supplie, à Mme de Ruffey. Ce n'est pas d'aujourd'hui et ce sera pour toujours que je suis, mon cher Président, dans les sentiments les plus sincères et les plus inviolables, votre très-humble et très-obéissant serviteur.

BUFFON.

(Inédite. — De la collection de M. le comte de Vesvrotte.)

L

AU MÊME.

Paris, le 23 mai 1755.

J'ai reçu, mon cher Président, avant mon départ de Montbard, les deux queues de vin rouge et la feuillette de vin blanc que vous m'avez envoyées. J'ai goûté l'un et l'autre, et j'en suis fort content. Je vous ferai toucher dans quelque temps les 225 livres à quoi monte, je pense, le prix de ce vin, savoir 200 fr. pour le rouge et 25 fr. pour la feuillette de blanc ; et tous les ans, si cela vous convient, je prendrai auprès de vous ma petite provision.

On nous a dit que votre voyage d'Italie était un peu différé, et que votre santé était bonne ; je suis cependant peiné de vous entendre plaindre de ces faiblesses de tête, vous qui l'avez bonne, et qui, par votre goût pour les lettres et pour toutes les bonnes choses, avez dans vous-même une ressource sûre contre l'ennui [1].

Personne n'a ici de nouvelles de l'abbé Le Blanc ; il boude tout le monde parce qu'on ne l'a pas nommé de l'Académie française pendant son absence. On dit seulement qu'il revient incessamment de Dresde assez peu content. Je suis bien aise que vous soyez en liaison avec Voltaire ; c'est en effet un très-grand homme, et aussi un homme très-aimable.

Adieu, mon cher Président ; donnez-moi de vos nouvelles, et comptez que personne ne vous est plus sincèrement et plus inviolablement attaché que je le suis.

BUFFON.

(Inédite. — De la collection de M. le comte de Vesvrotte.)

LI

A L'ABBÉ LE BLANC.

Le 26 novembre 1755.

Dans tous les temps, mon cher ami, vos lettres me font un extrême plaisir, et si j'avais eu un peu de loisir, je vous aurais fait réponse plus tôt; mais depuis mon retour, j'ai eu des affaires et non pas des occupations, et je n'ai pu trouver le temps de causer avec vous. Mme de Buffon, qui vous fait mille compliments, a eu quelques jours après son arrivée une fièvre assez violente pendant trois jours ; elle est à présent parfaitement rétablie, et nous parlons souvent de vous avec intérêt et plaisir, et nous nous promettons bien de vous engager à venir nous voir. Voilà M. Duclos secrétaire de l'Académie, et j'en suis très-aise. N'y aurait-il pas des gens à qui ce choix n'a pas été trop agréable? Ce qu'il y a de vrai, cependant, c'est que personne ne convient mieux que lui à cette place, qui est fort importante pour le bien de la Compagnie. MM. Daubenton vous font mille compliments. Lorsque vous verrez M. Gagnard[1], faites-lui mention de moi, je vous en prie. Ne m'oubliez pas aussi auprès de M. de La Bonnerie; ce sont deux hommes tous deux respectables et très-estimables, et l'amitié qu'ils ont pour vous me fait un très-grand plaisir à moi-même. Adieu, mon cher ami ; c'est avec le plus sincère et le plus inviolable attachement que je serai toute ma vie votre très-humble et très-obéissant serviteur.

BUFFON.

(Inédite. — Tirée de la Bibliothèque impériale, cabinet des Estampes. Iconographie. — M. Flourens en a publié un extrait.)

LII

AU PRÉSIDENT DE BROSSES.

Le 26 novembre 1755.

C'est avec un grand plaisir, mon cher Président, que j'ai reçu de vos nouvelles. J'aurais voulu vous dire combien j'ai eu de regret de ne m'être pas trouvé à Montbard dans le temps de votre passage, et combien j'aurais eu de joie de vous voir et de causer avec vous. J'ai fait tout ce que j'ai pu pour engager Durand à donner tous ses soins à votre ouvrage[1] ; mais c'est un homme qui promet tout ce qu'on veut, et je suis bien fâché que vous soyez mécontent. Ce que vous lui reprochez, cependant, dépendait plutôt du réviseur que du libraire, et comme le fond de l'ouvrage est très-bon, je suis persuadé que les inexactitudes typographiques ne feront aucun tort au succès ni même au débit du livre. Je vous dois, mon cher Président, un cinquième volume de l'*Histoire naturelle*[2], et je suis fâché que vous ne l'ayez pas encore; mais à peine sortait-il de la presse lorsque j'ai quitté Paris, et je ne pourrai l'envoyer à mes amis qu'à mon retour. Ce volume ne contient guère que de petites choses, mais que votre amitié vous a fait trouver passablement bonnes.

Mme de Buffon, qui partage mes regrets de ne vous avoir pas vu, me charge de vous faire de très-humbles compliments. Pour moi, mon cher Président, je ne vous dirai jamais assez combien je vous suis attaché et dévoué pour ma vie.

BUFFON.

Mes respects, je vous en supplie, à Mme la Présidente de Brosses.

Inédite. — De la collection de M. le comte de Brosses.)

LIII

AU PRESIDENT DE RUFFEY.

Le 29 novembre 1755.

J'aurais bien désiré, mon cher Président, que vous eussiez accompagné Mme de Ruffey dans son petit voyage ; nous avons eu l'honneur de la voir, et je n'ai pu m'empêcher de lui témoigner mes regrets. Nous avons bu à votre santé et de votre vin. Je vous serai bien obligé si vous voulez bien m'en envoyer une queue et demie de rouge et une ou deux feuillettes de blanc. Joignez-y, je vous supplie, la note de ce que je vous dois, afin que je vous fasse tenir cet argent. Je vous dois aussi le cinquième volume de l'*Histoire naturelle*; mais je ne pourrai vous l'envoyer que dans six semaines, à mon retour à Paris. C'est toujours et pour ma vie que je suis, mon cher Président, dans les sentiments les plus inviolables et les plus tendres, votre très-humble et très-obéissant serviteur.

BUFFON.

(Inédite. — De la collection de M. le comte de Vesvrotte; appartient actuellement à Mme de Ganay.)

LIV

AU MÊME.

Montbard, le 21 décembre 1756[1].

Je serais bien aise, mon cher Président, de recevoir quelquefois de vos nouvelles; je serais encore plus content si je pouvais vous voir de temps en temps. On m'a dit que vous pourriez bien être chez Mlle de Thil[2] ces jours-ci; pourquoi, si vous étiez si près de nous, ne viendriez-vous pas à Montbard? Mme de Buffon le désire autant que moi, et tous deux nous pouvons vous assurer qu'à Montfort même vous trouveriez, comme nous, bonne mine, bonne chère et bon feu. Venez donc nous voir si vous le pouvez, et je vous réponds de nous et de nos voisins. Nous partons après les Rois, et le temps des fêtes de Noël et de l'an serait délicieux avec un dévot comme vous. Je vous embrasse bien tendrement, et mille respects à Mme de Ruffey.

BUFFON.

(Inédite. — De la collection de M. le comte de Vesvrotte.)

LV

AU MÊME.

Montbard, le 20 août 1757.

Je serai enchanté, mon cher Ruffey, d'avoir le plaisir de vous voir à Paris, et je serais désolé si nos arrangements ne s'accordaient pas avec les vôtres. Nous comptons rester à Montbard jusqu'à la Saint-Martin, et à Paris depuis la Saint-Martin jusqu'à Pâques ; ainsi il faudrait avancer de quelques mois le voyage que vous projetez.

Pourquoi ne viendriez-vous pas même à Montbard ? Nous voyons rarement Mme votre belle-mère [1].

Enfin, puisque vous ne venez ni ne voulez venir, nous irons vous voir ; car nous comptons passer à Dijon deux ou trois jours vers le 8 ou le 10 du mois prochain. Nous logerons chez mon ami, M. Varenne [2]. J'ai averti mon père au sujet de vos 150 livres, et il faudra bien qu'il vous les paye. Mes respects à Mme de Ruffey. Je serai toute ma vie, dans les sentiments de la plus tendre amitié et du plus inviolable attachement, monsieur et cher ami, votre très-humble et très-obéissant serviteur.

BUFFON.

(Inédite. — De la collection de M. le comte de Vesvrotte.)

LVI

AU MÊME.

Le 6 janvier 1758.

J'ai été enchanté, monsieur et cher ami, de recevoir de vos nouvelles, et, quoique je n'aie jamais douté de vos sentiments pour moi, le renouvellement m'en est infiniment agréable; aussi devez-vous compter sur les miens comme vous étant très-anciennement et très-inviolablement dévoués. Je serai bien fâché si votre voyage de Paris tombe dans un temps où je serais à Montbard ; en ce cas, je n'aurais pas d'autre ressource que de vous prier d'y passer et d'y rester quelques jours avec MM. vos enfants. Je compte retourner en Bourgogne dans cinq semaines au plus tard, et je ne pourrai revenir qu'après les couches de ma femme, sur lesquelles elle compte pour le mois d'avril ou de mai. Je ne vous écris pas de ma main, parce que je suis encore assez considérablement incommodé d'une douleur de rhumatisme dans le bras droit, qui m'a empêché d'écrire pendant longtemps.

Il n'est point du tout démontré par M. de Vaucanson ni par d'autres que l'articulation des mots ne puisse être formée par une machine ; je crois, au contraire, qu'on peut démontrer que la chose n'est pas impossible[1] ; mais cela n'empêche pas que votre automate n'ait un petit garçon enfermé dans une de ses cuisses.

Notre archevêque est exilé et parti de ce matin pour aller à la Roche en Périgord, chez M. son frère[2].

Mes respects, je vous supplie, à Mme de Ruffey. Vous connaissez depuis longtemps, mon très-cher monsieur, mon tendre et sincère attachement pour vous.

BUFFON.

(Inédite. — De la collection de M. le comte de Vesvrotte.)

LVII

AU MÊME.

Montbard, le 3 juillet 1758.

Je n'ai pu, mon cher monsieur, répondre plus tôt au compliment que vous avez la bonté de me faire[1]. Des douleurs de rhumatisme, que j'avais eues pendant les grands froids de cet hiver, se sont renouvelées dans les chaleurs de cet été, et m'ôtent entièrement l'usage de la main, et j'apprends par Mme de La Forest, qui a eu la bonté de m'envoyer un remède immanquable, dont cependant je n'ai point encore fait usage, que Mme de Ruffey est affligée d'un mal pareil qui l'empêche de marcher. Vous sentez bien, monsieur, toute la part que j'y prends ; je vous prie de le lui dire en l'assurant de mon respect. Mme de Buffon lui fait aussi mille tendres compliments ; sa santé va assez bien ; cependant elle n'est pas encore rétablie, et ne pourra relever que dans huit ou quinze jours. Je vais écrire à M. l'abbé Le Blanc, qui a eu grand besoin de votre amitié et de vos consolations dans les circonstances où il vient de se trouver[2]. Comme ma santé ne me permet pas de partir pour Paris, je suis déterminé à demeurer ici encore quinze jours ; ainsi j'espère que nous pourrons l'y voir à son retour de Dijon. Je voudrais bien que vos affaires vous permissent d'être de la partie ; j'aurais un grand plaisir à passer quelques jours avec vous. J'ai l'honneur d'être, avec une très-sincère amitié et un respectueux attachement, monsieur, votre très-humble et très-obéissant serviteur.

BUFFON.

(Inédite. — De la collection de M. le comte de Vesvrotte.)

LVIII

AU MÊME.

Montbard, le 25 décembre 1758.

Je vous envoie, mon cher Président, une petite caisse par le carrosse, dans laquelle vous trouverez un exemplaire pour vous et pour le président de Brosses du septième volume de l'*Histoire naturelle*. J'y ai mis aussi cent écus dans un rouleau que je vous supplie de remettre à M. Perchet[1], syndic des États; c'est pour du vin qu'il m'a fourni, et il vous en donnera quittance. Vous trouverez aussi dans cette caisse différentes choses que l'abbé Le Blanc m'a prié de vous faire passer. Il ne cesse de se louer de votre amitié et des bontés de Mme de Ruffey. Assurez-la de mes respects et de ceux de ma femme. Nous ne faisons que d'arriver de Paris, et nous passons ici l'hiver. Donnez-nous de vos nouvelles. Vous connaissez les sentiments de tendre et inviolable attachement que je vous ai voués.

BUFFON.

(Inédite. — De la collection de M. le comte de Vesvrotte.)

LIX

A L'ABBÉ LE BLANC.

Le 6 novembre 1759[1].

Je ne doute pas, mon cher ami, que vous n'ayez pris grande part à mes peines, et j'en ai la plus grande reconnaissance. Notre pauvre malade vous assure aussi de la sienne. Quoique en convalescence, elle souffre encore; la faiblesse, suite inséparable d'une violente maladie, le chagrin d'avoir perdu son enfant[2], la laissent dans un état triste et fâcheux. Nous espé-

rons que le temps dissipera cette langueur. Je n'attends que
son rétablissement pour l'emmener à Paris, et j'aurai beaucoup de plaisir à vous revoir; j'espère que ce sera vers le
12 ou 15 de décembre. Le docteur et sa femme[3] vous font mille
compliments. Je vous embrasse, mon cher ami, et suis de
tout mon cœur votre très-humble et très-obéissant serviteur.

BUFFON.

(Inédite. — De la collection du British Museum.)

LX

AU PRÉSIDENT DE RUFFEY.

Montbard, le 21 novembre 1759.

Il faut que vous me pardonniez, mon cher Président; j'écris
très-rarement, pour ne pas fatiguer mes yeux, qui sont devenus très-faibles depuis un an[1]. Je ne doute pas que vous
n'ayez pris grande part à mes peines; j'ai perdu un enfant
qui commençait à se faire entendre, c'est-à-dire aimer. Sa
mère a aussi couru le plus grand danger; elle n'est encore
qu'en convalescence. Elle me charge de vous remercier et
Mme de Ruffey de l'intérêt que vous avez pris tous deux à
sa situation. Quand elle sera rétablie, je compte l'emmener à
Paris passer l'hiver. Nous ne nous y promettons pas un séjour agréable; tout y est cher, tout y est triste. Je viens d'envoyer ma vaisselle à votre Monnaie[2]; il vaut encore mieux
qu'on ait demandé de l'argent aux gens aisés que d'avoir surchargé les pauvres. Vous qui êtes si honnête et si bon, ne gé-
missez-vous pas sur leurs malheurs? Adieu, mon cher ami;
conservez-moi des sentiments qui me sont et seront toujours
bien précieux. Donnez-moi de temps en temps de vos nouvelles, et soyez convaincu que personne ne vous est plus inviolablement attaché que moi. Mes respects à Mme de Ruffey.

BUFFON.

(Inédite. — De la collection de M. le comte de Vesvrotte.)

LXI

AU MÊME.

Montbard, le 4 août 1760.

J'ai été enchanté, monsieur et très-cher ami, de voir Mme de Ruffey et d'apprendre de vos nouvelles; mais je suis toujours fâché que vous ne l'accompagniez pas dans les petits voyages qu'elle fait dans ce pays-ci; car j'aurais grand plaisir à vivre avec vous et à vous renouveler souvent les sentiments de mon ancien et très-sincère attachement. Nous avons été on ne peut pas plus content de mesdemoiselles vos filles, tant pour la figure que pour le maintien. Je ne vous dis rien de l'esprit, parce que des deux côtés elles ont de quoi tenir, et que Mme de Ruffey me paraît leur donner beaucoup de soins et les aimer beaucoup.

Le mot *ignée*, quoique bon, n'est point encore d'usage; ainsi je ne puis pas vous dire comment on doit le prononcer. Si l'on suit le génie de la langue, il faut le prononcer *innée*, et c'est ainsi qu'on le prononcera s'il devient usité; mais comme il ne l'est point encore, et qu'il vient du latin *igneus*, je crois qu'on doit conserver sa prononciation latine, et faire sentir le *g*; comme aussi je crois qu'il faut le souligner en l'écrivant ou en l'imprimant. Mes compliments, je vous prie, et mes amitiés sincères à M. Michault. Mme de Buffon me charge des siens pour vous; je la quitte ces jours-ci pour aller faire un tour à Paris. Elle a été voir MM. vos fils à notre dernier voyage[1]; j'irai les voir moi-même à celui-ci; car je m'intéresserai toute ma vie à tout ce qui vous appartient, et c'est dans ces sentiments, et avec un inviolable attachement, que j'ai l'honneur d'être, monsieur et cher ami, votre très-humble et très-obéissant serviteur.

BUFFON.

(Inédite.—De la collection de M. le comte de Vesvrotte.)

LXII

A LEBRUN[1].

Au Jardin du Roi, le 1er décembre 1760.

Je vous remercie, monsieur, de la belle ode[2] que vous avez eu la bonté de m'envoyer; je l'ai lue avec un extrême plaisir, et j'y ai trouvé plusieurs traits qui supposent un beau génie et une âme tout aussi belle. Dans votre lettre, monsieur, vous avez mis entre le génie et le bel esprit une distinction bien forte[3], mais qui n'en est pas moins juste ni moins heureusement appliquée. Si elle déplaît à quelques *beaux*, elle plaira à tous les *bons* esprits.

J'ai l'honneur d'être, avec beaucoup d'estime et de considération, monsieur, votre très-humble et très-obéissant serviteur.

BUFFON.

(Publiée, en 1811, dans les *OEuvres complètes* de Lebrun.)

LXIII

AU PRÉSIDENT DE RUFFEY.

Paris, le 22 janvier 1761.

Je n'ai pas répondu dans le temps, mon cher Président, aux marques obligeantes de votre souvenir et de votre amitié, parce que j'étais malade et très-affligé de la perte de mon ami l'abbé Sallier[1], que je regretterai toute ma vie. J'ai eu un rhume violent dont je ne suis pas encore quitte, et avec cela, il a fallu faire deux réponses et les prononcer en public[2], la première à M. de La Condamine[3] et la seconde à M. Watelet[4], qui viennent d'être reçus à l'Académie française. J'ai envoyé à M. Varenne un exemplaire du discours de La Condamine et de ma réponse pour vous être remis. Celle à M. Watelet n'est pas encore imprimée, et je compte vous l'envoyer aussi; vous verrez que je ne m'en suis tiré qu'à force d'être court. Nous avons encore deux autres places à remplir; l'une paraît destinée à M. de Limoges[5], et je désirerais beaucoup que notre ami l'abbé Le Blanc pût obtenir la seconde. Je n'en désespère pas absolument, et je suis persuadé que vous en seriez fort aise.

Mes respects et les compliments de Mme de Buffon à Mme de Ruffey. Conservez-moi les mêmes sentiments d'amitié dont vous m'avez toujours honoré, et soyez sûr que personne n'est avec un plus sincère et plus inviolable attachement que je le suis, mon cher Président, votre très-humble et très-obéissant serviteur.

BUFFON.

(Inédite. — De la collection de M. le comte de Vesvrotte.)

LXIV

AU PRÉSIDENT DE BROSSES.

Paris, le 11 février 1761.

M. de Fontette[1], que j'ai trouvé dimanche à Versailles, pourrait vous dire, mon cher Président, que ma première question, lorsque je l'ai vu, a été de demander si vous n'étiez pas encore à Montfalcon[2]. Je le croyais, et ne voulant pas qu'il vous en coûtât 6 fr. de port pour quelques plates paroles[3], je me suis abstenu de vous les envoyer. Ne me grondez donc pas, je vous en supplie, car ce serait à tort. D'ailleurs, je ne veux pas que la nécessité des attentions diminue la confiance que j'ai dans votre amitié; elle m'est trop chère pour que je puisse imaginer de la perdre. L'abbé Le Blanc est en effet tout de bon sur les rangs pour l'Académie française, et quoiqu'il y ait beaucoup de gens qui sollicitent, les uns pour Marmontel, les autres pour Saurin[4], les autres pour Batteux[5], pour Trublet, etc., je crois que l'abbé Le Blanc sera élu, et je lui ferai part du désir que vous avez qu'il réussisse.

La succession de l'abbé Sallier ne consiste qu'en mobilier, et je ne crois pas, lorsque tout sera vendu, qu'il y ait plus de 30 ou 35000 livres[6]. Sur cette somme, il a fait ôter un legs d'environ 10 ou 12 000 liv. qu'il a fait à Mme de Monconseil[7], à laquelle il a donné sa vaisselle et argenterie; ensuite des legs de 4 à 5000 liv. pour des domestiques; un autre de 2000 liv. pour son exécuteur testamentaire. Otez encore 3 ou 4000 liv. de petites dettes, et au moins encore autant de frais funéraires, d'inventaires et de scellés, et enfin ce qu'il en coûtera pour les réparations d'un bénéfice où ni lui ni son prédécesseur bénéficier n'avaient jamais été depuis plus de cinquante ans; je crains qu'il ne me reste pas assez pour faire le bien que j'avais projeté, qui était de donner à un pauvre neveu, que son oncle n'avait jamais connu, autant qu'il aurait eu s'il fût mort intestat. Je laisse toute cette affaire à discuter entre l'exécuteur testamentaire et les économats, et je pars la semaine prochaine pour retourner à Montbard, où j'espère demeurer jusqu'au mois de juin ou de juillet, et où vous devriez bien venir passer vos vacances de la Pentecôte; car je sais d'avance que vous n'en aurez point cette automne, puisque vous présiderez à la chambre des vacations. Mes respects, je vous supplie, à Mme de Brosses[8], et tous mes compliments à M. votre frère[9]. Il me semble que, depuis que Voltaire réside en Bourgogne[10], il est devenu furieusement babillard. Voyez seulement son épître à Mme de Pompadour, sa réponse à M. Déodatie, ses missives au sujet du roman de Rousseau[11], dans lequel, par parenthèse, je trouve aussi bien du rabâchage, et vous m'avouerez que nos beaux esprits sont plus abondants que jamais, je ne dis pas en idées, mais en paroles. Mes mauvais yeux m'empêchent de lire, et ceci m'en dégoûte.

Adieu, mon cher Président, je vous embrasse bien sincèrement.

BUFFON.

(Inédite. — De la collection de M. le comte de Brosses.)

LXV

A L'ABBÉ LE BLANC.

Montbard, le 23 mars 1761.

J'ai été aussi surpris qu'indigné de cette élection à l'Académie française [1] que vous m'avez apprise, mon cher ami. Vous avez raison : c'est plus contre Duclos, contre Voltaire et contre d'autres que l'on agit, que contre vous et que contre les autres aspirants. C'est le temps du régime des médiocres ; mais, quoiqu'ils soient en grand nombre et que ce nombre augmente chaque jour par le succès de leurs cabales, il faut espérer qu'ils ne réussiront pas toujours, et je sais bien bon gré à Saurin d'avoir vu tranquillement la plate préférence qu'ils ont donnée à l'abbé Trublet. Je voudrais, mon cher ami, que vous eussiez un peu de cette tranquillité ; les choses changeront de face, et peut-être à l'heure que nous y penserons le moins. Donnez-moi des nouvelles de la seconde élection [2] ; car quelque dégoûté que je sois de l'Académie, j'y prendrai toujours intérêt à cause de vous. Mme de Buffon me charge de vous faire mille amitiés de sa part, ainsi que Mme et M. Daubenton ; il compte arriver à Paris d'aujourd'hui en quinze jours. Je ne puis, mon cher ami, que vous renouveler les assurances du sincère et inviolable attachement avec lequel je serai toute ma vie votre très-humble et très-obéissant serviteur.

BUFFON.

(Inédite. — De la collection du British Museum. — M. Flourens en a publié un fragment.)

LXVI

A M. DE PUYMAURIN

Au Jardin du Roi, le 16 janvier 1762.

J'ai reçu, monsieur, la petite caisse que vous avez eu la bonté de m'envoyer par la messagerie de Toulouse, et il faut que vous me permettiez de me plaindre de ce que vous en avez payé le port. C'était bien assez de la chose même, sans augmenter encore vos dons de l'argent qu'il vous en a coûté. Ces pétrifications m'ont fait grand plaisir, et tiendront bien leur place au Cabinet du Roi, où nous en avons déjà quelques-unes de semblables. La composition de l'ivoire, qui est par fibres croisées, à peu près comme les mailles des bas, est très-reconnaissable dans les morceaux que vous m'avez envoyés. L'épaisseur des couches qui se séparent les unes des autres est aussi très-bien marquée, et, en les comparant avec d'autres, on pourra en tirer des indications sur l'accroissement annuel des défenses de l'éléphant. Je ne puis donc, monsieur, vous remercier assez de ce présent; mais je ne voudrais pas vous engager à vous défaire en ma faveur de ce qui vous reste, à moins que vous n'ayez la bonté de me demander en échange les choses qui pourraient vous être agréables. Il est singulier que ces défenses d'éléphant se soient trouvées à si peu de profondeur; elles ont apparemment été roulées et entraînées avec les terres du sommet du coteau, où il est vraisemblable qu'elles étaient autrefois plus profondément enterrées. On trouve de ces défenses fossiles dans plusieurs provinces de l'Europe, et jusqu'en Sibérie. A l'égard des cornes de cerf, elles sont très-communes dans cet état de pétrification, et il n'est pas étonnant qu'on en trouve dans le pays de Comminges[2] et dans les contrées adjacentes, quoiqu'il y ait plus de deux cents ans que cette race d'animaux y soit détruite; c'est probablement parce qu'on y a, depuis

6

ce même temps, détruit les forêts et défriché les terrains couverts de bois. On voit par le traité de Gaston Phœbus[3], comte
de Foix, que de son temps le cerf y était commun, et qu'il y
avait même alors des rennes en France, puisqu'il donne la
manière de les chasser, et qu'il en fait un article particulier
sous le titre de chasse *du rangier*. Cependant les rennes ran-
giers sont aujourd'hui relégués bien loin de nous, et ne se
trouvent guère qu'en Laponie et au delà du cinquante-cin-
quième degré de latitude nord.

Je ne puis, monsieur, que vous offrir mes services, et vous
assurer de la reconnaissance et du respect avec lesquels j'ai
l'honneur d'être, monsieur, votre très-humble et très-obéissant serviteur.   BUFFON.

(Cette lettre, dont nous devons la connaissance à l'obligeance de M. La-
roche-Drillière, a paru en 1808, dans le journal du département de la Haute-
Garonne. Elle a été publiée par le baron de Puymaurin, fils de celui à qui elle
est adressée. Le baron de Puymaurin, membre de la chambre des députés
pendant toute la durée de la Restauration, mourut le 14 février 1841; il était
né à Toulouse, le 5 décembre 1757.)

LXVII

AU PRÉSIDENT DE RUFFEY.

Paris, le 11 février 1762.

J'ai remis aujourd'hui, mon cher monsieur, à notre ami
le président de Brosses, les tomes huitième et neuvième de
mon ouvrage que je vous prie d'agréer, et qu'il s'est chargé
de vous envoyer par la première occasion qu'il pourra trouver. Vous devriez bien faire comme lui, et venir quelquefois
passer l'hiver à Paris; car je suis affligé toutes les fois que
je pense au peu d'occasions que nous avons de nous voir. Cependant, mon cher monsieur, cela ne diminuera jamais les
sentiments de la tendre amitié et du respectueux attachement que je vous ai voués.   BUFFON.

(Inédite. — De la collection de M. le comte de Vesvrotte.)

LXVIII

FRAGMENT D'UNE LETTRE A GUYTON DE MORVEAU [1].

Mars 1762.

.... Le vrai bonheur est la tranquillité; le premier moyen de se le procurer est de la donner aux autres, et de laisser, comme disent les moines, *mundum ire quomodo vadit*. Au lieu que, sous le prétexte et même dans la vue de faire plus de bien, on fait nécessairement mille fois plus de mouvement qu'on n'en ferait; et c'est ce mouvement qui trouble et perd tout.

.... Les règlements [2] de vos nouveaux élus font gémir tout le monde. Ils ont si fort serré la mesure pour le payement des impôts, qu'il faudra mettre en prison la moitié de la province et achever de ruiner tous les pauvres, si l'on veut mettre à exécution ces beaux règlements.

(Ce fragment, tiré de la correspondance de Buffon avec Guyton de Morveau, a été publié par M. Bernard d'Héry, dans son édition des *OEuvres de Buffon*, Paris, an XI.)

LXIX

AU PRÉSIDENT DE RUFFEY.

Paris, le 13 mars 1762.

Permettez-moi, mon cher Président, de vous envoyer ci-joint une rescription de 465 liv. que je vous prie de donner à M. Jobard, trésorier des gages du Parlement [1], pour payement de quatre quittances qu'il vous remettra pour les années 1756, 1757, 1758 et 1759 de la capitation de mon père. Vous voudrez bien ensuite m'envoyer ces quatre quittances de M. Jobard. J'ai cru, mon cher monsieur, que vous me rendriez volontiers ce petit service; je ne doute pas même que, dans l'occasion, votre amitié ne m'en rendit de plus grands. Vous devez maintenant avoir reçu mes deux volumes; car Brosses n'a pas voulu me les rendre, en me disant pour raison que M. de Neuilly[2], qui est parti ces jours derniers, s'en était chargé pour vous. J'ai beaucoup vu et j'aime beaucoup notre ancien premier président[3]; il a beaucoup d'esprit, et n'est pas fanatique comme les trois quarts de votre Parlement. C'est une chose bien singulière que des gens se mettent dans la tête qu'en acquérant une charge de vingt ou trente mille francs, ils acquièrent en même temps la qualité de tuteurs des rois. C'est bien assez de l'être de sa propre personne, et il me paraît que celui de ces Messieurs qui a fait le libelle aurait mieux fait de prendre un tuteur qu'une charge[4]. Je suis enchanté de ce que vous n'êtes point dans cette vilaine bagarre, qui donne fort mauvaise opinion de nos têtes dijonnaises. Je vous embrasse, mon cher Président, avec toute la sincérité de l'attachement et des sentiments que vous me connaissez depuis si longtemps et que je vous ai voués pour toute ma vie.

BUFFON.

(Inédite. — De la collection de M. le comte de Vesvrotte.)

LXX

A GUENEAU DE MONTBEILLARD.

20 mars 1762.

Grand merci, mon cher bon ami, de ce que vous avez terminé l'affaire de mon ordonnance; c'était un service important pour moi dans les circonstances présentes. Voici une lettre pour M. Salvan que vous aurez la bonté de lui remettre. Je le prie de retenir les 10 000 liv. qu'il m'avait avancées, et de me renvoyer la reconnaissance que je lui en ai donnée. Je lui marque aussi que j'ai tiré sur lui un mandat de 6863 liv. 2 s. 10 d. que la veuve mère Lucas lui pré-

sentera le 3 ou le 6 de ce mois pour faire un payement qui
échoit le 8, et je compte que M. Salvan ne manquera pas
d'acquitter ce mandat de 6863 liv. 2 sous 10 deniers. Et à
l'égard des dix mille livres qui restent sur le montant de
l'ordonnance de 26 863 liv. 2 sous 10 deniers, je prie M. Salvan de me garder cette somme de 10 000 liv. et de me marquer dans quel temps il lui conviendra de me la payer; car
je ne voudrais pas le presser de me donner ces dix mille livres, puisqu'il a eu la bonté de m'avancer pareille somme
que j'ai gardée plus d'un mois.

Je suis très-flatté, mon bon ami, que vous ayez adopté mes
corrections. Vous en trouverez moins dans le second cahier de
la copie que j'ai l'honneur de vous envoyer ci-joint; mais
vous en trouverez beaucoup plus dans le troisième et dernier
cahier, que je vous renverrai dans quatre ou cinq jours. Vous
verrez même peut-être avec regret que j'ai sabré de longues
tirades tout entières; mais il n'y a pas une correction ou
suppression dont je ne puisse vous donner la raison, et, si
j'étais auprès de vous, je crois que vous seriez de mon avis. Je
vous ai déjà dit, mon bon ami, que l'ouvrage était trop long
et que j'avais tâché de le raccourcir et de resserrer un peu le
style. Je pense que, tel qu'il est maintenant, l'on n'aura plus
de reproche à vous faire. Enfin j'ai traité vos feuilles comme
les miennes, et, si j'avais été près de vous, vous auriez pu les
rendre encore plus parfaites; mais il y a mille et mille choses
sur lesquelles on ne peut s'expliquer ou s'entendre par lettres;
j'espère cependant que vous apercevrez les raisons des abré-
viations lorsque vous lirez ce troisième cahier de copie. Il ne
vous était pas possible d'y maintenir le même ton de gaieté,
puisque tous les faits en sont assez tristes, et, au défaut de
gaieté, j'ai cru qu'il fallait y substituer de la brièveté. C'est
à vous maintenant à me corriger moi-même; en relisant
votre ouvrage avec attention, vous pourrez encore y semer
quelques fleurs[1]. Puisque votre sort est fixé d'une manière
stable, vous reprendrez bientôt votre sérénité et votre

aimable enjouement[2]. Vous vous voyez à la vérité obligé
à un travail pénible; mais vous avez toujours travaillé, et
je suis persuadé que vous le faites avec tant de facilité que
cela vous coûte peu, et sûrement moins qu'à vos amis, auxquels vous ne pouvez pas donner le temps que les affaires
vous prennent.

Je suis inquiet de votre ami M. Varenne[3]. Mandez-moi où
en est sa malheureuse affaire. Je vous embrasse tous deux,
et je suis, mon cher bon ami, autant à vous qu'à moi-même.

BUFFON.

(Inédite. — De la collection du British Museum.)

LXXI

AU PRÉSIDENT DE RUFFEY.

Paris, le 14 janvier 1763.

J'ai reçu, mon cher Président, avec la plus grande joie, les
nouvelles marques de votre amitié; elle me sera toujours
également présente, également précieuse, et tous mes regrets
sont de n'en pas jouir aussi souvent que je le désire. Il y a
longtemps que je n'ai eu le plaisir de vous voir; vous ne venez plus à Paris, vous ne voulez plus venir à Montbard, et
j'en suis très-fâché. A votre place, je craindrais moins les
raisons de poitrine, et je les écouterais patiemment et uniquement pour ne pas les entendre. C'est ma méthode avec
Mme votre belle-mère; aussi nous ne sommes pas absolument
mal ensemble.

Je vous remercie de la liste que vous m'avez envoyée. Vous
avez depuis deux ans décoré votre Académie de beaux noms,
et en même temps vous l'avez renforcée de bons sujets; cela
vous fait beaucoup d'honneur; car le tout est dû à votre zèle,
et je suis persuadé qu'avec le temps cet établissement, qui a
été plus de vingt ans à naître, deviendra très-utile[1].

J'avais coutume d'envoyer à l'Académie un exemplaire de l'Histoire naturelle, à mesure que les volumes ont paru; mais je ne sais si les derniers, c'est-à-dire le huitième et le neuvième, ont été envoyés, et je vous supplie de me le faire savoir. Je serai toujours enchanté de donner à votre compagnie cette faible marque de mon respect.

Recevez aussi, mon cher Président, les sincères assurances de mon tendre attachement, et assurez, je vous en prie, Mme la présidente de Ruffey des mêmes sentiments et de tous nos respects.

BUFFON.

(Tirée des archives de l'Académie de Dijon, et publiée en 1819, par C. X. Girault.)

LXXII

A LEBRUN.

Au Jardin du Roi, le 17 janvier 1763.

Vous renouvelez, monsieur, si souvent mes plaisirs, qu'il faut que vous me permettiez de vous en marquer quelquefois ma reconnaissance. J'ai été enchanté de votre ode sur la Paix. Il y a surtout trois strophes qui sont de la plus grande beauté; partout des traits de génie, et les sentiments de l'âme la plus honnête; de la hauteur d'idées, du nerf dans les expressions, de la couleur dans les images et du mouvement dans le style. Votre dernière pièce, quoique d'un autre goût, m'a paru charmante par le bon sel et la plaisanterie fine, aussi bien que par la justesse et la vérité de votre critique. Continuez, monsieur, à cultiver vos grands talents, et vous serez bientôt hors de portée à tous les traits de l'envie.

En m'occupant de vous, monsieur, j'oubliais de vous parler de moi, et de vous remercier de la place que vous m'avez donnée dans votre dernier écrit[1]. Assurément je ne la prends pas si haut, et je serais fort fâché que le voisinage de mon nom, comme celui de ma personne, pût indisposer ou gêner quelqu'un. Nos grands hommes sont trop délicats, et, malheureusement, les petits ont la vie si dure qu'on les écorche sans les faire souffrir.

Je suis, monsieur, avec un respectueux attachement, votre très-humble et très-obéissant serviteur.

BUFFON.

(Publiée en 1811, à la suite des *OEuvres complètes* de Lebrun.)

LXXIII

A M. WATELET[1].

Montbard, le 14 novembre 1763.

Mme de Buffon vous remercie avec moi, mon cher ami, et de votre beau présent, et des beaux éloges que votre amitié m'a prodigués. Nous avons lu votre ouvrage avec grand plaisir. Je ne suis pas juge du fond, mais il me semble que MM. les peintres doivent vous savoir gré de la manière dont vous parlez d'eux et de leurs ouvrages. Je ne réponds pas que les géomètres, les femmes et même quelques philosophes le soient autant; mais apparemment vous ne vous en souciez guère.

Vos cinq feuillettes de vin sont parties aujourd'hui, bien reliées et emballées; elles sont adressées à M. de Bourière, fermier général, au petit château, rue et chemin de Clichy sous Montmartre, sans passer par Paris, et je compte qu'elles y arriveront dans huit jours, bien conditionnées. Votre ami aura assurément le meilleur vin de Bourgogne.

Je serai de retour à Paris avant la fin du mois; je compte sur le plaisir de vous y voir souvent et de vous renouveler les assurances de l'attachement et de l'amitié sincère que je

vous ai voués, et avec lesquels je serai toute ma vie, mon
cher ami, votre très-humble et très-obéissant serviteur.

BUFFON.

(Inédite. — Une copie de cette lettre, dont l'original est perdu, appartient
à M. Boutron, bibliophile distingué et possesseur des plus précieux auto-
graphes, qui a bien voulu nous en donner communication.)

LXXIV

AU PRÉSIDENT DE RUFFEY.

Au Jardin du Roi, le 15 janvier 1764.

Vous ne pouvez vous douter, mon cher Président, du plaisir que vous me faites lorsque vous avez la bonté de me donner de vos nouvelles et de me renouveler les marques de
votre amitié. Comptez, je vous supplie, sur le retour de toute
la mienne et sur les sentiments de l'attachement le plus sincère et le mieux fondé. Je vois que, toujours occupé à faire le
bien, vous augmentez la liste de votre Académie de noms illustres, que vous en augmentez les richesses par vos travaux, et
les revenus par vos soins. En vérité les lettres vous doivent
beaucoup, et toute votre conduite est bien respectable. Je vous
parle ici, non comme votre ami, mais comme le public,
qui rend toujours justice au mérite et encore plus à la
vertu.

Mes respects, je vous supplie, à Mme de Ruffey. Je serais
enchanté de voir M. votre fils[1], et je n'aurais garde de le détourner de son projet. Mme de Buffon me charge de compliments pour vous et pour Madame; elle est au cinquième
mois de sa grossesse, toujours fort languissante et ne pouvant pas sortir.

Les pensionnaires de l'Académie des sciences sont tenus,
par le règlement, de donner deux mémoires par an, et les
associés un; mais il s'en faut bien que cela s'exécute à la

lettre. Les honoraires, associés libres et vétérans, sont dispensés de tout travail. Il faut de la règle dans les compagnies; mais il est encore plus nécessaire d'y éviter la pédanterie.

J'ai beaucoup vu Malteste ici; mais je n'ai pas encore vu Brosses, et je serais très-aise de l'embrasser et de causer avec lui. Adieu, mon très-cher Président; je serai toujours, avec l'amitié la plus tendre, votre très-humble et très-obéissant serviteur.

BUFFON.

(Inédite. — De la collection de M. le comte de Vesvrotte.)

LXXV

AU MÊME.

Paris, le 26 juin 1764.

Je ne doute pas, mon cher Président, de votre amitié, ni de la part que vous prenez à ce qui m'arrive[1]. Je vous remercie donc bien sincèrement des témoignages que vous m'en donnez aujourd'hui. J'ai laissé ma femme, après trois semaines de couches, en assez bon état de convalescence, et je compte retourner à Montbard dans le mois prochain, toujours regrettant de ne pouvoir espérer de vous y voir.

Toutes les compagnies sont bien difficiles à conduire, et je sais, par ma propre expérience, que le zèle et les bonnes intentions nuisent souvent plus qu'elles ne servent. Votre secrétaire[2] était un garçon de mérite; mais je l'ai toujours connu un peu susceptible et assez volage. Je ne croyais pas qu'il eût d'aussi grands torts avec vous, vous qui ne voulez que le bien et avec qui il est si facile de vivre. Vous aviez un autre homme que je croyais plus constant et plus doux, et qu'on m'a dit être néanmoins mécontent, c'est M. Lardillon; je suis fâché qu'il se soit retiré. Il faut que les compagnies soient pédantes, et il faut au contraire que ceux qui les mènent soient

fort lestes. Votre ami, M. Le Gouz-Morin[3], peut, à cet égard,
vous être très-utile, aussi bien qu'à beaucoup d'autres. Rien
n'est plus noble que de donner, et surtout de donner ce qu'on
aime, et, sûrement, il aimait son cabinet; et, si le sacrifice
qu'il en a fait ne lui a pas coûté, il en est d'autant plus digne
d'éloges. Le don de M. du Terrail[4] est moindre à mes yeux;
car enfin ce n'est que de l'argent, il en a beaucoup, et l'on ne
peut être attaché à l'argent autant qu'aux choses de son goût.
Ces deux dons feront grand bien à votre établissement, et vos
exemples formeront des sujets qui y feront honneur. J'ai deux
volumes de mon ouvrage sur l'histoire naturelle à vous remettre. Je n'ai pas encore vu M. de Brosses, et je compte m'arranger avec lui pour vous les faire parvenir. Mes respects, je
vous supplie, à Mme de Ruffey. Je suis et serai toute ma
vie, avec un très-sincère et respectueux attachement, monsieur, votre très-humble et très-obéissant serviteur.

BUFFON.

(Inédite. — De la collection de M. le comte de Vesvrotte.)

LXXVI

AU MÊME.

Paris, le 24 février 1765.

Je n'ai reçu votre lettre, mon cher Président, que plus de
six semaines après sa date; ainsi vous ne me saurez pas mauvais gré du délai de la réponse. Je vois que le bien public et
surtout celui de votre Académie vous occupe continuellement;
rien n'est plus estimable; mais, en même temps, je ne voudrais pas que cela troublât votre tranquillité. Il faut tâcher
de mépriser les tracasseries, ou du moins de ne les pas prendre à cœur; c'est même le seul moyen de les éviter pour la
suite, quoique, dans toutes les compagnies, ce soit un mal épi-
démique et incurable.

Vous choisissez très-bien les sujets de vos prix[1]. Une méthode de bonne éducation bien tracée, bien développée, mériterait non-seulement des couronnes académiques, mais des récompenses du gouvernement.

Vous ne m'avez pas même marqué si vous avez reçu les tomes X et XI[2] in-4° de mon ouvrage sur l'Histoire naturelle, que je vous ai envoyés cet été par notre ami le président de Brosses. Les volumes XII et XIII paraîtront après Pâques, et je crois que vous y trouverez quelques morceaux qui vous feront plaisir. Je retournerai à peu près dans ce temps à Montbard. Il n'y a donc plus d'espérance de vous y voir ; c'est un de mes regrets les plus vifs. Vous étant si anciennement et si sincèrement attaché, il est dur de passer la vie sans vous voir. Recevez au moins les assurances de ces sentiments, et faites agréer mes respects et ceux de ma femme à Mme de Ruffey.

BUFFON.

(Inédite. — De la collection de M. le comte de Vesvrotte.)

LXXVII

AU MÊME.

Montbard, le 20 août 1765.

J'ai fait tout ce que j'ai pu, mon cher Président, pour engager M. Daubenton à vous payer ce qu'il vous doit[1]. Je l'ai beaucoup pressé, et tout ce que j'ai pu obtenir, c'est qu'il vous enverrait ces jours-ci 300 livres à compte des 1200, et il promet en même temps de payer avant Pâques les 900 livres restant. Mandez-moi, je vous prie, s'il a tenu parole pour les 300 livres. Il m'a promis si positivement que vous les recevriez avant le 20 d'août, que j'ai peine à me persuader qu'il voulût nous manquer à tous deux en même temps.

On nous a dit que M. votre fils l'aîné était à Montfort en bonne santé, et nous espérons qu'il nous fera l'honneur de nous venir voir pendant son séjour. Je vous embrasse, mon cher Président, et suis avec un sincère et respectueux attachement votre très-humble et très-obéissant serviteur.

BUFFON.

(Inédite. — De la collection de M. le comte de Vesvrotte.)

LXXVIII

A L'ABBÉ LE BLANC.

Montbard, le 22 septembre 1765.

Je vous avoue, mon cher ami, que j'ai bien des torts envers vous, quoique votre lettre ne soit que la seconde, et non pas la troisième, à laquelle je n'ai pas eu l'honneur de faire réponse. J'ai vu l'article du *Mercure*[1], et d'abord je fus tenté de vous écrire pour remercier M. de La Place[2]; mais ayant lu une seconde fois, car on relit volontiers ce qui nous flatte, j'ai cru apercevoir des traits de votre style, et d'autres plus évidents de votre cœur, et je vois avec grand plaisir que je ne m'étais pas trompé. Recevez-en, mon cher ami, tous les remercîments que je vous dois. A l'exception de l'éloge qui est trop fort, cet extrait est très-bien fait, et ce que vous dites des orateurs anciens fait bien de l'honneur à votre philosophie.

Ma femme, qui vous fait bien des amitiés, a relu l'article dès qu'elle a su qu'il était de vous, et elle l'a trouvé encore mieux qu'à la première lecture. Je suis bien aise de vous avoir cette obligation, et encore bien aise de ne l'avoir point à un autre. Ce que vous m'avez marqué de M. de Bourdonné m'a fait grand plaisir; car je fais plus de cas de son jugement que de celui de tous les philosophes dont vous me parliez, fussent-ils même de bonne foi. C'est un homme de beaucoup d'esprit et de sens, et qui, de plus, a sur eux l'avantage de connaître le monde et de le bien juger. Faites-lui mes compliments, je vous supplie, lorsque vous le verrez.

J'ai été très-touché de l'accident arrivé à M. le comte de Saint-Florentin[3]. Cette nouvelle a fait en province la même sensation qu'à Paris ; il n'y a personne qui n'y ait pris un très-grand intérêt. C'est, entre nous, le seul de nos ministres dont j'ai vu constamment désirer la conservation.

J'ai lu un extrait de l'*Éloge de Descartes* de M. Gaillard[4], et je n'ai pas été content du style. Si celui de M. Thomas[5] n'est pas meilleur, ce grand philosophe aura été loué avec de pauvres petites paroles[6].

Si vous rencontrez M. du Cros, faites-lui nos compliments, et ne nous oubliez pas non plus auprès de notre ami M. Meat ; j'espère que sa santé est actuellement bien rétablie. Nous ferons vendange ici dans huit ou dix jours, et nous ferons assez de vin ; mais, comme vous savez, ce vin est bien médiocre, et il vaudrait mieux que la grêle fût tombée sur mon finage que sur celui de Beaune, de Pommard ou de Volnay, où il ne reste pas une grappe de raisin.

Je vous renouvelle encore mes remercîments, mon cher ami, et les assurances de l'éternel attachement que je vous ai voué.

BUFFON.

(Inédite. — De la collection du British Museum.)

LXXIX

AU PRÉSIDENT DE BROSSES.

Montbard, le 23 septembre 1765.

Dans ma solitude, mon très-cher Président, je ne suis souvent informé que fort tard des choses qui m'intéressent le plus. Ce n'est que de ces jours-ci que j'ai appris la cruelle perte que vous avez faite de votre fils unique[1]. Je vous assure, mon cher ami, que cette nouvelle m'a causé une véritable douleur ; je crois connaître votre cœur, et je me suis peint toute son affliction. Je la partage bien sincèrement ; car je vous suis depuis longtemps et pour toujours bien tendrement attaché.

Je vous envoie ci-joint un ordre pour prendre chez mon libraire deux nouveaux volumes de l'Histoire naturelle. Je voudrais pouvoir vous donner d'autres marques de mon estime et de mon amitié, et je regrette souvent de n'être pas à portée de vivre avec vous, et de vous dire combien je vous aime et combien je désire que vous m'aimiez aussi.

BUFFON.

(Inédite. — De la collection de M. le comte de Brosses.)

LXXX

AU MÊME.

Le 11 janvier 1766.

Je viens enfin, mon cher Président, d'achever la lecture entière de votre excellent ouvrage sur le *Mécanisme du langage*[1], et je ne puis vous dire à quel point j'en suis satisfait. Il m'était bien resté dans l'esprit quelques-unes des idées que vous y avez employées; mais ce n'était que des morceaux d'une mine d'or dont vous venez de tirer toutes les richesses, sans cependant l'avoir épuisée; car nos neveux auront encore à travailler après vous, ou plutôt d'après vous, et je ne désespère pas qu'on ne voie un jour l'exécution de votre grand projet d'un vocabulaire universel. Je pense comme vous que cet ouvrage serait le *compendium* de nos connaissances, qui deviendra d'autant plus nécessaire qu'elles se multiplieront davantage, et vous aurez la gloire d'avoir donné le premier non-seulement le projet, mais les moyens d'exécution de cet univers grammatical qu'il ne paraissait pas possible d'établir sur des fondements solides et réels. Vous avez, dès aujourd'hui, celle d'en avoir démontré la possibilité, et même la facilité. Vous avez encore celle d'avoir employé dans toute la suite de votre ouvrage la vraie métaphysique, et la seule qui soit lumineuse, c'est-à-dire là métaphysique tirée de la nature, et d'avoir semé toutes vos pages de vues très-fines dont vous devez vous attendre que quelques-unes échapperont à la plupart de vos lecteurs. Je ne vous dis rien de la prodigieuse érudition que votre livre me paraît supposer ; j'en ai trop peu pour que mon éloge à cet égard pût vous flatter ; mais ce que je peux vous assurer, c'est que les savants, comme les gens du monde, me paraissent s'accorder dans leurs jugements, et que votre ouvrage a l'approbation la plus générale et la plus flatteuse. C'est le seul livre que j'aie lu de mes yeux, depuis plus de six mois, à cause de leur faiblesse ; mais je l'ai lu tout entier, avec loisir, plaisir et réflexion, et j'y ai appris mille choses que j'ignorais. Je ne puis donc, mon cher ami, que vous féliciter de tout mon cœur sur cette production, qui vous fera le plus grand honneur à jamais.

J'ai outre cela des excuses à vous faire ; je vous avoue mon étourderie, qui n'est pas pardonnable, et que tout autre que vous aurait eu raison de ne pas me pardonner. Croiriez-vous, mon cher Président, qu'en citant les *Terres australes*, je ne me suis point rappelé que c'était vous qui aviez fait ce recueil? Comme ce sont des copistes qui me font mes extraits, et que ces extraits sont très-nombreux, j'en fais tirer à mesure les faits dont j'ai besoin, et dans cet extrait sur les lions marins, je ne pensais qu'aux voyageurs qui ont exagéré les faits, et point du tout à vous, qui avez rédigé leurs relations[2]. Si cela se fût présenté à mon esprit sur-le-champ, mon cœur aurait écrit : *M. le président de Brosses, qui a retranché de ces relations une infinité de faits faux ou exagérés, et qui y a substitué un grand nombre de vérités, pouvait encore en retrancher*, etc. Voilà la manière dont j'aurais pris la liberté de vous critiquer, si j'eusse pensé à vous, et je vous promets que je réparerai ma faute la première fois que j'aurai occasion de citer les *Terres australes*. Rien n'est plus honnête et plus doux que la manière dont vous vous plaignez de cette sotte inadvertance

de ma part, et j'en ai été pénétré. Je ne puis que vous remercier en vous embrassant bien tendrement et de tout mon
cœur.

Buffon.

(Inédite. — De la collection de M. le comte de Brosses.)

LXXXI

AU PRÉSIDENT DE RUFFEY.

Au Jardin du Roi, le 20 janvier 1766.

Je vous avoue, mon cher Président, que les vers du jeune
homme m'ont fort étonné [1], et d'autant plus qu'il y a moins
de feu et plus de maturité, de raison et de style que cet âge
n'en comporte. Vous avez très-bien fait de lui donner une
place dans votre Académie; c'est un premier encouragement
qui pourra peut-être lui devenir utile. Tous les gens de lettres doivent s'intéresser à son sort, et je serais fort aise, en
mon particulier, de trouver l'occasion d'aider à l'avancement
de ses talents, qui sont déjà très-grands, et qui ne peuvent
manquer de le devenir encore davantage.

Je vous envoie ci-joint un ordre pour que vous fassiez
prendre quand vous voudrez, et par qui il vous plaira, les
deux nouveaux volumes de mon ouvrage sur l'*Histoire naturelle*; j'espère que vous y trouverez des morceaux dont vous
serez content.

Je suis bien fâché de tous les malheurs qui sont arrivés à
notre ami le président de Brosses [2]; il mérite bien d'être
heureux, et s'il est raisonnable, il prendra pour consolation
le succès de son ouvrage sur le langage. Il a été goûté de
tous les gens qui savent penser, et en mon particulier, je
l'ai lu d'un bout à l'autre avec autant de plaisir que d'instruction.

Je suis enchanté de tout ce que vous me marquez au sujet
de votre Académie; vous en êtes le père et vous en serez l'âme

tant que vous vivrez, et on ne saurait donner trop d'éloges à votre noble manière de penser.

J'ai entrepris de donner la suite de l'*Histoire naturelle* en planches enluminées, dont je donnerai les explications lorsqu'il y en aura assez pour faire un volume. Il en a déjà paru quatre cahiers de vingt-quatre planches chacun ; chaque cahier coûte 15 liv. en petit papier, et 24 liv. en grand papier. Je ne puis pas vous le donner comme je fais pour mon livre, parce que l'ouvrage appartient à mes peintres et à mes graveurs[3], et qu'on n'en tire que quatre cent cinquante exemplaires ; cependant, je serais bien aise que vous l'eussiez et que vous fussiez du nombre de nos souscripteurs. M. de Puligny[4], M. du Morey[5] et M. Hébert[6] ont les premiers cahiers, et vous pourrez les voir chez eux.

Je vous embrasse, mon cher Président, et je serai toute ma vie, avec une amitié tendre et un attachement respectueux, votre très-humble et très-obéissant serviteur.

BUFFON.

(Inédite. — De la collection de M. le comte de Vesvrotte.)

LXXXII

AU MÊME.

Au Jardin du Roi, le 5 février 1766.

Je vous remercie, mon cher Président, de la peine que vous vous êtes donnée pour l'affaire de Mme la marquise de Scorailles[1] ; les papiers, en effet, ont été envoyés, et elle m'a chargé de vous faire aussi des remercîments de sa part.

Je compte bien, mon cher ami, quoique j'aie cinquante-huit ans depuis le mois de septembre dernier, finir toute l'*Histoire naturelle* avant que j'en aie soixante-huit[2], c'est-à-dire avant que je necommence à radoter ; et voici les mesures que j'ai prises pour en venir à bout. Je donnerai en in-4 encore six volumes, dont les matériaux sont prêts pour la plus grande partie. Ces six volumes contiendront, après l'histoire des quadrupèdes, celle des cétacés et des poissons cartilagineux ; ensuite celle des quadrupèdes ovipares et des reptiles·, et enfin des matières générales sur les végétaux et les minéraux. Ainsi j'aurai donné en gravure noire tous les animaux dont la forme suffit pour qu'on puisse les reconnaître aisément, et je fais faire en même temps, en planches enluminées, tous les oiseaux qui ont besoin d'être présentés avec des couleurs pour être bien connus, et cela abrége les descriptions plus de moitié. J'ai déjà près de deux cents planches de gravées, dont il en a paru quatre-vingt-seize. Cela fera un ouvrage in-folio en quatre ou cinq volumes qui aura pour titre : *Suite de l'Histoire naturelle, par M. de Buffon.* Et en effet, je donnerai une explication assez étendue de chacune des planches, et on reliera cette explication avec les planches, dès qu'il y en aura un assez grand nombre pour faire un volume ; et comme il en paraît un cahier de vingt-quatre planches tous les trois mois, je compte que dans quatre ou cinq ans au plus l'ouvrage pourra être entièrement achevé. Il n'y en aura en tout que quatre cent cinquante exemplaires, et si vous voulez que je vous inscrive, il faut me faire une réponse promptement, parce qu'il ne m'en reste plus que vingt-six. Je vous conseillerais de le prendre comme M. Hébert, en grand papier, parce qu'il est toujours mieux soigné que le petit papier. D'ailleurs, votre Académie aura nécessairement besoin de ce recueil, qui seul tiendra lieu d'un cabinet entier et complet d'histoire naturelle, et vous devriez prendre cette dépense non pas sur vous, mais sur les petits fonds de vos dépenses académiques. Si vous voulez les quatre cahiers qui ont déjà paru, il vous en coûtera quatre louis, et je vous les enverrai par la voie de M. Hébert ; ensuite, il y aura un louis à donner dans trois ou quatre mois, en recevant le cinquième cahier, un autre louis trois mois après, en recevant le sixième, ainsi de suite, parce que chaque cahier coûte un louis, et qu'à ce prix, que j'ai fixé à nos dessinateurs et à nos peintres, ils ont encore bien de la peine à gagner quelque chose au delà de leurs frais.

Je serais bien aise de voir notre ami M. de Brosses, et je serais bien content si je pouvais espérer de vous voir aussi, personne ne vous étant plus anciennement et plus sincèrement attaché que je le suis et le serai toute ma vie.

BUFFON.

(Inédite. — De la collection de M. le comte de Vesvrotte.)

LXXXIII

AU MÊME.

Avril 1766.

J'ai fait partir hier, mon cher Président, par le carrosse de voiture qui arrivera à Dijon jeudi, une petite caisse à l'adresse de M. Hébert, dans laquelle j'ai mis les quatre cahiers de mes planches enluminées, petit papier, pour le payement desquelles vous m'avez envoyé une rescription de 60 liv. J'y ai joint les volumes X, XI, XII et XIII de mon ouvrage sur l'*Histoire naturelle*, que je vous supplie de faire agréer à MM. de l'Académie. J'aurais bien voulu leur faire de même un hommage pur et simple de mes planches enluminées; mais, comme cet ouvrage est pour le compte de mes dessinateurs, et qu'on ne le tire qu'en très-petit nombre, il ne m'est pas possible d'en donner; il n'y en a en tout que cent cinquante exemplaires en grand papier, et trois cents en petit papier.

Comme il n'y a dans la caisse que j'ai adressée à M. Hébert qu'un seul cahier pour lui, et deux autres cahiers, l'un pour M. Rigoley de Puligny, et l'autre pour M. du Morey, et que la principale charge de cette caisse est pour l'Académie, il serait juste que le port qu'il en coûtera à M. Hébert fût partagé.

Vous me marquez d'envoyer à M. du Morey la souscription de cet ouvrage; vous voyez bien bien que ce n'est point une souscription, mais une simple inscription du nom de ceux à qui on la donne, attendu qu'on ne demande point d'argent d'avance, et qu'on ne paye qu'à mesure que l'on reçoit. J'ai donc fait inscrire votre nom pour l'académie de Dijon sur la liste de ceux qui prennent l'ouvrage, et cela est suffisant.

Le maire de Montbard [1] doit arriver ces jours-ci à Paris; je vous promets de lui bien laver la tête et de le presser de nouveau de satisfaire à ses obligations.

Mes respects, je vous supplie, à Mme de Ruffey. C'est avec les sentiments de la plus inviolable amitié que je serai toute ma vie, mon cher Président, votre très-humble et très-obéissant serviteur.

BUFFON.

Comme la poste presse, je n'ai pas le temps de donner avis à M. Hébert de l'envoi de cette caisse, et je vous prie de l'en faire avertir.

(Inédite. — De la collection de M. le comte de Vesvrotte.)

LXXXIV

AU MÊME.

Montbard, le 7 avril 1766.

Je n'ai pu, mon cher Président, vous répondre plus tôt, parce que, depuis plus d'un mois, j'ai été attaqué de violentes coliques d'estomac qui m'ont beaucoup tourmenté, et qui me réduisent encore aujourd'hui au petit-lait et à la diète. Cependant cela va mieux depuis quatre ou cinq jours, et j'espère que l'air de la campagne et l'exercice feront cesser mon mal, que la vie sédentaire et le trop d'application m'avaient causé.

J'ai apporté avec moi les quatre premiers cahiers, grand papier, de nos planches enluminées, que vous avez payés d'a-

vance à M. Hébert; je les adresse, par le carrosse qui passe
ici demain, à Mlle Buisson[1], au Logis-du-Roi, pour les faire
tenir à Mme la comtesse de Rochechouart[2]. Il y a longtemps
que je connais son goût et toute l'étendue de ses connaissances en histoire naturelle, et je suis charmé qu'elle se soit
déterminée à prendre ces planches enluminées, qui seront
quelque jour fort rares; car, comme je vous l'ai dit, on n'en
peut tirer que quatre cent cinquante exemplaires, et j'aurai
soin qu'on lui fournisse les meilleures épreuves. Je vous prie
de faire avertir Mlle Buisson afin qu'elle retire ce paquet, dont
je ferai charger la feuille.

M. Maret[3] a pris la peine de m'écrire, au nom de l'Académie, pour me remercier des derniers volumes que je vous ai
envoyés; c'est un hommage trop légitime pour mériter des
remercîments, et ce serait à moi à vous en faire de l'accueil
toujours très-obligeant que votre compagnie a eu la bonté de
faire à mes ouvrages.

Je vous embrasse, mon cher Président, et je vous supplie
de faire agréer mes respects à Mme de Ruffey. Mme sa sœur
est ici chez Mme de La Forest. Nous avons eu de leurs nouvelles souvent; mais nous n'avons pas encore eu l'honneur de
les voir.

BUFFON.

(Inédite. — De la collection de M. le comte de Vesvrotte.)

LXXXV

A MADAME GUENEAU DE MONTBEILLARD[1].

Le 2 mai 1766.

Pourquoi me laissez-vous dans l'incertitude, madame, sur
votre grande opération[2]? Je ne sais où vous prendre. Êtes-vous
à Chevigny[3]? avez-vous déterminé le temps, le jour de l'inoculation? Si je n'avais pas d'enfant, je saurais tout ce qui
vous intéresse sur cela; car j'aurais été à Chevigny vous en

demander des nouvelles, et je vous supplie de m'en donner, si vous avez un moment où vous ne soyez pas occupée auprès de votre enfant. Je vous félicite de votre courage[4]; je plains tendrement vos inquiétudes, et je souhaite ardemment de savoir tous les détails qui vous concernent[5]. Je vous les demande avec instance. Voilà une lettre pour Mme de Prévots, que j'attends ici tous les jours. Si vous êtes à Chevigny, je l'enverrai prendre à Semur, si cela vous convient; elle n'aura qu'à me le faire dire.

BUFFON.

(Inédite. — Communiquée par M. Léon de Montbeillard à M. Beaune, qui a bien voulu, à son tour, nous en donner connaissance.)

LXXXVI

AU PRÉSIDENT DE BROSSES.

Montbard, le 27 juin 1766.

Il n'y a que trois ou quatre jours, mon très-cher Président, que j'ai cessé de souffrir. J'ai eu depuis le mois de mars cinq atteintes d'une violente colique d'estomac, dont la dernière a duré douze jours et m'avait entièrement abattu. Je me suis mis au régime du lait, et je m'en trouve très-bien; les douleurs ont cessé et je reprends des forces. Sans une excuse aussi légitime, je vous demanderais pardon, mon cher ami, de n'avoir pas répondu à votre lettre si honnête et toute remplie de sentiments d'amitié, que vous m'avez écrite dans le temps de votre arrivée à Paris. J'ai été aussi extrêmement peiné du contre-temps qui m'a privé du plaisir de vous voir. Je retourne à Paris le 14 du mois prochain, et peut-être alors en serez-vous parti. Vous devriez au moins, mon cher Président, nous donner un jour ou deux à Montbard; je vous enverrais des chevaux à la Maison-Neuve, qui vous ramèneraient à Montbard, au cas que vous partiez avant le 10 juillet; car, si vous partiez plus tard, cela ne serait plus possible, étant obligé de partir moi-même le 12 ou le 13 au plus tard. Je vous envoie ci-joint un billet pour M. Daubenton le jeune[1], pour qu'il vous fasse tirer une suite de nos animaux et squelettes; et assurément, mon cher ami, je ne permettrai pas que vous payiez les frais de cette petite œuvre, que je serai enchanté de mettre dans votre portefeuille.

Sainte-Palaye[2] et d'autres de mes confrères de l'Académie française ont pu vous dire combien j'avais fait d'éloges de votre dernier ouvrage, et combien j'ai dit qu'il devait vous mériter une place à l'Académie. Entre nous, il est sûr qu'en fait de grammaire il y a autant d'esprit dans votre livre qu'il y a de matière dans celui de Sainte-Palaye, qui cependant lui a mérité cet honneur.

Je vous embrasse, mon très-cher ami, bien sincèrement et de tout mon cœur.

BUFFON.

(Inédite. — De la collection de M. le comte de Brosses.)

LXXXVII

AU MÊME.

Montbard, le 1er septembre 1766.

De tout mon cœur je vous fais mes félicitations, mon très-cher Président, sur votre heureux mariage[1]; car je ne doute pas qu'il ne le soit en effet, puisque vous épousez vos amis[2], et que votre jeune dame ne peut manquer de tenir de ses dignes parents. Cela me fait d'autant plus de plaisir que j'avais fait quelques ouvertures d'un autre côté, et que je devais vous écrire que ces gens-là portaient leurs prétentions trop haut. Nous chercherons ailleurs pour Mlle votre fille[3], et ma femme serait enchantée de vous donner des marques de son amitié, qui depuis longtemps est fondée sur la haute estime qu'elle m'a toujours vu faire de votre esprit et de votre cœur.

Elle est restée à Paris pour nous arranger dans une nouvelle maison à portée du Jardin du Roi, où j'ai cédé mon logement pour agrandir les cabinets. On m'a traité honnêtement pour mes dédommagements, mais non pas *magnifiquement*[4], comme on le dit à Dijon; et, en honneur, les motifs de l'intérêt personnel n'ont aucune part ici, et je ne me suis déterminé que pour donner un certain degré de consistance et d'utilité à un établissement que j'ai formé. Tout était entassé! tout périssait dans nos cabinets faute d'espace. Il fallait deux cent mille livres pour nous bâtir. Le Roi n'est pas assez riche pour cela; son contrôleur général a pris un parti qui ne leur coûtera que quarante mille livres pour l'arrangement du tout, et il me paye le loyer de ma maison; ainsi vous voyez que cela ne fera tout au plus que la fortune du Cabinet, et cela me suffit; car je suis content de la mienne, quoique assez médiocre[5].

Vous n'avez pas encore votre suite de planches des animaux et de leurs squelettes, parce qu'il faut que vous l'ayez complète, et qu'on achève de graver les animaux du XVᵉ volume; ainsi vous n'aurez le tout que dans deux ou trois mois. Jouissez, en attendant ces squelettes, d'une belle chair bien ferme et bien fraîche, et, dans les plaisirs de l'amour, n'oubliez pas les douceurs de l'amitié et les sentiments tendres et sincères que je vous ai voués pour ma vie.

BUFFON.

(Inédite. — De la collection de M. le comte de Brosses.)

LXXXVIII

FRAGMENT DE LETTRE AU PRÉSIDENT DE BROSSES.

Montbard, le 17 janvier 1767.

.... Je me suis transporté sur les lieux et la chose m'a paru évidente; elle a paru telle aussi à M. Gueneau[1], maire de Se-

mur, qui est un homme éclairé; M. Guenichot[2], conseiller à
votre Parlement, qui a bien voulu aussi se transporter sur les
lieux, en a jugé comme moi. Mais cette affaire est ici soutenue
par des prêtres et a été très-mal conduite par ces pauvres
gens, qui n'ont ni ressources ni protections. S'ils perdent leur
procès, ils seront non-seulement noyés chez eux, mais tout à
fait ruinés[3]. Je n'y prends d'autre intérêt que celui de l'humanité, et ce motif est bien puissant sur une âme comme la
vôtre, et j'y compte plus que si l'affaire vous était recom-
mandée par des puissances.

Il y a quinze jours que je devrais être à Paris; mais le
mauvais temps m'a retenu, et je pars dans deux jours pour
revenir à Pâques et retourner au mois de juillet. Je vous dis
cela d'avance, mon très-cher Président, dans l'espérance que
nous pourrons nous rencontrer. Ma santé me tracasse toujours
et n'est pas encore parfaitement rétablie. J'entends dire avec
grand plaisir que vous vous trouvez très-bien de votre nouveau ménage. Je partage vos joies, mon cher ami, et je vous
prie de faire passer mes sentiments et mes respects à votre
jeune dame. Ma femme est à Paris depuis cinq semaines, où
elle arrange notre nouveau logement, rue des Fossés-Saint-
Victor[4]. Mandez-moi si je vous ai envoyé les derniers volumes
de l'*Histoire naturelle*; le XVe va paraître, mais il ne contient
guère que des tables.

Thomas doit être reçu jeudi[5]. Savez-vous que l'abbé Coyer[6],
avec sa petite prédication, s'est mis sur les rangs? Abbé pour
abbé, j'aimerais mieux l'abbé Le Blanc, qui n'a manqué la
place que d'une voix, qui est mon ancien ami et un très-honnête garçon. Je vous le recommande d'avance; car il me paraît, mon cher Président, que vous ne pouvez pas *rater* la
première place[7]. Je ne vous souhaite avec cela qu'un fils,
parce que j'imagine que ces deux objets suffisent à votre bonheur, auquel je m'intéresse comme au mien.

Au nom de Dieu, faites quelque chose pour mes pauvres
gens de Montbard; j'ai leur affaire fort à cœur, parce que

je la crois très-juste et qu'ils sont les victimes de la passion des prêtres.

Je vous embrasse bien tendrement et de tout mon cœur.

BUFFON.

(Inédite. — De la collection de M. le comte de Brosses. — Le commencement de cette lettre manque.)

LXXXIX

AU PRÉSIDENT DE RUFFEY.

Paris, le 13 février 1767.

Ce n'est que depuis quelques jours, mon cher Président, que je suis de retour à Paris et que j'ai reçu votre lettre avec les listes qui y étaient jointes. Je vous remercie d'abord de tous les sentiments d'amitié dont elle est remplie, et je vous supplie de me les conserver, comme en étant digne par le retour de tous les miens. Je vous félicite ensuite sur la gloire de votre Académie; cet établissement n'a pris forme que depuis vos soins, et vous y avez plus fait que le fondateur même. Je suis bien aise que vous ayez été content du mémoire de M. Guéneau[1]; c'est un homme d'un mérite supérieur, et je regretterai toujours de ce qu'il a voulu se fixer à Semur, sans pouvoir le blâmer d'avoir préféré une vie aisée et tranquille au tumulte de ce pays-ci. J'habite actuellement une assez belle maison rue des Fossés-Saint-Victor, à mille pas de distance du Jardin du Roi, ce qui me donne la facilité d'y aller à pied pour y donner mes ordres. J'ai cédé mon logement pour étendre le Cabinet, qui commençait à s'encombrer au point de ne pouvoir s'y reconnaître. Si vous voyez notre ami le président de Brosses, je vous prie de lui faire mille tendres compliments de ma part, et de le prier de se souvenir des pauvres gens de Montbard dont je lui ai recommandé le procès. Que dites-vous tous deux du discours de M. Thomas à l'Académie française[2]? On trouve ici qu'il y a bien de la pensée dans les premières pages, et bien peu dans les dernières. Je vous embrasse, mon cher Président, avec les sentiments d'un tendre et respectueux attachement.

BUFFON.

Mes respects, je vous supplie, à Mme de Ruffey. Dites aussi quelque chose pour moi à MM. vos fils, qui sont maintenant des hommes, et auxquels je souhaite vos talents et vos vertus.

(Inédite. — De la collection de M. le comte de Vesvrotte.)

XC

A GUENEAU DE MONTBEILLARD.

Mercredi soir, 6 mai 1767.

Même réponse à M. de Morges[1] que ma proposition, mon cher monsieur, sinon que je consens à payer les 50 mille livres, dans deux années subséquentes : savoir, 25 mille livres en 1769 et 25 mille livres en 1770. J'en serai quitte pour les emprunter alors, et cela ne change rien à mon état[2]. On m'a dit que Venarey ne relevait pas du Roi, mais de la terre des Grignon[3], et cela me déplaît assez. On assure aussi qu'elle doit une redevance à celle de Mussy ; cela me déplairait encore, si M. votre frère[4] n'en était pas seigneur. Je suis donc bien résolu à n'en donner absolument que les 125 mille livres que j'ai offertes et les 2400 livres de pot-de-vin, ou chaîne, et vous pouvez même assurer M. de Morges que, s'il n'accepte pas, on se retirera.

Je suis dans une véritable affliction de la perte que nous venons de faire d'une de nos meilleures amies, Mme de Scorailles[5], qui vient de mourir d'une fièvre maligne ; je la regrette bien vivement, et ma femme aura bien de la peine à s'en consoler. Ma santé n'est pas si bien que quand j'ai eu le plaisir de vous voir ; il m'est survenu, à propos de botte, deux petites indigestions qui m'ont dérangé, et j'ai cessé de m'occuper la tête depuis ce moment.

Bonsoir, mon cher monsieur; mes tendres respects à vos dames. Je vous embrasse de tout mon cœur, vous estime de toute mon âme, et vous aime autant que vous pouvez le désirer.

BUFFON.

Je reçois votre seconde lettre dans le moment, à sept heures et demie, et je vous en remercie, mon cher monsieur. J'écrirai à Mme Boucheron demain matin.

(Inédite. — De la collection de Mme la baronne de La Fresnaye).

XCI

AU MÊME.

Montbard, le 27 mai 1767.

Je n'irai pas plus loin, mon cher monsieur, pour la terre de Venarey. C'est une très-grosse affaire qui me gênerait beaucoup; d'ailleurs, je n'aime à acquérir que les choses dont je peux jouir, et je préfère de petites acquisitions autour de moi, qui me font grand plaisir et conviennent mieux à ma fortune. Cependant je ne retire pas encore ma parole; mais je vous prie de ne point insister. Si dans huit ou quinze jours vous ne recevez aucune réponse, vous voudrez bien alors retirer ma parole.

Je vous embrasse, mon cher monsieur; mille et mille respects à vos dames.

BUFFON.

(Inédite. — Communiquée par M. Léon de Montbeillard à M. Beaune, qui a bien voulu nous en donner à son tour connaissance.)

XCII

AU PRÉSIDENT DE RUFFEY.

Montbard, le 17 août 1767.

J'ai vu M. de Clugny[1], et j'ai reçu votre lettre, mon cher Président. Vous avez très-bien fait de l'agréger à votre Académie[2]; de pareils sujets ne peuvent que lui faire honneur, et il est très-vrai que cet établissement vous doit non-seulement toute sa consistance, mais encore tout son lustre.

J'ai vu aussi, aujourd'hui, Mme de La Forêt, qui m'a dit que vous veniez incessamment à Viteaux. Vous devriez bien pousser jusqu'à Montbard, qui n'en est qu'à six lieues; je serais enchanté d'avoir le plaisir de vous voir et de vous embrasser. Vous le pourriez d'autant mieux qu'on dit que Mme de Ruffey vient passer quelques jours à Montfort.

Je suis et serai toute ma vie, mon cher Président, avec les sentiments de la plus tendre amitié et du plus inviolable attachement, votre très-humble et très-obéissant serviteur.

BUFFON.

(Inédite. — De la collection de M. le comte de Vesvrotte.)

XCIII

A GUENEAU DE MONTBEILLARD.

Ce samedi soir, 8 octobre 1767.

Il y a un mois, mon très-cher monsieur, que je suis enterré dans ma forge, et j'ai besoin, pour ressusciter, de la présence de mes meilleurs amis. Venez donc avec la chère dame et l'aimable *Fin-Fin*[1], et venez le plus tôt que vous pourrez. Ce charmant *moucheron*[2] joindra ses instances aux miennes; elle vous dira des nouvelles de mon fils. Je vous embrasse, mon bon ami, et regrette toujours de vous voir si rarement.

BUFFON.

(Inédite. — De la collection de M. Geoffroy Saint-Hilaire; publiée par M. Flourens.)

XCIV

AU MÊME.

Montbard, le 11 octobre 1767.

Le messager vous remettra six crochets, mon très-cher monsieur, que l'on m'a dit vous manquer. Lalande[1] m'a remis la note ci-jointe de la tente et des crochets, que je ne vous envoie que pour la vérifier, n'étant nullement pressé du payement. J'ai écrit à Mme Boucheron que vous enverriez vers le 20 de ce mois une voiture et des chevaux pour charger aux caves de son papa une demi-queue de vin pour vous et une queue pour moi. Je lui marque aussi que nous enverrons les articles projetés vers la fin de la semaine prochaine[2].

J'ai passé avec vous, mon bon ami, et avec votre chère dame, un jour délicieux, et je voudrais bien que tous ceux de ma vie pussent y ressembler. Mon fourneau s'était un peu dérangé pendant mon absence; mais il est maintenant parfaitement rétabli.

BUFFON.

(Inédite. — De la collection de Mme la baronne de La Fresnaye.)

XCV

FRAGMENT DE LETTRE AU MÊME.

Montbard, le 15 décembre 1767.

.... Le plan que j'ai fait faire pour démontrer les limites de la lisière de bois[1] que me contestent les ursulines de Montbard, sera achevé aujourd'hui, et je compte l'envoyer par le prochain messager avec mes réponses à leurs défenses. Je vous prierai, mon très-cher monsieur, d'engager M. de Mussy à jeter les yeux sur le tout, et vous aurez tous deux assez de bonté pour emboucher un peu mon procureur, et pour lui dire de me marquer le nom des juges et le jour auquel l'audience a été remise.

Par la dernière poste, ma femme écrit qu'elle a eu une très-bonne nuit, et qu'elle commence à se trouver un peu reposée. Je compte partir le lendemain de Noël. Si vous pouviez m'envoyer d'ici à ce temps quelque chose de votre ouvrage, cela me ferait grand plaisir. Donnez-moi aussi vos commissions et celles de Mme de Montbeillard, que j'assure de mon sincère et tendre respect. Je remercie *Fin-Fin* des amitiés qu'il a faites à mon fils, et vous, mon très-cher monsieur, je ne vous dirai jamais assez combien je vous estime et vous aime.

BUFFON.

(Inédite. — Conservée dans la bibliothèque de Semur.)

XCVI

AU MÊME.

20 janvier 1768.

Hélas! mon très-cher monsieur, je ne croyais pas que vous dussiez perdre encore de sitôt la chère personne qui cause aujourd'hui vos regrets douloureux[1]. Il n'y a aucun de vos amis qui ne connaisse votre âme; mais je crois connaître mieux qu'aucun sa noble et tendre sensibilité : aussi nous vous avons plaint et vous plaignons de tout notre cœur.

La santé de notre pauvre convalescente n'est pas encore assurée; ses forces reviennent bien lentement, et même ne peuvent toutes revenir dans l'état où elle est. Nous avons vu M. de Montbeillard; sa santé est bonne et ses yeux meilleurs, et j'ai eu bien du plaisir à raisonner fer avec lui[2].

J'ai dit à Panckoucke[3] que vous ne pouviez guère lui donner de l'agriculture avant dix-huit mois ou deux ans, et il attendra volontiers le temps qui vous conviendra. J'aurais été enchanté de recevoir un beau coq[4] pour étrennes; mais, en quelque temps qu'il vienne, il sera toujours bien reçu.

Je ne connais rien de nouveau dans la littérature que la *Physiocratie* de M. Quesnay[5]. Il a fait autrefois de la médecine pour les individus; ceci est de la médecine du gouvernement, c'est-à-dire de l'espèce entière. Je vous en garde un exemplaire, que je vous enverrai ou donnerai à mon retour.

Nos poëtes se percent d'épigrammes. En voici une bien courte et bonne (si vous connaissiez l'homme!) de Piron contre Poinsinet[6]:

> Pégase constipé s'efforçait un matin:
> Le petit Poinsinet fut son premier crottin.

Bonjour, mon très-cher monsieur; mille tendres respects au charmant *mouton*[7]; ne m'oubliez pas aussi auprès de Mme Boucheron[8] et du beau *Fin-Fin*. Mme de Messey[9] n'est pas encore guérie de son pied brûlé.

BUFFON.

(Inédite. — De la collection de Mme la baronne de La Fresnaye.)

XCVII

AU MÊME.

Montbard, 1768.

Quoique la perte que vous venez de faire, mon cher monsieur, fût depuis longtemps prévue, je connais trop votre grande et bonne âme pour douter de votre affliction, et vous ne doutez pas non plus de l'intérêt très-tendre que nous prenons à tout ce qui vous touche. La convalescence de notre pauvre petite malade est si lente que j'en suis désolé; elle est toujours dans un état de souffrance très-fâcheux. La mâchoire est un peu plus ouverte, mais elle ne peut la remuer, et comme depuis si longtemps elle ne mange rien de solide, la faiblesse est très-grande. Mes respects, je vous supplie, à sa très-bonne amie. Je vous embrasse, mon très-cher monsieur, bien tendrement et de tout mon cœur.

BUFFON.

(Inédite. — De la collection de Mme la baronne de La Fresnaye.)

XCVIII

AU PRÉSIDENT DE BROSSES.

Janvier 1768.

Nous savions déjà, mon très-cher Président, que Mme de Brosses était heureusement accouchée[1], et c'est votre ancien premier président[2] qui nous l'avait appris. Il n'eût rien manqué à notre satisfaction, si elle vous eût donné un héritier. Votre nom n'en a pas besoin pour durer; mais il est doux de se perpétuer au physique comme au moral, et la santé de Mme de Brosses étant aussi bonne que vos facultés sont promptes à se réaliser, il y a tout à espérer d'un second essai qui remplira vos vœux et les nôtres.

Nous sommes ici dans l'affliction. Ma femme est sérieusement malade, et d'une maladie qui sera encore longue, et malheureusement toujours douloureuse; sa situation, qui exige tous mes soins, dérange mes projets. Je comptais partir ces jours derniers et aller à Dijon passer deux ou trois jours auprès de vous, et présenter en même temps au Parlement les lettres patentes que j'ai besoin d'y faire enregistrer; c'est au sujet de l'établissement d'une forge et d'autres usines de fer que j'ai commencé d'établir à Buffon et à Montbard[3]. Je ne pensais pas à cela l'année passée, lorsque vous me fîtes l'honneur d'y venir; mais m'étant occupé pendant l'été et l'automne d'expériences sur la chaleur, et particulièrement sur l'action du feu par rapport au fer, je suis venu à bout de faire avec nos plus mauvaises mines de Bourgogne du fer

d'aussi bonne et meilleure qualité que celui de Suède et d'Espagne. Cette découverte sera certainement utile à l'État, et
pour en tirer quelque produit pour moi-même, je me suis
déterminé à établir une forge, d'autant que j'ai suffisamment
de bois....

BUFFON.

(Inédite. — De la collection de M. le comte de Brosses. — Le reste de cette
lettre manque.)

XCIX

AU MÊME.

Paris, le 7 mars 1768.

Voici, mon très-cher Président, l'arrêt du conseil et les
lettres patentes¹ pour ma forge, que vous m'avez permis de
vous envoyer, et que vous m'obligerez beaucoup de faire enregistrer au Parlement. Je compte bien que cela coûtera de
l'argent, que j'aurai soin de vous rembourser, si vous avez
encore la bonté de l'avancer. Après l'enregistrement au Parlement viendra celui de la Chambre des comptes, qui coûtera
peut-être encore plus; mais je n'y aurai pas de regret, non
plus qu'à toute la dépense que je fais pour cet établissement,
parce que j'ai trouvé des choses qui me seront profitables, en
même temps qu'elles seront très-utiles à notre province. J'aurai bien du plaisir à vous expliquer tout cela lorsque j'aurai
celui de vous voir. Il suffit, pour vous donner une idée de
l'utilité, de vous dire que nous ne vendons nos fers en Bourgogne que 13 liv. le quintal, et qu'on m'offre déjà 24 liv. de
celui que j'ai fait fabriquer par ma nouvelle méthode; et en
effet, ce fer est d'une qualité supérieure à tous ceux qu'on
connaît.

Comme je ne lis aucune des sottises de Voltaire, je n'ai su
que par mes amis le mal qu'il a voulu dire de moi; je lui
pardonne comme un mal métaphysique qui ne réside que
dans sa tête, et qui vient d'une association d'idées de

Needham[2] et Buffon. Il est irrité de ce que Needham m'a prêté ses microscopes et de ce que j'ai dit que c'était un bon observateur. Voilà son motif particulier, qui, joint au motif général et toujours subsistant de ses prétentions à l'universalité et de sa jalousie contre toute célébrité, aigrit sa bile recuite par l'âge, en sorte qu'il semble avoir formé le projet de vouloir enterrer de son vivant tous ses contemporains[3]. Il sera tout aussi fâché contre vous dès qu'il vous verra à l'Académie[4], et j'espère que nous lui donnerons ce chagrin dans peu, quoique toute notre vieillesse académique ait l'air de tenir bon.

Mes tendres respects, je vous supplie, à Mme la présidente de Brosses. Ma pauvre femme est toujours dans la même situation de souffrances, et je vous avoue même que je ne suis pas sans inquiétudes pour l'avenir; sa maladie sera certainement très-longue. Elle vous remercie beaucoup de la part que vous voulez bien y prendre.

J'oubliais de vous dire que je crois qu'il est convenable que j'écrive un mot à M. le premier président[5] au sujet de l'enregistrement de mes lettres patentes, et je le ferai par le premier ordinaire.

C'est avec toute reconnaissance et tout attachement que je serai toute ma vie, mon très-cher Président, votre très-humble et très-obéissant serviteur.

BUFFON.

(Inédite. — De la collection de M. le comte de Brosses.)

G

FRAGMENT DE LETTRE AU MÊME.

Montbard, le 20 avril 1768.

J'apprends, presque en arrivant ici, mon très-cher Président, que mes lettres patentes sont enregistrées au Parlement du 18 de ce mois, et ensuite présentées à la Chambre des comptes, et tout cela par vos bontés et par vos soins, dont je ne puis vous remercier assez. J'écris à M. Hébert, receveur des fermes, de vous rembourser l'argent que vous avez eu la bonté d'avancer. Je suis parti de Paris pour ainsi dire forcément, et je ne compte rester à Montbard que jusqu'au 25 avril. Après quoi j'irai retrouver ma femme, que j'ai laissée à Paris dans un pitoyable état de santé, quoiqu'elle ait eu avant mon départ quelques jours de bons.

Je vois, par votre dernière lettre, mon très-cher ami, que vous projetez de venir faire un tour dans ce pays-là. J'en serais enchanté; car je n'ai pas de plus grand plaisir au monde que celui de vous voir et de m'entretenir avec vous; mais si vous ne venez à Paris que pour les affaires dont vous chargiez votre ami M. Fargès[1], et que vous pensiez que je puisse le remplacer à cet égard, je vous offre tous les services dont je suis capable, et vous ne pouvez me faire plus de plaisir que de les accepter. S'il m'était possible de me dérober à mes travaux pendant quatre jours, et de ne pas risquer d'augmenter un vilain rhume que j'ai pris dans mon voyage, j'irais bien volontiers vous voir à Dijon; mais je n'ose l'espérer. La saison et ma santé me contrarient, et avec cela je suis obligé de veiller à des ateliers très-considérables, et qui dans le commencement ne peuvent être dirigés que par moi seul. J'ai souvent pensé au nombre immense de choses que vous savez toutes si bien faire en même temps; je n'ai pas cette même étendue d'activité....

(Inédite. — De la collection de M. le comte de Brosses. — La fin de cette lettre manque.)

CI

A GUENEAU DE MONTBEILLABD.

1ᵉʳ août 1768.

Le service, mon très-cher monsieur, que vous et Mme de Montbeillard voulez me rendre, est si grand que je n'ose vous y engager un peu et ne puis vous en remercier assez[1]. Je suis sûr que notre pauvre malade en sera comblée. Elle n'aime personne autant que sa bonne amie, elle me l'a dit mille fois. Mais peut-être refusera-t-elle, parce qu'elle craindra de lui donner la peine du voyage et les tristes soins du séjour. Pour moi, mon cher monsieur, je le désire de tout mon cœur, et, que cela soit ou non, j'en conserverai toute ma vie la plus profonde reconnaissance.

BUFFON.

(Inédite. — De la collection de Mme la baronne de La Fresnaye.)

CII

AU MÊME.

Jeudi soir, 1768.

C'est le service le plus touchant, le plus essentiel que vous puissiez ajouter à tant d'autres dont nous vous avons déjà l'obligation, mon très-cher monsieur, que de recevoir dans mon absence notre pauvre malade pour douze ou quinze jours[1]. Si je la laissais seule ou dans toute autre main, je serais très-inquiet ; et je serai parfaitement tranquille tant que je la saurai près de vous. Cela même pourra contribuer à son mieux être, et ce sera encore un surcroît de reconnaissance ; vous en multipliez chez moi les motifs à chaque instant. Je prendrai votre argent si vous pouvez vous en passer pendant

cinq ou six mois; j'aimerais mieux encore le prendre sur un
billet rentuel avec des intérêts; mais c'est à vous, mon cher
monsieur, à prescrire les conditions. M. Panckoucke vous
envoie deux exemplaires, l'un pour vous et l'autre pour Madame, des six premiers volumes de la nouvelle édition de
mon ouvrage. Je vous embrasse bien tendrement, et fais mille
respects aux dames.

BUFFON.

(Inédite. — De la collection de Mme la baronne de La Fresnaye.)

CIII

AU MÊME.

Août 1768.

Seul avec les oiseaux, vous êtes mieux que moi, mon cher
monsieur, qui depuis trois jours suis environné de monde[1]
et ne puis disposer de mon temps. Notre pauvre malade est
un peu mieux, sans pouvoir néanmoins desserrer les dents,
et souffrant toujours beaucoup, surtout les nuits, pendant lesquelles elle a de la fièvre et beaucoup d'agitation. Je persiste
à croire qu'il n'y aura point d'abcès, malgré l'avis des médecins; mais, comme il paraît que le foyer du mal est dans les
muscles de la mâchoire, la résolution de l'humeur sera peut-
être encore longue, et c'est ce qui nous désole. Mille tendres
respects à Mme de Montbeillard. Mme de Prévost a bien
soin de la malade; toutes deux vous font mille amitiés, et moi
je vous remercie et vous embrasse, mon très-cher monsieur,
de tout mon cœur.

L'expérience sur le fer a pleinement réussi[2].

BUFFON.

(Inédite. — De la collection de Mme la baronne de La Fresnaye.)

CIV

AU MÊME.

Montbard, le 16 septembre 1768.

Quoique notre pauvre petite malade soit mieux, elle n'est pas encore bien, mon cher monsieur. La mâchoire est toujours serrée au point de ne pouvoir ouvrir la bouche, et la tumeur subsiste, sans douleur à la vérité, ce qui est d'un grand point, mais toujours dure et grosse, en sorte que l'incommodité et l'ennui de ne pouvoir manger peuvent encore durer plusieurs jours. Venez la voir, mon cher monsieur; je suis bien sûr du plaisir que vous lui ferez. Je ne vous parle pas du mien: j'aurais besoin de vous voir tous les jours pour être parfaitement heureux. Il faut parler de tous les oiseaux, gravés ou non gravés; c'est aussi mon avis comme le vôtre.

Je vous embrasse bien sincèrement, mon cher monsieur, et de tout mon cœur.

BUFFON.

(Inédite. — De la collection de Mme la baronne de La Fresnaye.)

CV

AU PRÉSIDENT DE RUFFEY.

Montbard, le 10 janvier 1769.

J'ai reçu votre lettre, mon cher Président, avec la liste de Messieurs de votre Académie; je l'appelle la vôtre, parce qu'en effet, si vous ne l'avez pas créée, vous l'avez au moins ressuscitée et rendue plus florissante qu'on ne pouvait l'espérer. C'est doublement servir sa patrie que d'y répandre en même temps des lumières et des encouragements, et tous les gens bien animés doivent sentir comme moi combien il vous en a coûté de peines, et tout le courage dont vous avez eu besoin

pour surmonter tous les obstacles qu'on opposait à vos vues.
Je ne me lasserai jamais de vous réitérer sur cela mes félicitations, et de vous marquer en même temps les sentiments de
l'estime et de l'ancienne amitié que je vous ai vouées. Je suis
depuis longtemps dans une situation bien malheureuse. Je
ne sais point encore quand elle changera ; car ma pauvre malade est presque toujours au même état de désespoir et de douleur. Je sais que vous et Mme de Ruffey avez eu la bonté d'y
prendre part. Depuis le jour que vous eûtes la bonté de la voir
à Dijon, elle n'a pas cessé de souffrir, et souvent à l'excès. C'est
au point que je ne puis même la quitter pour retourner à Paris,
où mes affaires me demanderaient depuis près de deux mois.
M. de Clugny, qui me paraît être fort de vos amis, et que
vous venez de recevoir à votre Académie, me fit le plaisir de
me dire de vos nouvelles à son retour de Dijon ; c'est un
homme de mérite, et duquel je fais grand cas.

Mes respects, je vous supplie, à Madame. Je ne vous parle
pas de mes vœux au commencement de l'année, parce que
dans tous les temps mes sentiments sont les mêmes pour
vous, mon cher Président, et que cette année, comme toutes
les précédentes, je suis et serai avec un sincère et respectueux
dévouement votre très-humble et très-obéissant serviteur.

BUFFON.

(Inédite. — De la collection de M. le comte de Vesvrotte.)

CVI

AU MÊME.

Paris, le 5 avril 1769.

Je connais depuis trop longtemps, monsieur, votre amitié,
pour pouvoir douter de l'intérêt sincère que vous et Mme la
présidente de Ruffey prenez à ma douleur [1]. Ce fut d'abord
une plaie cruelle et qui dégénère aujourd'hui en une maladie

que je regarde comme incurable et qu'il faut que je m'accoutume à supporter comme un mal nécessaire. Ma santé en est altérée, et j'ai abandonné au moins pour un temps toutes mes occupations. Conservez-moi toujours les mêmes sentiments dont vous m'honorez, et soyez convaincu de ceux du véritable et respectueux attachement avec lequel je serai toute ma vie monsieur, votre très-humble et très-obéissant serviteur.

BUFFON.

(Inédite. — De la collection de M. le comte de Vesvrotte.)

CVII

A GUENEAU DE MONTBEILLARD.

Le 11 mai 1769.

Je serais désolé d'avoir manqué, mon cher monsieur, à des amis aussi essentiels et aussi respectables que ceux dont vous me portez les plaintes; mais elles ne sont pas fondées. Je n'ai reçu aucune lettre de M. le comte de La Rivière[1] depuis le décès de ma pauvre femme. Il est vrai que deux ou trois jours auparavant il m'en avait adressé une à Montbard, à laquelle je chargeai mon frère[2] de répondre, et qui me dit s'en être acquitté. C'était, comme je vous le dis, deux ou trois jours avant le cruel événement, et par conséquent avant mon départ pour Paris. Depuis cette lettre je n'ai pas reçu la moindre chose de Thôtes, et je n'ai même su des nouvelles de la maison que par M. le vicomte[3], que j'ai vu à Paris quelquefois. Je crois donc qu'on recevra mes excuses, et me suis déjà arrangé avec le chevalier de Saint-Belin[4] pour aller à Thôtes à la Saint-Jean. Je serais charmé d'aller plus tôt et avec vous; mais mes affaires ne me permettent qu'un jour d'absence pour aller vous voir : c'est le lundi de la Pentecôte que j'aurai cet honneur. Bonjour, mon cher monsieur, je vous embrasse bien sincèrement.

Si vous pouvez, mon cher monsieur, nous envoyer quelques fripiers ou acheteurs, on vendra ici le linge et quelques autres effets qui me deviennent inutiles, lundi prochain.

Je vous remercie d'avoir eu la bonté de m'acquitter tout juste avec la rescription que je vous avais laissée.

Je viens de retrouver le portrait de Madame, tel qu'elle l'avait donné à sa pauvre amie, et je le lui reporterai. Je l'assure de mon sincère et tendre respect.

BUFFON.

(Inédite. — De la collection de Mme la baronne de La Fresnaye.)

CVIII

AU MÊME.

Montbard, le 17 mai 1769.

Je vous envoie, mon très-cher monsieur, tous les livres dont je puis absolument me passer. L'usage que vous en ferez me sera aussi agréable qu'utile, et ce sera mettre le comble au plaisir que vous me faites, si vous ne différez pas à vous en servir.

Le dindon et les autres gallines doivent, comme vous le savez, suivre votre beau et très-bon coq[1]. J'ai fait à peu près tous les oiseaux de proie, à l'exception des faucons et des hiboux. Ce n'est donc que sur ces deux genres d'oiseaux que je vous supplie de me faire copier les observations et notices que vous trouverez en parcourant les livres. Faites-moi part, mon cher monsieur, de la réponse du cher abbé[2]; je me tiens toujours prêt pour lundi, à moins qu'il ne veuille autrement.

Je vous remercie de la bonne bière; elle me reste, et le mal d'estomac est passé. Mille tendres respects à vos dames. Songez au vendredi de la semaine prochaine pour elles et vos messieurs. Je vous embrasse bien tendrement.

BUFFON.

(Inédite. — De la collection de Mme la baronne de La Fresnaye.)

CIX

AU PRÉSIDENT DE RUFFEY.

Montbard, le 29 juillet 1769.

Ne pouvant vous voir vous-même, mon cher Président, rien ne pouvait m'être plus agréable que la visite de Mme de Ruffey et la vue de Mlle votre fille[1], qui est d'une figure charmante, et qui, sous la conduite d'une mère aussi spirituelle, aussi honnête et aussi respectable en tout, ne peut manquer de devenir excellente. Je m'étais proposé de vous en écrire dès le même jour; mais il me survint des affaires qui m'en ont empêché, et votre amitié toujours prévenante a devancé mon compliment et les remercîments que je dois à Mme de Ruffey de cette marque de ses bontés, et de la part qu'elle prend avec vous à la grâce que le roi a faite à mon fils[2], qui m'oblige à ne rien épargner pour qu'il s'en rende digne.

Il est difficile de faire, dans des choses importantes, changer les résolutions d'un homme fort[3]; cela me fait désespérer de vous voir ici de si tôt; cependant je ne puis imaginer que vous y eussiez aucun désagrément. Mme votre belle-mère vous estime et même vous respecte, et ce sentiment qu'elle m'a toujours montré ne peut qu'augmenter à l'infini, si elle veut actuellement comparer ses gendres. Il y a bien longtemps que mes malheurs et les affaires qui les ont accompagnés et suivis m'ont empêché de m'occuper d'aucune étude. Je n'ai donc rien en ordre et qui fût digne de vous être présenté. Je verrai avec grand plaisir les productions de nos confrères, et surtout les vôtres. Je vous embrasse, mon cher Président, avec l'amitié la plus sincère et l'attachement le plus respectueux.

BUFFON.

(Inédite. — De la collection de M. le comte de Vesvrotte.)

CX

AU PRÉSIDENT DE BROSSES.

Montbard, le 29 septembre 1769.

Je viens maintenant à vous, mon très-cher ami, et je ne veux pas que vous vous donniez la peine de venir à Montbard, puisque j'ai l'espérance de vous aller voir à Dijon; et quand même l'affaire que nous traitons[1] viendrait à manquer, je ferai en sorte de prendre trois ou quatre jours dans le temps des fêtes de la Toussaint, pour aller les passer avec vous. Je suis enchanté de vous sentir allégé du fardeau qui vous opprimait[2]. Avec un peu de temps et quelques grains d'indifférence philosophique, vous reprendrez votre tranquillité et vous sentirez renaître tous vos goûts; je l'éprouve moi-même. Personne n'a été plus malheureux deux ans de suite: l'étude seule a été ma ressource, et, comme mon cœur et ma tête étaient trop malades pour pouvoir m'appliquer à des choses difficiles, je me suis amusé à caresser des oiseaux, et je compte faire imprimer cet hiver le premier volume de leur histoire. Je vous porterai le discours préliminaire de ce volume, que je serais bien aise de vous lire. Soyez donc plus heureux, mon cher ami; personne ne mérite plus que vous de l'être en tout, et je le serais moi-même si je pouvais y contribuer.

BUFFON.

(Inédite. — De la collection de M. le comte de Brosses).

CXI

AU PRÉSIDENT DE RUFFEY.

Paris, le 10 janvier 1770.

Je reçois, mon cher Président, toujours avec la même joie, les marques de votre amitié, et je vous supplie d'être persuadé que mon attachement pour vous est aussi sincère qu'inviolable, et que personne ne s'intéresse plus que moi à la durée de votre bonheur. Je dis à la durée, car je suis convaincu qu'avec vos vertus, vos lumières et votre noble manière de penser, vous êtes heureux en effet, et que vous n'avez besoin que d'une bonne santé pour jouir de tous les biens de ce monde. Je serais enchanté de vous voir à Paris, si vous y venez au commencement de mars; mais, si vous tardiez jusqu'à la fin de ce même mois, je n'y serai peut-être plus, étant forcé de retourner à ma campagne vers le 25 de mars.

Vous avez très-bien fait de recevoir M. Fontaine[1] à votre Académie. C'est un des plus grands géomètres de l'Europe, et je suis fâché que ses procès l'obligent à faire autre chose que de la géométrie. Je vous serai obligé des services que vous voudrez bien lui rendre.

Je verrai avec plaisir le premier volume de vos Mémoires[2], dans lequel je chercherai d'abord ce qui peut être de vous, et ensuite ce qui sera de notre ami le président de Brosses. Je ne crois pas qu'il soit à présent à Dijon, et le repos de la campagne pourra lui valoir le produit d'un garçon; mais, tant qu'il demeurera à la ville, où l'on est si fort obligé de se partager, il pourrait bien ne faire que des filles. Donnez-lui votre recette, vous qui avez fait en ce genre et en bien d'autres tout ce que vous avez voulu. Je vous embrasse, mon cher Président, et serai toute ma vie, avec une tendre amitié et un respectueux attachement, votre très-humble et très-obéissant serviteur.

BUFFON.

Mes respects, je vous prie, à Mme la présidente de Ruffey et à la belle demoiselle que j'ai eu l'honneur de voir à Montbard[3]. Ne m'oubliez pas non plus auprès de M. votre fils.

(Inédite. — De la collection de M. le comte de Vesvrotte.)

CXII

AU PRÉSIDENT DE BROSSES.

Montbard, le 12 mai 1770.

J'ai, mon très-cher Président, l'honneur de vous envoyer ci-joint les informations que vous avez désirées au sujet de de Mme d'Hervilly[1], avant de la proposer à M. de Bellegarde[2]. Je crois que cette affaire conviendrait à merveille à tous deux, et je désire beaucoup, comme je l'ai mis au bas du petit mémoire ci-joint, que la jeunesse de la demoiselle n'effrayât pas : car, quoiqu'elle n'ait pas dix-sept ans, elle paraît aussi sérieuse et aussi raisonnable qu'on l'est communément à vingt-cinq. D'ailleurs, sa mère, et sa tante surtout, sont des femmes d'un vrai mérite. Je crois donc, mon cher bon ami, que vous pouvez faire passer à M. de Bellegarde ces propositions, et l'engager, si elles lui conviennent, à donner une réponse et en même temps les informations qu'on lui demande par le mémoire.

Je n'ai pas perdu de vue l'agréable projet de vous aller voir, et je l'exécuterai certainement cet été. Depuis mon retour de Paris, j'ai toujours été incommodé de fluxions et de rhumes dont je ne suis pas encore quitte. Ils viennent de recevoir Saint-Lambert[3] à l'Académie française. C'est un poëte sans poésie, comme ils avaient reçu précédemment l'abbé de Condillac[4], qui est un philosophe sans philosophie. Et c'est Duclos qui fait seul tous ces beaux choix.

Je viens de lire le poëme de l'empereur de la Chine, qui a pour titre : *Éloge de la ville de Moukden*, et j'en suis assez content, quoique cela soit assez mal écrit en français[5]. Les éditeurs chinois y ont mis des notes historiques et géographiques sur l'origine des lettres chinoises et sur les différentes dynasties de leurs empereurs. Vous entendrez tout cela beaucoup mieux que moi, mon très-cher ami, et, si vous n'avez pas ce livre, je vous l'enverrai. C'est toujours dans les sentiments du plus tendre et respectueux attachement que j'ai l'honneur d'être, mon très-cher Président, votre très-humble et très-obéissant serviteur.

BUFFON.

(Inédite. — De la collection de M. le comte de Brosses.)

CXIII

AU MÊME.

Montbard, le 28 mai 1770.

Je crois, mon très-cher Président, vous avoir marqué, il y a un an ou deux, que j'avais fait ici une entreprise considérable de forges. Je vous en reparle aujourd'hui parce qu'elle n'est point encore achevée, et que les débordements continuels d'eau qui se sont faits cet hiver et ce printemps, me forcent à des réparations qui exigent absolument ma présence, en sorte qu'il ne me sera pas possible d'aller vous voir à Dijon, du moins de si tôt, quoique j'en aie un extrême désir. D'autre part, je n'ose vous proposer de venir à Montbard, dans la seule crainte de vous incommoder. Ce serait cependant l'affaire d'un petit jour pour venir et d'un autre pour retourner; car je vous enverrais un relais jusqu'à Saint-Seine, si vous le désiriez, et ces mêmes chevaux vous y reconduiraient pour votre retour. Voyez, mon cher bon ami, ce que vous pouvez faire, et, si cela est impossible, je ferai tout ce qui dépendra de moi pour aller à Dijon vers le commencement d'août; et encore cela dépend-il des circonstances, qui me forceront peut-être de faire un tour à Paris dans ce temps, de manière que le plus sûr et le meilleur serait de toute façon le voyage de Montbard, si vos affaires et votre santé vous le permettent. La mienne me demande toujours beaucoup de ménagement.

On m'écrit que l'archevêque de Toulouse[1] pourra bien remplacer à l'Académie française le duc de Villars[2]; d'autres

me mandent qu'on ne procédera pas de si tôt à l'élection, et
que ce ne sera qu'après la Saint-Martin. Je vois toujours avec
peine que les gens qui n'intriguent pas sont reculés, et que
Duclos, qui cependant serait fait pour sentir votre mérite, a
jusqu'ici préféré des gens bien au-dessous. On devrait vous
offrir cette place, et, à vous parler naturellement, vous devez vous estimer assez pour ne la pas solliciter.

Envoyez toujours le mémoire, je vous supplie. De mon
côté, j'ai écrit qu'on n'accepterait pas l'article des cent mille
livres payables dans trois ans; qu'on voulait vingt-cinq mille
livres mariage faisant, et le surplus d'année en année. J'ai
joint à ces conditions la petite note que vous m'avez envoyée.
Je vous avoue que je ne connais ce M. d'Hervilly que par
Mlle de Chenoise sa belle-sœur, qui est la plus honnête personne du monde, et qui était l'une des amies intimes de ma
pauvre femme. Cette demoiselle jouit à Paris d'environ douze
mille livres de rentes. J'ai ouï-dire dans tous les temps que le
marquis d'Hervilly possède en Picardie plus de quarante mille
livres de rentes en fonds de terre. Je ne sache pas qu'il ait fait
d'autres entreprises que celle d'une manufacture de beau
linge de table, pour laquelle il lui a fallu de fortes avances et
qui le gênent dans le moment présent. Vous me direz que
c'est le cas, vu la jeunesse de sa fille, d'attendre deux ou
trois ans; mais, comme j'ai raconté à Mlle de Chenoise l'histoire du mariage manqué, et que d'ailleurs elle avait entendu
parler du mérite de M. le marquis de ***, elle a déterminé
M. d'Hervilly à consentir dès à présent au mariage de sa fille.
Au reste, si l'affaire s'engage, nous demanderons des hypo-
thèques et des sûretés, et nous ne terminerons rien sans voir
bien clair.

Je vous embrasse, mon très-cher Président, et vous supplie
de faire agréer mes respects à Madame. J'espère qu'à son retour des eaux elle comblera vos vœux.

BUFFON.

(Inédite. — De la collection de M. le comte de Brosses.)

CXIV

A GUENEAU DE MONTBEILLARD.

Montbard, le 17 août 1770.

Le rhume subsiste, mon très-cher monsieur, malgré les bains, les remèdes, les sirops et la diète; mais la voix est un peu revenue, et, en continuant ce régime, j'espère que j'en serai quitte dans quelques jours.

Si vous m'eussiez dit, mon cher monsieur, que vous avez eu la bonté de donner 500 livres pour moi, je n'aurais pas rapporté ici tout l'argent que j'ai touché à Semur. J'envoie aujourd'hui au P. Ignace[1] un effet que j'ai à toucher sur M. Cœur-de-Roi[2]. Je le charge de vous payer les 500 livres, la quittance en bonne forme, et je vous remercie, mon cher monsieur, d'avoir fini cette petite affaire.

Je suis content du gain de mon procès[3]. La victoire pouvait être plus complète; mais il faudrait que la justice fût plus juste et prît moins garde aux formes. C'est toujours beaucoup gagner que de cesser d'être tracassé, surtout pour une misère.

M. Daubenton le fils[4] est aujourd'hui à Buffon. Je ne manquerai pas de lui faire part de ce que vous me marquez, et je suis sûr qu'il s'y conformera.

Mes tendres respects à vos dames. Agréez aussi, je vous supplie, ceux de mon fils, et les protestations de mon éternel attachement.

BUFFON.

(Inédite. — De la collection de Mme la baronne de La Fresnaye.)

CXV

AU PRÉSIDENT DE BROSSES.

Paris, le 21 décembre 1770.

Vous ne devez pas douter, mon très-cher Président, du désir que j'ai de vous voir sur notre liste. Vous êtes, à toutes sortes de titres, le premier que je voudrais nommer ; cependant jusqu'ici je n'ai pu vous rendre service, comme je l'aurais voulu. Je suis arrivé à Paris le 12, et le lendemain j'ai été pris d'un rhume violent ; j'ai eu deux accès de fièvre, en sorte que j'ai été forcé de garder ma chambre, et qu'encore aujourd'hui je n'en puis sortir. Étant incommodé, je n'avais fait qu'une liste très-courte des amis que je voulais laisser entrer, et précisément M. l'archevêque de Lyon[1] est venu et ne m'a pas vu, parce que n'ayant pas encore reçu votre lettre alors, je n'avais pas songé à lui et que j'ignorais même s'il était à Paris. Depuis ce temps-là j'ai envoyé deux fois auprès de lui pour lui faire part de l'impossibilité où j'étais de l'aller voir. La première fois il était à Versailles pour trois jours ; la seconde, il a répondu qu'il viendrait auprès de moi lorsqu'il aurait un moment de loisir. Enfin je ne l'ai pas encore vu.

Il en est de même de M. de Sainte-Palaye[2], quoique je lui aie fait part de ma situation.

Hier au soir j'ai vu le nom de Mme votre fille[3] sur ma liste, et comme je présume que c'est de votre part qu'elle est venue me voir, je suis très-fâché qu'elle ne soit point entrée. Il m'est en même temps revenu de Montbard un billet qu'elle m'avait écrit avant mon arrivée et qui y avait été envoyé.

Je vous fais, mon cher ami, le détail de toutes ces circonstances, pour que vous ne soyez pas étonné du peu que j'ai fait jusqu'à présent dans votre affaire.

Plusieurs personnes de l'Académie me sont venues voir,

aussi bien que tous les aspirants, et voici l'état où j'ai trouvé les choses. Le plus grand nombre, pour M. Gaillard[4]; le plus petit, pour l'abbé Le Blanc; et c'est encore dans la même situation. Vous sentez bien que je n'ai pas voulu ôter à l'abbé, qui est mon ami, cinq ou six voix dont il est sûr, et que je dois y joindre la mienne, supposé qu'il ne soit pas question de vous.

Néanmoins je vous ai proposé à tous ceux que j'ai vus, comme celui qui en était le plus digne à tous égards, et qui par conséquent devait être le premier nommé. Mais, d'un côté, MM. de Foncemagne[5] et autres de l'Académie des inscriptions tiennent pour leur Gaillard; de l'autre, j'ai trouvé une singulière opposition contre vous dans quelques gens de lettres, qui néanmoins sont faits pour vous apprécier; et comme cette opposition m'a étonné, j'ai fait tout ce qui était en moi pour en découvrir la source, et je ne sais si je me trompe; mais j'ai tout lieu de soupçonner qu'elle ne vient que d'un homme avec lequel vous avez eu des démêlés et qui a une grande influence sur l'escadron encyclopédique[6]. M. Duclos m'a bien parlé de vous, mais en même temps il m'a paru décidé pour M. Gaillard.

Voilà tout ce que je sais, et par conséquent, mon cher ami, tout ce que je puis vous dire. Au reste, comme il y a actuellement trois places[7], il me paraît aussi impossible qu'injuste que vous n'en obteniez pas une. Les opposants font beaucoup valoir votre non-résidence à Paris[8]; mais j'ai reconnu que c'était plutôt le prétexte que le vrai motif de leur opposition.

Une chose qui peut vous nuire encore, c'est que l'abbé Barthélemy se présente, appuyé de toute la faveur du ministère; et quand on vous nomme avec M. Gaillard et M. l'abbé Barthélemy[9], on répond que l'Académie des belles-lettres veut donc absolument envahir l'Académie française, en y plaçant tout à la fois trois membres de son corps.

Pour moi, de ces trois places, j'en veux une pour vous et l'autre pour l'abbé Le Blanc, et je me conduirai de mon mieux et invariablement d'après ce point de vue; trop heureux si je puis réussir à vous donner, dans cette occasion, des preuves de mon zèle et de mon dévouement sans réserve.

BUFFON.

A mesure que les choses me paraîtront s'éclaircir ou s'embrouiller, j'aurai attention, mon très-cher Président, à vous en informer. La première élection ne se fera qu'après les Rois, et peut-être y en aura-t-il deux le même jour. Nommez-moi ceux sur qui vous croyez pouvoir le plus compter.

(Inédite. — De la collection de M. le comte de Brosses.)

CXVI

A GUENEAU DE MONTBEILLARD.

Paris, le 2 avril 1771.

Il y a longtemps que je vous dois une réponse, mon très-cher monsieur; mais j'ai voulu attendre que je fusse en état de vous écrire quelques lignes de ma main, comme je le ferai à la fin de cette lettre.

Je la commence par vous témoigner ma joie du gain de votre procès. Trois semaines de temps qu'il vous en coûte pour vous en être occupé, me paraissent très-bien employées, et vous ne devez pas y avoir regret. Pour moi, mon très-cher ami, j'en ai beaucoup aux autres trois semaines que l'inquiétude de ma maladie vous a fait perdre, et je vous suis comptable non-seulement de ce temps, mais de mille sentiments que cette inquiétude suppose, et dont je ne pourrai jamais vous témoigner assez ma tendre reconnaissance.

Ma santé commence à se fortifier, malgré les froids qui sont fort contraires à la transpiration et à l'avancement de ma convalescence[1]. Je me tiens actuellement tous les jours sept ou huit heures debout; je dicte des lettres, et je fais quelques petites affaires. Je me promène à plusieurs reprises dans mon appartement, où je fais chaque jour dix-huit cents ou deux mille pas. Le sommeil commence à me revenir; car il n'y a pas plus de quinze jours que j'ai commencé à fermer l'œil pour la première fois. Les ardeurs d'urine sont calmées. Je n'ai point encore d'appétit bien décidé, et je commence à prendre de la nourriture sans dégoût; moins j'en prends, mieux je me porte; deux onces de pain, autant de viande et autant de poisson, me suffisent pour mes vingt-quatre heures. J'ai perdu toute ma chair, et il n'y a encore que mon visage qui commence à revenir. Je ne suis pas encore assez fort pour prendre l'air, et j'attends le dégel pour sortir; mais en tout cas je ne crois pas que je puisse partir d'ici pour retourner à Montbard avant le 1er mai.

J'ai des remercîments infinis à vous faire des soixante bouteilles de vin de Genay[2] que vous avez la bonté de me donner. Je n'en boirai pas d'autres. Mes médecins, dont je suis content, et qui m'ont très-bien conduit, insistent beaucoup sur ce que je boive à mon ordinaire du vin plus faible que nos vins de la haute Bourgogne, et avec mille autres obligations que je vous ai, mon cher monsieur, je vous devrai encore en partie le rétablissement de ma santé.

Je n'ai pas oublié, mon très-cher monsieur, les deux mille francs que j'aurais dû vous remettre, ou du moins vous offrir dès le mois de février, puisque vous me les aviez prêtés à cette condition. Je vous les offre aujourd'hui, et, si vous le désirez, je vous en enverrai une rescription. Je vous devrai encore de l'autre argent pour nos affaires communes, dont nous compterons quand je serai de retour.

Nous ne savons rien que par vous de la rétention d'urine du pauvre docteur Daubenton. Il faut cependant que cela n'ait pas eu de suite, puisque ni moi ni son beau-frère n'en avons eu aucune nouvelle.

On prétend ici que nous aurons un nouveau Parlement la semaine prochaine[3]; j'en doute encore beaucoup, quoique je le désire. L'établissement des conseils supérieurs est loué par tous les gens sensés, et fera réellement un très-grand bien [4]. Si le contrôleur général voulait commencer à donner de l'argent et finir de mettre des impôts, tout pourrait encore aller [5]. Jamais ce pays-ci n'a été plus cher et plus désagréable, et je soupire pour le temps où je pourrai le quitter, et passer avec vous les moments les plus heureux de ma vie.

Assurez toutes vos dames de mes tendres respects et de toute ma reconnaissance. J'embrasse de tout mon cœur M. de Montbeillard, et je n'oublie jamais mon bon ami *Fin-Fin*. Son petit ami *Buffonet* le salue et vous présente à tous, ainsi qu'à M. Laude [6], ses très-humbles respects.

(*Écrit de la main d'un secrétaire. Le paragraphe qui suit est de la main de Buffon.*)

Depuis ma maladie je n'ai encore pris la plume que pour signer, et je trouve bien doux le premier usage que j'en fais pour vous, mon très-cher monsieur, qui tenez à mon cœur plus que personne. J'ai reçu les cailles, mais je n'ai pu les lire encore. On commence à imprimer les perdrix, et, si je reçois les alouettes avant quinze jours, elles pourront entrer dans le volume et peut-être le terminer.

Bonsoir, mon cher bon ami; je compte sur vous comme sur moi-même.

BUFFON.

(Inédite. — De la collection de Mme la baronne de La Fresnaye. M. Flourens en a publié un extrait.)

CXVII

AU PRÉSIDENT DE RUFFEY.

Paris, le 29 avril 1771.

Je ne doute pas, mon très-cher Président, de la part que vous avez prise à la longue maladie que je viens d'essuyer. Je suis bien convalescent, mais il s'en faut beaucoup que j'aie toutes mes forces. Je suis obligé de me ménager beaucoup sur la nourriture. Je ne puis me chausser, ayant les jambes enflées, et j'ai encore quelques ardeurs d'urine et d'autres petites misères qui cependant vont tous les jours en diminuant, en sorte que j'espère avec le temps un parfait rétablissement. Je compte bien suivre votre avis et travailler un peu moins que je ne l'ai fait jusqu'à présent. Le second volume de mon *Histoire des oiseaux* va paraître. Je vous dois le premier, et je vous l'enverrai depuis Montbard.

Je suis fâché que vous ayez quitté les rênes de votre Académie. Quelque fougueuse que pût être cette compagnie, vous étiez fait pour la régir, tout le monde connaissant votre droiture, votre zèle et même vos bienfaits à son égard. Notre ami le président de Brosses est bien digne de vous remplacer[1]; mais, comme vous le dites, quelque actif qu'il soit, il n'aura pas le temps de suivre les choses d'aussi près qu'il serait nécessaire, à moins qu'il n'arrive suppression de votre Parlement, comme il y a tout lieu de le craindre, surtout si vos messieurs ne mettent pas plus de modération dans leurs arrêtés et dans leurs remontrances[2]. Jamais la magistrature n'a été dans un aussi grand danger, et on ne peut se dispenser d'avouer qu'il y a de sa faute et qu'elle a poussé ses prétentions beaucoup trop loin.

Je compte partir dans huit jours pour Montbard, et peut-être ferai-je un voyage à Dijon dans le mois de juin. L'une de mes plus grandes satisfactions sera de vous y voir et de vous renouveler, ainsi qu'à Mme la présidente de Ruffey, tous mes sentiments d'attachement et de respect.

BUFFON.

(Inédite. — De la collection de M. le comte de Vesvrotte.)

CXVIII

A GUENEAU DE MONTBEILLARD.

Paris, le 1ᵉʳ mai 1771.

Enfin, mon très-cher monsieur, je crois être en état de pouvoir partir, et je me fais un délice de vous revoir. Je compte arriver à Montbard mercredi 8, ou tout au plus tard jeudi 9 de ce mois ; je passe par Noyères, où mes chevaux sont mandés et doivent m'attendre. J'ai grand besoin de repos pour achever de me rétablir, ayant essuyé ici des orages de toute espèce. J'ai mille choses à vous dire dans lesquelles il y en a d'importantes, et auxquelles je suis sûr que votre amitié vous fera prendre grande part. J'ai reçu hier le paquet que vous aviez adressé à M. d'Ogny[1], et je le remporte avec moi, ne pouvant en faire usage quant à présent. Le second volume des Oiseaux finit par la caille, les pigeons, les ramiers et les tourterelles[2], et il sera plus gros que le premier. Après les alouettes il faudrait travailler aux bec-figues, qui forment un genre assez considérable.

Je n'ai pas encore mes forces, à beaucoup près ; mes pieds et mes jambes enflent dès que je suis debout ; je ne puis mettre de souliers, et je n'ai pu rendre aucune visite ; je compte faire mon voyage et arriver en pantoufles. Il y a six jours que je fais d'assez longues promenades en voiture ; elles ne m'incommodent en aucune façon, et je continuerai jusqu'à mon départ, afin d'être plus accoutumé au mouvement et au grand air.

Je ne vous ai rien dit de Mme de Saint-Belin[3], parce qu'elle n'était pas digne d'être regrettée. Les avocats de Paris, qui ne veulent encore donner que des consultations verbales, m'ont assuré que mon fils avait droit à la succession de sa grand'mère, quoique sa mère y eût renoncé par son contrat de mariage. Les avocats de Dijon soutiennent le contraire, et ils pourraient bien avoir raison, car le texte de notre coutume que j'ai vu, paraît exclure les descendants d'une femme mariée par mariage divis.

Je vous fais, mon très-cher monsieur, ainsi qu'à M. de Mussy, mille remercîments des soixante-douze bouteilles de vin de Genay ; je les garderai pour moi seul, et cela me durera longtemps, car je ne bois pas une demi-bouteille de vin par jour.

Je trouve que M. et Mme de Montbeillard sont très-bien logés dans cet appartement au rez-de-chaussée de M. de Massol[4]. Je serai charmé de les y voir, et je leur fais mille tendres compliments, et mille respects à vos dames. J'emmène M. Laude et mon fils avec moi. Je lui donne souvent l'aimable *Fin-Fin* pour exemple de propreté, de politesse et de talent. Je vous embrasse, mon cher monsieur et bon ami, avec autant d'empressement que j'ai d'impatience de vous revoir.

BUFFON.

(Inédite. — De la collection de Mme la baronne de La Fresnaye.)

CXIX

A MADEMOISELLE BOUCHERON [*].

Montbard, le 30 mai 1771.

Je suis bien content, ma très-chère demoiselle[1], de ce que mon bijou d'Allemagne ne vous a pas déplu, et du projet que vous avez de vous en amuser ; mais il ne vaut pas les remercîments que vous avez la bonté de me faire. Je serai bien et plus que payé de vous sentir quelquefois occupée de mes pensées, et je serais encore bien plus flatté si je pouvais vous occuper de mes sentiments et de la tendre et respectueuse amitié que je vous ai vouée. J'espère que vos dames me feront l'honneur de venir vendredi ; faites-leur mes instances et ma cour. S'il

* Depuis Mme Daubenton.

faut une voiture à quatre, je l'enverrai; conférez-en avec le cher oncle[2], que j'embrasse. On déposera aujourd'hui à Chevigny un gros jasmin jonquille. C'est avec tout attachement, mon aimable bonne amie, que j'ai l'honneur d'être votre très-humble et très-obéissant serviteur.

BUFFON.

(Inédite. — De la collection de M. Henri Nadault de Buffon.)

CXX

A M. MACQUER[1].

Montbard, le 4 juin 1771.

J'ai reçu, monsieur, avec autant de reconnaissance que de plaisir, les choses obligeantes que vous me dites, et j'en voudrais bien faire pour vous qui vous fussent agréables. Vous êtes bien certain, monsieur, que j'approuverai tout ce que vous ferez, et vous ne devez point être inquiet du serment de fidélité. Vous ne pourrez en effet le prêter qu'à mon retour à Paris; mais ce délai n'empêchera pas que vous ne soyez traité comme si vous le prêtiez dès à présent, et vous pouvez, monsieur, dès que vous le voudrez, prendre le titre et l'exercice de professeur[2], et distribuer vos cours comme vous le marquez. J'approuve tout ce que vous jugerez à propos de faire. Je ferai dans tous les temps ce qui pourra dépendre de moi, et je m'emploierai auprès de M. le duc de La Vrillière[3] pour vous rendre le service que vous me demandez. Agréez, monsieur, tous mes remercîments sur les sentiments que vous me témoignez, et soyez persuadé de la sincérité de ceux avec lesquels j'ai l'honneur d'être, monsieur, votre très-humble et très-obéissant serviteur.

BUFFON.

(Inédite. — Tirée des manuscrits de la Bibliothèque impériale, Supplément français.)

CXXI

A GUENEAU DE MONTBEILLARD.

Montbard, le 5 décembre 1771.

Il y a longtemps, mon cher bon ami, que je désire de vous voir, et vous me ferez bien plaisir de venir quand vous pourrez; mais je n'entends pas trop ce que vous voulez dire par le *Robinet des suppléments* dont vous m'annoncez la visite. Je connais en effet un Robinet qui supplée souvent M. l'intendant[1]. Je connais un autre Robinet qui fait des suppléments à l'Encyclopédie[2], et j'aimerais mieux que ce fût le premier que le second qui dût vous accompagner ici.

Vous avez raison de dire que ce qu'écrit *le Mousquetaire* au sujet des paons blancs n'est que du bavardage. M. Hébert, qui est très-bon à entendre sur ce qu'il a vu, ne se souvient guère de ce qu'il a lu ou dû lire; ainsi vous ne devez pas être étonné de ses méprises.

J'aurai ici dimanche M. et Mme de Saint-Belin et M. et Mme Morel de Chatillon[3]; ils resteront quelques jours, et vous devriez, mon cher ami, venir au plus tard dans ce temps.

Je pense absolument comme vous au sujet de Jean-Jacques[4], et j'écrirai en conséquence à Panckoucke.

Ma santé s'est soutenue, malgré les tracasseries et le chagrin qu'on m'a donné bien gratuitement, ou plutôt *bien ingratement*[5]. Aussi je persiste dans mon régime, et depuis plus de trois semaines je ne mange ni viande ni poisson.

Je vous embrasse, mon cher bon ami, de tout mon cœur.

BUFFON.

(Inédite. — De la collection de Mme la baronne de La Fresnaye.)

CXXII

A MADEMOISELLE BOUCHERON.

Montbard, le 9 décembre 1771.

Mon très-cher enfant, si le papa n'accepte pas les choses telles qu'on les lui présente aujourd'hui, il n'y a plus d'espérance; j'y ai fait tout ce qu'il était possible de faire, et entre nous on se rend trop difficile, et le papa exige des choses trop dures. Ces derniers articles, qu'il recevra en même temps que vous recevrez votre lettre, seront en effet les derniers; les parents du jeune homme, et son oncle surtout, sont tout à fait décidés à rompre s'ils ne sont pas bien reçus[1]. Tâchez donc d'amener le cher papa à les accepter, d'autant qu'ils me paraissent très-convenables, et que je pourrais attester la vérité de ce que contiennent leurs réponses.

Si cependant, ma chère bonne amie, la chose proposée avec ce M. de Brest était meilleure et plus de votre goût, faites-la, ma tendre amie; je préférerai toujours votre plus grand bonheur à tout, et même à ce qui contribuerait le plus au mien.

J'ai partagé de tout mon cœur les alarmes et les inquiétudes que vous avez essuyées. Nous espérons tous vous voir en ce pays-ci, et j'en ai eu le regret au moment même où je comptais vous voir arriver avec la chère tante. MM. vos oncles[2] pensent comme moi sur les dernières propositions, et disent que le papa, qui vous aime, ne les refusera pas. Je le désire plus vivement que personne, et vous exhorte à appuyer auprès de lui autant que vous le pourrez; et vous pourrez beaucoup, si le cœur vous dit quelque chose.

BUFFON.

(Inédite. — De la collection de M. Henri Nadault de Buffon.

CXXIII

AU PRÉSIDENT DE RUFFEY.

Montbard, le 11 janvier 1772.

Je reçois, mon cher Président, avec bien du plaisir, le renouvellement de vos tendres souhaits, et je n'en ai pas moins à vous faire hommage des miens. Ils sont vifs et animés, et, si leur succès était attaché au motif qui me les inspire, vous jouiriez de tous les biens que vous me désirez. Le premier et le plus précieux est la santé; mais je ne ne le possède pas encore; je le cherche et je ne sais quand je le trouverai. Je ne désespère pas cependant d'y parvenir avec les précautions que je prends, étant dans la ferme résolution de continuer un régime dont j'ai déjà reconnu, quoique lentement, l'utilité. Vous croyez, mon cher Président, et c'est sans doute votre attachement pour moi qui vous l'a fait croire, que je fais face à un très-grand nombre de détails et d'affaires; mais je n'en fais qu'à mon aise, et de celles qui amusent plutôt qu'elles ne fatiguent. Je remets à une saison moins dure que celle où nous sommes, et à un temps où j'aurai plus de forces, mes travaux sérieux et continués. Je compte même aller avant à Paris; et, quoique le plaisir de vous y voir fût un motif bien séduisant, je ne prévois pas néanmoins pouvoir fixer le terme de mon départ avant la fin du mois prochain; peut-être entamerai-je le mois de mars.

Je vois, mon cher Président, que vous n'êtes pas intimement persuadé de ma confiance dans la médecine; et vous avez raison. Cependant, quoique je ne jure pas par les principes d'Hippocrate, j'y crois assez pour m'astreindre à certaines précautions, et je le dois d'autant plus raisonnablement que je m'en trouve assez bien.

Je me souviens très-bien, mon cher Président, de la lettre que je vous écrivis l'été dernier, et je savais en vous l'écrivant quel devait être le fruit de l'entêtement du Corps[1]. J'aurais voulu avoir assez d'empire sur les esprits; je n'aurais pas craint de leur donner moins généralement un conseil dont je prévoyais la nécessité. Mais les têtes étaient échauffées, l'esprit d'enthousiasme s'était répandu ; et, quand les choses en sont là, il est impossible de changer les opinions. Vous avez bien vu en conseillant à M. votre fils de continuer son état[2]. On ne le doit abandonner, comme vous dites très-bien, que quand on ne le peut exercer avec honneur. Mais la voix du véritable intérêt est bien faible auprès de celle de la prévention inspirée par le nombre, et je ne suis pas étonné que l'une ait été préférée à l'autre. On n'aura que trop le temps de sentir qu'on y a mis plus de chaleur que de réflexion. Notre ami commun le président de Brosses doit bien regretter de s'être trop livré[3], et je pense comme vous qu'il voudrait être au premier pas. Le désastre général n'est pas moins fait cependant pour inspirer de l'intérêt. Un malheur, quoique mérité, doit toucher tout citoyen sensible, et à plus forte raison un compatriote. C'est l'effet qu'a produit en moi celui de ceux du Parlement que l'entêtement a conduits à l'exil. En blâmant la conduite du Corps, j'ai plaint le sort des particuliers. Adieu, mon cher Président; ne doutez jamais des sentiments du tendre attachement avec lequel je serai toujours votre très-humble et très-obéissant serviteur et ami.

BUFFON.

(Inédite. — De la collection de M. le comte de Vesvrotte.)

CXXIV

A MADAME DAUBENTON.

Mai 1772.

J'ai vu, ma chère bonne amie, toutes les lettres que vous écrivez à votre mari; elles sont gaies, charmantes et dignes de vous. Je ne cesse de lui faire compliment sur le bonheur qu'il a de vous posséder, et il m'y paraît aussi sensible qu'il peut l'être. Il a été très-flatté du bon accueil et des distinctions qu'on vous a faites; j'en suis moi-même enchanté, et, quoique je m'y attendisse, cela m'a fait un extrême plaisir. Je désire votre bonheur comme le mien; je sens que vous êtes heureuse avec le cher papa; je crois que vous serez heureuse avec le cher mari. Marchez donc d'un plaisir à l'autre toujours gaiement, et revenez-nous en aussi bonne santé que vous nous avez quittés. La mienne se soutient. Faites mes hommages au cher papa et beau-papa, mes amitiés au cher frère, et ne pleurez pas en les quittant, quoique vous les aimiez bien : car je n'ai pas pleuré en vous voyant partir, quoique je vous aime autant que vous pouvez les aimer.

Buffonet[1] ne m'a pas écrit depuis dix jours. Sa petite colère n'a pas duré, car il a proposé à M. Laude[2] de négocier avec vous et de vous proposer de garder ou de revendre le petit âne qu'il croit que vous lui avez acheté, et que, si vous voulez l'en débarrasser, il vous apportera des coquilles de la mer de Normandie.

BUFFON.

(Inédite. — De la collection de M. Henri Nadault de Buffon.)

CXXV

A GUYTON DE MORVEAU.

Montbard, le 26 juin 1772.

Puisque vous faites construire, monsieur, un miroir[1] composé de glaces planes et mobiles en tous sens, je puis vous épargner une partie de la dépense en vous donnant un assez grand nombre de montures qui peuvent porter des glaces depuis quatre pouces en carré jusqu'à un pied. Ces montures sont à Paris, et, je crois, au nombre de cent quarante ou cent cinquante; c'est ce qui me reste de trois cents que j'avais fait faire, et dont j'ai donné le surplus à des personnes qui, comme vous, monsieur, ont voulu faire exécuter ce miroir. On s'en est servi utilement pour l'évaporation des sels, et cela coûte en effet beaucoup moins qu'un bâtiment de graduation.

N'ayez, je vous supplie, monsieur, aucune répugnance à accepter l'offre que je prends la liberté de vous faire. Si ces montures vous sont superflues, vous en serez quitte pour les remettre au cabinet de physique de l'Académie de Dijon, dont j'ai l'honneur d'être honoraire' avec vous, et cette marque d'attention de notre part ne pourra déplaire à nos confrères. Mais je suis persuadé que ces montures que je vous offre étant faites en fer et en cuivre, et de manière à pouvoir être placées sur toutes sortes de châssis, elles vous seront utiles; et dans ce cas je vous demande en grâce de les regarder comme vôtres. Je suis trop âgé, j'ai les yeux trop affaiblis pour que je puisse jamais faire de nouvelles expériences en ce genre; il y en a néanmoins auxquelles j'ai grand regret, et que vous serez en état de faire réussir. Par exemple, je me suis aperçu qu'en faisant tomber les rayons du soleil concentré par cent quatre-vingts glaces à quarante pieds de distance, et en y exposant de vieilles assiettes d'argent que je voulais fondre et que j'avais bien fait nettoyer, elles ne laissaient pas de fumer abondamment et longtemps avant de fondre². J'aurais voulu recueillir cette matière volatile et peut-être humide, qui sort de ce métal par la seule force de la lumière, en mettant au-dessus un chapiteau, et le petit appareil nécessaire pour condenser cette vapeur; et je me proposais de faire dessécher ainsi l'argent tant qu'il aurait fourni des vapeurs; après quoi je me persuadais qu'il ne resterait qu'une chaux ou une terre peut-être différente du métal même, ce qui serait une espèce de calcination.

Je sais qu'on regarde en chimie les métaux parfaits comme incalcinables; mais je me suis toujours défié de ces exclusions absolues, et je me persuade que, si l'on n'a calciné ni l'or, ni

l'argent, ni le platine, ce n'est pas réellement qu'ils soient
incalcinables, mais qu'on n'a pas trouvé le moyen convenable
d'y appliquer le feu[3]. Si je pouvais espérer, monsieur, d'avoir
bientôt la satisfaction de vous voir, j'aurais un grand plaisir
à vous communiquer mes idées et à vous faire part du peu
que j'en ai déjà rédigé. L'histoire naturelle générale, et l'histoire particulière des animaux et des oiseaux, m'ont pris bien
des années, et, jusqu'ici, je n'ai pu travailler à celle des minéraux qu'à bâton rompu et de loin en loin. C'est ce qui
fait que je ne pourrai publier de si tôt cette histoire des minéraux, et que sur certains articles j'aurais grand besoin des
conseils des gens éclairés comme vous, monsieur[4].

Quelqu'un m'a dit que vous pourriez venir de nos côtés
pendant ces vacances. J'en serais enchanté, et, fussiez-vous à
plusieurs lieues de distance, j'irais moi-même vous chercher,
si ma santé me le permettait. Elle n'est pas assez rétablie
pour que je puisse me livrer à une application suivie.

J'ai l'honneur d'être, avec un très-sincère et très-respectueux attachement, monsieur, votre très-humble et très-
obéissant serviteur.

                                        BUFFON.

(Inédite. — Appartient à M. David d'Angers, qui la tient de M. Guyton, de
son vivant ingénieur en chef des Ponts et Chaussées à Chaumont.)

CXXVI

A M. TAVERNE[1].

Montbard, le 13 octobre 1772.

J'ai reçu, monsieur, le portrait de l'enfant noir et blanc que
vous avez eu la bonté de m'envoyer, et j'en ai été assez émer-
veillé, car je n'en connaissais pas d'exemple dans la nature[2]. On
serait d'abord porté à croire avec vous, monsieur, que cet enfant, né d'une négresse, a eu pour père un blanc, et que de
là vient la variété de ses couleurs. Mais, lorsqu'on fait ré-

flexion qu'on a mille et millions d'exemples que le mélange du sang nègre avec le blanc n'a jamais produit que du brun, toujours uniformément répandu, on vient à douter de cette supposition, et je crois qu'en effet on serait moins mal fondé à rapporter l'origine de cet enfant à des nègres dans lesquels il y a des individus blancs ou blafards, c'est-à-dire, d'un blanc tout différent de celui des autres hommes blancs; car ces nègres blancs dont vous avez peut-être entendu parler, monsieur, et dont j'ai fait quelque mention dans mon livre, ont de la laine au lieu de cheveux, et tous les autres attributs des véritables nègres, à l'exception de la couleur de la peau et de la structure des yeux, que ces nègres blancs ont très-faibles.

Je penserais donc que, si quelqu'un des ascendants de cet enfant pie était un nègre blanc, la couleur a pu reparaître en partie, et se distribuer comme nous la voyons sur ce portrait.

BUFFON.

(Publiée dans les Suppléments de l'*Histoire naturelle*.)

CXXVII

A MADAME DAUBENTON.

Au Jardin du Roi, le 30 novembre 1772.

J'ai reçu, ma très-chère belle amie, avec le plus grand plaisir, votre charmante petite lettre, où j'ai trouvé des nouvelles de tout ce que mon cœur aime, vous et mon fils.

Ma santé me tracasse encore plus ici qu'à Montbard, et, quelque désir que j'aie d'abréger mon séjour, tant par cette raison que par d'autres encore plus touchantes, je vois qu'il me faut encore au moins quinze ou dix-huit jours pour que mon voyage ne soit pas absolument inutile.

Si M. votre mari, auquel je vous prie de faire mes amitiés, veut m'envoyer tout l'argent qu'il aura, par le carrosse de jeudi, il me fera plaisir et je lui tiendrai compte du port, et

il pourra de même m'envoyer ce qu'il aura encore reçu pour
le jeudi suivant.

On m'a promis la boîte du portrait[1] pour dans dix ou douze
jours. Si le cher oncle[2] vient seul à Paris, M. Panckoucke
peut lui donner une grande chambre où il y aurait encore
place pour *Fin-Fin*.

M. du Luc[3] m'a écrit la lettre du monde la plus honnête et
la plus spirituelle; vous n'avez, mon aimable enfant, que des
amis qui vous ressemblent.

BUFFON.

(Inédite. — De la collection de M. Henri Nadault de Buffon.)

CXXVIII

A MADAME GUENEAU DE MONTBEILLARD.

Paris, le 16 décembre 1772.

Vos anciennes bontés pour moi, madame, celles que vous
avez aujourd'hui pour mon enfant, les soins que vous daignez lui donner, mille autres motifs fondés sur l'estime
profonde et sur le plus tendre respect, remplissent mon
cœur et font que je ne pourrai jamais vous exprimer assez
les sentiments par lesquels je vous suis attaché. Je n'ai pu
lire votre lettre sans le plus tendre attendrissement. Que mon
fils serait heureux, s'il pouvait se modeler d'après vous! Je
suis bien sûr au moins qu'il aura beaucoup gagné et qu'il ne
peut que gagner encore entre vos mains. Je vous supplie donc,
madame, de le garder encore jusqu'à mon retour, qui sera
vers la fin de ce mois. M. Dallet part vendredi par le carrosse,
pour arriver à Montbard le mardi soir 22. Je prierai votre
aimable nièce[1] de le mener à Semur et de vous le présenter
le jeudi ou le vendredi. Il prendra possession de mon fils en
votre présence[2], et M. Hemberger[3], auquel j'ai des obligations
infinies, sera libre de venir à Paris. Tout cela, madame, est
concerté avec votre très-cher mari, qui se porte à merveille.

On trouve votre cher fils beau comme un ange et charmant. Mille amitiés les plus tendres à M. votre cher frère[4]. Mille respects à Mme sa femme et à Mme de Prévot, que je devrais remercier aussi de ses bontés pour mon fils : ce sont de douces obligations qu'on se plaît à ne jamais oublier. C'est dans ces sentiments et avec ceux du plus respectueux attachement, que je serai toute ma vie, madame, votre très-humble et très-obéissant serviteur.

BUFFON.

(Inédite. — Appartient à la ville de Semur, et est conservée dans sa bibliothèque.)

CXXIX

A MADAME DAUBENTON.

Lundi, décembre 1772.

Je crois, chère bonne amie, que je ne pourrai partir que dimanche, pour arriver mardi 29.

Si vous pouvez mener à Semur M. Dallet, vous me ferez grand plaisir. Il y restera auprès de mon fils jusqu'à mon retour.

On doit me remettre demain la boîte et le portrait. Je m'amuse avec vos petits lévriers; vous aurez le mari et la femme, ils feront une jolie famille.

Si M. votre mari a de l'argent, il me fera plaisir de me l'envoyer par le carrosse qui part jeudi prochain, et de m'en donner avis le même jour par la poste. Lucas[1] recevra cet argent après mon départ. Les personnes qui vous aiment se portent bien. Je ne suis pas mal moi-même, et de tous ceux que vous pouvez aimer, aucun ne peut vous aimer autant que moi.

BUFFON.

(Inédite. — De la collection de M. Henri Nadault de Buffon.)

CXXX

A M. MACQUER.

Montbard, le 25 janvier 1773.

Comme, vous avez monsieur et cher confrère[1], travaillé plus que personne sur la matière du platine[2], permettez-moi, je vous prie, de vous demander si vous ne regardez pas comme du vrai fer le petit sable noir qui y est mêlé, et que l'aimant attire. Ce qui me fait douter de ce que vous en pensez, c'est que vous dites à la page 250 de votre dictionnaire de chimie[3] que ce *petit sable noir est aussi attirable par l'aimant que le meilleur fer, mais qu'il est indissoluble par les acides, infusible et intraitable.* Vous pourriez donc, monsieur, ne le pas regarder comme un véritable fer. Cependant je crois avoir des preuves du contraire[4]. Faites-moi le plaisir de m'éclaircir ce doute par un mot de réponse, et vous m'obligerez beaucoup. Je suis bien aise d'avoir cette petite occasion de vous renouveler les sentiments de mon estime et de l'inviolable attachement avec lequel j'ai l'honneur d'être, monsieur et cher confrère, votre très-humble et très-obéissant serviteur.

BUFFON.

(Inédite. — Tirée des manuscrits de la Bibliothèque impériale, Supplément français.)

CXXXI

A MADAME DAUBENTON.

Le 21 mai 1773.

Bonne amie, vous écrivez comme un amour[1] et pensez comme un ange. Je vous lis presque avec autant de plaisir que je vous vois, si bien vous savez vous peindre. J'ai un peu tardé à vous donner de mes nouvelles, parce que j'aurais voulu ne vous pas dire que depuis neuf jours je n'ai cessé de

tousser et je n'ai pas quitté le coin du feu. C'est la maudite
coqueluche, et je vois que la vôtre ne vous traite pas mieux.
Cela n'est pas fait pour suspendre la mienne; elles pourraient
bien toutes deux durer tant qu'il ne fera pas chaud. Encore
si nous pouvions les confondre, il n'y aurait que demi-mal;
mais à soixante lieues on ne s'entend pas tousser. Quoique
incommodé, je n'ai pas laissé de faire quelque chose de mes
affaires les plus pressées, et j'espère toujours être de retour
à la Saint-Jean. J'adorerais les insectes comme les Égyptiens,
s'ils ressemblaient au charmant *hanneton*[2]. J'ai vu son protégé, *la Légion corse*[3], et je tâcherai de lui rendre quelques services. On va commencer à imprimer les *Oiseaux* du cher oncle
et les *Éléments*[4] de votre bon ami. Ce nom m'est bien précieux
et fait plus de plaisir à mon cœur que tous les titres ou les
éloges qu'on pourrait me donner. Votre chère maman aura
mon portrait gravé[5] que je lui porterai, et que je la remercie
d'avoir désiré. Faites donc aussi que je vous remercie pour
quelque chose que vous désirerez. Embrassez votre papa
pour moi; dites bien des choses à votre cher mari; guérissez-
vous, écrivez-moi, et comptez sur moi comme sur vous-
même, ou tout au moins comme sur le plus fidèle de tous
vos amis.

BUFFON.

(Inédite. — De la collection de M. Henri Nadault de Buffon.)

CXXXII

A LA MÊME.

Le 6 juin 1773.

Chère bonne amie, votre cher papa a eu la bonté de me
donner de vos nouvelles jeudi. Remerciez-le pour moi, quoiqu'elles ne soient pas bonnes; car cette vilaine coqueluche
m'inquiète et vous dure trop longtemps. Dites-lui aussi que
le sieur Mandonnet ne sera plus échevin[1], que Richard sera

continué premier échevin cette année, et qu'il faut en nommer un autre à la place de Mandonnet. Ils recevront sur cela
les ordres du Ministre. Surtout qu'ils ne présentent pas un
second Mandonnet. J'ai vu votre cher oncle Montbeillard. Il
est peut-être ici pour plus de temps que moi; mais son séjour
ne peut à la fin que lui être utile. Mon rhume est diminué et
je commence à sortir. Votre petit ami vient de dîner avec
moi; il n'a été question que de vous et du petit chevreuil[2].
Que de plaisir à parler de vous et combien plus à vous revoir!
Devinez, bonne amie!

BUFFON.

(Inédite. — De la collection de M. Henri Nadault de Buffon.)

CXXXIII

A LA MÊME.

Juin 1773.

Partez, chère bonne amie, et partez tout de suite pour le
joli Beaune. Quittez le vilain Montbard pour aller à la charmante noce[1] où mon cœur vous accompagnera et jouira par
moitié de toute la satisfaction que vous y trouverez. Je ne
serai de retour que le 15 de juillet tout au plus tôt; tâchez de
revenir vers le 25 août tout au plus tard, et que ce terme de
bonne espérance vous fasse ainsi qu'à moi ressentir quelques
moments délicieux. Jouissons de ce que nous désirons, en attendant mieux. Je crois que vous aurez aussi la satisfaction
de voir le raccommodement tant désiré[2]. Votre cher oncle
d'ici n'a point de tort, et l'autre me paraît en avoir; mais la
personne qui en a le plus, je veux dire la demoiselle, travaille
elle-même pour le réparer. Au moyen de ce mauvais moyen
tout réussira, et nous aurons, à ce que j'espère, la satisfaction
de voir ces chers amis réunis. La commission nommée pour
l'affaire de l'artillerie commence aujourd'hui. Hier au soir le
cher oncle a trouvé chez moi le comte de Maillebois[3]; je l'ai

recommandé avec tout le zèle de l'amitié, et je compte qu'il se tirera de cette affaire avec gloire et profit.

Mes amitiés à votre papa de Montbard[1] et à toute la maison. Dites-lui que, s'il s'intéresse à Pion, il lui dise de m'écrire ou de me voir, et que je pourrai faire son affaire. Celui pour lequel M. Gueneau m'avait écrit lui a manqué de parole, et il en est outré. Dites-moi aussi des nouvelles des échevins. Écrivez-moi du milieu de la noce. Je n'y connais que le cher frère et le papa, mais je m'intéresse à tout ce qui leur appartiendra. Adieu bonne amie; point de coqueluche, point de chagrin, bien du plaisir, et soyez bientôt de retour.

BUFFON.

(Inédite. — De la collection de M. Henri Nadault de Buffon.)

CXXXIV

A GUENEAU DE MONTBEILLARD.

Au Jardin du Roi, le 13 juin 1773.

Je n'ai pas oublié, mon cher bon ami, la recommandation que vous m'avez faite, ainsi que notre cher abbé de Piolenc[1], du fils de M. Perrot de Flavigny, pour remplacer le sieur Rosan, lieutenant de la maréchaussée de Montbard. J'ai vu sur cela M. Boullin; il a la démission de Rosan, et la chose ne tient plus qu'à l'argent, et c'est toujours trop. J'ai rabattu tant qu'il m'a été possible sur les demandes, et voici tout ce que j'ai pu obtenir, encore sous la condition que M. Perrot ait servi au moins deux ou trois ans.

1° Huit mille livres pour rembourser Rosan.

2° Le quart, c'est-à-dire deux mille livres pour l'agrément; ce qui me paraîtrait un peu trop cher, attendu que le produit de la place n'est que de sept cents livres. Mais il y a une circonstance qu'il faut laisser ignorer à Rosan et qu'il faut tenir secrète : c'est qu'à commencer du premier octobre prochain

toutes les places de maréchaussée seront augmentées, et celle
du lieutenant de Montbard en particulier, de quatre cents
livres, savoir de deux cent cinquante livres pour fourrages, et
de cent cinquante livres pour logement. Cela fera donc dans la
suite onze cents livres de produit, au lieu de sept cents, et il
me semble que les dix mille livres de M. Perrot seront avantageusement placées; mais il ne faut pas perdre de temps : car
M. Boullin m'a dit qu'il y avait un nommé Pion de Savoisy,
près de Montbard, qui était tout prêt de donner cette somme,
quoiqu'il ignore l'augmentation prochaine des quatre cents
livres. Le sieur Ligeret de Semur pourrait bien revenir à la
charge, s'il en était informé. Il serait donc nécessaire de
m'envoyer une soumission bien cautionnée de MM. Perrot,
père et fils, pour que je puisse mettre cette affaire en règle
avant mon départ, qui sera vers le 6 ou le 8 du mois prochain[2].

Mon fils est au collége du Plessis depuis trois semaines;
mais il ne m'a pas encore été possible d'y arranger le petit
plan de son éducation. Il ne s'y trouve pas mal et se porte
très-bien, à une suite de rhume près qu'il a apporté de Montbard et qui, comme le mien et celui de votre chère nièce, ne
veut pas désemparer. J'ai été neuf jours sans pouvoir sortir,
toussant autant la nuit que le jour, et, quoique cette incommodité soit diminuée, la moindre variation dans l'air suffit
pour me la rendre.

Nous sommes tous deux sous presse, et l'on doit vous envoyer aujourd'hui ou demain vos premières feuilles d'épreuves. Je voudrais bien m'occuper du discours, ou plutôt de
l'avant-propos que je dois mettre à la tête de votre volume;
mais ce pays-ci est trop peuplé pour pouvoir disposer de son
temps; je prévois même que je ne pourrai faire qu'une partie des choses que j'avais projetées. D'ailleurs on doit une
partie de son temps à ses amis, surtout quand ils sont malades,
et je n'en sache pas de mieux employé que celui que malheureusement je passe auprès de notre ami, M. Varenne[3], depuis
environ quinze jours.

La maladie a commencé par un accès de goutte d'abord vague, ensuite sur les deux pieds, avec des douleurs très-cuisantes et presque continuelles. A mesure que la douleur a diminué, il s'est formé une tumeur à la région axillaire, qui est à peu près grosse comme un échaudé. Cette espèce de dépôt, qui n'est pas douloureux, ne paraît être aux médecins qu'un effet critique et salutaire. Je le désire de tout mon cœur et je suis assez porté à le croire, malgré le très-tendre intérêt que je prends au malade, parce que depuis que cette tumeur paraît, sa santé va mieux. Mais soit qu'il survienne suppuration ou non, la cure sera longue, et il a besoin de toute sa bonne tête et d'une grande patience. Voilà le produit des chagrins que son malheureux fils ne cesse de lui donner[4]. Il a eu l'impudence d'envoyer chez moi savoir de mes nouvelles et pressentir si je le recevrais; mais je ne le verrai ni ne lui pardonnerai ses infamies et le mal qu'il a fait à son père.

Je me trouve dans le cas, mon très-cher ami, de pouvoir rembourser incessamment les quatre mille six cents livres des capitaux de rente que je dois tant à M. Rouillon qu'à l'hôpital de Semur. Je vous serai donc très-obligé de vouloir bien les en prévenir; après quoi, sur votre réponse, je pourrai vous envoyer une rescription de cette somme, à laquelle je vous prierai de joindre les intérêts échus qui sont peu de chose, n'y ayant que le courant de l'année, que vous voudrez bien donner pour moi et que je vous rendrai à mon retour.

Je souffre de voir ici M. Potot de Montbeillard, qui ne peut que s'y déplaire et s'ennuyer beaucoup, sans pouvoir s'en retourner. Il faut un travail du Maître[5] avec le ministre pour décider l'affaire qui le tient ici, et cela sera peut-être encore long.

Je n'ai pas eu de peine à bien encourager M. Daubenton le cadet au sujet de votre ouvrage sur les oiseaux; il y était bien disposé, et nous avons pris de concert de petites mesures avec le petit Mauduit[6], pour vous procurer par nos correspondants des notices sur les mœurs des oiseaux étrangers.

Adieu, bon ami; mille tendres respects à celle que vous voulez bien que je nomme aussi ma bonne amie, et à son aimable compagne, Mme de Prévot. J'embrasse aussi le cher fils, c'est-à-dire je veux que son papa l'embrasse pour moi.

BUFFON.

(Inédite. — De la collection de Mme la baronne de La Fresnaye.)

CXXXV

A MADAME DAUBENTON.

Au Jardin du Roi, le 15 juin 1773.

Ma santé est encore moins bonne ici dans le beau Paris qu'au vilain Montbard. Ainsi je retournerai le plus tôt possible, et j'espère, bonne et tout aimable amie, que je n'aurai pas le guignon d'arriver après votre départ pour la noce; mais, quand même elle me ferait ce tort qui n'est pas petit, j'y prendrai et prends dès à présent le plus grand intérêt; car votre satisfaction, chère enfant, fait une grande partie de mon bonheur.

Je n'ai pu rien obtenir pour la *Légion corse*. La place qu'il désirait chez M. le comte d'Artois était donnée, et nous nous y sommes pris trop tard. Il y a quatre jours que je n'ai vu M. de Montbeillard, et je ne puis vous en dire des nouvelles.

M. votre mari, discret à son ordinaire, a donc publié ce que je vous ai marqué sur Mandonnet; je le sais par plusieurs lettres du pays. Cela était pourtant aussi inutile à dire qu'il était utile et nécessaire qu'il parlât de Trécourt[1] dans la lettre qu'il a écrite à M. de Verdun[2]. Mais de sa vie il n'a rien su faire à propos que de vous épouser : heureux s'il sentait son bonheur. Dites à M. son père qu'au cas que Mandonnet soit exclu, comme je l'espère, je le prie de présenter le sieur Guérard, marchand de bois[3], que je préférerais à tout autre pour cette place d'échevin. Je n'ai pas vu le sieur Pion de Savoisy, qu'il m'a recommandé pour la place de Rosan ; mais je sais qu'il a fait des démarches à l'hôtel Condé. Ce ne sera cependant pas pour lui. Rosan s'en ira, mais sera probablement remplacé par un homme que votre cher oncle Gueneau m'a recommandé ; je lui ai écrit à ce sujet.

Je vous remercie de tout ce que vous avez dit à M. Hobker[4] ; son témoignage peut faire du bien à la réputation de mes forges. C'est vous, bonne amie, qui savez faire les choses à propos, et l'à-propos pour vos amis est tous les jours et tous les moments où il est question d'eux, parce qu'ils sont dans votre cœur, et ce cœur est aussi honnête et aussi sensible que l'esprit qui l'anime est vif et délicat. Ceci sans compliment et en toute vérité.

BUFFON.

(Inédite. — De la collection de M. Henri Nadault de Buffon. — M. Flourens en a publié un fragment.)

CXXXVI

A GUENEAU DE MONTBEILLARD.

Paris, le 23 juin 1773.

. Je pars pour Versailles, où je n'ai pas encore été[1], et je n'ai que le moment, mon très-cher ami, de vous dire que j'ai reçu votre lettre et que je suis obligé de rester ici douze ou quinze jours de plus que je n'avais compté ; encore bien heureux si je puis terminer le reste des affaires qui m'y ont appelé. Cela me donnera au moins le temps de recevoir des nouvelles de nos gens de Flavigny, dont je n'ai point entendu parler. Vous trouverez ci-joint la rescription de quatre mille six cents livres avec mon acquit au dos. Ce remboursement me fait d'autant plus de plaisir qu'il se trouve dans une circonstance qui vous convient. Je ne suis point inquiet de mon billet, puisqu'il est entre vos mains, et vous me l'enverrez quand vous le jugerez à propos. Nous causerons à mon retour du projet que vous m'annoncez, et qui me sera infiniment agréable, s'il me procure l'avantage de vivre plus souvent avec vous [2].

BUFFON.

(Inédite. — De la collection de Mme la baronne de La Fresnaye.)

CXXXVII

A MADAME DAUBENTON.

Le 2 juillet 1773.

J'ai eu hier au soir, chère bonne amie, votre lettre datée de Semur. Il n'y a rien du bon oncle qui est ici, et c'est une marque qu'il n'y a encore rien de fait pour le raccommodement; ce qui me fâche beaucoup, et lui aussi, car il était auprès de moi lorsque j'ai reçu votre lettre. Vous ne partez donc que le 15, belle amie; cela achève de me déterminer à partir le 10; j'aurai du moins trois ou quatre jours à vous voir, et cette douce espérance me tient lieu de tout autre plaisir.

C'est en effet M. Colas qui parlera dans mon affaire, et s'il est honnête, il parlera comme Mme Nadault chante, c'est-à-dire très-bien [1]; sinon, je ne l'entendrai pas et lui ferai comprendre qu'il m'a déplu.

J'ai bien peu de temps, charmante amie, d'ici à huit jours, et j'ai encore des affaires sans nombre; mais je suis décidé à laisser ce que je ne pourrai pas faire. Vous voir me tient plus au cœur que de tout posséder. Adieu, chère belle amie, adieu jusqu'au dimanche 11, jour de fête, pour moi la plus sacrée de ma religion.

BUFFON.

(Inédite. — De la collection de M. Henri Nadault de Buffon.)

CXXXVIII

A GUENEAU DE MONTBEILLARD.

Le 26 juillet 1773.

Voilà, mon bon ami, la liste de mes juges. Les lettres de M. Le Mulier[1] me feront honneur et grand bien; remerciez-le de ma part comme d'un service essentiel qu'il me rend.

Je compte que nous emmènerons votre voiture, qui fera nos visites d'honneur à Dijon[2]. Nous renverrons vos chevaux jeudi coucher à Montbard, et nous arriverons le même jour avec les miens de bonne heure à Dijon. J'ai vu par ce que m'a dit le chevalier de Saint-Belin que mes juges traitent mon affaire plus sérieusement depuis qu'ils sont informés de mon arrivée, et vous m'aiderez plus que personne à me les rendre favorables. Le chevalier ne vient point avec nous; je n'emmène que Mlle Blesseau et deux laquais, ou un, si vous voulez avoir le vôtre. M. le docteur Barbuot[3] a bien voulu me promettre d'écrire à M. Barbuot[4] le père, qui sera, je crois, le premier opinant de mes juges. Mme votre nièce[5] pourra m'envoyer des lettres pour M. Lorenchet[6]; je vais lui en écrire un petit mot.

Lisez, mon cher bon ami, le petit avertissement[7] que je dois mettre à la tête du volume des *Oiseaux* que l'on imprime actuellement. Je souhaite que vous en soyez content, et je vous le communique pour y ajouter, changer ou retrancher tout ce qui pourrait vous convenir ou ne pas vous convenir.

Je suis convaincu et très-flatté des bontés de votre chère dame et de l'excellent cœur de votre aimable fils. Je les embrasse bien tendrement tous deux avec vous, mon très-cher ami.

BUFFON.

(Inédite. — De la collection de Mme la baronne de La Fresnaye.)

CXXXIX

A MADAME DAUBENTON.

Forges de Buffon, le 26 juillet 1773.

J'ai toujours différé de vous écrire, madame et chère bonne amie, parce que j'ai été tous les jours sur le point de partir pour Dijon, d'où je comptais vous donner non-seulement de mes nouvelles, mais de celles du cher oncle, qui vient avec moi. Nous partons enfin jeudi 29, pour y rester quelques jours. Ma cause se plaide le samedi 31[1]. Ainsi, bonne amie, si vous voulez me donner des recommandations, envoyez-moi vos lettres chez M. Hébert, où nous serons logés. M. Lorenchet est en effet un des juges, et un des meilleurs, quoique de Beaune. Vous ne me ferez pas une querelle de ce mot, vous qui seule suffiriez pour démentir la fausse réputation de cette chère patrie, où d'ailleurs les femmes sont si aimables et la société si différente de celle de notre vilain Montbard. Le portrait que vous me faites de votre jolie belle-sœur[2] m'a fait le plus grand plaisir, parce que je regarde comme assuré le bonheur de M. votre frère et celui du très-cher papa. Témoignez à tous les deux l'intérêt que j'y prends, et tous les sentiments par lesquels je leur suis attaché.

Mme votre belle-mère[3] est depuis deux jours malade, à mourir, selon elle, et, selon son médecin, elle n'est qu'incommodée et malade de peur. On attend aujourd'hui votre cher mari. J'ai reçu toutes vos lettres, j'y ai vu le zèle de votre tendre amitié; je vous en remercie mille fois; elle fait tout mon bonheur et le fera toujours. Jeanneton, dont je me suis informé, est presque entièrement guérie; mais Caiot est dangereusement malade.

Je me promets bien de vous écrire de Dijon le samedi ou

le dimanche. Adieu, chère bonne amie; quand aurai-je le bonheur de vous revoir?

BUFFON.

(Inédite. — De la collection de M. Henri Nadault de Buffon.)

CXL

FRAGMENT DE LETTRE A M. LE COMTE D'ANGEVILLER [1].

Montbard, le 17 novembre 1773.

.... Ah! que vous avez un digne et respectable ami dans M. Necker [2]! J'ai lu deux fois son ouvrage [3]. Je me trouve d'accord avec lui sur tous les points que je puis entendre. Ses idées sont aussi simples que grandes, ses vues saines et très-étendues; et tous les économistes ensemble, fussent-ils protégés par tous les ministres de France, ne dérangeront pas une pierre à cet édifice, que je regarde comme un monument de génie. Je n'ai regret qu'à la forme. Je n'eusse pas fait un éloge académique, qui ne demande que des fleurs, avec des matériaux d'or et d'airain. Colbert mérite une partie des éloges que lui donne M. Necker; mais certainement il n'a pas vu si loin que lui. D'ailleurs, l'auteur a ici le double désavantage d'avoir ses envieux particuliers, et en même temps tous ceux qui cherchent à borner l'Académie. En un mot, je suis fâché qu'un aussi bel ensemble d'idées n'ait pas toute la majesté de la forme qu'il peut comporter. Les notes sont admirables comme le reste; la plupart sont autant de traits de génie, ou de finesse, ou de discernement. Le style est très-mâle et m'a beaucoup plu, malgré les négligences et les incorrections, et les pitoyables plaisanteries que les femmes ne manqueront pas de faire sur les jouissances trop souvent répétées.

(Grimm, Correspondance inédite. — Publiée par M. Flourens.)

CXLI

FRAGMENT DE LETTRE A M. NECKER [1].

Montbard, le 17 novembre 1773.

.... Je n'avais jamais rien compris à ce jargon d'hôpital de ces demandeurs d'aumônes que nous appelons économistes, non plus qu'à cette invincible opiniâtreté de nos ministres ou sous-ministres pour la liberté absolue du commerce de la denrée de première nécessité [2]. J'étais bien loin d'être de leur avis; mais j'étais encore plus loin des raisons sans réplique et des démonstrations que vous donnez de n'en pas être. J'ai lu votre ouvrage deux fois; je compte le relire encore; c'est un grand spectacle d'idées, et tout nouveau pour moi....

(Grimm, Correspondance inédite. — Publiée par M. Flourens.)

CXLII

A MADAME DAUBENTON.

Paris, le 4 décembre 1773.

Je suis, ma bonne amie, fatigué du voyage, et, de plus, incommodé par le changement d'air et de nourriture. C'est ce qui fait que je ne vous écris pas de ma main; mais je ne suis point du tout inquiet de ma situation, parce qu'aux deux derniers voyages, la même chose m'est arrivée. Trois ou quatre jours de repos suffiront pour me remettre, et je ne sortirai pas auparavant. J'ai trouvé mon fils très-bien portant, et mieux qu'il n'était à tous égards: il m'a demandé de vos nouvelles, et c'est beaucoup pour sa petite tête qui ne pense encore à rien. J'ai vu aussi le fils de M. de Mussy [1], dont j'ai été fort content. J'ai déjà parlé au docteur [2]; mais ce n'est pas dans une première conversation qu'on peut avec lui tirer quelque chose de positif. Donnez-moi de vos nouvelles, je vous en supplie, et faites passer mes amitiés à votre cher beau-père. Je crois que vous connaissez, ma bonne amie, toute l'étendue de mon attachement et de mon respect pour vous.

BUFFON.

Mille tendres compliments à vos aimables hôtes.

(Inédite. — De la collection de M. Henri Nadault de Buffon.)

CXLIII

A LA MÊME,

Le 16 décembre 1773.

Chère bonne amie, j'ai retardé ma réponse de deux postes, pour vous rendre plus sûre de l'état de ma santé. Elle est rétablie après un dérangement qui m'a fait garder la chambre jusqu'à hier. J'ai eu pendant ce temps la visite de tous mes amis; mais tous ensemble ont moins contribué à ma satisfaction que votre petite lettre. J'adresse celle-ci à Beaune, où j'imagine que vous êtes encore, parce que j'imagine toujours de préférence ce qui vous fait plaisir. M. Amelot[1], qui m'est venu voir hier, m'a demandé de vos nouvelles avec intérêt. Il paraît que MM. Daubenton seraient bien aises de vous voir en ce pays-ci; mais vous savez, bonne amie, qu'ils ne sont ni l'un ni l'autre bien ardents sur rien. Je verrai les femmes, et je voudrais leur inspirer de vous appeler, ou du moins de vous désirer[2]. J'aurai bientôt une petite boîte à rouge jolie, et digne de vous; donnez-moi vos autres commissions, afin que je puisse vous envoyer le tout en même temps.

J'attendais des nouvelles de M. votre beau-père au sujet des quittances de ma capitation, que je lui ai remises. Dites-lui, je vous en supplie, qu'il me fera plaisir de me marquer où en est cette affaire, et que, s'il a besoin des quittances de 1772 et 1773, je viens de les payer ici, et que je les lui enverrai, si cela est nécessaire, pour finir avec M. de Charolles[3].

Dites-moi aussi jour par jour, bonne amie, votre marche et les lieux que vous habitez; je donnerais toute ma science pour savoir seulement où vous êtes, et tous mes papiers pour un billet de vous où serait tout ce qui ne s'écrit pas. Adieu, belle amie, je ne puis vous rien dire au delà de ce que vous connaissez de mes sentiments; ils seront aussi durables que les charmantes qualités qui vous les ont acquis.

Buffon.

(Inédite. — De la collection de M. Henri Nadault de Buffon. — M. Flourens n a publié un fragment.)

CXLIV

A LA MÊME.

Vendredi, 17 décembre 1773.

Je reçois à l'instant, madame et chère amie, votre lettre du 15. Je vous adressais la mienne à Beaune, et c'est ce qui m'a obligé d'en déchirer la seconde feuille pour vous l'adresser à Dijon. Je suis très-fâché de la situation de M. votre père; il faut néanmoins espérer que sa santé se rétablira, puisqu'il était mieux lorsque vous l'avez quitté. Je vais écrire à M. Hébert pour le prier de faire payer le prix du *forte-piano*. Vous êtes bien la maîtresse d'en disposer comme il vous plaira; mais il faudrait que cela se fît d'accord avec M. Potot de Montbeillard, parce que je lui ai promis de le lui prêter.

Ma santé continue à aller mieux, et je compte qu'elle ne se démentira plus. Vous avez très-bien fait, ma bonne amie, d'écrire au cher docteur; cela ne peut qu'augmenter le désir qu'ils ont de vous voir. J'espère que M. votre beau-père m'é-

crira, et que vous continuerez à me donner de temps en temps
de vos chères nouvelles, qui font une grande partie du bonheur de ma vie.

BUFFON.

(Inédite. — De la collection de M. Henri Nadault de Buffon.)

CXLV

A LA MÊME.

Ce dernier de l'an 1773.

Quinze ou vingt lieues dont vous vous êtes rapprochée en
revenant à Montbard, chère bonne amie, me font déjà un si
grand effet de plaisir, que je ne puis mesurer celui que je
ressentirais si vous vous déterminiez à faire cinquante lieues
de plus. Je vous ai adressé, en attendant, une petite boîte qui
vous arrivera mardi 4 par le carrosse, dans laquelle vous
trouverez du rouge et la boîte pour le mettre, avec quelques
petits pots de pommade de Rome. Ame candide, personne
nette et fraîche n'a pas besoin de parfums; mais le petit nez
si fin les aime, et j'espère qu'il les agréera. Vous y trouverez
en outre un cabaret en porcelaine, dont le dessin sera, je
pense, de votre goût[1]. J'y joins pour votre cœur l'hommage,
le don de tout le mien, aujourd'hui fin, demain commencement de l'an, et pour toutes les fins, tous les commencements des jours et des ans, qui s'épuiseront plutôt que
mes sentiments pour vous, la plus digne et la plus aimable
des amies.

BUFFON.

(De la collection de M. Henri Nadault de Buffon. – Publié par M. Flourens.)

CXLVI

A LA MÊME.

Le 9 janvier 1774.

Ne soyez plus fâchée, ma bonne amie; la chose n'en vaut pas la peine. Mettez la petite boîte au fond du puits; je vous en enverrai, ou plutôt je vous en porterai une autre que vous n'aurez nulle raison de rebuter. Je suis très-décidé à vous tenir parole; j'ai déjà pressé plusieurs affaires en conséquence de mon projet, et je ferai tout effort pour partir avant le carême, et plus tôt s'il est possible. J'ai la meilleure excuse du monde, car ma santé ne laisse pas de me tracasser. Mon cœur est aussi mal à l'aise; tout me porte vers vous, et je suis vraiment affligé de voir que rien ne peut vous amener ici. Cependant, bien loin de vous blâmer, je vous approuve. Je tâcherai d'échauffer un peu M. le Docteur pour l'affaire de la réhabilitation[1]; mais, chère amie, vous le connaissez, il ne prend rien à cœur. N'aurait-il pas dû, après ce que vous lui avez écrit, vous témoigner de l'empressement de vous voir, et prendre sur son compte une partie de l'humeur qu'on aurait eue[2]?

Trécourt m'a dit très-nettement que, quand même je ne voudrais pas le garder, il ne voulait plus rester avec M. votre mari, et qu'il était décidé depuis plus d'un an à aller à Sens, où on lui fait un parti avantageux. Et cela est très-vrai: car, comme il s'ennuyait ici dans les commencements de mon séjour, il me demanda son congé et voulait aussi me quitter pour s'en aller non pas à Montbard, mais à Sens. Ainsi, ma chère amie, vous voyez qu'il ne compte point du tout se remettre au service de M. Daubenton, et je ne sais pas trop moi-même si je pourrai le conserver au mien.

Mandez-moi donc quelles sont vos commissions, je veux les faire. J'ai bien songé aux cordes de clavecin; mais les marchands demandent du détail et des explications que je n'ai pas et que je vous prie de m'envoyer.

J'ai souvent le plaisir de parler de vous avec Mme et M. Amelot. Elle m'a dit que vous lui aviez écrit et que vous étiez fort aimable. Vous vous imaginez bien que j'ai fait tout ce que j'ai pu pour la dédire.

J'écrirai dans peu à votre cher beau-père. J'attends de votre mari la décision de l'argent de l'hôpital. Pour peu que cela fasse difficulté, il n'a qu'à rembourser, et je compterai ici pour lui la même somme au 13 ou 14 février prochain.

Adieu, bonne et très-chère belle amie; je fais mille et mille vœux pour votre bonheur, et vous prie d'exaucer ceux que je me permets de faire pour le mien.

BUFFON.

(Inédite. — De la collection de M. Henri Nadault de Buffon.)

CXLVII

A LA MÊME.

Paris, le 14 janvier 1774.

Madame et chère amie, j'ai remis dans une petite caisse, qui doit arriver mardi à Montbard par le carrosse, une très-petite boîte pour vous. Cette caisse est à l'adresse de M. Gueneau de Montbeillard. Vous pourrez la retirer et l'ouvrir pour en retirer cette petite boîte qui est à votre adresse, dans laquelle vous trouverez une autre petite boîte qui vous réconciliera avec le métal que vous n'aimez pas, car elle vous paraîtra d'or et cependant elle n'en est pas. Elle coûte 60 livres, et j'espère que vous et votre cher mari ne la trouverez pas trop chère. Ma santé est toujours au même état; c'est-à-dire moins bonne qu'à Montbard, et je crois que je n'attendrai pas le carême pour y retourner. Vous devez être sûre,

ma chère bonne amie, que l'une de mes plus grandes satisfactions sera de vous revoir.

BUFFON.

Je reçois dans l'instant une lettre du cher oncle Gueneau,
par laquelle il me marque qu'il attend avec impatience cette
caisse qui doit vous arriver mardi. Ainsi, bonne amie, ne tar-
dez pas à la lui faire passer. Vous pourrez l'envoyer prendre
à la voiture par Junot[1], qui en sera averti.

(Inédite. — De la collection de M. Henri Nadault de Buffon.)

CXLVIII

A LA MÊME.

Mardi, 25 janvier 1774.

Avec l'esprit d'un ange, il y a, bonne amie, deux petites
choses que vous n'avez pas saisies : ma santé comme prétexte,
et la petite boîte comme réconciliation avec le métal proscrit.
Se peut-il que ma santé soit bonne, si je ne respire pas l'air
qui vous environne, et de temps en temps celui qui vous
anime ? Se peut-il que je sois content de vos commissions, si
elles vous gênent au lieu de vous plaire ? Je tiens auprès de
moi une jolie petite canne que je vous porterai avec le portefeuille et l'assortiment de cordes ; mais, au nom de Dieu, chère
belle amie, comptez donc de moins près avec moi et avec
vous ; car je serai toujours bien en reste. Comptez aussi le
temps en rabattant ; je serai auprès de vous, si vous le permettez, le lundi 7 du mois prochain. Le carnaval ne sera donc
pas si long ; je le trouverai bien court, et même le carême et
ma vie tout entière, si je la passais près de mon aimable
amie. Rien ne m'attache ici que mon enfant, auquel je remet-
trai votre lettre demain. Vous êtes bien bonne de lui avoir
écrit. Votre joli directeur aurait bien dû me prévenir ; la
chapelle est donnée depuis quelques jours seulement à un

protégé de M. l'évêque de Langres[1], qui m'a sur-le-champ demandé mon agrément, et j'y ai consenti : je ne puis donc revenir sur cela ; mais j'en prendrai occasion de lui parler de M. Bienaimé[2] pour quelque chose de mieux. Comptez aussi que je parlerai de mon mieux pour la réhabilitation. Adieu, écrivez-moi ; vous lire est mon plaisir suprême, lorsque je ne vous vois pas.

BUFFON.

(Inédite. — De la collection de M. Henri Nadault de Buffon.)

CXLIX

AU PRÉSIDENT DE RUFFEY.

Paris, le 26 janvier 1774.

Les marques de votre amitié, mon très-cher Président, me seront en tout temps également précieuses et chères. Vous m'en avez comblé dans mon dernier séjour à Dijon, aussi bien que Mme de Ruffey, à laquelle j'ai voué depuis long-temps le plus sincère et le plus tendre respect. J'ai aussi été enchanté du caractère, des vertus et de l'honnêteté de M. votre fils. Vous êtes digne d'être heureux, mon cher ami, et vous l'êtes comme père et comme mari. Ce sont là les deux pivots sur lesquels roule le bonheur d'un honnête homme. Les petits dégoûts extérieurs que peuvent lui donner ses envieux, les tracasseries académiques, ne doivent pas l'effleurer, et je vous ai vu avec plaisir fort supérieur à ces misères. Personne n'ignore le bien et le très-grand bien que vous avez fait à votre patrie en soutenant l'Académie prête à tomber. Tout le monde connaît vos vertus, et vos amis encore plus que les autres savent que vous n'avez jamais eu que des intentions pour le bien. Ainsi vous ne devez pas vous soucier de la contradiction de quelques esprits de travers, qui dans le fond ne peuvent s'empêcher de vous estimer.

Je retourne à Montbard dans dix ou douze jours, et je

pourrai bien faire un voyage à Dijon au mois de mars ou d'avril. Je puis vous protester qu'une de mes plus grandes satisfactions sera de vous y voir et de vous y renouveler les témoignages de la tendre amitié et du respectueux attache-ment avec lesquels je serai toute ma vie, mon très-cher Pré-sident, votre très-humble et très-obéissant serviteur.

BUFFON.

(Inédite. — De la collection de M. le comte de Vesvrotte.)

CL

A M. LECLERC D'ACCOLAY.

Au Jardin du Roi, le 27 janvier 1774.

Nous sommes si loin l'un de l'autre, monsieur, que je n'ose pas vous proposer de venir au Jardin du Roi et que je ne voudrais pas aller au faubourg Saint-Honoré sans être sûr de vous y trouver. Je serais cependant enchanté de vous voir et de conférer avec vous, monsieur, d'une affaire de famille dont vous vous êtes entretenu avec M. le comte de La Rivière[1]. Je ne sais que d'aujourd'hui que vous êtes à Paris; sans cela j'aurais eu l'honneur de vous prévenir plus tôt, et, comme je n'ai plus que huit jours à rester ici, je vous serai obligé de me marquer le jour et l'heure où je pourrai vous trouver chez vous, et vous assurer des sentiments d'estime avec lesquels j'ai l'honneur d'être, monsieur, votre très-humble et très-obéissant serviteur.

Le comte de BUFFON.

(Cette lettre a été publiée en 1854 dans l'Annuaire de l'Yonne. L'original appartient à M. Leclerc, juge de paix à Auxerre, homme aussi éclairé qu'obligeant.)

CLI

A MADAME NECKER[1].

Montbard, le 22 mars 1774.

Madame,

J'ai reçu, au retour d'un petit voyage, la lettre pleine de bonté dont vous m'avez honoré. Elle augmente encore mes regrets; mais il me fut impossible de trouver un moment pour aller vous dire adieu, ainsi qu'à M. Necker. Je vous supplie de compter tous deux sur les sentiments profonds de l'estime et du respect que vous m'avez inspirés. Je vous proteste, madame, que je m'estimerais moi-même davantage, si je pouvais penser en tout aussi bien que vous et lui; mais la première de toutes les religions est de garder chacun la sienne[2], et le plus grand de tous les bonheurs est de la croire la meilleure[3]. Je n'en ai pas moins eu un plaisir délicieux dans ces conversations où nous n'étions pas tout à fait d'accord, et vous reconnaîtrez, madame, par mon empressement à chercher les occasions de vous faire ma cour, la sincérité des sentiments que je vous ai voués.

J'ai reçu des nouvelles de votre charmante amie, Mme de Marchais[4], et je compte lui écrire au premier jour. Je vous supplie de baiser pour moi votre aimable enfant[5], à laquelle vous m'avez permis de présenter mon fils. J'espère être de retour vers le 20 de mai, et jouir souvent du plaisir de vous voir et de vous donner des marques du très-respectueux attachement avec lequel j'ai l'honneur d'être,

Madame,

Votre très-humble et très-obéissant serviteur.

BUFFON.

(Inédite.)

CLII

A M. NECKER.

Montbard, le 3 septembre 1774.

Je serais moi-même inconsolable, monsieur, si vous aviez quelque regret à vos soins ou le moindre doute sur ma reconnaissance [1]. Je suis bien sûr que vous avez fait tout ce qui était en vous, monsieur, et mille fois plus que je n'ai jamais pu mériter auprès de vous. Indépendamment de ces obligations très-réelles et très-senties que je n'oublierai jamais, je sens avec plaisir tout ce que vous m'avez inspiré d'estime et d'amitié; et Mme Necker, la plus digne et la plus spirituelle des femmes, que j'aime de tout mon cœur et que je respecte de même, me permettra-t-elle comme vous de compter sur son amitié? J'ai l'honneur de lui envoyer ci-joint un petit morceau fugitif, que j'aurais dû laisser fuir en en effet, parce qu'il a peu de valeur [2]; mais je suis accoutumé à son indulgence, et je voudrais pouvoir faire graver à jamais la lettre et le jugement qu'elle a portés de mon écrit sur le premier chapitre de la *Genèse*. C'est réellement un chef-d'œuvre de bon sens, et où le discernement le plus exquis se trouve joint à la politesse la plus noble et à l'honnêteté la plus pure. Je fais passer mes remercîments par vous, monsieur, et je vous assure tous deux de la plus sincère et de la plus respectueuse amitié.

BUFFON.

(Inédite.)

CLIII

A M. DE GRIGNON,

CHEVALIER DE L'ORDRE DU ROI, CORRESPONDANT DE L'ACADÉMIE
DES SCIENCES[1].

Montbard, le 20 octobre 1774.

Je vous fais bien des remercîments, monsieur, de m'avoir
envoyé M. votre fils, et je ne puis vous dire assez combien
j'en suis content. Je l'ai trouvé d'un caractère très-honnête,
très-aimable, et beaucoup plus instruit qu'on ne l'est ordinairement à son âge. Il a grand soin de bien employer son
temps, et il a de l'ardeur pour toutes les choses qui peuvent
étendre ses connaissances. C'est sans compliment que je vous
rends ce témoignage, monsieur. Il avait en vous un très-bon
exemple; mais ni le bon exemple ni la bonne éducation ne
peuvent donner autant de mérite et de discernement qu'il en
a déjà, et vous devez être très-satisfait, ainsi que Mme votre
épouse, d'avoir un enfant qui vous fait tant d'honneur.
J'espère que j'aurai le plaisir de le revoir; et peut-être vous-
même, monsieur, viendrez-vous à Paris cet hiver. Je crois
même que les circonstances seront plus favorables qu'elles
ne l'étaient pour obtenir du gouvernement la récompense
qu'on doit à vos travaux.

J'ai l'honneur d'être, avec un très-sincère attachement,
monsieur, votre très-humble et très-obéissant serviteur.

BUFFON.

(Inédite. — Appartient à M. de Grignon, qui a bien voulu nous en donner
communication.)

CLIV

A VOLTAIRE Ier,

A FERNEY.

Montbard, le 12 novembre 1774.

Si vous jetez les yeux, monsieur, sur la suscription de ma lettre, vous verrez que, dans le nombre assez petit des êtres de la première distinction, je pense très-hautement et de très-bonne foi que vous êtes le premier. Ce ne sera pas comme le mathématicien de Syracuse, que, par une extrême politesse pour moi, vous avez la bonté de nommer Archimède premier; car jamais il n'existera de Voltaire second : différence essentielle entre l'esprit créateur qui tire tout de sa propre substance, et le talent qui, quelque grand qu'il soit, ne peut produire que par imitation et d'après la matière. J'espérais bien que ma petite note[1] trouverait grâce devant vous, monsieur; mais je crois devoir en partie le bon accueil que vous lui avez fait aux mains qui vous l'ont offerte. Je puis vous dire à ce sujet que M. de Florian[2] m'a inspiré, dès les premiers moments, la plus grande confiance. Je l'ai trouvé si digne d'être de vos amis, que j'eusse désiré le voir assez long-temps pour devenir le sien; et cela serait arrivé, toujours en parlant de vous, monsieur, comme j'en ai toujours pensé, et comme il en pense et parle lui-même, avec cette tendre admiration qui ne s'accorde qu'à la supériorité qu'on aime, et qu'on ne peut aimer que quand on ne craint pas de l'avouer. Aussi le dernier trait qui fait la plus douce impression sur mon cœur est votre signature; j'ai ressenti un mouvement de joie en ouvrant votre lettre; j'ai admiré avec plaisir la fermeté de votre main et la fraîcheur de l'organe intérieur qui la guide. Avec plusieurs années de moins, je suis plus vieux que vous. Autre supériorité dont je suis loin d'être jaloux; mais n'est-il pas juste que la nature, qui, dès vos premières années, vous a comblé de ses faveurs, et dont vous êtes l'ancien amant de choix, continue de vous traiter avec plus d'égards et de ménagements qu'un nouveau venu comme moi, qui n'ai jamais rien obtenu d'elle qu'à force de la tourmenter? Vous pouvez en juger, monsieur, puisque vous avez eu la patience de parcourir ces mémoires arides de physique qui servent de preuves à mon *Traité des Éléments;* et vous n'en êtes pas quitte, car je vous demande la permission de vous envoyer un autre volume qui va bientôt paraître, et qui fait suite au premier. Si je jouissais d'une meilleure santé, je vous proteste, monsieur, que je n'attendrais pas votre visite à Montbard, et que j'irais avec empressement vous porter le tribut de ma vénération; j'arriverais à Dieu par ses saints. M. et Mme de Florian, habitués dans le temple, me serviraient d'introducteurs. Je vais nourrir cette agréable espérance par le plaisir nouveau des sentiments d'estime que vous me témoignez. Depuis que je me connais, vous avez toute la mienne; mais elle ne fait qu'un grain sur la masse immense de gloire qui vous environne, au lieu que la vôtre, monsieur, est un diamant du plus haut prix pour moi.

J'ai l'honneur d'être, avec autant de respect que d'admiration, monsieur, votre très-humble et très-obéissant serviteur.

BUFFON.

(Cette lettre a été publiée par Panckoucke dans la *Gazette nationale* ou *Moniteur universel* du 23 décembre 1789. Il en avait eu entre les mains l'original, conservé parmi les papiers de Voltaire. Lors de la mort de Voltaire, en 1778, Mme Denis lui avait remis tous les papiers de son oncle. Panckoucke se proposait alors de donner une édition complète des œuvres de ce dernier. Des difficultés de fortune et des embarras d'affaires l'empêchèrent de mettre à exécution cette vaste entreprise, et, l'année suivante, en 1779, il traita avec Beaumarchais, qui acheta l'édition projetée. Les Œuvres complètes de Voltaire furent imprimées par ses soins à Kehl, avec les caractères de Baskerville.)

CLV

A MADAME DAUBENTON.

Au Jardin du Roi, le 22 novembre 1774.

Je suis arrivé hier matin, madame et chère amie, en assez bonne santé, et j'ai déjà fait dire à Mme Panckoucke par son mari que vous comptiez sur elle pour bien courir ensemble les spectacles[1]. Tâchez, bonne amie, d'amener ce projet à bien; c'est aussi l'intérêt de M. votre mari de venir pour ses recouvrements d'argent[2]. J'ai vu *Buffonet*, et nous avons parlé de vous. Adieu, je vous embrasse, et je vous supplie de compter sur tous les sentiments que vous pouvez et devez attendre de moi.

BUFFON.

(Inédite. — De la collection de M. Henri Nadault de Buffon.)

CLVI

A LA MÊME.

Paris, le 9 décembre 1774.

J'ai reçu, très-chère dame, votre charmante épître, et je suis enchanté qu'il n'y ait rien de dérangé à votre projet de voyage. Vous pouvez arriver quand il vous plaira; les tapissiers achèvent aujourd'hui de ranger les petites chambres. Vous, M. votre oncle[1], son fils et Jeanneton, ont tous leurs petits meubles. Il n'y a que pour M. votre mari qu'on n'a rien arrangé, parce qu'il m'a dit qu'il m'écrirait d'avance lorsqu'il voudrait venir. Vous pouvez donc partir aussitôt que vous le voudrez, si vous ne craignez pas le froid; car depuis deux jours il en fait un assez rigoureux ici, et je suis enrhumé d'avant-hier.

Vous voudrez bien, madame, ne pas oublier un gros panier de fruits qui est dans ma cave. Je vous prie d'ordonner à Dauché[2] de l'envelopper en entier de foin et ensuite de paille, avec de la corde qui la contiendra autour du panier, afin de prévenir l'effet de.la gelée pendant le voyage. Vous aurez la bonté de faire partir ce panier ainsi fourré avec les autres ballots que vous et M. votre oncle enverrez au coche d'Auxerre, et je partagerai les frais de la voiture. Je devrais écrire à ce cher oncle; mais j'ai si peu de temps dans ce commencement de séjour, qu'à peine je puis me reconnaître. Faites-lui donc savoir qu'il est le maître d'arriver quand il lui plaira, et que le plus promptement sera le mieux.

Je vous remercie, très-chère amie, des nouvelles que vous me donnez de votre santé et de celle de mon père. Je ne suis pas mécontent de la mienne, malgré mon rhume, que je vais tâcher de mitonner en vous attendant. Mille compliments à vos messieurs et à M. le docteur, qui attendra probablement une seconde fois le beau temps. Ceux d'ici se portent bien et vous attendent avec impatience. Mme Amelot[3], que je n'ai vue qu'un moment, m'a demandé de vos nouvelles. Elle est dans le déménagement, et ne sera rangée que dans huit ou dix jours, à son nouvel hôtel. Mme de Saint-Chamant[4] m'a aussi parlé de vous. On va faire un champ de blé pendant deux ans de cette belle pièce d'eau sur laquelle vous avez vogué; après quoi on y remettra de l'eau et du poisson que le bois flotté a fait maigrir. *Buffonet* se porte bien et dit qu'il vous aime bien et que vous êtes de ses plus vieilles amies. Je crois, belle dame, que vous ne doutez pas que son papa vous aime encore mieux.

BUFFON.

(Inédite. — De la collection de M. Henri Nadault de Buffon.)

CLVII

AU PRÉSIDENT DE RUFFEY.

Au Jardin du Roi, le 6 janvier 1775.

Je pense, mon très-cher Président, que, malgré ses injustices, la perte de Mme de La Forest a été bien sensible à Mme de Ruffey. Elle était en effet digne d'avoir une bonne mère, puisqu'elle-même est une mère excellente. Je suis fâché de voir que vous ne terminerez pas vos partages sans procès; il vaudrait mieux céder quelque chose et vous arranger à l'amiable. J'ai bien regret de n'être pas actuellement à Montbard, puisque vous résidez à Montfort, et je ne m'en console que par l'espérance que vous me donnez de vous y voir au mois d'avril. Si vous ne vendez pas actuellement les meubles, il faut au moins vous défaire de tout ce qui mange, bœufs, chevaux, ânes et mulets, car il y avait de toutes sortes de bêtes dans ce château.

Ce que vous avez fait pour le jardin de l'Académie[1] vous fait grand honneur et n'est point ignoré. Nos confrères les plus opposés n'ont pu cesser de respecter vos vertus, en même temps qu'ils criaient contre votre prétendu désir de dominer. Pour moi, mon très-cher Président, je n'ai jamais pris le change, et je vous ai toujours honoré et aimé de cœur.

On dit ici que M. de Lantenay[2] demande la place de premier Président. On dit aussi que M. de Brosses[3] y aspire, mais qu'on croit que M. de Layé[4] la gardera; il est seulement à craindre que cette concurrence n'empêche une réunion qui serait fort désirable.

La table de porphyre ferait des merveilles dans votre beau cabinet; vous verrez, en la mettant en vente, qu'on ne vous en offrira peut-être pas le double d'une table de beau marbre et de même grandeur.

Il n'y a rien de nouveau ici, sinon la suppression des corvées[5] pour les grands chemins, qui est passée au Conseil. Le Roi a marqué dans cette occasion une tendresse de père pour son peuple. Je vous embrasse, mon très-cher Président, bien sincèrement et de tout mon cœur.

BUFFON.

(Inédite. — De la collection de M. le comte de Vesvrotte.)

CLVIII

A M. DE VAINES[1].

Au Jardin du Roi, le 19 janvier 1775.

La lettre, monsieur, que vous avez eu la bonté d'écrire, a mis en mouvement MM. des Eaux et Forêts, qui, sans cela, seraient demeurés dans l'inaction. Je crois donc qu'en conséquence, M. de Marizy, grand maître, ne tarderapas beaucoup à donner son avis, et je ne m'attends point du tout qu'il me soit favorable. Tous ces MM. des Eaux et Forêts ont le même langage; ils disent que c'est dépouiller leur juridiction et qu'ils ne peuvent manquer de s'opposer à ma demande. Je m'y attends donc; mais avec cela, j'attends tout des bontés de M. le contrôleur général et de la bonne volonté que vous m'avez témoignée[2]. J'en ai déjà une profonde reconnaissance, et j'ai demandé à notre ami M. d'Angeviller la liberté de vous faire un hommage en vous envoyant mes ouvrages[3]. Daignez les agréer comme une marque de la haute estime et du respectueux attachement avec lequel j'ai l'honneur d'être, monsieur, votre très-humble et très-obéissant serviteur.

BUFFON.

(Tirée des manuscrits de la Bibliothèque impériale; publiée par M. Flourens.)

CLIX

AU MÊME.

Au Jardin du Roi, le 23 janvier 1775.

Rien n'est plus flatteur pour moi, monsieur, que l'accueil que vous avez fait d'avance à mon ouvrage, et la bonté que vous avez de ne pas regarder mon hommage comme un double emploi, me touche sensiblement. Je mettrais volontiers dans mes titres l'application du beau passage de Cicéron[1] que vous citez, si je ne craignais de me trop enorgueillir, et je ne l'adopte que comme une preuve de votre indulgence et une marque de votre estime. Je ferai donc ce qui dépendra de moi pour vous marquer ma reconnaissance et pour mériter quelque part de votre amitié.

C'est dans ces sentiments et avec le plus respectueux attachement que je suis et veux être, monsieur, votre très-humble et très-obéissant serviteur.

BUFFON.

(Tirée des manuscrits de la Bibliothèque impériale; publiée par M. Flourens.)

CLX

AU PRÉSIDENT DE RUFFEY.

Paris, le 1er mai 1775.

Je vous remercie, mon très-cher ami, de la part que vous prenez à la perte que j'ai faite[1]. Quoique prévue depuis longtemps, elle n'a pas laissé de m'affecter très-sensiblement; car ma santé n'est pas en trop bon état, et je désire d'aller respirer l'air de Bourgogne, qui me convient mieux que celui-ci. Je serais enchanté si vous veniez à Montfort. Il y a longtemps que je le souhaite, et vos affaires peuvent peut-être s'arranger de façon que cette terre vous restera ; ou, si vous la vendez, vous me feriez plaisir de m'en prévenir d'avance.

Mme de Ruffey m'a fait l'honneur de m'écrire au sujet de la chambre des comptes de Dôle[2], et j'aurais bien voulu pouvoir lui rendre en cela quelque service ; mais M. le comte de Maurepas m'a renvoyé à M. le garde des sceaux[3] et, chez celui-ci, il m'a paru qu'on ne regardait pas l'affaire de la chambre des comptes de Dôle comme dépendante en aucune façon de celle des Parlements ; et un particulier comme moi ne peut rien sur des choses publiques et de cette espèce.

J'ai l'honneur d'être, avec le plus ancien et le plus inviolable attachement, mon très-cher monsieur, votre très-humble et très-obéissant serviteur.

BUFFON.

(Inédite. — De la collection de M. le comte de Vesvrotte.)

CLXI

A M. LE COMTE DE TRESSAN[1].

Au Jardin du Roi, le 3 mai 1775.

Monsieur le comte,

Je reconnais à votre lettre votre cœur pour vos amis, et je suis très-reconnaissant de tout ce qu'elle contient ; mais je ne ferai néanmoins aucune démarche, ni même aucune plainte contre cet homme qui a voulu se donner le plaisir de me contredire. Ce serait la première fois que la critique aurait pu m'émouvoir. Je n'ai jamais répondu à aucune, et je garderai le même silence sur celle-ci. Nous avons aujourd'hui élu M. le maréchal de Duras[2], et sa réception est pour le 15. Je vous offre deux billets, si vous voulez y assister. Le discours de M. le maréchal sera court[3], et le mien aussi ; mais on dit que M. l'abbé Delille[4] lira un chant de son Virgile ; et cela viendra très-bien après ma pauvre prose. Je suis toujours fort enrhumé ; sans cela j'aurais eu l'honneur de vous voir. Mes respects, je vous supplie, à Mme la comtesse de Tressan et à votre cher et digne fils M. l'abbé de Tressan[5]. C'est dans ces mêmes sentiments que je serai toute ma vie, monsieur le comte,

· Votre très-humble et très-obéissant serviteur.

BUFFON.

(Inédite. — De la collection de M. le marquis de Loyac, qui a bien voulu nous en donner communication.)

CLXII

AU PRÉSIDENT DE BROSSES.

Paris, le 4 mai 1775.

Je vous envoie, mon cher Président, un petit discours[1] que peut-être vous n'aurez pas le temps de lire, et qui ne vaut pas trop la peine d'être lu. J'imagine bien la multiplicité de vos occupations ; cependant on espérait vous voir ici, et je crois que vous devez en effet y venir. Je reste encore, assez malgré moi, pour faire une drogue pareille à celle que je vous envoie, en adressant la parole au maréchal de Duras[2], que nous avons élu, et qui doit être reçu le 15. Souvenez-vous d'un dîner que vous fîtes au Jardin du Roi avec lui et Mme Saint-Contest[3] : ce n'étaient pas des paroles alors, c'étaient de bons effets. Je vous embrasse bien sincèrement et de tout mon cœur.

BUFFON.

(Inédite. — De la collection de M. le comte de Brosses.)

CLXIII

A MADAME DAUBENTON.

Le 12 mai 1775.

Ma chère bonne amie, vous êtes tout âme et tout courage. Je suis enchanté que les mouvements et la grande fatigue du voyage ne vous aient point incommodée; n'ayez donc nulle crainte sur le moment[1], vous vous en tirerez sans aucune mauvaise suite. Je ne suis pas encore sûr du temps de mon départ; ma santé n'est pas mal, mais mes affaires n'en finissent pas. L'émeute[2] n'était rien, et nous sommes ici très-tranquilles; je voudrais cependant en être hors et vous revoir. J'espère que dans huit jours je pourrai vous le dire positivement. Adieu, je vous embrasse de tout mon cœur.

BUFFON.

(Inédite. — De la collection de M. Henri Nadault de Buffon.)

CLXIV

AU PRÉSIDENT DE RUFFEY.

Montbard, le 23 juillet 1775.

Je ne vous ai jamais accusé, mon cher Président, que de bonnes pensées et d'actions honnêtes, et je voudrais que vous n'eussiez pas à vous plaindre des procédés de votre jolie nièce[1], à laquelle j'ai dit et répété plusieurs fois que vous étiez incapable de lui faire la moindre mauvaise chicane, mais qu'il ne fallait pas aussi qu'elle espérât que vous ne soutiendriez pas vos intérêts; que si sa grand'mère vous avait fait quelque tort, vous aviez plus de lumières qu'il n'en fallait pour vous en apercevoir. Et vous avez en effet très-bien fait de sauver la terre de Montfort, et je ne conçois pas même que vous n'ayez pas des preuves de cette différence de cent trente mille livres, qu'il n'est guère possible d'avoir soustraites, sans qu'il reste de traces des moyens qu'on a employés pour en venir à bout. Vous voyez bien, mon cher ami, que je suis bien loin de vous blâmer: je connais de tous les temps votre droiture et même votre désintéressement. Je voudrais bien que vos affaires vous rappelassent à Montfort; mais je ne l'espère pas pour le courant de cet été, et je compte retourner

à Paris vers la Toussaint, pour ne revenir qu'à Pâques. Je
vous dis tout cela d'avance, par le regret que j'ai de vous
avoir manqué cette fois-ci. Vous êtes bien bon de me parler
de mon fils; il arrivera de Paris dans huit ou dix jours,
et, comme il doit faire une petite tournée de voyage jusqu'à
Chambéry[2], je lui ordonnerai de vous aller voir à Dijon, et,
si vous êtes à votre campagne, je supplierai Mme de Ruffey
de l'y recevoir pour deux ou trois jours; il ne pourrait être
en meilleure compagnie. Assurez-la, je vous prie, de mes
tendres respects, et soyez sûr de mon inviolable amitié.

BUFFON.

(Inédite. — De la collection de M. le comte de Vesvrotte.)

CLXV

AU PRÉSIDENT DE BROSSES.

Montbard, le 26 juillet 1775.

Voilà votre petite carte, mon très-cher Président, qui me
fait bien plaisir. Je savais qu'Orose vivait en 416, mais j'ignorais que le fameux roi Alfred, son traducteur, fût de la fin du
IXe siècle. Il y a donc neuf siècles entiers que toutes les côtes
de la Laponie ont été reconnues, et presque aussi bien indi-
quées qu'elles le sont aujourd'hui. Je voudrais bien qu'on eût
une carte aussi exacte de la pointe de l'Afrique du temps du
roi Néco; mais la mémoire de ce voyage, dans lequel il paraît qu'on a doublé dès ce temps le cap de Bonne-Espérance,
n'est que dans quelques auteurs et sans aucun détail.

Le libraire Frantin[1] a dû vous aller voir de ma part pour
vous remettre le volume qui vous manque. Il n'y a que la
reliure qui peut faire ici quelque différence. Si cela était, je
pourrai vous remettre à Paris ce premier volume des minéraux de la même reliure que les autres, et vous me rendriez
celui que Frantin vous aura donné.

J'ai des remercîments essentiels à vous faire, mon très-cher ami, de la bonté avec laquelle vous avez accueilli ma pauvre parente Charault. Vous avez rendu justice à sa bonne cause, et je vous en ai la plus grande obligation. Mais on la menace de cassation de votre arrêt, et d'autre part on s'efforce de lui fermer tout accès au Conseil des dépêches, où elle s'est pourvue en rapport des lettres patentes. Si vous avez occasion d'écrire à M. le Garde des sceaux, rendez-moi le service de lui dire un mot pour le soutien de votre arrêt. Je lui ai déjà écrit deux fois pour cette affaire, et il m'a fait deux réponses fort honnêtes. Je vais encore lui écrire aujourd'hui pour qu'on ne casse pas l'arrêt, au moins sans entendre la partie intéressée ; ce serait une seconde surprise semblable à la première, car on avait donné les lettres patentes sans aucun avertissement ni communication à l'héritière, qu'elles lésaient si fort.

J'ai un mal de tête assez violent depuis trois semaines, qui m'empêche de suivre mes occupations ordinaires. Ménagez votre santé, mon très-cher Président. Vous avez plus d'affaires que jamais, mais aussi vous avez le talent unique de faire plus en une heure que la plupart des autres n'en font en vingt-quatre. Mes respects, je vous supplie, à Mme la première présidente.

BUFFON.

(Inédite. — De la collection de M. le comte de Brosses.)

CLXVI

AU MÊME.

Montbard, le 18 octobre 1775.

J'écris aujourd'hui, mon très-illustre et cher Président, à M. Dupleix[1], pour le presser de terminer l'affaire de Mme Charault, et je vous prie en grâce de lui en parler et de la terminer en effet. Vous savez le très-grand intérêt que j'y prends, et je me recommande avec toute confiance aux bons offices de votre amitié, et surtout pour finir promptement [2].

Je serai comblé de vous recevoir ainsi que M. et Mme... [3], et vous aurez des chevaux où il vous plaira de m'en demander. Je me fais la plus grande fête de vous voir et de causer à mon aise avec le plus digne de mes amis et le plus savant de nos littérateurs : c'est ainsi que je vous vois, mon très-cher Président, et que je vous embrasse avec autant de respect que de tendresse.

BUFFON.

Je reçois dans le moment une lettre de M. Gueneau de Mussy, par laquelle il me demande avec instance de vous supplier de faire mettre sa cause contre M. de Longvoi au rôle immédiatement après celle de M. Versailleux contre Mme de Feillant [4]. Pardon, mon très-illustre Président, de cette seconde importunité.

(Inédite. — De la collection de M. J. P. Abel Jeandet, à l'obligeance de qui nous en devons communication.)

CLXVII

AU MÊME.

Montbard, le 15 novembre 1775.

Mes jours les plus heureux, mon très-cher de Brosses, sont ceux où je reçois des marques de votre amitié et des nouvelles certaines que non-seulement votre santé, mais votre pleine vigueur, se soutiennent. Mme de Brosses est prête d'accoucher [1]; je vous en fais compliment de tout mon cœur, et néanmoins je ne vous dirai pas : « Courage, mon bon ami! » car il me semble que vous voilà très-suffisamment pourvu de postérité, et je sais, du moins par mon expérience, que passé soixante ans il faut devenir économe et même avare de ces *molécules organiques* que nous pouvions autrefois prodiguer.

Vous avez tort de dire que votre sang est appauvri. Vous voyez que ceci le dément, et si vous entendez par là l'esprit plutôt que le corps, vous vous trompez encore plus : car je vois par votre conduite, par vos discours publics, et même par vos lettres, que vous avez la même bonne tête, la même fraîcheur d'idées, la même gaieté, les mêmes expressions de cœur toujours charmantes pour vos amis, et je jouis de tout ceci moimême en vous le rappelant.

Je vous recommande plus instamment que jamais l'affaire de Mme Charault, et je vous confierai sous le sceau de l'amitié que j'ai un intérêt personnel à ce qu'elle ne donne que quarante mille livres. Cette femme est ma plus proche parente. Mon fils est son héritier substitué. Il n'y a que des procédés de sa part vis-à-vis de moi ; elle m'a donné toute sa confiance, et la plus grande preuve sont les quarante mille livres qu'elle m'a remises entre les mains avec tout pouvoir de les donner pour tout terminer. J'ai cet argent depuis plus de trois semaines, et je le ferai compter le jour même que les agents des villes de Viteaux et de Saulieu signeront leur désistement pur et simple de leurs prétentions. M. l'Intendant (soit dit entre nous) aurait pu me mieux servir qu'il n'a fait ; c'est de mon propre mouvement que je me suis adressé à lui. J'ai dit que nous irions jusqu'à quarante mille livres ; s'il eût voulu ménager mes intérêts, il aurait pu n'en offrir que trente, sauf à augmenter jusqu'à quarante ; mais il a jugé à propos de partir du point extrême, c'est-à-dire de quarante. Je n'ai pas voulu lui en faire le moindre reproche ; je lui ai seulement marqué que j'étais prêt à donner les quarante mille livres, mais que, si l'on exigeait quelque chose de plus, je retirerais ma parole comme je l'avais donnée. Je lui dis encore que ce n'était point ici une affaire d'arbitrage, mais de simple médiation, pour faire accepter la somme que nous voudrions bien donner ; et en vérité, mon très-cher et très-illustre Président, ce n'est pas la crainte qui nous fait agir. Le Conseil est actuellement aussi bien informé que le Parle-

ment de l'injustice des lettres patentes, et d'autre part il n'y
a nulle ouverture à la cassation de votre arrêt. C'est donc
par pure charité, et, si vous voulez, par honneur, que
Mme Charault fait aujourd'hui ce sacrifice. J'ai eu quelque
peine à la déterminer; car ce n'était pas l'avis des avocats de
Paris, et il me paraît certain qu'elle conservera ses quarante
mille livres, si son offre n'est point acceptée. Mais par les
délibérations des deux villes, vous êtes les maîtres d'ordonner
que les mêmes offres soient acceptées, et je vous supplie de
le faire, en vous protestant que nous ne donnerons pas la
moindre chose de plus. Ce n'est pas le cas de nous marchan-
der, puisque c'est un don libre et volontaire; et vous me
mortifieriez et me feriez tort auprès de ma parente, si vous
n'acceptiez pas son offre purement et simplement. Quarante
mille livres d'argent comptant pour les deux hôpitaux de
Viteaux et de Saulieu, à partager dès demain par moitié, est
un don bien honnête, et rien ne le serait moins que de prétendre en exiger davantage.

Je quitte avec plaisir les affaires pour revenir à vous, mon
bon et très-illustre ami. Que l'espérance de vous posséder
trois ou quatre jours à Montbard m'a remué délicieusement!
il me semble que j'ai cent mille choses à vous dire, et tout
autant de sentiments à vous exprimer. Ramenez promptement
votre cher fils en bonne santé à sa tendre maman; cela lui
donnera du courage pour vous présenter celui qui est prêt à
paraître. Je lui dois des remercîments infinis des bontés dont
elle a comblé mon fils, et je les reconnais pour moi-même
dans l'éloge qu'elle a bien voulu en faire. Je ne retournerai
à Paris que vers le 15 novembre. Je penserai chaque jour à
votre voyage de Montbard. En me prévenant deux jours
d'avance, je vous enverrai des chevaux. Partant de Dijon à
cinq ou six heures du matin, vous pourriez arriver pour
dîner, et nous dînerons à notre aise, et je serai comblé de la
joie la plus pure. En attendant, je vous embrasse du meilleur
de mon cœur.   BUFFON.

Le retour de M. l'Intendant n'est-il pas encore éloigné? Il me semble que, de concert avec vous, il pourrait ordonner aux maires de Viteaux et de Saulieu d'accepter nos offres. Les pauvres perdent l'intérêt de cet argent, qui est dans mon coffre et dans mon portefeuille en rescriptions.

(Inédite. — Communiquée par M. Chambry.—M. Flourens en a publié différents extraits.)

CLXVIII

AU MÊME.

Novembre 1775.

Recevez, mon très-cher Président, avec quelque bonté mon fils qui vous remettra cette lettre, et permettez-lui de faire sa cour à Mme la première présidente, et de faire connaissance avec votre cher enfant[1]. Je désire que quelque jour ils soient unis par les liens d'une aussi tendre amitié que celle qui m'attache à vous depuis si longtemps, et qui ne finira certainement qu'avec ma vie. Mon fils ne doit rester à Dijon que sept ou huit jours, pour aller ensuite à Lyon et à Chambéry, et je lui ai dit que son premier devoir était d'aller vous rendre ses respects.

J'ai parole positive par écrit de M. et Mme Charault de donner quarante mille livres, savoir vingt mille livres pour l'hôpital de Viteaux, et vingt mille livres pour l'hôpital de Saulieu. Je les ferai compter à Dijon le jour même qu'on passera le traité, et, si vous me le permettez, j'aurai l'honneur de vous envoyer incessamment les conditions très-simples que Mme Charault met à cette libéralité, que je trouve très-honnête de sa part. Mais je dois vous prévenir que, si l'on voulait exiger quelque chose de plus, elle retirerait ses offres; car en vérité elle n'a rien à craindre au Conseil de la suite de cette affaire, et elle a eu bien de la peine à trouver les quarante mille livres d'argent comptant qu'elle donnera, ayant payé précédemment pour deux cent vingt-cinq mille

livres de legs et plus de soixante mille livres de dettes et
frais de la succession. J'espère de votre amitié que vous voudrez bien vous intéresser réellement à faire accepter ses
offres d'une manière qui lui soit agréable. J'écrirai au premier jour à ce sujet à M. Dupleix.

Adieu, mon très-cher et bon ami. . . . .

(Inédite. — De la collection de M. le comte de Brosses. — La fin de cette
lettre manque.)

CLXIX

A M. RIGOLEY.

Paris, le 6 décembre 1775.

J'ai reçu, monsieur, votre lettre du 23 novembre, et l'avis
que vous voulez bien me donner de l'injonction aux commis
du droit de marque des fers par M. Le Secq. Je suis allé pour
en conférer avec M. de Boulongne, qui a cette régie dans son
département[1]; mais il est malade depuis dix à douze jours.
J'attendrai son rétablissement, et je compte bien de lui parler
et même de lui donner un mémoire au sujet de cette odieuse
manutention, dans lequel il sera aisé de démontrer que le
droit de marque, ruineux pour tous les propriétaires et maîtres de forges, est en même temps très-peu utile au Roi, et
qu'il ne peut pas se soutenir, à moins qu'on n'établisse sur
l'entrée des fers étrangers un droit de douze ou quinze
livres par mille. Mais il est bien difficile de se faire entendre
à l'autorité prévenue et à la finance toujours avide[2].

M. le comte de Stuart est un fort galant homme, que vous
ne serez pas fâché d'avoir obligé. Comme vous avez de bons
yeux pour voir et pour juger, et que M. Potot de Montbeillard
et M. de Grignon seront aussi présents à ces essais, je suis
bien sûr qu'on pourra s'en rapporter à votre jugement[3].

Je recevrai avec grand plaisir un exemplaire de votre ouvrage sur les charbons, et même, si vous le trouvez bon, je

J'enverrai prendre chez le libraire quand j'aurai votre réponse.

Je compte toujours sur ce que vous m'avez promis, monsieur, au sujet du bois de Chaumour; et, si j'en suis adjudicataire⁴, j'en partagerai volontiers la charbonnette. On ne peut rien ajouter aux sentiments de toute la considération et de tout l'attachement avec lequel j'ai l'honneur d'être, monsieur, votre très-humble et très-obéissant serviteur.

BUFFON.

(Inédite. — Appartient à Mme Morel, qui a bien voulu nous en donner communication.)

NOTES

ÉCLAIRCISSEMENTS

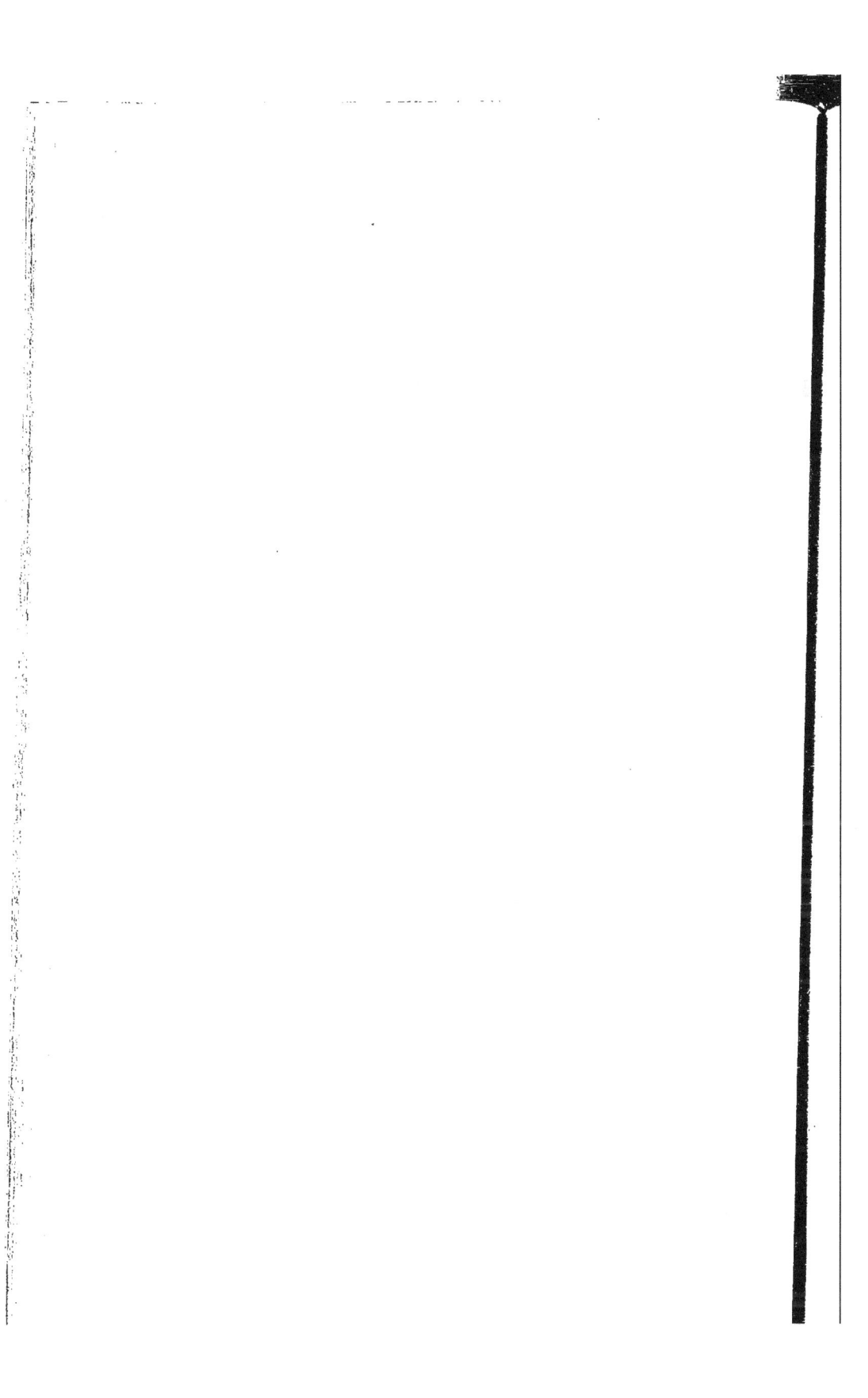

NOTES

ET

ÉCLAIRCISSEMENTS.

I.

Note 1, p. 1. — Gilles-Germain Richard de Ruffey, né en 1706, mort en 1794, fut un littérateur distingué, auquel il ne manqua, pour être compté parmi les écrivains sérieux et renommés de son temps, que la bonne volonté. M. de Ruffey appartenait à une des plus anciennes maisons de la Bourgogne, famille toute parlementaire et de tradition, où, de père en fils, on aimait les lettres, sans cependant s'y adonner avec cet esprit de suite et cette persistance qui peuvent seuls y faire prendre un rang distingué. Richard de Ruffey laissa deux fils : l'un mourut pendant la Terreur; l'autre n'a pas eu de postérité; la branche aînée de la famille est aujourd'hui représentée par M. le comte de Vesvrotte, à l'obligeance duquel nous devons la communication des lettres de Buffon au président de Ruffey. Il nous permettra de lui témoigner publiquement la reconnaissance dont nous l'avons déjà assuré en particulier.

II

Note 1, p. 3. — Buffon, alors âgé de vingt-trois ans, avait quitté Dijon depuis un an environ, et était venu à Angers prendre ses grades. Là il fit la connaissance du P. de Landreville, de l'Oratoire, dont la fréquentation et l'exemple eurent sur la direction de son esprit une grande influence. De l'enfance de Buffon nous savons peu de chose. Avant le collége et pendant une période de temps bien courte, il reçut l'éducation du foyer domestique. Christine Marlin, sa mère, fut une femme remarquable par la fermeté de ses principes et par la netteté de son esprit. Buffon eut beaucoup du caractère de sa mère, et, parvenu au comble de la gloire, il aimait à le reconnaître ; il répétait souvent que les grands hommes sont fils de leur mère, et faisant aussitôt, sans ostentation ni vanité, application de ce principe à la sienne, il rappelait avec une vive émotion toutes les qualités essentielles qui la distinguèrent.

Né à Montbard, le 7 septembre 1707, Buffon vint de bonne heure habiter Dijon avec son père, qui avait acheté une charge de conseiller au parlement de Bourgogne (14 juin 1720). Il entra au collége des Jésuites ; on n'a point eu l'heureuse bonne fortune de retrouver ses notes de collége, comme on retrouva celles de Crébillon : aussi ne sait-on pas quelle opinion les Révérends Pères eurent de leur élève. Il est certain cependant qu'il se passionna pour la géométrie. D'un caractère plus sérieux que n'est communément celui des enfants de son âge, il recherchait la solitude et, s'éloignant de ses camarades, il emportait avec lui un exemplaire des *Éléments d'Euclide*. Souvent, lorsqu'on l'avait vainement cherché, on le découvrait, seul, à l'écart, assis sur un banc de pierre et traçant sur le sable des figures de géométrie. Ses maîtres, assure-t-on, ne trouvaient pas bon qu'un enfant de son âge eût l'esprit sans cesse occupé de semblables choses. Un autre livre familier aussi à son enfance, plus abstrait peut-être que le livre d'Euclide, fut un ouvrage du marquis de L'Hôpital, le *Traité analytique des sections coniques*. Dès ce temps il aimait avec passion le jeu, le jeu de paume surtout ; il lui arriva souvent cependant de quitter subitement une partie engagée pour aller à l'écart chercher la solution d'un problème de mathématiques ; tour à tour emporté par sa passion pour le mouvement et par son goût pour l'étude, il a donné quelques preuves singulières de ces penchants contradictoires. Un jour, il monta sur un clocher ; arrivé au sommet, son esprit fut absorbé par une proposition de géométrie dont il cherchait en vain la solution. Il descendit à l'aide d'une corde à nœuds, sans s'être aperçu qu'il s'était déchiré les mains et qu'il venait de courir un grand danger. A vingt ans il avait trouvé le binôme de Newton, sans savoir que Newton l'eût découvert avant lui. Lorsque, dans la suite, on lui demandait pourquoi il n'avait alors imprimé nulle part sa découverte : « Parce que, répondait-il en souriant, personne n'eût été obligé de me croire. » A Angers, où nous le trouvons au mois de juin de l'année 1730, il se prit de querelle avec un Anglais, se battit, blessa son adversaire et fut obligé de quitter la ville. A la suite de ce duel, il revint, tout permet de le penser, à Dijon, qu'il devait bientôt quitter pour faire avec le duc de Kingston un voyage en Italie.

Note 2, p. 3. — Richard de Ruffey a beaucoup écrit, mais peu de ses ouvrages ont été publiés. J'ai sous les yeux la liste complète de ses œuvres, soit manuscrites, soit imprimées, soit en vers, soit en prose; elles comprennent un grand nombre de sujets et traitent les matières les plus variées. Richard de Ruffey aimait les vers avec passion, *même les siens*, ajoute malicieusement le président de Brosses.

L'ode sur la naissance du Dauphin, que Buffon loue peut-être avec quelque complaisance pour un ami, n'a rien de remarquable. Ceux qui seraient curieux de la lire, la trouveront dans le *Mercure* du mois de mai 1729, page 231. Elle a, en outre, été imprimée à Dijon la même année (broch. in-4°).

Note 3, p. 3. — Richard de Ruffey venait d'acheter une charge de président à la cour des comptes de Bourgogne. Il exerça durant de longues années cette haute magistrature, et le culte des lettres, dont il se montra l'ami éclairé, ne le détourna jamais des rigoureux devoirs de sa charge.

III

Note 1, p. 5. — Obligé de quitter Angers, Buffon revint à Dijon. Personne, pas même son père, ne connut la cause de son retour précipité. Il avait alors assez de fortune pour se passer d'un état, et résistait à son père, qui désirait le voir lui succéder au Parlement. Lorsque Buffon arriva à Dijon, deux Anglais, deux touristes, venaient de s'y établir pour quelques mois. Le duc de Kingston, que sa famille faisait voyager avec son gouverneur M. Hinckman, s'était arrêté à Dijon avec le projet de continuer sa route vers l'Italie. C'était un jeune fou, à la tête d'une immense fortune, donnant dans tous les travers de son temps, et prêt à se jeter dans toutes les aventures. Buffon le rencontra dans des maisons amies où le duc était reçu, et lui fut présenté. Il avait peu à gagner à cette relation nouvelle; mais le duc était accompagné par son précepteur, homme de grand mérite, qui avait amassé dans ses différents voyages de précieux matériaux, et avait senti se développer en lui, par la vue des contrées diverses qu'il avait parcourues, un goût inné pour l'histoire naturelle. Buffon lia avec l'élève et avec le maître des relations si intimes, que le jour où on parla de départ, il fut convenu qu'il accompagnerait ses nouveaux amis. Ils quittèrent Dijon le 3 novembre 1730, et traversèrent la France en touristes, faisant de longs séjours dans les villes qu'ils rencontraient sur leur route. Ils entrèrent en Italie par Gênes, et, après avoir séjourné dans les différentes villes de la Lombardie, ils arrivèrent à Rome au commencement de l'année 1732. Buffon trouvait un charme singulier dans le commerce intime qui s'était établi entre lui et ses compagnons de voyage. Le jeune duc était le confident des pensées folles et des hasardeuses entreprises; M. Hinckman était l'ami des heures sérieuses, le conseiller d'un esprit qui commençait à comprendre ses forces et souffrait de son inaction. Hinckman, Allemand d'origine, auquel on ne connaissait d'autre défaut que d'aimer la pipe au point de compromettre sa santé, parlait de l'étude des sciences naturelles avec l'enthousiasme le plus communicatif. Buffon l'écoutait et sentait naître en lui cette autre passion qui devait le conduire à la gloire, la passsion du travail et de l'étude. A Rome, les trois amis se séparèrent. Buffon, qui venait seulement d'apprendre la mort de sa mère (Christine Marlin était morte à Dijon le 1er août 1731), se hâta de regagner la France; le duc de Kingston et son gouverneur continuèrent leur voyage vers la Sicile. On se quitta en se promettant de se revoir et de ne s'oublier jamais.

IV

Note 1, p. 7. — Francisque était directeur du théâtre de la Foire Saint-Laurent. A l'exemple de Nicolet et d'Audinot, dont la gloire dépassa la sienne, Francisque commença par un théâtre de marionnettes, et finit par avoir une des meilleures troupes de Paris. Piron travailla longtemps avec Lesage pour le théâtre de la Foire, et, après leur entrée au Théâtre-Français, tous deux regrettèrent parfois leurs premiers débuts. En 1722, à Lyon, le feu ayant pris au théâtre, Francisque faillit périr; en 1731, à Bordeaux, il courut les plus grands dangers.

V

Note 1, p. 8. — Jean-Louis Malteste de Villey, né le 25 mars 1709, fut reçu conseiller au parlement de Bourgogne, le 15 décembre 1727.

On a de lui un volume de *Mélanges*, publié à Londres en 1784, sous ce titre : *Œuvres diverses d'un ancien magistrat.*

Note 2, p. 9. — Notre première pensée avait été de supprimer ce passage. Mieux inspiré, nous l'avons rétabli. Notre désir est de faire connaître Buffon tel qu'il fut ; et d'ailleurs, en lisant ces quelques lignes écrites dans un style dont les correspondances du dix-huitième siècle offrent de si nombreux exemples, on n'oubliera pas que celui qui les a tracées, avait vingt-quatre ans à peine, et qu'il était dans la force de la jeunesse et de la santé.

Note 3, p. 9. — L'abbé Jean-Bernard Le Blanc, né le 4 décembre 1707, mort en 1781, fut un des plus intimes amis de Buffon. Élevé avec lui au collége des Jésuites, l'abbé quitta de bonne heure Dijon, sa ville natale, et vint à Paris, dans l'espoir bien souvent trompé d'y trouver fortune. Un poëme qu'il fit paraître en 1726, et dans lequel il célèbre les grands hommes de sa province, lui valut quelques lettres de recommandation pour Paris, et dans le nombre une à l'adresse du comte de Nocé, l'ancien favori du régent. Le jour de son arrivée, l'abbé Le Blanc se présenta à l'hôtel du comte ; sa bonne étoile l'avait heureusement servi, car M. de Nocé, qui avait le matin même congédié le chapelain de sa maison, proposa à l'abbé de devenir son successeur. Les doux loisirs que procura à l'abbé Le Blanc sa nouvelle charge furent de courte durée; le comte de Nocé fut bientôt obligé de vendre son hôtel, devenu le gage de ses créanciers, et l'abbé Le Blanc se vit remercié de ses services. De l'hôtel du comte, il passa, sans changer de quartier, à l'auberge de la Croix de fer, et fit paraître, au commencement de l'année 1731, son recueil d'élégies. L'abbé Le Blanc, dont la correspondance de Buffon nous donnera souvent occasion de nous occuper dans la suite, était un grand parleur et reconnu pour tel; un jour, au temps de sa prospérité, La Tour fit son portrait, au-dessous duquel Piron s'empressa d'écrire :

> La Tour va trop loin, ce me semble,
> Quand il nous peint l'abbé Le Blanc.
> N'est-ce pas assez qu'il ressemble?
> Faut-il encor qu'il soit *parlant?*

VI

Note 1, p. 11. — Benjamin-François Leclerc, seigneur de Buffon, né à Montbard, le 6 mars 1683, mort le 23 avril 1775, à l'âge de quatre-

vingt-douze ans, exerça d'abord l'office de conseiller du Roi, président
au grenier à sel de Montbard, puis la charge de commissaire général
des maréchaussées de France. Le 14 juin 1720, il fut pourvu de l'office
de conseiller au parlement de Bourgogne, sur la démission donnée en sa
faveur par Jean-François Rigoley de Puligny. Il résigna cette charge le
13 novembre 1742, en faveur de François-Samuel Rigolier de Parcey,
et obtint le 12 mai 1742 ses lettres d'honneur. Durant dix-huit
années, Benjamin Leclerc remplit avec exactitude et distinction les
honorables devoirs de sa charge. Il laissa dans sa compagnie, lors de
sa retraite, le souvenir d'une grande aptitude aux affaires. Lorsque
son fils, déjà célèbre, eut fait construire à Montbard la maison où il
passa depuis la plus grande partie de sa vie, le conseiller Leclerc,
à qui les années n'avaient rien enlevé de la vivacité de son esprit,
quitta Buffon et vint habiter Montbard, où il demeura jusqu'à sa
mort. Un an avant sa fin, il avait encore toute la vigueur de son esprit, l'usage de tous ses membres, et cette douce gaieté si pleine
d'attrait chez les vieillards. Il vécut assez pour voir la gloire de son
fils. Il étudiait avec une sorte de respect chacune de ses nouvelles productions. Il lui dit, après avoir lu sa Théorie de la terre : « Tu es le
nouveau saint de la légende, » et il lui fit voir en souriant les mots
suivants, que sa main, alourdie par ses quatre-vingt-onze ans, avait
tracés sur la dernière page du livre : *Sancte Clarissime, ora pro nobis*.
Le jour où il lut pour la première fois dans l'Histoire naturelle le
chapitre où se trouve l'invocation éloquente à l'Être suprême, il tomba
aux pieds de son fils, inclinant ainsi ses cheveux blancs devant la
majesté du génie. Homme de la meilleure compagnie, Benjamin Leclerc aima le monde; il y apportait du reste ces qualités gracieuses
toujours assurées d'un accueil empressé : la finesse de l'esprit et la
loyauté du cœur. Passionné pour la musique, il reprochait parfois à
Buffon de ne point avoir l'oreille juste. Charitable et bon, il dota sa
terre de Buffon de plusieurs fondations utiles, et abandonna toujours
aux pauvres une large part de son bien. Une de ses lettres à Richard
de Ruffey, dans laquelle il le remercie de l'affection qu'il témoigne
à son fils, ne me paraît pas sans intérêt; elle pourra donner une idée
de la nature de son esprit gai et facile, et montrera qu'il n'était point
étranger aux événements littéraires de son temps.

Voici cette lettre :

« Buffon, près Montbard, le 6 janvier 1754.

« Je vous rends bien des grâces, monsieur, de l'honneur que vous
m'avez fait de m'envoyer par M. Daubenton un exemplaire imprimé

de la lettre qui vous a été écrite par un ami au sujet de l'élection de M. le comte de Clermont par l'Académie éminente, et de la belle réponse que vous y avez faite. Je doute fort que cet ami vous sache gré d'avoir mis sa lettre au grand jour vis-à-vis d'une réponse si supérieure. Le patriote qui vous l'a écrite, quoique homme d'esprit et fort exercé dans le style épistolaire, n'a mis dans son épître ni style, ni goût, ni bornes; il s'est livré éperdument à l'éloge du prince, que vous avez fait plus noblement, en moins de paroles. En un mot, son écrit ne plaît pas ici, et le vôtre enlève tous les suffrages. Mais ne sommes-nous pas des juges suspects, après tout ce que vous venez d'écrire de flatteur et d'honorable pour mon fils, votre ancien ami, et pour tous ceux de Montbard, qui vous sont communs avec lui? Et encore dans quelles circonstances! après les avoir tous étrennés très-largement de votre bon vin. Les louanges, et surtout le bon vin, attaquent la judiciaire. Quoique je ne sois pour rien en tout ceci, je dois aussi me défier de mon jugement, s'il est vrai que le père et le fils ne soient qu'*una et eadem persona*, et partant, me taire comme récusable, et me renfermer dans les remercîments que je vous dois pour mon fils, des sentiments distingués et de l'intime amitié dont vous l'honorez; et puisque lui et moi ne faisons qu'un, je vous en dois aussi d'infinis pour toute la part que l'amour paternel m'y fait prendre. En reconnaissance, monsieur, recevez avec votre bonté naturelle tous mes vœux pour votre bonheur au commencement de cette année et pour tout ce qui vous appartient, et me croyez, avec toute sorte d'estime et le plus respectueux attachement, monsieur, votre très-humble et très-obéissant serviteur.

« LECLERC DE BUFFON. »

(Inédite. — De la collection de M. le comte de Vesvrotte.)

Note 2, p. 12. — Paul-Hippolyte de Beauvillers, duc de Saint-Aignan, né en 1684, mort le 22 janvier 1776, fut membre de l'Académie française. A la mort du prince de Condé, il fut nommé gouverneur de Bourgogne durant le temps de la minorité du jeune duc de Bourbon. Le président de Brosses, qui le vit à Rome en 1739, a dit de lui : « C'est un homme d'esprit, d'une conversation douce, qui a des connaissances et des lettres. Il aime à conter, et s'en acquitte agréablement. A le voir, on le croirait plus jeune; encore moins se douterait-on qu'il fût le père du vieux duc de Beauvillers, gouverneur du roi d'Espagne et fils de cet ancien paladin qui figurait dans le tournoi de *la princesse d'Élide*, au temps du mariage de Louis XIV. »

Note 3, p. 12. — « La magnificence de la décoration dans les opéras italiens, écrit de Rome le président de Brosses en 1739, est telle, surtout comparée à la mesquinerie ordinaire de la nôtre, que je ne puis vous en donner qu'une faible idée : il faut l'avoir vue. L'art de la peinture est aujourd'hui perdu en Italie ; il n'y reste d'habiles gens que dans la partie de perspective et de décoration. L'immense grandeur des théâtres leur donne lieu d'étaler leur savoir-faire dans un espace convenable, que nous n'avons pas dans nos chétives salles de Paris. Vous ne sauriez croire avec combien de vérité, dans le tout et dans le détail, ils rendent le lieu représenté ; c'est en effet une galerie, une forêt, une grange, un cabinet, une prison voûtée, etc. »

Note 4, p. 12. — « Ces messieurs les châtrés, dit le président de Brosses, sont de petits-maîtres fort jolis, fort suffisants, qui ne donnent pas leurs effets pour rien.... Quand on les rencontre dans une assemblée, on est tout étonné, lorsqu'ils parlent, d'entendre sortir de ces colosses une petite voix d'enfant.... » Les chanteurs castrats se montrèrent en Italie vers la fin du douzième siècle, et furent introduits dans la chapelle papale vers la fin du seizième ; ils y remplacèrent les enfants. Peu répandus d'abord, ils devinrent par la suite si communs que, vers le milieu du dix-huitième siècle, on pouvait lire sur l'enseigne d'un barbier :

« Qui si castra ad un pezzo ragionevolo. »
Ici l'on fait des castrats à un prix raisonnable.

VII

Note 1, p. 13. — Gabriel Crâmer, célèbre géomètre, naquit à Genève le 30 juillet 1704, et mourut en 1752. En 1730, dans un voyage qu'il fit à Genève, Buffon connut Crâmer, et lui donna la solution d'un problème mathématique rapporté dans son *Traité d'arithmétique morale*. Voici, au reste, comment il parle de cette rencontre et du problème dont il chercha alors avec Crâmer la solution : « Les mathématiciens qui ont calculé les jeux de hasard, et dont les recherches en ce genre méritent des éloges, n'ont considéré l'argent que comme une quantité susceptible d'augmentation et de diminution, sans autre valeur que celle du nombre ; ils ont estimé, par la quantité numérique de l'argent, les rapports du gain et de la perte ; ils ont calculé le risque et l'espérance relativement à cette même quantité numérique. Nous considérons ici la valeur de l'argent dans un point de vue différent ; et par nos principes, nous donnerons la solution de quelques cas embarrassants pour le calcul ordinaire.... Cette question m'a été proposée pour la première fois par feu M. Crâmer, célèbre professeur de mathématiques, à Genève, dans un voyage que je fis en cette ville en l'année 1730.... Je rêvai quelque temps à cette question sans en trouver le nœud; je ne voyais pas qu'il fût possible d'accorder le calcul mathématique avec le bon sens, sans y faire entrer quelques considérations morales; et ayant fait part de mes idées à M. Crâmer, il me dit que j'avais raison, et qu'il avait aussi résolu cette question par une voie semblable. Il me montra ensuite sa solution, à peu près telle qu'on l'a imprimée depuis dans les Mémoires de l'Académie de Pétersbourg, en 1738, à la suite d'un mémoire excellent de M. Daniel Bernoulli *Sur la mesure du sort*, où j'ai vu que la plupart des idées de M. Daniel Bernoulli s'accordent avec les miennes; ce qui m'a fait grand plaisir, car j'ai toujours, indépendamment de ses grands talents en géométrie, regardé et reconnu M. Daniel Bernoulli comme l'un des meilleurs esprits de ce siècle. Je trouvais aussi l'idée de M. Crâmer très-juste, et digne d'un homme qui nous a donné des preuves de son habileté dans toutes les sciences mathématiques, et à la mémoire duquel je rends cette justice avec d'autant plus de plaisir, que c'est au commerce et à l'amitié de ce savant que j'ai dû une partie des premières connaissances que j'ai acquises en ce genre. »

Note 2, p. 13. — Charles-Catherine Loppin de Gemeaux, né le 13 novembre 1714, mort le 25 octobre 1805, fut pourvu d'une charge d'avocat général au parlement de Bourgogne.

Note 3, p. 13. — Le ballet-opéra des *Sens*, pièce en cinq actes, paroles de Roy, musique de Mouret, fut donné pour la première fois le 5 juin 1732. Un acte de ce ballet, intitulé : *La Vue*, en fut détaché et représenté séparément devant le Roi, le 28 mars 1748. Une seconde représentation eut lieu à l'Opéra, le 2 décembre 1751, et une troisième à Versailles, sur le théâtre de la cour, le 23 janvier 1755.

Note 4, p. 14. — « Tout le monde, dit La Bruyère, au chapitre VII de ses *Caractères*, connaît cette longue levée* qui borne et qui resserre le lit de la Seine du côté où elle entre à Paris avec la Marne, qu'elle vient de recevoir. Les hommes s'y baignent au pied pendant les chaleurs de la canicule; on les voit de fort près se jeter dans l'eau, on les en voit sortir, c'est un amusement. Quand cette

* Le faubourg ou la porte Bernard.

saison n'est pas venue, les femmes de la ville ne s'y promènent pas
encore ; et quand elle est passée, elles ne s'y promènent plus. »

Les satires du temps n'ont pas épargné cette mode de la promenade
de la porte Saint-Bernard. Une comédie représentée au Théâtre-Italien
en 1696 a pour titre : *Les Bains de la porte Saint-Bernard.*

Note 5, p. 14. — L'histoire a conservé la liste des nombreux expédients auxquels eut recours le curé de Saint-Sulpice, Languet de
Gergy, pour construire son église. En 1646, la reine Anne d'Autriche
avait posé la première pierre de l'église Saint-Sulpice, dont Louis
Levau avait donné les plans ; en 1718, les constructions, suspendues
par suite du manque d'argent, s'élevaient à peine au niveau du sol. Le
curé Languet fit alors mettre dans les rues des pierres de taille d'un
gros volume, annonçant publiquement qu'elles étaient destinées à la
construction de son église ; la piété des fidèles s'émut ; des dons volontaires, augmentés par le produit d'une loterie, produisirent bientôt
des ressources importantes, et en 1733 le chevalier Servandoni fut
chargé de l'achèvement de l'édifice, dont la dédicace eut lieu le
30 juin 1745. On rapporte que voulant ériger dans sa nouvelle église
une statue de la Vierge en argent massif, l'abbé Languet avait pris
l'habitude, chaque fois qu'il dînait en ville, de mettre son couvert dans
sa poche, ce qui fit donner à la Vierge de Saint-Sulpice le nom de
Notre-Dame de Vieille-Vaisselle. Les deux grandes coquilles qui servent de bénitiers viennent du Jardin des Plantes, et les marbres qui
décorent les piliers de l'église furent enlevés au cabinet du duc d'Orléans.

VIII

Note 1, p. 15. — Antoine-Jean-Gabriel Lebault, conseiller, puis
président au parlement de Bourgogne.

Note 2, p. 15. — Charles de Brosses, comte de Tournay, baron de
Montfalcon, né le 7 février 1709, mort le 7 mai 1777, fut reçu conseiller au parlement de Bourgogne le 3 février 1730. Il devint successivement président, puis premier président de sa compagnie. Charles
de Brosses et Buffon se lièrent de la plus étroite amitié. Elle commença
au collège et se continua jusqu'à la mort du président. Buffon a tracé
de lui le portrait suivant : « Ce fut un de ceux qui peuvent, suivant
les circonstances, devenir les premiers des hommes en tous genres,
et qui, également capables de comparer des idées, de les généraliser,

d'en former de nouvelles combinaisons, manifestent leur génie par des productions nouvelles, toujours différentes de celles des autres, et souvent plus parfaites. » Ailleurs, dans une lettre écrite au comte de Tournay, frère du président, il dit encore, en parlant de lui : « Ce qui lui donnait cette avidité pour tous les genres de connaissances, quelque élevés, quelque obscurs, quelque difficiles qu'ils fussent, c'était la supériorité de son esprit, la finesse de son discernement, qui, de très-bonne heure, l'avaient porté au plus haut point de la métaphysique des sciences. Il en avait saisi toutes les sommités, et sa vue s'étendait d'en haut, presque sur les plus petits détails, au point de ne laisser échapper aucun de ces rapports fugitifs que le coup d'œil du génie peut seul apercevoir. » D'un autre côté le président de Brosses, apprenant en Italie, à Florence, l'entrée de Buffon au Jardin du Roi, écrit à M. de Neuilly, conseiller au parlement de Bourgogne : « Que dites-vous de l'aventure de Buffon? Je lui ai écrit de Venise, et j'attends avec impatience de ses nouvelles. Je ne sache pas d'avoir eu de plus grande joie que celle que m'a causée sa bonne fortune, quand je songe au plaisir que lui fait ce Jardin du Roi. Combien nous en avons parlé ensemble! Combien il le souhaitait et combien il était peu probable qu'il l'eût jamais, à l'âge qu'avait Dufay!... » (*Lettres écrites d'Italie.*)

On rencontre dans la correspondance de Buffon de nombreux et touchants témoignages de cette mutuelle sympathie qui rapprocha deux hommes de caractères différents, mais bien faits pour se comprendre.

Note 3, p. 15. — *Zaïre* fut représentée pour la première fois, au Théâtre-Français, le 13 août 1732. Voltaire composa cette pièce, qu'il acheva en vingt-deux jours, pour se défendre du reproche fait à ses tragédies de manquer de l'intérêt que donne l'amour. Elle figura longtemps sur le répertoire avec le titre de **Tragédie chrétienne**, et fut souvent jouée à la place de *Polyeucte*.

Note 4, p. 16. — Jean Bouhier, qui porta quelque temps le titre de seigneur de Buffon, naquit le 17 mars 1673, et mourut le 17 mars 1746, à l'âge de soixante-treize ans. Il fut président au parlement de Bourgogne et membre de l'Académie française; il possédait une des plus riches bibliothèques de la province. Longtemps le président Bouhier, goutteux et infirme, réunit un jour par semaine dans sa vaste bibliothèque les hommes qui recherchaient les plaisirs de l'intelligence.

Note 5, p. 16. — La précieuse collection de livres du président

Bouhier, successivement accrue des livres de Pontus et de Cyrus de Thiard, ne comprenait pas moins de trente-cinq mille volumes et de deux mille manuscrits. Le président Bouhier mourut sans laisser d'héritier de son nom; sa bibliothèque passa, par droit de succession, entre les mains de son gendre, M. Chartraire de Bourbonne, président au Parlement. A la mort du fils de ce dernier, en 1781, elle échut au comte d'Avaux son gendre, qui la vendit à D. Rocourt, abbé de Clairvaux, moyennant le prix de cent trente-cinq mille livres. Le jour où la bibliothèque du président Bouhier fut enlevée de Dijon, Bernard Piron, neveu de l'auteur de la *Métromanie*, composa l'épigramme suivante :

> Adieu, riche bibliothèque,
> Dépôt du génie et de l'art;
> Du grand prophète de la Mecque
> Va trouver les fils chez Bernard.
> Sur tes ballots je veux qu'on lise,
> N'en déplaise au fripier d'Avaux :
> « Trésor livré par la sottise
> A l'ignorance de Clairvaux. »

En 1792, en exécution d'un décret de la Convention, la bibliothèque du président Bouhier fut transportée de l'abbaye de Clairvaux dans la ville de Troyes.

IX

Note 1, p. 16. — Le mariage projeté eut lieu, malgré les observations que Buffon crut devoir faire à son père, et Benjamin Leclerc épousa, le 31 décembre 1732, Antoinette Nadault, sa parente, fille de Jean Nadault, seigneur des Berges, ancien élu aux états généraux de la province de Bourgogne, et de Jeanne Colas, de la famille de Jacques Colas, comte de La Fère, vice-sénéchal de Montélimar et grand prévôt de France, qui joua un rôle important au temps de la Ligue.

Buffon, qui ne cacha pas le mécontentement que lui causait le second mariage de son père, partit pour Paris peu de jours avant qu'il eût été célébré, se refusant ainsi à y assister. Ce mariage, du reste, s'expliquait par bien des motifs. Le conseiller Leclerc avait une famille nombreuse, et il avait pu reconnaître pendant une année de veuvage que l'absence d'une maîtresse de maison nuit essentiellement à la bonne direction des affaires domestiques.

Son premier mariage avait eu lieu en 1706 ; il avait épousé à cette époque Anne-Christine Marlin, qui fut la mère de Buffon. Le protocole de son contrat de mariage est ainsi conçu :

« Au nom de Dieu soit. L'an mil sept cent six, le neuvième jour du mois d'aoust après midy, en la ville de Semur, au logis de noble Jacques Marin, avocat en parlement, par-devant Jean Daubenton, notaire du Roy, de la résidence de la ville de Montbard, furent présents en personnes, noble Benjamin-François Leclerc, avocat en parlement, fils de noble Louis-Leclerc, conseiller du Roy, juge-prévôt de la ville de Montbard, et de deffunte damoiselle Catherine d'Espoisses, d'une part. — Damoiselle Anne-Christine Marlin, fille de Louis Marlin et de deffunte dame Antoinette-Edmée Blaisot, d'autre part. »

Anne-Christine Marlin mourut à Dijon, le 1er août 1731, à l'âge de cinquante ans. De ce premier mariage, Benjamin Leclerc avait eu cinq enfants. L'aîné fut Georges-Louis Leclerc de Buffon, qui devait illustrer son nom; il naquit à Montbard le 7 septembre 1707. Son parrain fut messire Georges Blaisot, seigneur de Saint-Étienne et Marigny, maître ordinaire de la Chambre des comptes de Chambéry, représenté par messire Leclerc, conseiller du Roi, subdélégué à l'intendance de Bourgogne. Sa marraine fut dame Gillette d'Espoisses, veuve de messire Vaussion, avocat.

Jean-Marc Leclerc fut le second des enfants de Benjamin Leclerc et de Christine Marlin; il naquit à Montbard le 17 octobre 1708, et y mourut le 22 janvier 1731. Il fut prieur de Flacey, au diocèse de Sens, de l'ordre de Cîteaux.

Jeanne Leclerc, née à Montbard le 18 janvier 1710, mourut le 2 mars 1781, supérieure du couvent des Ursulines de cette ville.

Anne-Madeleine Leclerc, née le 23 mars 1711, mourut sans avoir été mariée, le 28 novembre 1731.

Charles-Benjamin Leclerc, né le 22 juillet 1712, mourut prieur de l'abbaye du Petit-Cîteaux et vicaire général du même ordre. Aimant l'étude, ne craignant pas les longs travaux, Charles Leclerc, dans un procès suscité à son ordre, fit pour sa communauté des recherches laborieuses et difficiles; il entreprit de la défendre et gagna son procès. On a de lui divers mémoires insérés dans la collection académique.

De son second mariage, Benjamin Leclerc eut deux enfants : Pierre-Alexandre Leclerc, chevalier de Buffon, et Catherine-Antoinette Leclerc, mariée à Benjamin-Edme Nadault, conseiller au parlement de Bourgogne, sur lesquels on trouvera plus loin une notice biographique.

Note 2, p. 17. — Le comte de Tavannes, commandant en chef de la province de Bourgogne, dont le prince de Condé était gouverneur, ne fut pas nommé à l'ambassade de Portugal, alors vacante en effet.

En 1739, dans le temps où, après la mort du prince de Condé, le gouvernement de Bourgogne fut donné au duc de Saint-Aignan, alors ambassadeur à Rome, il commandait encore la province. « Le duc de
Saint-Aignan, écrit d'Italie le président de Brosses, m'a beaucoup surpris en me disant qu'il comptait faire sa résidence habituelle à Dijon,
et qu'il lui paraissait, par la lettre de son fils, que c'était l'intention de
la Cour. Il m'a demandé si cela ne ferait pas de la peine à M. de Tavannes, et quelle maison il pourrait habiter. Je ne comprends pas trop
bien ceci ; car il n'est pas vraisemblable, ni que l'on ôte le commandement à M. de Tavannes, ni que l'on laisse ensemble dans la même
ville un gouverneur et un commandant. Vous savez l'effet de deux soleils dans un lieu trop étroit. »

Charles-Henri de Saulx-Tavannes était menin de Monseigneur le
Dauphin. Il a laissé des mémoires inédits. « Il est à remarquer, dit
Courtépée, que les Tavannes ont toujours joint la gloire des lettres à
celle des armes. »

Note 3, p. 17. — L'hôtel habité par le père de Buffon, et où demeura ce dernier durant le temps où il faisait ses études à Dijon, était
situé rue du Grand-Pôtet : c'était l'ancien hôtel Quentin, vendu, après
la mort du dernier procureur général de ce nom, à Claude Varenne,
avocat célèbre. Claude Varenne, dont la famille était originaire de
Semur près de Montbard, et depuis longtemps en relation avec la famille Leclerc, vendit l'hôtel Quentin à Benjamin Leclerc, lorsque,
ayant acheté une charge au parlement de Bourgogne, il vint se fixer
à Dijon pour y remplir les devoirs de sa place. La rue du Grand-
Pôtet se nomme aujourd'hui rue de Buffon, et, sur l'hôtel habité durant sa jeunesse par le célèbre naturaliste, le conseil municipal de la
ville de Dijon a fait placer une plaque de marbre noir avec l'inscription
suivante :

G^{es} L^h LECLERC
DE BUFFON,
né le 7 septembre 1707,
habita cet hôtel
de 1717 à 1742.

Note 4, p. 17. — Louis, marquis de Vienne de Commarin, baron
de Châteauneuf, après avoir servi avec distinction dans les dragons,
fut pourvu, le 29 juin 1697, d'une charge de chevalier d'honneur au
parlement de Bourgogne. Il succédait dans cette dignité à François-
Bernard Sauve, démissionnaire. En 1721, il fut élu député de la noblesse aux états généraux de la province. On s'étonne de le voir chercher à louer une maison à Dijon en 1732. En effet, sa famille, ancienne

et puissante en Bourgogne possédait encore à cette époque deux hôtels à Dijon : 1° l'hôtel de Saint-Georges, bâti en 1430 par un de ses ancêtres, Guillaume de Vienne, sire de Saint-Georges et de Sainte-Croix, ambassadeur du duc de Bourgogne au concile de Constance et premier chevalier de la Toison d'Or ; — 2° l'hôtel de Vienne, rue Saint-Étienne, construit par Guillaume de Vienne, neveu d'Étienne, comte de Bourgogne.

X

Note 1, p. 17. — Jean Folin entra au parlement de Bourgogne le 11 janvier 1715.

Note 2, p. 18. — À la suite du mariage qu'il avait désapprouvé, Buffon se décida à demander judiciairement compte à son père du bien de Christine Marlin, sa mère. Ce bien consistait d'abord en une donation faite par Georges Blaisot, alors maître ordinaire de la Chambre des comptes de Chambéry, oncle de Christine Marlin, lors du mariage de sa nièce avec le conseiller Leclerc ; mais la part la plus importante provenait d'une seconde donation faite le 21 novembre 1714 à Buffon par Jeanne Paisselier, « veuve de noble Georges Blaisot, seigneur de Saint-Étienne et de Marigny, conseiller-maître auditeur en la Cour souveraine des comptes de Savoie, et directeur des fermes du roi de Sicile, » qui, suivant en cela les instructions de son mari, léguait, avant de mourir, à Georges Leclerc, âgé d'environ sept ans, arrière-neveu et filleul dudit seigneur Blaisot, fils du sieur Benjamin-François Leclerc, avocat à la cour, demeurant à Montbard, et de demoiselle Anne-Christine Marlin, son épouse, nièce dudit seigneur, « plusieurs contrats de rente qu'elle avait reçus de défunt son mari.... et qui, montant ci-devant à la somme de 91 800 livres, ne reviennent, en conséquence de la dernière réduction ordonnée par la déclaration de Sa Majesté, qu'à celle de 78 000 livres. » Ce fut en partie pour faire emploi de cette somme, que le conseiller Leclerc acheta des héritiers du président Jacob, parmi lesquels se trouvait en première ligne le président Bouhier, la terre de Buffon et une charge de conseiller au parlement de Dijon.

La fortune qui lui était confiée ne prospéra pas entre ses mains. La terre de Buffon fut vendue, et Buffon, craignant de voir sérieusement compromise la fortune assez considérable qui lui était personnelle, actionna son père en justice. Le président Bouhier écrivait à M. de Ruffey, à Paris, à la date du 29 janvier 1733 : « Nous avons

14

depuis peu ici **M**. Leclerc de Buffon, votre ami, qui se trouve tris-
tement engagé à entrer en procès avec M. son père par le sot mariage
que vient de faire ce dernier. » Heureusement le procès n'eut pas
lieu. La famille intervint, et obtint que le différend se terminât par
une transaction amiablement consentie. Il en résulta d'abord la ré-
trocession de la terre de Buffon. En 1729, le conseiller Leclerc, sous
le coup d'obligations pressantes, en avait opéré la vente au profit de
M. de Mauroy ; Buffon tenait à une seigneurie dont il portait déjà le
nom, et peut-être aussi au modeste manoir où il avait passé ses
premières années. La terre de Buffon fut rachetée en son nom et
devint sa propriété.

A trente années de distance, en 1771, un nouveau traité de famille
intervint entre le père et le fils. Cette fois le conseiller Leclerc abandonna à son fils le reste de son bien, et ce dernier le prit chez lui en
pension ; ce traité, qui mit fin aux discussions d'intérêt entre le père
et le fils, est ainsi motivé : « Entre nous soussignés Benjamin-François
Leclerc de Buffon , conseiller honoraire au parlement de Bourgogne ,
demeurant au château seigneurial de Buffon, d'une part, et nous
Georges-Louis Leclerc, chevalier, comte de Buffon, intendant du Jardin
du Roi à Paris, déclarons que comme M. Nadault, conseiller au parlement de Dijon, et la dame son épouse, sont sur le point de quitter,
nous ledit Leclerc de Buffon, conseiller honoraire, leur père et beau-
père, avec lesquels nous demeurons, pour aller s'établir à Dijon, à
l'effet par ledit sieur Nadault d'y remplir les fonctions de sa charge ;
c'est pourquoi nous ledit Leclerc de Buffon père, étant âgé de quatre-
vingt-neuf ans, nous reconnaissons qu'il ne nous serait pas possible
de conduire notre maison seul, n'ayant plus notre fille et son mari
auprès de nous. En conséquence, nous déclarons que nous nous dé-
partons purement et simplement au profit du comte de Buffon, notre
fils aîné du premier lit.... de la totalité de nos biens. »

Note 3, p. 18. — Fils de Pierre de La Mare, conseiller au Parlement,
et neveu de Jean-Baptiste de La Mare, alors second président au Parlement.

Note 4, p. 18. — Chartraire de Montigny, trésorier des états de
la province de Bourgogne.

XI

Note 1, p. 19. — Pierre Daubenton, avocat au Parlement, maire, châtelain et lieutenant général de police de la ville de Montbard, subdélégué de l'intendance de Dijon au département de la même ville, colonel des armes de ladite ville et capitaine de l'exercice de l'arquebuse; membre des académies de Lyon et de Dijon, des sociétés littéraires d'Auxerre et d'agriculture de Rouen, membre honoraire de la société économique de Berne, naquit à Montbard le 10 avril 1703 et mourut le 14 septembre 1776. Son frère, beaucoup plus jeune que lui, et qui faisait alors son cours de médecine à Paris, fut le collaborateur de Buffon.

Note 2, p. 19. — M. de Montigny, sous les ordres duquel se trouvait M. Daubenton, en sa qualité de subdélégué de l'intendance, était alors trésorier des états de Bourgogne. La charge de trésorier des états fut pendant plus de deux cents ans dans cette famille. La seigneurie de Montigny avait été érigée, en 1706, en comté pour François Chartraire de Montigny, conseiller au Parlement et trésorier des états.

Le dernier maire de Dijon, avant les réformes introduites par la Révolution dans l'administration communale, fut le dernier des Chartraire de Montigny, Marc-Antoine, qui exerça cette fonction du 24 février 1790 au 20 novembre 1791. Son élévation donna lieu au quatrain suivant :

Par un choix libre et pur, Dijon vous a fait *maire*.
Vous avez su monter les cœurs à l'unisson ;
Et la reconnaissance, en votant pour *Chartraire*,
A su mettre d'accord la rime et la raison.

Note 3, p. 19. — M. Daubenton avait affermé, moyennant un abonnement fixe, la perception de certains impôts qui devaient être versés dans la caisse des états de la province. Il s'était trompé dans ses calculs ; la difficulté que présentait la rentrée de l'impôt, les charges qui lui étaient imposées, avaient rendu sa position fort précaire, et il employa l'entremise de Buffon près du trésorier des états, pour obtenir d'être déchargé d'une partie de ses obligations.

Note 4, p. 19. — Louis Leclerc, écuyer, procureur du Roi et syndic au grenier à sel, bailli de Fontenay, juge-prévôt de la châtellenie de Montbard, conseiller-secrétaire du Roi près la chancellerie de Dijon, né à Montbard le 11 novembre 1646, mort le 1er mars 1734, à l'âge de quatre-vingt-huit ans. Il avait été maire et gouverneur de la ville de Montbard, de 1695 à 1697, en attendant que Jean Nadault son parent, qui était titulaire de cet office, eût atteint sa majorité.

Le grand-père de Buffon mourut à l'âge de quatre-vingt-huit ans; son père vécut quatre-vingt-douze ans, et le naturaliste quatre-vingt-deux.

XII

Note 1, p. 20. — Le 6 juin 1735, on représenta pour la première fois sur le Théâtre-Français la tragédie d'*Aben-Saïd*, dont l'abbé Le Blanc était l'auteur. *Aben-Saïd* fut joué à la cour et accueilli avec faveur; imprimé l'année suivante, il soutint à la lecture le succès qu'il avait eu au théâtre. (*Aben-Saïd, empereur des Mogols, tragédie en cinq actes et en vers.* Paris, 1735, in-8.)

Note 2, p. 20. — La Bourgogne était *Pays d'états*. Avec quelques autres provinces elle partageait le privilège de s'occuper seule de la répartition des impôts. Les états se réunissaient tous les trois ans, sous la présidence du prince de Condé, gouverneur de la province. Les trois ordres y étaient représentés, la noblesse, le clergé et le tiers. L'évêque d'Autun était président-né de la Chambre du clergé, comme le maire de Dijon était président-né de la Chambre du tiers. La session durait un mois environ. En se séparant, l'assemblée nommait une commission composée de trois membres, pris dans chacun des trois ordres, et qui, sous le nom de *Chambre des élus*, administrait les intérêts de la province jusqu'à la nouvelle assemblée. Les élus rendaient alors leurs comptes entre les mains de délégués choisis par les états, et qui prenaient le nom d'*Alcades*. Dans les réunions générales et dans les solennités auxquelles assistaient les états en corps, l'évêque d'Autun avait le pas sur tous les autres évêques de la province, appelés comme lui à faire partie de l'assemblée.

Note 3, p. 20. — Jean Bouhier, sacré évêque de Dijon le 16 septembre 1732, se démit de son siége en 1743, et mourut le 15 octobre 1745.

Note 4, p. 20. — Gaspard de Thomas de La Valette, pourvu en 1733 de l'évêché d'Autun, fut remplacé en 1748 par Antoine de Malvin de Montazet, depuis archevêque de Lyon et membre de l'Académie française.

Note 5, p. 20.—Louis-Henri duc de Bourbon, prince de Condé, né en 1692, mort le 27 janvier 1740, avait été chef du conseil de régence durant la minorité de Louis XV, et premier ministre à la mort du régent. En 1726, compromis par les intrigues de la marquise de Prie, sa maîtresse, il fut exilé à Chantilly, et le cardinal de Fleury le remplaça au ministère. En 1735, il présida les états de Bourgogne, et vit Buffon, auquel il fit un accueil distingué. L'année suivante, il eut un fils, et Buffon, qui n'avait pas oublié l'accueil que lui avait fait le prince lors de son dernier séjour à Dijon, voulut témoigner, d'une manière éclatante, la part qu'il prenait à cet heureux événement. On trouve dans une lettre écrite de Montbard à la date du 16 août 1736, par Daubenton, et insérée dans *le Mercure*, le compte rendu de la fête improvisée à Montbard pour célébrer la naissance de l'héritier des Condé.

« J'ai appris, monsieur, avec le plus grand plaisir, que vous vous disposiez à cheminer du côté de la Bourgogne ; mais je pense que l'envie vous doit prendre en même temps de venir rendre un hommage de reconnaissance au vieux Pégase de notre ville. Vous avez éprouvé qu'il vous a été favorable il y a deux ans, et vous avez grande raison de vouloir le revoir, car vous trouverez l'antique habitation *des bardes* * tout à fait changée. Le chaos du vieux château s'est débrouillé ; le Dieu des jardins a regardé l'emplacement d'un œil favorable, et les choses sont en état d'y pouvoir attirer les Muses et les Grâces même par vos chants. Venez donc, et n'irritez plus l'empressement qu'on a de vous voir.

« M. de Buffon vous attend avec la plus grande impatience, et vous sait mauvais gré de ne vous être pas pressé davantage. Vous auriez été témoin des réjouissances qu'il a faites au sujet de la naissance du prince de Condé. Il en reçut la nouvelle dimanche dernier, 12 août, à sept heures du matin. L'entier attachement qu'il a pour la maison de Condé le porta aussitôt à marquer sa joie par tout ce qu'on pouvait imaginer de réjouissant dans une petite ville. Son premier mouvement fut d'abord de rendre l'heureux événement public ; il fit transporter les canons de la ville dans les jardins du château, et l'on en fit trois décharges, au bruit de plusieurs tambours et d'une grande mousqueterie qu'on avait assemblée, ce qui fut répété jusqu'à dix-huit fois dans toute la matinée. Ces salves réitérées parurent si extraordinaires dans tous les villages des environs, que la plupart des paysans vinrent à la ville, croyant que ce fût l'arrivée du prince ou la publication de la paix.

* *Mons Bardorum*, Mont des Bardes, Montbard.

« Sur le midi il fit rassembler tous les instruments de la ville et des environs, qui dans ce pays, où le goût de la musique ne prévaudra jamais sur celui du vin, ne laissèrent pas que de former trois troupes de plusieurs instruments chacune. On en plaça une partie au château, et le reste devant sa maison, qui est, comme vous savez, monsieur, dans l'endroit le plus apparent et le plus fréquenté de la ville ; tout le peuple s'y assembla pour danser en très-grand nombre.

« A cinq heures, on disposa par une fenêtre au haut de la grande porte une fontaine de vin, et cet article ne fut pas le moins plaisant de la fête. Elle coula abondamment et sans discontinuer jusqu'à près de minuit, et le bon jus attira mainte fois les acclamations de : *Vive le Roi, Leurs Altesses Sérénissimes et le Prince nouveau-né!* Grand souper ensuite, où se trouva ce qu'il y avait de mieux à la ville. La compagnie était nombreuse ; aussi fallut-il plus d'une table. On y a bu en vrais Bourguignons.

« A l'entrée de la nuit, la maison fut illuminée dans toute la façade avec tout ce qu'on put rassembler de torches, flambeaux, lampions, pots de goudron ; on employa jusqu'aux creusets du laboratoire *.

« Après le souper, on fit devant la maison un essai du feu d'artifice ; sur le perron que vous connaissez et autour de la porte était une illumination singulière, composée de soleils et de lances à feu ; on tira ensuite des grenades et quelques fusées, et en même temps on jeta par les fenêtres partie des desserts au peuple, quantité de fruits qu'on avait rassemblés pour ce sujet, et, entre autres choses, une fournée entière d'échaudés. Alors les acclamations recommencèrent ; jugez aussi si l'on s'y battit.

« Sur les dix heures, la compagnie monta au château. Elle était précédée de tous les instruments, et suivie de toute la ville en si grand nombre, qu'on eut grande peine à garantir les jardins de l'affluence.

« Le feu était disposé sur un belvédère que vous n'avez pas encore vu, mais que vous pouvez juger propre à la chose, puisqu'il est en vue de la ville et des beaux vallons dont vous avez paru si charmé. Là s'élevait encore une estrade qui soutenait en son milieu une grande pyramide, autour de laquelle était rangé tout l'artifice, que l'on avait préparé plusieurs semaines auparavant, dans l'attente de l'heureuse nouvelle. Il réussit si bien, que j'aurais grande envie de vous le décrire. Imaginez-vous grand nombre de longues et belles fusées, étoiles, aigrettes, grenades, soleils, lances et pots à feu, en un mot tout l'art que vous nous connaissez sur cet article. Il dura plus d'une heure, au bruit des canons et de la mousqueterie, au son de tous les instru-

---

* M. de Buffon est de l'Académie des sciences et travaille à la chimie.

ments et d'un plus grand nombre d'échos; après quoi le bal et la collation terminèrent la fête, que l'on célébra encore le lendemain d'aussi bon cœur, mais un peu plus tranquillement. »

Note 6 , p. 20. — Buffon était né à Montbard; il résolut de bonne heure de faire de cette résidence, depuis longtemps délaissée par son père, son principal séjour. En 1734, l'abbé Le Blanc est à Montbard, *fumant comme un grenadier*, et dirigeant les nombreux ouvriers appelés par Buffon pour embellir le domaine paternel. L'abbé entendait le commandement à merveille; il avait des connaissances en bâtiments, et soulageait Buffon d'une surveillance fatigante. Les maisons voisines de celle que Buffon tenait de son père furent successivement achetées; la maison paternelle s'agrandit et devint château. Telle qu'elle est aujourd'hui, elle est sans vue, humide, privée d'air et de soleil, resserrée par le coteau, ouvrant sur la place publique. Buffon pouvait la placer plus loin, de l'autre côté du coteau, en face du soleil, en face des champs et des bois. Il n'y songea même pas. C'était la maison paternelle; son aïeul y était mort, lui-même y était né. Il faut savoir gré à Buffon de l'attachement qu'il montra pour sa maison de Montbard; c'est là qu'il passa presque tout le reste de sa vie, n'oubliant jamais son berceau, quoiqu'il fût devenu grand seigneur et grand écrivain.

Note 7, p. 20. — Jean-Bernard Michault, né à Dijon le 18 janvier 1707, mort le 16 novembre 1770, fut contrôleur ordinaire des guerres de Bourgogne. Son père était procureur au Parlement, et lui-même exerça pendant quelque temps une charge de greffier. Son premier écrit a pour titre : *Réflexions critiques sur l'Élégie* (1734, in-8), et est une réfutation parfois assez vive de l'opinion de l'abbé Le Blanc, qui avait publié en 1731 (in-8) un recueil d'*Élégies, avec un discours sur ce genre de poésie et quelques autres pièces*. Michault combat l'opinion de l'abbé son compatriote et un peu son ami, qui ne voit dans l'élégie que l'expression d'une âme exaltée par de violentes passions.

Note 8, p. 20. — Hector-Bernard Pouffier était entré au Parlement, dont il fut longtemps le doyen, le 9 décembre 1681. L'Académie de Dijon, fondée par lui en 1735, fut autorisée par lettres patentes du mois de juin 1740. Buffon en fut reçu membre le 1er juillet.

Note 9, p. 21. — M. Flourens de l'Académie française, et secrétaire perpétuel de l'Académie des sciences, qui vient de donner une édition annotée et complète de l'*Histoire naturelle*, a publié deux études sur Buffon. La première a paru en 1844 sous ce titre : *Histoire des travaux et des idées de Buffon;* elle a eu une seconde et une troisième édition (1850 et 1859.)

La seconde étude a paru en 1859 sous ce titre : *Des manuscrits de Buffon.* Dans ces deux ouvrages, M. Flourens cite un certain nombre de lettres de Buffon, rapportées soit par fragment, soit en entier. Chaque fois qu'une lettre insérée dans la correspondance de Buffon sera désignée comme ayant déjà été publiée en tout ou en partie par M. Flourens, il doit être entendu qu'elle se trouve dans l'un ou l'autre de ces deux ouvrages, quelquefois même dans les deux.

XIII

Note 1, p. 21. — Thoresby était la terre patrimoniale du duc de Kingston. C'était un vaste et gothique château, situé dans la province de Nottingham. Le jeune lord y avait conduit Mme de La Touche et l'abbé Le Blanc, qui avait repris à Thoresby les fonctions qu'il avait autrefois exercées à l'hôtel de Nocé. L'abbé Le Blanc passa en Angleterre une partie de l'année 1736 ainsi que les deux années 1737 et 1738, tour à tour à Londres, s'abandonnant au tourbillon de la vie mondaine, ou enfermé à Thoresby, au milieu des splendeurs de l'aristocratie anglaise. Comme ses fonctions de chapelain lui laissaient beaucoup de loisirs, il avait pour cabinet d'étude une des plus riches bibliothèques de la province, et pour ses promenades de poëte cherchant l'inspiration, les allées d'un parc taillé sur le modèle des plus beaux sites du Tyrol ou de la Suisse. Le séjour de l'abbé Le Blanc en Angleterre fut dans sa vie une heureuse période, et lui inspira une de ses pages les mieux écrites. N'ont-ils pas commis une grave exagération, ceux qui ont dit que la meilleure école du génie était l'adversité? Buffon, Montesquieu, Voltaire ont tous trois heureusement commencé la vie; ils ont été constamment riches et honorés; et cependant la fortune, qui seconda leur vocation en assurant leur liberté, ne put jamais endormir leur génie.

Note 2, p. 21. — L'abbé Le Blanc suivit le conseil de Buffon, et, à son retour en France, il mit en ordre et revit avec soin les lettres qu'il lui avait adressées durant son séjour en Angleterre; il y ajouta des lettres nouvelles et fit paraître, en 1743, trois volumes sous ce titre : *Lettres d'un Français sur les Anglais.* L'ouvrage comprend quatre-vingt-douze lettres : dix-neuf sont adressées à Buffon. Le style est correct et élégant; on y trouve des aperçus fins et des pensées délicates. Les *Lettres d'un Français* furent très-goûtées. Elles furent traduites en anglais et en italien, et cinq éditions successives en attestèrent le succès. Ce recueil a inspiré au marquis d'Argenson la réflexion suivante : « Pourquoi les livres traduits de l'anglais ont-ils tant d'attraits pour nous? On n'y rencontre nulle méthode; tout y semble décousu, *ex abrupto*.... C'est que d'ordinaire les livres anglais sont exempts de ces lieux communs si fatigants, même chez nos auteurs les plus renommés.... Je ne connais chez nous, entièrement à l'abri de ce reproche, que les gens de lettres qui ont fréquenté l'Angleterre, Voltaire et l'abbé Le Blanc. Tout se ressent chez les Anglais de la liberté de penser, et d'une profondeur de pensées qui s'exerce par la liberté. »

Note 3, p. 22. — Au mois de septembre de l'année 1736, Montbard avait déjà changé d'aspect. Buffon plantait ses vastes jardins, ne reculant devant aucune des difficultés que présentait une semblable entreprise. « Vous trouverez, est-il dit dans une lettre écrite de Montbard le 16 août 1736 (voy. ci-dessus, page 213), l'antique habitation des bardes tout à fait changée. Le chaos du vieux château s'est débrouillé; le Dieu des jardins a regardé l'emplacement d'un œil favorable, et les choses sont en état d'y pouvoir attirer les Muses et les Grâces mêmes par vos chants.... » Un mamelon isolé dans une plaine étroite et resserrée par de rapides coteaux, de vieux remparts détruits par le temps, un donjon seul debout au milieu des ruines, tel était Montbard avant l'arrivée de Buffon. Sous sa direction puissante tout changea. « M. de Buffon, dit un auteur contemporain, a su répandre le goût et l'agrément dans les masses ruineuses de ce vaste emplacement, tout irrégulier qu'il est. Les jardins surtout, autant par leur ordonnance que par leur variété, méritent l'attention des curieux. On y voit des bosquets d'arbres étrangers, de grandes allées de platanes, des avenues et des terrasses plantées d'épicéas, de cyprès, cèdres, sycomores, érables, peupliers d'Italie, de la Caroline à grandes feuilles dont ils se dépouillent fort tard.... » (Courtépée, *Histoire du duché de Bourgogne.*)

Créer des jardins fertiles sur un rocher, planter des arbres étrangers dans un sol nu et aride, cette tâche devait présenter à l'imagination la plus hardie, à l'esprit le moins timide, des difficultés insurmontables. Buffon les vit toutes, mais il ne s'en effraya pas; malgré les importants sacrifices d'argent que demanda la création de ses jardins de Montbard, il poursuivit sans se lasser l'œuvre qu'il avait courageusement entreprise. On rasa le château, un des plus vastes de la province, vieille forteresse des ducs souvent habitée et embellie par eux, sentinelle avancée de leur puissant empire. Les murs d'enceinte, le donjon et une seule tour demeurèrent debout. Les anciennes cours furent comblées, les matériaux des bâtiments furent enfouis dans l'enceinte de la forteresse, et le sol, exhaussé à la hauteur des murs d'enceinte, forma une vaste terrasse qui domine les campagnes voisines. Autour de cette plate-forme convertie en un frais jardin, se groupèrent des terrasses conduisant par des pentes douces et heureusement ménagées du château au sommet de la colline. Ce furent là d'immenses travaux, et, à vrai dire, ils ne furent jamais terminés; car, chaque fois que l'année était dure et que le travail des champs venait à manquer, il y avait toujours du travail au château. « C'est, disait Buffon, une manière utile de faire l'aumône sans encourager la paresse. » Aussi comprendra-t-on sans peine que ses jardins durent lui coûter de grosses sommes d'argent.

« On couvrirait mes jardins de pièces de six francs, disait-il un jour à Mme Nadault, sa sœur, que ce ne serait rien encore au prix de ce qu'ils m'ont coûté ! » L'architecte des jardins de Montbard, leur principal, je pourrais dire leur seul dessinateur, fut le beau-frère de Buffon, Benjamin Nadault, conseiller au parlement de Bourgogne, un peu artiste, *un peu trop pour un conseiller*, disait parfois Buffon. Chargé, pendant les nombreuses absences de Buffon, de présider à l'exécution des travaux de Montbard, Benjamin Nadault lui écrivit un jour que les ouvriers qu'il employait perdaient beaucoup de temps. « Laissez-les faire, répondit Buffon, et n'oubliez jamais que mes jardins sont un prétexte pour faire l'aumône. » Un autre jour, au sujet d'un terrain qui lui était nécessaire et dont on demandait un prix exagéré, il lui disait : « Il y a des gens qui n'osent demander et à qui on n'ose offrir, espèce de pauvres honteux; il faut, quand leur bien nous peut convenir en quelque chose, le leur payer bien au delà; on n'a ni à rougir de son aumône, ni à les en faire rougir; on leur laisse l'estime d'eux-mêmes. » Pour exécuter ses plans, Buffon ne choisissait pas ses travailleurs parmi les plus robustes et les plus diligents; il recherchait de préférence les plus pauvres et les plus nécessiteux. Pour procurer de l'ouvrage à un plus grand nombre de bras, il avait donné ordre que la terre végétale qui venait prendre la place du rocher fût portée à dos d'homme, et il recommandait à ses surveillants de veiller *à ce que les hottes fussent petites.*

Note 4, p. 23. — Il s'agit de la belle édition des œuvres d'Horace, publiée à Londres, en 2 volumes gravés, in-8, en 1733. Cette édition, dont les premières épreuves sont fort recherchées, parut sous ce titre : *Q. Horatii Flacci opera omnia. Londini, æneis tabulis incidit Joan.*

Pine. Elle fut reproduite à Paris en 1733 (in-16) et à Londres en 1736 (édition J. Jones. In-8).

Note 5, p. 23. — Abraham de Moivre, né en 1667 à Vitri, en Champagne, mort à Londres, le 27 novembre 1754, à l'âge de quatre-vingt-sept ans, appartenait à la religion réformée. Lors de la révocation de l'édit de Nantes, il passa en Angleterre, où il publia des écrits estimés sur la géométrie. L'ouvrage dont parle Buffon a pour titre : *Miscellanea analytica de seriebus et quadraturis.* Cette collection, qui renferme les découvertes faites par de Moivre et les méthodes par lui employées pour y parvenir, est divisée en huit livres qui parurent successivement, d'année en année; le premier volume est de 1730 (in-4).

Note 6, p. 23. — *Baniche,* terme familier, diminutif de Bernarde, comme Catiche et Cateau sont les diminutifs de Catherine, Gothon de Marguerite, etc.

Note 7, p. 23. — La tour *Saint-Louis,* que l'abbé Le Blanc habita lors du séjour qu'il fit à Montbard pendant l'automne de l'année 1734, et dont Buffon avait fait peintre les voûtes d'une couleur qu'elles conservent encore aujourd'hui.

Note 8, p. 23. — Jean-François Rigoley de Puligny entra au parlement de Bourgogne le 4 janvier 1716. Le 14 juin 1720 il résigna ses fonctions en faveur de Benjamin-François Leclerc, qui vint siéger au Parlement à sa place et transmit à son tour, le 13 novembre 1742, sa charge à François-Samuel Rigolier de Parcey. En quittant le Parlement, Rigoley de Puligny fut revêtu de la dignité de premier président de la Cour des comptes de Bourgogne.

Note 9, p. 23. — Pierre-Louis Moreau de Maupertuis, né le 17 juillet 1698, mort le 27 juillet 1759, se distingua par l'originalité de son caractère au moins autant que par ses nombreuses et importantes découvertes scientifiques.

Note 10, p. 23. — Alexis-Claude Clairault, né le 7 mai 1713, mort le 17 mai 1755, fut, avec Euler et d'Alembert, le commentateur de Newton. Ses éléments de géométrie sont encore estimés.

XIV

Note 1, p. 23. — Jeanne-Guillemine Bouhier, fille aînée du président, venait d'épouser Gabriel-Benigne Chartraire de Bourbonne, président au Parlement depuis le 9 août 1735.

Note 2, p. 24. — *Traité de la dissolution du mariage pour cause d'impuissance* (Luxembourg, 1735, in-8); ouvrage réimprimé en 1736 avec les *Principes sur la nullité du mariage*, par Boucher d'Argis.

Note 3, p. 24. — Isaac Newton, né en 1642, mort le 20 mars 1727, à l'âge de quatre-vingt-cinq ans, fut le créateur de la philosophie naturelle. Les découvertes dont il a enrichi la science sont innombrables. Lorsqu'on lui demandait comment il avait fait pour découvrir tant de choses, il répondait : « En cherchant toujours. »

Note 4, p. 24. — Gabrielle-Émilie Le Tonnelier de Breteuil, marquise du Châtelet, née en 1706, morte en 1749, est devenue célèbre par un genre de productions sur lequel on voit peu communément s'exercer l'esprit d'une femme. Elle fut également savante en géométrie, en astronomie et en physique; elle savait le latin, l'anglais, l'italien, et a laissé une traduction inachevée des plus belles pages de Virgile. Le marquis du Châtelet, lieutenant général des armées du Roi, était grand bailli de Semur. Sa charge l'obligeait à de fréquents séjours. Le voisinage établit entre Buffon et la marquise des rapports fort suivis et qui furent l'origine d'une sérieuse amitié.

Note 5, p. 24. — Jean-Jacques Rousseau, né le 28 juin 1712, mort le 2 juillet 1778, a dit de Buffon : « Je lui crois des égaux parmi ses contemporains, en qualité de penseur et de philosophe; mais en qualité d'écrivain, je ne lui en connais aucun. C'est la plus belle plume de son siècle. »

Note 6, p. 24. — Le président Bouhier fut marié deux fois, la première en 1702. Sa femme mourut en 1717, après lui avoir donné un fils, mort lui-même en bas âge. Il épousa en secondes noces Claudine Bouhier de Lantenay, dont le père devint, en 1746, doyen du Parlement. Le président Bouhier dans ses Mémoires donne les raisons de cette seconde union en citant ce passage de Pline (liv. X, ép. II) :

« Liberos etiam illo tristissimo sæculo volui, sicut potes duobus matrimoniis meis credere. »

Note 7, p. 24. — Claudine Bouhier, seconde fille du président, épousa Philibert-André Flentelot de Marlien, né le 10 janvier 1714, et mort doyen du Parlement le 25 janvier 1787 à Versailles, où il avait été mandé au sujet des remontrances présentées par sa compagnie.

XV

Note 1, p. 25. — Charles - François de Cisternay Dufay, né le 14 septembre 1698, mort le 16 juillet 1739, fut le prédécesseur de Buffon au Jardin du Roi. D'une famille qui avait depuis longtemps charge à la cour, Dufay choisit de bonne heure la carrière des armes ; mais bientôt, poussé par son goût naturel pour les sciences, il quitta le service et s'adonna dès lors sans entraves à sa passion favorite. Appelé vers 1734 à succéder à François Chicoisneau, gendre de Chirac, dans l'intendance du Jardin du Roi, il entreprit avec courage l'œuvre régénératrice que Buffon devait, après lui, accomplir d'une façon si brillante. Avant de se mettre à l'œuvre, Dufay fit un voyage en Angleterre et en Hollande, afin de visiter des établissements analogues et d'arrêter ses plans. La mort l'empêcha de les réaliser. On a beaucoup loué Dufay d'avoir, à son lit de mort, désigné au ministre Buffon pour son successeur. Des différends scientifiques les divisaient, dit-on ; Dufay, oubliant généreusement ses griefs personnels, facilita la nomination de Buffon à un poste qu'il ambitionnait. Cette lettre à l'abbé Le Blanc, du 22 février 1738, écrite un an avant la mort de Dufay, permet de reconnaître que cette division, si toutefois elle a existé, n'était pas ancienne, ou du moins qu'un rapprochement avait déjà eu lieu, à cette époque, entre les deux académiciens.

Note 2, p. 25. — Charles Lenox, duc de Richemond, était le fils naturel de Charles II et de la duchesse de Portsmouth.

Note 3, p. 25. — A cette époque, Buffon n'a pas encore rompu avec les habitudes des soupers et des veilles, mais il en éprouve déjà de la fatigue et de l'ennui. Une seconde période, toute de travail et de retraite, va bientôt commencer pour lui et modifier profondément sa vie, jusqu'alors si diversement occupée et partagée entre des études souvent interrompues, et des heures consacrées à la dissipation et au plaisir. Dans la suite, après qu'il fut entré au Jardin du Roi et qu'il se fut retiré à Montbard pour se consacrer à son grand ouvrage, lorsque des amis de sa jeunesse qui l'avaient connu ardent au plaisir, et le compagnon assidu de leurs veilles prolongées, s'étonnaient devant lui de la rigoureuse exactitude avec laquelle il avait distribué sa vie, il aimait à raconter comment il s'était astreint à cette règle uniforme et sévère. Un manuscrit inédit de M. Humbert-Bazile, long-temps secrétaire de Buffon, manuscrit qui nous a été communi-qué par Mme Beaudesson, fille de M. Humbert-Bazile, renferme, à la page 14 du tome I, le passage qui suit : « Dans ma première jeu-nesse, disait parfois M. de Buffon, j'aimais beaucoup le sommeil, il m'enlevait la meilleure partie de mon temps ; mon pauvre Joseph (son valet de chambre, qui fut à son service pendant soixante-cinq ans) me fut alors d'un grand secours pour vaincre cette funeste habitude. Un jour, mécontent de moi-même, je le fis venir et je promis de lui donner un écu chaque fois qu'il m'aurait fait lever avant six heures. Le lendemain, il ne manqua pas de venir m'éveiller à l'heure conve-nue ; je lui répondis par des injures, il vint le jour d'après : je le mena-çai. « Tu n'as rien gagné, mon pauvre Joseph, lui dis-je, lorsqu'il vint « me servir mon déjeuner, et moi j'ai perdu mon temps. Tu ne sais pas « t'y prendre ; ne pense désormais qu'à la récompense et ne te préoccupe « ni de ma colère ni de mes menaces. » Le lendemain il vint à l'heure con-venue, m'engagea à me lever, insista ; je le suppliai, je lui dis que je le chassais, qu'il n'était plus à mon service. Sans se laisser intimider par ma colère, il employa la force et me contraignit enfin à me lever. Pen-dant longtemps il en fut de même ; mais mon écu, qu'il recevait avec exactitude, le dédommageait chaque jour de mon humeur irascible au moment du réveil. » « Un matin, continue M. Humbert, et ceci me fut raconté par Joseph lui-même, le valet eut beau faire, le maître ne vou-lut pas se lever. A bout de ressources et ne sachant plus quel moyen employer, il découvrit de force le lit de M. de Buffon, lança sur sa poitrine une cuvette d'eau glacée et sortit précipitamment. Un instant après, la sonnette de son maître le rappela ; il obéit en tremblant. « Donne-moi du linge, lui dit M. de Buffon sans colère, mais à l'avenir « tâchons de ne plus nous brouiller, nous y gagnerons tous deux ; voici « tes trois francs qui, ce matin, te sont bien dus ! » Il disait souvent en parlant de son valet de chambre : « Je dois au pauvre Joseph trois « ou quatre volumes de l'Histoire naturelle. » M. de Buffon se plaisait à raconter cette anecdote de sa jeunesse, pour guérir de leur paresse les personnes qui s'y laissaient trop facilement aller. Il ne savait blâ-mer qu'avec douceur, et ses reproches étaient toujours empreints d'une bienveillance habile à en adoucir la sévérité. »

Note 4, p. 25. — Il s'agit ici de la belle-mère de Buffon, Antoinette Nadault, qui avait épousé en secondes noces, le 30 décembre 1732,

Benjamin-François Leclerc. Buffon qui avait d'abord, on l'a vu plus haut, montré un très-vif mécontentement de ce second mariage, se rapprocha peu à peu de sa belle-mère, et, rendant mieux justice aux qualités de son cœur et au charme de son esprit, il lui témoigna par la suite un très-réel attachement. Antoinette Nadault était de deux années seulement moins âgée que lui; de plus, une certaine conformité dans les goûts, que tous deux avaient nobles et élevés, fit bientôt disparaître chez Buffon le souvenir de ses premières impressions. L'abbé Le Blanc, depuis longtemps reçu familièrement dans la famille de Buffon, sut plaire à Mme Nadault, dont il se montra l'ami le plus constant et le plus dévoué. Il ne fut pas étranger au rapprochement qui réunit Buffon à son père, non plus qu'au changement qui se fit dans son esprit au sujet de celle qui était ainsi entrée dans sa famille contre son gré.

Note 5, p. 26. — Mme de La Touche, dont parle Buffon, avait suivi, comme on le verra plus loin (note 3 de la lettre XVI, p. 224), le duc de Kingston en Angleterre. Mariée fort jeune à un homme qu'elle n'aimait pas, que Buffon n'aimait sans doute pas non plus, puisqu'on le trouve, en 1738, occupé à faire une enquête contre lui, elle aurait bien voulu rompre une union qu'elle détestait. M. de La Touche, après quelques mois d'indécision, avait porté plainte au criminel contre sa femme et son ravisseur. Le procès fut longtemps à s'instruire. Quels en furent les résultats? Le mari outragé abandonna-t-il les poursuites commencées? Nous l'ignorons; nous n'avons pu découvrir quelle fut l'issue de cette triste affaire; nous savons seulement que le duc de Kingston se maria fort tard; il épousa en 1769 une femme du comté de Devonshire, à laquelle un caractère exalté et original a donné une sorte de célébrité.

Note 6, p. 26. — M. d'Arty, attaché à la maison du prince de Conti, avait épousé la sœur de Mme de La Touche. Il était entièrement dévoué à ses intérêts, et cherchait avec Buffon les moyens de soustraire sa belle-sœur aux tristes conséquences de sa fuite. Mme d'Arty elle-même devait se montrer indulgente : elle était la maîtresse du prince de Conti; mais elle sut se faire pardonner sa faute par la constance de sa tendresse et par son dévouement pour un prince dont elle se montra toujours le meilleur conseiller.

Note 7, p. 26. — James de Waldergrave fut créé comte en 1729, en récompense des services par lui rendus dans les diverses ambassades où il avait montré autant d'habileté que de prudence et de savoir. Le comte de Waldergrave, son fils, fut le favori de George III et le gouverneur du prince de Galles.

Note 8, p. 26. — On se souvient que Buffon, voyageant en Italie avec le duc de Kingston et le savant Hickman, son gouverneur, puisa dans les entretiens de ce dernier ses premières notions d'histoire naturelle. L'admiration passionnée du gouverneur pour les beautés de la nature, fit sur Buffon une impression profonde, et le charme qu'il éprouva à son tour en s'associant à ses recherches de naturaliste, fut la première révélation de son goût très-vif pour les profondes études dont la nature peut être l'objet. Hickman, qui avait formé, sans s'en douter peut-être, un grand naturaliste, continuait ses études. Après la pipe, ce qu'il aimait le mieux, c'étaient les insectes. En 1736, Buffon lui envoie des insectes dans de l'esprit-de-vin; en 1738, il lui envoie des *courtilières;* bientôt il lui enverra ses ouvrages avec une lettre dont Hickman sera touché jusqu'aux larmes.

XVI

Note 1, p. 27. — Mme Denis était femme de Louis Denis, à qui l'on doit sur la géographie plusieurs ouvrages estimés.

Note 2, p. 27. — Bénigne-Jérôme Baudot, substitut du procureur général au parlement de Bourgogne, dont le fils, Pierre-Louis Baudot, a laissé sur l'archéologie des travaux estimés.

Note 3, p. 27. — Pour expliquer le séjour de l'abbé Le Blanc à Londres au commencement de l'année 1738, quelques mots sont nécessaires. Pendant l'hiver de 1736, au mois de février, le duc de Kingston, qui faisait de longs séjours à Paris, y devint le héros d'une aventure dont les suites déterminèrent le départ de l'abbé. Dans le monde le plus distingué et le meilleur, parmi les femmes à la mode, se faisait remarquer Mme de La Touche, la fille de Mme Fontaine, favorite de Samuel Bernard, la sœur de la célèbre Mme Dupin, alors liée d'une grande amitié avec Buffon, la sœur aussi de la touchante Mme d'Arty, la maîtresse ou plutôt la constante amie du prince de Conti. Le duc était bien jeune, Mme de La Touche sensible et malheureuse; le jeune lord enleva sa maîtresse. Buffon, qui avait été le confident d'une intrigue dont il n'avait pas prévu le dénoûment, usa de toute l'influence de son amitié, et sur le duc de Kingston et sur Mme de La Touche, pour les détourner tous deux de cette scandaleuse

et téméraire démarche. Il parla en vain ; les deux jeunes gens quittèrent la France et se réfugièrent en Angleterre, emmenant avec eux, on
aura peine à le croire.... l'abbé Le Blanc, qui avait repris près du duc
de Kingston ses fonctions de chapelain un instant interrompues.

Note 4, p. 27. — Depuis le voyage que Buffon avait fait en Italie
dans les années 1730 et 1731 avec le duc de Kingston, il avait formé
le projet d'aller en Angleterre. Ce ne fut cependant qu'à la fin de
l'année 1738 qu'il vint rejoindre à Londres ses anciens amis, auprès
desquels se trouvait encore l'abbé Le Blanc. Buffon demeura plus
d'un an en Angleterre, et ce fut au milieu de l'aristocratie anglaise,
où le duc l'avait introduit, qu'il prit cette dignité dans sa démarche,
cette richesse dans ses vêtements, cette exactitude irréprochable
dans sa tenue, cette noblesse habituelle dans son maintien, qui fit
dire à Hume, lorsqu'il le vit pour la première fois , *qu'il répondait
plutôt à l'idée d'un maréchal de France qu'à celle d'un homme de lettres.* Il semble que c'est sous l'influence de ces souvenirs et de ces impressions, que Buffon a écrit dans son *Histoire de l'homme* : « Nous
sommes si fort accoutumés à ne voir les choses que par l'extérieur,
que nous ne pouvons plus reconnaître combien cet extérieur influe sur
nos jugements, même les plus graves et les plus réfléchis ; nous prenons l'idée d'un homme, et nous la prenons par sa physionomie qui
ne dit rien ; nous jugeons dès lors qu'il ne pense rien. Il n'y a pas
jusqu'aux habits et à la coiffure qui n'influent sur notre jugement ; un
homme sensé doit regarder ses vêtements comme faisant partie de lui-
même, puisqu'ils en font en effet partie aux yeux des autres, et qu'ils
entrent pour quelque chose dans l'idée totale de celui qui les porte. »

Ailleurs il dit, encore dans l'*Histoire de l'homme* : « Il (l'homme)
se soutient droit et élevé ; son attitude est celle du commandement ;
sa tête regarde le ciel et présente une face auguste sur laquelle est
imprimé le caractère de sa dignité ; l'image de l'âme y est présente
par la physionomie ; l'excellence de sa nature perce à travers les organes matériels, et anime d'un feu divin les traits de son visage ; son
port majestueux, sa démarche ferme et hardie, annoncent sa noblesse et son rang ; il ne touche à la terre que par ses extrémités les
plus éloignées ; il ne la voit que de loin, et semble la dédaigner.... »

On a dit avec quelque vérité qu'en voulant peindre l'homme, Buffon
s'était lui-même pris pour modèle. Quoi qu'il en soit, ce sentiment
exquis de la dignité personnelle, ces grandes manières que dans la
suite Buffon posséda si bien, furent le fruit de son séjour à Londres.
Ces qualités de l'homme du monde, plus peut-être que l'éloignement
de l'écrivain pour leurs doctrines, lui attirèrent les railleries des en-

cyclopédistes, qui ne pouvaient comprendre un écrivain gentilhomme.
Si Buffon attachait un grand prix à la dignité des manières, aimant la
recherche et l'harmonie du vêtement, le soin de la toilette, il ne poussa
jamais ce penchant jusqu'à l'exagération ridicule qu'on lui a parfois prê-
tée. L'histoire des manchettes de M. de Buffon n'est qu'une mauvaise
plaisanterie qui remonte au prince de Monaco, assez malheureux en épigrammes, et que l'on sourit de voir reproduite par de sérieux biographes, lesquels affirment, de bonne foi, que Buffon ne pouvait écrire
que les mains perdues dans des flots de dentelle. Sa garde-robe n'était
pas montée avec luxe; il n'avait d'ordinaire qu'un seul habit de cérémonie coupé à la mode du temps, le plus habituellement de velours
rouge, doublé de fourrure et orné de brandebourgs. Il le mit le jour
où Drouais fit son portrait; à Montbard, il s'en revêtait pour aller
entendre la messe à l'église paroissiale; à Paris, aux grands jours,
lorsqu'il recevait quelque visite d'importance, ou lorsqu'il allait solliciter les ministres dans l'intérêt du Jardin du Roi. Les autres jours,
il était vêtu suivant son rang, mais simplement et sans faste.

Note 5, p. 27. — Robert Smith, né en 1689, mort en 1768, physicien et géomètre, fut professeur à l'université de Cambridge. Il s'efforça, de concert avec le célèbre Cotes, son cousin, de répandre et
de populariser la philosophie de Newton.

Note 6, p. 28. — La *Métromanie* fut représentée pour la première
fois sur le Théâtre-Français, le 7 janvier 1738. Elle eut vingt-trois
représentations fort applaudies. Les comédiens cependant avaient
longtemps hésité à répéter la pièce de Piron, et, à en croire ce dernier, il fallut même que M. de Maurepas, à qui elle était dédiée,
la fît jouer d'autorité. Voltaire, dont la pièce de Piron rappelle une
des plus piquantes mésaventures littéraires, écrivait, peu de temps
après ce grand succès (le 25 janvier 1738), à Thiriot : « Je suis bien
aise que Piron gagne quelque chose à me tourner en ridicule. L'aventure de la Malcrais-Maillard est assez plaisante. Elle prouve au moins
que nous sommes très-galants ; car, lorsque Maillard nous écrivait,
nous ne lisions pas ses vers; quand Mlle de Lavigne nous écrivit,
nous lui fîmes des déclarations. »

Note 7, p. 28. — Pierre-Claude Nivelle de La Chaussée, né en
1692, mort le 14 mai 1754, fut membre de l'Académie française ;
Maximien, sujet précédemment traité par Corneille, eut vingt-deux
représentations. Cette tragédie n'est pas restée au théâtre, malgré la
bienveillance avec laquelle elle y fut accueillie.

XVIII

Note 1, p. 30. — Depuis plusieurs années déjà Buffon faisait partie de l'Académie des sciences, où l'avaient appelé plutôt les relations et les connaissances utiles qu'il s'était faites dans le monde savant, que des services réellement rendus. Il avait été élu membre de cette compagnie le 3 juin 1733, à la place de M. de Jussieu. Il n'était alors âgé que de vingt-six ans; il n'avait rien produit encore, mais on citait ses vues sur des questions de physique et de mathématiques, et on connaissait de lui quelques expériences qui dénotaient un véritable esprit d'invention. Dès cette époque, on voit Buffon assidu aux soirées de Mme Geoffrin, à celles du baron d'Holbach; il est des soupers de La Popelinière, de l'intimité de la belle Mme Dupin, et point mal non plus avec Mme d'Épinay. Il est au courant des nouveautés théâtrales et littéraires, et en entretient ses amis. Exerçant son esprit sur des sujets variés, il ne reste étranger à aucune des questions scientifiques qui s'agitent autour de lui, et son entrée à l'Académie lui permet bientôt de consigner dans des mémoires les premiers résultats de ses nombreuses expériences. Des comptes rendus sur des recherches touchant la force du bois, la chaleur, les fers, etc., tels furent les premiers essais de sa plume. En 1744, Buffon devint trésorier perpétuel de l'Académie. J'ai sous les yeux la lettre par laquelle le comte de Maurepas, qui dès cette époque s'était déclaré son protecteur, lui annonce sa nomination; elle est ainsi conçue :

« Marly, 24 janvier 1744.

« Je vous informe avec plaisir, monsieur, que, sur le compte que j'ai rendu au Roi de la réunion des suffrages de l'Académie en votre faveur, Sa Majesté vient de confirmer son choix et de vous nommer à la place de trésorier. Vous connaissez les sentiments avec lesquels je suis, monsieur, très-sincèrement à vous.

« MAUREPAS. »

Cette place fut pour Buffon purement honorifique, car ses longs séjours à Montbard empêchaient qu'il pût en remplir les devoirs. Il se fit adjoindre l'académicien Tillet, qui se chargea sous son contrôle d'en exercer les assujettissantes fonctions.

Note 2, p. 30. — Jacques Bailly, garde des tableaux du Roi, né en 1701, mort le 18 novembre 1768, père de l'infortuné Jean-Sylvain Bailly, avec lequel Buffon fut lié, dans la suite, d'une cordiale amitié.

Note 3, p. 30. — La rente payée par Buffon au président Bouhier était établie sur la terre de Buffon. Le président en jouissait à titre d'héritier du président Jacob, mort à Dijon le 8 octobre 1704; ce fut de la succession de ce dernier que Benjamin Leclerc acheta, vers 1720, la terre de Buffon, qu'il vendit ensuite et que son fils racheta en 1733 avec les charges dont elle était grevée. De bonne heure Buffon en prit le nom; en 1733, cependant, on voit encore le président Bouhier figurer sur les états du Parlement avec le titre de *seigneur de Buffon*. A la page 21 de l'histoire du parlement de Bourgogne par Petitot (1 vol. in-f°, 1733), on lit, à l'article qui le concerne : « Jean Bouhier, chevalier, seigneur de Pouilly-lez-Dijon et Buffon, conseiller du Roi en ses conseils, président à mortier. »

Note 4, p. 30. — Le procureur général près le parlement de Dijon était alors Louis Quarré de Quintin, qui exerça cet office de 1724 à 1750. Il avait eu pour prédécesseur François Quarré de Quintin son père, et eut pour successeur Jean Claude Perreney de Grosbois.

Note 5, p. 30. — Il s'agit ici du savant ouvrage du P. Anselme. La meilleure édition, revue par le P. Ange et le P. Simplicien, augustins déchaussés, parut en 1727 sous ce titre : « *Histoire généalogique et chronologique de la maison royale de France, des Pairs, grands officiers de la Couronne et de la maison du Roy, et des anciens barons du royaume; avec les qualitez, l'origine, le progrès et les armes de leurs familles; ensemble les statuts et le catalogue des chevaliers, commandeurs et officiers de l'ordre du Saint-Esprit. Le tout dressé sur titres originaux, sur les registres des chartes du Roy, du Parlement, de la Chambre des comptes, et du Châtelet de Paris, cartulaires, manuscrits de la bibliothèque du Roy et d'autres cabinets curieux. Par le P. Anselme, augustin déchaussé; continuée par M. du Fourny.* »

Note 6, p. 31. — Louis Bourguet, né le 23 avril 1678, mort le 31 décembre 1742, appartenait à la religion protestante. Lors de la révocation de l'édit de Nantes, il quitta la France et vint habiter la Suisse. Parmi ses nombreux ouvrages, on peut citer ceux qui ont rapport à la métallurgie et à l'histoire naturelle; il a écrit aussi un livre ayant pour titre : *Lettres philosophiques sur la formation des sels et des cristaux, et sur la génération organique des plantes et des animaux, à l'occasion de la pierre belemnite et de la pierre lenticulaire, avec un mémoire sur la théorie de la terre* (Amsterdam, 1729 et 1762, in-12). Cette publication, annoncée comme la préface d'un ouvrage plus complet qui n'a pas vu le jour, traite de la génération des êtres. Buffon, qui s'occupait depuis plusieurs années déjà de ses expériences sur la génération, avait eu entre les mains l'ouvrage de Bourguet, dont le système, du reste, s'écarte complétement de celui qu'il chercha à faire prévaloir.

Note 7, p. 31. — *Le Cabinet du philosophe*, dont il existe un exemplaire à la Bibliothèque impériale, ne contient que onze feuilles, ce qui justifie le jugement de Buffon : *On n'a pas goûté cet ouvrage.*

Note 8, p. 31. — Pierre Carlet de Chamblain de Marivaux, né en 1688, mort le 12 février 1763, a laissé parmi ses meilleurs écrits le roman inachevé de *Marianne.* La *Vie de Marianne* parut successivement par parties détachées. Souvent reprise, souvent interrompue, elle ne fut pas terminée, non plus que le *Paysan parvenu*, autre roman de Marivaux que l'on regrette de voir inachevé. Dans la *Vie de Marianne,* que Buffon juge avec sévérité, se retrouve bien à chaque page le style de Marivaux, manquant de naturel et de grâce; mais on y rencontre aussi des caractères bien tracés et des situations intéressantes. La recherche du style est rachetée par des pensées justes et délicates, et parfois par des aperçus d'une véritable philosophie.

Note 9, p. 31. — *Adélaïde du Guesclin* fut représentée pour la première fois, sur le Théâtre-Français, le 18 janvier 1734. La pièce n'eut pas de succès. Voltaire la remit au théâtre en 1739, après lui avoir fait subir des changements importants; elle ne réussit pas davantage. Ces échecs successifs ne découragèrent pas l'auteur, et la pièce reparut en 1752, sous le nom du *Duc de Foix.*

Note 10, p. 31. — *Méthode des fluxions de Newton, précédée d'un discours préliminaire sur la géométrie de l'infini et l'histoire de la découverte des infiniment petits* (Paris, de Bure l'aîné, 1740, in-4). Trois années auparavant, Buffon avait déjà donné au public un ouvrage ayant pour titre : *Statistique des végétaux. — L'Analyse de l'air. — Expériences nouvelles lues à la société royale de Londres par M. Hales, membre de cette société* (Paris, de Bure l'aîné, 1735, in-4). On peut consulter sur ce premier ouvrage de Buffon le *Journal des savants* du mois d'août 1735, p. 1363 (édit. in-12), et du mois de novembre de la même année, p. 1881; ainsi que le *Mercure* d'avril 1735, p. 729.

XIX

Note 1, p. 31. — Jean Hellot, né le 20 novembre 1685, mort le 15 février 1766, fut membre de l'Académie des sciences et enrichit la chimie d'utiles et nombreux travaux.

Note 2, p. 31. — Buffon, que des différends scientifiques avaient quelquefois éloigné de Dufay, reconnaissant envers ce dernier de la noblesse avec laquelle, à son lit de mort, il en avait agi à son égard, témoigna toute sa vie un respect profond pour la mémoire d'un homme qui lui avait ouvert la voie de la science. En rendant compte de ses expériences sur les miroirs ardents, Buffon rapporte en partie l'honneur de la découverte qu'il vient de faire à Dufay, avouant que ses travaux en ce genre ont beaucoup aidé à l'heureux résultat auquel il est lui-même parvenu. Chaque fois qu'il a occasion de citer son nom dans le cours de l'Histoire naturelle, il le fait avec vénération et respect.

Note 3, p. 32. — Jean-Frédéric Phélippeaux, comte de Maurepas, né en 1701, mort le 21 novembre 1781, fut ministre à vingt-quatre ans. Il passa vingt années en exil et mourut au pouvoir. Louis XVI l'ayant en 1774 appelé au ministère, le Jardin du Roi rentra dans son département.

Note 4, p. 32. — Anne-Claude-Philippe de Levi, comte de Caylus, né le 31 octobre 1692, mort le 3 septembre 1765, fut membre de l'Académie de peinture et de l'Académie des inscriptions. Ce fut un excellent artiste et un bon écrivain; il consacra généreusement sa fortune à encourager les beaux-arts et à secourir les artistes malheureux.

Note 5, p. 32. — L'entrée de Buffon au Jardin du Roi fut un des grands événements de sa vie. Son génie, qui jusqu'alors flottait incertain, a trouvé sa vraie voie; l'histoire naturelle va être créée, et le Jardin, se ressentant de la puissance et de la gloire de son nouvel intendant, prépare et annonce le Muséum. Avons-nous tort de penser que la nomination de Buffon à l'intendance du Jardin, en ouvrant à son esprit une carrière toute nouvelle, a décidé de sa vocation ?

L'histoire de cette nomination est assez curieuse pour être rapportée; la voici :

Le Jardin royal des plantes médicinales était, on le sait, dans l'origine, une création des médecins de la cour. Des gages y furent attachés; mais entre les mains de ces favoris du prince, le Jardin était devenu une ferme à revenus et ne répondait à aucune des vues utiles qui avaient motivé sa création. On voulut remédier à de semblables abus, et la direction du Jardin fut confiée à un homme de cœur, à un marin, jeune, mais plein d'ardeur pour la science, et ayant déjà donné des preuves d'un esprit mûri et d'une intelligence élevée. Dufay fut placé à la tête du Jardin du Roi avec le titre d'intendant; une mort subite et inattendue vint arrêter l'œuvre réparatrice entreprise par Dufay. Sa survivance était depuis longtemps promise à du Hamel du Montceau. Pendant la maladie de Dufay, du Hamel était hors de France: il faisait en Angleterre des expériences sur les bois de construction; les deux de Jussieu, fort de ses amis, s'assurèrent cependant près de Dufay qu'il n'avait pas oublié ses engagements envers son confrère absent. En une heure tout changea. Hellot, de l'Académie des sciences, sachant que Buffon désirait cette charge, entreprit une démarche hardie ; il alla trouver Dufay mourant. Dufay et Buffon avaient eu ensemble quelques démêlés scientifiques, et il y avait déjà un successeur désigné. Hellot ne se décourage pas cependant; il apporte, toute rédigée, une lettre par laquelle Dufay, revenant sur sa première décision, nomme Buffon pour son successeur : « Lui seul, lui dit Hellot, est capable de continuer votre œuvre; éteignez donc tout sentiment de rivalité, et demandez cet ancien ami pour votre successeur. » Dufay signa la lettre, et lorsque M. de Denainvillers, frère de du Hamel du Montceau, alla demander au ministre la nomination de son frère, M. de Maurepas lui répondit qu'on avait en effet pris des engagements avec eux, mais que son frère aurait une place qui lui conviendrait autant et où il conviendrait mieux. Dufay mourut. Buffon fut intendant du Jardin du Roi, et, à son retour d'Angleterre, du Hamel du Montceau obtint la nomination d'inspecteur général de la marine.

Note 6, p. 32. — Claude-Adrien Helvétius, né en janvier 1715, mort le 26 décembre 1771, fut lié de bonne heure avec Buffon, dont il aimait le caractère et appréciait l'esprit. Il ne manquait jamais, dans ses inspections de fermier général, de venir passer chaque automne quelques jours à Montbard. Son livre de l'*Esprit* parut en 1758. L'auteur avait espéré que son ouvrage lui ouvrirait les portes de l'Académie ; au lieu des honneurs littéraires qu'il avait ambitionnés, il rencontra, on le sait, la plus ardente persécution. Buffon, à qui il avait envoyé son livre, et qui avait entrevu, en le lisant, l'orage dont il allait devenir la cause, dit à son ami le jour où il lui demanda son suffrage : « Vous auriez mieux fait de faire un livre de moins et un bail de plus dans les fermes du Roi. » Helvétius était sceptique en amour, et lorsque Buffon dit de l'amour que le physique seul en est bon, on pourrait penser qu'il s'est inspiré de certains chapitres du livre de l'*Esprit*. Grimm a dit d'Helvétius : « Si le terme de galant homme n'existait pas dans la langue française, il aurait fallu l'inventer pour lui. Il en était le prototype. Juste, indulgent, sans humeur, sans fiel, d'une grande égalité dans le commerce, il avait toutes les vertus de société. »

Note 7, p. 33. — Dans un autre fac-simile de la même lettre que nous avons sous les yeux, où plusieurs passages sont supprimés, on trouve le dernier paragraphe de la lettre de Buffon tel que nous l'avons publié, et que ne donne pas l'*Isographie*.

XX

Note 1, p. 33. — Edme Doublot, avocat au Parlement, fut successivement maire et prévôt royal de la ville de Montbard, et élu aux états généraux de la province pour la triennalité de 1747. Il mourut le 14 février 1766.

Note 2, p. 33. — En 1736, la province de Bourgogne avait établi à Montbard une pépinière. Agrandie en 1741, elle fut supprimée en 1777. Buffon, que ses recherches sur les bois, et différents mémoires traitant de questions d'agriculture et de sylviculture, avaient mis à même d'avoir sur cette matière des connaissances spéciales, fut chargé de la direction de cette pépinière. Pour ses peines, il touchait des États une certaine somme. J'ai sous les yeux différentes lettres écrites pendant l'année 1747 par le R. P. dom Andoche Pernot, abbé de Cîteaux, au marquis de Bissy (Anne-Claude de Thiard), élu général de la noblesse de Bourgogne, dans lesquelles il est question d'une augmentation des indemnités accordées par les élus à Buffon. Ces lettres sont tirées de la collection de M. A. Jeandet, à qui j'en dois l'obligeante communication. Elles témoignent de l'influence qu'exerçait dans ce temps sur le vote des Élus d'une province le désir manifesté par un ministre du Roi :

1re lettre. « Vous avez entendu, monsieur, les raisons de chacun de MM. de la Chambre, sur lesquelles on appuie le refus qu'on fit à

M. de Buffon, lorsqu'on y proposa l'augmentation qu'il demandait pour la pépinière de Montbard, dont il a soin ; vous savez qu'on allégua que ses honoraires allaient au double de ceux qu'on donnait à tous ceux qui étaient pareillement chargés des autres pépinières, et que, dans les conjonctures où la province faisait des dépenses extraordinaires pour les troupes, on croyait qu'il convenait de remettre à un autre temps la gratification que pouvait mériter particulièrement M. de Buffon. On ignorait sûrement les intentions de M. le comte de Saint-Florentin ; vous pensez bien qu'au premier signe de ce ministre à la Chambre, toutes les raisons de refus tomberont, et qu'elle ne balancera point à souscrire à ses désirs ; j'en réponds par avance.... » (Dijon, 8 février 1747.)

2e lettre. « J'ai vu, monsieur, la lettre que vous a écrite M. le comte de Saint-Florentin au sujet de M. Leclerc ; je n'ai rien aujourd'hui à vous ajouter à ce que j'ai eu l'honneur de vous marquer, par ma dernière, de mes dispositions à donner à ce ministre, dans toutes les occasions, des preuves de ma parfaite déférence. Je présume qu'elles sont les mêmes dans tous les membres de notre Chambre, et qu'ils auront toujours une vraie satisfaction à les montrer à l'envi les uns des autres.... » (Dijon, 21 février.)

3e lettre. « A l'égard de l'augmentation de l'honoraire de M. de Buffon, tous MM. de la Chambre prétendent qu'il avait protesté, dans le temps qu'on le lui fixa sur un pied au-dessus de celui qu'on donne à tous ceux qui ont pareillement la charge des pépinières, qu'il ne demanderait jamais ni augmentation ni gratification, et qu'on ne pouvait lui en accorder aucune, à cause des conséquences, sans un ordre positif du ministre.... » (24 mars.)

4e lettre. « Nous avons repris en considération, monsieur, la lettre que vous a écrite M. le comte de Saint-Florentin au sujet de M. de Buffon ; il a été enfin arrêté qu'on lui augmenterait ses appointements de 300 livres pour sa vie, en reconnaissance des attentions particulières qu'il a sur la pépinière de Montbard. Je me presse de vous donner cet avis, pour vous mettre en état de le faire passer plus promptement à M. le comte de Saint-Florentin, qui a paru prendre quelque part à cette affaire.... » (28 mars.)

Dans le temps même où la province avait une pépinière à Montbard, en 1760, Pierre Daubenton, frère du collaborateur de Buffon, avait fondé dans cette ville une pépinière d'arbres étrangers. Georges-Louis Daubenton, son fils, avocat au Parlement et subdélégué de la prévôté de la ville de Paris, continua l'œuvre de son père en lui donnant une grande extension. Tous les arbres dont eut besoin Buffon, lors de la plantation de ses jardins, furent tirés de cette pépinière.

Note 3, p. 34. — On aime à voir Buffon s'associer activement à toutes les entreprises utiles aux intérêts de sa province. Tant que les états de Bourgogne entretinrent une pépinière à Montbard et que Buffon fut chargé de la surveiller, il s'y consacra avec zèle et exactitude. Il multiplia les espèces existantes, propagea les espèces nouvelles et fournit des instructions détaillées pour les soins à donner à la culture des espèces dont il répandit l'usage. Ce fut lui qui le premier, en Bourgogne, suggéra aux particuliers la pensée de planter d'une façon régulière les routes et les grands chemins qui traversaient leurs terres et leurs seigneuries. Des occupations plus graves et des études plus suivies ne tardèrent pas à l'arracher à ces utiles travaux ; mais le temps durant lequel il s'en occupa ne fut pas inutile aux intérêts de la province qui l'avait choisi pour les diriger.

XXI

Note 1, p. 34. — Claude Lantin, né en 1680, mort le 21 septembre 1756, entra au parlement de Bourgogne le 4 mai 1692. Il mourut doyen de sa compagnie, et laissa des ouvrages estimés.

Note 2, p. 34. — Il s'agit ici de la médaille que l'Académie de Dijon décernait en récompense des ouvrages qui avaient remporté le prix. D'un côté étaient gravées les armes du fondateur, avec ces mots : HECT. BERN. POUFFIER. SEN. DIVION. PRIMIG.; de l'autre on voyait Minerve appuyée sur un bouclier aux armes de Dijon, et distribuant trois couronnes, avec cette devise : CERTAT TERGEMINIS TOLLERE HONORIBUS; au-dessous étaient les mots ACADEMIA DIVIONENSIS MDCCXI. (*Histoire de l'Académie*, p. xxvj.)

Note 3, p. 35. — Claude Gros de Boze, né le 20 janvier 1680, mort le 16 septembre 1753, fut en même temps membre de l'Académie française et secrétaire perpétuel de l'Académie des inscriptions et belles-lettres.

Note 4, p. 35. — Edme Bouchardon, né en novembre 1698, mourut le 27 juillet 1762, en laissant inachevé le monument élevé à Louis XV, dont la ville de Paris lui avait confié l'exécution. Il dési-

gna Pigalle pour continuer son œuvre. Le jour où la statue équestre
du Roi, placée sur un socle soutenu par quatre Vertus ou Renommées,
fut inaugurée sur la place Louis XV, on trouva au pied du monument
l'inscription suivante :

Grotesque monument, infâme piédestal !
Les vertus sont à pied, le vice est à cheval.

XXII

Note 1, p. 36. — Le docteur Arthur, membre correspondant de
l'Académie des sciences, connu par son goût pour les sciences naturelles et par son zèle pour leur avancement, fut un des premiers correspondants du Jardin du Roi.

Depuis trois ans seulement Buffon avait remplacé Dufay dans l'intendance du Jardin, et déjà il avait groupé autour de lui un certain
nombre de savants étrangers et de voyageurs qui envoyaient, des divers points du globe, de curieux échantillons pour le Cabinet. Acheter
était difficile, car le budget du Jardin du Roi n'était pas alors ce qu'il
est aujourd'hui, et parfois même, durant la guerre, l'argent nécessaire au traitement des professeurs venait à manquer ; il fallut trouver
un moyen d'enrichir les collections sans augmenter les dépenses ; ce
moyen, Buffon sut le découvrir. Peu de temps après son entrée au
Jardin, il avait obtenu du comte de Maurepas, dont l'appui lui fut
toujours assuré, la création d'un brevet de *Correspondant du Jardin
du Roi et du Cabinet d'histoire naturelle*. Citer le nom des naturalistes et des voyageurs qui furent tour à tour revêtus de ce titre auquel ils entendaient faire honneur, c'est dire de quelle utilité il fut
pour le développement du Cabinet. A leur tête on doit nommer Poivre, le créateur des collections du jardin de Mont-Plaisir à l'Ile-de-
France, Commerson et Dombey, les deux intrépides voyageurs.

Buffon, qui ne pouvait que bien rarement reconnaître par des
gratifications ou par des pensions les services rendus au Cabinet du
Roi, était habile à découvrir d'ingénieux moyens d'entretenir le
zèle de ses correspondants. Aux uns il promettait son patronage et
l'appui de ses amis près du ministre, leur laissant entrevoir que la
meilleure manière de faire leur cour était d'enrichir le Cabinet placé
sous sa direction ; aux autres il parlait de gloire et de récompenses
scientifiques. Lorsque l'Histoire naturelle parut, Buffon trouva un
nouveau moyen d'encourager le zèle de ceux dont les découvertes
enrichissaient chaque jour l'établissement confié à ses soins. Il dési-

gna, dans son immortel ouvrage, à la reconnaissance du public, les hommes qui avaient répondu à son appel. Ce moyen fut le plus puissant. Le désir de figurer dans le livre de l'Histoire naturelle fit arriver au Jardin du Roi bien des richesses ; les souverains s'en mêlèrent, et la gloire, la grande renommée de Buffon aidant, les collections du Cabinet se complétèrent petit à petit et formèrent bientôt le bel ensemble qu'on admire aujourd'hui.

Note 2, p. 36. — Bernard de Jussieu, né en 1699, mort le 6 novembre 1777, fut le plus célèbre des différents membres de cette famille où la gloire scientifique semble héréditaire. Il enseigna la botanique au Jardin du Roi comme l'avait fait avant lui Antoine de Jussieu, comme devaient le faire après lui Antoine-Laurent et Adrien de Jussieu, si prématurément enlevé aux sciences naturelles dans l'étude desquelles il marchait avec honneur sur les pas de ses illustres devanciers.

Note 3, p. 36. — Les appointements que M. Arthur touchait en sa qualité de médecin du Roi à Cayenne.

Note 4, p. 36. — Arnaud de La Porte, gouverneur des colonies, se distingua dans l'exercice de cette charge, dont plusieurs de ses ancêtres avaient déjà été revêtus. Son fils fut intendant général de la marine et ministre de la maison du Roi.

XXIII

Note 1, p. 37. — Alexis Piron, né à Dijon le 9 juillet 1689, mort à Paris le 21 janvier 1773. Buffon, qui le connaissait et l'aimait, chercha en vain à le faire entrer à l'Académie ; il ne put y parvenir, même en retirant sa candidature pour assurer le succès de celle du poëte. Il disait un jour, en parlant de lui : « Je voyais souvent Piron, et j'étais témoin de ses anxiétés la veille des premières représentations de ses pièces ; mais qu'est-ce qu'un jour d'attente? les premières représentations des miennes duraient des années ! »

Note 2, p. 37. — Jeanne-Catherine Gaussin débuta au Théâtre-Français en 1731, et quitta la scène en 1763, le même jour que Mlle d'Angeville. On connaît d'elle un mot qui fait plus d'honneur à son esprit qu'à son cœur. Un jour qu'on citait devant elle la liste, assez chargée, de ses amants, elle répondit : « Que voulez-vous? cela leur fait tant de plaisir, et il m'en coûte si peu ! »

Note 3, p. 37. — André-Hercule de Fleury, cardinal et premier
ministre, mourut le 29 janvier 1743; il était né le 22 juillet 1653. Il
voulut en vain détourner la France de prendre part à la guerre de la
succession d'Autriche; il fut joué par la politique d'une femme, digne
de se mesurer avec lui, et Marie-Thérèse entraîna le cabinet de Versailles dans son parti. Le cardinal de Fleury mourut assez à temps
cependant pour ne point voir les désastres de la campagne de Ha-
novre.

Note 4, p. 37. — Le traité d'Aix-la-Chapelle, signé en 1748, mit
fin à la guerre d'une façon peu glorieuse pour la France. Le cardinal,
qui avait été entraîné à faire la guerre malgré lui, avait cherché à
conclure la paix avant même que les hostilités eussent commencé;
et jusqu'à sa mort sa politique consista à négocier des trêves pour
gagner du temps, et à proposer des accommodements de nature à
préparer la paix.

XXIV

Note 1, p. 38. — Il est aujourd'hui reconnu que le lac Parime n'a
jamais existé. Les inondations temporaires des savanes de la
Guyane ont donné lieu à une erreur géographique à laquelle Buffon
semble croire. Don Solano, gouverneur de Caracas, a signalé le premier le lac Parime, reconnu après lui par don Antonio Santos.
Mais un voyageur moderne, M. Schomburgh, a constaté que ce prétendu lac n'était que le produit des débordements du lac Amven dans
la saison des pluies. Dans le mois de décembre et de janvier, époque
à laquelle M. Schomburgh le visita, le lac Parime avait à peine une
lieue de long et était entièrement couvert de joncs.

Note 2, p. 39. — Buffon, souvent accusé de se laisser trop facilement emporter par son imagination, aimait cependant à prendre sur
toutes choses des indications exactes; il consultait beaucoup et ne se
formait une opinion qu'après s'être entouré de renseignements précis
et nombreux sur les points qu'il voulait éclaircir. Cette lettre à
M. Arthur, du 10 février 1747, nous montre quelles sont à cette
époque les préoccupations de son esprit et sur quel point portent ses
études. Les trois premiers volumes de l'Histoire naturelle sont achevés, ils paraîtront dans deux ans, et Buffon revoit encore et retouche
les pages de son livre qui traitent de la *Théorie de la terre*.
Y a-t-il des coquilles sur les montagnes ? Est-ce là un fait acciden-

tel ou généralement observé ? On sait à quel point cette question préoccupa Buffon et quelles conséquences il tira, pour son système de la *Théorie de la terre*, de cette importante découverte à laquelle Voltaire ne voulut jamais croire. Le système que se forma Buffon sur ce point ne fut pas, on le sait, invariable, et, dans les *Époques de la nature*, il revient sur les premières hypothèses qu'il avait développées et soutenues dans la *Théorie de la terre*.

Note 3, p. 39. — Charles-Marie de La Condamine, né le 28 janvier 1701, mort le 4 février 1774, fut chargé par l'Académie des sciences, avec Bouguer et Godin, de déterminer la grandeur et la figure de la terre. Leur voyage dura dix ans. De retour en France, les savants qui avaient entrepris cette courageuse expédition se brouillèrent, et La Condamine publia seul le compte rendu du voyage. Ce fut, on le sait, l'homme le plus distrait, le plus original et le plus curieux de son temps.

XXV

Note 1, p. 39. — On ignore de quelle injustice l'abbé Le Blanc avait eu à se plaindre, à moins qu'il ne fût déjà question des épreuves sans cesse renouvelées que lui suscita sa candidature perpétuelle, mais toujours malheureuse, au fauteuil académique.

Note 2, p, 39. — Louis-Jean-Marie Daubenton, né à Montbard le 20 mai 1716, mort le 31 décembre 1799, appartenait à une ancienne famille originaire d'Aubenton en Picardie, et qui compte au quatorzième siècle, parmi ses membres, des chambellans à la cour des ducs de Bourgogne. Des rapports de voisinage plutôt que la conformité des goûts et le penchant des caractères, une sorte de parenté entre les deux familles, rapprochèrent Buffon et Daubenton, qui venait de terminer son cours de médecine à Paris. Avec un esprit simple et un caractère naturel, Daubenton était d'une extrême susceptibilité. Sa nature ombrageuse et défiante l'éloigna de Buffon, qui n'avait rien fait pour provoquer de sa part une rupture. En 1767, Daubenton, sur les motifs les moins sérieux, avait cessé sa collaboration à l'Histoire naturelle. Dans la suite, la correspondance de Gueneau de Montbeillard ne permet pas d'en douter, il voulut se rapprocher de Buffon et prendre part à ses travaux; mais de nouveaux arrangements avaient été arrêtés pour la continuation de l'Histoire naturelle. Buffon, d'ailleurs, avait été profondément froissé du procédé injuste de Daubenton, et le rapprochement projeté n'eut pas lieu.

Quelle que fût la cause qui les sépara, il est difficile de penser que deux hommes de caractères si opposés aient pu longtemps travailler à une œuvre commune. Leurs natures différaient du tout au tout. Daubenton est l'homme des détails ; il arrive péniblement et à l'aide de l'observation; sa conviction, lente à se former, suit la démonstration et l'expérience; elle ne les précède jamais. Buffon, l'homme à l'imagination ardente, aux hypothèses hardies, se fatigue des détails et se lasse des expériences. Son génie toujours entreprenant, parfois audacieux, n'attend pas toujours les démonstrations de la science; il va en avant sans s'aider de leur puissant secours, puis s'arrête et revient sur ses pas pour les consulter. Deux hommes de cette sorte ne pouvaient longtemps se convenir. Au reste, on doit cette justice à tous deux, que, bien différents en cela de certains savants qui ont mis le public dans la confidence de leurs querelles, ils en cachèrent la cause; et, si leurs rapports cessèrent d'être intimes, du moins ils ne cessèrent jamais d'être bienveillants. Une seule fois Daubenton, emporté par l'amertume de ses souvenirs, dominé aussi, on doit le dire, par l'esprit du temps, oublia sa réserve passée. En 1795, dans un discours sur les véritables qualités que doit avoir le style du naturaliste, prononcé à l'École normale, il attaqua Buffon. Lisant dans l'histoire du lion cette phrase : « Le lion est le roi des animaux, » il s'arrêta et dit : « Le lion n'est pas le roi des animaux. Il n'y a point de roi dans la nature. » L'auditoire alla plus loin que le maître, et la salle entière se leva au milieu d'applaudissements frénétiques.

Daubenton donna tous ses soins à l'amélioration des laines. Il fonda une bergerie à Montbard, et introduisit les mérinos en France. Durant la Terreur, il demanda une carte de sûreté à sa section, et elle lui fut délivrée sous le nom du *berger Daubenton*. Il fut président du sénat, lors de la création de ce corps; cette distinction lui devint funeste. Frappé d'apoplexie à une des premières séances auxquelles il assista, il fut rapporté chez lui, et mourut quelques jours après, sans avoir repris connaissance.

Les professeurs du Muséum voulurent conserver parmi eux le corps de leur doyen. Chacun connaît la modeste colonne enfouie sous les arbres toujours verts de la grande butte qui désigne au promeneur la tombe du savant. Ses obsèques se firent au Muséum avec une solennité empreinte des exagérations théâtrales de l'époque. Le procès-verbal en est conservé sur les registres du Muséum. Il se termine ainsi : « Les professeurs se proposent d'ériger sur la tombe de Daubenton un monument simple qui marque le lieu où ses cendres reposent, et de l'entourer d'une corbeille perpétuellement garnie d'arbustes et de fleurs. Ils ont aussi exprimé le vœu et conçu le projet de recueil-

lir et d'orner d'un monument pareil, élevé dans le même lieu, le corps
de Buffon, le contemporain, l'ami de Daubenton, et, comme lui, créateur des premiers agrandissements et de la première amélioration du
Muséum d'histoire naturelle. »

Note 3, p. 40. — Daniel-Charles Trudaine, né le 3 janvier 1703,
mort le 29 janvier 1769, fut conseiller d'État, intendant général des
finances et membre de l'Académie des sciences. Trudaine de Montigny,
son fils, né le 8 août 1747, mourut en 1782 et fut membre honoraire
de l'Académie des sciences, intendant des finances, grand voyer de
la généralité de Paris et commissaire du conseil au département des
ponts et chaussées.

XXVI

Note 1, p. 40. — Un grand chagrin mina la vie de l'abbé Le Blanc.
Malgré Buffon, qui le porta en tête de sa liste chaque fois qu'une
place devint vacante à l'Académie, malgré des amis puissants et zélés
qui patronnèrent et appuyèrent sa candidature, l'abbé Le Blanc ne fut
pas de l'Académie. Il en mourait d'envie; le fauteuil académique fut
l'ambition de toutes ses heures, une ambition toujours trompée, mais
toujours soutenue, un rêve qui n'eut point de réveil. En 1749, il paraît avoir quelque chance de succès; l'année précédente, la marquise
de Pompadour a promis à Buffon de s'intéresser à lui : il échoue cependant. Dans les lettres qui vont suivre, on entendra souvent Buffon
parler de la candidature de l'abbé Le Blanc, et on le verra, avec une
constance que rien ne lasse, persister à se faire le champion de son
ami, et appuyer de son crédit sa perpétuelle candidature. On trouve
dans les mémoires du marquis d'Argenson la mention suivante :
« 20 septembre 1749. — L'évêque de Rennes est nommé de l'Académie, par le crédit du duc de Richelieu; c'est pour faire pièce à la
Marquise, qui protégeait l'abbé Le Blanc. » Ailleurs, le marquis d'Argenson prétend que la vraie cause pour laquelle l'abbé Le Blanc
frappa sans succès aux portes de l'Académie, fut sa naissance obscure.
L'abbé était le fils d'un geôlier.

Note 2, p. 41. — Nicolas-Joseph Trublet, archidiacre de Saint-Malo,
né en 1697, mort au mois de mars 1770, était depuis 1736 le candidat-
né de toutes les places vacantes à l'Académie. A chaque vacance il
faisait les visites avec un empressement et une bonne volonté qui ne
se démentirent jamais. Sa ténacité et sa persistance le servirent; en

1761, un peu par surprise, un peu par obsession aussi, il fut élu membre de l'Académie française. En 1721, lors de la mort du pape Clément XI, il avait suivi à Rome l'abbé de Tencin, nommé conclaviste du cardinal de Bissy. De cette époque date son attachement pour cette maison et ses relations avec Mme de Tencin, qui ne contribuèrent pas peu à mettre en lumière ses productions, et, bien plus que ses écrits, lui ouvrirent les portes de l'Académie. Quoique ami de la maison, et admis des premiers au nombre des beaux esprits qui y tenaient bureau, il n'en a pas moins porté un jugement sévère sur sa protectrice. Un jour, comme on vantait devant lui le commerce de Mme de Tencin, et spécialement la douceur de son caractère : « Oui, répondit l'abbé ; si elle avait intérêt à vous empoisonner, elle choisirait, je n'en doute pas, le poison le plus doux. »

Note 3, p. 41. — *Les Tencin*. Le cardinal archevêque de Lyon, Pierre Guérin de Tencin, né le 22 août 1680, mort le 2 mars 1758 ; et surtout Claudine-Alexandrine de Tencin sa sœur, née en 1671, morte le 4 décembre 1749.

Note 4, p. 41. — Marie-Pierre de Voyer, comte d'Argenson, fils du garde des sceaux de ce nom, naquit le 16 août 1696 et mourut le 22 août 1764. Il fut placé en 1737, par le chancelier d'Aguesseau, à la tête de la librairie, et montra dans cette administration difficile autant de fermeté que de bon goût. En 1743, il remplaça le marquis de Breteuil au ministère de la guerre. En 1749, il réunit au portefeuille du ministère de la guerre le département de Paris, dans lequel rentraient alors la surveillance des Académies et la direction de l'imprimerie royale.

Note 5, p. 41. — Ici commence dans la vie de Buffon une période nouvelle. Les trois premiers volumes de l'Histoire naturelle viennent de paraître, sous ce titre : *Histoire naturelle générale et particulière, avec la description du Cabinet du Roi*. Buffon a quarante-deux ans ; une moitié de sa vie s'est écoulée déjà, et il n'est encore connu que par des expériences et des mémoires sur diverses questions de physique et d'économie rurale, et par une traduction. Mais désormais il va travailler sans relâche aux deux monuments qui ont illustré son nom : les volumes de l'Histoire naturelle se succèdent presque sans interruption, d'année en année ; le Jardin du Roi s'enrichit de toutes les productions de la nature et recule ses limites. La vie de Buffon se concentre tout entière sur ces deux grandes œuvres. Les lettres qui vont suivre nous permettront d'assister à tous les détails de ces mémorables travaux

16

et de voir quelle part revient à Buffon et quelle part à ses divers collaborateurs.

Il ne suffit pas à Buffon de fonder un cabinet d'Histoire naturelle, le plus riche et le plus complet qui fût alors; il entreprit de raconter l'histoire de chacune des productions qu'il rassemblait de tous les coins du globe. Il fit plus encore : perçant les mystères des temps qui avaient précédé la tradition, impuissante à l'éclairer, il décrivit les révolutions du globe et raconta la formation des mondes. Embrassant d'un regard toute l'étendue de son œuvre, il plaça en tête de son vaste ouvrage, comme un majestueux péristyle, sa *Théorie de la terre.* L'immensité de l'entreprise, les obscurités dont il fallait triompher, les détails infinis qu'il s'agissait de coordonner, tâche d'autant plus difficile pour Buffon, qu'il était né myope et que la science de l'observation lui manquait, la brièveté du temps qui lui était laissé, puisqu'il avait atteint son âge mûr et que la vieillesse avec son cortège d'infirmités allait l'atteindre, aucune de ces considérations qui auraient rebuté les plus intrépides ne put l'arrêter. Cependant il ne se fait pas illusion, et, dès les premières pages de son œuvre, il en reconnaît la vaste étendue et il avoue en même temps la faiblesse de ses moyens. « Lorsqu'on est parvenu, dit-il, à rassembler des échantillons de tout ce qui peuple l'univers; lorsqu'après bien des peines on a mis dans un même lieu des modèles de tout ce qui se trouve répandu avec profusion sur la terre, et qu'on jette pour la première fois les yeux sur ce magasin rempli de choses diverses, nouvelles et étrangères, la première sensation qui en résulte est un étonnement mêlé d'admiration, et la première réflexion qui suit est un retour humiliant sur nous-mêmes. » (*Discours sur la manière de traiter l'Histoire naturelle.*)

Les qualités qui lui manquent pour l'œuvre qu'il a entreprise, Buffon les trouve chez l'homme qu'il a associé à ses travaux. Si Buffon aime les grandes hypothèses, s'il se plaît dans les vastes combinaisons que découvre sa pensée, Daubenton possède le génie de l'observation, la science des détails; tous deux, se complétant l'un par l'autre, suivent une voie parallèle, et chacun contribue par la nature de ses recherches à la perfection de l'ouvrage. Personne, au reste, n'était meilleur juge des tendances de son esprit que Buffon lui-même. « L'on peut dire que l'amour de l'étude de la nature suppose dans l'esprit deux qualités qui paraissent opposées : les grandes vues d'un génie ardent qui embrasse tout d'un coup d'œil, et les petites attentions d'un instinct laborieux qui ne s'attache qu'à un seul point. » (*Même discours.*) C'était peindre d'après nature : la première qualité lui était propre, il le sentait bien; la seconde fut, au plus haut point, celle de Daubenton. « Représenter naïvement et nettement les choses, dit-il plus loin, sans les changer ni les diminuer et sans y rien ajouter de son imagination, est un talent d'autant plus louable qu'il est moins brillant, et qu'il ne peut être senti que d'un petit nombre de personnes capables d'une certaine attention nécessaire pour suivre les choses jusque dans les petits détails. » (*Même discours.*)

L'Histoire naturelle parut en 1749, sous le nom de Buffon et sous celui de Daubenton. L'année précédente, l'ouvrage avait été annoncé dans le *Journal des savants* (année 1748, page 639). Le plan en est immense; il comprend l'histoire du globe, et, en lisant ce vaste programme, on voit combien il s'en faut, malgré sa persévérance et sa force, que Buffon ait pu le remplir.

Voici ce programme : « On imprime à l'Imprimerie royale, par ordre du Roi, l'*Histoire naturelle générale et particulière, avec la description du Cabinet du Roi.* Cet ouvrage, qui a été fait suivant les vues et par les ordres de M. le comte de Maurepas, en partie par M. de Buffon et en partie par M. Daubenton, l'un et l'autre également chers à la république des lettres et membres des plus illustres académies de l'Europe, sera divisé en quinze volumes in-4. Les neuf premiers embrassent le règne animal. Le premier volume, qui est déjà imprimé, contient : 1° une préface qui roule sur l'établissement du Jardin royal et sur le Cabinet d'Histoire naturelle ; 2° un discours sur la manière d'étudier et de traiter l'histoire naturelle ; 3° un second discours qui comprend l'histoire et la théorie de la terre ;

« Le deuxième volume, l'histoire des animaux, des végétaux, des minéraux ; l'histoire naturelle de l'homme considéré comme animal ; les mœurs qui lui sont naturelles, suivant les différentes races et les différents climats, et la description des pièces d'anatomie du Cabinet du Roi.

« Le troisième et le quatrième volume, l'histoire des animaux quadrupèdes ;

« Le cinquième volume, l'histoire des quadrupèdes amphibies et des poissons cétacés ;

« Le sixième volume, la description et l'histoire de tous les poissons de mer, de lac et de rivière ;

« Le septième volume, l'histoire et la description des coquillages, des crustacés et des insectes de la mer ;

« Le huitième volume, l'histoire des reptiles, des insectes et des animaux microscopiques ;

« Le neuvième volume, l'ornithologie ;

« Les dixième, onzième et douzième volumes, le règne végétal. On verra, dans le dixième, un système de végétation et un traité d'agriculture ;

« Le treizième volume, un discours sur la formation des pierres et des minéraux, qu'on a composé pour servir de suite à l'histoire de la terre, la description et l'histoire des fossiles, des pierres figurées et des pétrifications ;

« Le quatorzième volume, l'histoire des terres, des sables, des pierres communes, des cailloux, des pierres précieuses, avec une méthode simple, naturelle, invariable, pour connaître les pierres précieuses. Cette belle partie de l'histoire naturelle sera traitée avec soin : la collection de ces pierres, soit transparentes, soit opaques, qui est au Jardin du Roi, est extrêmement riche. On tâchera de rendre l'ouvrage digne de la matière ;

« Le quinzième volume, l'histoire des sels, des soufres, des bitumes, et de tous les minéraux qu'on tire du sein de la terre. »

Note 6, p. 41. — Marc-René, marquis de Voyer, fils du comte d'Argenson, né le 20 septembre 1722, mort dans le mois d'août 1782, fut lieutenant général et servit avec distinction dans la guerre de la succession d'Autriche.

XXVII

Note 1, p. 42. — On sait à quel point, dans ces derniers temps surtout, les éditions de l'Histoire naturelle se sont multipliées. Sans entreprendre de donner ici la série complète de ces éditions, nous nous bornerons à signaler les meilleures. L'Imprimerie royale a donné deux éditions principales. L'édition princeps, la plus estimée, en 36 vol. in-4, parut de 1749 à 1789, M. de Lacépède ayant publié le dernier volume des Suppléments. Les quinze premiers volumes de cette édition parurent de 1749 à 1767. Ils comprennent la théorie de la terre, l'histoire de l'homme et celle des quadrupèdes vivipares. De 1770 à 1783 furent publiés neuf volumes sur les oiseaux, et de 1783 à 1788, les cinq volumes de minéraux. Les sept volumes des Suppléments parurent pendant la publication de l'ouvrage principal. De 1774 à 1775, Buffon donna les deux premiers, qui comprennent la partie expérimentale, ainsi que plusieurs mémoires précédemment insérés dans les recueils de l'Académie des sciences. En 1776 parut le troisième volume, comprenant des suppléments à l'histoire des quadrupèdes ; en 1777 le quatrième, renfermant de nouveaux détails sur l'histoire de l'homme ; en 1778 le cinquième, ouvrage à part qui renferme le Traité des époques de la nature. De 1782 à 1789 parurent le sixième et le septième volumes des Suppléments, renfermant des additions à l'histoire des quadrupèdes.

Une seconde édition de l'Histoire naturelle, qui n'est que l'exacte reproduction de la première, fut faite à l'Imprimerie royale en 1752 et années suivantes, mais dans le format in-12. Elle se compose de 73 ou de 54 volumes, suivant que la partie anatomique s'y trouve ou ne s'y trouve pas; la suite, par Lacépède, comprend 17 volumes du même format. La troisième édition, donnée par l'Imprimerie royale, parut en 1774 et années suivantes. Elle est en 28 volumes in-4. Dans cette édition, les notes anatomiques de Daubenton ont été supprimées, ce qui, dit-on, le blessa profondément et le détermina à cesser sa collaboration. De même que les deux autres éditions, celle-ci est accompagnée de gravures, mais inexactes et d'une mauvaise exécution. De 1785 à 1791, la célèbre imprimerie des Deux-Ponts donna une édition de l'Histoire naturelle, qui forme 54 volumes in-8.

Allamand, professeur d'histoire naturelle à l'Université de Leyde, publia de 1776 à 1779 une édition des œuvres de Buffon en 21 volumes in-4, qui ne renfermait, avec des notes importantes de l'éditeur, que les généralités de l'histoire des quadrupèdes. « J'ai reçu, dit Buffon dans ses Suppléments, la belle édition qu'on a faite de mon ouvrage, et dans laquelle j'ai vu les excellentes additions que M. Allamand y a jointes. » Dans ses *Suppléments à l'histoire des quadrupèdes*, Buffon cite fréquemment les observations d'Allamand, et en rapporte parfois des passages entiers. Allamand, de son côté, lorsqu'il apprit que Buffon s'occupait d'un supplément à la partie de l'histoire naturelle sur laquelle lui-même avait précédemment fait des recherches et recueilli des observations, s'empressa de lui envoyer des notes qui lui étaient adressées et qui, venues trop tard, n'avaient pu trouver place dans l'édition publiée par ses soins. « M. Allamand, que je regarde comme l'un des plus savants naturalistes de l'Europe, dit Buffon à ce propos, ayant pris soin de l'édition qui se fait en Hollande de mes ouvrages, y a joint d'excellentes remarques et de très-bonnes descriptions de quelques animaux que je n'ai pas été à portée de voir. Je réunis ici toutes ces nouvelles connaissances qui m'ont été communiquées, et je les joins à celles que j'ai acquises par moi-même depuis l'année 1764 jusqu'en 1780. »

Lacépède, qui donna en 1789, sous le nom de Buffon, le dernier volume des Suppléments, renfermant des additions à l'histoire des quadrupèdes, fit paraître sous son nom, de 1787 à 1789, en deux volumes in-4, l'histoire des quadrupèdes ovipares et des serpents. De 1789 à 1803, il publia l'histoire des poissons. Plus tard, il donna lui-même une édition de l'Histoire naturelle, mise dans un ordre nouveau. Elle comprend 56 volumes in-8, auxquels doivent s'ajouter 20 autres volumes qui contiennent ses propres travaux. Buffon n'avait point choisi Lacépède pour continuer son œuvre. Il paraît même que, dans les derniers temps, quelques mois avant sa mort, le chevalier de Buffon son frère, alors second colonel titulaire des Gardes Lorraines, avait été associé à ses travaux. Après la mort de Buffon, son frère forma le projet de donner une édition abrégée de l'Histoire naturelle. J'en trouve la pensée dans une lettre écrite par lui au jeune comte de Buffon son neveu, le 23 septembre 1788. « J'ai instruit, lui dit-il, M. Panckoucke de mon projet pour abréger l'Histoire naturelle conformément aux vues de votre père, sous les yeux duquel j'en ai fait un volume. Il vous fera part de mon plan avec lui, qui cependant n'aura lieu qu'autant que vous en agréerez les conditions, que Panckoucke n'a point trouvées contraires ni à ses intérêts, ni aux vôtres. » Ce projet n'eut pas de suite.

La meilleure des éditions modernes de Buffon est celle qui a été commencée par Lamouroux et continuée par Desmarets. Elle a paru de 1824 à 1832, en 42 volumes in-8. Bernard d'Héry, en l'an XI, Baudoin en 1826, Delangle en 1827, Verdière dans la même année, Furne en 1837, et Pourrat en 1839, ont successivement donné différentes éditions de l'Histoire naturelle. De 1829 à 1831 parut une édition revue par Frédéric Cuvier. Georges Cuvier, son frère, le créateur de l'anatomie comparée, et dont la renommée efface le nom plus modeste des autres membres de sa famille, avait le projet de donner, suivant ses vues, une édition de l'Histoire naturelle. Dans les mémoires qu'il a laissés sur sa vie, il exprime le regret de n'avoir pu mettre sa pensée à exécution. « Il est fâcheux, dit-il, que mon projet n'ait pu se réaliser ; il aurait empêché les éditions absurdes de Castel et de Sonnini, qui ont fait tant de tort à la science. » De ces deux éditions, l'une, celle donnée par Castel, parut de 1799 à 1802, elle comprend 80 volumes in-8 ; celle de Sonnini, de 1798 à 1807, est en 127 volumes in-8. Enfin, dans ces derniers temps, M. Flourens, membre de l'Académie française et secrétaire perpétuel de l'Académie des sciences, a publié, chez Garnier frères, une édition nouvelle annotée de Buffon avec la nomenclature linnéenne et la classification de Cuvier, en 12 vol. grand in-8 jésus.

De nombreuses éditions de l'Histoire naturelle parurent du vivant même de Buffon, soit en France, soit à l'étranger ; toutes furent l'exacte reproduction des éditions qui les avaient précédées. Buffon dit à cette occasion : « Comme il s'est écoulé bien des années depuis que j'ai commencé de publier mon ouvrage sur l'Histoire naturelle, et que le nombre des volumes s'est augmenté, j'ai cru que, pour ne pas rendre mon

livre trop à charge au public, je devais m'interdire la liberté d'en donner une nouvelle édition corrigée et augmentée; aussi, dans le grand
nombre de réimpressions qui se sont faites de cet ouvrage, il n'y a pas
eu un seul mot de changé. Pour ne pas rendre aujourd'hui toutes ces éditions superflues, j'ai pris le parti de mettre en deux ou trois volumes
de supplément les corrections, additions, développements et explications que j'ai jugés nécessaires à l'intelligence des sujets que j'ai
traités. »

Buffon s'exprimait ainsi en 1774, lorsque parut le premier volume
des Suppléments à l'Histoire naturelle. Dans la suite il aurait changé
d'avis, et aurait formé le projet, peu de temps avant sa mort, de donner une nouvelle édition de ses œuvres, en rangeant les matières dans
un ordre nouveau. Dans la préface de l'édition de l'Histoire naturelle
donnée en l'an XI par Bernard d'Héry, se trouve la lettre suivante,
écrite par le chevalier de Buffon à l'éditeur : « Je puis vous assurer que
votre ouvrage est à peu près mis dans l'ordre où Buffon l'aurait placé
lui-même, s'il eût vécu plus longtemps. Il avait le projet de refondre
en entier la théorie de la terre avec les suppléments, d'élaguer les erreurs par le moyen de cette refonte. Il m'avait choisi pour son collaborateur. Sous ses yeux, j'avais commencé cet ouvrage; mais, à sa
mort, j'ai trouvé le fardeau au-dessus de mes forces, et j'y ai modes-
tement renoncé. »

Note 2, p. 42. — Buffon fait allusion à son système sur la génération, qui occupe la partie la plus importante de son livre.

Note 3, p. 42. — Philippe Néricault-Destouches, né en 1680, mort
le 4 juillet 1754, entra à l'Académie française le 25 août 1723. Le
Glorieux, joué en 1732 sur le Théâtre-Français, est son chef-d'œuvre.
Le héros de la pièce, le glorieux, se nomme le comte de Tuffière. C'é-
tait, on le sait, le nom sous lequel d'Alembert et les encyclopédistes,
mécontents des grands airs de M. de Buffon et des grandes phrases de
l'Histoire naturelle, le désignaient entre eux.

XXVIII

Note 1, p. 43. — Condorcet, faisant l'éloge de Buffon devant l'Académie des sciences, résume ainsi son système sur la génération :
« La nature a couvert d'un voile impénétrable les lois qui président
à la reproduction des êtres; M. de Buffon essaya de le lever, ou plutôt

de deviner ce qu'il cachait. Dans les liqueurs où les autres naturalistes avaient vu des animaux, il n'aperçut que des *molécules organiques*, éléments communs de tous les êtres animés. Les infusions de diverses matières animales et celle des graines présentaient les mêmes molécules avec plus ou moins d'abondance : elles servent donc également à la reproduction des êtres, à leur accroissement, à leur conservation ; elles existent dans les aliments dont ils se nourrissent, circulent dans leurs liqueurs, s'unissent à chacun de leurs organes pour réparer les pertes qu'il a pu faire. Quand ces organes ont encore la flexibilité de l'enfance, les *molécules organiques*, se combinant de manière à conserver ou modifier les formes, en déterminent le développement et les progrès ; mais, après l'époque de la jeunesse, lorsqu'elles sont rassemblées dans des organes particuliers, où, échappant à la force qu'exerce sur elles le corps auquel elles ont appartenu, elles peuvent former de nouveaux composés, elles conservent, suivant les différentes parties où elles ont existé, une disposition à se réunir de manière à présenter les mêmes formes, et reproduisent par conséquent des individus semblables à ceux de qui elles sont émanées. »

De tous ses systèmes, celui auquel Buffon semble tenir davantage, et sur lequel il s'étend avec le plus de complaisance est, sans contredit, son système de la génération. Nous ne discuterons ni la valeur ni la portée de ce système ; mais, comme il occupe une place importante dans l'œuvre de Buffon, nous citerons à ce sujet quelques-unes de ses idées, en choisissant les plus saillantes.

Par quel moyen expliquer cette vie sans cesse renaissante et répandue sur toute la nature, ce principe si vivace, que rien ne peut soit le détruire, soit même arrêter ou ralentir sa puissance ou sa force ? « Le premier moyen, dit Buffon, et, selon nous, le plus simple de tous, est de rassembler dans un être une infinité d'êtres organiques semblables, et de composer tellement sa substance, qu'il n'y ait pas une partie qui ne contienne un germe de la même espèce, et qui par conséquent ne puisse elle-même devenir un tout semblable à celui dans lequel elle est contenue. » (*Histoire des animaux.*) « Dieu, en créant les premiers individus de chaque espèce d'animal et de végétal, a non-seulement donné la forme à la poussière de la terre, mais il l'a rendue vivante et animée, en renfermant dans chaque individu une quantité plus ou moins grande de principes actifs, de molécules organiques vivantes, indestructibles et communes à tous les êtres organisés : ces molécules passent de corps en corps, et servent également à la vie actuelle et à la continuation de la vie, à la nutrition, à l'accroissement de chaque individu ; et après la dissolution du corps, après sa destruction, sa réduction en cendres, ces molécules organiques, sur lesquelles

la mort ne peut rien, survivent, circulent dans l'Univers, passent dans
d'autres êtres en y portant la nourriture et la vie : toute production,
tout renouvellement, tout accroissement par la génération, par la nutrition, par le développement, supposent donc une destruction précédente, une conversion de substance, un transport de ces molécules
organiques qui ne se multiplient pas, mais qui, subsistant toujours en
nombre égal, rendent la nature toujours également vivante, la terre
également peuplée, et toujours également resplendissante de la première gloire de celui qui l'a créée. » (*Histoire du bœuf.*) « Ce qu'il y a
de plus constant, de plus inaltérable dans la nature, c'est l'empreinte
ou le *moule* de chaque espèce, tant dans les animaux que dans les
végétaux ; ce qu'il y a de plus variable et de plus corruptible, c'est la
substance qui les compose. La matière en général paraît être indif-
férente à recevoir telle ou telle forme, et capable de porter toutes les
empreintes possibles. Les molécules organiques, c'est-à-dire, les
parties vivantes de cette matière, passent des végétaux aux animaux
sans destruction, sans altération, et forment également la substance
vivante de l'herbe, du bois, de la chair et des os. » (*Histoire du cerf.*)
« La mort violente est un usage presque aussi nécessaire que la loi
de la mort naturelle ; ce sont deux moyens de destruction et de renouvellement, dont l'un sert à entretenir la jeunesse perpétuelle de la nature, et dont l'autre maintient l'ordre de ses productions, et peut seul
limiter le nombre dans les espèces. » (*Discours sur les animaux car-
nassiers.*) « Détruire un être organisé, n'est donc que séparer les
parties organiques dont il est composé. » (*Histoire des animaux.*)
« Elles restent désunies, séparées, mais non pas inactives ; elles sont
répandues dans la nature animée jusqu'à ce qu'elles trouvent un *moule
intérieur* dans lequel elles puissent se combiner de nouveau et former
des êtres semblables à celui dont elles auront pénétré la substance. »

Buffon, avant de chercher à expliquer ce phénomène obscur de la
génération par une hypothèse qui lui convînt, avant même de se livrer
aux expériences si nombreuses qu'il fit à ce sujet avec l'Irlandais Needham, et dont l'Histoire naturelle contient les intéressants résultats,
avait étudié tous les systèmes sur la génération produits jusqu'à lui.
Platon, Aristote, Hippocrate, Harvey, Leeuwenhœck, Harftsoüker et
Valisniery, avaient été tour à tour consultés, mais leurs théories n'a-
vaient pu le satisfaire.

Note 2, p. 43. — Buffon, cherchant les causes des différences qui
se remarquent dans la race humaine, s'exprime ainsi : « Par la
description de tous ces peuples nouvellement découverts, il paraît que
ces grandes différences, c'est-à-dire les principales variétés, dépendent

entièrement de l'influence du climat. On doit entendre par climat, non-seulement la latitude plus ou moins élevée, mais aussi la hauteur ou la dépression des terres, leur voisinage ou leur éloignement des mers, leur situation par rapport aux vents, et surtout aux vents d'est, toutes les circonstances en un mot qui concourent à former la température de chaque contrée; car c'est de cette température, plus ou moins chaude ou froide, humide ou sèche, que dépend non-seulement la couleur des hommes, mais l'existence même des espèces d'animaux et de plantes, qui tous affectent de certaines contrées et ne se trouvent pas dans d'autres; c'est de cette même température que dépend par conséquent la différence de la nourriture des hommes : seconde cause qui influe beaucoup sur leur tempérament, leur naturel, leur grandeur et leur force. Tout concourt donc à prouver que le genre humain n'est pas composé d'espèces essentiellement différentes entre elles; qu'au contraire il n'y a eu originairement qu'une seule espèce d'hommes, qui, s'étant multipliée et répandue sur toute la surface de la terre, a subi différents changements par l'influence du climat, par la différence de sa nourriture, par celle de la manière de vivre, par les maladies épidémiques, et aussi par le mélange varié à l'infini des individus plus ou moins ressemblants; que d'abord ces altérations n'étaient pas si marquées, et ne produisaient que des variétés individuelles; qu'elles sont ensuite devenues variétés de l'espèce, parce qu'elles sont devenues plus générales, plus sensibles et plus constantes par l'action continuée de ces mêmes causes; qu'elles se sont perpétuées et qu'elles se perpétuent de génération en génération, comme les difformités ou les maladies des pères et mères passent à leurs enfants, et qu'enfin, comme elles n'ont été produites originairement que par le concours de causes extérieures et accidentelles, qu'elles n'ont été confirmées et rendues constantes que par le temps et l'action continuée de ces mêmes causes, il est très-probable qu'elles disparaîtraient aussi peu à peu, et avec le temps, ou même qu'elles deviendraient différentes de ce qu'elles sont aujourd'hui, si ces mêmes causes ne subsistaient plus, ou si elles venaient à varier dans d'autres circonstances par d'autres combinaisons. » (*Histoire de l'homme, in fine.*)

Note 3, p. 44. — *Vie de Scaurus, prince du sénat*, lue à l'Académie des inscriptions le 15 décembre 1750, imprimée dans ses Mémoires, et refondue dans *l'Histoire de la république romaine.*

Note 4, p. 44. — Le projet dont le président de Brosses entretient Buffon en 1750, fut un peu le projet de toute sa vie. Dès le début de sa carrière, il se passionna pour Salluste et conçut la pensée d'en rassembler les fragments épars, de suppléer à ceux qui manqueraient à l'aide des documents du temps, et d'en donner une édition complète. Il fouilla les bibliothèques de l'Allemagne et de l'Italie, travailla sans relâche durant trente ans, et publia en 1777 son grand ouvrage, avec cette épigraphe de Martial (XIV-91) :

« Crispus Romana primus in historia. »

Le livre du président de Brosses parut à Dijon, chez Frantin, sous ce titre : « *Histoire de la République romaine dans le cours du* VII° *siècle, par Salluste : en partie traduite du latin sur l'original ; en partie rétablie et composée sur les fragments qui sont restés de ses livres perdus, remis en ordre dans leur place véritable ou la plus vraisemblable.* »

Note 5, p. 44. — Buffon appelle Platon un *peintre d'idées*.

XXIX

Note 1, p. 44. — Cette chute eut de fâcheuses conséquences, et un accident que l'on put croire sans gravité détermina les premiers symptômes d'une maladie dont Buffon portait déjà en lui le germe funeste. Dans la même voiture se trouvaient, avec Buffon, deux autres personnes ; il faillit être étouffé sous leur poids. Cette chute causa chez lui le déplacement de plusieurs graviers qui se détachèrent des reins. A compter de ce jour, Buffon commença à souffrir de la cruelle maladie, *la pierre*, qui devait le soumettre, pendant sa longue carrière, à de douloureuses épreuves. La première crise sérieuse eut lieu en 1771 ; dans cette crise Buffon faillit périr ; sa santé se rétablit cependant ; mais les accidents devinrent plus fréquents et plus douloureux ; durant les dernières années de sa vie, ses souffrances furent presque continuelles. Il essaya bien des remèdes, écoutant les conseils de chacun ; mais aucun des nombreux traitements auxquels il se soumit ne lui procura le soulagement qu'il en avait espéré. On pensa que l'opération de la taille pouvait le sauver, et on lui donna le conseil de se faire opérer ; mais, dans le temps où on songea pour lui à ce moyen suprême, le frère Côme, qui pratiquait cette opération avec tant d'audace et parfois de succès, mourut sans avoir formé d'élèves, et Buffon venait d'assister à deux catastrophes provoquées par l'insuccès de l'opération : le maréchal de Muy, ministre de la guerre, et La Condamine, son collègue de l'Académie, moururent tous deux des suites de la taille. Il ne voulut point en courir les chances.

Note 2, p. 45. — L'abbé Le Blanc voyageait alors en Italie avec
le marquis de Vandières, depuis marquis de Marigny, frère de la
marquise de Pompadour. Le marquis de Vandières, qui avait été
nommé fort jeune ordonnateur général des bâtiments du Roi, en survivance de M. de Tournehem, partit pour l'Italie en 1750, afin de se
mettre à même d'exercer utilement la charge dont il était pourvu, le
jour où il en deviendrait titulaire. Outre l'abbé Le Blanc, le marquis
était accompagné de Soufflot et de Cochin. Au retour de son voyage en
Italie, il prit le nom de marquis de Marigny, les courtisans ayant
trouvé plaisant à Versailles de ne le plus appeler que le marquis
d'*Avant-hier*.

Note 3, p. 45. — Guéneau de Montbeilliard, dont il sera parlé plus
loin. Il n'était pas encore le collaborateur de Buffon, mais il était
déjà son ami.

Note 4, p. 45. — François Nicole, membre de l'Académie des
sciences, né le 23 décembre 1683, mort le 8 janvier 1758.

Note 5, p. 45. — Alexandre-Jean-Joseph Le Riche de La Popelinière, fermier général, né en 1692, mort le 5 décembre 1762, fut la
providence des écrivains et des artistes de son temps. Sa mort donna
lieu à l'impromptu suivant, qui ne manque ni de vérité ni de justice :

> Sous ce tombeau repose un financier,
> Qui fut de son état l'honneur et la critique ;
> Vertueux, bienfaisant, mais toujours singulier,
>   Il soulagea la misère publique :
> Passants, priez pour lui, car il fut le premier.

Note 6, p. 45. — L'abbé Trublet.

Note 7, p. 45. — Charles de Secondat, baron de La Brède et de
Montesquieu, né le 18 janvier 1689, mort le 10 février 1755, avait été
violemment attaqué, après la publication de l'*Esprit des Lois*, par
les *Nouvelles ecclésiastiques*, feuille janséniste, qui devait de nouveau,
quelques années plus tard, dénoncer le livre de Buffon (26 juin 1754).
Ce fut au mois de février 1750, le 6 et le 18, que la feuille janséniste
s'attaqua à Buffon pour la première fois. L'année précédente (9 et
16 oct. 1749) elle avait publié deux articles contre l'*Esprit des Lois*.
Dans le temps où parut l'Histoire naturelle, Montesquieu porta sur
l'ouvrage le jugement suivant, qui ne l'engageait pas beaucoup : « M. de
Buffon, écrit-il à Mgr Ceruti, vient de publier trois volumes qui seront

suivis de douze autres : les trois premiers contiennent des idées générales.... M. de Buffon a parmi les savants de ce pays-ci un très-
grand nombre d'ennemis, et la voix prépondérante des savants em-
portera, à ce que je crois, la balance pour bien du temps : pour moi,
qui y trouve de belles choses, j'attendrai avec tranquillité et modestie
la décision des savants étrangers; je n'ai pourtant vu personne à qu
je n'aie entendu dire qu'il y avait beaucoup d'utilité à le lire.... »

Un jour, le fils de Montesquieu, le baron de Secondat, vint à Montbard; avant de le recevoir et sans l'avoir vu, Buffon fit son portra i
aux personnes qui l'entouraient; le portrait se trouva ressemblant.
Buffon avait peint le caractère du fils d'après le caractère de sa mère,
qu'il avait beaucoup connue; il pensait, on le sait, que les fils tiennent
surtout de leur mère, et aimait, chaque fois qu'il en trouvait l'occasion, à appuyer son opinion sur des faits dont l'authenticité ne pût
être contestée.

Note 8, p. 45. — La brochure du président de Montesquieu parut
sous ce titre : *Apologie de l'Esprit des Lois, ou Réponse aux observations de l'abbé Delaporte*, *par M. B.* (1751. Brochure de 140 pages.)
C'est un ouvrage digne, par le style et les idées, du livre dont il défend les principes.

Note 9, p. 45. — Jeanne-Antoinette Poisson, marquise de Pompadour, née en 1722, mourut le 14 avril 1764. La marquise n'aimait pas
Buffon, peu empressé à lui faire sa cour, mais elle admirait son génie
et ne chercha jamais à lui nuire dans l'esprit du Roi. Buffon était du
coin de la Reine, c'était encore une cause d'éloignement pour la favorite; mais son plus grand grief contre l'auteur de l'Histoire naturelle.
ce fut la manière dont il a parlé de l'amour, disant que *le physique
seul en est bon*. A Marly, un jour qu'elle venait de lire dans l'Histoire
naturelle les pages qui avaient encouru sa disgrâce, elle rencontra
Buffon dans le parc; elle vint à lui, haussa les épaules, et le touchant
de son éventail : « Vous êtes un joli garçon! » dit-elle avec humeur.
A différentes reprises cependant, elle eut pour Buffon des attentions
et des prévenances dont bien des courtisans furent jaloux. On sait
de quelle considération était entouré à Versailles le chien de la marquise. Un jour, fatiguée des adorations et des hommages, elle disait
à Mme du Hausset : « Mon chien aussi en a assez. » Il en était de
même de son perroquet et de son sapajou, souvent reproduits dans
ses portraits. Tous trois moururent à Montbard : elle les avait successivement envoyés à Buffon. La liaison de Buffon avec le marquis de
Marigny ne contribua pas peu à lui conserver une faveur qu'il n'avait

point recherchée; s'il ne voulut jamais en tirer parti pour lui-même, il en fit largement profiter ses amis, et l'abbé Le Blanc lui dut sa place d'historiographe des bâtiments du Roi.

Note 10, p. 45. — Lenormand de Tournehem, fermier général, puis directeur et ordonnateur des bâtiments du Roi. La marquise de Pompadour fut élevée dans sa maison et épousa son neveu, Lenormand d'Étioles.

Note 11, p. 46. — Armand-Louis de Vignerod Duplessis, duc d'Aiguillon, né en 1683, mort le 21 janvier 1750, fut le père du trop fameux duc d'Aiguillon, dont la querelle avec le Parlement devint le signal de l'opposition de la magistrature aux actes du pouvoir. Le duc d'Aiguillon ne joua aucun rôle politique; il vivait à l'écart, aimant et cultivant les lettres et les sciences. On a de lui différents écrits qui lui avaient, de bonne heure, ouvert les portes de l'Académie.

Note 12, p. 46. — Jean-François Marmontel, né le 11 juillet 1723, mort le 31 décembre 1799, entra à l'Académie française le 22 décembre 1763. *Cléopâtre*, jouée pour la première fois sur le Théâtre-Français en avril 1750, fut favorablement accueillie. Un bon mot du marquis de Louvois faillit en compromettre le succès. La pièce avait été montée avec un grand soin. Vaucanson avait fabriqué l'aspic, qui tournait la tête, sifflait, remuait les yeux; ce fut un chef-d'œuvre. Le rideau tombé, et, alors que l'on discutait au foyer le mérite de la pièce nouvelle : « Pour moi, dit tout d'un coup le marquis, je suis de l'avis de l'aspic. » Après trente-quatre ans d'oubli, au mois de novembre 1784, *Cléopâtre* reparut sur le théâtre de la cour. Marmontel, qui n'avait point oublié le bon mot du marquis de Louvois, en avait changé le dénoûment: l'aspic de Vaucanson avait disparu; Cléopâtre mourait dans la coulisse. Cette fois, soit à la cour, soit à la ville, la pièce fut froidement accueillie, et Marmontel, qui dut avouer son échec, attribua son peu de succès à la simplicité classique de l'action. Il suffit de la lire pour comprendre combien la raison est mal choisie. Marmontel a écrit des mémoires qui parurent en 1804 sous ce titre : *Mémoires d'un père pour servir à l'instruction de ses enfants.* On y trouve sur Buffon le jugement suivant, fort partial et inspiré sans aucun doute par les préjugés de la coterie à laquelle l'auteur s'était dévoué : « Buffon, avec le cabinet du Roi et son Histoire naturelle, se sentait assez fort pour se donner une existence considérable. Il voyait que l'école encyclopédique était en défaveur à la cour et dans l'esprit du

Roi; il craignit d'être enveloppé dans le commun naufrage, et, pour voyager à pleines voiles, ou du moins pour louvoyer seul et prudemment parmi les écueils, il aima mieux avoir à soi sa barque libre et détachée. On ne lui en sut pas mauvais gré, mais sa retraite avait encore une autre cause. Buffon, environné chez lui de complaisants et de flatteurs, et accoutumé à une déférence obséquieuse pour ses idées systématiques, était quelquefois désagréablement surpris de trouver parmi nous moins de révérence et de docilité. Je le voyais s'en aller mécontent des contrariétés qu'il avait essuyées. Avec un mérite incontestable, il avait un orgueil et une présomption égale au moins à son mérite. Excité par l'adulation et placé par la multitude dans la classe de nos grands hommes, il avait le chagrin de voir que les mathématiciens, les chimistes, les astronomes ne lui accordaient qu'un rang très-inférieur parmi eux; que les naturalistes eux-mêmes étaient peu disposés à le mettre à leur tête, et quelques-uns même lui reprochaient d'avoir fastueusement écrit dans un genre qui ne voulait qu'un style simple et naturel. Je me souviens qu'une de ses amies m'ayant demandé comment je parlerais de lui, s'il m'arrivait d'avoir à faire son éloge funèbre à l'Académie française, je répondis que je lui donnerais une place distinguée parmi les poëtes du genre descriptif; façon de le louer dont elle ne fut pas contente. Buffon, mal à son aise avec ses pairs, s'enferma donc chez lui avec ses commensaux ignorants et serviles, n'allant plus ni à l'une ni à l'autre Académie, et travaillant à faire sa fortune chez les ministres, et sa réputation dans les cours étrangères, d'où, en échange de ses ouvrages, il recevait de beaux présents. »

Note 13, p. 46. — *Aristomène* fut représentée pour la première fois sur le Théâtre-Français le 30 avril 1749. C'était un début, Marmontel n'ayant encore donné au théâtre que *Denys le Tyran* (5 février 1748). Au théâtre, *Aristomène* fut applaudie et eut du succès. On s'aperçut seulement, lors de l'impression, de la fausseté des caractères et de la négligence du style.

A la première représentation d'*Aristomène*, deux vers qui parurent une allusion aux folles dépenses de la Cour, dont gémissaient tous les esprits sages, assurèrent le succès de la pièce :

> Tributs qu'au bien public consacraient nos ancêtres,
> Et qui ne servent plus qu'à l'orgueil de nos maîtres.

Aux représentations qui suivirent, les vers qui avaient provoqué les applaudissements du parterre disparurent; la pièce imprimée ne les reproduit pas non plus.

Note 14, p. 46. — La tragédie de *Rome sauvée* fut jouée à Paris
pour la première fois le 8 juin 1750, sur un théâtre particulier. Voltaire y remplissait le rôle de Cicéron. Le 22 juin, elle fut jouée à
Sceaux chez la duchesse du Maine, et le 24 février 1752, durant le
séjour de Voltaire en Prusse, elle fut représentée sur le Théâtre-
Français.

Note 15, p. 46. — Anne-Louise-Bénédicte de Bourbon, duchesse
du Maine, née en 1676, morte en 1753, fit de sa vie deux parts à peu
près égales : la première, absorbée par la politique et éprouvée par les
ardentes préoccupations d'une ambition toujours trompée ; la seconde
toute retirée, à Sceaux, au milieu d'une petite cour de beaux esprits
qui brûlaient leur grain d'encens en l'honneur de leur protectrice.

Note 16, p. 46. — On lit dans les mémoires du marquis d'Argenson

« Le jubilé est arrivé ; le nonce l'a remis à MM. le chancelier et de
Puysieux. On prétend qu'il est fatal aux appelants et opposants à la
constitution (*la bulle Unigenitus*). Le Pape l'avait d'abord envoyé pur
et simple ; on l'a renvoyé pour qu'il fût plus constitutionnaire. On
aurait mieux fait de le copier sur celui de 1745, auquel j'eus beaucoup
de part, et dont on fut généralement satisfait ; du moins ne causa-t-il
aucun trouble. »

« 2 février 1751. — On assure que le Roi gagnera son jubilé et fera
ses Pâques. La Marquise dit qu'il n'y a plus que de l'amitié entre le
Roi et elle, et que l'on mettra quinze jours de retraite et de trêve à
cette même amitié. Aussi se fait-elle faire pour Bellevue une statue où
elle est représentée en *déesse de l'amitié*.

« 10 avril 1751. — Le jubilé du Roi n'a pas lieu. »

XXX

Note 1, p. 46. — Fils de François Perrier, substitut du procureur
général près le parlement de Dijon, qui a laissé sur la jurisprudence
quelques travaux longtemps consultés.

Note 2, p. 47. — Louis-Jules Barbon Mancini de Mazarin, duc de
Nivernais, né le 16 décembre 1706, mort le 15 février 1798, fut le
successeur de Massillon à l'Académie française. Sous le ministère du
comte de Vergennes, il entra au Conseil. Plus que sa carrière politique, ses fables, remplies de traits heureux et d'ingénieux aperçus,

lui ont assuré une renommée durable, et lui ont fait prendre un rang distingué parmi les littérateurs de son temps.

Note 3, p. 47. — « 2 décembre 1749. — Le sieur Buffon, auteur de l'Histoire naturelle, a la tête tournée du chagrin que lui donne le succès de son livre. Les dévots sont furieux, et veulent le faire brûler par la main du bourreau. Véritablement il contredit la *Genèse* en tout. » (*Mémoires de d'Argenson.*) A deux reprises différentes Buffon eut des démêlés avec la Sorbonne. Mais, ennemi des tracasseries théologiques et voulant conserver son repos, il donna chaque fois toutes les satisfactions exigées ; bien différent en cela de Montesquieu, à qui on ne pouvait faire entendre raison et qui ne cédait qu'après avoir longtemps combattu. L'Histoire naturelle ne fut pas mise à l'index, et, à la sollicitation des amis de Buffon, la faculté de théologie se contenta de l'engagement qu'il prit de donner, dans les volumes de son ouvrage qui devaient paraître encore, des explications destinées à éclaircir les passages qui pouvaient être regardés comme des attaques contre le dogme. — En 1767, Marmontel, dont le roman de *Bélisaire* venait d'être dénoncé, espérant être traité comme Buffon, déclara, pour éviter les poursuites de la Sorbonne, qu'il était prêt à signer telle profession de foi qui lui serait présentée, et à fournir toutes les explications que l'on jugerait convenable de lui demander. La Sorbonne cette fois exigea davantage : « La Faculté, disent les Mémoires de Bachaumont, qui a éprouvé par le passé que les explications données en pareil cas par M. de Montesquieu au sujet du livre de *l'Esprit des Lois* et par M. de Buffon sur l'Histoire naturelle avaient été insuffisantes pour réparer le scandale donné, insiste sur la censure de *Bélisaire* . en conséquence elle a nommé des commissaires pour faire agréer à M. l'archevêque le désir de la Faculté, et lui faire connaître la nécessité de la censure, pour, sur la réponse de M. l'archevêque, prendre une détermination. » En 1778, lorsque Buffon fit paraître son livre des *Époques de la nature*, la Sorbonne s'agita de nouveau, l'ouvrage fut dénoncé ; mais le crédit de son auteur et la grande renommée dont il jouissait alors empêchèrent la Faculté d'en prononcer la censure.

Note 4, p. 47. — François Jacquier, né le 7 juin 1711, mort le 3 juillet 1788, publia, avec le concours du P. Lesueur, un commentaire sur Newton. Il avait alors vingt-huit ans à peine. Bien que né en France, il se fixa de bonne heure à Rome, où il mourut à l'âge de soixante-dix-huit ans. Il occupa successivement plusieurs chaires de mathématiques, fut correspondant de l'Académie des sciences, et en outre professeur à l'Université de Turin. Pendant le séjour que fit à

Rome le président de Brosses en 1739, il y connut le P. Jacquier. Il raconte ainsi dans ses *Lettres écrites d'Italie* la rencontre qu'il fit du savant professeur dans une de ses visites à la bibliothèque du couvent de la Trinité-du-Mont : « J'y ai trouvé, dit-il, un P. Jacquier, très-habile géomètre, qui travaille avec un sien compagnon à un commentaire en quatre volumes in-4 sur les principes de la philosophie de Newton. Les premiers volumes s'impriment actuellement à Genève. J'ai ouï dire beaucoup de bien de cet ouvrage. Vous savez ce que disait Malebranche, que Newton était monté au plus haut de la tour et avait tiré l'échelle après lui. Le P. Jacquier fabrique une nouvelle échelle pour pouvoir l'atteindre. Je lui reprochai, en riant, son ingratitude d'avoir préféré la méthode newtonienne à celle de Wolff, qui a si bien mérité de l'ordre des Minimes par son traité *de Minimis et Maximis :* mauvaise pointe.... »

Note 5, p. 47. — A la suite de différents mémoires lus à l'Académie des sciences, en 1747, Clairaut fit paraître sa *Théorie de la lune.* Lors des lectures faites sur cette matière par Clairaut à l'Académie, Buffon, qui s'était occupé des mêmes recherches, lut de son côté différents mémoires dans lesquels il combattait l'opinion de son savant confrère. D'Alembert aussi était entré en lice, et il y eut à ce propos des discussions savantes, souvent fort animées, dont on retrouve la trace dans les Mémoires de l'Académie. Lorsque parut, avec les premiers volumes de l'Histoire naturelle, la Théorie de la terre, Buffon ne crut pas devoir insister sur une question au sujet de laquelle Clairaut et lui avaient été séparés d'opinion. Dans sa lettre à l'abbé Le Blanc il explique la cause de son silence. Lorsqu'il publia le second volume des Suppléments à l'Histoire naturelle, en 1774 (*Introduction à l'Histoire des minéraux*), il revint sur cette discussion scientifique : « Un de nos grands géomètres, dit-il, a prétendu que la quantité absolue du mouvement de l'apogée ne pouvait pas se tirer de la théorie de la gravitation telle qu'elle est établie par Newton, parce qu'en employant les lois de cette théorie, on trouve que ce mouvement ne devrait s'achever qu'en dix-huit ans, au lieu qu'il s'achève en neuf ans. Malgré l'autorité de cet habile mathématicien, et les raisons qu'il a données pour soutenir son opinion, j'ai toujours été convaincu, comme je le suis encore aujourd'hui, que la théorie de Newton s'accorde avec les observations.... Dès le temps que M. Clairaut proposa, pour la première fois, de changer la loi de l'attraction et d'y ajouter un terme, j'avais senti l'absurdité qui résultait de cette supposition, et j'avais fait mes efforts pour la faire sentir aux autres ; mais j'ai depuis trouvé une nouvelle manière de la démontrer, qui ne laissera, à ce que j'espère, aucun doute sur ce sujet important. » (Voir les *Mémoires de l'Académie des sciences*, année 1745, p. 493, 529, 551, 557 et 580.)

Note 6, p. 48. — Le départ de la cour pour Compiègne, au mois de juin de l'année 1750, frappa vivement les esprits. Ce fut la première fois que le Roi évita de passer par Paris ; les ministres craignaient qu'il ne fût insulté par la populace. Des émeutes venaient d'avoir lieu ; on accusait la maréchaussée d'enlever des enfants et de se faire ensuite payer une sorte de rançon par les parents. Le 17, le 20 et le 23 mai, le sang coula dans les rues de la ville ; M. Berryer, lieutenant de police, et M. Duval, chef du guet, montrèrent peu de fermeté, et la majesté royale fut outragée. On était loin déjà du temps où Louis XV, de retour de Fontenoy, était porté en triomphe dans les rues de Paris.

« Ce qu'il y a de fâcheux, dit le marquis d'Argenson dans son journal, au sujet du voyage de la cour, c'est le parti que des fem-melettes ont fait prendre au Roi pour le voyage de Compiègne. On a annoncé qu'il était retardé de huit jours par les prières de Madame la Dauphine, et pour des maladies dans ce pays-là (à quoi il n'y avait pas un mot de vrai) ; mais c'était afin de tromper le peuple de Paris. Au lieu que Sa Majesté devait partir de Versailles le 5, elle est partie secrètement dans la nuit du 6 au 7 pour Compiègne, où on l'attendait peu ; et pour punition, dit-on, au peuple révolté, le monarque n'a point passé par Paris.

« On a ouvert un chemin nouveau dans la plaine Saint-Denis, à tra-vers les champs, dont la moisson s'avançait. On a encore craint qu'il ne s'embourbât par les pluies continuelles qu'il fait aujourd'hui. Tout cela a un air de fuite qui désole tous les bons Français. Voilà la haine inspirée au Roi contre les Parisiens plus grande qu'elle n'était chez Louis XIV. Il n'y a que des femmes de basse condition, dit-on, qui puissent donner de tels conseils.

« Que peuvent mander les ambassadeurs étrangers à leur cour de ce qu'ils voient ici ? Et quelle estime de notre gouvernement, quelle con-fiance y peut-on prendre ?

« 27 juin 1750. — Il est très-vrai que le Roi a dit tout haut dans sa cour qu'il ne voulait point passer par Paris allant à Compiègne. « Eh « quoi ! a-t-il dit, je me montrerais à ce vilain peuple qui a dit que « je suis son Hérode ! »

Note 7, p. 48. — Claude Sallier, né en 1685, mort le 9 jan-vier 1751, fut membre de l'Académie des inscriptions et membre de l'Académie française. Il fut en outre secrétaire interprète du duc d'Orléans, et professeur d'hébreu au Collége royal, où il avait succédé à Sarrasin en 1719.

XXXI

Note 1, p. 48. — Buffon avait deviné juste. Le voyage de Voltaire à Berlin fut le signal de sa brouille avec Maupertuis. Maupertuis était alors président de l'Académie de Berlin, fêté par le roi de Prusse et fort en évidence par ses ouvrages et par sa dignité. Voltaire fit oublier Maupertuis, et Maupertuis, d'un caractère envieux et jaloux, ne pardonna pas à Voltaire de l'avoir relégué au second plan. Il commença dès lors contre lui cette guerre sourde, dont la conséquence fut une rupture entre Voltaire et le Roi. Avant de quitter Berlin, Voltaire se vengea de son déloyal adversaire. Maupertuis soutenait alors une discussion scientifique avec le mathématicien Kœnig ; il parut, à ce sujet, sous le titre de *Diatribe du docteur Akakia*, *médecin du pape*, une brochure dans laquelle Voltaire couvre son rival de ridicule. La diatribe du docteur Akakia porta un coup mortel à l'amour-propre de Maupertuis. A compter de ce jour, il devint sombre et taciturne, et, quatre ans après le départ de Voltaire, il mourut sans lui avoir pardonné.

Note 2, p. 49. — Le contrôleur général Machault, en même temps garde des sceaux, avait demandé au clergé un état général de tous les biens ecclésiastiques. Cette démarche venait à la suite d'autres mesures précédemment prises ; elle donna au clergé des craintes sérieuses pour la conservation de ses priviléges, et occasionna une grande fermentation. En 1747, le contrôleur général, soutenu par le garde des sceaux d'Aguesseau, dont ce fut le dernier acte d'administration, avait fait rendre par le conseil un arrêt concernant le clergé, dans lequel se trouvaient les prescriptions suivantes : « Défend tout nouve établissement de chapitre, collége, séminaire, maison religieuse ou hôpital, sans une permission expresse du Roi, et lettres patentes expédiées et enregistrées dans les cours souveraines. — Révoque tous établissements de ce genre faits sans cette autorisation. — Interdit à tous les gens de main-morte d'acquérir, recevoir ou posséder aucun fonds, maison ou rente, sans autorisation légale. » Ces mesures étaient sages; on voulait limiter le nombre des biens de main-morte, qui s'accroissait tous les jours. De notre temps, il n'y aurait pour les dispositions de ce genre qu'un cri d'approbation. Mais en 1747, l'opinion n'était pas encore formée; le clergé, dans ses assemblées générales, avait protesté, invoquant ses anciens priviléges, et se refusant à payer l'impôt auquel on menaçait de l'assujettir.

Aux ordres réitérés du Roi, les évêques opposèrent la réponse suivante :

« Nous connaissons la justice et la magnanimité de Votre Majesté. Elle ne trouvera point mauvais que le clergé ne consente jamais à donner comme un tribut d'obéissance ce qu'il a toujours donné comme une preuve d'amour et de respect. »

Le clergé offrit à diverses reprises des dons volontaires que l'État, à bout de ressources, eut la faiblesse d'accepter. Il gagnait ainsi du temps et parvenait à ajourner la solution de la terrible question qui lui était posée. Mais le jour où le garde des sceaux demanda un état général des biens ecclésiastiques, la terreur fut grande ; on crut voir arriver le moment de la suppression des plus riches monastères. Ainsi directement attaqué, le clergé, qui n'avait élevé que de faibles réclamations contre l'édit de 1747, changea de tactique. Il attaqua à son tour, mais sourdement, et, par de secrètes et habiles menées, il jeta la discorde parmi ses adversaires et sauva ses biens. D'ailleurs Louis XV se faisait vieux et redoutait l'excommunication dont on l'avait menacé. La marquise de Pompadour, qui avait appuyé et soutenu le contrôleur général dans les mesures qu'il avait provoquées contre le clergé, voyant l'empire que prenaient chaque jour davantage les idées religieuses sur l'esprit du Roi, et redoutant le sort de la duchesse de Châteauroux, ralentit son zèle et rendit le garde des sceaux plus circonspect et plus prudent. A son tour il temporisa et attendit.

Note 3, p. 49. — Jean-Joseph Languet de Gergy, né à Dijon, le 25 août 1677, mort le 11 mai 1753, fut un des plus zélés défenseurs de la bulle *Unigenitus*. En 1702, il fut reçu docteur en Sorbonne de la maison et société de Navarre. En 1715 il devint aumônier de Madame la Dauphine, vicaire général du diocèse de Moulins, puis évêque de Soissons. En 1730, il fut pourvu de l'archevêché de Sens. L'archevêque de Sens faisait partie de l'Académie française depuis 1721. Ce fut Buffon qui lui succéda.

On lit dans les Mémoires du marquis d'Argenson : « Le Roi n'entend pas raillerie sur le refus du clergé. On renvoie tous les évêques que l'on trouve à Paris, et Sa Majesté dit à ceux qu'il voit à sa cour : « Monsieur, pourquoi n'êtes-vous pas dans votre diocèse ? » Ce qui les fait partir sur-le-champ. C'est ce qui vient d'arriver à l'évêque de Saint-Brieuc. C'est certainement un grand bien que de les obliger à la résidence. »

XXXII

Note 1, p. 49. — Jean-Henri-Samuel Formey, né le 31 mai 1711, mort le 8 mars 1797, devint membre de l'Académie de Berlin dès sa fondation. En 1746, il fut adjoint à de Jarriges, secrétaire de la classe de philosophie, et lui succéda en 1748.

Buffon ayant été élu membre de cette compagnie, Samuel Formey lui adressa, le 10 juin 1746, en sa qualité de secrétaire, la lettre suivante :

« Monsieur,

« L'Académie royale des sciences et belles-lettres de Berlin, attentive à orner la liste de ses membres de noms propres à lui faire honneur, et surtout à choisir des associés dont les lumières puissent lui être utiles, a appris avec beaucoup de plaisir que vous souhaitiez d'être agrégé à son corps, et votre élection a été accompagnée d'une parfaite unanimité de suffrages. Vous pouvez donc, monsieur, revêtir la qualité de membre de cette Académie, dont vous recevrez le diplôme dès qu'il se présentera une occasion de vous le faire parvenir.

« Je me félicite en mon particulier, monsieur, d'être chargé de vous notifier votre élection, et, en vous offrant les assurances d'estime et les témoignages de confraternité de tout notre corps, d'être le premier qui ait l'avantage de vous assurer de la considération distinguée avec laquelle j'ai l'honneur d'être votre très-humble et très-obéissant serviteur.

                                         « FORMEY,
              « Historiographe et secrétaire de l'Académie royale
                     des sciences et belles-lettres de Berlin. »

(Inédite. — De la collection de M. Henri Nadault de Buffon.)

Note 2, p. 49. — Ce sont des chapitres qui font partie de l'ouvrage de Samuel Formey, ayant pour titre : *Traité des dieux et du monde, par Salluste le philosophe, traduit du grec, avec des réflexions philosophiques et critiques* (1748, in-8, et 1808, in-8).

Note 3, p. 49. — Samuel Formey a donné, dans un ouvrage intitulé : *La France littéraire, ou Dictionnaire des auteurs français vivants,* une analyse très-étendue du livre de l'Histoire naturelle.

Note 4, p. 49. — Buffon fait allusion ici au grand ouvrage de Formey, la *Bibliothèque germanique*, commencée, en 1720, par Beausobre, et continuée par Formey et Mauclerc jusqu'en 1742. Formey fonda à cette époque une collection nouvelle qui prit le nom de *Nouvelle bibliothèque germanique*, et qui ne comprend pas moins de vingt-cinq volumes.

Note 5, p. 50. — Denis Diderot, né à Langres, en 1712, mort le 30 juillet 1784, conçut avec d'Alembert le vaste projet de l'*Encyclopédie*. Les deux premiers volumes de l'ouvrage parurent en 1751. Un arrêt du Conseil du Roi, du 7 février 1752, supprima les deux volumes qui venaient de paraître, et l'impression des volumes suivants fut suspendue pendant dix-huit mois. Les éditeurs ayant obtenu le retrait de l'arrêt du Conseil, cinq nouveaux volumes furent donnés au public ; mais un nouvel arrêt du Conseil du Roi intervint à la date du 8 mars 1759, et retira le privilège. Diderot ne se découragea pas, tandis que d'Alembert cessa de coopérer à l'œuvre commune. Le duc de Choiseul et Malesherbes s'intéressèrent à cette entreprise, et obtinrent que le reste de l'ouvrage parût sans être soumis à aucune censure.

Note 6, p. 50. — Le livre de l'*Astronomie nautique* fut imprimé deux fois à l'Imprimerie royale, la première en 1743, et la seconde en 1751. Cet ouvrage fut, par ordre du Roi, envoyé dans tous les ports, et la faveur avec laquelle il fut accueilli alors ne l'a pas sauvé de l'oubli. L'auteur y avait mis cette épigraphe, que sa concision fit remarquer :

« Præceps aerii specula de montis in undas
Deferar. »
(Virgile, *Bucol.*, Égl. VIII, v. 60.)

Note 7, p. 50. — La *Vénus physique* de Maupertuis est l'exposé d'un système complet sur la génération.

XXXIV

Note 1, p. 51. — Voici cette lettre :

« Monsieur,

« Nous avons été informés, par un d'entre nous, de votre part, que, lorsque vous avez appris que l'Histoire naturelle dont vous êtes au-

teur, était un des ouvrages qui ont été choisis par ordre de la Faculté
de théologie pour être examinés et censurés, comme renfermant des
principes et des maximes qui ne sont pas conformes à ceux de la religion, vous lui avez déclaré que vous n'aviez pas eu intention de vous
en écarter, et que vous étiez disposé à satisfaire à la Faculté sur chacun des articles qu'elle trouverait répréhensibles dans votre dit ouvrage. Nous ne pouvons, monsieur, donner trop d'éloges à une résolution aussi chrétienne, et pour vous mettre en état de l'exécuter, nous
vous envoyons les propositions extraites de votre livre, qui nous ont
paru contraires à la croyance de l'Église.»

Lorsque Buffon eut envoyé l'explication des passages de son livre
qui avaient éveillé l'attention de la Faculté, elle lui adressa la lettre
suivante :

« Monsieur,

« Nous avons reçu les explications que vous nous avez envoyées,
des propositions que nous avons trouvées répréhensibles dans votre
ouvrage qui a pour titre *Histoire Naturelle;* et après les avoir lues dans
notre assemblée particulière, nous les avons présentées à la Faculté
dans son assemblée générale du 1er avril 1751, présente année; et,
après en avoir entendu la lecture, elle les a acceptées et approuvées
par sa délibération et sa conclusion dudit jour. Nous avons fait part
en même temps, monsieur, à la Faculté, de la promesse que vous
nous avez faite de faire imprimer ces explications dans le premier
ouvrage que vous donneriez au public, si la Faculté le désire ; elle a
reçu cette proposition avec une extrême joie, et elle espère que vous
voudrez bien l'exécuter. »

Note 2, p. 51.—Nous croyons devoir reproduire textuellement les
explications de Buffon.

« Je déclare :

« 1° Que je n'ai eu aucune intention de contredire le texte de l'Écriture ; que je crois très-fermement tout ce qui y est rapporté sur la
création, soit pour l'ordre des temps, soit pour les circonstances des
faits ; et que j'abandonne ce qui, dans mon livre, regarde la formation
de la terre, et en général tout ce qui pourrait être contraire à la nar-
ration de Moïse, n'ayant présenté mon hypothèse sur la formation des
planètes que comme une pure supposition philosophique.

« 2° Que par rapport à cette expression : *le mot de vérité ne fait
naître qu'une idée vague,* je n'ai entendu que ce qu'on entend dans les
écoles par idée générique, qui n'existe point en soi-même, mais seu-

lement dans les espèces dans lesquelles elle a une existence réelle ; et par conséquent il y a réellement des vérités certaines en elles-mêmes, comme je l'explique dans l'article suivant.

« 3º Qu'outre les vérités de conséquence et de supposition, il y a des premiers principes absolument vrais et certains dans tous les cas et indépendamment de toutes les suppositions, et que ces conséquences, déduites avec évidence de ces principes, ne sont pas des vérités arbitraires, mais des vérités éternelles et évidentes ; n'ayant uniquement entendu par vérités de définitions que les seules vérités mathématiques.

« 4º Qu'il y a de ces principes évidents et de ces conséquences évidentes dans plusieurs sciences, et surtout dans la métaphysique et la morale ; que tels sont en particulier, dans la métaphysique, l'existence de Dieu, ses principaux attributs, l'existence, la spiritualité et l'immortalité de notre âme ; et dans la morale, l'obligation de rendre un culte à Dieu, et à un chacun ce qui lui est dû, et en conséquence qu'on est obligé d'éviter le larcin, l'homicide et les autres actions que la raison condamne.

« 5º Que les objets de notre foi sont très-certains, sans être évidents ; et que Dieu, qui les a révélés, et que la raison même m'apprend ne pouvoir me tromper, m'en garantit la vérité et la certitude ; que ces objets sont pour moi des vérités du premier ordre, soit qu'ils regardent le dogme, soit qu'ils regardent la pratique dans la morale ; ordre de vérités dont j'ai dit expressément que je ne parlerais point, parce que mon sujet ne le demandait pas.

« 6º Que quand j'ai dit que les vérités de la morale n'ont pour objet et pour fin que des convenances et des probabilités, je n'ai jamais voulu parler des vérités réelles, telles que sont non-seulement les principes de la loi divine, mais encore ceux qui appartiennent à la loi naturelle ; et que je n'entends par vérités arbitraires en fait de morale, que les lois qui dépendent de la volonté des hommes, et qui sont différentes dans différents pays, et par rapport à la constitution des différents États.

« 7º Qu'il n'est pas vrai que l'existence de notre âme et nous ne soient qu'un, en ce sens que l'homme soit un être purement spirituel, et non un composé de corps et d'âme ; que l'existence de notre corps et des autres objets extérieurs est une vérité certaine, puisque non-seulement la Foi nous l'apprend, mais encore que la sagesse et la bonté de Dieu ne nous permettent pas de penser qu'il voulût mettre les hommes dans une illusion perpétuelle et générale ; que par cette raison, cette étendue en longueur, largeur et profondeur (notre corps) n'est pas un simple rapport de nos sens.

« 8° Qu'en conséquence, nous sommes très-sûrs qu'il y a quelque chose hors de nous, et que la croyance que nous avons des vérités révélées présuppose et renferme l'existence de plusieurs objets hors de nous; et qu'on ne peut croire que la matière ne soit qu'une modification de notre âme, même en ce sens que nos sensations existent véritablement, mais que les objets qui semblent les exciter n'existent point réellement.

« 9° Que quelle que soit la manière dont l'âme verra dans l'état où elle se trouvera depuis sa mort jusqu'au jugement dernier; elle sera certaine de l'existence des corps, et en particulier de celle du sien propre, dont l'état futur l'intéressera toujours, ainsi que l'Écriture nous l'apprend.

« 10° Que quand j'ai dit que l'âme était impassible par son essence, je n'ai prétendu dire rien autre chose, sinon que l'âme, par sa nature, n'est pas susceptible des impressions extérieures qui pourraient la détruire; et je n'ai pas cru que par la puissance de Dieu elle ne pût être susceptible des sentiments de douleur, que la foi nous apprend devoir faire dans l'autre vie la peine du péché et le tourment des méchants.

« BUFFON. »

La soumission de Buffon et les explications par lui fournies désarmèrent la Sorbonne; il ne fut pas donné suite à la censure de l'ouvrage. On trouve dans Grimm, au sujet de la correspondance échangée entre Buffon et la Faculté, l'appréciation suivante :

« 15 septembre 1753. — Le quatrième volume de l'Histoire naturelle de M. de Buffon a paru deux jours après sa réception à l'Académie française. Il contient un *discours* admirable sur la nature des animaux, l'*histoire du cheval, de l'âne et du bœuf*. Ce n'est qu'après une lecture soigneuse qu'on peut rendre compte d'un ouvrage aussi important et qui fait tant d'honneur à l'auteur, à sa nation et à son siècle. Vous trouverez à la tête deux lettres écrites à M. de Buffon par la Sorbonne. Outre les misères qui en sont l'objet, ces deux pièces sont très-remarquables par la barbarie du style qui y règne. »

« Buffon sort d'ici, dit le président de Brosses dans sa correspondance; il m'a donné la clef de son quatrième volume, sur la manière dont doivent être entendues les choses dites pour la Sorbonne. »

Buffon, qui avait besoin de calme pour mener son œuvre à bonne fin, voulait avant tout assurer son repos; c'est pourquoi il ménagea toujours la Sorbonne, dont il redoutait les tracasseries fatigantes plus encore que les censures et les persécutions.

XXXV

Note 1, p. 51. — Le marquis d'Argenson annonce ainsi dans son journal le voyage du frère de la marquise de Pompadour en Italie : « M. de Vandières, frère de la Marquise, et reçu en survivance de M. de Tournehem, part enfin vendredi pour son grand voyage d'Italie, où il doit aller se former le goût, pour nous faire de belles choses en France. Mais ce voyage doit coûter cher à l'État. On lui donne des historiographes des bâtiments, des conseils, des gouverneurs, des dessinateurs. Enfin ne verra-t-on que folie sur folie, et rien de salutaire aux peuples ? »

Note 2, p. 52. — Fils de Guillaume-François-Antoine, marquis de L'Hôpital, né en 1661, mort en 1704, qui a laissé sur la géométrie des travaux considérables.

Note 3, p. 52. — Boulongne de Préminville, fermier général, puis un instant contrôleur général des finances.

Note 4, p. 52. — Le président de Brosses avait, avant l'abbé Le Blanc, envoyé à Buffon une description du Vésuve. Il lui écrivit de Rome à la date du 30 novembre 1739 : « Je viens, mon cher Buffon, de m'entretenir avec M. de Neuilly et notre ami le président Bouhier du Vésuve, ainsi que de la découverte nouvellement faite de l'ancienne ville d'Herculée, ensevelie sous les ruines du mont Vésuve. Rien au monde n'est plus singulier que d'avoir retrouvé une ville entière dans le sein de la terre. Je parle au Président des antiquités que l'on en tire tous les jours ; maintenant, sans répéter ici ce que je dis à l'un et à l'autre, soit sur mon excursion au Vésuve, soit sur ma visite à Ercolano, je veux chercher avec vous par quelles causes les villes du rivage de la Campanie ont été enterrées de la sorte, et vous communiquer une idée singulière à ce sujet. »

Note 5, p. 52. — En 1750, lors de la mort de l'abbé Terrasson, on songea à Piron pour remplir la place vacante à l'Académie. Piron ne se souciait pas de faire les visites : ses amis l'y décidèrent cependant, en lui remontrant que sa fortune (2500 francs de rente) s'en allait avec Mme Piron, sur la tête de laquelle elle était placée en viager, et que sa pension d'académicien le mettrait à l'abri du besoin. Piron, docile aux conseils de l'amitié, se mit sur les rangs et commença les visites. Sa première démarche le conduisit chez Nivelle de La Chaussée. Il ne fut pas reçu. Découragé par ce premier échec, il revint chez lui et s'abstint de toute nouvelle visite. Mais il avait eu l'imprudence de s'aliéner La Chaussée qui ne manquait pas de crédit sur les décisions de l'Académie. Avec son nom il avait écrit à la porte de l'académicien ces deux vers empruntés à l'*École de la Jeunesse*, dont La Chaussée était l'auteur :

> • En passant par ici, j'ai cru de mon devoir
> De joindre le plaisir à l'honneur de vous voir.

Il faut dire que, lors de la première représentation de la pièce, les deux vers de La Chaussée avaient été outrageusement sifflés, à ce point que le lendemain, l'acteur en scène dut, par crainte du parterre, les passer sous silence. La Chaussée ne pardonna pas à Piron cette excellente plaisanterie. La candidature fut écartée, et toutes les voix se portèrent sur M. de Mairan, qui fut élu. A la vacance suivante, Piron se vit préférer le marquis de Bissy. Le Roi en parut mécontent, et fit dire par M. de Richelieu, qu'il lui paraissait surprenant que Piron ne fût point encore de l'Académie. Aussi lorsque, en 1752, un nouveau fauteuil vint à vaquer par la mort de l'archevêque de Sens (Joseph Languet de Gergy), Buffon, auquel l'Académie avait songé, pria ses amis de retirer sa candidature pour laisser passer Piron. Cette fois son élection était assurée; mais l'abbé d'Olivet, excité contre le poëte par La Chaussée, envoya à Mgr de Mirepoix l'ode à Priape. L'Éminence la porta au Roi, qui pria avec un malin plaisir l'évêque de lui en faire la lecture. Piron fut écarté, et Buffon élu à sa place.

Le marquis d'Argenson rend ainsi compte de l'échec de Piron :

« La marquise de Pompadour avait donné parole à Piron pour la première place vacante à l'Académie française; à présent le Roi la lui refuse. L'ancien évêque de Mirepoix a montré au Roi l'ode à Priape, œuvre de la jeunesse de Piron, et c'est ce qui a motivé son exclusion. Buffon et d'Alembert se retirent de la place vacante, pour ne pas encourir à leur tour quelque note infamante de ce genre, le premier ayant contredit la *Genèse*. Il ne reste que des plats-pieds à élire. Je sais encore Bougainville, qui est soupçonné d'être janséniste; Condillac, métaphysicien qui a trop parlé de l'âme. Cette exclusion à tous propos est une indiscrétion de souveraineté. Le feu Roi ne l'a employée qu'une fois dans sa vie. Plus les prêtres sont haïs, plus ils travaillent à se rendre haïssables. »

Piron reçut, comme dédommagement de son exclusion de l'Académie, une pension de 1000 livres sur la cassette du Roi, et l'Académie lui envoya une députation pour le féliciter de cette faveur. La marquise de Pompadour l'avait obtenue du Roi à la suite d'une lettre que lui écrivit le comte de Montesquiou, alors directeur de l'Académie. Cette lettre prouve le rôle que Buffon joua dans cette affaire, et la loyauté de ses procédés envers un homme auquel il reconnaissait des titres préférables aux siens. Cette lettre est ainsi conçue :

« Madame,

« Vous êtes à Cessy, où il ne m'est pas permis d'aller. J'ai l'honneur de vous écrire ce qui se passa hier à l'Académie. J'y rendis compte des ordres du Roi, et, comme M. de Buffon avait prié ses amis de ne point le nommer, dans ces circonstances, la plupart des académiciens, n'ayant pas d'autres sujets à proposer, se trouvèrent embarrassés et demandèrent qu'on différât l'élection jusqu'à samedi en huit. Piron est assez puni, madame, pour les mauvais vers qu'on dit qu'il a faits ; d'un autre côté, il en a fait de très-bons. Il est aveugle, infirme, pauvre, marié, vieux. Le Roi ne lui accordera-t-il pas quelque petite pension ? C'est ainsi que vous employez le crédit que vos belles qualités vous donnent ; et parce que vous êtes heureuse, vous ne voudriez pas qu'il y eût des malheureux. Le feu roi exclut également La Fontaine d'une place à l'Académie, à cause de ses contes ; il la lui rendit six mois après à cause de ses fables ; il voulut même qu'il fût présenté avant Despréaux, qui s'était présenté depuis lui. »

(Publiée par Girault en 1819.)

Note 6, p. 52. — Claude de Thiard, marquis, puis comte de Bissy, né en 1721, mort le 26 septembre 1810, fut élu en 1750 membre de l'Académie française, à la place de l'abbé Terrasson. Le comte de Thiard, son frère, lieutenant général, se distingua par son dévouement à la cause royale, et mourut sous la hache révolutionnaire. « M. de Bissy, dit le marquis d'Argenson dans son journal, a été élu tout d'une voix pour remplacer l'abbé Terrasson à l'Académie française. Ainsi l'on prétend opposer l'hôtel de Luxembourg à l'hôtel de Duras, et Bissy à Pont-de-Veyle. Nos mœurs françaises deviennent charmantes. »

Note 7, p. 53. — Charles Pineau Duclos, né en 1704, mort le 26 mars 1772, entra à l'Académie française en 1747, et devint secrétaire perpétuel de cette compagnie en 1755. Son premier ouvrage sérieux fut son *Histoire de Louis XI;* elle lui valut la place d'historiographe de France, que la retraite de Voltaire en Prusse avait rendue vacante. « C'est, dit le chancelier d'Aguesseau, après avoir lu le livre de Duclos, un ouvrage composé d'aujourd'hui avec l'érudition d'hier. » Les *Considérations sur les mœurs* suivirent. « C'est l'ouvrage d'un honnête homme, » dit Louis XV après l'avoir lu.

Note 8, p. 53. — Si la liberté de la pensée fut si grande au dix-huitième siècle, ce ne fut certes point faute d'institutions destinées à la protéger contre ses propres écarts; le temps est venu où les idées nouvelles sauront se faire jour, et, malgré la surveillance à laquelle toute production de l'esprit était alors soumise, elles se propageront avec rapidité. Le contrôle était sérieux cependant : aucun manuscrit ne pouvait être donné à l'imprimerie que revêtu de l'approbation d'un censeur royal, qui en avait fait l'examen et en garantissait ainsi la moralité. Si un livre paraissait sans avoir subi l'épreuve de la censure, l'auteur pouvait être poursuivi par la Sorbonne, décrété par le Parlement, et l'ouvrage condamné était brûlé par la main du bourreau sur le grand escalier du palais. La Faculté de théologie, spécialement chargée de veiller à ce que la morale et le dogme ne fussent point attaqués, tenait, à cet effet, tous les mois une assemblée dite *Prima mensis.* Le syndic rendait compte des ouvrages d'où il avait extrait des propositions répréhensibles, et en dénonçait l'auteur à la Faculté. On examinait les passages de l'ouvrage incriminé, on en commentait le sens, on en discutait l'intention, l'auteur était parfois même entendu; puis on votait sur la mesure proposée par le syndic. Si la censure était prononcée, et que le livre eût paru avec approbation, le censeur était interdit. Parfois, le livre de Marmontel et l'*Émile* de J.-J. Rousseau en sont un exemple, l'archevêque publiait un mandement pour combattre les mauvaises doctrines signalées à son attention. La censure de la Sorbonne, on le comprend sans peine, était redoutée à l'égal des plus terribles sentences, et les membres qui composaient ce tribunal sans appel ne furent pas ménagés par les partisans des nouvelles doctrines. On pourra en juger par un apologue qui eut un grand succès, et dont M. de Lille, capitaine au régiment de Champagne, est l'auteur :

> Aux portes de la Sorbonne
> La Vérité se montra;
> Le syndic la rencontra :
> « Que demandez-vous, la bonne?
> — Hélas! l'hospitalité.
> — Votre nom? — La Vérité.

— Fuyez, dit-il en colère,
Fuyez, ou je monte en chaire
Et crie à l'impiété !
— Vous me chassez ; mais j'espère
Avoir mon tour, et j'attends :
Car je suis fille du temps,
Et j'obtiens tout de mon père. »

Note 9, p. 53. — Quelques années plus tard, Buffon devint membre d'une autre Académie italienne, dont le P. Jacquier faisait également partie. En 1777, le prince de Gonzague, de retour d'un voyage en France, le fit recevoir à l'Académie des Arcades de Rome. Le brevet qui lui fut envoyé à la suite de cette élection est conçu en termes tels, que, si le nom de Buffon était salué dans son pays des plus vives acclamations, on peut se convaincre que sa renommée n'était pas moindre à l'étranger. Voici la traduction littérale de ce brevet :

« Acte de la promotion solennelle par acclamation à l'emploi de pasteur arcadien de l'illustre et savant comte de Buffon, lors de l'assemblée générale du 13 février 1777.

« Nous, honorables Arcades, nous trouvant assemblés ici pour écouter une des si nombreuses productions littéraires du très-docte P. François Jacquier, dit Diophante Asmiclée, la réunion du jour nous devient doublement agréable et solennelle en raison de la gracieuse invitation que vous adresse le magnanime prince D. Louis Gonzague de Castiglione (dit Émirène), domicilié actuellement sur les rivages du royal fleuve nommé la Seine, en vous priant de proclamer votre collègue un des plus grands génies de la France, le Pline de notre temps, le très-célèbre comte de Buffon ; voulant par là donner à celui-ci un témoignage réciproque de son amitié, et à nous une preuve du généreux zèle que, même éloigné de nous, il conserve pour le plus grand éclat de notre assemblée. Un si grand génie, auteur encore vivant de tant d'œuvres remarquables et utiles à la société, par lesquelles il a mérité l'honneur de se voir élever une statue par l'ordre du Roi Très-Chrétien, mérite bien de nous toute démonstration extraordinaire de profonde estime. En conséquence, très-illustres Arcades, répétons avec joie cette invitation si honorable ; que dans ce jour les forêts arcadiennes retentissent du nom immortel du comte de Buffon, et qu'il soit acclamé sous les dénominations pastorales d'*Archytas de Thessalie*. Donnez donc les témoignages accoutumés d'approbation et de joie, en déclarant à jamais heureux et agréable le présent jour.

« A cette invitation, les Arcades, réunis en grand nombre dans la salle du Conservatoire, en la présence accidentelle de deux auditeurs du Sacré Conseil de Rote, d'autres membres de la prélature et de la noblesse tant romaine qu'étrangère, de Mme Forester, poëte anglais, du marquis de Brasac, premier écuyer de Madame Victoire, princesse de France, de l'abbé de Prades, précepteur de Son Altesse Royale le duc d'Angoulême, du marquis de Gulard, de M. Vien, directeur de l'Académie de France à Rome, de l'abbé Constantin, grand vicaire d'Angers, de l'abbé Deshaises, grand vicaire d'Albi, du chevalier de La Porte du Theil, du comte d'Orcey, et de nombreux professeurs des établissements supérieurs d'instruction publique (archigymnases), ont de la voix et du geste exprimé particulièrement leur vive satisfaction, et confirmé la nomination proposée. Ce dont le gardien, pour l'accomplissement de son ministère, a eu la gloire d'enregistrer l'acte dans les fastes les plus brillants de l'Arcadie.

« Donné en pleine assemblée par la chaumière du Conservatoire, dans le bois Parrhasius, le troisième jour après le 10 du mois de gamélion, dans le cours de la 11e année de la 638e olympiade, 3e année de la 22e olympiade depuis la restauration de l'Arcadie,

« Jour proclamé généralement heureux.

« NIVILOO AMARINZIO, gardien général.

« Sous-gardiens { ALEXINDE DE LATMOS, LIDINIUS THÉSÉE. »

Note 10, p. 53. — François-Marie Zanotti, professeur d'astronomie à l'Institut de Bologne, dont il était en outre le secrétaire.

Note 11, p. 54. — Parmi les nombreux écrits polémiques auxquels donna lieu, de la part du clergé, la bulle *Unigenitus*, ceux de l'archevêque de Sens (Languet de Gergy) et ceux de l'évêque d'Auxerre (de Levi de Caylus) se firent surtout remarquer par leur violence. L'archevêque de Sens était le représentant du parti de la bulle et son plus chaleureux défenseur; l'évêque d'Auxerre, après avoir adhéré à la bulle *Unigenitus*, s'était rétracté et était devenu, dans le petit nombre des évêques qui en appelèrent au futur concile, le chef du parti janséniste. Charles-Daniel-Gabriel de Pestel, de Levi, de Thubières de Caylus, né en 1669, mort le 3 avril 1754, fut nommé à l'évêché d'Auxerre le 18 août 1704. Ses ouvrages ont été recueillis en dix volumes in-12, et sa vie a été écrite par l'abbé Detey.

Note 12, p. 54. — Chrétien-Guillaume de Lamoignon de Malesherbes, né le 6 décembre 1721, mort sur l'échafaud révolutionnaire le 22 avril 1794, devint, en 1750, membre honoraire de l'Académie des sciences. En 1759, il entra à l'Académie des inscriptions, et le 16 février 1775, il fut reçu membre de l'Académie française. Cinq ans après sa mort, en 1798, parurent deux volumes ayant pour titre : *Observations de Lamoignon-Malesherbes sur l'Histoire naturelle générale et particulière de Buffon et de Daubenton.* L'ouvrage avait été écrit en 1750, dans le temps où les premiers volumes de l'Histoire naturelle venaient de paraître ; Malesherbes avait alors vingt-huit ans. Dans cette critique du livre de Buffon, on trouve des observations remplies de sens, de savoir et de vérité. Malesherbes défend la méthode que Buffon attaque : « Je crois, dit-il, que le peu de connaissance que M. de Buffon a des auteurs systématiques, est ce qui l'a empêché de faire attention à la première et principale utilité de leurs méthodes.» (Tome I, p. 8.) « Lorsque l'ouvrage de M. de Buffon, dit-il plus loin, fut annoncé au public, il me parut que sous ce titre d'*Histoire naturelle générale et particulière*, l'auteur promettait un traité complet sur chaque partie de cette science, et ce projet me sembla d'autant plus hardi que M. de Buffon n'avait pas encore paru dans le monde savant comme naturaliste ; il était déjà célèbre par plusieurs mémoires lus à l'Académie sur différents sujets d'agriculture, de physique et de géométrie, et par une traduction très-estimable ; mais ces différentes connaissances me paraissaient autant de diversions à l'étude de la nature. » (Tome I, p. 3.)

En 1750, Malesherbes, qui succédait dans la présidence de la cour des aides à Guillaume de Lamoignon, son père, élevé à la dignité de chancelier, fut en même temps chargé de la librairie. Partisan des doctrines nouvelles, Malesherbes en favorisa plus qu'il n'en arrêta la propagation. Lorsque l'*Émile* fut brûlé par la main du bourreau et que Jean-Jacques eut été décrété par le Parlement, l'ouvrage s'imprima en Hollande. Les épreuves arrivaient en France sous le couvert du directeur de la librairie, qui prenait soin de les voir et de les corriger, avant de les adresser à l'auteur.

Le marquis d'Argenson, dont les idées ne sont pas en tout point opposées au parti philosophique, juge cependant avec sévérité Malesherbes comme directeur de la librairie. A la date du 11 mars 1753, se trouve inscrit dans son journal le paragraphe suivant : « Le président de Malesherbes, qui conduit aujourd'hui la direction des priviléges du roi et la censure des livres, sous son père le chancelier de Lamoignon, s'y prend fort joliment. Il laisse passer tout ce qui se présente, disant qu'il vaut mieux garder notre argent dans le royaume que de le laisser passer à l'étranger. Puis, quand les ordres d'en haut surviennent pour prohiber, il les publie et revient à sa tolérance d'une façon qu'elle reste et règne plus dans la littérature que l'intolérance. »

Malesherbes ne tarda pas, comme tant d'autres, à être emporté par le torrent qu'il ne put maîtriser ; mais il a largement expié le tort de ses complaisances philosophiques. On ne se souvient plus aujourd'hui que de sa courageuse fidélité et de sa mort héroïque. En 1768 il quitta la librairie, en même temps que son père quittait les sceaux.

Note 13, p. 54. — Jean Le Rond d'Alembert, né le 16 novembre 1717, mort le 29 octobre 1783, devint membre de l'Académie des sciences en 1741. Jusqu'alors il ne s'était fait connaître que comme géomètre ; mais en 1751, lorsqu'il fit paraître, avec Diderot, les premiers volumes de l'*Encyclopédie*, il se plaça, par le discours préliminaire de ce grand ouvrage, au premier rang des écrivains de son temps. D'Alembert n'aimait pas Buffon ; il n'eut jamais à se plaindre des procédés de ce dernier, mais il ne se sentait de sympathie ni pour sa personne, ni pour son talent. Il ne l'appelait que *le grand phrasier, le roi des phrasiers*. « Ne me parlez pas, disait-il un jour à Rivarol, de votre Buffon, ce comte de Tuffières, qui, au lieu de nommer simplement le cheval, s'écrie : « La plus noble conquête que « l'homme ait jamais faite est celle de ce fier et fougueux animal.... » — Oui, reprit aussitôt Rivarol, absolument comme ce sot de Jean-Baptiste Rousseau qui, au lieu de dire de l'est à l'ouest, s'écrie :

> Des bords sacrés où naît l'aurore,
> Aux bords enflammés du couchant. »

Note 14, p. 54. — Voir la note 5 de la lettre XXXII, p. 263.

XXXVII

Note 1, p. 56. — Buffon fit à Montbard des expériences fort complètes et fort suivies sur l'électricité. On s'occupait alors, avec l'intérêt qui s'attache toujours à l'inconnu, de cette science toute nouvelle ; on en constatait les premiers effets sans en prévoir les immenses résultats, et Buffon, entraîné par cette inclination de son esprit qui le pousse sans cesse, il le répète souvent dans le cours de son Histoire, vers les grandes découvertes, ne pouvait rester étranger aux recherches des savants de son temps. Son dernier ouvrage, le dernier produit de sa pensée, fut un livre sur l'électricité. Le jour où, à Montbard, on posa des paratonnerres sur les toitures du château, Gueneau de Montbeillard célébra ce grand événement par la pièce suivante, adressée à Franklin.

> Moderne Prométhée, ô sublime Franklin,
> Du plus puissant des dieux ne crains pas la vengeance;
> Quand ton art éteignit la foudre dans sa main,
> Son grand cœur t'en sut gré, tu servis sa clémence.
>   Oui, le Père du genre humain
>   Te doit de la reconnaissance.
> Eh! quel père, homme ou dieu, ne désire tout bas,
> Lorsque, pour réprimer ou prévenir des crimes,
> Son bras s'est élevé sur des enfants ingrats,
> Ne désire épargner de trop chères victimes,
> Et qu'un sage, un Franklin lui retienne le bras!

Placer des paratonnerres sur sa maison était regardé alors comme une hardiesse dangereuse. Les journaux du temps rendirent compte de la tentative de Buffon à Montbard. En 1783, à Arras, un savant du nom de Vizery de Boisvalé, ayant placé sur sa maison une aiguille aimantée, fut, par sommation d'huissier et par ordre de justice, contraint de l'enlever; ses voisins s'étaient effrayés de son audace. Un procès long et coûteux s'engagea, et, par un arrêt solennel, la cause du paratonnerre fut gagnée. Un jeune avocat qui faisait ses débuts dans ce procès, et dont les plaidoiries durèrent trois audiences, eut le plus grand succès. On a oublié le plaidoyer; mais on n'a pas oublié l'avocat, qui se nommait Maximilien de Robespierre.

Note 2, p. 57. — L'abbé Nollet, né en 1700, mort le 24 avril 1770, physicien célèbre, s'occupa, à l'exemple de l'abbé Le Noble, d'expériences sur l'électricité. Il fut jaloux de voir Buffon entreprendre les mêmes recherches, et s'efforça de le décourager.

La plupart des instruments de physique qui formaient le cabinet de l'abbé Nollet existent encore, et on peut les voir dans le cabinet de physique de la Faculté des sciences de Montpellier, où ils ne sont plus d'une grande utilité; car la science, depuis l'abbé Nollet, a fait d'immenses progrès.

Ces expériences de Buffon sur l'électricité ont été oubliées par ses biographes, par Vicq-d'Azir et Condorcet, dans leurs discours académiques. Elles ont droit de figurer cependant parmi celles dont on doit se souvenir, et de prendre place au nombre des titres scientifiques de l'illustre académicien.

XXXVIII

Note 1, p. 57. — A Buffon ne revient pas l'honneur d'avoir le premier découvert l'identité de la foudre et de l'électricité ; mais ce fut lui qui le premier tenta l'expérience du paratonnerre, voici dans quelle circonstance. Franklin parlait dans ses lettres à Collinson de la possibilité de cette expérience ; ces lettres furent publiées et connues de Buffon, qui établit aussitôt sur les toitures de sa maison une longue tige de fer, pointue à son extrémité supérieure, et isolée à sa partie inférieure avec de la résine. Dalibard, pressé par Buffon, en éleva une toute semblable à sa maison de campagne de Marly, et c'est chez lui que fut reconnue pour la première fois, le 10 mai 1752, la présence de l'électricité dans l'atmosphère. Le 19 mai de la même année, l'expérience réussit pareillement à Montbard. Franklin ne vérifia le même fait, au moyen d'un cerf-volant, que le 22 juin 1752. C'est donc à Buffon et à Dalibard que revient l'honneur d'avoir les premiers démontré par l'expérience l'identité de la foudre et de l'électricité annoncée comme une hypothèse par Franklin.

Note 2, p. 58. — Le phlogistique créé par Sthal, médecin allemand, et admis par les chimistes jusqu'à la découverte de l'oxygène, qui eut lieu vers la fin du dix-huitième siècle, était une matière subtile que l'on supposait se dégager des corps en combustion. Lavoisier a démontré le premier qu'ils augmentent de poids pendant la combustion et absorbent de l'oxygène. L'expérience indiquée par Buffon eût donc été sans résultats. L'identité de la chaleur et de l'électricité est probable ; on est assez généralement disposé à les regarder comme des manifestations d'une seule et même cause.

Note 3, p. 58. — Piron, sous le patronage de Buffon, entra en 1762 dans la société littéraire fondée par le président de Ruffey. Il ne prononça pas de discours de réception, il ne remercia pas ses nouveaux confrères par un morceau académique, soit en vers, soit en prose ; mais il leur écrivit une lettre fort curieuse, dans laquelle se trouvent les passages suivants : « Messieurs, né d'un père aimé de son temps dans votre ville, des grands et des petits, pour sa probité, son désintéressement, son enjouement poétique et sa franchise, je n'eus, avec un peu d'éducation, pour tout héritage que son exemple et un penchant naturel à le suivre. A peine eus-je donc la faculté de penser et de raisonner, que, selon le conseil du sage, l'étude de moi-même fut mon étude unique. Elle me procura bientôt le bonheur de me connaître assez pour sentir les bornes où me resserraient la nature, la naissance, la fortune et, plus que tout, mon caractère particulier, je veux dire mon goût passionné pour la solitude. Dès lors je me sus mettre, et de bonne heure, à ma place; dès lors je m'y fixai.... Aussi quand l'Académie française, assurée que je ne frapperais jamais à sa porte, voulut bien, contre son usage, me l'ouvrir gratuitement, et que M. de Mirepoix, en me la faisant refermer, satisfit également son zèle et mon inclination, je me gardai bien de profiter des facilités qu'il y avait de lever l'interdit. Il me rouvrait une retraite que, tout glorieux que je dusse être d'une faveur si distinguée, je n'abandonnais qu'à regret. Car enfin (n'en déplaise à l'amour-propre des hommes!) entrer dans un corps quel qu'il soit, ce n'est plus devenir qu'un membre et qu'un membre asservi. Dédommagé d'ailleurs par les bontés des maîtres, je regagnai donc ma solitude le plus content du monde.... C'est de cette paisible obscurité, messieurs, qu'il vous plaît de me tirer, comme avait voulu faire la métropole; je me trouve alors dans un cas bien différent.... De telles voix me vont au cœur, et me touchent bien autrement que n'auraient jamais pu faire toutes celles qui se sont efforcées si souvent ici de réveiller en moi quelque ambition. J'y défère donc bien volontiers et bien respectueusement.... »   (*Publiée par Girault.*)

XXXIX

Note 1, p. 59. — Le mariage se fit le 21 septembre, et Guéneau de Montbeillard y assista. Le protocole du contrat est ainsi conçu : « L'an mil sept cent cinquante-deux, le vingt et unième jour du mois de septembre après midi, au lieu de Fontaine en Duesmois, maison seigneuriale dudit lieu.—Par-devant moi Nicolas Gelot, notaire royal, résidant à Villaine en Duesmois, soussigné, furent présents haut et puissant seigneur Messire François-Henri de Saint-Belin, chevalier, seigneur dudit Fontaine, Dampierre et autres lieux, et, de son autorité, dame Mme Marie-Anne de Roze, son épouse, et de leur commune autorité, demoiselle Marie-Françoise de Saint-Belin leur fille, d'une part. — Messire Georges-Louis Leclerc, chevalier, seigneur de Buffon, Montbard, la Mairie et autres lieux, Intendant du Jardin royal des Plantes, à Paris, trésorier perpétuel de l'Académie royale des sciences, et des académies de Londres, de Berlin, etc., fils majeur de messire Benjamin-François Leclerc de Buffon, conseiller honoraire au parlement de Bourgogne, et de dame Anne-Christine de Marlin, ledit seigneur de

Montbard demeurant ordinairement en la ville de Paris, en son hôtel
au Jardin du Roi, paroisse Saint-Médard, d'autre part. Lesquelles
parties ont fait entre elles les conventions qui suivent ... Fait et passé
en présence des parents et amis communs, savoir : de la part de ladite
demoiselle future ; de dame Mme Anne-Marguerite de Saint-Belin,
relicte de Charles-Joseph Gérard, écuyer, seigneur de Quentroy y
demeurant, de présent audit Fontaine, sa sœur. — De messire François de Saint-Belin chevalier, et de messire Gabriel de Saint-Belin
aussi chevalier, prieur commendataire du prieuré de Saint-Loup du
Nord, ses frères. — Et, de la part dudit seigneur futur époux ; de
M. Louis-Jean-Marie Daubenton, docteur en médecine, des Académies royales de Paris et de Berlin, garde démonstrateur du Cabinet d'histoire naturelle du Jardin du Roi, demeurant à Paris au
même jardin, paroisse Saint-Médard, et de Philibert Gueneau,
écuyer, demeurant à Paris, paroisse Saint-Sulpice, et encore en
présence de maître Abraham Picard, prêtre, curé dudit Fontaine,
et du sieur Nicolas Junot fils, marchand audit lieu, témoins qui ont
signé. »

Le mariage de Buffon fut un mariage d'amour, à un âge et dans des
conditions où il ne s'en fait guère, et, chose plus rare encore, ce fut
un mariage heureux. C'était en 1750. Buffon avait alors quarante-trois
ans. Jusqu'à ce jour il n'avait jamais songé au mariage. A en croire
son frère le chevalier, il avait même hautement manifesté, dans un
grand nombre de circonstances, son intention de garder son indépendance et de conserver sa liberté. Gâté par la fortune, occupé du soin
de sa renommée, absorbé par ses études, Buffon passait une grande
partie de l'année à Montbard, dans la maison paternelle qu'il avait
restaurée et agrandie. Une de ses sœurs, Jeanne Leclerc de Buffon,
entrée de bonne heure en religion (1725), était alors supérieure du
couvent des Ursulines, dont elle dirigea longtemps la maison, sous le
nom de sœur saint Paul, avec intelligence et fermeté. La bonne tenue
du couvent de Montbard, sa réputation déjà ancienne dans la province,
y attiraient, outre les élèves dont les religieuses soignaient l'éducation,
quelques dames pensionnaires qui venaient y chercher un refuge contre
les disgrâces de la fortune. De ce nombre étaient les deux filles du
seigneur de Fontaine, François-Henri de Saint-Belin-Mâlain, toutes
deux jeunes (l'aînée avait dix-huit ans à peine), et toutes deux sans
fortune. La supérieure de la maison avait pris ses deux jeunes pensionnaires dans une grande et singulière affection ; appréciant leurs
heureuses qualités et aimant leur conversation naturelle et enjouée,
elle les faisait venir souvent près d'elle pour lire et travailler. Buffon
aimait sa sœur et venait la voir souvent; il rencontra chez elle les deux

jeunes recluses. L'une, l'aînée, était d'une grande beauté, et joignait à toutes les qualités de l'esprit celles du cœur. Buffon la distingua, et les visites au couvent se multiplièrent à ce point que la prudente supérieure crut sage d'éloigner ses pensionnaires. Buffon se fâcha, et, à la suite d'une discussion assez vive, déclara qu'il aimait Mlle de Saint-Belin et qu'il voulait l'épouser. Les deux sœurs reparurent. Pendant deux ans Buffon étudia et apprit à connaître celle dont il avait résolu, dès le premier jour, de faire sa femme, et, à l'heure qu'il avait fixée, il l'épousa, malgré l'opposition et le blâme de ses plus chers amis. De la part de Mlle de Saint-Belin ce fut aussi un mariage d'amour. Malgré une grande disproportion d'âge, elle s'éprit de la gloire de Buffon, et fut toute sa vie sous le charme des qualités solides qu'elle avait découvertes en lui. C'était une femme d'un goût excellent, plus sensible que personne aux plaisirs de l'esprit. Buffon trouva en elle, avec une affection tendre et dévouée, une admiration passionnée pour son génie, et une exquise sensibilité dont mieux que personne il connaissait le prix.

Note 2, p. 59. — Les premiers volumes de l'Histoire naturelle soulevèrent, lorsqu'ils parurent, beaucoup de critiques, aujourd'hui tombées dans l'oubli. Le silence de Buffon et sa répugnance à répondre aux attaques dont il était l'objet, contribuèrent, au moins autant que la faiblesse des objections, à faire oublier ces écrits. Dans le nombre cependant il en est un qui est resté; il a pour titre : *Lettres à un Américain; neuf lettres sur l'Histoire naturelle de M. de Buffon. Hambourg*, 1751, 9 *parties* in-12. « Le véritable auteur, dit le marquis d'Argenson dans ses Mémoires, est M. de Réaumur, de la même Académie des sciences que M. de Buffon, grand ennemi de celui-ci, envieux et jaloux de ses travaux et de ses récompenses. Buffon a été critiqué par les dévots, n'ayant pas assez respecté la physique révélée par la Genèse, et accusé d'avoir donné lieu au système du livre de *Telliamed*, qui nie le déluge. On y prétend que la terre a été anciennement couverte d'eau; que les plus anciens animaux sont les poissons; que tous les coquillages des mers, même de la Chine, que l'on trouve aujourd'hui au milieu de nos terres et de nos montagnes, proviennent de cet ancien séjour des eaux, et non du déluge de Noé, comme le croient les dévots. Cette critique a assez de succès dans le monde. Il faut être bien savant et bien appliqué pour la suivre dans sa physique sublime et calculée. Réaumur s'est adjoint un petit père de l'Oratoire * , qui a rédigé l'ouvrage. Il a évité de faire porter tout

---

* L'abbé de Lignac.

l'ouvrage sur la dévotion et la religion vengée ; il censure Buffon sur bien des points, des erreurs, des contradictions, de la vanité d'auteur orgueilleux et superficiel. Véritablement Buffon ne s'était chargé que de donner la description du Cabinet de physique du Roi, et il part de là pour déduire un système de physique général et hasardé, système nouveau et impossible, quoiqu'il eût lui-même déclamé contre les systèmes généraux. »

XL

Note 1, p. 60. — Buffon a souvent été représenté comme aimant passionnément la louange et en recherchant les témoignages, même exagérés. Sa lettre au président de Ruffey témoigne de son peu d'empressement à profiter de la légitime admiration de ses amis. Nous le verrons encore, dans le courant de sa longue carrière, refuser des témoignages éclatants d'estime et de considération, et s'étonner de ceux que la reconnaissance publique lui aura décernés. Si alors son cœur en ressentit une douce joie et s'il fut touché jusqu'aux larmes de distinctions qu'il n'avait point sollicitées, peut-on lui en faire un reproche ? Il avait la conscience de son génie, d'accord ; mais la vanité est le partage des sots, et cette passion, dont les petits esprits ont le privilége, ne ternit jamais le grand caractère de Buffon.

XLI

Note 1, p. 60. — A la lettre de Buffon se trouve jointe la lettre suivante :

« Monsieur,

« Les bontés dont vous m'avez honoré jusques à présent me font espérer que votre séjour en Bourgogne vous donnera plus de facilité à me rendre avantageux mon voyage de Dijon ; ce qui me fait souhaiter de le faire présentement et d'être de retour ici vers le quinze ou le vingt de mars pour les expériences de l'Université. Je vous serais donc très-obligé, monsieur, de prendre la peine de conférer avec M. le président de Ruffey pour qu'il ait la bonté de m'envoyer l'état des machines de l'Académie, afin de ne porter à Dijon que celles qui y manquent pour faire un cours complet. J'espère que vous voudrez bien m'honorer de vos avis, monsieur, pour les machines que j'y pourrais porter et qui pourraient y être plus désirées. Procurez-moi, je vous en supplie, monsieur, le plus prompt départ qu'il sera possible, afin que je jouisse plus longtemps de l'honneur de vous voir à Dijon, et que je puisse régler ma conduite sur vos conseils.

« J'ai l'honneur d'être, etc.

« PAGNY.

« La remise de l'hôtel de Conti à la ville m'a forcé d'accepter un logement chez M. de Binarville, conseiller au Parlement, rue Poulletier, île Saint-Louis, où je suis, depuis quinze jours. »

Note 2, p. 60. — Le château de Montfort, qui avait appartenu à la belle-mère du président de Ruffey, avant de lui appartenir à lui-même, était une des plus anciennes forteresses de la Bourgogne. C'est aujourd'hui, malgré les nombreuses mutilations dont on n'a pas songé à le garantir, une des ruines les plus pittoresques du pays.

XLII

Note 1, p. 61. — On trouve dans la correspondance littéraire de Grimm le compte rendu de l'élection de Buffon à l'Académie française et le détail des divers incidents auxquels elle donna lieu.

Grimm s'exprime ainsi :

1er juillet 1753. — La place vacante à l'Académie par la mort de l'archevêque de Sens vient d'être remplie par M. de Buffon, intendant du Jardin du Roi, de l'Académie des sciences, auteur de l'Histoire naturelle, homme dont l'acquisition ne peut que faire honneur à l'Académie, comme son génie en fait depuis longtemps à la nation. M. de Buffon est allé faire un tour en Bourgogne, d'où il reviendra dans peu avec son discours de réception. Il sera reçu deux ou trois jours avant la fête de Saint-Louis. Cette place était d'abord destinée par l'Académie et par le cri public à M. Piron, auteur de Gustave et de quelques autres pièces, surtout de la Métromanie, qui est un chef-d'œuvre dans son genre, et le seul que nous ayons peut-être depuis la mort du sublime Molière. Deux jours avant celui qui était fixé pour l'élection de M. Piron, le Roi fit mander M. le président de Montesquieu, que le sort avait fait directeur de l'Académie pour cet acte, et lui déclara qu'ayant appris que l'Académie avait jeté les yeux sur M. Piron, et sachant que M. Piron était l'auteur de plusieurs écrits licencieux, il souhaitait que l'Académie choisît un autre sujet pour remplir la place vacante. Sa Majesté déclara en même temps qu'elle ne voulait point de sujet de l'ordre des avocats. On dit que ce sont les dévots qui ont rendu ce service à Piron, et M. l'ancien évêque de Mirepoix à leur tête. Piron dit que c'est un coup de crosse qu'il a reçu de sa part, et que ce prélat s'est reconnu dans le mot *flasque* qui se trouve dans le quatrième vers de la fameuse ode, dont on s'est servi dans cette occasion pour donner l'exclusion à un homme dont les talents auraient honoré l'Académie. M. de Montesquieu ayant déclaré à l'Académie la volonté du Roi, M. le maréchal de Richelieu proposa de différer l'élection de dix jours, pour avoir le temps de chercher un autre sujet digne de remplir cette place. Cet avis fut suivi à la pluralité des voix, quoique M. l'abbé d'Olivet prétendît que cette manière était *insolite* et *indécente*. Lorsque le jour de l'élection fut arrêté, M. de Richelieu demanda à haute voix si, dans les règlements de l'Académie, il n'y avait point de peines prononcées contre ceux qui employaient des termes *insolites* et *indécents*, et par conséquent offensants, pour dire leur avis. M. Duclos dit : « *Corrigé et pardonné*, voilà la loi. » On recueillit les voix, et il fut conclu unanimement que l'abbé d'Olivet n'avait pas connu la force des termes qu'il avait employés pour dire son avis. Ce fut là la petite pièce qui termina la séance, et dix jours après, M. de Buffon fut élu à la pluralité des suffrages. M. de Bougainville, secrétaire de l'Académie des inscriptions et belles-lettres, qui a fait une traduction de l'anti-Lucrèce du cardinal de Polignac que personne n'a lue, et un parallèle entre Alexandre et Thomas Koulikan, que personne n'a pu lire, a osé briguer cette place en concurrence avec M. Piron, M. de Buffon, M. d'Alembert et plusieurs autres hommes d'un mérite supérieur. Le public attribue presque généralement l'exclusion de Piron aux manœuvres de ce jeune homme, qui affiche la dévotion, et qui a la réputation d'être fort tracassier. Comme on faisait valoir sa mauvaise santé comme une raison de le mettre à l'Académie, parce qu'il n'en jouirait pas longtemps, M. Duclos dit plaisamment à ce sujet que l'Académie n'était pas *une extrême-onction.* »

Buffon fut reçu à l'Académie sans avoir brigué cet honneur et sans avoir fait les visites d'usage. M. de Lamoignon, avocat général au parlement de Paris, élu par l'Académie, ayant refusé de venir siéger dans son sein, on décida que l'on n'élirait à l'avenir que les candidats qui se seraient ostensiblement mis sur les rangs. Pour Buffon on oublia la règle; aussi dans son discours ne manqua-t-il pas de remercier ses nouveaux confrères de la distinction toute particulière avec laquelle ils l'avaient spontanément appelé dans leur sein.

Note 2, p. 61. --- Richard de Vesvrotte était le frère du président

Richard de Ruffey. Un troisième frère du président fut la tige d'une autre branche, la branche des Richard d'Ivry.

Note 3, p. 61. — Mme de Chomel était fille de Mme de La Forest et belle-sœur du président de Ruffey. Elle mourut jeune, en couches, et cette perte prématurée causa à Mme de La Forest un amer chagrin, dont ne purent la distraire ni la tendresse ni les soins de ses autres enfants.

Note 4, p. 61. — Anne-Thérèse Feuillet, baronne de La Forest, veuve de Frédéric de La Forest de Montfort, ancien lieutenant-colonel d'infanterie, mort en 1752, mourut elle-même en 1775, laissant trois filles. L'aînée épousa le président de Ruffey.

Note 5, p. 61. — Ce fut le samedi 25 août 1753, que Buffon vint prendre séance à l'Académie et prononça son immortel discours sur le style. Le 4 juillet, six semaines seulement avant le jour où son discours fut prononcé devant les membres de l'Académie, Buffon *ne savait pas trop encore que leur dire!* Le discours de Buffon fut donc rapidement conçu et plus rapidement écrit. Il n'en est pas moins resté un des chefs-d'œuvre de la langue et du style. Qu'on ne s'étonne pas, du reste, de cette espèce de tour de force. Buffon l'a dit dans son discours : « Pour bien écrire, il faut posséder pleinement son sujet. » Et quel sujet devait-il mieux posséder que celui qui traitait du style, de sa perfection, du travail et de 'étude qu'il réclame? Il y aurait beaucoup à dire sur Buffon considéré comme orateur; ses discours académiques, son discours de réception avant tous les autres, sont des chefs-d'œuvre du genre. Son organe mâle et fort, son geste sobre et réservé, la dignité de sa tenue, sa physionomie imposante, son débit correct et mesuré, prêtaient à ses paroles un charme irrésistible. Il avait en outre le talent de débiter de mémoire, et le ton, chez lui, était toujours à la hauteur de la pensée. En le lisant, on peut admirer l'harmonie de son style et la puissance de son génie; mais en l'écoutant on saisissait mieux encore les qualités puissantes de sa nature, parce que le ton, le geste, la tenue de l'orateur, étaient en accord parfait avec l'élévation des idées. C'est surtout pour le public qui assista à la réception académique de Buffon que le mot célèbre de son discours, *le style est l'homme même*, dut être d'une vérité saisissante.

Grimm a retracé de la manière suivante, dans une de ses pages les plus spirituelles, la réception de Buffon à l'Académie française :

« 1er septembre 1753. — Le même jour (25 août 1753), à trois heures après midi, l'Académie française tint son assemblée publique. Après la lecture d'une mauvaise pièce en vers, qui avait remporté le prix de poésie, M. de Buffon fit son discours d'entrée, auquel M. de Moncrif répondit comme directeur. M. de Buffon ne s'est point borné à nous rappeler que le chancelier Séguier était un grand homme, que le cardinal de Richelieu était un très-grand homme, que les rois Louis XIV et Louis XV étaient de très-grands hommes aussi; que M. l'archevêque de Sens était aussi un grand homme, et qu'enfin tous les Quarante étaient de grands hommes. Cet homme célèbre, dédaignant les éloges fades et pesants qui font ordinairement le sujet de ces sortes de discours, a jugé à propos de traiter une matière digne de sa plume et digne de l'Académie. Ce sont des idées sur le style; et l'on a dit, à ce sujet, que l'Académie avait pris un maître à écrire. On pourrait ajouter, après avoir lu la réponse de M. de Moncrif, qu'elle a bien fait et qu'elle en avait besoin. Le discours de M. de Buffon, qui vient d'être imprimé, fut interrompu à l'assemblée de l'Académie trois ou quatre fois par les applaudissements du public. Celui de M. de Moncrif donna au public le temps de reprendre une assiette plus tranquille. M. de Moncrif a trouvé le secret de désobliger également M. de Buffon, M. de Montesquieu et le public, en s'étendant avec emphase sur le zèle de la Sorbonne dans un temps où ce corps, par ses procédés avec M. de Buffon, avec M. le président de Montesquieu et surtout avec M. l'abbé de Prades, s'est exposé lui-même au mépris et à la risée de tous les honnêtes gens. M. de Moncrif commence le panégyrique de M. l'archevêque de Sens par un éloge singulier. Il dit que cet illustre prélat depuis quelques années éprouvait un affaiblissement sensible dans sa santé. S'il l'avait conduit à la mort tout de suite sans s'arrêter en chemin et sans parler d'un mauvais ouvrage que l'archevêque de Sens préparait contre l'*Esprit des lois*, il aurait sans doute fait cet éloge au gré du public. Mais oublions M. de Moncrif et ses héros, et disons que le discours de M. de Buffon ne mérite pas seulement l'attention de ceux qui sont dans le cas d'écrire, et qui doivent par conséquent étudier avec soin cet art et ses principes; il sera encore fort utile à ceux qui, se faisant de la lecture un amusement aussi agréable que satisfaisant, doivent se mettre en état de juger les écrivains avec goût et justesse, pour mettre dans leur lecture l'ordre et le choix qui sont devenus si indispensables depuis que nous sommes inondés de tant de mauvaises brochures et de tant d'ouvrages médiocres. »

Quelques mots sur l'Académie dans laquelle Buffon vient d'entrer d'une manière si honorable, quelques détails sur d'anciens usages et sur le cérémonial usité dans les réunions solennelles et lors de la réception des nouveaux élus, ne seront sans doute pas déplacés ici.

En 1753, l'Académie française tenait ses séances dans une des

salles du vieux Louvre, dans cette partie du palais où se trouve aujourd'hui le Musée des souverains. A la suite de la salle des séances
publiques se trouvait la salle particulière des académiciens, ornée de
tous les portraits des membres de la compagnie morts ou vivants ; ce qui
fit dire au roi de Suède, en 1784, que cette tapisserie valait mieux
qu'une tenture des Gobelins. Dans cette galerie se voyaient aussi les
portraits des rois protecteurs de l'Académie. Les séances académiques
étaient alors fort courues, et la réception de chaque nouvel élu était
une solennité à laquelle se donnait rendez-vous ce que la cour et la
ville renfermait de plus distingué, soit par l'esprit, soit par les dignités.
Un certain cérémonial, remontant aux premiers jours de la création de
l'Académie, était d'usage dans ces grandes réunions. Six suisses avaient
concurremment avec les huissiers la police de la salle ; et parfois on
faisait venir, pour les assister, un détachement d'invalides commandés
par un officier. Les grands personnages, princes du sang, ministres,
grands dignitaires de la couronne, étaient conduits par un suisse à la
place qui leur avait été à l'avance réservée ; les autres invités étaient
placés par les huissiers. Lorsque chacun était en place, les académiciens, que l'on allait avertir, entraient en séance et prenaient place
à leur tour, chacun dans un des quarante fauteuils, fauteuils immenses,
datant de la fondation de l'Académie, et qui étaient spécialement attribués à chacun d'eux. Le nouvel élu, entré le dernier, se tenait au haut
bout de la table devant laquelle étaient assis les académiciens. Il était
assisté de deux membres de la compagnie, l'un à sa droite, l'autre à sa
gauche, qui lui servaient de parrains, le dirigeant dans l'étiquette
qu'il devait observer avant et après la lecture de son discours. Le
récipiendaire était ganté de blanc ; il devait tenir son chapeau à la
main, entrer découvert, le mettre sur sa tête, l'ôter de nouveau, saluer
le banc académique, puis se couvrir et commencer son discours.

Afin de permettre aux dames de la cour d'assister aux séances, l'heure
ancienne avait été changée. Au lieu d'entrer en séance le matin à dix
heures, les académiciens fixèrent à trois heures l'ouverture de leurs
réunions solennelles. La salle n'était pas grande et les billets, les jours
de réception, étaient fort recherchés. Autrefois il en était distribué
huit à chaque membre. La souche restait entre les mains du secrétaire,
qui pouvait en fabriquer de nouveaux et en distribuer à son gré. Il
avait en outre une tribune dont il disposait seul ; deux autres étaient
réservées l'une pour le récipiendaire, l'autre pour le directeur. En 1785,
l'Académie se montra jalouse des priviléges de son secrétaire, et elle
fixa, par une délibération, le nombre des billets à distribuer à chaque
séance ; ils furent désormais également répartis entre tous les académiciens.

L'empressement augmentant toujours, on chercha à augmenter le nombre des places à donner au public. En 1775, lors de la réception du duc de Duras, qui avait attiré tout Versailles, les antiques fauteuils, auxquels l'Académie tenait cependant, avaient disparu pour faire place, dit un auteur contemporain, « à des cabriolets, petits siéges de boudoir qu'on trouve d'ordinaire dans les appartements des filles. » À l'immense table autour de laquelle siégeaient autrefois les académiciens, avait succédé une table fort étroite, et, à tous ces changements, on avait gagné un double rang de places pour le public. On sait l'importance puérile que d'Alembert, secrétaire perpétuel de l'Académie, attachait à tous ces menus détails, s'occupant parfois lui-même de placer les assistants, recevant les réclamations de chacun et y faisant droit aussitôt. Il obtint que des réparations importantes seraient faites dans la salle des séances; mais il ne jouit pas de son œuvre, car ce fut seulement en 1786, lors de la réception du comte de Guibert, que les réparations se trouvèrent achevées. Le public n'approuva pas ces nouveaux changements : on leur trouva un air trop galant; des loges grillées, toutes semblables à celles où vont au spectacle les dames de la cour ou les grands seigneurs qui ne veulent pas être vus, encoururent la censure générale. Il faut bien le dire aussi, une séance académique était devenue, dans ce temps, pour les personnes qui y assistaient, un véritable spectacle; les dames de la cour y venaient en grande toilette, les hommes, revêtus de tous les insignes de leurs dignités. Comme au spectacle aussi on se mit un jour à applaudir, et les académiciens, dont l'oreille fut agréablement surprise, fermèrent les yeux sur cet oubli des sages règlements de la compagnie. Mais un jour aussi le public, qui s'ennuyait d'écouter Suard, après s'être arrogé le droit d'applaudir, se crut par contre le droit de siffler. Suard se trouva mal; l'Académie fut consternée. On leva la séance; lors de la réception de Target, quelques jours après ce triste incident, l'abbé de Boismont fit de sages remontrances à l'assemblée sur l'inconvenance d'un pareil procédé; le sermon de l'abbé fut sifflé. On lui envoya, pour le récompenser de sa bonne pensée, l'épigramme suivante :

> De par Phœbus et cætera,
> Lorsqu'un des Quarante lira,
> Monsieur Boismont vous notifie
> Qu'il est défendu de siffler :
> Si trop fortement on s'ennuie,
> Permis seulement de bâiller.

Note 6, p. 61. — Marguerite-Marie Alacoque, née le 22 juillet 1647, morte le 17 août 1690, eut une vision dans laquelle le **Christ** lui manifesta sa volonté de voir célébrer une fête particulière pour honorer son cœur. La fête du sacré cœur de Jésus fut solennellement reconnue dans l'assemblée générale du clergé de 1765, et fixée au vendredi de l'octave du Saint-Sacrement, anniversaire du jour où Marie Alacoque avait eu sa vision. Languet de Gergy, auquel succédait Buffon à l'Académie, fervent moliniste, et l'un des plus zélés défenseurs de la bulle *Unigenitus*, avait écrit la vie de Marie Alacoque (Paris, 1729, in-4°), dont les jansénistes niaient les révélations. Dans une lettre écrite par le président de Ruffey sur le discours de Buffon, et lue devant l'Académie de Dijon le 5 novembre 1753, se trouve ce passage : « Les amis de M. l'archevêque de Sens sont piqués de ce que M. de Buffon a pour ainsi dire évité d'en faire l'éloge. Pindare en faisait autant : quand le sujet ne lui fournissait pas assez de matière pour louer les athlètes qui avaient remporté le prix aux jeux de la Grèce, il se rejetait sur les louanges des dieux. L'archevêque de Sens était un grand prélat, un saint homme plein de zèle et d'onction, un théologien, disons même un père de l'Église ; il était de l'Académie, mais était-il académicien ? Il n'est sorti de sa plume rien que de médiocre pour le style ; *Marie Alacoque* sera un éternel monument de son peu de goût. M. de Buffon ne pouvait le louer sur ses qualités académiques sans s'exposer à la raillerie et compromettre son goût et son jugement : on doit lui savoir gré de sa prudence, loin de l'en blâmer :

« Supprimit orator quæ rusticus edit inepte. »

XLIII

Note 1, p. 62. — Cette société de gens de lettres eut pour fondateur Gilles-Germain-Richard de Ruffey, président à la Cour des Comptes de Bourgogne. Elle s'organisa après la mort du président Bouhier, et alors que le président de Ruffey avait réuni dans son hôtel les membres épars d'une société qui venait de perdre son principal lien. Elle tint sa première séance le 19 avril 1752, et, en 1762, fut refondue dans l'Académie de Dijon.

XLV

Note 1, p. 63. — Il s'agit ici du discours que Buffon prononça devant l'Académie française, le 25 août, jour de sa réception. Le 4 juillet, on l'a précédemment vu, il écrit à son ami : « Je ne sais pas trop

encore ce que je leur dirai; » et quinze jours à peine après cette
lettre, il lui communique son discours entièrement achevé. Avant de
renvoyer à Montbard le discours de Buffon, le président de Ruffey
prit copie des principaux passages, et conserva une fidèle analyse
des plus saillantes idées; il joignit en même temps à son envoi de
courtes observations que Buffon avait lui-même provoquées et dont il
sut tirer parti. Nous avons sous les yeux un manuscrit du président
de Ruffey, dont M. le comte de Vesvrotte a bien voulu, avec son obligeance accoutumée, nous donner communication; il a pour titre :
*Extrait du discours que M. de Buffon doit prononcer à sa réception à
l'Académie française.* Le président de Ruffey, dans cet extrait, qui
malheureusement devient dans certains passages une analyse, n'a
omis cependant aucun des traits principaux du discours. On n'y
trouve pas le mot fameux de Buffon au sujet duquel s'est tout récemment élevée entre l'Angleterre et les États-Unis une discussion littéraire qui dure encore : « Le style est l'homme même. » De là, on
peut conclure que cette maxime célèbre ne se trouvait pas dans la
première rédaction de Buffon, et qu'elle ne prit place dans son discours que peu de temps avant qu'il fût imprimé. En rapprochant les
deux textes, chaque fois que les passages de Buffon conservés par le
président de Ruffey permettront de le faire; en mettant en regard l'un
de l'autre le projet de discours et le discours lui-même, tel qu'il fut
prononcé devant l'Académie, on reconnaîtra, dans sa rédaction défini-
tive, de notables changements. Le fond du discours ne varie point;
mais dans la forme on pourra remarquer des retouches importantes. Il
y aura là matière à une curieuse étude sur le style de Buffon, sur sa
manière, sur sa délicatesse, sur le soin enfin avec lequel il ne cessait
de revoir et de retoucher les productions de sa plume. Pour ceux qui
cultivent l'art d'écrire, ce sera un modèle; pour ceux qui en étudient
les règles difficiles, ce sera une leçon.

DISCOURS

Rien n'est plus contraire à la
lumière, qui doit faire un corps et
se répandre uniformément dans
un écrit, que ces étincelles d'esprit qu'on ne tire que par force en
choquant les mots les uns contre
les autres, et qui ne vous éblouis-

DISCOURS

Rien ne s'oppose plus à la chaleur que le désir de mettre partout des traits saillants; rien n'est
plus contraire à la lumière, qui
doit faire un corps et se répandre
uniformément dans un écrit, que
ces étincelles qu'on ne tire que

sent un instant que pour vous laisser ensuite dans les ténèbres.

....A moins que cet esprit ne soit lui-même le fond du sujet et que l'écrivain n'ait pas eu d'autre objet que la plaisanterie, l'art de dire des riens étant souvent moins aisé que celui de dire des choses.

.... Ce défaut est celui des esprits cultivés, mais stériles: ils ont des mots et point d'idées ; ils s'imaginent avoir combiné des idées parce qu'ils ont arrangé des phrases, et avoir perfectionné la langue, quoiqu'ils n'aient fait que du jargon.

....Pour bien écrire, il faut donc posséder pleinement son sujet, voir l'ordre de ses pensées et en former une seule chaîne dont chaque point représente une idée, conduire la plume sur cette ligne sans lui permettre de s'en écarter, sans l'appuyer ni la mouvoir trop inégalement.

....Mais ces règles ne sont que pour ceux qui ont du génie; car bien écrire et bien penser, bien sentir et bien rendre, c'est avoir de l'esprit, de l'âme et du goût.

I

par force en choquant les mots les uns contre les autres, et qui ne vous éblouissent pendant quelques instants que pour vous laisser ensuite dans les ténèbres.

.... A moins que cet esprit ne soit lui-même le fond du sujet, et que l'écrivain n'ait pas eu d'autre objet que la plaisanterie ; alors l'art de dire de petites choses devient peut-être plus difficile que l'art d'en dire de grandes.

.....Ce défaut est celui des esprits cultivés, mais stériles : ils ont des mots en abondance, point d'idées ; ils travaillent donc sur les mots, et s'imaginent avoir combiné des idées, parce qu'ils ont arrangé des phrases, et avoir épuré le langage, quand ils l'ont corrompu en détournant les acceptions.

....Pour bien écrire, il faut donc posséder pleinement son sujet; il faut y réfléchir assez pour voir clairement l'ordre de ses pensées, et en former une suite, une chaîne continue, dont chaque point représente une idée; lorsqu'on aura pris la plume, il faudra la conduire successivement sur ce premier trait, sans lui permettre de s'en écarter, sans l'appuyer trop inégalement, sans lui donner d'autre mouvement que celui qui sera déterminé par l'espace qu'elle doit parcourir.

.... Les règles, disiez-vous encore, ne peuvent suppléer au génie; s'il manque, elles seront inutiles. Bien écrire, c'est tout à la fois bien penser, bien sentir et

19

Les idées seules forment le fond du style; l'harmonie des paroles n'en est que le vernis et ne dépend que de la sensibilité des organes, qui sont choqués par les dissonances.

.... Le ton n'est que la convenance du style avec la nature du sujet : il ne doit jamais être forcé, et doit naître naturellement du fond de la chose : si l'on s'est élevé à des idées générales, si l'objet est grand en lui-même, le ton pourra s'élever à la même hauteur : si, en le soutenant à cette élévation, le génie fournit assez pour donner à chaque objet une forte couleur; si l'on peut représenter chaque idée par une image vive et bien terminée, et chaque suite d'idées par un tableau harmonieux et mouvant, le ton sera non-seulement élevé, mais sublime.

....Les ouvrages bien écrits seront les seuls qui passeront à la postérité. La singularité des faits,

bien rendre; c'est avoir en même temps de l'esprit, de l'âme et du goût. Le style suppose la réunion et l'exercice de toutes les facultés intellectuelles; les idées seules forment le fond du style; l'harmonie des paroles n'en est que l'accessoire, et ne dépend que de la sensibilité des organes; il suffit d'avoir un peu d'oreille pour éviter les dissonances, et de l'avoir exercée, perfectionnée par la lecture des poëtes et des orateurs, pour que mécaniquement on soit porté à l'imitation de la cadence poétique et des tours oratoires.

.... Le ton n'est que la convenance du style à la nature du sujet; il ne doit jamais être forcé; il naîtra naturellement du fond même de la chose, et dépendra beaucoup du point de généralité auquel on aura porté ses pensées. Si l'on s'est élevé aux idées les plus générales, et si l'objet en lui-même est grand, le ton paraîtra s'élever à la même hauteur; et si, en le soutenant à cette élévation, le génie fournit assez pour donner à chaque objet une forte lumière; si l'on peut ajouter la beauté du coloris à l'énergie du dessin; si l'on peut, en un mot, représenter chaque idée par une image vive et bien terminée, et former de chaque suite d'idées un tableau harmonieux et mouvant, le ton sera non-seulement élevé, mais sublime.

.... Les ouvrages bien écrits seront les seuls qui passeront à la postérité. La quantité des connaisla nouveauté des découvertes ne suffisent pas pour faire vivre un livre, s'il est écrit sans goût, sans noblesse et sans génie, et s'il roule sur de petites choses, parce que les faits et les découvertes s'enlèvent et gagnent à être transportés d'un livre mal écrit dans un ouvrage bien fait; le style, au contraire, ne peut ni s'enlever ni s'altérer.

.... Que de grands objets frappent mes yeux! L'élite des hommes est assemblée, la Sagesse est à leur tête; la Gloire, assise au milieu d'eux, lance des rayons sur chacun et les couvre tous de son éclat. Des traits d'une lumière plus vive encore partent de sa couronne et vont se réfléchir sur le front auguste du plus puissant et du meilleur des Rois.

....Quelle autre scène de grands objets dans le lointain du tableau! le génie de la France qui parle à Richelieu, et lui dicte à la fois l'art d'éclairer les hommes et de faire régner les rois; la Justice et la Science qui conduisent Séguier, et l'élèvent de concert à la première place de leurs tribunaux; le dieu

sances, la singularité des faits, la nouveauté même des découvertes, ne sont pas de sûrs garants de l'immortalité. Si les ouvrages qui les contiennent ne roulent que sur de petits objets, s'ils sont écrits sans goût, sans noblesse et sans génie, ils périront, parce que les connaissances, les faits et les découvertes s'enlèvent aisément, se transportent, et gagnent même à être mis en œuvre par des mains plus habiles. *Ces choses sont hors de l'homme, le style est l'homme même.* Le style ne peut donc ni s'enlever, ni se transporter, ni s'altérer.

.... Que de grands objets, messieurs, frappent ici mes yeux! Et quel style et quel ton faudrait-il employer pour les peindre et les représenter dignement? L'élite des hommes est assemblée, la Sagesse est à leur tête; la Gloire, assise au milieu d'eux, répand ses rayons sur chacun et les couvre tous d'un éclat toujours le même et toujours renaissant. Des traits d'une lumière plus vive encore partent de sa couronne immortelle, et vont se réunir sur le front auguste du plus puissant et du meilleur des rois.

.... Dans le lointain, quelle autre scène de grands objets! le génie de la France qui parle à Richelieu, et lui dicte à la fois l'art d'éclairer les hommes et de faire régner les rois; la Justice et la Science qui conduisent Séguier, et l'élèvent de concert à la première place de leurs tribunaux; la Vicde la Victoire qui s'avance à grands pas et précède le char triomphal des Bourbons, où Louis le Grand, assis sur un trône de trophées, d'une main offre la paix aux nations vaincues, et de l'autre vous donne la clef de son palais. Et près de moi quel autre objet intéressant! La Religion en pleurs, qui regarde le vide de la place que je vais occuper; mais c'est à vous, messieurs, à qui il est réservé de louer un prélat aussi *considéré* dans l'Église que vous l'aviez rendu *considérable* dans les lettres.

toire, qui s'avance à grands pas et précède le char triomphal de nos rois, où Louis le Grand, assis sur des trophées, d'une main donne la paix aux nations vaincues, et de l'autre, rassemble dans ce palais les Muses dispersées! Et près de moi, messieurs, quel autre objet intéressant! La Religion en pleurs, qui vient emprunter l'organe de l'éloquence pour exprimer sa douleur, et semble m'accuser de suspendre trop longtemps vos regrets sur une perte que nous devons tous ressentir avec elle.

Cette étude comparative des tâtonnements de Buffon, au moment où il donne à la postérité des leçons de style, ne serait pas complète, si le plus heureux hasard ne nous avait fourni l'occasion d'y joindre un morceau inédit sur le même sujet, et dû également à la plume de Buffon. Ce précieux fragment a été copié sur l'original écrit de la main de l'illustre académicien, et qui se trouve déposé en l'étude de M. Pascal, notaire à Paris, rue Grenier-Saint-Lazare, n° 5. M. Pascal est le troisième successeur de M. Boursier, qui a laissé dans le notariat d'honorables souvenirs, et qui fut durant de longues années le notaire de Buffon et de sa famille.

DE L'ART D'ÉCRIRE.

(Morceau inédit.)

« Pour bien écrire il faut que la chaleur du cœur se réunisse à la lumière de l'esprit. L'âme, recevant à la fois ces deux impressions, ne peut manquer de se mouvoir avec plaisir vers l'objet présenté; elle l'atteint, le saisit, l'embrasse, et ce n'est qu'après en avoir pleinement joui, qu'elle est en état d'en faire jouir les autres par l'expression de ses pensées. La main lui obéira pour les tracer, et tout lecteur attentif partagera les jouissances spirituelles de l'écrivain; si les objets sont simples, il n'a besoin que de l'art de peindre; mais s'ils sont compliqués, il lui faut de plus l'art de combiner, c'est-à-dire l'art de penser par ordre, de réfléchir avec patience, de comparer avec justesse, en réunissant les idées éparses pour en former une chaîne continue qui présente successivement à l'esprit toutes les faces de l'objet.

« Selon les différents sujets, la manière d'écrire doit donc être très-différente ; et pour ceux même qui paraissent les plus simples, le style, en conservant le caractère de simplicité, ne doit cependant pas être le même. Un grand écrivain ne doit point avoir de cachet; l'impression du même sceau sur des productions diverses décèle le manque de génie ; mais ce qui annonce encore plus cette pauvreté du génie, c'est cet emprunt d'esprit, étranger au sujet qui seul doit le fournir. Mettre de l'esprit partout, c'est la manie de nos jeunes auteurs : ils ne voient pas que cet esprit, à moins qu'il ne soit tiré du fond du sujet, ne peut qu'en gâter la représentation ; que semer mal à propos des fleurs, c'est planter des épines. Avec plus de génie, ils trouveraient dans le sujet même tout l'esprit qu'ils doivent employer. S'ils eussent formé leur goût sur de bons modèles, ils rejetteraient non-seulement cet esprit étranger à la chose, mais ils n'auraient pas même l'idée de le rechercher. Ce même goût les porterait à éviter toute expression obscure, toute sentence déplacée, dans des sujets qu'il suffit de peindre pour les bien présenter. Le sujet n'est dans ce cas qu'un objet dont il faut tracer l'image par un dessin fidèle, des couleurs assorties.

« Peindre ou décrire sont deux choses différentes : l'une ne suppose que des yeux, l'autre exige du génie. Quoique toutes deux tendent au même but, elles ne peuvent aller ensemble. La description présente successivement et froidement toutes les parties de l'objet ; plus elle est détaillée, moins elle fait d'effet. La peinture au contraire, ne saisissant d'abord que les traits les plus saillants, garde l'empreinte de l'objet et lui donne de la vie. Pour bien décrire, il suffit de voir froidement ; mais pour peindre, il faut l'emploi de tous les sens. Voir, entendre, palper, sentir, ce sont autant de caractères que l'écrivain doit sentir et rendre par des traits énergiques. Il doit joindre la finesse des couleurs à la vigueur du pinceau, les nuancer, les condenser ou les fondre ; former enfin un ensemble vivant, dont la description ne peut présenter que des parties mortes et détachées.

« Est-il possible, dira-t-on, de tracer un dessin avec des phrases et de présenter des couleurs avec des mots? Oui, et même, si l'écrivain a du génie, du tact et du goût, son style, ses phrases et ses mots feront plus d'effet que le pinceau et les couleurs du peintre. Quelle est l'impression que reçoit un amateur lorsqu'il voit un beau tableau? Il l'admire d'autant plus qu'il le contemple plus longtemps; il en saisit toutes les beautés, tous les rayons, toutes les couleurs. L'écrivain qui veut peindre doit se mettre à la place de l'amateur, recueillir les mêmes impressions, les faire passer à son lecteur dans le même ordre que l'amateur les reçoit en examinant son tableau.

« Tous les objets que nous présente la nature, et en particulier tous les êtres vivants, sont autant de sujets dont l'écrivain doit faire non-seulement le portrait en repos, mais le tableau mouvant, dans lequel toutes les formes se développeront, tous les traits du portrait paraîtront animés, et présenteront ensemble tous les caractères extérieurs de l'objet.

« A génie égal, l'écrivain a sur le peintre le grand avantage de disposer du temps et de faire succéder les scènes, tandis que le peintre ne peut présenter que l'action du moment; il ne peut donc produire qu'un étonnement subit, une admiration instantanée, qui s'évanouit dès que l'objet disparaît. Le grand écrivain peut, non-seulement produire ce premier effet d'admiration, mais encore échauffer, embraser son lecteur par la représentation de plusieurs actions qui toutes auront de la chaleur, et qui par leur union et leurs rayons se graveront dans sa mémoire et subsisteront indépendamment de l'objet.

« On a comparé de tout temps la poésie à la peinture; mais jamais on n'a pensé que la prose pouvait peindre mieux que la poésie. La mesure et la rime gênent la liberté du pinceau; pour une syllabe de moins ou de trop, les mots faisant image sont à regret rejetés par le poëte et avantageusement employés par l'écrivain en prose. Le style, qui n'est que l'ordre et le mouvement qu'on donne à ses pensées, est nécessairement contraint par une formule arbitraire, ou interrompu par des pauses qui en diminuent la rapidité et en altèrent l'uniformité. »

XLVII

Note 1, p. 65. — *Lettre à M. le président de Ruffey sur l'élection du comte de Clermont à l'Académie française.* (1753, brochure in-4°.)

Note 2, p. 65. — C'était en effet une nouveauté de voir un prince du sang se mettre sur les rangs pour entrer à l'Académie. « Le désir qu'il en avait, dit Duclos, ayant été communiqué à dix d'entre nous, tous gens de lettres, le premier mouvement de nos confrères fut d'en marquer au prince leur joie et leur reconnaissance. Je partageai ce second sentiment; mais je les priai d'examiner si cet honneur serait pour la compagnie un bien ou un mal; s'il ne pouvait pas devenir dangereux; si l'égalité que le Roi veut qui règne dans nos séances entre tous les académiciens, quelque différents qu'ils soient par leur état dans le monde, s'étendrait jusqu'à un prince du sang; enfin, si nous, gens de lettres, ne nous exposions pas à perdre nos prérogatives les plus précieuses, qui toucheraient peu les gens de la cour nos confrères, assez dédommagés de l'égalité académique par la supériorité qu'ils ont sur nous partout ailleurs. » (*Histoire de l'Académie.*)

Note 3, p. 65. — Louis de Bourbon, prince de Conti, comte de Clermont, né le 15 juin 1709, mort le 15 juin 1770, fut reçu membre de l'Académie française le 20 janvier 1754. On lui représenta qu'il ne pouvait paraître à l'Académie que s'il y avait un rang distingué. L'Académie n'ayant pas voulu changer son règlement, le prince ne put se résoudre à occuper la place du récipiendaire, qui est la dernière au bureau académique, et n'assista pas à la séance. Le discours qu'il avait préparé ne fut pas prononcé.

Note 4, p. 65. — Cette édition in-12 de l'Histoire naturelle fut commencée en 1750, en même temps que trois autres éditions in-4° qui furent rapidement épuisées. En 1753, deux jours après la réception de Buffon à l'Académie française, parut le quatrième volume de l'Histoire naturelle; on eût dit qu'il avait hâte de justifier par de nouveaux titres littéraires la faveur dont il venait d'être l'objet. On trouve dans Grimm (tome I, p. 63), au sujet de ce nouveau volume du grand ouvrage dont Buffon poursuit la publication, sans se laisser décourager par l'immensité de la tâche, les réflexions suivantes :

« Nous avons depuis un mois le quatrième volume de l'Histoire naturelle. Ce livre, qui est du petit nombre de ceux qui iront à la postérité et qui devraient y aller seuls, a réuni dès le commencement tous les suffrages. Il y a quatre ans que M. de Buffon et M. Daubenton nous donnèrent les trois premiers volumes; ils furent reçus avec un applaudissement universel. Quand je dis universel, j'y compte bien pour quelque chose les Lettres américaines et d'autres mauvaises brochures que la cabale et l'envie ont forgées contre l'ouvrage immortel de M. de Buffon. Grâce à l'imbécillité et à la méchanceté des hommes, ces brochures sont devenues d'une nécessité indispensable pour un grand succès, et il n'y en a point de complet sans elles. Ce sont les productions, comme dit un de nos philosophes dans un ouvrage qui va paraître, de ceux qui usurpent le titre de philosophes ou de beaux esprits, et qui ne rougissent point de ressembler à ces insectes importuns qui passent les instants de leur existence éphémère à troubler l'homme dans ses travaux et dans son repos. Quand les insectes font des piqûres sans venin, quand l'envie se lient aux brochures et aux feuilles, l'homme de génie les dédaigne l'un et l'autre, et aurait honte d'écraser un ennemi aussi méprisable; mais, quand la morsure est envenimée, quand la cabale et la calomnie trouvent le secret de dénigrer le philosophe dans la société, de rendre suspectes les mœurs des hommes les plus respectables, et leur sûreté et leur repos mal assurés, alors l'indignation s'en mêle et doit s'en mêler, et la justice demanderait d'exterminer des êtres aussi nuisibles dans la nature et aussi indignes de leur existence. »

XLVIII

Note 1, p. 66. — On doit à l'abbé Le Blanc la traduction d'un assez grand nombre d'ouvrages anglais. Il s'occupa de ces travaux durant le séjour qu'il fit en Angleterre. Il a donné plusieurs morceaux de Hume, et notamment ses discours politiques, dont la traduction parut pour la première fois en 1754; une seconde édition en fut donnée à Dresde l'année suivante (1755, 2 vol. in-8°). De ses différents ouvrages, c'est celui dont Hume faisait le plus de cas, disant que, de tous, c'était le seul qui, lors de sa publication, avait été accueilli avec faveur et intérêt. David Hume était né à Édimbourg, au mois d'avril 1711; il mourut le 26 août 1776.

XLIX

Note 1, p. 66. — D'Alembert fut reçu à l'Académie française, au mois de décembre 1754, dans le temps où les premiers volumes de l'Encyclopédie, dont l'impression venait d'être suspendue, causaient une grande fermentation. Gresset était alors directeur de l'Académie; son discours est demeuré fameux par une sortie aussi violente qu'inattendue contre les évêques qui manquaient aux devoirs de la résidence. Les évêques qui faisaient partie de l'Académie n'avaient point assisté à la réception; cependant, lorsque la réponse de Gresset leur fut connue, ils se plaignirent au Roi qui, à son tour, témoigna son mécontentement au directeur.

Jean-Baptiste-Louis Gresset était né en 1709; il mourut le 16 juin 1777. De singuliers bruits coururent dans la suite sur l'élection de d'Alembert à l'Académie. On prétendit qu'il y avait eu majorité de boules noires, mais que Duclos, ami de d'Alembert, et qui, en qualité de secrétaire, tenait l'urne, avait brouillé le scrutin en disant qu'il y avait nombre suffisant de boules blanches. D'Alembert lui-même, par son langage, pouvait faire croire que son élection n'était due qu'à une surprise ; lorsqu'on le questionnait à ce sujet, il répondait, en se frottant les mains : « Tout était noir ! »

Note 2, p. 66. — Joseph Thoulier d'Olivet, né en 1682, mort le 8 octobre 1768, à l'âge de quatre-vingt-six ans, entra à l'Académie en 1723. Piron a dit de lui :

> Du reste, il n'aima personne ;
> Personne aussi ne l'aima !

L

Note 1, p. 67. — Buffon a dit quelque part, dans ses meilleures pages sur l'homme : « Ce n'est ni la douleur du corps, ni les maladies, ni la mort, mais l'agitation de l'âme, les passions et *l'ennui*, qui sont à redouter. » — L'ennui surtout qui use l'intelligence et abaisse l'esprit, qui flétrit les généreuses qualités de l'âme, détruit l'énergie et amollit la volonté. L'ennui est une plaie qui, lorsqu'elle s'attache à la vie, la ronge et la détruit plus sûrement et plus vite que les troubles de l'âme ou les excès du cœur. Au reste, on doit le dire, c'est un mal qui ne s'attaque point aux fortes et vigoureuses natures, aux intelligences laborieuses et occupées ; c'est une maladie familière à ceux qui ont négligé les fêtes de l'esprit pour les joies du corps, et chez qui l'abus de toutes les jouissances a bientôt fait naître la satiété ; la satiété à son tour produit l'ennui.

LI

Note 1, p. 68. — N. Gagnard, chanoine du chapitre de la cathédrale d'Autun, fit paraître en 1774 une histoire de cette ancienne église.

LII

Note 1, p. 69. — L'ouvrage du président de Brosses dont parle Buffon a pour titre : *Histoire des navigations aux Terres australes*,

contenant ce que l'on sait des mœurs et des productions des contrées dé-
couvertes jusqu'à ce jour, et des moyens d'y former un établissement.
Paris, 2 vol. in-4°, Durand, 1756. On trouve dans la correspondance du
président de Brosses, dont M. Foisset nous a conservé des fragments,
différents passages relatifs à cet important ouvrage et aux encouragements que Buffon donna à son auteur.

« Jeudi.

« Il sort de ma chambre un grand homme rouge, annoncé de la part
de M. de Buffon. Il m'a dit : « Monsieur, je viens du Kamtschatka ;
« je sais par cœur la Sibérie. Je me nomme de Lisle, frère du grand
« Guillaume. Je vous apporte mes ouvrages et mes cartes. Quoi que
« vous me puissiez dire, le passage du nord-ouest est vrai, l'amiral
« de Fonté n'est pas moins véritable et ne ment pas d'un mot. Dieu
« vous bénira éternellement d'avoir fait les *Terres australes.* Je vous
« demande la grâce de me charger des cartes. J'ai toutes les cartes
« manuscrites, les mémoires et les lettres de mon frère, que je com-
« muniquerai, mais à condition que vous croirez que la relation de
« Fonté est vraie et qu'on ne l'a pas fabriquée exprès en Angleterre ;
« car j'en ai une édition de 1708. Il est vrai qu'il n'en subsiste qu'un
« exemplaire, mais ce n'est pas à dire que la date soit falsifiée. » Il a
parlé pendant deux heures. J'ai accepté ce qu'il m'a offert, et refusé
de croire ce qu'il m'a dit. Justement je venais de recevoir la lettre de
Jallabert. Il va faire l'arctique, comme je viens de faire l'antarctique.
Buffon me pousse tant qu'il peut pour finir et terminer cet ouvrage.
Il est content du premier volume, qui est à son point.... »

« Lundi-mercredi.

« De Lisle m'obsède au moins deux fois par semaine et me bourre
sur les terres australes. Il voudrait que j'entrasse dans les discussions
critiques sur le géographique ; ce que je n'ai garde de faire, de peur
d'être inlisible. Enfin j'ai gagné ce matin qu'il se chargerait de cette
partie, et qu'il la ferait par cartes et tables, avec des notes ; non par
discours suivis intolérables, autant que l'est M. Daubenton.... »

« .... Buffon est retenu à Montbard par une fluxion et un érysipèle.
Je l'attends avec impatience pour lui remettre mon manuscrit et finir
quelque chose avec de Lisle au sujet des cartes géographiques. Ce
de Lisle ne me quitte pas, m'obsède, et me fait perdre un temps infini.
C'est le plus grand amuseur du monde. Je ne puis rien tirer des Mémoires de son frère qu'à bâtons rompus : et quand il travaillera aux

cartes, il me fera encore plus enrager, car il ne travaillera pas. Je lui
laisserai Buffon aux trousses.... »

(Le président de Brosses, *Histoire des lettres et des parlements au
dix-huitième siècle*, par Th. Foisset. Paris, 1842, p. 540-542 et 546.)

Note 2, p. 69. — Grimm, dans sa correspondance littéraire (tome I,
page 399), rend ainsi compte de ce nouveau volume de l'Histoire naturelle :

« 1er décembre 1755.— Le cinquième volume de l'Histoire naturelle
paraît depuis un mois. Il contient l'histoire naturelle de la *brebis*, de
la *chèvre*, du *cochon* et du *chien*, par M. de Buffon, et la description
de ces animaux par M. Daubenton. Les morceaux du dernier ont le
mérite de l'exactitude et de l'instruction. Vous lirez ceux du premier
avec ce vif plaisir que produit l'élévation et la beauté de son style ;
car, n'en déplaise à M. l'abbé de Condillac, quand on veut être lu, il
faut savoir écrire.... Au reste, je ne puis m'empêcher de rapporter
un trait que M. le comte de Fitz-James m'a conté l'autre jour, et qui
ne fait pas moins honneur à M. de Buffon qu'à ses ouvrages. Dans le
temps que les premiers volumes de l'Histoire naturelle parurent,
M. de Fitz-James remarqua qu'en lisant cet ouvrage chez lui, il était
curieusement observé par un de ses laquais. Au bout de quelques jours,
voyant toujours la même chose, il lui en demanda la raison ; ce valet lui
demanda à son tour s'il s'était bien content de M. de Buffon et si son ouvrage avait du succès dans le public. M. de Fitz-James lui dit qu'il avait
le plus grand succès. « Me voilà bien content, dit le valet ; car je vous
« avoue, monsieur, que M. de Buffon nous fait tant de bien à nous
« autres habitants de Montbard, que nous ne pouvons pas être indiffé-
« rents sur le succès de ses ouvrages. » Montbard est le nom d'une
terre que M. de Buffon a en Bourgogne, et où il passe une grande
partie de l'année. »

LIV

Note 1, p. 70. — En 1756 parut le sixième volume de l'Histoire
Naturelle, dont le succès allait toujours croissant. Grimm, dont j'aime
surtout à citer le témoignage en fait de jugements littéraires, s'exprime ainsi au sujet de ce nouveau volume (tome II, page 56) :

« 1er novembre 1756. — MM. de Buffon et Daubenton viennent de
donner le sixième volume de l'Histoire naturelle. Il contient l'histoire
et la description du *chat*, des animaux sauvages en général, du *cerf*,

du *daim*, du *chevreuil*, du *lièvre* et du *lapin*. Vous savez que M. de Buffon est chargé de l'histoire naturelle, et M. Daubenton de la description et de la partie anatomique. On ne parle point à Paris du travail de ce dernier ; comme c'est un travail de recherche plus utile que brillant, il n'intéresse guère des gens qui ne cherchent qu'à s'amuser et point du tout à s'instruire. Nous ne sommes occupés que des morceaux de M. de Buffon, dont les sujets sont plus de notre goût, et qui les traite avec une pompe, une harmonie et une magnificence de style, qui ne peuvent manquer de nous tourner la tête. En effet, c'est une chose fort singulière que le cas qu'on fait à Paris du style; il n'y a rien qu'on ne soit sûr de faire réussir par ce moyen.... Mais je crois que le mérite de M. de Buffon perdra de son éclat chez la postérité autant que chez les étrangers. La beauté de l'harmonie tient à une si grande finesse d'organes, à une manière si déliée d'affecter l'oreille, qu'elle ne se fait sentir qu'à un petit nombre de gens de goût résidant dans la capitale, et formés par un long exercice. Elle est presque perdue pour la province et pour les étrangers ; elle le sera totalement pour la postérité, qui, négligeant la forme, ne pourra juger que les idées et le fond. Au contraire, la réputation de M. Daubenton ne pourra que gagner auprès d'elle. Son mérite est durable et solide; seulement, il n'appartient pas aux oisifs de Paris de l'apprécier. Tenons-nous-en donc aux morceaux de M. de Buffon, et pour le juger avec sincérité, soyons perpétuellement en garde contre la majesté et la poésie séduisante de son style. S'il lui arrivait d'abuser de cet instrument dangereux contre les intérêts de la vérité, il serait plus coupable qu'un autre, à proportion que ses talents sont plus grands de ce côté. C'est donc un reproche grave que j'ai à lui faire sur l'éloge pompeux de la chasse qu'il a mis à côté de l'histoire naturelle du cerf. Je ne veux pas le soupçonner d'avoir voulu faire sa cour aux grands, et flatter leur goût dominant au mépris de la vérité et de ses droits sacrés : ce serait une bassesse impardonnable.... »

Note 2, p. 70. — Mlle de Thil, amie de Mme du Châtelet, fut en outre une des femmes les plus remarquables de la société alors fort érudite de Dijon. Ce fut, dit M. Foisset, la seule femme de Dijon que le maréchal de Richelieu consentit à recevoir à son retour de Mahon. Son frère, sous-lieutenant aux gardes-françaises, fort versé dans les langues anciennes et dans la recherche des monuments de l'antiquité, fut, au mois de juillet 1770, élu membre de l'Académie des belles-lettres à la place de Bonamy. Il fut préféré à l'abbé Bergier, connu par ses écrits contre les philosophes, et dont le nom jouissait alors d'une certaine célébrité.

LV

Note 1, p. 71. — Anne-Thérèse Feuillet, baronne de La Forest.

Note 2, p. 71. — Jacques Varenne, fils de Claude Varenne, était (on l'a vu plus haut, p. 208) un ami d'enfance de Buffon. Les deux familles, qui habitaient deux villes voisines l'une de l'autre, étaient unies depuis longtemps par les liens les plus étroits. Destiné par son père au barreau, Jacques Varenne fut choisi pour conseil par les états de Bourgogne. En 1734, l'une des places de secrétaire en chef des états étant venue à vaquer, il l'exerça par commission, et, deux ans après, sur la demande des élus de la province, une troisième charge de secrétaire des états fut créée en sa faveur. Il mourut en 1789. Nous aurons occasion de parler de nouveau, dans la suite, de Jacques Varenne et de l'ardente persécution dont il devint l'objet de la part du Parlement, pour avoir voulu faire reconnaître, avant le temps, un grand principe de droit public, qui est aujourd'hui la base de tout gouvernement : le principe de la séparation des pouvoirs.

LVI

Note 1, p. 72. — Jacques de Vaucanson, né le 24 février 1709, mort le 21 novembre 1782, avait dit que la science mécanique ne pouvait aller jusqu'à faire articuler des sons et prononcer des mots à une machine. En 1783, l'abbé Mical présenta à une commission de l'Académie deux têtes automates, qui prononçaient distinctement les paroles suivantes. La première disait : « Le Roi vient de donner la paix à l'Europe. » La seconde reprenait : « La paix couronne le Roi de gloire. — Et la paix fait le bonheur des peuples, » disait encore la première. Puis toutes deux reprenaient en chœur : « O Roi adorable, père de vos peuples, leur bonheur fait voir à l'Europe la gloire de votre trône. » En 1778, l'abbé Mical avait déjà inventé une tête d'airain qui articulait quelques sons ; mais, mécontent de son œuvre, il l'avait détruite.

Note 2, p. 72. — Christophe de Beaumont, né le 26 juillet 1703, mort le 12 décembre 1781, fut exilé à la suite des désordres dont la bulle *Unigenitus* fut la cause. Son exil sans rigueur eut pour but de le soustraire à la persécution du Parlement, bien plutôt que de le punir

du mal trop réel dont son intolérance fut la cause. — Il fut envoyé
tour à tour à la Roche en Périgord, à Conflans, Chambeaux, à la
Trappe, et mourut sans avoir été autorisé à reprendre possession de
son siége. On fit sur l'archevêque l'épitaphe suivante :

> Dieu lui donna la bienfaisance;
> Le diable en fit un entêté :
> Il couvrit par sa charité
> Les maux de son intolérance.

LVII

Note 1, p. 73. — Il s'agit de la naissance de sa fille, Marie-Henriette
Leclerc de Buffon, dont Mme de Buffon était accouchée le 25 mai 1758.

Note 2, p. 73. — L'abbé Le Blanc venait de perdre son père, mort
à un âge fort avancé.

LVIII

Note 1, p. 74. — Il y avait une double charge de procureur-syndic
attachée aux états de Bourgogne. Ces deux syndics des états étaient,
en 1756, Claude Perchet et Andrez de La Poix.

LIX

Note 1, p. 74. — En 1759 parut le septième volume de l'Histoire
Naturelle, que Grimm annonça de la manière suivante (t. II, p. 338) :

« 15 août 1759. — Le septième volume de l'Histoire naturelle paraît depuis plusieurs mois. Cet ouvrage s'avance au milieu de la persécution qu'on a suscitée à la philosophie ; mais ce n'est pas sans faire
de fréquents sacrifices de la liberté et de la hardiesse avec laquelle il
convient de dire la vérité. L'alarme que le livre de l'*Esprit* a jetée
dans le camp des fidèles a obligé M. de Buffon de mettre à ce
nouveau volume de son Histoire, déjà imprimé depuis quelque temps,
plusieurs cartons avant que d'oser le faire paraître en public. Quoi
qu'il en soit, ce volume contient l'histoire naturelle du *loup*, du *re-*
nard, du *blaireau*, de la *loutre*, de la *fouine*, de la *marte*, du *putois*,
du *furet*, de la *belette*, de l'*hermine*, de l'*écureuil*, du *rat*, de la *souris*,
du *mulot*, du *rat d'eau* et du *campagnol*. A la fin de l'histoire do

chacun de ces animaux, écrite par M. de Buffon, vous trouverez, conformément au plan de l'ouvrage, la description de ces animaux avec
leurs dimensions et leur anatomie, par M. Daubenton; et cette partie,
quoique la moins brillante, ne sera pas la moins estimée dans la suite.
Comme tous les animaux de ce volume sont de la classe des carnas-
siers, M. de Buffon a mis à la tête un discours sur les animaux car-
nassiers en général, et c'est là le morceau remarquable de son volume.
Vous connaissez le style de M. de Buffon. Cet écrivain n'abonde pas
en idées ; mais la noblesse de ses images et l'élévation de sa plume le
font lire avec un grand plaisir. »

Note 2, p. 74. — Marie-Henriette Leclerc de Buffon, née le
25 mai 1758, mourut le 14 octobre 1759. D'abord inhumée dans
l'église de Montbard, elle fut transportée dans le caveau de la chapelle que Buffon avait fait bâtir. Aujourd'hui ce caveau renferme la
dépouille de Buffon. Son père, sa femme, Jean Nadault, avocat général
à la Cour des comptes de Bourgogne, la comtesse de Buffon, née Daubenton, veuve de son fils, y ont aussi leur sépulture.

Note 3, p. 75. — *Le docteur* est, ici, comme dans tous les autres
passages de la correspondance de Buffon où il sera désigné sous ce
titre, Louis-Jean-Marie Daubenton, qui, avant de devenir le collaborateur de Buffon (1742), exerçait la médecine à Montbard (1741). Il
avait épousé le 21 octobre 1754 sa cousine germaine Marguerite Daubenton, née à Montbard, le 5 décembre 1720, et qui mourut à Paris, le
2 août 1818. Marguerite Daubenton était une femme d'un cœur excellent et d'un esprit distingué. Elle a composé plusieurs ouvrages; un
seul a été publié sous le titre de *Zélie dans le désert;* ce roman, écrit
d'un style naturel et facile, a eu de nombreuses éditions et a pris
place parmi les meilleurs livres du dix-huitième siècle.

LX

Note 1, p. 75. — Buffon était atteint de myopie ; il éprouvait une
grande peine à écrire lui-même; de là vient que l'on trouve si peu de
lettres écrites de sa main. Il semble que la première qualité d'un naturaliste soit d'avoir la vue nette et bonne; Buffon a souvent parlé
d'une autre vue qui fut la sienne : *la vue de l'esprit.* Au reste, il fatigua
beaucoup ses yeux, déjà mauvais, par les observations auxquelles il se
livra à l'aide du microscope avec l'Anglais Needham, pour appuyer son
système de la génération sur des faits. Le 2 janvier 1760, Gueneau

de Montbeillard écrit à sa femme : « M. de Buffon a toujours les yeux
en mauvais état. »

Note 2, p. 75.—C'est ici une des plus tristes pages de notre histoire.
Au dehors une guerre malheureuse ; au dedans la pénurie du Trésor réduit aux dernières extrémités. Telle était, au mois de mars 1757, la situation intérieure et extérieure de l'État, lorsque Étienne de Silhouette,
ancien conseiller au parlement de Metz, maître des requêtes et chancelier du duc d'Orléans, remplaça au contrôle général M. de Boulogne.
Après diverses mesures financières généralement approuvées, le nouveau
ministre des finances fit rendre par le conseil, le 20 septembre 1759,
un *édit de subvention* ; il établissait en même temps un grand nombre
de nouveaux impôts. Le Parlement résista et refusa l'enregistrement.
Le 22 septembre, un lit de justice fut tenu à Versailles, et l'édit militairement enregistré ; mais le Roi lui-même effrayé recula devant
l'exécution ; l'édit fut révoqué et remplacé par un troisième vingtième.
A la suite de l'édit du 20 septembre, l'effroi fut grand, on se crut à la
veille d'une banqueroute générale ; le crédit disparut à ce point qu'il
devint impossible au contrôleur général de se procurer les fonds
que nécessitaient les charges du Trésor. Réduit aux moyens déses-
pérés, M. de Silhouette, pas plus que Law, ne recula devant des
mesures extrêmes. Le 21 octobre, il fut déclaré que le payement
des billets des fermes, des rescriptions, et le remboursement des capitaux, qui devaient être faits par le Trésor royal ou la caisse des amor-
tissements, seraient suspendus pendant un an. On alla plus loin ;
on viola les dépôts publics, on fouilla dans toutes les caisses, même
dans celles des particuliers, et, comme au temps des grandes cala-
mités du précédent règne, Louis XV, à l'exemple de Louis XIV, fit
porter son argenterie à la Monnaie (24 octobre). Une pareille démarche
venue de si haut était plus qu'un exemple, c'était un ordre. Le clergé
imita le Roi, et messieurs du chapitre de Notre-Dame étant venus lui
demander le chiffre de leur don volontaire : « Envoyez tout, répondit
Louis XV, tout, excepté les vases sacrés. » Les courtisans suivirent
l'exemple du maître : quelques-uns, et entre autres le maréchal de
Noailles, s'en tirèrent par un bon mot, d'autres avec un léger sacrifice ; mais pour le plus grand nombre la mesure fut prise au sérieux
et rigoureusement exécutée. Buffon, très-sensible aux malheurs publics,
envoya à la Monnaie son argenterie tout entière, et pendant longtemps,
soit à Montbard, soit au Jardin du Roi, il ne se servit plus que de
faïence ou de porcelaine. En 1788, à la mort de Buffon, son argenterie, qu'il avait eu le temps de recomposer, formait une partie no-
table de son mobilier. La batterie de cuisine même était en argent

massif. J'ai sous les yeux l'inventaire dressé après son décès, qui en rend témoignage. Durant la Terreur, le jour où on apprit à Montbard que le comte de Buffon venait de périr sur l'échafaud et que ses biens, confisqués par l'État, allaient être vendus au profit du Trésor, un vieux serviteur nommé Lapierre, qui avait succédé à son père dans la garde du château, transporta de nuit l'argenterie dans la grande tour de l'ancien château des ducs, la tour de l'*Aubespin*, et la cacha dans l'embrasure d'une porte, qu'il mura lui-même avec soin. L'argenterie de Buffon ne fut point vendue par le district; mais lorsque la famille, rentrée en possession de ses biens, fit abattre le mur, on trouva la place vide; l'argenterie avait disparu.

La violation des dépôts publics, l'invitation faite aux particuliers de porter leur argenterie à la Monnaie pour soulager l'État, telles furent les dernières mesures du contrôleur général; il tomba, poursuivi par la haine universelle. Pour hâter sa chute, on l'attaqua avec cette arme toujours puissante en France, le ridicule. Un nouveau genre de portraits, dans lesquels le trait seul était marqué, se dessinant en noir sur un fond clair et reproduisant ainsi l'ombre de celui dont on conservait l'image, furent appelés portraits *à la silhouette*. Cruelle épigramme contre un ministre dont les mesures avaient fait dire qu'à force de demander aux sujets du Roi, il les réduisait à l'ombre d'eux-mêmes. On inventa des gilets sans gousset, qui se nommèrent *gilets à la silhouette*. M. de Silhouette quitta le contrôle général, où M. de Montmartel le remplaça. Le public lui reprocha l'indifférence avec laquelle il accueillit sa disgrâce; on lui reprocha aussi, mais avec plus de raison, le luxe dont il s'entoura, mangeant dans de la vaisselle d'or, tandis que le Roi lui-même ne se servait plus que de faïence ou de porcelaine; puis M. de Silhouette fut oublié. Il a laissé quelques ouvrages estimés. Il mourut le 20 janvier 1767; il était né à Limoges le 5 juillet 1709.

LXI

Note 1, p. 76. — Ce fut lors de ce voyage à Paris que Buffon fit faire par Drouais le portrait qui a servi de type à tous ceux du grand naturaliste. Ce portrait fut, ainsi que celui de la comtesse de Buffon, terminé l'année suivante, en 1761. Dans une lettre sur *les peintures de MM. de l'Académie royale exposées au salon du Louvre*, le 22 septembre 1772, se trouve cette mention : « L'artiste Drouais ne se voue pas seulement à peindre les grâces; son pinceau fier atteint aux traits mâles du génie; ce qu'il prouve par le portrait de M. le comte de Buffon, où l'on retrouve la noblesse et la vigueur de la tête de ce philosophe,

vraiment pittoresque. » J'ai sous les yeux , faisant pendant au portrait du naturaliste, celui de la comtesse de Buffon. Elle a les attraits
et la fraîcheur de la jeunesse et de la beauté ; elle porte une robe du
temps ornée de fourrures ; sa gorge est découverte ; son cou est nu et
coupé à l'anglaise, peut-être un peu long ; aussi suis-je surpris de
voir Diderot tracer en 1760 de la comtesse de Buffon le portrait
suivant : « M. et Mme de Buffon sont arrivés. J'ai vu madame. Elle
n'a plus de cou ; son menton a fait la moitié du chemin, devinez ce
qui a fait l'autre moitié ? moyennant quoi ses trois mentons reposent
sur deux bons gros oreillers. Elle me paraît avoir un peu oublié ses
douleurs.... »

LXII

Note 1, p. 77. — Ponce-Denis-Écouchard Lebrun, né en 1729,
mort en 1807, fit des vers dès l'âge de douze ans. Il excella surtout
dans le genre héroïque ; ses meilleures productions sont des odes et
des satires. Buffon est le sujet de deux de ses odes ; celle qu'il lui
adressa pour le féliciter d'avoir échappé à une maladie grave qui mit
sa vie en danger, quelque temps après la mort de sa jeune femme,
est une des plus achevées, et un soir, dans un cercle, chez Mme Necker, je crois, pendant qu'on en donnait lecture, une jeune femme
veuve depuis peu, la comtesse du Pujet, s'évanouit, ne pouvant dominer l'émotion que cette pièce avait éveillée en elle. Buffon n'en
entendait pas la lecture sans verser des larmes. Lebrun lui adressa à
cette occasion les vers suivants :

Quand de ta jeune épouse, errant dans l'Élysée,
Je chantais l'ombre en pleurs et d'amour embrasée,
De l'horrible Atropos embrassant les genoux,
        De ses pleurs conjurant les armes
Qui déjà menaçaient les jours de son époux,
A ces cris si touchants pleins d'amour et de charmes,
        Buffon, j'ai vu couler tes larmes !
Le Génie a pleuré ; quel suffrage plus doux ?
Muse ! qui dois ta gloire à ces douces alarmes,
Étale bien ces pleurs à mes rivaux jaloux.

Note 2, p. 77. — Voici la *belle* ode qui a fait à Buffon un si sensible
plaisir. Quoique les beautés qui frappaient les contemporains aient un
peu vieilli, et qu'un siècle n'ait pas passé impunément sur cette œuvre,
où la critique moderne trouverait sans doute plus d'emphase que d'in-

spiration, nous n'hésitons pas à la transcrire ici, au moins comme pièce historique.

ODE A M. DE BUFFON SUR SES DÉTRACTEURS.

Buffon, laisse gronder l'Envie;
C'est l'hommage de sa terreur;
Que peut sur l'éclat de ta vie
Son obscure et lâche fureur?
Olympe, qu'assiége un orage,
Dédaigne l'impuissante rage
Des aquilons tumultueux;
Tandis que la noire Tempête
Gronde à ses pieds, sa noble tête
Goûte un calme majestueux.

Pensais-tu donc que le Génie,
Qui te place au trône des arts,
Longtemps d'une gloire impunie
Blesserait de jaloux regards?
Non, non, tu dois payer la gloire;
Tu dois expier ta mémoire
Par les orages de tes jours;
Mais ce torrent, qui dans ton onde
Vomit sa fange vagabonde,
N'en saurait altérer le cours.

Poursuis ta brillante carrière,
O dernier astre des Français!
Ressemble au Dieu de la lumière,
Qui se venge par des bienfaits.
Poursuis! que tes nouveaux ouvrages
Remportent de nouveaux outrages,
Et des lauriers plus glorieux:
La gloire est le prix des Alcides!
Et le dragon des Hespérides
Gardait un or moins précieux.

C'est pour un or vain et stérile
Que l'intrépide fils d'Éson
Entraîne la Grèce docile
Aux bords fameux par la Toison.
Il emprunte aux forêts d'Épire
Cet inconcevable navire
Qui parlait aux flots étonnés;
Et déjà sa valeur rapide
Des champs affreux de la Colchide
Voit tous les monstres déchaînés.

Il faut qu'à son joug il enchaîne,
Les brûlants taureaux de Vulcain;
De Mars qu'il sillonne la plaine
Tremblante sous leurs pieds d'airain.
D'un serpent, l'effroi de la terre,
Les dents, fertiles pour la guerre,
A peine y germent sous ses pas,
Qu'une moisson vivante, armée
Contre la main qui l'a semée,
L'attaque, et jure son trépas.

S'il triomphe, un nouvel obstacle
Lui défend l'objet de ses vœux :
Il faut par un dernier miracle
Conquérir cet or dangereux;
Il faut vaincre un dragon farouche,
Braver les poisons de sa bouche,
Tromper le feu de ses regards;
Jason vole; rien ne l'arrête.
Buffon! pour ta noble conquête
Tenterais-tu moins de hasards?

Mais si tu crains la tyrannie
D'un monstre jaloux et pervers,
Quitte le sceptre du génie,
Cesse d'éclairer l'univers.
Descends des hauteurs de ton âme,
Abaisse tes ailes de flamme,
Brise tes sublimes pinceaux,
Prends tes envieux pour modèles,
Et de leurs vernis infidèles
Obscurcis tes brillants tableaux.

Flatté de plaire aux goûts volages,
L'Esprit est le dieu des instants;
Le Génie est le dieu des âges,
Lui seul embrasse tous les temps.
Qu'il brûle d'un noble délire,
Quand la Gloire autour de sa lyre
Lui peint les Siècles assemblés,
Et leur suffrage vénérable
Fondant son trône inaltérable
Sur les empires écroulés !

Eût-il, sans ce tableau magique
Dont son noble cœur est flatté,
Rompu le charme léthargique
De l'indolente volupté?
Eût-il dédaigné les richesses?

Eût-il rejeté les caresses
Des Circés aux brillants appas,
Et par une étude incertaine
Acheté l'estime lointaine
Des peuples qu'il ne verra pas?

Ainsi l'active chrysalide,
Fuyant le jour et le plaisir,
Va filer son trésor liquide
Dans un mystérieux loisir.
La Nymphe s'enferme avec joie
Dans ce tombeau d'or et de soie
Qui la voile aux profanes yeux,
Certaine que ses nobles veilles
Enrichiront de leurs merveilles
Les rois, les belles et les dieux.

Ceux dont le présent est l'idole
Ne laissent point de souvenir :
Dans un succès vain et frivole
Ils ont aussi leur avenir.
Amants des roses passagères,
Ils ont les grâces mensongères,
Et le sort des rapides fleurs.
Leur plus long règne est d'une aurore;
Mais le Temps rajeunit encore
L'antique laurier des neuf Sœurs.

Jusques à quand de vils Procustes
Viendront-ils au sacré vallon,
Bravant les droits les plus augustes,
Mutiler les fils d'Apollon?
Le croirez-vous, races futures!
J'ai vu Zoïle aux mains impures,
Zoïle outrager Montesquieu !
Mais quand la barque inexorable
Frappa cet homme irréparable,
Nos regrets en firent un Dieu.

Quoi! tour à tour dieux et victimes,
Le sort fait marcher les talents
Entre l'Olympe et les abîmes,
Entre la satire et l'encens!
Malheur au mortel qu'on renomme.
Vivant, nous blessons le grand homme;
Mort, nous tombons à ses genoux;
On n'aime que la gloire absente;
La mémoire est reconnaissante;
Les yeux sont ingrats et jaloux.

Buffon, dès que rompant ses voiles,
Et fugitive du cercueil,
De ces palais peuplés d'étoiles
Ton Ame aura franchi le seuil,
Du sein brillant de l'empyrée
Tu verras la France éplorée
T'offrir des honneurs immortels,
Et le Temps, vengeur légitime,
De l'Envie expier le crime,
Et l'enchaîner à tes autels.

Moi, sur cette rive déserte
Et de talents et de vertus,
Je dirai, soupirant ma perte:
« Illustre Ami, tu ne vis plus !
La Nature est veuve et muette !
Elle te pleure ! et son poëte
N'a plus d'elle que des regrets.
Ombre divine et tutélaire,
Cette lyre qui t'a su plaire,
Je la suspends à tes cyprès ! »

Note 3, p. 77. — Voir la huitième strophe de l'ode de Lebrun, citée dans la note précédente.

LXIII

Note 1, p. 77. — L'abbé Claude Sallier était mort à Paris le 9 janvier 1761.

Note 2, p. 77. — Buffon était alors directeur de l'Académie française. « J'ai reçu ce matin la visite de M. de Buffon, écrit Diderot à Mlle Volant, au mois de décembre 1760. J'irai un de ces soirs passer quelques heures avec lui. J'aime les hommes qui ont une grande confiance dans leurs talents. Il est directeur de l'Académie française, et, en cette qualité, chargé de trois ou quatre discours de réception; c'est une cruelle corvée. Que dire d'un M. de Limoges? Que dire d'un M. Watelet? Que dire des morts et des vivants? Cependant il n'est pas permis de les offenser par le mépris; il faudra donc qu'il les loue, et il disait : « Eh bien! je les louerai, je les louerai bien, et l'on « m'applaudira. Est-ce que l'homme éloquent trouve quelque sujet « stérile? Est-ce qu'il y a quelque chose dont il ne sache pas parler? » C'est bien avec désintéressement que je loue cette confiance; car je ne l'ai point. Tout m'effraye au premier coup d'œil, et il faut que je sois de cent coudées au-dessus d'une besogne, quand je ne la trouve pas de cent pieds au-dessus de moi. »

Note 3, p. 77. — Charles-Marie de La Condamine, dont il a déjà été question (p. 238), fut, après Rouelle toutefois, le caractère le plus original et le savant le plus distrait de son temps. Membre déjà ancien de l'Académie des sciences, il fut reçu à l'Académie française le 21 janvier 1761 par Buffon, son collègue dans la première Académie et son ami. Il y remplaçait Vauréal. Le jour de sa réception, La Condamine, qui était sourd, fit distribuer à ses nouveaux collègues cette épigramme dont il était l'auteur :

> Apollon n'avait plus que trente-huit apôtres,
> La Condamine entre eux vient s'asseoir aujourd'hui.
>   Il est bien sourd, tant mieux pour lui;
> Mais non muet, et tant pis pour les autres.

Le discours de Buffon, malgré son laconisme, n'en fut pas moins très-remarquable. Mme Necker a fait à ce sujet la remarque suivante : « M. de Buffon dit dans son éloge de La Condamine *un confrère de trente ans;* cependant M. de Buffon et M. de La Condamine n'avaient été réunis à l'Académie des sciences que depuis vingt-sept ans; mais vingt-sept aurait gâté l'harmonie de la phrase. » (*Mélanges.*) Mme Necker aurait pu remarquer encore cette heureuse construction de la phrase qui rend harmonieux un mot dissonant et dur : *S'être livré à la pente précipitée de ces cataractes écumantes.* Plus loin, lorsque l'orateur, parlant des voyages de La Condamine dans le nouveau monde, hasarda cette espèce de prosopopée : « La Nature, accoutumée au plus profond silence, dut être étonnée de s'entendre interroger pour la première fois, » la grandeur de l'image saisit l'assemblée, elle en fit à l'orateur l'application, et se recueillit avant d'applaudir; Buffon lui-même, dominé par l'émotion, dut s'arrêter avant de pouvoir achever son discours.

Note 4, p. 77. — Claude-Henri Watelet, né en 1718, mort le 12 janvier 1786, était receveur général des finances à vingt-deux ans. Si les charges de finance conduisent à la fortune, elles ne font pas prendre d'habitude le chemin de l'Académie. M. Watelet fut cependant de l'Académie française. Il y occupa la place laissée vacante par Mirabeau, surnommé l'Ami des hommes, et y fut reçu par Buffon le 19 janvier 1761. Il eut pour successeur Sedaine.

Note 5, p. 78. — L'une des deux places à remplir était celle que la mort de l'abbé Sallier venait de rendre vacante. Elle fut en effet occupée par l'évêque de Limoges, qui vint siéger à l'Académie le 9 avril 1761. Buffon avait à cette époque quitté ses fonctions de directeur, et le discours qu'il avait préparé ne fut pas prononcé; il se trouve cependant imprimé en partie dans ses œuvres. Jean-Gilles de Coëtlosquet, évêque de Limoges, né le 15 septembre 1700, mort le 21 mars 1804, eut le bon goût de renoncer plusieurs fois à sa candidature, qui était assurée, pour céder la place à des hommes de lettres mieux pourvus de titres que lui-même. Lors de la mort de Vauréal, il se retira pour faire passer La Condamine, qui fut élu.

LXIV

Note 1, p. 78. — Charles-Marie Touret de Fontette, né le 15 avril 1710, mort le 21 février 1772, était conseiller au parlement de Bourgogne, et en 1771, devint membre de l'Académie des inscriptions. Le jour où Buffon le rencontra à Versailles, il s'y trouvait pour représenter les intérêts de sa compagnie contre les prétentions des élus de la province. Dans les nombreux incidents auxquels donna lieu l'affaire Varenne, Touret de Fontette fut toujours choisi par sa compagnie pour négocier en son nom, soit avec la cour, soit avec le Parlement. Le président de Brosses, prononçant son éloge devant le parlement de Dijon, a dit de lui : « Son empressement à servir sa compagnie était extrême; presque toujours choisi à cet effet par la grande confiance que lui méritaient ses lumières, il réussit plus d'une fois en des occasions majeures, sachant s'aviser des expédients et conduire les ressorts, mêler l'adresse à la patience, et diriger sa marche sans la mettre à découvert. »

Note 2, p. 78. — La terre de Montfalcon, en Bresse, était le séjour favori du président de Brosses.

Note 3, p. 78. — Ses deux discours académiques, prononcés lors de la réception de MM. de La Condamine et Watelet.

Note 4, p. 78. — Bernard-Joseph Saurin, né en 1706, mort le 17 novembre 1781, entra en 1761 à l'Académie française. Il y remplaça du Resnel, et eut pour successeur Condorcet.

Note 5, p. 78. — Charles Batteux, né le 7 mai 1713, mort le 14 juillet 1780, fut élu membre de l'Académie des inscriptions en 1754, et membre de l'Académie française en 1761.

Note 6, p. 79. — L'abbé Sallier fut mis de bonne heure en rapport avec Buffon, par l'intermédiaire d'un ami commun, l'abbé Le Blanc. De plus, il était son proche voisin, étant né à Saulieu, ville fort rapprochée de Montbard ; à tous ces titres, Buffon s'était intéressé à sa fortune et avait employé ses amis pour assurer à l'abbé, qui n'avait aucun patrimoine, une indépendance honorable. Par ses soins, l'abbé Sallier obtint deux bénéfices dont il mangea les revenus sans s'occuper de leur entretien. Grâce à l'entremise de Buffon, il eut en outre une place à la Bibliothèque du Roi et une chaire au Collège de France. L'abbé Sallier ne fut pas ingrat : il témoigna toute sa vie à Buffon une estime et une considération voisines du respect, et l'institua son légataire universel. L'abbé, absorbé dans ses études, ne connaissait pas le chiffre exact de sa fortune, et se faisait illusion sur son importance. Les legs et les dettes payés, il resta peu de chose. Buffon n'avait point un seul instant songé à accepter l'héritage de l'académicien. Il fit rechercher quels étaient alors les représentants de la famille, et le peu qui lui revint de cette succession inattendue, il le donna, en y ajoutant même du sien, à un neveu de l'abbé Sallier, qu'il avait trouvé dans une position voisine du besoin. Mme de Monconseil fut pour l'abbé Sallière ce que Mme de La Sablière était pour La Fontaine.

Note 7, p. 79. — Anne Rioult de Curzay, mariée jeune à Guinot de Monconseil, lieutenant général, mort en 1782, fut célèbre par son esprit et par ses intrigues. Rioult de Curzay, son frère, aussi lieutenant général, commanda plusieurs années en Corse, d'où il fut rappelé sur la plainte des Génois.

Mme de Monconseil eut trois filles qui ont toutes trois marqué dans leur temps : Mme de La Tour-du-Pin-Gouvernet, par sa douceur et sa fidélité conjugale ; la princesse d'Hénin, par la sottise de son mari ; Mme de Blot, par la réputation d'originalité que lui avait faite le Palais-Royal.

Note 8, p. 79. — Françoise Castel de Saint-Pierre, première femme du président de Brosses, était fille de Louis, marquis de Crèvecœur, premier écuyer de la duchesse d'Orléans, veuve du Régent, et de Marie-Catherine-Charlotte de Fargès, remariée depuis au comte de Lutzelbourg, lieutenant général des armées du Roi. Elle était en outre nièce de l'abbé de Saint-Pierre, dont Jean-Jacques, sur le conseil de Mme Dupin, mit en ordre les œuvres un peu confuses, et

proche parente du maréchal de Villars. Elle mourut à Dijon le 25 décembre 1761.

Note 9, p. 79. — Claude-Charles, comte de Tournay, grand bailli de Gex, capitaine au régiment de Nice, frère cadet du président de Brosses, entra au service en 1729, et se distingua en Allemagne dans les campagnes de 1733 et de 1742. En 1744, il se retira à Dijon, où il mourut le 21 janvier 1793, sans laisser de postérité.

Note 10, p. 79. — En 1758, Voltaire, qui revenait de Prusse, et qui avait longtemps hésité entre la Lorraine et la Bourgogne, alla s'établir à Ferney, dans le pays de Gex. Le 24 décembre 1758, il écrivait à Thiriot : « J'ai quatre pattes au lieu de deux, un pied à Lausanne, dans une très-belle maison pour l'hiver ; un pied aux Délices, près de Genève, où la bonne compagnie vient me voir ; voilà pour les pieds de devant. Ceux de derrière sont à Ferney et dans le comté de Tournay, que j'ai acheté par bail emphytéotique du président de Brosses.... » Le président de Brosses n'eut pas à se louer de Voltaire, dont les réclamations injustes et les mauvais procédés le déterminèrent à lui écrire en termes sévères une lettre que Voltaire ne lui pardonna pas. Cette brouille eut pour conséquence de faire fermer au président de Brosses les portes de l'Académie, où le parti de Voltaire était alors tout-puissant.

Note 11, p. 79. — L'épître à Mme de Pompadour dont parle Buffon n'a pas été recueillie dans les œuvres de Voltaire. Sa *Réponse à M. Déodati* porte la date du 25 janvier 1761. L'ouvrage que ce dernier venait de faire paraître *sur l'Excellence de la langue italienne*, en fut l'occasion. Le 1er février Voltaire lui adressa de nouveau des stances commençant par ces vers :

> Étalez moins votre abondance,
> Votre origine et vos honneurs ;
> Il ne sied pas aux grands seigneurs
> De se vanter de leur naissance.

La *Nouvelle Héloïse* avait paru l'année précédente; Voltaire critiqua sans ménagements le livre de Rousseau. Dans une lettre au comte d'Argental écrite le 26 janvier 1761, il lui dit : « Et le roman de Jean-Jacques ! A mon gré il est sot, bourgeois, impudent, ennuyeux : mais il y a un morceau admirable sur le suicide, qui donne appétit de mourir. »

LXV

Note 1, p. 80. — L'abbé Trublet venait d'être élu le mois précédent. Il succédait à l'abbé Sallier, mort le 9 janvier 1761. L'abbé Trublet avait au fauteuil académique les mêmes titres que l'abbé Le Blanc; tous deux étaient depuis longtemps sur les rangs, et tous deux avaient été, jusqu'à ce jour, également malheureux. Cette élection, bien faite pour affliger l'abbé Le Blanc, lui causa un profond chagrin. Cette fois, au reste, ce qui rendait son échec plus pénible encore, c'est qu'il avait été sérieusement question de lui pour occuper la place vacante. Voltaire, qui appuyait la candidature de Marmontel et de Diderot, écrivait à d'Alembert : « Ne mettrez-vous pas Diderot dans l'Académie? Personne ne respecte l'abbé Le Blanc plus que moi. Mais je ne crois pas qu'avec tout son mérite, il doive passer avant Diderot. » Moins heureux que l'abbé Trublet, qui parvint, à force d'y prétendre, au fauteuil académique, l'abbé Le Blanc ne fut pas de l'Académie. D'autres fois encore il se mit sur les rangs, et chaque fois Buffon s'employait pour lui; mais jamais il n'eut autant d'espoir de réussir que lors de la mort de l'abbé Sallier. L'abbé Le Blanc chercha une consolation dans le sein d'Académies étrangères, qui l'accueillirent avec empressement. Il fut membre, et c'était justice, de l'Académie de Dijon, qui jouissait alors d'un certain crédit; il fut membre aussi de l'Académie de la Crusca de Crotone et de celle des Arcades de Rome, de la société des Apatistes et du dessin de Florence; mais ces distinctions ne purent calmer ses regrets ni endormir ses espérances, et, jusqu'à sa mort, l'abbé Le Blanc fut un candidat persévérant et toujours malheureux au fauteuil académique.

Note 2, p. 80. — La seconde place vacante à l'Académie depuis le 25 février 1761, par la mort de du Resnel, fut occupée par Saurin.

LXVI

Note 1, p. 81. — Nicolas-Joseph de Marcassus, baron de Puymaurin, né à Toulouse en 1718, mort dans la même ville en 1791, était un homme distingué par son savoir et par son esprit. A la fois peintre et musicien, il se montra, à la suite d'un voyage qu'il fit en Italie, l'un des plus fervents défenseurs de la musique italienne. Auteur de plusieurs projets sur des matières d'économie politique, il a écrit pour l'Académie des sciences de Toulouse, dont il fut un des membres les plus actifs, plusieurs mémoires estimés.

Note 2, p. 81. — Le pays de Comminges est aujourd'hui représenté par une partie des départements de la Haute-Garonne, de l'Ariège et du Gers. Les comtes de Comminges s'étant éteints en 1548, le pays de Comminges fut réuni à la Couronne.

Note 3, p. 82. — Gaston III, comte de Foix et vicomte de Béarn, naquit en 1331 et mourut au mois d'août 1391. La chasse fut toujours son occupation favorite et, à en croire Saint-Yon, il n'entretenait pas moins de seize cents chiens. Il écrivit en prose un livre divisé en quatre-vingt-six chapitres, publié sous ce titre : *Phœbus, des déduits de la chasse des bestes sauvaiges et des oyseaux de proye.*

LXVIII

Note 1, p. 83. — Louis-Bernard Guyton de Morveau, né le 4 janvier 1737, mort le 2 janvier 1816, faisait partie du parlement de Bourgogne depuis le 8 janvier 1762. Un procès que Buffon avait alors devant le Parlement devint la première origine d'une intimité que des études communes rendirent par la suite fort étroite. Tour à tour magistrat et homme politique, Guyton de Morveau a successivement occupé, durant la Révolution et sous l'Empire, des positions importantes. Mieux que les actes de sa vie publique, ses travaux en physique et en chimie ont assuré à son nom une renommée durable. Dans le temps où il s'occupait de son *Histoire des minéraux*, Buffon l'associa à ses études. Il avait démontré, longtemps avant que l'expérience fût venue confirmer son opinion, que le diamant pouvait se dissoudre par l'action du feu ; un jour que Guyton de Morveau lui demandait un creuset pour tenter l'expérience : « Le meilleur creuset, dit Buffon, c'est l'esprit ! » Bernard d'Héry, dans sa *Vie de Buffon*, mise à la fin de l'édition complète de ses œuvres, cite divers fragments de la correspondance de Buffon avec Guyton de Morveau ; malgré d'actives recherches, je n'ai pu en découvrir la trace.

Note 2, p. 83. — Ces nouveaux règlements concernaient un impôt récemment établi. Le Parlement n'avait pas encore enregistré l'édit du Roi, dont il discutait l'opportunité, lorsqu'il apprit que Jacques Varenne, secrétaire des États, avait, au nom des élus, affermé le nouvel impôt. Les édits n'ayant force de loi qu'après l'enregistrement, c'était contester aux Cours souveraines leur plus important privilége. Le Parlement s'émut et menaça de suspendre le cours de la justice. Ses remontrances furent portées à Versailles, et le marquis de Damas d'Anlezy, porteur des ordres de la Cour, vint au palais procéder à un enregistrement militaire. En 1762, Jacques Varenne fit paraître un *Mémoire pour les élus généraux des états du duché de Bourgogne*; ce n'était que la seconde édition d'un premier mémoire produit devant le Conseil des Finances, pour soutenir les prétentions des élus, augmentée d'une préface et de pièces justificatives. Le livre de Varenne fut dénoncé au Parlement, qui commença une instruction contre l'auteur.

LXIX

Note 1, p. 83. — Le nombre des officiers attachés au Parlement peut donner une idée de son importance. Outre les huissiers et autres employés subalternes, on comptait les greffiers-commis, le trésorier des gages, le solliciteur général des affaires du Roi, le receveur des épices, le greffier en chef des requêtes du Palais, un greffier-commis, le greffier des présentations des demandeurs, appelants et anticipants, le greffier des actes d'affirmations des voyages, le receveur des amendes, le commissaire aux saisies réelles, le receveur des consignations, un commis-greffier à la garde des sacs et affirmations, un commis au contrôle, des clercs au greffe de la Cour, un commissaire aux saisies réelles des requêtes du Palais.

Note 2, p. 84. — Jacques-Philippe Fyot de La Marche, seigneur de Neuilly, fut pourvu de la charge de conseiller au Parlement et garde des sceaux en la chancellerie près de la même Cour, par lettres patentes du 20 novembre 1722. Il quitta la magistrature pour la diplomatie, et devint ambassadeur à Gênes. Il mourut à Dijon en 1774, après avoir refusé la place de premier président du parlement de Besançon, que sa mauvaise santé l'empêcha d'accepter.

Note 3, p. 84. — Claude-Philibert Fyot de la Marche, né le 12 août 1694, premier président du parlement de Bourgogne le 16 janvier 1745, céda sa charge à son fils, Jean-Philippe Fyot de La Marche, qui en fut pourvu le 29 janvier 1757. Claude-Philibert de La Marche mourut à Lyon le 3 juin 1768.

Note 4, p. 84. — Au mois de mars de l'année 1762, le parlement de Bourgogne était en feu. Pendant qu'il instruisait avec vigueur contre le livre de Jacques Varenne, parut une brochure violente écrite en faveur du Parlement et ayant pour titre : *le Parlement outragé*. Les élus, attaqués à leur tour, portèrent plainte au ministre, et une lettre du chancelier ordonna au Parlement d'informer contre son défenseur anonyme. L'imprimeur fut poursuivi et mis en prison; on voulut même, pour l'instruction de ce nouveau procès, instituer une commission spéciale; mais l'intendant, M. Dufour de Villeneuve, auquel on en proposa la présidence, ayant refusé de se charger de cette mission, la connaissance de l'affaire fut laissée au Parlement. L'instruction n'avançait point, et tout permet de croire que la Cour y mettait peu d'empressement et de zèle, lorsque le 3 mars 1762, en présence des chambres assemblées, un des plus jeunes conseillers, Louis-Philibert-Joseph Joly de Bevy, membre du Parlement depuis sept années (18 janvier 1755), mais alors âgé seulement de vingt-six ans, se leva et, au grand étonnement de tous ses collègues qui avaient appris à l'estimer et à l'aimer, s'avoua l'auteur de la brochure dont on faisait le procès. Il parla ainsi : « Accablé sous le poids d'une faute dont je sens toute l'étendue, je viens vous en faire, messieurs, un aveu tardif, peu méritoire peut-être, mais que je crois devoir à la vérité. C'est moi seul qui ai composé le mémoire contre Varenne. Je ne chercherai point d'excuse dans ma jeunesse; je ne me justifierai point par mes bonnes intentions, par mon dévouement au bien public, par ma sensibilité sur l'offense faite à votre honneur. Non, messieurs, en faisant distribuer un ouvrage anonyme, je reconnais que je me suis manqué à moi-même, que j'ai manqué à ma compagnie, dont j'ai blessé les intérêts par mon zèle imprudent. Mon âme, au-dessus de la crainte, n'est sensible qu'à ses remords, n'est pénétrée que de ce sentiment profond et douloureux. Trop fier pour solliciter aucune grâce, trop vrai pour ne pas m'en croire indigne, permettez, messieurs, que je me juge moi-même; permettez que je prononce sur mon sort, et que, par la démission volontaire de mon office, j'épargne à votre juste sévérité un jugement qui coûterait peut-être à la bonté de vos cœurs. » C'est à la remarquable étude de M. Foisset sur le président de Brosses que nous avons emprunté ce beau morceau oratoire.

M. de Bevy fut mandé à Paris et envoyé à la Bastille. Il y demeura huit mois. Le 13 mai 1777, il obtint un office de Président au sein de la compagnie qu'il avait un instant compromise par son imprudente défense. Né à Dijon le 23 mars 1736, le président de Bevy y est mort le 21 février 1822, laissant plusieurs écrits estimés sur le droit, l'histoire et la littérature.

LXX

Note 1, p. 85. — Mme Necker a dit, en parlant du style de Gueneau de Montbeillard : « M. Gueneau de Montbeillard avait une plume d'acier ; il n'a jamais pu imiter parfaitement les traits du doux pinceau de M. de Buffon ; il prononçait trop tout ce qu'il écrivait. » Buffon, de son côté, reprochait parfois à Montbeillard de ne point assez consulter son oreille en écrivant. Si Gueneau de Montbeillard mérite qu'on relève parfois dans son style un manque de souplesse et d'harmonie, dans certains passages il se rapproche à ce point du style de Buffon, qu'il en imite avec bonheur les plus précieuses qualités, dans cette phrase, par exemple : « Il semble que la nature ait pris plaisir à ne rassembler sur sa palette que des couleurs choisies, pour les répandre, avec autant de goût que de profusion, sur l'habit de fête qu'elle leur avait destiné. » (*Histoire des Colingas.*)

Note 2, p. 86. — Gueneau de Montbeillard venait de gagner un procès dans lequel de graves intérêts de fortune se trouvaient engagés.

Note 3, p. 86. — L'instruction commencée contre le livre de Jacques Varenne languissait ; l'incident auquel donna lieu le zèle inconsidéré du conseiller de Bevy, et le châtiment qu'il s'était infligé à lui-même, avaient calmé les esprits ; tout permettait de penser que cette malheureuse affaire allait se terminer, lorsque la Cour des aides de Paris, alors présidée par Malesherbes, évoqua l'affaire. Dans le ressort de cette Cour rentraient les comtés de Mâcon, d'Auxerre et de Bar-sur-Seine, annexes de la province de Bourgogne ; d'ailleurs, le mémoire de Varenne attaquait sa juridiction ; elle prit fait et cause pour le parlement de Dijon, et condamna au feu le mémoire du défenseur des droits de la province. Dès lors commença, entre le Conseil du Roi d'une part, la Cour des aides et le parlement de Bourgogne de l'autre, une lutte qui montre quelle importance le pouvoir royal attachait à avoir le dernier mot dans ce conflit. Les arrêts du Conseil cassent les arrêts du Parlement et les arrêts de la Cour des aides qui, à leur tour, refusent d'enregistrer les édits et rédigent des remontrances. Jacques Varenne, contre lequel un décret est lancé, se réfugie à Versailles, et la haute protection qui lui est accordée ne peut le mettre à l'abri des ressentiments du Parlement. Ses biens sont placés sous le séquestre judiciaire, sa charge de secrétaire en chef des États de Bourgogne est supprimée, et son fils aîné Varenne de Beost en perd la survivance ; sa famille est contrainte de fuir une ville où ses jours

sont menacés. Pour faire cesser une aussi violente persécution, on
ne put trouver à Versailles d'autre moyen que d'accorder à Jacques
Varenne des lettres de grâce. Elles furent enregistrées à la Cour des
aides, le 29 août 1763. Obligé de se soumettre aux usages de la
procédure, Jacques Varenne dut se constituer prisonnier et entendit
à genoux ces paroles sévères que lui adressa le président Malesherbes :
« Varenne, le Roi vous accorde des lettres de grâce, la Cour les en-
térine; retirez-vous, la peine vous est remise, mais le crime vous
reste. »

LXXI

Note 1, p. 86. — L'Académie de Dijon doit en effet beaucoup au
président de Ruffey. Sa première origine remonte au président Bouhier, qui, goutteux et infirme, réunissait un jour de la semaine dans
sa vaste bibliothèque les hommes qui recherchaient les plaisirs de
l'intelligence et aimaient dans le vieux président l'homme qui savait
le mieux les faire goûter et comprendre. Sa mort fit un grand vide
dans cette société naissante. Richard de Ruffey, un des habitués des
réunions de l'hôtel Bouhier, offrit le sien aux membres dispersés
de cette société toute de choix, et dont l'habitude avait cimenté les
liens. Il fit bâtir, à cet effet, une vaste galerie où il rassembla des antiquités, des médailles et des livres, tout ce qui encourage l'étude ou
la satisfait. Le jour où Richard de Ruffey réunit chez lui les membres
épars de la société familière du président Bouhier, elle subit un
grand changement. Elle devint vraiment une société littéraire, eut
des statuts, des membres non résidents et des associés étrangers.
Buffon fut un des premiers élus. La séance d'installation se tint avec
une certaine solennité à l'hôtel de Ruffey, le 19 avril 1752. A côté de
la société Ruffey existait, depuis 1740, une Académie fondée par un
doyen du Parlement, Hector-Bernard Pouffier; mais jusqu'à l'année
1754, époque à laquelle un prix décerné à un mémoire dont Jean-
Jacques était l'auteur vint soudain la mettre en relief, elle ne
fut ni aussi importante ni aussi nombreuse que la société Ruffey, sa
rivale. Charles de Brosses avait la présidence de la société qui se
réunissait dans la bibliothèque de Richard de Ruffey; Michault, contrôleur des guerres, en était le secrétaire.

Le 3 avril 1761, le président de Brosses, ayant été élu par l'Académie de Dijon, chercha dès lors à réunir en une seule les deux sociétés
littéraires dont il faisait simultanément partie. La tâche lui fut, au
reste, rendue facile; le président de Ruffey n'était point éloigné d'un
rapprochement, et l'Académie, de son côté, sentait le besoin d'appe-

ler à elle de nouveaux membres et de s'assurer ainsi de nouveaux moyens d'amélioration et de succès. Cette réunion se fit en 1762, et, à compter de ce jour, le président de Ruffey, malgré quelques froissements et quelques épreuves, toujours réservées aux hommes qui ont pris l'initiative d'une œuvre utile et bonne, se consacra à la prospérité de l'Académie, comme il s'était consacré au succès de la société littéraire qu'il avait fondée.

L'Académie de Dijon avait augmenté, depuis deux ans, le nombre de ses membres en créant quatre nouvelles classes d'académiciens, deux pour les académiciens résidents, sous le titre d'associés libres, et deux pour les académiciens étrangers, l'une d'académiciens honoraires et l'autre d'académiciens non résidents. En 1763, le prince de Condé en devint le protecteur, et les séances, qui avaient eu lieu jusqu'alors dans une des salles de l'hôtel de ville, se tinrent dans une salle de l'Université. En 1774, l'Académie quitta l'Université et vint prendre possession de l'hôtel du président Bouchin de Grandmont, dont elle avait fait l'acquisition.

En 1765, le président de Ruffey lui avait abandonné son riche médaillier; il y fonda, dans les années qui suivirent, différents prix, et lui donna, jusqu'à sa mort, d'incessants témoignages de sa sollicitude et de sa libéralité. Membre honoraire de l'Académie, le 16 février 1759, il en fut élu vice-chancelier le 2 mars 1764. Voltaire, rendant justice à son activité et à son zèle pour la prospérité de l'Académie, lui écrivait le 4 février 1769 : « Mon cher Président, les marques de votre souvenir me sont toujours bien chères. Ne verrai-je point cette Académie dont je vous regarde comme le fondateur ? »

LXXII

Note 1, p. 87. — Lebrun était un admirateur passionné et sincère du génie de Buffon, qui avait encouragé les premiers essais du poëte et qui lui pardonna peut-être de faire des vers, parce qu'il en était quelquefois l'objet. Lebrun, d'ailleurs, malgré l'indépendance naturelle de son caractère, connaissait l'art des flatteries délicates. Je trouve dans une lettre écrite à Buffon en 1778 ces quatre vers qui durent certainement toucher sensiblement le grand naturaliste :

> L'art forma de sang-froid, sans l'aveu du génie,
> Les Delilles, les Saints-Lamberts.
> Buffon, je l'avouerai, j'aime assez peu les vers ;
> Mais j'adore la poésie.

Lebrun se montra toujours reconnaissant des encouragements que

Buffon lui avait prodigués, et saisit fréquemment l'occasion de célébrer dans ses vers la prose harmonieuse du meilleur écrivain du dix-huitième siècle.

LXXIII

Note 1, p. 88. — M. Watelet venait d'envoyer à Buffon une nouvelle édition de son poëme de l'*Art de peindre*, qui, deux années auparavant, lui avait ouvert les portes de l'Académie. L'*Art de peindre* parut en 1760; il est dédié à l'Académie de peinture, dont M. Watelet était membre à titre d'associé libre, et se compose de quatre chants traitant du dessin, de la couleur, de l'invention pittoresque, et de l'invention poétique. L'ouvrage est précédé d'un discours préliminaire et suivi de réflexions en prose sur les proportions, l'ensemble, l'équilibre ou le repos des figures, leur mouvement, la beauté, la grâce, l'harmonie, l'effet des passions, etc. Le livre fut imprimé avec un grand luxe et donné au public en deux formats (in-4° et in-12), orné de vignettes gravées par Watelet, d'après les dessins de Pierre. « Si le poëme m'appartenait, disait Diderot, je couperais toutes les vignettes, je les mettrais sous des glaces, et je jetterais le reste au feu. »

Buffon en louant l'ouvrage, paraît oublier qu'il a dû le lire deux années auparavant, lorsqu'il reçut M. Watelet à l'Académie française. Il lui disait alors: « Vous venez d'enrichir les arts et notre langue d'un ouvrage qui suppose, avec la perfection du goût, tant de connaissances différentes, que vous seul, peut-être, en possédez les rapports et l'ensemble; vous seul et le premier, avez osé tenter de représenter par des sons harmonieux les effets des couleurs; vous avez essayé de faire pour la peinture ce qu'Horace fit pour la poésie, *un monument plus durable que le bronze.* » (Voy. la note 4 de la lettre LXIII, p. 311.)

LXXIV

Note 1, p. 89. — Frédéric-Henri-Richard de Ruffey, né à Dijon le 29 mai 1750, fut pourvu, le 8 août 1768, d'une charge de conseiller au parlement de Bourgogne. Le 4 mars 1776, il devint président dans la même compagnie, et mourut à Dijon sur l'échafaud révolutionnaire, le 10 avril 1794.

LXXV

Note 1, p. 90. — La naissance d'un fils, mentionnée sur les registres de la paroisse de Montbard de la manière suivante : « Georges-

Louis-Marie, fils de messire Georges-Louis Leclerc, chevalier, seigneur de Buffon, la Mairie et autres lieux, de l'Académie française, Trésorier de l'Académie royale des sciences, Intendant du Jardin du Roi, et de dame Marie-Françoise de Saint-Belin-Màlain, né de légitime mariage le 22 mai 1764, a été baptisé le même jour par nous, curé de Montbard soussigné, lequel, par un esprit de charité de la part des sieur et dame de Buffon, a eu pour parrain et marraine Guillaume Vigneron et Jeanne Sourdillet, veuve d'Antoine Lepate, deux pauvres de ma paroisse qui se sont soussignés. »

Note 2, p. 90. — Le premier secrétaire de l'Académie de Dijon fut Jean-Bernard Michault, précédemment secrétaire de la société littéraire fondée par le président de Ruffey. En 1764, il fut remplacé dans ce poste par le docteur Maret.

Note 3, p. 91.—M. Le Gouz-Morin, ou plutôt Le Gouz de Gerland, né le 17 septembre 1695, mort le 17 mars 1774, fut grand bailli d'épée du Dijonnais. Membre de l'Académie de Dijon, il abandonna à cette compagnie un riche cabinet d'histoire naturelle, et enrichit la salle de ses séances des bustes en marbre des grands hommes de la province; parmi eux figurait le buste de Buffon par Pajou. Le Gouz de Gerland fonda le jardin botanique dépendant de l'Académie, qui existe encore et qui forme une des plus agréables promenades publiques de la ville de Dijon. Il eut la plus grande part à l'établissement de l'École des beaux-arts; il laissa en outre quelques écrits estimés.

Note 4, p. 91. — En 1760, M. Duret, marquis du Terrail, et la dame de Crussol d'Uzès de Montausier, sa femme, qui devint depuis duchesse de Caylus, fondèrent un prix annuel de quatre cents livres à décerner par l'Académie de Dijon. « L'Académie de Dijon, disent les Mémoires de Bachaumont à la date du 29 octobre 1766, dans les annonces qu'elle avait faites du prix de 1767 sur *les Antiseptiques*, en avait fixé la valeur à la somme de trois cents livres; mais M. le marquis du Terrail, maréchal des camps et armées du Roi, académicien honoraire non résident, ayant fait, conjointement avec sa femme, une donation à l'Académie de Dijon de la somme de dix mille livres, pour fonder à perpétuité un prix de la valeur de quatre cents livres, par acte du 9 avril 1760, l'Académie de Dijon annonce en conséquence au public que son prix de 1767 et tous ceux qu'elle donnera dans la suite seront une médaille d'or de la valeur de quatre cents livres. » Le marquis du Terrail est l'auteur d'un roman assez curieux ayant pour titre : *le Francion ou l'Anti-Whisk.*

LXXVI

Note 1, p. 92. — Le sujet du prix proposé par l'Académie de Dijon pour être décerné dans l'année 1766 était le suivant : « Donner un traité élémentaire de morale (à l'usage des colléges), dans lequel les devoirs de l'homme envers la société et les principes de l'honneur et de la vertu soient développés. » Le mémoire couronné fut celui de M. Rose, prêtre de Quingey en Franche-Comté.

Note 2, p. 92. — Au sujet des tomes X et XI de l'Histoire naturelle, qui parurent en 1764, Grimm s'exprime ainsi : « On comptera parmi les ouvrages qui ont illustré le siècle de Louis XV, l'*Histoire naturelle, générale et particulière, avec la description du Cabinet du Roi*, entreprise par MM. de Buffon et Daubenton, de l'Académie royale des sciences, et garde du Jardin du Roi et de son Cabinet d'histoire naturelle. Ces deux hommes célèbres, en réunissant leurs talents et leurs connaissances, ont fourni jusqu'à présent une vaste et belle carrière. M. de Buffon, après avoir exposé dans des discours généraux ses idées sur la formation, la constitution de l'univers, sur la nature et les révolutions de notre globe, sur l'homme, sur les animaux, s'est attaché à l'histoire particulière de chaque espèce; M. Daubenton y a ajouté la description anatomique et détaillée de chaque animal. Si le travail de M. de Buffon est plus brillant, s'il est reçu avec plus d'empressement de la part du plus grand nombre, qui ne cherche à avoir que des notions générales, il faut convenir que celui de M. Daubenton sera bien précieux à la postérité; car si jamais la science de la nature peut faire quelque progrès, ce sera par de tels travaux répétés, comparés et transmis de siècle en siècle.... On a reproché à M. de Buffon une trop grande facilité à créer des systèmes et à s'en engouer; on a dit qu'il voyait moins la nature dans ses opérations que dans sa tête; de savants naturalistes des pays étrangers, et surtout d'Allemagne, où cette science est particulièrement cultivée, ont relevé un grand nombre de ses erreurs. Malgré tout cela, M. de Buffon aura toujours la réputation d'un philosophe distingué; l'élévation de ses idées et de son style lui donnera toujours un droit incontestable à l'emploi difficile et glorieux d'historien de la nature. Si des gens d'un goût sévère lui reprochent un peu trop de poésie dans son style, il faut convenir que ce défaut se pardonne bien plus aisément que la sécheresse et la pauvreté qu'on remarque dans d'autres ouvrages philosophiques de notre temps.... En lisant les deux nouveaux

volumes que MM. de Buffon et Daubenton viennent de publier, *et qui font
le dixième et le onzième de leur ouvrage*, vous aurez occasion de vous
confirmer dans toutes ces idées.... L'histoire de l'éléphant et celle du
chameau sont les deux morceaux distingués; mais on admire dans
tous les articles de M. de Buffon ce coup d'œil philosophique, cette
tête saine et sage, ce style noble, élevé, majestueux, qui enchante et
agrandit pour ainsi dire le lecteur.... Dans son discours sur les animaux de l'ancien et du nouveau continent, M. de Buffon a exposé une
assez belle et grande vue. Il prétend qu'on ne trouve dans l'Amérique
que les animaux qui ont pu passer dans ce nouveau continent par le
nord de l'ancien. Tous ceux à qui leur tempérament ne permet pas
de subsister dans le Nord ne se trouvent pas dans le nouveau monde,
parce qu'ils n'ont trouvé aucun passage praticable. Cette conjecture
est belle et philosophique; mais il faut bien se garder de lui assigner
un degré de certitude qu'elle ne saurait avoir, à cause de la disette des
faits et des observations. »

LXXVII

Note 1, p. 92. — Daubenton avait des dettes et ne payait pas ses
créanciers. Buffon était au nombre de ces derniers. Sur les comptes
de son revenu, en entier écrits de sa main, je trouve, se rappor-
tant à l'année 1784, la mention suivante : « Il m'est dû par M. Daubenton, maire de Montbard, une somme de deux mille sept cents livres
au principal, aux arrérages de cent huit livres. » Et sur le livre tenu
pour l'année 1787 : « Il m'est dû par la succession de M. Daubenton.... etc. »

Georges-Louis Daubenton, maire-châtelain et lieutenant général de
police de la ville de Montbard, neveu du collaborateur de Buffon,
naquit le 29 septembre 1739, et mourut au mois de février 1585. Il se
mit à la tête d'une pépinière fort considérable que lui avait léguée son
père, voulut l'étendre et, en y consacrant une grande partie de son
bien, se ruina dans une spéculation dont les résultats ne répondirent
pas à son attente. Il avait épousé en 1771 Mlle Boucheron.

LXXVIII

Note 1, p. 93. — L'article de l'abbé Le Blanc se trouve dans le
Mercure de septembre 1765. En voici le passage principal, celui dont
Buffon a été le plus frappé :

« .....On ne sait lequel admirer le plus, le peintre ou le philosophe,

dans ces savants tableaux que la première et la seconde vue sur la
nature font passer successivement à nos yeux. C'est le spectacle de
l'univers entier dont cet illustre académicien expose et fait sentir
partout la majesté. Où peut-on déployer en effet plus convenablement
toutes les richesses de l'éloquence que dans l'explication de ces premières lois, qui annoncent la sagesse de l'Être souverain qui en est
l'auteur, et qui opèrent les merveilles dont le physicien doit rendre
compte? L'admiration qu'elles inspirent ne peut manquer d'échauffer
et d'étendre l'imagination de quiconque est capable de les bien con-
cevoir : le style alors suit la pensée; la grandeur des idées entraîne
celle de l'expression. De là résulte dans le discours cette sublimité
qui a mérité à Platon le titre de divin, et dont on trouve des traits
si frappants dans ceux de M. de Buffon. Telle a toujours été la manière
des anciens philosophes, lorsqu'ils ont agité ces grandes questions de
physique qu'on ne peut expliquer sans remonter à la première cause.
Ces maîtres dans l'art de penser n'excellaient pas moins dans celui
de la parole. Cicéron, si excellent juge de l'un et de l'autre, ne se
borne pas à louer leur éloquence; quoique différente de celle du barreau, il avoue lui-même que, s'il est orateur, il en a moins l'obligation
aux leçons des rhéteurs qu'aux exercices du Portique. Il s'appuie
encore de l'autorité de Socrate, qui, dans le *Phèdre* de Platon, dit que
Périclès n'a surpassé les orateurs de son temps que pour avoir souvent
entendu discourir le physicien Anaxagoras. Il est même probable,
ajoute Cicéron, que Démosthène n'est pas moins redevable de sa
prééminence aux fréquents entretiens que, comme on l'apprend par
ses lettres, il a eus avec Platon. Qu'il nous soit permis de remarquer,
en faveur des jeunes gens qui aspirent à se distinguer dans l'art oratoire, que de tous les philosophes modernes, M. de Buffon est celui
dont les ouvrages peuvent le plus contribuer à les y perfectionner.
Indépendamment des grandes idées qu'ils pourront y puiser, ils y
trouveront continuellement des exemples du genre d'éloquence dont
il a donné des leçons dans son discours de réception à l'Académie française. Nous ne craignons pas de l'avancer, notre langue a,
dans ses écrits, un degré de force et un ton de dignité que ne pouvaient soupçonner jusqu'ici ceux qui n'étaient pas faits pour y atteindre.... »

Note 2, p. 93. — Pierre-Antoine de La Place, né en 1707, mort
au mois de mai 1793, obtint en 1762 le privilége du *Mercure*, comme
récompense d'un service rendu à Mme de Pompadour. Sous sa direction, le *Mercure* ne fut pas prospère; les abonnements diminuèrent
à ce point que le produit du journal devint insuffisant pour desservir

les pensions qui y étaient attachées; on dit à ce sujet que le Mercure était tombé *sur la place.*

Note 3, page 94. — Louis Phelyppeaux, comte de Saint-Florentin, fut ministre de la maison du Roi de 1749 à 1775. Louis XV montra toujours un grand attachement pour son ministre, malgré les réclamations sans nombre auxquelles donnaient lieu chaque jour les abus qu'il tolérait dans son département. Le Roi lui dit, un jour que son crédit paraissait menacé : « Il ne faut pas que vous me quittiez; vous avez trop besoin de moi, et moi de vous. » A la suite d'un accident de chasse arrivé en 1765, le comte de Saint-Florentin perdit la main droite. « Vous n'avez perdu qu'une main, lui dit Louis XV à ce propos, et vous en trouverez toujours deux chez moi à votre service. » Dans le public on fit ainsi l'épitaphe de la main du ministre :

Ci-gît la main d'un grand ministre
Qui ne signa que du sinistre.
Dieu nous garde du cachet
Qui met les gens au guichet !

On sait que dans les attributions du ministre de Paris rentrait l'expédition des lettres de cachet. Une comtesse de Langeac en fit, durant tout le ministère du comte de Saint-Florentin, un commerce public.

Note 4, p. 94. — Gabriel-Henri Gaillard, né le 26 mars 1726, mort le 13 février 1806.

Note 5, p. 94. — Antoine-Léonard Thomas, né le 1er octobre 1732, mort le 17 septembre 1785, s'est fait une réputation littéraire dans un genre à part, et dans lequel excellèrent à leur tour Condorcet et Vicq-d'Azir, dans le genre de l'éloge. Il débuta par un éloge du maréchal de Saxe, couronné par l'Académie française en 1759, et finit par l'éloge de Marc-Aurèle. Parmi ses meilleures productions en ce genre, on peut citer l'éloge du chancelier d'Aguesseau et l'éloge de Duguay-Trouin, tous deux couronnés par l'Académie française, le premier en 1760, le second en 1761 ; l'éloge de Sully, qui lui valut le même honneur en 1763.

Note 6, p. 94. — En 1764, l'Académie française avait proposé pour prix d'éloquence l'éloge de Descartes. Deux cents mémoires furent envoyés; quinze dans le nombre parurent dignes d'être conservés; deux enfin se partagèrent les suffrages. Le contrôleur général

Laverdy, pour tirer l'Académie d'embarras, offrit une somme de deux cents écus destinée à constituer un second prix ; l'Académie refusa l'offre du ministre, et la médaille d'or de six cents livres fut divisée en deux prix de trois cents livres ; les deux lauréats furent Thomas et Gaillard.

LXXIX

Note 1, p. 94. — Claude-Sébastien de Brosses, fils du président de Brosses et de Françoise Castel de Saint-Pierre, mourut à Dijon, malgré les soins que lui prodigua le docteur Maret, le 29 mai 1765.

LXXX

Note 1, p. 94. — *Traité de la formation mécanique des langues et des principes physiques de l'étymologie.* 2 vol. in-12. Paris, Vincent, 1765, et Terrelonge, an IX (1801). — Traduit en allemand, Leipzig, 1777, in-8°.

Le président de Brosses écrivait, en 1761, à M. de Fargès, maître des requêtes, oncle germain de Mme de Brosses, une lettre dans laquelle se trouve le passage suivant : « J'avais composé quelques mémoires sur la matière étymologique pour les séances académiques, où ils furent lus. Mais, trouvant moi-même la matière trop abstraite et plutôt philosophique que littéraire, je ne les donnai pas à l'Académie (des belles-lettres), et je les réduisis en forme de traité particulier sous ce titre : *De la formation mécanique des langues et des principes physiques de l'étymologie*, avec cette épigraphe de Quintilien :

« Ne quis igitur tam parva fastidiat elementa, » etc.

ou cette autre de Lucrèce :

« Sicque adopinamur de signis maxuma parvis. »

M. de Buffon, qui en avait ouï parler dans les conférences des deux Académies, souhaita de voir ce traité et fut saisi de satisfaction de voir ouvrir un vaste champ de métaphysique qu'il n'avait pas aperçu (par la seule raison qu'il n'avait pas jeté les yeux de ce côté-là, où il l'aurait vu mieux que personne). Il loua l'ouvrage au delà sans doute de ce qu'il valait, me pressa fort de le mettre en ordre et de le terminer.... »

(*Le Président de Brosses*, par Th. Foisset, p. 549.)

Note 2, p. 96. — Le passage relatif à l'histoire des *lions marins*, au sujet duquel le président de Brosses s'était plaint à Buffon de la façon dont il avait combattu son opinion, est ainsi conçu :

« .... La plus grande espèce est celle du phoque à museau ridé, que plusieurs voyageurs, et particulièrement le rédacteur du Voyage d'Anson, ont indiqué sous la dénomination de *lion marin*, mais mal à propos, puisque le vrai lion marin porte une crinière que celui-ci n'a pas, et qu'ils diffèrent encore entre eux par la taille et par la forme de plusieurs parties du corps..... L'on trouve dans le Recueil des navigations aux terres Australes, beaucoup de choses relatives à ces animaux, mais les descriptions et les faits ne nous paraissent pas exacts..... » (*Histoire du grand phoque à museau ridé.*)

Dans la suite, chaque fois que Buffon eut occasion de citer l'ouvrage du président de Brosses, il le fit en lui donnant toujours les plus grands éloges.

LXXXI

Note 1, p. 97. — Nicolas-Louis-François de Neufchâteau, né le 17 octobre 1750, mort le 10 janvier 1828, fut tour à tour, et parfois en même temps, homme de lettres et homme politique. Sa carrière politique, qui devait le conduire aux premières charges de l'État, commença tard ; mais sa carrière littéraire, qui devait embrasser une si grande variété de sujets, commença de bonne heure : à douze ans, il écrivait en vers avec facilité et talent. En 1766, parut à Neufchâteau un recueil in-8° portant ce titre : *Pièces fugitives de M. François de Neufchâteau en Lorraine, âgé de quatorze ans.* C'est de ce livre, que lui avait envoyé le président de Ruffey, que Buffon dit, après l'avoir lu : « Dans ces vers il y a moins de feu et plus de maturité, de raison et de style que cet âge n'en comporte. » A quatorze ans, François de Neufchâteau fut académicien, les Académies de Lyon et de Marseille l'ayant successivement appelé dans leur sein. Il fut élu membre de l'Académie de Dijon, le 18 janvier 1765.

Note 2, p. 97. — Le président de Brosses venait de perdre son fils unique.

Note 3, p. 98. — Le premier peintre dont le souvenir ait été conservé au Jardin du Roi est le peintre Robert, chargé par Colbert de continuer la collection des fleurs et des plantes peintes sur vélin, commencée par Gaston d'Orléans, père de Louis XIII. Gaston d'Or-

léans avait créé dans son château de Blois un jardin botanique, longtemps dirigé par Morison ; il en fit dessiner les plantes les plus rares.
Sa collection fut achetée par le Roi ; déposée d'abord à la Bibliothèque,
elle fut remise ensuite au Cabinet d'histoire naturelle. Après Robert,
mort en 1684, le peintre Aubriet qui, en 1698, avait accompagné
Tournefort dans son voyage en Orient, enrichit cette précieuse collection de dessins nouveaux. Mlle Basseporte, son élève, continua son
œuvre. En 1774, Buffon avait donné sa survivance à un peintre déjà
célèbre, Gérard Van Spaëndonck, qui, en 1780, par la mort de
Mlle Basseporte, en devint titulaire. Dans la suite on créa pour lui la
chaire d'iconographie, et en 1821, il mourut membre de l'Institut. Un
nom, le plus célèbre de tous, clôt la liste des peintres qui ont travaillé à la riche et unique collection des vélins conservés au Muséum.
Redouté fut appelé par van Spaëndonck pour l'aider dans son travail.
En 1822 il succéda à son maître, et occupa à sa place la chaire d'iconographie. Les planches enluminées de l'édition de l'Histoire des
oiseaux, dont parle Buffon dans sa lettre au président de Ruffey,
furent faites avec beaucoup de précision et de soin. Chaque oiseau
était dessiné d'après un modèle vivant ou empaillé, mais toujours
d'après nature ; on ne prit, pour se guider dans ce travail, ni dessins
ni gravures. Pendant cinq ans cette entreprise occupa, Buffon l'a dit
lui-même dans l'avertissement placé en tête du premier volume des
Oiseaux, plus de quatre-vingts artistes et ouvriers. Cette édition unique est aujourd'hui fort rare et très-recherchée. Buffon avait fait
encadrer les premiers types de chaque espèce, et ces cadres, composés d'un filet d'or fort simple, suspendus les uns près des autres, de
façon à ce que la tenture ne parût pas, garnissaient à Montbard plusieurs de ses appartements. On y voit encore aujourd'hui deux pièces
ainsi décorées.

On connaît l'ordre avec lequel Buffon réglait les affaires de sa vie
et ses intérêts domestiques ; les dettes lui semblaient une des plus
funestes conséquences du désordre ; parfois il disait familièrement,
en faisant allusion aux affaires du temps : *Cela va bien, on paye.* Un
jour, un souscripteur à l'Histoire naturelle des oiseaux, à qui Panckoucke en avait vainement réclamé le prix, rencontrant Buffon qui
était de sa connaissance, l'aborda, et croyant flatter son amour-
propre d'auteur, lui fit un grand éloge de la beauté de l'édition, van-
tant la bonne exécution des planches et l'exactitude des couleurs.
« Avant de louer l'ouvrage, lui dit froidement Buffon, il faudrait le
payer. » Et il le quitta.

Parmi le grand nombre de peintres et d'artistes employés par Buffon à cette œuvre importante, s'en trouvait un du nom de Touzet,

élève de l'Académie, mais en même temps doué d'un talent d'imitation qui, mieux que ses travaux en peinture, lui valut à la ville et à la cour, où on le fit souvent venir, une certaine célébrité. Buffon l'emmena quelquefois à Montbard, et c'était une véritable bonne fortune pour ceux qui venaient alors le visiter. Voici, au reste, ce que dit Grimm au sujet de ce rare talent : « Ce Touzet est célèbre à Paris depuis quelques années par le talent d'imiter et de contrefaire, qu'il possède au suprême degré. Non-seulement il contrefait toutes sortes de personnages et de caractères avec une perfection qui ne laisse rien à désirer, mais il imite encore à lui seul une collection de bruits et de phénomènes physiques. On le place au milieu d'un salon, derrière un paravent, et l'on entend tout un essaim de religieuses qui vont à matines : on les entend se lever, se réunir, descendre des corridors dans l'église, chanter l'office, faire la procession, rentrer dans le couvent et se disperser dans les cellules. On distingue l'âge, le caractère, l'humeur, les infirmités de chacune de ces nonnes ; on se croit transporté au milieu d'un couvent. La matinée du village, le dimanche, est encore plus surprenante : on se trouve transporté dans un village rustique ; on assiste au lever du ménager et de la ménagère, à leurs fonctions matinales : on les accompagne à l'écurie, à la basse-cour, dans la rue, à la messe ; on entend le sermon ; on les suit dans le presbytère ; on devine le caractère du curé, de sa gouvernante, de son chien même, qui ne jappe pas comme un chien de paysan. Tout cela est d'une vérité surprenante. Ce Touzet observe les plus petites nuances avec une justesse qui confond. Tout le monde a voulu le voir, depuis nos princes jusqu'aux plus petits particuliers ; il a même, je crois, représenté ses facéties chez Madame la Dauphine. »

Note 4, p. 98. — Claude-Denis-Marguerite Rigoley de Puligny, né à Dijon, le 5 mai 1742, mort le 2 septembre 1769, fut pourvu d'une charge de conseiller au parlement de Bourgogne, le 23 février 1763. En 1769, il succéda à son père dans sa charge de premier président de la Chambre des comptes de Dijon, et mourut peu de temps après avoir été installé dans sa nouvelle dignité.

Note 5, p. 98. — Thomas du Morey, ancien officier de cavalerie, chevalier de l'ordre de Saint-Michel, ingénieur du Roi et ingénieur en chef de la province de Bourgogne, a souvent aidé Buffon de ses lumières et de ses conseils dans les nombreuses constructions qu'il entreprit à diverses époques, soit à Montbard, soit dans les forges de Buffon. Il fournit à Buffon plusieurs renseignements utiles, et lui adressa, sur les minéraux, divers mémoires dont quelques-uns se trouvent insérés dans cette partie de l'Histoire naturelle. La Bourgogne lui est redevable d'un grand nombre de constructions importantes, et notamment de l'élégant château d'Arcelot, bâti sous sa direction, de 1762 à 1765. Thomas du Morey fut reçu membre de l'Académie de Dijon, le 26 juin 1772.

Note 6, p. 98. — M. Hébert était receveur général des fermes, et en même temps trésorier de l'extraordinaire des guerres. Il réunissait en lui deux qualités qui, en général, semblent s'exclure, le goût de la chasse et la patience de l'observation. Il fournit à Buffon un grand nombre de mémoires sur les oiseaux, et son nom est souvent cité dans les volumes de l'Histoire naturelle qui traitent de leur histoire. Dans une lettre que lui écrit Buffon, en 1778, et qui fait partie de ce recueil, il lui dit en l'engageant à venir le trouver à Montbard : « Je décrirai des oiseaux et vous en chasserez. »

LXXXII

Note 1, p. 98. — Charlotte-Louise de Fortia, mariée le 7 mars 1747 à Étienne-Marie, marquis de Scorailles, maréchal de camp en 1744 et lieutenant général en 1748. Le marquis de Scorailles fut élu de la noblesse aux états généraux de Bourgogne pour la triennalité de 1754, et choisi par le roi, en cette qualité, pour recevoir le prince de Condé.

Note 2, p. 98. — On aime chez Buffon cette grande confiance dans l'achèvement de son œuvre, ce robuste courage que ne lassent ni les lenteurs d'un semblable travail, ni les difficultés sans nombre qui viennent chaque jour en retarder l'achèvement. Sa santé devient mauvaise, ses souffrances redoublent, ses forces diminuent, il regrette les retards que la maladie apporte à ses travaux; mais il ne change en rien son programme et poursuit son but. Le jour où Buffon, s'étonnant lui-même de cette ardeur que rien ne lasse, se demandera pourquoi il fuit le repos; pourquoi, au lieu de jouir paisiblement de sa gloire, il affronte de nouvelles fatigues, il en trouvera la raison dans un penchant de son caractère qui devint sa plus utile vertu. L'amour de l'ordre, il en fera lui-même l'aveu à Mme Necker, aura été son guide, bien plus que l'ambition de la gloire; en lui obéissant, il se sera mis au-dessus des découragements inséparables de toute tâche laborieuse, et aura consacré sa vie entière à des travaux que la mort seule pourra interrompre.

LXXXIII.

Note 2, p. 101. — Georges-Louis Daubenton, dont il a déjà été question. (Voy. ci-dessus p. 325).

LXXXIV

Note 1, p. 102. — En 1762, Mlle Buisson fut impliquée dans l'affaire Varenne. Elle avait été l'éditeur du trop fameux *Mémoire pour les élus généraux des États du duché de Bourgogne*, imprimé chez Desventes, le 26 mai 1762. Tandis que la Cour des aides de Paris lançait un décret de prise de corps contre Desventes, elle recevait une assignation pour être entendue dans cette longue affaire. Desventes fut contraint de quitter Dijon ; Mlle Buisson, plus heureuse, fut renvoyée de toute poursuite.

Note 2, p. 102. — Mme de Rochechouart, dame de la Croix-Étoilée, montra un goût très-vif pour l'étude de l'histoire naturelle, et consacra des sommes importantes à la fondation d'un cabinet dont elle enrichit, dans la suite, l'Académie de Dijon.

Note 3, p. 102. — Hugues Maret, né le 16 octobre 1726, mort le 11 juin 1785, était docteur en médecine, membre du collége de médecine de Dijon, inspecteur des eaux minérales, médecin des épidémies de la généralité de Bourgogne, professeur de chimie, correspondant de l'Académie des sciences, et membre de la Société royale de médecine. Le 7 décembre 1764, il avait été élu secrétaire perpétuel de l'Académie de Dijon.

Hugues-Bernard Maret, duc de Bassano, ministre de l'Empereur, né le 2 mars 1763, mort le 16 mai 1839, est le fils du précédent. M. le duc de Bassano, aujourd'hui grand chambellan et sénateur, est son petit-fils.

LXXXV

Note 1, p. 102. — Élisabeth Potot de Montbeillard se maria fort jeune à Gueneau de Montbeillard ; aucun lien de parenté ne l'unissait à ce dernier, malgré la ressemblance des noms, qui provient sans doute d'une même seigneurie possédée à différentes époques par les deux maisons. Mme de Montbeillard eut toutes les vertus modestes de son sexe : ce fut, de plus, une femme d'esprit, en même temps que d'une instruction variée et étendue. Elle savait le latin, le grec, l'anglais et d'autres langues vivantes. S'intéressant aux travaux de son mari, elle l'aidait dans ses recherches, et traduisait pour lui les passages des naturalistes étrangers dont la connaissance lui était nécessaire. Dans le temps que Montbeillard, fatigué des oiseaux, s'occupait de l'histoire naturelle des insectes, elle apprit en trois mois, et en se cachant de son mari, l'allemand que lui-même ne savait pas, et lui apporta un soir la traduction de plusieurs passages de Rhœsel, qu'elle l'avait plusieurs fois entendu regretter de ne point comprendre.

Malgré ces occupations sévères de l'intelligence, on remarquait dans Mme de Montbeillard les qualités les plus aimables. A Semur, elle était devenue le lien d'une société toute de choix, dont quelques membres, à l'exemple du chevalier de Bonnard, allèrent plus tard porter ailleurs les charmantes traditions. A cette époque, il y avait encore en province une société dont on cherche vainement la trace aujourd'hui. Autour de Mme de Montbeillard, se groupait, à Semur, un cercle de femmes spirituelles et instruites, parmi lesquelles la marquise du Châtelet ne se trouvait point déplacée.

Quant aux qualités du cœur, Mme de Montbeillard les posséda toutes, et l'exquise sensibilité de son âme ne fut pas un des moindres attraits de cette nature d'élite. Familièrement et dans l'intimité on l'appelait le *Mouton*, tant sa douceur était grande, tant aussi son désir de s'effacer pour ne froisser l'amour-propre de personne était vif et constant. Gueneau de Montbeillard a laissé d'elle ce bel éloge, qu'il ne lui connaissait qu'une seule passion, la passion du devoir. Elle fut bonne mère, et son fils unique, que Buffon donnait souvent pour modèle au sien, lui dut les meilleures leçons, celles qui viennent de l'exemple. Elle survécut à son mari, et les soins assidus de sa tendresse maternelle cachaient mal à certaines heures les larmes et les regrets de la veuve. Mme de Montbeillard a laissé un monument de sa tendresse conjugale; elle a écrit une histoire de la vie de son mari. Nous ne saurions mieux faire, pour mettre en lumière les rares qualités de l'un et l'autre, que de donner ici cette biographie; elle est d'ailleurs tout à fait à sa place. En effet, les lettres qui suivent vont montrer Buffon nouant avec Gueneau de Montbeillard des relations que la mort seule pourra rompre. La notice de Mme Gueneau de Montbeillard fut rapidement écrite; quoi qu'il en soit, elle intéresse vivement et renferme des traits d'une observation profonde, des aperçus d'une délicatesse charmante.

Gueneau de Montbeillard était membre de l'Académie de Dijon, et Guyton de Morveau fut désigné pour y prononcer son éloge; mais il ne put, ou plutôt ne voulut pas se charger de ce travail, et l'abbé Bertrand, professeur de physique au collége des Godrans, membre aussi de l'Académie, le remplaça à l'improviste. Il écrivit à Mme de Montbeillard une lettre qui nous a été conservée, et cette dernière répondit à sa demande par la biographie qui suit :

A MADAME GUENEAU DE MONTBEILLARD,

A SEMUR EN AUXOIS.

Madame,

L'Académie, consultant la sensibilité de mon cœur plus que la médiocrité de mes talents, vient de me charger de faire l'éloge de mon immortel ami. Je vous prie, en conséquence, de vouloir bien me faire passer, le plus tôt possible, une notice succincte sur ses premières années et ses premiers travaux; car l'éloge est irrévocablement attaché à la séance du 17 décembre prochain.

Ne me demandez pas, je vous prie, par quelle fatalité M. de Morveau s'est laissé décharger d'un fardeau aussi glorieux, et ne me renvoyez point à lui pour avoir les mémoires que vous lui avez communiqués; je ne puis à cet égard satisfaire ni votre curiosité ni vos désirs. Je me contenterai de vous faire part de la commission dont l'Académie a bien voulu m'honorer et du zèle que j'aurai à la remplir. J'ai l'honneur d'être, avec un profond respect, madame, votre très-humble et très obéissant serviteur.

BERTRAND.

(Inédite. — Appartient à la ville de Semur et est conservée dans sa Bibliothèque.)

BIOGRAPHIE DE M. GUENEAU DE MONTBEILLARD,

PAR MADAME DE MONTBEILLARD.

Philibert Gueneau de Montbeillard naquit à Semur le 2 avril 1720, d'une famille noble ; il passa son enfance dans la maison paternelle, fit ses premières études au collége des Carmes, à Semur, avec son frère aîné, M. de Mussy, sous les yeux d'un père tendre, éclairé, qui jouissait dans sa petite ville d'une grande considération, et qui, s'étant livré à la jurisprudence, était devenu par ses lumières et par son intégrité l'arbitre de ses concitoyens dans tous leurs différends, mais qui ne laissait pas de trouver le temps de veiller à l'éducation, à l'instruction de ses enfants, de leur inculquer les grands principes de la morale et surtout de la justice, en même temps qu'il leur donnait l'exemple des vertus domestiques.

M. de Montbeillard montra de bonne heure beaucoup de pénétra-tion, une extrême sensibilité, une franchise qui tenait non-seulement à la droiture, mais encore à la fierté et à l'indépendance de son ca-ractère.

A l'âge de douze ans, il fut mis au collége de Navarre, à Paris, avec son frère. Leur père les y conduisit et les fit entrer le jour de la distri-bution des grands prix, circonstance bien choisie pour exciter l'ému-lation. Elle fit tant d'impression sur M. de Montbeillard, qu'il se la rappelait encore dans les derniers temps de sa vie, et en parlait sou-vent, et toujours avec émotion.

Quoique l'indépendance fût un des principaux traits de son carac-tère, ce n'était point esprit de révolte; il se soumettait si aisément à l'autorité légitime et raisonnable, qu'il s'est fortement attaché à quel-ques-uns de ses maîtres dans tous les colléges où il a été. L'exil d'un de ses maîtres de Navarre l'affligea tellement, que son père le fit passer, toujours avec son frère, au collége d'Harcourt.

Mais il ne pouvait se plier à certaines routines inévitables dans l'instruction publique, et dont la justesse prématurée de son esprit lui faisait sentir l'inconvénient. Par exemple, quoiqu'il apprît par cœur avec beaucoup de facilité les morceaux qui lui faisaient impression, jamais on ne put l'assujettir à apprendre telle ou telle leçon, et le prix de mémoire est le seul qu'il n'ait jamais remporté; mais il avait souvent les autres. Il lui arriva au collége d'Harcourt une chose assez singulière au sujet du prix de composition; un de ses camarades l'ayant prié de faire son ouvrage, M. de Montbeillard y travailla si loyalement que ce camarade eut le premier prix et lui le second.

Cependant, quoiqu'il fût un des bons écoliers du collége, il n'y fit pas une sensation proportionnée à ses grandes dispositions. Son génie avait besoin de liberté pour se déployer, et ne pouvait s'astreindre à la marche compassée d'une troupe. En 1725, son père le retira de Paris, d'où son frère, qui avait fini ses classes en 1735, à Troyes, était revenu depuis un an. M. de Montbeillard fut mis au collége de l'Ora-toire à Troyes. Il y trouva des maîtres habiles qui saisirent la vraie manière de cultiver ce génie rare, de favoriser son développement, c'est-à-dire de n'y point mettre d'obstacle; ils l'admirent dans leur société intime, le débarrassèrent par degrés de toutes les entraves du collége; et voyant qu'ils obtenaient d'autant plus de lui qu'ils en exi-geaient moins, ils en vinrent jusqu'à le dispenser de tout travail réglé: il faisait ce qu'il voulait, et quand il avait fini quelque ouvrage, il l'apportait à la classe, où le maître le lisait toujours avec éloge. Ce fut donc sous l'influence de la liberté que son génie prit véritablement l'essor. Il fit quantité de petits ouvrages, et même deux poëmes latins assez étendus : l'un sur l'art de dompter le cheval, l'autre sur la fabrication du papier. Il prit l'idée de ce dernier à une papeterie établie près de Troyes. Il lui fallut pour cet art moderne créer les expressions : les auteurs anciens ne pouvaient lui en fournir de modèles. Le talent de la poésie se montre dans tous ses ouvrages, et quoique dans la suite d'autres études l'aient empêché de s'y livrer, son goût l'y ramenait sans cesse : chaque événement, chaque découverte dans les sciences, chaque circonstance de société, lui inspirait des vers charmants et quelquefois sublimes.

Porté à l'enthousiasme par son génie ardent et sa sensibilité, il se passionna et pour les lettres et pour les maîtres à qui il devait la liberté de les cultiver à son gré; il se passionna également pour leurs opinions, forma le projet d'entrer dans leur congrégation, s'échauffa avec eux des controverses théologiques, et devint un janséniste zélé. Enfin, l'excès du travail, les exercices de dévotion, les veilles, les austérités le firent tomber malade, en 1737, à dix-sept ans. Dès que son père en fut averti, il l'alla chercher, le ramena à Semur : sa maladie fut grave: sa convalescence longue sembla dégénérer en maladie chronique. Il fut plus d'un an à se rétablir.

Pendant ce temps de repos forcé, son esprit, qui ne pouvait rester dans l'inaction, se replia sur lui-même; son imagination calmée lui permit d'examiner de sang-froid les opinions qu'il avait adoptées; il renonça à tout esprit de parti, ses idées se fixèrent : il prit à cette époque le goût de la métaphysique, sans perdre celui des belles-lettres.

Rétabli, il alla faire son droit à Dijon. Son goût était décidé pour d'autres études; il n'entreprit celle-ci que par respect pour la volonté d'un père qu'il chérissait, et donna toujours la plus grande partie de son temps aux belles-lettres. Sa pénétration, la justesse de son esprit et surtout les entretiens de son frère, qui faisait une étude approfondie de la jurisprudence, suppléèrent à l'assiduité, et il acquit assez de connaissances en ce genre pour être en état, dans la suite de sa vie, de discuter avec les jurisconsultes des affaires épineuses, de faire d'excellents mémoires dans quelques affaires importantes de ses amis, et d'en terminer plusieurs en qualité d'arbitre. Pendant son séjour à Dijon, il fut fort accueilli par le président Bouhier, et admis dans sa société composée de quelques gens de lettres; et ce célèbre magistrat, qui savait par lui-même que les lettres sont compatibles avec l'étude des lois, fit son possible pour engager M. de Montbeillard dans la robe, suivant les vues de sa famille. On a trouvé de lui des lettres fort amicales où il l'y exhortait.

I   22

M. de Montbeillard revenait passer l'automne dans sa famille, et s'y trouva lorsque son père fut frappé d'apoplexie et de paralysie, en septembre 1741, à la campagne. Cette attaque fut suivie de plusieurs autres, qui le conduisirent au tombeau dans l'espace de six mois. M. de Montbeillard passa ce temps à la campagne, partageant avec sa mère et son frère les soins qu'exigeait l'état de ce père chéri. Ils ne le quittaient point, le veillaient tour à tour, et dans les moments où quelque lueur de mieux leur laissait plus de liberté d'esprit, ils s'amusaient à lire de bons ouvrages et à apprendre l'italien. Ce bon père le remarquait avec attendrissement et disait à sa femme : « Je suis heureux dans mon malheur d'avoir des enfants qui me servent avec tant d'affection, et à qui des occupations utiles servent de récréation. » Au mois de mars 1742, M. de Montbeillard eut la douleur de voir expirer son père. Ce cruel spectacle lui fit une impression qui ne s'est jamais effacée et qu'il exprimait toujours de la même manière, encore dans les derniers temps de sa vie; il disait qu'au moment de la mort de son père, il lui sembla que la terre manquait sous ses pieds.

Il resta encore quelque temps auprès de sa mère, puis retourna à Dijon, y fut reçu avocat au mois de juin 1742, et revint à Semur. Après y avoir passé quelque temps, son goût pour les lettres et pour les sciences augmentant toujours, il jugea qu'il trouverait plus de secours pour les cultiver à Paris, et obtint de sa mère et de ses autres parents, notamment d'un oncle paternel qu'il regardait comme son second père, la liberté d'y aller demeurer. Il revenait passer l'automne à Semur. Ni le séjour de Paris ni les études auxquelles il se livra n'affaiblirent son attachement pour ses proches. Il acquit des connaissances approfondies dans toutes les branches des sciences; il se lia avec les hommes les plus célèbres, s'en fit des amis qu'il a toujours conservés, et dont le nom suffirait pour faire son éloge, MM. de Buffon, Daubenton, Diderot, etc. C'était dans leurs entretiens qu'il se délassait d'un travail assidu et qu'il puisait une nouvelle ardeur pour les sciences. Il s'y livrait sans autre vue que de satisfaire son goût, sans aucun projet de se faire connaître, quoique ces mêmes amis l'y excitassent.

En 1754, ils le déterminèrent à se charger de la collection académique, dont le premier éditeur, M. le docteur Bériat, venait de mourir. L'universalité de ses connaissances le rendait très-propre à conduire cette entreprise dont l'utilité le frappa, l'entraîna, lui fit fermer les yeux aux peines, aux fatigues de l'exécution. Cette collection, lorsqu'il s'en chargea, était un chaos; M. de Montbeillard le débrouilla, établit un plan dont il rendit compte dans le discours préliminaire du premier volume qu'il donna. On y voit quel travail s'imposait l'édi-

teur : il fallait dévorer les immenses recueils de toutes les académies
étrangères depuis leur fondation, pour choisir dans chaque volume
quelques mémoires, et souvent dans de longs mémoires quelques
morceaux convenables à son plan, les indiquer avec précision à des
coopérateurs dispersés au loin, recevoir leurs extraits lorsqu'ils étaient
finis, et comparer ces extraits aux originaux. Il lui en aurait moins
coûté de temps et de peine pour faire le tout lui-même.

On sait le succès de ce discours; bien des personnes s'obstinèrent
longtemps à l'attribuer à M. de Buffon, et lui en faisaient des compliments; on ne voulait pas croire que ce fût un début ni qu'un homme
capable d'un pareil ouvrage n'en eût encore donné aucun. En effet,
quoique ses portefeuilles fussent pleins d'excellents morceaux, il n'a-
vait jamais rien donné que le mot *Étendue* dans l'*Encyclopédie*, article
qui, n'ayant pas beaucoup de lecteurs, ne pouvait le faire connaître.

Marié en 1756 à Semur, et par là rendu à sa patrie et à ses proches,
il ne fit plus que quelques voyages assez rares à Paris, se renferma
dans un petit cercle d'amis; ses liaisons s'étendirent, il se prêta
plus à la société, et établit chez lui un concert qui a duré plus de
vingt ans.

Adopté par l'Académie de Dijon en 1761, il y lut en 1766 un mémoire sur l'inoculation, à l'occasion de celle de son fils unique; il l'a-
vait inoculé lui-même avec le plus heureux succès, après avoir fait
un voyage à Paris pour conférer avec les plus célèbres inoculateurs et
suivre des inoculations. Il donna le premier dans l'Auxois l'exemple
de cette salutaire pratique, qui s'est soutenue et répandue de là dans
le Nivernais, l'Autunois, etc. Il avait trop connu la tendresse filiale
pour ne pas mettre son bonheur à en être à son tour l'objet, et ne pas
porter au plus haut degré la tendresse paternelle. Aussi son temps se
partageait entre l'éducation de son fils et son travail pour la collection académique; il s'en occupait au préjudice de ses affaires, mais
s'en laissait détourner par les affaires des autres. Une maladie de
nerfs, qui lui causa un important retard, lui fit quitter cette entreprise
à laquelle il s'était fort affectionné, à cause de sa grande utilité.

Il se passionnait pour tout ce qui lui paraissait utile, et lorsqu'il
avait imaginé quelque projet de bienfaisance, soit publique, soit particulière, il ne pouvait plus s'occuper d'autre chose jusqu'à ce qu'il le
vît réalisé ou qu'il en eût tout à fait perdu l'espérance. Dans une année
de disette (1771), il fit présenter à l'administration de la charité de
Semur, par M. de Mussy, son frère, qui en était membre, un projet
pour supprimer la mendicité et pourvoir à la subsistance des pauvres.
Ce projet, qu'il avait fort à cœur de faire réussir, et qu'il appuyait
de bonnes raisons dans un mémoire, fut fort approuvé par plusieurs

administrateurs; d'autres y firent des objections, et, quoiqu'il ne fût pas rejeté, il resta sans exécution.

M. de Montbeillard, qui avait toujours répugné à se mêler des affaires publiques, en fut plus dégoûté que jamais, et se restreignit comme auparavant à faire en son particulier tout le bien qu'il pouvait, suppléant aux secours effectifs, nécessairement très-bornés dans une fortune médiocre, par toutes les ressources d'un esprit fécond, excité par un vif sentiment d'humanité; il faisait même beaucoup plus de bien en ce genre qu'il ne paraissait en faire : il était l'âme de la plupart des projets utiles, quoiqu'il ne voulût plus y paraître, et il appuyait ceux dont l'idée était venue de quelque autre avec autant de zèle que ceux dont il était l'auteur. La misère du pauvre le tourmentait véritablement; les dames de la charité le voyaient avec attendrissement et même avec quelque étonnement suspendre toutes ses occupations pour entrer avec elles dans les détails les plus minutieux sur les besoins de cette classe souffrante et trop dédaignée.

Les jeunes gens qui avaient quelque goût pour les sciences, les lettres, les arts, trouvèrent chez lui tous les secours qu'ils pouvaient désirer, conseils, livres, etc. Sa bibliothèque, précieuse surtout en livres étrangers sur les sciences, leur était toujours ouverte.

Après avoir quitté la collection académique, cet ouvrage qu'il avait presque créé, tant il en avait amélioré le plan, M. de Montbeillard paraissait bien éloigné de s'engager dans aucune autre entreprise qui l'obligeât encore à prendre des termes fixes. Il ne se serait donc jamais déterminé à travailler à l'Histoire des oiseaux sans le motif de l'amitié, auquel il ne savait pas résister. M. de Buffon, convalescent, prétendait avoir absolument besoin d'aide; il ne demandait que des recherches, des notices, des mémoires. C'était à la vérité le travail le plus pénible pour un homme porté par son génie aux plus hautes spéculations et à la poésie par sa brillante imagination; mais le sentiment qui dominait toujours dans M. de Montbeillard fit disparaître les difficultés; il s'engagea, fit plus qu'il n'avait promis, rédigea l'histoire du coq. M. de Buffon, lorsqu'il la lui montra, lui dit : « Vous appelez cela des mémoires, moi je l'appelle une excellente histoire. Faites-m'en beaucoup de semblables et mettez-y votre nom. » C'est ainsi qu'il se trouva engagé. On sait qu'il donna les articles du paon, du coq, etc., sans se faire connaître; que dans les tomes suivants M. de Buffon l'annonça comme son collègue, et que M. de Montbeillard a continué d'y travailler avec lui, jusqu'à l'histoire des oiseaux aquatiques exclusivement.

En 1777, le prince Gonzague de Castiglione étant venu à Montbard voir M. de Buffon, et ayant su de lui que l'histoire du paon, dont ce prince parlait avec enthousiasme, était de M. de Montbeillard, voulut faire connaissance avec lui. M. de Buffon l'amena à Semur, et ce prince, sensible et passionné pour les sciences et les lettres, prit, dès la première entrevue, tant d'affection pour M. de Montbeillard, qu'il voulut revenir passer quelque temps avec lui. Il y resta trois mois, et pendant ce temps M. de Montbeillard traduisit en français un discours philosophique du prince, écrit en italien. Ainsi, l'ouvrage fut traduit sous les yeux de l'auteur et avec lui, et les notes qui y furent ajoutées eurent son approbation. L'inclination, les sentiments que le prince et M. de Montbeillard avaient pris l'un pour l'autre dès le premier jour, devinrent une amitié constante qu'ils ont entretenue depuis par une correspondance suivie. Ils se séparèrent au bout de trois mois, mais les larmes aux yeux. Le prince engagea le fils de son ami qu'il appelait son frère, à faire un petit voyage en Suisse avec lui; après quoi il le ramena et passa encore quelque temps chez M. de Montbeillard à Semur.

De retour en Italie, et se trouvant à Rome au commencement de l'année 1782, il proposa M. de Montbeillard à l'Académie des Arcades, à son insu, l'y fit recevoir et lui envoya le diplôme.

M. de Montbeillard, en continuant son travail sur les oiseaux, sentait toujours la difficulté de se concerter pour donner les volumes à des jours convenus. Son génie indépendant ne pouvait marcher de front avec personne, pas même avec son intime ami, avec le grand homme à qui il était flatté d'être associé. C'est ce qui lui fit accepter avec empressement la proposition de se charger seul de l'Histoire des insectes, quoiqu'elle exigeât de nouvelles recherches auxquelles il mettait trop d'exactitude pour qu'elles ne lui fussent pas très-fatigantes. Il s'est malheureusement consumé dans ces travaux préliminaires; il a travaillé encore dans les derniers mois de sa vie, quoique miné par une maladie de poitrine dont il ne jugeait que trop bien les funestes suites, et qui nous l'a enlevé le 28 novembre 1785, laissant tous ses amis inconsolables, à plus forte raison sa famille.

Dans sa jeunesse et en différents temps de sa vie, ses amis ont plusieurs fois voulu l'engager à se faire connaître davantage, à les mettre au moins à portée d'agir pour lui procurer les places, les décorations auxquelles il aurait pu prétendre. Il entrait quelquefois dans leur idée; mais dès qu'il était question de faire la moindre démarche, de prendre le moindre engagement, son caractère indépendant s'y refusait, et les espérances les plus flatteuses perdaient tout leur attrait; il ne voyait plus que les entraves; rien ne lui convenait dès qu'il fallait le demander : aussi sa mort n'a fait vaquer ni place ni pension. Il ne faisait cas de la fortune que comme d'un moyen d'indépendance.

Nous devons la connaissance de la correspondance de Buffon avec Gueneau de Montbeillard, à Mme la baronne de La Fresnaye, sa petite-fille, qui a bien voulu mettre à nous en donner communication, autant d'empressement que d'amabilité. M. Beaune, ancien conseiller de préfecture, nous a mis à même de la compléter par ses communications obligeantes. C'est grâce à son entremise que nous avons pu enrichir ce recueil du morceau qui précède. L'original appartient à la ville de Semur, et est conservé dans sa bibliothèque.

Note 2, p. 102. — Gueneau de Montbeillard, convaincu de l'utilité de l'inoculation, dans un temps où la médecine regardait cette pratique comme dangereuse, avait résolu d'inoculer lui-même son fils. Dans un mémoire lu à l'Académie de Dijon, il rend ainsi compte des raisons qui l'ont déterminé : « Je désirais, pour le bien de ma patrie, que l'exemple d'un père inoculant son fils unique y fût tellement dans l'ordre des événements communs, qu'il s'y fît à peine remarquer ; cela supposerait que la nation serait plus avancée, qu'elle connaîtrait mieux le prix de la vie des hommes, et qu'elle saisirait avec plus d'empressement les moyens de la conserver. Mais puisque le moment n'est pas encore venu, je crois devoir rendre compte de ce que j'ai fait et observé en pratiquant l'inoculation sur mon fils, et des motifs qui m'ont porté à cette entreprise : non que je me persuade que ce fait par lui-même soit fort intéressant pour le public, encore moins que mon avis puisse avoir quelque influence sur ses opinions ; mais la vérité, mais l'expérience, mais l'intérêt général et particulier doivent avoir de l'autorité partout où il y a des êtres pensants. Puissent mes compatriotes écouter enfin leurs voix réunies, profiter de leurs leçons, et se procurer bientôt le bonheur dont je jouis dès à présent ! » Ce morceau a été inséré dans les Mémoires de l'Académie de Dijon (année 1766, t. 1, p. 367).

Note 3, p. 102. — Chevigny est un village situé à une lieue de Semur ; Gueneau de Montbeillard y avait une maison de campagne. « Nous convînmes d'abord, dit-il dans le mémoire précédemment cité, que, pour ne point alarmer le public et principalement pour ne nuire à personne, l'inoculation serait faite dans une maison de campagne, isolée de toutes parts.... Ce fut le 7 mai dernier que je fis cette opération, en présence de M. le docteur Barbuot et d'un de ses confrères. »

Note 4, p. 103. — Il y avait un véritable courage en effet à braver les répugnances du public et le blâme de l'opinion pour pratiquer sur son fils unique une opération qu'à cette époque on considérait comme dangereuse et dont on n'osait tenter l'expérience. En 1775, Buffon, recevant le chevalier de Chastellux à l'Académie française, lui disait : « Vous fûtes le premier d'entre nous qui ayez eu le courage de braver le préjugé contre l'inoculation ; seul, sans conseil, à la fleur de l'âge, mais décidé par maturité de raison, vous fîtes sur vous-même l'épreuve qu'on redoutait encore ; grand exemple, parce qu'il fut le premier, parce qu'il a été suivi par des exemples plus grands encore, lesquels ont rassuré tous les cœurs des Français sur la vie de leurs princes adorés ! Je fus aussi le premier témoin de votre heureux succès. Avec quelle satisfaction je vous vis arriver de la campagne, portant ces impressions qui ne parurent que des stigmates de votre courage. Souvenez-vous de cet instant ! l'hilarité peinte sur votre visage en couleurs plus vives que celles du mal, vous me dites : *Je suis sauvé, et mon exemple en sauvera bien d'autres !* »

Diderot, félicitant Gueneau de Montbeillard sur sa détermination courageuse, lui écrivait à la date du 27 novembre 1766 : « Vous n'avez pas cru que j'aie été insensible au succès de l'inoculation de votre fils ; les anciens vous auraient appelé *Bis pater*, et cette dénomination aurait fait toute seule plus de conversions que tous les livres du monde. *Bis pater*, je t'embrasse de tout mon cœur, et ton fils et sa mère. »

Qu'auraient dit Diderot et Buffon, s'ils avaient pu prévoir les bienfaits de la vaccine, préservatif bien autrement puissant que ceux de l'inoculation ?

Note 5, p. 103. — Le Mémoire lu par Gueneau de Montbeillard devant l'Académie renferme tous les détails de l'opération. Il fut communiqué à Buffon, qui s'intéressait vivement à cette expérience, comme savant et comme ami de Montbeillard. Gueneau de Montbeillard, parlant de l'instrument dont il s'est servi pour inoculer son fils, dit « que son grand avantage consiste en ce qu'il est presque tout à lui seul, et qu'il opère toujours sûrement et toujours bien, fût-il conduit par la main novice d'un apprenti, ou par la main tremblante d'un père.... » Plus loin il dit encore : « Mon entreprise ayant été si heureusement justifiée par le succès, il me reste à la justifier par des raisons, aux yeux des personnes prévenues à qui elle pourrait paraître plus courageuse qu'éclairée.

« J'atteste que je ne me suis déterminé à inoculer mon fils, que parce que ce parti m'a semblé moins téméraire que celui de le laisser exposé à tous les dangers de la petite vérole naturelle. « Le sort de cet enfant « est dans mes mains, me disais-je à moi-même ; j'en dois disposer non

« selon mon goût et ma faiblesse, mais selon son intérêt et l'équité, et
« selon une équité d'un ordre bien supérieur, puisque les devoirs n'en
« sont jamais remplis parfaitement entre un père et son fils, que lors-
« qu'ils se sont fait l'un à l'autre tout le bien qu'ils pouvaient se faire.
« Or, quel plus grand bien puis-je lui faire que d'écarter ou diminuer
« les dangers qui environnent son enfance? et si le risque d'attendre la
« petite vérole est beaucoup plus grand que celui de la prévenir par
« l'inoculation, je vois mon devoir et je le ferai. » Plusieurs personnes
m'ont retenu le bras, et m'ont dit : « Qu'allez-vous faire? En inoculant
« votre fils, vous vous chargez de l'événement, et si l'événement était
« malheureux ! » Ce raisonnement d'une politique froide et inhumaine
m'a toujours déchiré le cœur, sans jamais influer sur ma résolution.
Je sentais trop qu'un père qui voit un grand bien à faire à son fils,
n'hésitera jamais par la crainte de se compromettre; que c'était ma
qualité de père et la nécessité d'opter entre deux dangers, qui me
chargeait de l'événement; que la témérité dans ce cas ne consistait
point à agir, mais à préférer le parti le plus hasardeux, fût-ce celui de
ne rien faire, et que toutes les aspirations de la prudence s'unissaient
aux cris de l'amour paternel pour me porter à examiner les faits, à
peser les probabilités et à suivre courageusement le parti qui me
paraîtrait le meilleur à l'enfant, dût-il être le plus pénible pour le
père. »

LXXXVI

Note 1, p. 104. — Edme-Louis Daubenton, garde et sous-démonstrateur du Cabinet du Roi, de l'Académie de Nancy, cousin
germain du collaborateur de Buffon, prit une grande place dans la
confiance de ce dernier, à compter du jour où Louis-Jean-Marie
Daubenton se fut éloigné de son bienfaiteur et de son ami. Buffon eut
en lui une entière confiance et lui abandonna une part fort active
dans l'administration du Jardin. Edme-Louis Daubenton n'est pas
demeuré étranger à l'Histoire naturelle; il a fourni quelques bons
articles pour ce grand ouvrage, et a prêté à son auteur un intel-
ligent concours dans les volumes qui renferment l'histoire des
oiseaux.

Note 2, p. 104. — Jean-Baptiste de Lacurne de Sainte-Palaye,
né en 1697, mort le 1ᵉʳ mars 1781, fut membre de l'Académie des
inscriptions en 1724. En 1758, il vint siéger à l'Académie française à
la place de Louis Boissy ; Chamfort fut son successeur. Le plus impor-

tant de ses ouvrages fut son *Glossaire de l'ancienne langue française*, dont le prospectus parut en 1756, et qui ne fut publié qu'après sa mort, par les soins de M. de Brequigny.

LXXXVII

Note 1, p. 104. — Le 2 septembre 1766, le président de Brosses, alors âgé de cinquante-sept ans, épousa en secondes noces Jeanne-Marie Legouz de Saint-Seine, fille aînée de Bénigne Legouz de Saint-Seine, alors président à mortier au parlement de Bourgogne, et de Marguerite-Philiberte Gagne de Perigny. Mme de Brosses mourut à Montfalcon, le 1er novembre 1778.

Note 2, p. 104. — Le père du président de Saint-Seine avait été tuteur de M. de Brosses durant sa minorité, et depuis cette époque, une amitié très-vive avait rapproché les deux familles. Le mariage du président ne fit que resserrer cette intimité.

Note 3, p. 104. — Hyacinthe-Pierrette de Brosses, fille de la première femme du président, épousa Louis-Marie de Fargès, lieutenant général, et mourut à Dijon, le 9 mai 1831.

Note 4, p. 105. — Buffon, qui avait successivement cédé ses appartements pour y établir les collections nouvelles, venait de quitter définitivement l'intendance pour agrandir les galeries du Cabinet. Il abandonna son logement sans faire ses conditions au ministre. Le seul avantage qu'il retira de ce déplacement fut le payement de son loyer par le Roi, et une somme d'argent pour approprier l'appartement qu'il quittait à sa destination nouvelle. Dans sa longue carrière, Buffon n'eut jamais d'autre façon d'agir. Les faveurs pécuniaires qui, sous forme de pensions ou d'indemnités, lui furent à différentes reprises accordées, il ne les sollicita jamais. Lorsque les amis de Buffon lui représentaient qu'il devait songer davantage à ses intérêts, en vue de l'avenir de son fils : « Le Jardin du Roi est mon fils aîné, » disait-il en souriant. Le Roi, on doit le dire, ne fut point ingrat, et, à différentes fois, il tint compte à Buffon de son désintéressement et de sa générosité, en augmentant les revenus de sa charge. Les appointements attachés à la charge d'Intendant du Jardin du Roi étaient de 6000 livres ; les appointements accordés à Buffon, en y comprenant les différentes pensions qui y furent successivement jointes, montaient à la somme de 32 280 livres. On en trouve

le détail dans le livre de recettes que nous avons déjà cité, qui était
tenu par Buffon lui-même, écrit en entier de sa main, et dont la régularité parfaite témoigne du soin qu'il apportait dans le règlement de
ses affaires et dans l'administration de sa fortune. A la page 6, au
chapitre *Appointements*, se trouvent les articles suivants :

« Les appointements de ma place d'Intendant du Jardin et Cabinet
du Roi sont de *six mille livres* et se payent par six mois chez
M. Matagon, premier commis de MM. les administrateurs des domaines
et bois de Paris.

« Il m'a été accordé par le Roi, après trente-cinq ans de service,
une somme de *trois mille livres* en supplément de mes appointements,
par une ordonnance sur le trésor royal, dont il faut tous les ans
solliciter l'expédition.

« Il m'a été accordé par le Roi une pension de *six mille livres*,
dont *quatre mille* sont réversibles à mon fils, et qui me sont payées au
trésor royal.

« J'ai une pension, en qualité de trésorier de l'Académie des
sciences, de *trois mille livres* par an.

« Le Roi a eu la bonté de m'accorder sur sa cassette une pension
de *huit cents livres* par an, laquelle se paye d'avance et par quartiers
de deux cents livres chacun.

« Le Roi m'a accordé une gratification annuelle de *quatre mille
livres* sur la caisse du commerce, et qui se paye chez M. de l'Étang
par six mois, sur ma simple quittance.

« Il m'est dû, sous le nom de mon fils, en qualité de gouverneur
de Montbard, une rente viagère de *quatre cent quatre-vingts livres* par
an, qui se payent par trimestre. »

Note 5, p. 105. — La fortune particulière de Buffon formait un
revenu annuel de *quatre-vingt mille livres,* dont, en puisant à la
source que j'ai indiquée plus haut, on peut établir ainsi le détail :

1° Les forges, louées par an, dans les derniers temps de la vie de
Buffon, *trente-cinq mille livres;*

2° Les bois de Buffon et de la Mairie, dont le revenu était conservé ;
d'autres bois, situés sur la terre de Montbard, servant à l'alimentation
des forges, rapportaient *vingt mille livres* de revenu ;

3° La seigneurie de Buffon avec ses fonds patrimoniaux et ses droits
de cens, *sept mille livres;*

4° La terre de Montbard, *dix-huit mille livres.*

A ces revenus, il faut ajouter les produits de l'Histoire naturelle, dont
les derniers volumes furent payés par Panckoucke douze mille livres
le volume. Quant aux spéculations, Buffon n'en fit jamais. Je me

trompe ; une fois, une seule, entraîné par M. de La Chapelle, commissaire général de la maison du Roi, son ami, et dans la prudence duquel il avait toute confiance, il plaça une somme de trente mille livres environ dans une entreprise industrielle, la Compagnie formée à Paris par M. Leschevin pour l'épurement du charbon de terre, et encouragée par Turgot et par Necker; il les plaça et les perdit.

Pour donner une idée de l'attention avec laquelle il notait toute chose et du soin qu'il apportait dans le recouvrement de son revenu, parmi les nombreuses pages du livre que j'ai cité et que j'ai sous les yeux, je prendrai deux articles au hasard. Au chapitre des *droits seigneuriaux* sur la terre de Buffon, se trouve, à la page 7, la mention suivante : « Il m'est dû pour la location de la halle de Buffon ce que le R. P. Ignace Bouget peut en tirer, savoir *quatre livres* du sieur Tribolet, et plus ou moins des marchands qui viennent y étaler. » A la page 8 : « Il m'est dû pour la permission du jeu de quilles *trois livres* par an, que le R. P. Ignace reçoit pour moi. »

LXXXVIII

Note 1, p. 105. — François Gueneau de Mussy, frère de Gueneau de Montbeillard, subdélégué de l'intendance, maire de Semur depuis 1763, s'occupa, à l'exemple de son frère, de l'étude de l'histoire naturelle. Il avait fait construire dans le jardin de son hôtel, à Semur, une vaste tour dans laquelle il avait rassemblé de riches et curieuses collections de zoologie et de minéralogie. Il se livrait avec zèle à des observations météorologiques, et souvent il apporta à Buffon le fruit de découvertes dont il ne pensa jamais à s'attribuer l'honneur. Sa bibliothèque fut celle d'un homme d'étude, fort complète et enrichie des meilleurs ouvrages et des plus précieuses éditions ; la bibliothèque du marquis de Thiard, son compatriote et son ami, dont les débris vinrent par la suite grossir les richesses de l'hôtel Bouhier, mérita seule de lui être comparée.

Note 2, p. 106. — Jacques-Philibert Guenichot de Nogent, né le 30 juin 1736, mort le 10 mars 1794, fut pourvu d'un office de conseiller au parlement de Bourgogne, sur la résignation de Bénigne Bouhier de Lantenay. Il fut reçu dans cette compagnie le 18 juillet 1757. Il prit une part active à la polémique ardente engagée entre le Parlement et Varenne. Il dénonça à sa compagnie un ouvrage de Varenne ayant pour titre : *Registres du parlement de Dijon durant la Ligue.* Le livre fut supprimé; mais l'exil du Parlement empêcha que cette affaire fût poussée plus loin et ne prît la gravité de celle qui l'avait précédée, et qui avait donné au nom de Varenne une célébrité chèrement achetée.

Note 3, p. 106. — Il est ici question d'un procès que les habitants de Marmagne, village situé à une demi-lieue de Montbard, intentèrent à l'abbé de Fontenet, leur seigneur, qui venait de faire reconstruire le déversoir d'un des étangs de l'abbaye, de telle sorte que les eaux inondaient en toute saison les terres voisines. Buffon s'intéressa à cette affaire, et prit parti pour les habitants de Marmagne, qui gagnèrent leur procès devant le Parlement.

Note 4, p. 106. — Lorsque Buffon arriva au Jardin du Roi, il habita, à l'exemple de son prédécesseur, les bâtiments destinés à l'intendant. Le Cabinet du Roi se composait alors de deux salles étroites et mal éclairées; une troisième pièce renfermait les squelettes, que l'on ne montrait pas au public; les herbiers étaient entre les mains du démonstrateur de botanique; tout le reste du corps de logis était consacré aux appartements de l'intendance. Bientôt, et grâce à l'activité de Buffon, les collections s'augmentèrent; elles envahirent petit à petit les appartements de l'intendant, et, en 1766, Buffon dut quitter définitivement le logement qui lui était attribué. Il prit une maison à loyer rue des Fossés-Saint-Victor, à peu de distance du Jardin. Des galeries nouvelles furent créées, et les collections, auxquelles l'espace ne manquait plus, purent être classées et montrées au public. Les galeries étaient alors au nombre de quatre : dans les deux premières on plaça les animaux; les minéraux occupèrent la troisième; la quatrième fut attribuée au droguier et aux diverses productions du règne végétal. Les galeries ainsi distribuées étaient ouvertes au public deux fois par semaine; les autres jours demeurèrent réservés aux élèves.

Note 5, p. 106. — On lit dans les mémoires de Bachaumont : « 1er novembre.—L'Académie française procédera jeudi prochain, 6 de ce mois, à l'élection du successeur de feu M. Hardion; il paraît que M. Thomas est le seul aspirant, à l'exception d'un président du parlement de Bourgogne. » — « 6 dudit. — M. Thomas a été élu aujourd'hui pour successeur de M. Hardion. »

Note 6, p. 106. — Gabriel-François Coyer, né en 1707, mort le 18 juillet 1782, fut comme l'abbé Le Blanc, auquel l'amitié de Buffon faillit valoir le fauteuil académique, un candidat malheureux aux suffrages de l'Académie. Bien que jésuite, il aima fort Voltaire, et projeta de passer chaque automne plusieurs mois à Ferney; mais Voltaire y mit bon ordre, et fit entendre à l'abbé que l'hospitalité de Ferney n'allait pas aussi loin. « Don Quichotte, disait-il à ce propos à ses amis, prenait les auberges pour des châteaux, mais l'abbé Coyer prend les châteaux pour des auberges. »

Note 7, p. 106. — A la mort d'Hardion, son confrère à l'Académie des belles-lettres, le président de Brosses, poussé par ses amis, par Buffon avant tous les autres, se mit sur les rangs pour lui succéder à l'Académie française. Sa position dans le monde, ses écrits qui l'avaient fait connaître du public, le signalaient depuis longtemps déjà aux suffrages de l'Académie. Lorsque le Président apprit que Thomas, appuyé par Voltaire et tout le parti encyclopédique, se mettait sur les rangs, il retira sa candidature. Thomas fut très-sensible à cette démarche et en manifesta sa reconnaissance au Président, dont l'élection au premier fauteuil vacant semblait désormais assurée.

LXXXIX

Note 1, p. 107. — Le Mémoire sur l'inoculation de son fils, lu par Gueneau de Montbeillard devant l'Académie de Dijon, à la séance du 21 décembre 1766 (Voy. les notes 2, 4 et 5 de la lettre LXXXV, p. 342).

Note 2, p. 107. — Thomas vint siéger à l'Académie française le 22 janvier 1767. Le jour de sa réception, le comte de Clermont, prince du sang, était directeur, et comme tel chargé de répondre au nouvel élu. En son absence, le prince de Rohan-Guemenée remplit ce devoir en homme de cour et en même temps en homme de lettres. Son discours fut bref et d'un style noble et élevé. Le discours de Thomas fut plus long, mais fort applaudi. On y remarqua un portrait de l'homme de lettres, qu'il place au-dessus de tous ceux qui peuvent apporter quelque gloire ou rendre quelques services à leur pays; au-dessus de l'homme d'État, de l'homme de guerre, du législateur même. On doit mentionner un autre discours académique de Thomas qui eut un grand retentissement dans le public. Le 6 septembre 1770, en qualité de directeur de l'Académie, il eut à répondre au discours de l'archevêque de Toulouse, élu à la place du duc de Villars. A la séance assistait le comte de Vasa; parmi les académiciens présents se trouvait l'avocat général Séguier, auquel le parti encyclopédique ne pardonnait pas ses réquisitoires contre les livres dénoncés par la

Sorbonne comme dangereux ou immoraux. Un passage du discours de Thomas fut surtout écouté dans un profond silence. Dès les premières lignes on y vit une allusion évidente. Il parlait de ces hommes en place auxquels leur vanité fait désirer d'être de l'Académie, et que leur intérêt pousse ensuite à la trahir en calomniant les lettres ; de ceux qui désavouent en public des hommes qu'ils estiment en particulier, et qui cherchent à tuer la liberté de la parole pour servir le pouvoir. M. Séguier, en sortant de la séance, alla se plaindre au chancelier Maupeou, qui fit aussitôt demander à Thomas le manuscrit de son discours. Le clergé, de son côté, qui assistait en corps à la séance de l'Académie, se plaignit de ce que Thomas, dont les doctrines philosophiques étaient connues, eût choisi précisément le jour de la réception d'un évêque, rendue plus solennelle par le grand nombre de prélats qui étaient venus rendre honneur au nouvel élu, pour faire une sorte de profession de foi de sa doctrine, et les associer ainsi indirectement à ses maximes et à ses idées. L'Académie fit une enquête au sujet de cette affaire ; on donna tous les torts à M. Séguier, et il fut décidé que, sans prendre contre lui une délibération qui soulèverait de nouveaux orages, l'Académie n'aurait plus de communication avec un de ses membres qui se montrait hostile à son esprit, hostile aussi à ses travaux. Le zèle de M. Séguier pour la religion, et ses réquisitoires contre les livres qui, à ses yeux, en combattaient les principes, le firent mettre par le parti encyclopédique au même rang que Fréron, le rédacteur de *l'Année littéraire*, et l'ennemi le plus acharné et le plus constant des philosophes. On fit à ce sujet l'épigramme suivante :

> Entre Séguier et Fréron
> Jésus disait à sa mère :
> « Enseignez-moi donc, ma chère,
> Lequel est le bon larron ? »

L'archevêque de Toulouse, par la façon prudente et sage avec laquelle il agit dans toute cette affaire, s'attira la reconnaissance de l'Académie. De son propre mouvement il fit des démarches auprès du clergé, afin d'empêcher une dénonciation au Roi ; et, par un excès de délicatesse, lorsqu'il fut décidé par le chancelier que le discours de Thomas ne paraîtrait point, il retira son manuscrit de l'imprimerie et ne voulut pas, de son côté, que son discours fût publié. Mais M. Séguier ne pardonna pas, et, le jour où l'éloge de Marc-Aurèle fut lu à l'Académie, il dénonça le livre au chancelier Maupeou, qui s'opposa à l'impression.

XC

Note 1, p. 108. — M. de Morges, conseiller d'honneur au parlement de Grenoble, était seigneur de Venarey, terre située à une très-petite distance de Montbard, avec un château tout nouvellement bâti en 1730 par Mme de Brun. Le projet d'acquisition dont parle cette lettre ne se réalisa pas.

Note 2, p. 108. — Buffon voulait acheter une terre pour son fils. Le fermier de ses forges lui ayant fait perdre, dans une gestion peu habile, des sommes importantes, ce projet ne se réalisa qu'en 1784, époque à laquelle Buffon acheta la terre de Quincy.

Note 3, p. 108. — Le seigneur de Grignon était alors Jean-Baptiste-Antoine Bretagne d'Orain, fils d'un conseiller au parlement de Bourgogne.

Note 4, p. 108. — François Gueneau, écuyer, maire de Semur, avait acheté, en 1749, de Marie Bruslard, duchesse de Luynes, la seigneurie de Mussy-la-Fosse, dont il prit le nom.

Note 5, p. 108. — Mme de Scorrailles, dont il a été précédemment question (voy. la note 1 de la lettre LXXXII, p. 332) fut, avec Mme de Montbeillard, la plus intime et la plus fidèle amie de Mme de Buffon. M. de Scorrailles, son fils, servit dans le même régiment que le jeune comte de Buffon, et devint, avec un autre compagnon d'armes, le chevalier de Contréglise, son plus constant ami. Mme de Scorrailles appartenait à une des plus anciennes familles de la Bourgogne, dont une branche subsiste aujourd'hui avec honneur à Châlon-sur-Saône

XCII

Note 1, p. 109. — Jean-Étienne Bernard de Clugny, né le 20 novembre 1729, mort le 18 octobre 1776, entra au parlement de Bourgogne le 26 novembre 1748. En 1760, il fut nommé intendant à Saint-Domingue; en 1764, il devint intendant de la marine à Brest; de là il fut envoyé à Perpignan; puis, en 1766, à Bordeaux, où il remplaça M. Esmangard. Le président de Brosses, prononçant l'éloge de Bernard de Clugny devant sa compagnie, a laissé de lui le portrait suivant :

« ..... Durant sa jeunesse passée à Dijon dans le sein du Parlement, il avait montré tout le feu, toute la véhémence que donne cet âge, tout le talent que la nature accorde, toutes les connaissances, toute la capacité qu'on n'acquiert qu'avec le temps. Une figure agréable, une élocution nette, un discernement prompt, un travail clair et facile, le goût du monde et l'esprit des affaires le rendaient également propre à la magistrature et à la société. Il n'avait jamais exercé aucun emploi sans être jugé digne d'un plus considérable. »

Note 2, p. 110. — Le 7 août 1767, Bernard de Clugny fut reçu membre honoraire de l'académie de Dijon. Cette compagnie ne tarda pas à se féliciter de son choix ; car M. de Clugny lui fit parvenir, à diverses reprises, des objets curieux, et notamment une fort belle collection de coquillages, de plantes marines et de poissons desséchés, qui fut placée dans son Cabinet d'histoire naturelle.

XCIII

Note 1, p. 110. — *Fin-Fin* est le nom sous lequel sera le plus souvent désigné le fils de Gueneau de Montbeillard ; le fils de Buffon est le plus souvent aussi appelé *Buffonet*.

Note 2, p. 110. — *Le charmant moucheron*, terme familier qu'employait Gueneau de Montbeillard pour désigner Mlle Boucheron (Mme Daubenton) sa nièce. Il l'appelle aussi quelquefois *le charmant hanneton*. Ces sobriquets, qui donnent une assez juste idée de la personne, se retrouveront souvent dans la correspondance de Buffon.

XCIV

Note 1, p. 111. — Joseph-Jérôme Lefrançais de Lalande, né à Bourg en Bresse le 11 juillet 1732, mort à Paris le 4 avril 1807, aimait la popularité et l'astronomie à ce point que plusieurs fois on le vit faire sur le Pont-Neuf un cours d'astronomie au public, qui s'arrêtait pour l'écouter. Il avait soin d'annoncer dans les journaux, la veille, que de telle heure à telle heure un astronome serait sur le Pont-Neuf pour expliquer tel ou tel phénomène céleste. Par la suite la police, que les rassemblements dont il était la cause finirent par inquiéter, lui fit défendre de faire aucune démonstration ailleurs qu'à l'Observatoire.

Note 2, p. 111. — Il s'agit d'un mariage dont s'occupaient alors Buffon et Gueneau de Montbeillard. On verra par la suite Buffon entamer d'autres fois encore avec son ami des négociations de cette nature; son désir d'obliger l'empêchait de songer à la responsabilité que sa bienveillante entremise lui faisait encourir.

XCV

Note 1, p. 111. — Buffon était seigneur engagiste du domaine du Roi à Montbard, dans lequel se trouvaient compris des bois importants.

XCVI

Note 1, p. 112. — La mère de Gueneau de Montbeillard venait de mourir.

Note 2, p. 112. — Potot de Montbeillard, beau-frère de Gueneau de Montbeillard, entra de bonne heure au service, et se distingua dans l'arme de l'artillerie par son savoir et par son habileté. Buffon, dans le temps où il s'occupait de ses expériences sur les fers, sur la force et sur la durée de la chaleur, eut recours aux conseils de Potot de Montbeillard. Il cite son nom, à plusieurs reprises, dans l'Histoire naturelle, comme celui d'un homme dont l'expérience lui fut utile, et dont l'opinion doit être écoutée.

Buffon dut à Potot de Montbeillard l'idée d'une de ses plus intéressantes expériences sur la chaleur, celle qui consiste à observer la force et la durée du calorique sur un grand nombre de boulets de différents calibres, rougis au feu. Dans une lettre de Gueneau de Montbeillard envoyée de Paris à sa femme, on trouve sur son beau-frère le passage suivant : « M*** a persuadé à M. de Buffon que ton frère lui avait donné des faits faux au sujet de ces boulets rougis au feu pour les diminuer, et qu'il les lui avait donnés tels par esprit de cabale. M. de Buffon a eu l'honnêteté de ne m'en point parler ; s'il m'en parle, je justifierai l'accusé tant qu'il ne me sera pas prouvé qu'il a tort, je veux dire un tort de méchanceté; car c'est celui qu'on lui impute. » Buffon ne crut pas aux mauvaises intentions qu'on voulait prêter à Potot de Montbeillard. Toute sa vie il l'honora de son estime et de son amitié et se servit de son crédit chez les ministres pour contribuer à son avancement. A la mort de Potot de Montbeillard, arrivée au mois de décembre 1778, il obtint du Roi une pension pour sa veuve et ses enfants, qui n'avaient qu'une médiocre fortune.

Note 3, p. 112.—Gueneau de Montbeillard fournit différents articles d'agriculture à l'*Encyclopédie*, dont Panckoucke était l'éditeur. Charles-Joseph Panckoucke, né le 26 novembre 1736, mort le 19 décembre 1798, attacha son nom aux deux plus grandes œuvres du dix-huitième siècle : il fut l'éditeur de l'Histoire naturelle et de l'*Encyclopédie*. D'une hardiesse extrême, il se lança dans d'importantes entreprises de librairie qui ne furent pas toutes heureuses, et dont sa fortune se ressentit. Ce fut d'ailleurs un éditeur modèle ; il se conduisit toujours généreusement avec les auteurs dont il publia les ouvrages, et de ce côté, ses affaires n'en allèrent pas plus mal. Il a laissé une brochure sur *le moyen d'augmenter le bonheur d'une partie de la nation sans nuire à personne*, dans laquelle il parle surtout de la bonne organisation des spectacles (1781), et un livre ayant pour titre : *De l'homme et de la reproduction des différents individus*, qui peut servir d'introduction et de défense à l'Histoire naturelle. Les derniers volumes de ce grand ouvrage furent payés par lui jusqu'à 12000 livres. Durant toute sa vie, Buffon n'eut qu'à se louer de son éditeur, et jamais un nuage ne vint troubler les relations qui s'étaient établies entre eux.

Note 4, p. 113. — L'article du coq fut le premier que fournit Gueneau de Montbeillard à l'Histoire naturelle; il venait de succéder à la collaboration de Daubenton. On pourra suivre désormais la part qu'il prendra à la rédaction des volumes de l'Histoire naturelle qui vont successivement paraître.

A mesure que Buffon avançait dans sa vaste entreprise, il comprenait mieux l'immensité de la tâche qu'il s'était imposée. Accablé par les recherches sans nombre auxquelles l'obligeait la nature de ses études, obligé de dépouiller les mémoires des naturalistes étrangers et des correspondants du Cabinet, il sentit bientôt qu'il ne pourrait suffire à de semblables travaux, et chercha dans une collaboration les moyens de les continuer. Les premiers volumes de l'Histoire naturelle avaient paru sous son nom et sous le nom du docteur Daubenton, son compatriote et alors son ami. Le travail que fournit Daubenton pour l'Histoire naturelle fut bien plutôt un travail à part qui enrichit l'ouvrage, qu'une collaboration utile qui en hâta l'achèvement: cette collaboration, au reste, fut de courte durée. Le docteur, avec un cœur droit et une intelligence très-profonde, était cependant d'une extrême susceptibilité. Son amour-propre s'offusquait de peu, et une fois prévenu, il était impossible de le faire revenir. Quelle fut la cause qui l'éloigna de Buffon? Je l'ignore, mais elle fut des plus insignifiantes, et jamais Buffon n'en a parlé à ses amis ; jamais il ne s'est plaint d'un procédé dont il avait cependant droit de s'étonner. En effet, ce fut lui qui tira Daubenton de son obscurité, lui aussi qui le fit entrer au Jardin du Roi, et à certains jours, Daubenton, lui rendant justice, se plaisait à dire : « Sans Buffon, je n'aurais pas passé dans ce Jardin cinquante années de bonheur. » La cause de cette séparation ne fut pas l'édition de l'Histoire naturelle qui parut à l'Imprimerie royale, en 1774, et dans laquelle ne se trouvent pas les notes anatomiques de Daubenton. On voit que bien avant cette époque la collaboration de Daubenton avait cessé. S'il s'est montré blessé d'un procédé auquel, mieux que personne, il savait bien que Buffon était demeuré étranger, il a eu tort. Le libraire Panckoucke, sans consulter Buffon et pendant un long séjour de ce dernier à Montbard, cédant aux instances répétées d'une certaine classe de lecteurs qui demandaient la suppression des *tripailles de M. Daubenton*, eut l'idée de cette édition et la livra au public. Ce fut une entreprise de librairie, et non point un complot contre l'œuvre de Daubenton. Cuvier, en faisant son éloge, dit : « Daubenton oublia tellement *les petites injustices* de son ancien ami, qu'il contribua depuis à plusieurs parties de l'Histoire naturelle, quoique son nom n'y fût plus attaché.... » C'est une erreur; Daubenton ne se rapprocha jamais de Buffon, et comme ce dernier, loin de s'être rendu coupable envers lui de *petites injustices*, dont il serait difficile de citer un seul exemple, avait toujours mis son plaisir à lui rendre service, il ne chercha point à reconquérir une amitié qu'il avait perdue sans motif.

Privé de l'aide de Daubenton, Buffon s'adressa à Guéneau de Montbeillard. Celui-ci, à la prière de son ami, rédigea l'article du coq. Mme de Montbeillard nous apprend avec quel désintéressement ces premiers travaux furent entrepris et avec quelle bonne foi Buffon leur rendit justice.

Je trouve, dans la correspondance de Guéneau de Montbeillard, deux lettres dans lesquelles il se plaint des procédés de Daubenton à son égard. Le caractère doux et prévenant de Montbeillard, sa simplicité et sa modestie, assez grandes pour ne donner d'ombrage à l'amour-propre de personne, ne permettent pas de penser que les torts fussent de son côté. Si Daubenton se conduisit ainsi avec Montbeillard, dont il n'avait reçu que des marques d'affection et d'estime, s'étonnera-t-on désormais de ses procédés envers Buffon? On comprendra peut-être alors qu'il est inutile d'attribuer à Buffon des torts qu'il n'eut jamais, la retraite de Daubenton s'expliquant tout naturellement par la susceptibilité maladive de son caractère et par son mécontentement de voir une œuvre, entreprise en commun, ne pas mériter à l'un et à l'autre la même part d'éloges. En 1773, Gueneau de Montbeillard, qui était alors à Paris, écrivait à Semur deux lettres dans lesquelles se trouvent les passages suivants :

A MADAME GUENEAU DE MONTBEILLARD,

AU CHÂTEAU DE SEMUR, EN AUXOIS.

« Lundi, sept heures du matin, 11 janvier 1773.

« .... A propos de froid, il fait bien froid au Jardin du Roi ; notre docteur surtout est à la glace ; il ne peut être fâché que de ce que je me suis chargé d'une besogne qu'il ne voulait point faire ; car je ne veux pas croire qu'il soit mortifié de ce que mon travail a eu quelque succès. Quel que soit son motif, il aura bien honte lorsqu'il saura le fond de mes procédés, si jamais il daigne s'en informer.... »

« Le 22 janvier 1773.

« .... Je travaillai hier six heures d'horloge aux oiseaux, et tous les jours j'en ferai autant jusqu'à mon départ. Notre homme cherche à se rapprocher, mais je suis indigné. Il me boude pour avoir eu les procédés les plus nobles ; il aura bien honte quand il les saura, mais il ne sera plus temps. Je n'ai jamais travaillé aux oiseaux que lorsque j'ai été assuré par lui-même qu'il n'y travaillerait jamais. S'il savait ce secret, il ne pourrait me blâmer, et s'il en savait un autre, il n'oserait me regarder. C'en est assez là-dessus ; n'en parlons plus. Encore un mot cependant : le docteur m'offrit bien connaissance de quelques faits relatifs à l'ornithologie et qu'il croyait nouveaux ; j'ai reçu cela très-froidement ; il m'offrit de l'argent, je ne l'acceptai point.... »

(Les deux lettres d'où ces passages sont extraits appartiennent à la ville de Semur. J'en dois la communication à l'obligeance de M. Beaune.)

Note 5, p. 113.—François du Quesnay, le chef de la secte des *Économistes*, dont Turgot fut le plus fougueux partisan, naquit en 1694 et mourut le 16 décembre 1774. En 1768, il fit paraître son livre de la *Physiocratie* ou constitution naturelle des gouvernements (in-8 publié par Dupont de Nemours). « Dans cet ouvrage, l'alcoran des économistes, l'auteur se propose de substituer dans toute l'administration supérieure du royaume, relative aux impositions et au commerce, des principes universels et constants de calcul et d'intérêt général à l'action du gouvernement, et une liberté indéfinie à la variation arbitraire des règlements. (La Harpe, *Correspondance littéraire*.) »

Note 6, p. 113. — Buffon, en envoyant à son ami l'épigramme de Piron sur Poinsinet, lui dit : « En voici une bien courte et bonne (*si vous connaissiez l'homme !*). » Pour qu'on puisse sentir le sel de l'épigramme, l'homme en effet doit être connu.

Antoine-Alexandre-Henri Poinsinet, né à Fontainebleau le 17 novembre 1735, mort à Cordoue le 7 juin 1769, fit représenter avec des succès bien divers un grand nombre de pièces de théâtre. Il s'était vanté d'avoir été joué le même soir sur trois théâtres de Paris. Il était connu sous le nom de Poinsinet le Mystifié, pour le distinguer de son cousin, Poinsinet de Sivry, qui, parcourant la même carrière, écrivit beaucoup pour le théâtre. « Ses amis, dit Grimm, lui ont donné le nom de *Mystifié*, terme qui n'est pas français, qui n'a point de sens, et qui, inventé et employé par certaines gens, ne mériterait pas d'être remarqué, si M. d'Éon ne l'avait employé en dernier lieu dans sa fameuse et étrange apologie. » Le mot *mystifié* a donc été inventé pour le poëte Poinsinet, et on ne saurait croire à combien de mystifications l'exposèrent sa vanité et son amour-propre.

Un jour (février 1768), dans le bon temps de l'Opéra, au bal de la nuit, alors qu'il revenait du théâtre où une de ses pièces avait été sifflée, Mlle Guimard et un grand nombre des demoiselles de l'Opéra assaillirent le poëte qui n'avait pas de masque et le frappèrent à tour de bras. Lorsqu'il demanda pourquoi on le tourmentait ainsi : « Pourquoi as-tu fait un mauvais opéra ? » répondirent ces demoiselles ; et elles le frappèrent de nouveau. Le lendemain on vit entrer dans la salle, avec une démarche lente et consternée, la tête basse et les bras pendants, les trois principaux personnages de sa pièce. Ils marchaient en se suivant d'un pas d'enterrement et, arrivés sous le lustre, tous trois tombèrent à plat. C'est dans cette même soirée que parut une bande de masques portant un immense nez de carton, au bout duquel était suspendue une croix de Saint-Louis. Le public apprit ainsi qu'une promotion, depuis longtemps annoncée, n'aurait pas lieu.

On fit apprendre le russe à Poinsinet en lui persuadant que l'impératrice Catherine le destinait à une haute fortune. Lorsqu'il fut en état de parler cet idiome difficile, il s'aperçut que son professeur lui avait enseigné le bas-breton. Un autre jour, ses amis, parmi lesquels se trouvaient Palissot de Montenoy, lui persuadèrent que le roi de Prusse l'avait choisi pour lui confier l'éducation de son fils aîné, à la condition qu'il renoncerait à sa religion. On lui fit faire une abjuration solennelle entre les mains d'un ministre prétendu. Cette comédie dura plusieurs mois, eut plusieurs représentations et plusieurs actes, et peu s'en fallut que le Parlement ne se chargeât de lui donner un dénoû-

ment sérieux. Une autre fois on lui persuada qu'il avait tué un homme
en duel, et il alla aussitôt se constituer prisonnier à Saint-Lazare.

Il composa les paroles d'un grand nombre d'opéras dont Philidor
fit la musique ; l'opéra d'*Ernelinde*, fait avec sa collaboration, donna
l eu aux couplets suivants :

> La Muse gothique et sauvage
> De Poinsinet,
> La Muse a fait caca tout net ;
> A Philidor rendons hommage,
> Et réservons le persiflage
> A Poinsinet.

Le soir, sur le théâtre de la Foire, on appela Poinsinet. Un âne parut. Gilles vint à son tour et s'approcha pour le caresser. « Ah ! comme
il est propre ! comme il est net ! » L'âne fit ses ordures, et tous les
acteurs de s'écrier : « Point si net ! Point si net ! »

Les mystifications dont cet auteur fut accablé devinrent si nombreuses et tellement publiques, qu'on les recueillit dans un ouvrage
de plus de 300 pages sous ce titre : *Vie de Jean Monnet*. Cependant il est resté de Poinsinet une pièce intitulée *Le cercle ou la
soirée à la mode*, représentée pour la première fois sur le Théâtre-
Français, le 7 septembre 1764. C'est une critique des mœurs du
temps, où l'on trouve des aperçus pleins de finesse et de nouveauté.
Il était attaché au prince de Condé, et fut le principal organisateur des
fêtes et des représentations données à Dijon, lorsque ce prince y vint
tenir les États, en 1766. En 1769, il partit pour l'Espagne à la tête d'une
troupe de comédiens ; il allait, disait-il, y remplir la charge d'intendant des menus plaisirs de Sa Majesté Catholique. Il se fit alors appeler don Antonio Poinsinetto ; mais peu de temps après son arrivée,
il se noya en se baignant dans le Guadalquivir. « C'est » disent les Mémoires du temps, » un des personnages les plus singuliers qu'on pût
voir, qui, à beaucoup d'esprit et de saillies joignait une ignorance si
crasse, une présomption si aveugle, qu'on lui faisait croire tout ce
qu'on voulait en caressant sa vanité. La postérité ne pourra jamais
comprendre tout ce qui lui est arrivé en pareil genre ; les tours qu'on
lui a joués et auxquels il s'est livré dans l'ivresse de son amour-propre sont d'une espèce si singulière et si nouvelle, qu'il a fallu créer un
mot pour les caractériser ; notre langue lui doit de s'être enrichie du
terme de *mystification*, terme généralement adopté, quoi qu'en dise
M. de Voltaire, qui voudrait le proscrire, on ne sait pourquoi. »

Note 7, p. 113. — Diderot, écrivant le 29 décembre 1766 à Gueneau
de Montbeillard une longue lettre au sujet d'un service que ce dernier

ve il de lui rendre, terminait ainsi : « Je vous salue et vous embrasse, Mme Diderot en fait autant ; je présente mon respect, et je baise le bout de la patte de celle que vous appelez *votre mouton*. »

Note 8, p. 113. — Catherine Potot, fille de Michel Potot, maire de Semur en 1693, et sœur de Mme de Montbeillard, avait épousé François Boucheron, conseiller auditeur de la Chambre des Comptes de Dôle. Elle mourut au mois de juillet 1769. Elle est la mère de Mme Daubenton, à laquelle Buffon écrivit ces billets si gracieux et si galants qui ont été insérés dans notre recueil, et qui n'en sont pas la partie la moins intéressante.

Note 9, p. 113. — La famille de Messey est illustre en Bourgogne. Guillaume de Messey, chef de cette maison, avait épousé en 1280 Philiberte, fille de Raoul de Buxy.

XCVIII

Note 1, p. 114. — De son second mariage avec Jeanne-Marie Legouz de Saint-Seine, le président de Brosses eut quatre enfants : le premier fut une fille, Agathe-Augustine de Brosses, mariée à Charles-Esprit du Bois, baron d'Aisy, maréchal de camp.

Note 2, p. 114. — Claude-Philibert Fyot de La Marche, né le 12 août 1694, mort le 3 juin 1768, fut premier président du parlement de Bourgogne, du 16 janvier 1745 au 19 janvier 1757.

Note 3, p. 114. — L'établissement des forges de Buffon fut fait dans l'intérêt du progrès des sciences, et non pas dans un intérêt privé. Après des peines sans nombre et l'achèvement d'immenses travaux, Buffon parvint à grand'peine à tirer des quatre cent mille livres environ employées à leur construction un revenu de deux pour cent. La lettre adressée au président de Brosses montre la pensée qui le dirigea dans cette vaste entreprise ; il voulait continuer des expériences commencées, et opérer sur de grandes masses. Pendant longtemps ses forges furent un immense laboratoire, dans lequel il travailla sans relâche. Dans un de ses Mémoires *sur la fusion des mines de fer*, il dit à ce sujet : « J'ai voulu travailler par moi-même, et consultant plutôt mes désirs que ma force, j'ai commencé par faire établir sous mes yeux des forges et des fourneaux en grand, que je n'ai pas cessé d'exercer continuellement depuis sept ans. » Ses diverses expériences *sur le progrès de la chaleur dans les corps*, pour lesquelles il emploie un grand nombre de globes

de fer chauffés à des températures différentes, ses expériences sur les
effets de la chaleur obscure, commencées dès 1772, celles sur *la pesan-
teur du feu* et sur *la durée de l'incandescence*, dans lesquelles il opère
sur d'immenses brasiers et sur des torrents de fumée, furent toutes
faites aux forges de Buffon. Aucune difficulté n'arrêtait son courage,
aucune dépense ne coûtait à sa générosité. Des fourneaux d'une grande
puissance étaient construits pour faciliter une expérience difficile, pour
éclaircir un point incertain ; puis, la curiosité du savant satisfaite, on
les détruisait, sans qu'on entendît jamais Buffon regretter le prix
qu'il slui avaient coûté. Les forges de Buffon furent souvent choisies
par le gouvernement pour diverses expériences d'un intérêt général.
En 1768 notamment, le ministre de la marine chargea Buffon de faire
dans ses forges des essais *dans la vue d'améliorer les canons de la marine*. Le vicomte de Morogues, homme d'un grand mérite et possédant
sur cette matière des connaissances spéciales, lui fut adjoint. Buffon
fournit au ministre plusieurs mémoires importants, fit des découvertes utiles, et demanda des instructions nouvelles ; mais, dans l'intervalle, le ministre de la marine ayant changé : « Je n'ai plus. dit-il,
entendu parler ni d'expériences, ni de canons. » (*Histoire naturelle,
Partie expérimentale*.) En 1780, Buffon entreprit dans ses forges, par
ordre du gouvernement, de nouvelles expériences ; elles devaient avoir
pour résultat de faire connaître quelles provinces fournissaient alors
les fers les plus propres à être convertis en acier par la voie de la
cémentation. MM. de Grignon et Guyton de Morveau prirent souvent
part à ces recherches et à ces essais. Le jour où les forges de Buffon
furent achevées, Guéneau de Montbeillard fit graver sur la porte d'entrée l'inscription suivante :

> Vénus, pour adoucir un empire sauvage,
> Va régner désormais dans cette autre Lemnos ;
> Forgerons, redoublez d'efforts et de courage,
>   Car dans les forges de Paphos
> Avec bien moins de bruit on fait bien plus d'ouvrage.

En temps ordinaire, Buffon employait dans ses forges trois ou quatre
cents ouvriers. Elles produisaient chaque année environ huit cents
milliers de fer ; elles ont fourni toutes les grilles qui entourent aujour-
d'hui encore le Jardin des Plantes. « On voit à Buffon, dit un auteur
contemporain, deux belles forges construites en 1769, dont la première
est composée d'un fourneau pour la fonte des mines, de deux chaufferies avec leur marteau, d'une fonderie, d'une batterie à tôle. Toutes
ces usines sont placées au bas d'un rocher élevé de dix-huit pieds au-
dessus du niveau de la rivière, et sur lequel sont situés les bâtiments

du maître et des forgerons, les magasins, halles, dépôts, écuries, de
sorte qu'ils sont à l'abri des plus grandes inondations : c'est l'ensemble
d'une construction solide et régulière, et aussi vaste que commode.
La seconde forge, à un demi-quart de lieue plus haut, à la jonction des
deux rivières (la Braine et l'Armançon), est composée d'une chaufferie
avec son marteau, et d'un martinet. Riche minière en grain et en
roche sur la crête d'une montagne, élevée de 180 pieds au-dessus de
l'Armançon, et dont la mine se tire entre les roches jusqu'à plus de
80 pieds de profondeur. Brocard a deux ordons. On y fabrique du fer
marchand de toute espèce, et de la meilleure qualité ; fer en battage,
carillon et verge ronde, fer coulé, feuillards, tôle de différents échantillons..... L'église vient d'être réparée et augmentée par les soins du
P. Ignace Bougot, desservant. » (*Description du Duché de Bourgogne*,
par l'abbé Courtépée.)

M. Humbert-Bazile, parlant des forges de Buffon, s'exprime ainsi
dans son manuscrit déjà cité (tome I, p. 253) : « J'ai vu dans les
forges de Buffon sept marteaux en activité ; on y fabriquait alors des
fers de tous les échantillons, tels que tôlerie, acier, etc. L'édifice principal a une façade imposante ; un escalier à double rampe aboutit
en face du haut fourneau ; des deux côtés se trouvent deux portiques
élevés, dont l'un conduit aux chaufferies et l'autre aux soufflets. La
roue qui communique le mouvement a cinquante pieds de diamètre ;
des seaux fixés aux aubes montent l'eau nécessaire à l'arrosage des
vastes jardins qui décorent les abords de la forge. A l'extrémité de la
grande cour se trouve une chapelle où l'abbé Mignot, prêtre attaché
à la paroisse de Montbard, venait célébrer la messe chaque dimanche.
De chaque côté du porche qui conduit du grand escalier au fourneau
se trouvent deux niches, et l'aspect de cette entrée vraiment mo-
numentale est si majestueux, que l'on a vu, dans le temps où elle fut
construite, des gens de campagne ôter leur chapeau, pensant que
c'était un édifice consacré au culte. »

XCIX

Note 1, p. 115. — Buffon eut, peu de temps avant sa mort, au sujet
de l'extraction du minerai de fer nécessaire à l'alimentation de ses
forges, un procès avec le marquis de La Guiche, héritier du président
de Rochefort. Parmi les pièces produites au procès se trouve un Mémoire au grand Conseil présenté par Buffon, et qui donne la date
précise des lettres patentes autorisant la construction de ses usines.
Le Mémoire commence ainsi : « Sur la requête présentée au Roi étant

en son Conseil, par le sieur comte de Buffon, contenant que par arrêt du conseil d'État du Roi et lettres patentes expédiées sur icelui le 2 février 1768, il a été autorisé à construire des forges à fer dans sa terre de Buffon pour la consommation de ses bois, de ceux de Sa Majesté, et des mines répandues dans les différents territoires situés dans les environs. Appuyé de ces titres, le suppliant a construit les forges les plus considérables de toute la province, y ayant réuni tous les différents genres de fabrication, et cet établissement lui a coûté plus de 330000 livres. Depuis seize ans, le comte de Buffon a tiré, pour l'aliment de ses forges, des mines d'Étivay, territoire situé à deux lieues de ses usines, dans la même province de Bourgogne. Il a joui paisiblement de cette faculté fondée sur l'usage constant établi particulièrement dans les provinces de Bourgogne, de Champagne, de Lorraine et autres, qui rend commun entre les forges circonvoisines le droit de tirer des mines de fer du même territoire. Ce n'est que sur la foi de ces titres et de cet usage que le sieur comte de Buffon s'est déterminé à former un établissement aussi considérable..... »

Note 2, p. 116. — Jean Turberville Needham, né à Londres en 1713, mort à Bruxelles le 30 décembre 1781, s'est fait connaître par les observations microscopiques auxquelles il s'est livré et par les théories auxquelles elles l'ont conduit. En 1745, dans un voyage qu'il fit à Paris, il se mit en rapport avec Buffon, qui s'occupait de recherches sur les mystères de la génération et sur les animaux spermatiques; il lui fit part de ses propres études sur ce sujet et lui prêta ses loupes et ses instruments, beaucoup plus parfaits que tous ceux dont Buffon avait jusqu'alors fait usage.

Voici, au reste, comment Buffon parle de la coopération que Needham lui apporta : « J'avais fait connaissance avec M. Needham, fort connu de tous les naturalistes par les excellentes observations microscopiques qu'il a fait imprimer en 1745. Cet habile homme, si recommandable par son mérite, m'avait été recommandé par M. Folkes, président de la Société royale de Londres ; m'étant lié d'amitié avec lui, je crus que je ne pouvais mieux faire que de lui communiquer mes idées; et comme il avait un excellent microscope, plus commode et meilleur qu'aucun des miens, je le priai de me le prêter pour faire mes expériences..... »

En 1766, Needham fit paraître un livre dans lequel il combat Voltaire et attaque son incrédulité au sujet des miracles. Sur ce terrain, Needham devait être battu : Voltaire lui répondit par des pamphlets remplis de verve et de méchanceté; il critiqua à son tour, mais de façon à se faire écouter, les découvertes microscopiques de Needham, se moquant d'une des plus importantes, de l'existence de petites anguilles dans le blé ergoté. Sur ce point, attaquer Needham, c'était indirectement attaquer Buffon. Leurs recherches avaient été faites en commun, et les découvertes de l'un avaient confirmé les découvertes de l'autre. Buffon ne répondit point et ne voulut pas engager une querelle où, sans contredit, Voltaire n'aurait pas été le plus fort.

Note 3, p. 116. — A cette époque, Buffon et Voltaire vivaient séparés, séparés d'opinions, séparés aussi par la nature même de leur talent, par les allures si différentes de leur génie. Buffon cependant, malgré les vives attaques dont il fut à plusieurs reprises l'objet de la part de Voltaire, n'y répondit qu'une seule fois, et encore, quelques années plus tard, déclara-t-il s'en être aussitôt repenti. En 1774, un rapprochement eut lieu, on verra par la suite dans quelles circonstances, et à compter de ce jour Buffon s'interdit, même dans sa correspondance, toute allusion relative à Voltaire ; en public il parla de lui avec considération, rend ait hommage à son génie et justice à son talent. En 1775, le 15 novembre, dans son discours en réponse au duc de Duras, élu membre de l'Académie française, après avoir blâmé l'habitude prise par les littérateurs et les poëtes qui choisissent pour sujet de leurs productions les fables de l'antiquité, il dit, en désignant Voltaire : « Un d'entre vous, messieurs, a osé le premier créer un poëme pour sa nation, et ce second génie (le premier dont il a parlé est Homère) influera sur trente autres siècles. J'oserais le prédire, si les hommes, au lieu de se dégrader, vont en se perfectionnant ; si le fol amour de la fable cesse enfin de l'emporter sur la tendre vénération que l'homme sage doit à la vérité, tant que l'empire des lois subsistera, la *Henriade* sera notre *Iliade*. Car, à talent égal, quelle comparaison, dirai-je à mon tour, entre le bon grand Henri et le petit Ulysse, ou le fier Agamemnon? entre nos potentats et ces rois de village, dont toutes les forces réunies feraient à peine un détachement de nos armées? Quelle différence dans l'art même ! N'est-il pas plus aisé de monter l'imagination des hommes que d'élever leur raison? de leur montrer des mannequins gigantesques de héros fabuleux, que de leur présenter les portraits ressemblants de vrais hommes, vraiment grands? »

Nous ne donnons pas cette appréciation de Buffon comme un oracle de goût, mais comme une simple politesse à l'adresse de Voltaire. La *Henriade*, quoi qu'il en dise, a prodigieusement vieilli, tandis que l'*Iliade* jouit et ne cessera de jouir d'une jeunesse éternelle.

Note 4, p. 116. — On a précédemment vu (note 10 de la lettre LXIV, p. 314.) que le président de Brosses ne pouvait pas compter sur Voltaire pour sa candidature à l'Académie. Chaque fois que, porté par ses amis, il se met sur les rangs, Voltaire agit contre ses intérêts avec une passion dont sa correspondance porte la trace. Les motifs de son opposition systématique et violente aux désirs légitimes du Président étaient de la nature la plus futile. Il avait acheté par bail emphytéotique du Président sa terre de Tournay. Lorsque le contrat fut passé, des coupes venaient d'être faites dans la propriété, et les bois en provenant avaient été vendus par le Président à un sieur Baudy. Voltaire, qui savait que ces bois n'appartenaient plus au propriétaire de Tournay, agit cependant comme si la propriété lui en eût été transmise; il fit sa provision, sans vouloir tenir compte du prix à l'acquéreur. Baudy réclama, et le président de Brosses, auquel il porta sa plainte, écrivit à Voltaire. « Je ne prends ceci, disait-il dans sa lettre, que pour le discours d'un homme rustique, qui ne sait pas que l'on envoie bien à son ami et à son voisin un panier de pêches et une demi-douzaine de gelinottes, mais que, si l'on s'avisait de la galanterie de quatorze moules de bois et de six chars de foin, il le prendrait pour une absurdité contraire aux bienséances, et il le trouverait fort mauvais. » Voltaire négociait, mais ne payait pas. Le président de Brosses, pour mettre un terme à cette étrange contestation, assigna Baudy qui, à son tour, appela Voltaire en garantie. Voltaire s'emporta, menaçant le président et le dénonçant à ses amis et au garde des sceaux. Enfin, 150 livres furent remises au curé de Tournay pour les pauvres, et le président de Brosses oublia cette mesquine discussion, dont Voltaire conserva toute sa vie un amer souvenir.

Note 5, p. 116. — Jean-Philippe Fyot de La Marche, né le 2 août 1723, mort le 22 octobre 1772, succéda à son père dans sa charge de premier président du parlement de Bourgogne, dont il avait la survivance, le 19 janvier 1757. Il avait été reçu conseiller dans la même compagnie le 30 avril 1743, et président à mortier le 25 juin 1745. Au mois d'avril 1772, il se démit de sa charge, et la mort suivit de près sa retraite volontaire.

C

Note 1, p. 117. — François de Fargès, intendant des finances et conseiller d'État, mort en 1791, était l'oncle de la première femme du président de Brosses.

CI

Note 1, p. 118. — Buffon, que ses affaires rappelaient à Montbard,

avai laissé à Paris sa femme, attaquée d'une cruelle maladie qui ne lui
permettait pas d'affronter les fatigues du voyage. Le mal empirant, et
Buffon ne pouvant quitter Montbard, M. et Mme de Montbeillard s'of-
frirent pour aller tous deux donner leurs soins à Mme de Buffon.
Mme de Montbeillard écrivit même à son amie pour lui faire part de
son désir et il fut répondu à son offre affectueuse par la lettre
qui suit :

« Galerie du Louvre, ce mercredi.

« Votre digne et respectable amie, madame, me charge de vous envoyer ce mot en réponse à la lettre que vous lui avez écrite, et où
vous lui faites une offre si digne de vous et d'elle. Que ne puis-je
peindre à quel point elle y a été sensible! Mais il n'y a qu'elle qui
puisse exprimer ce qu'elle sent. Ce que je puis vous dire, c'est que
tout ce qui était présent a été ému jusqu'aux larmes, de voir à quel
degré elle en était touchée : mais, quelque sentiment qu'elle en ait, de
quelque manière qu'elle s'en dise pénétrée, elle ne peut accepter une
offre qui vous éloignerait, pour longtemps peut-être, de tant d'objets
qui vous sont chers. En effet, cela n'est pas possible, et M. de Buffon
revenant bientôt, comme je ne puis en douter après la lettre qu'on lui
a écrite sur le triste état de cette femme adorée, les soins d'un mari
qui lui est si attaché lui rendront un peu de ce courage et de cette
patience que vous craignez, avec juste raison, qui ne s'épuisent par
de si longues souffrances.

« Je ne puis vous dire, madame, combien j'ai été touché de ce généreux combat entre deux amies si respectables, et combien j'ai de
tristes regrets que ce soit dans des circonstances aussi tristes et aussi
fâcheuses. Le mot que Mme de Buffon vous a écrit m'a pénétré au delà
de toute expression. Que je la félicite d'avoir une amie comme vous,
madame, qui connaisse aussi bien l'amitié! et que je vous félicite aussi
d'avoir une amie qui sente comme elle tout le prix de la vôtre! Puissent nos alarmes sur son état être bientôt dissipées! Avec quel transport je vous en manderais les premières nouvelles! Depuis quelques
jours, elle paraît moins souffrir, et l'application du saint Bois, dont on
vous a parlé sans doute, paraît faire une heureuse révolution. Je souhaite
bien que cela continue. Elle est toujours d'une grande faiblesse.

« J'espère, madame, que vous voudrez bien faire mille et mille re-
merciements pour moi à M. Guéneau de son souvenir, et lui dire le
plaisir que j'ai d'apprendre son rétablissement. La vie doit lui être
bien précieuse, en la partageant avec une personne qui a l'âme aussi
dre et aussi sensible que la vôtre.

« J'ai l'honneur d'être, madame, avec respect et avec tous les sentiments que vous ne pouvez manquer d'inspirer à tous ceux qui vous
connaissent, votre très-humble et très-obéissant serviteur.

« LE ROY. »

(Inédite. — Appartient à la ville de Semur et est conservée dans sa Bibliothèque.)

Alphonse-Vincent-Louis Le Roy, né le 23 août 1741, mort le 15 janvier
1816, était professeur d'accouchement à la Faculté de médecine de Paris.
Il se distingua surtout par ses connaissances spéciales sur les maladies
des femmes. En 1768, quoique bien jeune, il avait déjà fait paraître son
premier ouvrage, qui a pour titre : *Maladies des femmes et des enfants,
avec un traité des accouchements; tirés des aphorismes de Boerhaave,
commentés par Van-Swiéten, traduits et augmentés de quelques notes et
observations* (2 vol. in-8°).

À l'époque où cette lettre fut écrite, les galeries du Louvre étaient
divisées en un très-grand nombre de petits appartements, occupés par
des hommes de lettres, des savants et des gens de cour, qui étaient
ainsi logés aux frais du Roi.

CII

Note 1, p. 118. — De retour à Montbard où le rappelaient les travaux importants entrepris dans sa terre pour la création de ses forges,
Buffon, on l'a précédemment vu, avait le projet de revenir à Paris le
15 avril. Le 1er août il était encore à Montbard, retenu par la surveillance de ses usines, et remerciait M. et Mme de Montbeillard du projet
qu'ils avaient formé d'aller s'établir à Paris pour donner leurs soins à
Mme de Buffon. Bientôt Buffon reçut des lettres alarmantes; le mal
empirait, et ses amis le rappelaient à Paris; il partit sans retard, et
arriva le cœur rempli d'inquiétude. Il trouva Mme de Buffon mieux
qu'il n'avait espéré, et reprit courage en entendant parler d'une guérison prochaine. On conseillait à la malade, pour hâter sa convalescence,
l'air des champs. Buffon, dont les inquiétudes étaient calmées, voulant
profiter de son séjour à Paris pour terminer quelques affaires importantes concernant le Jardin du Roi, et ne voulant point cependant que
sa chère malade souffrît du retard apporté à son retour, la fit aussitôt
partir. Il écrivit en même temps à Montbeillard et à sa femme pour
leur annoncer l'arrivée de Mme de Buffon, leur demandant de le remplacer auprès d'elle jusqu'à son arrivée. Le voyage se fit à petites

journées et sans accident. Mme de Buffon arriva à Montbard sans se ressentir par trop des fatigues de la route. Quinze jours après son départ de Paris, Buffon arriva à son tour et ne quitta plus celle dont une mort subite allait bientôt le séparer.

CIII

Note 1, p. 119. — Buffon était de retour de Paris depuis quelques jours seulement.

Note 2, p. 119. — Buffon va bientôt renoncer aux expériences, et ce sera dans le temps où ses travaux, ayant pris leur plus grand développement, sembleraient lui rendre ce secours indispensable, qu'il cessera de s'en occuper. Il y aura à cela deux causes : d'abord sa vue se sera beaucoup affaiblie (il était myope et distinguait à peine les objets); ensuite, son génie sera dans sa véritable voie, et il ne prendra plus d'autre guide que l'inspiration. « Voilà, dira-t-il souvent, ce que j'ai découvert avec les yeux de l'esprit. » Si parfois les expériences ont détruit quelques-unes de ses hypothèses, souvent aussi les expériences sont venues les confirmer. « Il avait jugé, dit Vicq-d'Azir, que le diamant était inflammable, parcequ'il y avait reconnu, comme dans les huiles, une réfraction puissante. Ce qu'il a conclu de ses remarques sur l'étendue des glaces australes, Cook l'a confirmé. Lorsqu'il comparait la respiration à l'action d'un feu toujours agissant; lorsqu'il distinguait deux espèces de chaleur, l'une lumineuse et l'autre obscure; lorsque, mécontent du phlogistique de Stahl, il en formait un à sa manière; lorsqu'il créait un soufre; lorsque, pour expliquer la calcination et la réduction des métaux, il avait recours à un agent composé de feu, d'air et de lumière; dans ces différentes théories, il faisait tout ce qu'on peut attendre de l'esprit; il devançait l'observation ; il arrivait au but sans avoir passé par les sentiers pénibles de l'expérience ; c'est qu'il l'avait vu d'en haut, et qu'il était descendu pour l'atteindre, tandis que d'autres sont à gravir longtemps pour y arriver. »

CVI

Note 1, p. 121. — Marie-Françoise de Saint-Belin, comtesse de Buffon, mourut le 9 mars 1769, à l'âge de trente-sept ans. Ce fut dans la vie de Buffon un triste et solennel événement. Cette âme si forte fut

profondément remuée, et le découragement, ce dernier terme de la
douleur chez les cœurs courageux, paralysa ses facultés et interrompit
ses travaux. S'il était besoin de prouver toute la sensibilité de Buffon,
dont on a trouvé déjà, dont on trouvera encore dans cette correspondance de si touchants témoignages, quelle preuve plus éclatante que
cette immense douleur dont la raison et la philosophie ne peuvent
triompher? Et cependant cet homme, attaché aux affections de la
famille par des liens si forts, que le jour où ils se rompent ils laissent
en lui le vide et le néant, cet homme si dévoué aux devoirs de l'amitié,
fut souvent représenté comme un vaniteux égoïste, trop occupé du
soin de sa renommée pour éprouver des sentiments tendres et doux.
La mort de sa femme laissa dans la vie de Buffon un vide que, par
respect pour la mémoire de celle qu'il pleurait, il ne voulut jamais
combler. Marié tard à une femme beaucoup plus jeune que lui,
il trouva dans une union blâmée par sa famille, et dont ses amis
cherchèrent en vain à le détourner, un bonheur complet. Condorcet, traçant dans son éloge de Buffon une rapide esquisse de ce
bonheur domestique que la mort devait si subitement détruire,
s'exprime ainsi :

« Il avait épousé en 1752 Mlle de Saint-Belin, dont la naissance, les
agréments extérieurs et les vertus, réparèrent à ses yeux le défaut
de fortune. L'âge avait fait perdre à M. de Buffon une partie des agréments de la jeunesse; mais il lui restait une taille avantageuse, un air
noble, une figure imposante, une physionomie à la fois douce et ma-
jestueuse. L'enthousiasme pour le talent fit disparaître aux yeux de
Mme de Buffon l'inégalité d'âge; et dans cette époque de la vie où la
félicité semble se borner à remplacer par l'amitié et les souvenirs
mêlés de regrets un bonheur plus doux qui nous échappe, il eut celui
d'inspirer une passion tendre, constante, sans distraction comme
sans nuage : jamais une admiration plus profonde ne s'unit à une
tendresse plus vraie. Ces sentiments se montraient dans les regards,
dans les manières, dans les discours de Mme de Buffon, et rempli-
saient son cœur et sa vie. Chaque nouvel ouvrage de son mari, chaque nouvelle palme ajoutée à sa gloire, étaient pour elle une source de
jouissances d'autant plus douces, qu'elles étaient sans retour sur elle-
même, sans aucun mélange de l'orgueil que pouvait lui inspirer l'honneur de partager la considération et le nom de M. de Buffon; heureuse du seul plaisir d'aimer et d'admirer ce qu'elle aimait, son âme
était fermée à toute vanité personnelle comme à tout sentiment
étranger.... »

On ne pouvait faire de la comtesse de Buffon une plus touchante
oraison funèbre; on ne pouvait non plus saisir avec plus de finesse

et de vérité les principaux traits de son caractère. On comprend sans peine que Buffon payât de retour un sentiment aussi vif et aussi élevé. Il eut pour sa femme, durant sa dernière maladie, des soins et des attentions touchantes. Un homme qui en fut le témoin, M. Humbert-Bazile, a consigné, dans le manuscrit inédit que nous avons déjà cité plusieurs fois, la note suivante : « J'avais douze ans lors de la mort de la comtesse de Buffon. Depuis ses dernières couches elle était très-souffrante, et ne put jamais se remettre entièrement. Mon père habitait Saint-Remy, village sur la route de Montbard à Buffon ; je me souviens parfaitement de l'avoir vue avec M. de Buffon venir rendre visite à mon père quelques mois avant sa mort. Les soins de M. de Buffon pour elle étaient vraiment touchants, ses attentions délicates et constantes. Il avait fait entièrement sabler la route de Montbard à ses forges pour lui éviter les cahots (la route a plus d'une lieue). Je tiens de personnes estimables, qui fréquentaient journellement le château, que jamais la bonne harmonie du ménage ne fut un seul instant troublée ; il existait entre les époux un parfait accord de sentiments et de pensées. Lors de la dernière maladie de sa femme, M. de Buffon fut pour elle d'une bonté qui frappa tous ceux qui en furent les témoins. Il s'efforçait de ne point laisser paraître sur son visage les inquiétudes qui lui rongeaient l'âme, passait auprès d'elle tous les instants que lui laissaient ses travaux, et, lorsqu'il était empêché de le faire lui-même, il envoyait d'heure en heure son domestique s'informer de ses nouvelles.... »

CVII

Note 1, p. 122. — Charles-Paul de La Rivière, vicomte de Tonnerre, mort en 1778, appartenait à une ancienne maison du Nivernais. Elle prétendait descendre des anciens comtes de Semur en Auxois, transplantés en Brionnais en 1032, lors du mariage d'Hélie de Semur avec Robert Ier de France, duc de Bourgogne, et a fourni un grand maître des eaux et forêts de France, deux chambellans du temps de Charles V et de Charles VI, et des gouverneurs du Nivernais. Par son mariage avec Anne-Marie de Montal, Charles de La Rivière eut le château de Thôtes, qui servit de retraite au parlement royaliste du temps de la Ligue, et fut en dernier lieu habité par Charles de Montfaunin, comte de Montal, mort en 1690 lieutenant général. Vauban appelait le comte de Montal le héros du Morvan, et Louis XIV oublia de le faire maréchal de France. Thôtes est à une très-petite distance de Montbard.

Note 2, p. 122. — Pierre-Alexandre Leclerc, chevalier de Buffon,
né à Buffon, le 23 juin 1734, mort à Montbard, le 23 avril 1825, entra fort jeune au service, et assista, le 1ᵉʳ mai 1757, en qualité de
volontaire aux grenadiers du régiment de Navarre, à la bataille d'Hastembeck, gagnée par le maréchal d'Estrées sur le duc de Cumber-
land, fameux depuis la bataille de Fontenoy. Distingué par le maréchal, il fut fait enseigne sur le champ de bataille. Pourvu d'une
commission de lieutenant le 20 mai 1758, il fut nommé capitaine le
13 avril 1761. Le 22 juin 1767, il quitta le régiment de Navarre pour
passer aux Gardes lorraines en qualité de major. Nommé lieutenant-
colonel le 3 mars 1774, puis second colonel titulaire du régiment de
Lorraine, le 27 avril 1783, il devint maréchal de camp le 28 octobre
1790. Il était chevalier de Saint-Louis, et reçut plus tard la décoration
de la Légion-d'honneur.

Le chevalier de Buffon prit une part active à la guerre de Sept ans
(1757 à 1762), et ne rentra en France que lorsque la paix fut signée
à Fontainebleau, le 3 novembre 1762. A Cassel, il monta le premier
sur la brèche, suivi seulement de quelques grenadiers. Il fut ramené
au camp, porté par ses soldats sur les drapeaux pris à l'ennemi. Le
duc de Broglie ne crut pouvoir mieux récompenser ce trait de courage
qu'en nommant le chevalier de Buffon gouverneur d'une ville dont sa
bravoure avait hâté la conquête (3 janvier 1761). Dans cette campagne
il faillit perdre la vie. Pendant une trêve, comme il jouait un soir avec
quelques officiers anglais dans un bastion démantelé de la place, une
bombe creva la toiture, mit en pièces la table autour de laquelle les
officiers étaient réunis, et disparut. Tous étaient restés debout, aucun
n'avait songé à fuir, aucun n'avait été atteint.

Aux qualités gracieuses de l'esprit qui assurent des succès dans un
monde plus amoureux de la forme que du fond, le chevalier joignait
les charmes de la personne si prisés au dix-huitième siècle. Il fut un des
hommes les mieux faits de son temps. D'une taille bien prise, de l'air
le plus noble, d'un visage agréable, il était encore tel à quatre-vingt-
huit ans. Il eut beaucoup d'amis, et plusieurs considérables. Spirituel,
doué de beaucoup de sens, d'un caractère noble et généreux, remarquable par un grand usage du meilleur monde et par une conversation
aimable et enjouée, par une repartie vive et prompte, il fut toute sa
vie d'un commerce agréable et facile. Retiré à Montbard, il consa-
crait les loisirs de sa verte vieillesse à la peinture, pour laquelle il
eut toujours un goût très-vif, et qu'il cultiva souvent avec succès. Il
cultiva également les lettres, mais plutôt comme un délassement
agréable que comme une occupation suivie.

Celles de ses œuvres, soit en prose, soit en vers, qui nous sont parvenues, témoignent toutes de la connaissance approfondie d'un monde dans lequel il avait beaucoup vécu, et, en même temps, d'une certaine nouveauté d'aperçus indiqués avec finesse, rendus avec esprit. Il nous en reste peu de chose ; quelques mois avant sa mort, il envoya ses manuscrits à un ami de sa vieillesse ; aucun n'a vu le jour, et, malgré d'actives recherches, je n'ai pu découvrir ce qu'ils étaient devenus. On a de lui un opuscule fort court ayant pour titre : *De la véritable gloire*, et quelques lettres écrites d'un style facile et enjoué. J'en citerai une pour exemple. Elle est datée de Toulon, où le régiment de Lorraine tenait alors garnison, et adressée à Gueneau de Montbeillard :

« Je viens de recevoir avis, monsieur, que dix-huit bouteilles de crème de moka sont parties de Montpellier à votre adresse par Dijon ; douze vous sont destinées, selon votre désir, et je vous supplie de vouloir bien faire passer les autres à Buffon. De grâce, un petit verre à ma santé de temps en temps ; cette marque de votre souvenir adoucira la peine que j'ai de ne la pas boire avec vous, et tandis que vous boirez *per omnia pocula poculorum* à mon intention, je ferai à la vôtre un vœu de reconnaissance, *per omnia secula seculorum*. Dites *amen*, je vous en prie, et je serai bien content.

« Ma sœur m'a fait un détail très-agréable du concert impromptu exécuté à Buffon, des plaisirs du Quincy, de la gaieté et de l'intérêt que vous répandez dans la société, de l'accueil gracieux dont Mme de Montbeillard l'a honorée. Elle savait que ce détail me plairait beaucoup, par le plaisir qu'elle a eu, et parce qu'elle connaît celui que j'ai d'entendre parler de vous et de tout ce qui vous appartient. Nouveaux regrets pour moi ; mais il faut les dévorer, quand on n'est pas assez heureux pour être indépendant, et qu'il faut sacrifier les plus précieuses années de sa vie à la tranquillité et au bien-être de celles où l'on n'est plus bon à rien. A l'année prochaine, monsieur, à la Sainte-Cécile, je retiens le *sinforzo* pour moi, et je vous assure que la sainte sera très-contente ; mais il y a à parier que je le serai encore plus qu'elle. Vous pouvez juger, par le plaisir que j'ai en m'amusant de l'espérance, de tout celui que j'aurai lorsqu'elle se réalisera.

« Les Français n'ont plus d'autres ennemis en Corse que les voleurs de grand chemin, qui assassinent avant que de demander la bourse ; ils recommandent à Dieu l'âme du patient en le mettant en joue et, après avoir fait feu, ils lui disent le premier et le deuxième verset du *De profundis ;* ensuite ils tirent leur chapelet, le baisent, et détroussent le malheureux en toute sûreté de conscience. Voilà, monsieur, la manière honnête dont on assassine en ce pays-là, et M. de Vaux aura plus de peine à détruire ces bandits qu'il n'en a eu à conquérir leur province. Il faudra, pour cette nouvelle expédition, beaucoup plus de bourreaux employés que de généraux. Cela ne sera pas bien difficile, car ces derniers sont bien plus rares.

« Nous savons ici que le général des jésuites n'a pas encore obtenu d'audience du pape. Il se jette à ses pieds à tous les coins où il peut le rencontrer; le pape lui donne son pied à baiser; une autre fois il lui fait avec la tête le signe de la bénédiction. Toutes ces faveurs ne contentent point le jésuite. On lui refuse l'audience, et on prétend qu'il sera souffleté de la main qui le bénit, et qu'il recevra ensuite un coup de pied au cul de ce même pied qu'il baise.

« Vingt bataillons reviennent de Corse ; plusieurs sont déjà débarqués. Je désirerais fort qu'il en restât quelques-uns à Toulon pour remplacer le régiment de Lorraine, mais il n'y a rien encore de décidé selon nos désirs.

« Permettez que Mme de Montbeillard et Mlle Boucheron trouvent ici les assurances de mon respect, M. *Fin-Fin*, mille amitiés, M. votre frère et tout ce qui lui appartient bien des respects et compliments. Faites-moi la grâce de me rappeler dans le souvenir de M. Potot de Montbeillard, en l'assurant que je désire depuis longtemps une occasion qui me rapproche de lui ; et soyez persuadé des tendres et respectueux sentiments avec lesquels j'ai l'honneur d'être, monsieur, votre très-humble et très-obéissant serviteur.

« Le chevalier DE BUFFON. »

Rappelé à Paris en 1788, par la mort du comte de Buffon, son frère, qui, en mourant, l'avait donné à son fils pour tuteur, il écrit à la date du 19 juillet, à son neveu, retenu à Montbard par les tristes soins qu'entraîne la perte d'un père, une lettre dans laquelle se trouve ce passage : « MM. de Condorcet et de Vicq-d'Azir, qui doivent faire l'éloge de votre père, l'un à l'Académie des sciences, et le second à l'Académie française, m'ont demandé des notes à cet égard. J'y travaille et je suis fort avancé; je les ferai copier et vous les enverrai, ne voulant les remettre qu'après que vous les aurez lues, que vous y aurez donné votre agrément, et que vous y aurez joint vos réflexions, ainsi que les observations sur ce que j'aurai pu oublier ou ce que vous désirez qu'on y ajoute. »

Les notes du chevalier de Buffon furent en effet remises à Vicq-d'Azir et à Condorcet, qui en tirèrent parti; puis elles furent envoyées à Dijon, à Guyton de Morveau, chargé de prononcer devant l'Académie de cette ville l'éloge du grand naturaliste. Je dois à la bienveillance d'un membre de cette famille, à M. Guyton de Rigny, la connaissance de ce manuscrit dont je n'avais aucune copie. C'est, à mon sens, un morceau achevé, du meilleur style et du meil-

leur goût. Je le cite en entier à la fin de ce recueil. Outre qu'il
témoigne d'une plume facile et d'un esprit élevé, il donne sur Buffon
des aperçus d'une grande finesse et porte sur son caractère des jugements d'une incontestable vérité.

Le chevalier n'assista pas à la mort de son frère ; quelques différends
les séparaient alors, et je trouve dans sa correspondance une lettre
adressée au comte de Buffon son neveu, quelques jours avant la mort
du naturaliste. Elle est de Saint-Lô, où son régiment tenait alors garnison, à la date du 6 avril 1788. (Buffon mourut le 15 du même mois.)

« J'ai reçu, mon cher ami, par l'un des derniers courriers, une lettre de M. Lucas, et par le dernier une lettre de Mme Daubenton, qui
toutes deux me donnent de bien mauvaises nouvelles, et mes inquiétudes augmentent à chaque instant. Mme Daubenton me mande que
vous lui avez dit de m'écrire de partir. Réfléchissez, mon cher ami,
sur le caractère de votre père, et vous verrez clairement que je ne
dois point me présenter à lui qu'il ne m'appelle ; pensez-y froidement,
et vous verrez que j'ai raison. Vous n'ignorez pas les raisons qui m'ont
obligé de rester cet hiver à mon régiment ; mon respect pour lui m'a
fait prendre ce parti ; mais mon respect pour moi-même m'y retiendra
dans cette circonstance, à moins qu'il ne désire de me voir, et que
cela vienne de lui-même ; mais je crois très-inutile de le lui inspirer ;
je ne veux point m'exposer à l'effrayer par mon apparition imprévue,
ou à m'entendre dire : *Que venez-vous faire ?*

« Si je ne suivais que l'impulsion de mon cœur, je n'aurais pas eu
besoin d'être appelé, je serais déjà auprès de vous, et je partagerais vos
tristes et tendres soins ; je m'en ferais un devoir, et je lui donnerais
en cela les derniers témoignages de mon respect et de mon amour.
Mais votre père a sa manière de vouloir être aimé ; et il y a tel témoignage d'amitié qui paraît naturel à tout le monde, et qui ne pourrait
que lui déplaire. Continuez, mon cher ami, à me donner ou me faire donner des nouvelles par tous les courriers ; je n'en attends que d'affreuses,
et mes espérances diminuent à chaque courrier. Je vous plains, mon
cher ami, j'honore votre assiduité près de votre père, vos soins empressés, je partage votre douleur, et mon estime pour vous augmente à proportion que je vous vois déployer de belles qualités de
l'âme, et une sensibilité qui ne se trouve que dans les bons cœurs.

« Je vous embrasse bien tendrement.

« Le chevalier DE BUFFON. »

A l'âge de quatre-vingts ans, le chevalier de Buffon s'occupait
encore de littérature. Le 22 avril 1815 il écrivait à M. Émile André,

alors élève de l'École polytechnique, la lettre suivante que nous trouvons dans le manuscrit inédit de M. Humbert-Bazile :

« Les vers qui m'ont été inspirés, monsieur, par votre joli conte de l'amour conduit par la folie, n'ont d'autre mérite que celui du plaisir que j'ai eu de m'occuper à quatre-vingts ans de l'ouvrage d'un très-jeune homme qui s'annonce avec distinction, et auquel je prends le plus véritable intérêt. Cette manière de vous prouver mon estime, et mon augure favorable a dû vous être plus agréable qu'un compliment dicté par la politesse d'usage, et, si je me suis permis d'y joindre quelques observations dont le style enjoué n'a pu vous déplaire, je vous prie d'excuser l'amour-propre d'un vieillard qui s'honore de penser tout ce qu'il dit, et de ne dire jamais que ce qu'il pense. Voilà, monsieur, ma réponse à votre lettre. Votre famille jouit d'une bonne santé; soyez heureux par cette assurance, et agréez le nouveau témoignage de tous les sentiments que je vous ai voués.

« LECLERC DE BUFFON. »

Note 3, p. 122. — Le vicomte Charles-Gabriel de La Rivière, capitaine de gendarmerie et brigadier des armées du Roi, avait une sœur au sujet de laquelle Gueneau de Montbeillard écrivait de Paris à sa femme : « Tu ferais bien d'aller à Thôtes, et de t'informer auprès de M. le comte de La Rivière ou de Madame, du sort qu'ils comptent faire à Mademoiselle. On s'en est informé auprès de moi, sans me dire en faveur de qui on faisait ces informations. On m'a dit seulement que c'était un gentilhomme titré, ayant vingt-cinq mille livres de rente et quarante ans. Je donnerais de bonnes choses pour que cette affaire ou toute autre de même nature pût convenir à M. et à Mme de La Rivière, et faire le bonheur de Mademoiselle. »

Note 4, p. 122. — Antoine-Ignace, marquis de Saint-Belin, seigneur de Fontaines-en-Dunois et d'Étayes, chevalier de l'ordre royal et militaire de Saint-Louis, capitaine au régiment de Navarre, mort en 1764, était le frère cadet de la comtesse de Buffon. Mme de Buffon avait trois sœurs et quatre frères.

CVIII

Note 1, p. 123. — Avec les courses de chevaux, qui sont d'importation anglaise et qui peuvent avoir leur utilité, vinrent les combats de coqs, apportés également d'Angleterre, comme une nouveauté amusante, par des entrepreneurs de jardins publics. Bientôt ce divertissement fut de mode; les paris s'ouvrirent, des sommes importantes furent engagées. Buffon, dans l'*histoire du coq*, s'élève avec raison contre cette folie : « Les hommes qui tirent parti de tout pour leur amusement, dit-il, ont bien su mettre en œuvre cette antipathie invincible, que la nature a établie entre un coq et un coq; ils ont cultivé cette haine innée avec tant d'art, que les combats de deux oiseaux de basse-cour sont devenus des spectacles dignes d'intéresser la curiosité des peuples, même des peuples polis, et en même temps des moyens de développer ou entretenir dans les âmes cette précieuse férocité, qui est, dit-on, le germe de l'héroïsme. On a vu, on voit encore tous les jours, dans plus d'une contrée, des hommes de tous états accourir en foule à ces grotesques tournois, se diviser en deux partis, chacun de ces partis s'échauffer pour son combattant, joindre la fureur des gageures les plus outrées à l'intérêt d'un si beau spectacle, et le dernier coup de bec de l'oiseau vainqueur renverser la· fortune de plusieurs familles.... »

Note 2, p. 123. — L'abbé de Pio'enc, ami de Monbeillard et de Buffon. (Voy. ci-après quelques détails sur ce personnage, note 1 de la lettre cxxxiv, p. 430.)

CIX

Note 1, p. 124. — La fille du président de Ruffey, qui fit une visite à Montbard avec sa mère au mois de juillet 1769, trois mois après la mort de la comtesse de Buffon, devint en 1771, deux années après cette visite, la marquise de Monnier, et fut plus tard la trop fameuse Sophie, que la passion de Mirabeau rendit à la fois malheureuse et célèbre. Marie-Thérèse Richard de Ruffey naquit à Dijon le 9 janvier 1754; elle mourut à Gien le 9 septembre 1789. Elle fut élevée par la meilleure des mères, la plus distinguée aussi par l'élévation de l'esprit et la droiture du cœur. On a déjà vu, par les lettres qui précèdent, combien ancienne et combien étroite était l'amitié qui unissait Buffon au président de Ruffey. De plus, la belle-mère du président habitait, fort près de Montbard, le vieux château de Montfort, et si lui, par suite de ces difficultés auxquelles les discussions de famille ne donnent que trop souvent naissance, ne venait plus à Montfort, Mme de Ruffey venait souvent voir sa mère. Dans ces fréquents voyages on s'arrêtait à Montbard, et ces relations de voisinage rendirent plus étroits encore les liens de l'amitié. Le président avait deux fils et deux filles. Dans ses visites à Montfort, Mme de Ruffey était

toujours accompagnée de ses filles; Buffon les vit souvent l'une et
l'autre. Dans une précédente lettre, à la date du 4 août 1760, il com-
plimente leur père sur leur jeunesse et leur beauté. De ces courses à
Montbard, Marie-Thérèse de Ruffey, la plus jeune des filles du président, tira cette conséquence, qu'elle devait épouser Buffon. Plusieurs
écrivains, M. Sainte-Beuve entre autres, dans une attachante étude
sur Mirabeau et Sophie, ont donné crédit à cette opinion. C'est une
erreur; peu de mots et un simple rapprochement de dates suffiront
pour convaincre qu'un projet de ce genre n'exista jamais; on remarque d'ailleurs que, dans la correspondance fort complète entre
Buffon et le président de Ruffey, il n'en est pas une seule fois question.
Lorsque Buffon se maria, en 1752, Mlle de Ruffey n'était point née
encore. Buffon, devenu veuf en 1769, avait alors soixante-deux ans;
Mlle de Ruffey en avait quinze à peine. La pensée d'une union aussi
disproportionnée ne pouvait entrer dans l'esprit d'un homme calme et
sensé. De plus, les lettres écrites par Buffon, lors de la mort de sa
jeune femme, la profonde douleur qu'il témoigna de cette perte imprévue, la façon amère et presque injuste dont il critiqua la conduite
de son père dans des circonstances analogues, permettent de croire
que la pensée d'un second mariage ne lui fût point venue quelques
mois à peine après le décès d'une femme si profondément regrettée.
Or, deux ans après la mort de la comtesse de Buffon, Marie-Thérèse
de Ruffey se mariait en Franche-Comté. Que Mme de Ruffey, qui
donnait sa fille à un homme de soixante ans, eût conçu l'espérance
d'une union avec Buffon, je serais assez porté à le croire, et cette
visite à Montbard, au mois de juillet 1769, me semble, dans ce sens,
une démarche digne d'être notée. Quoi qu'il en soit, Mme de Monnier
fut toujours convaincue, mais fort à tort selon moi, qu'elle avait dû
épouser Buffon. Dans ses lettres à Mirabeau, elle aime à revenir sur
ce projet de mariage qui aurait existé entre elle et l'auteur de l'Histoire naturelle. Elle en entretient aussi Mme de Saint-Belin, son amie,
sa confidente, qui habitait Dijon, et que je crois de la famille de la
femme de Buffon. Un jour Mirabeau lui écrit, en réponse à une de ses
lettres dans laquelle elle est revenue sur son sujet favori : « Point
de ces phrases légères, Sophie. En fait de science, comparer l'opinion
et l'autorité de M. de Buffon à la mienne, c'est comparer l'aigle au
moineau. M. de Buffon est le plus grand homme de son siècle et de
bien d'autres.... » Ailleurs, dans une des notes mises en marge de
ses manuscrits de Vincennes, Mirabeau, parlant de Buffon, dit encore : « On peut justement appliquer à M. de Buffon ce que Quintilien
disait d'Homère : *Hunc nemo in magnis....* Jamais personne ne le
surpassera en élévation dans les grands sujets, en justesse et en pro-

priété de termes dans les petits. Il est tout à la fois fécond et serré, plein de gravité et de douceur, admirable par son abondance et par sa brièveté. »

Note 2, p. 124. — Louis XV avait assuré au fils de Buffon la survivance de la charge d'intendant du Jardin du Roi; de plus, il avait décidé qu'une pension de six mille livres, dont jouissait Buffon, serait réversible, jusqu'à concurrence de quatre mille, sur la tête de son fils.

Note 3, p. 124. — Le président de Ruffey, que des discussions d'intérêt avaient brouillé avec Mme de La Forest, avait annoncé à Buffon sa résolution de ne plus reparaître au château de Montfort, tant que sa belle-mère en aurait la propriété. Montfort est à moins d'une lieue de Montbard.

CX

Note 1, p. 125. — Encore un mariage dont s'occupait Buffon! Eut-il toujours la main heureuse? Il faut le croire, puisqu'il ne renonça pas à rendre de ces services dont on est souvent assez mal récompensé, et dont plus souvent encore on a lieu de se repentir. Le mariage pour lequel Buffon négociait avec le président de Brosses n'eut pas lieu, heureusement pour Mlle d'Hervilly, qu'il s'agissait de marier avec M. de Bellegarde, officier aux gardes du corps, qu'une grave affaire devait bientôt éloigner de la France.

Note 2, p. 125. — Buffon fait sans doute allusion ici au chagrin que causèrent au président de Brosses les mauvaises chicanes de Voltaire relatives à sa propriété de Tournay, et la constante opposition qu'il fit à son élection à l'Académie française. (Voy. à ce sujet la note 10 de la lettre LXIV, p. 314, et la note 3 de la lettre XCIV, p. 363.)

CXI

Note 1, p. 126. — La vie d'Alexis Fontaine des Bertins, *un de nos plus habiles géomètres*, a dit Buffon dans son *Traité d'arithmétique morale*, s'écoula entre ses études et ses procès. Ses travaux ont rendu son nom célèbre, ses procès ont ruiné sa maison. Les nombreux mémoires auxquels ces derniers ont successivement donné lieu, forment une collection presque aussi volumineuse que ses écrits scientifiques. Il les entamait un peu à la légère, puis ne s'en occupait plus et les aban-

donnait aux soins d'un avocat qui, tout permet de le croire, était choisi
avec peu de discernement, puisque Fontaine perdit tous ses procès. Un
jour que son avocat était venu pour s'entretenir avec lui, il ne voulut
point l'entendre et le congédia en lui disant : « Croyez-vous donc que j'aie
le temps de m'occuper de semblables affaires ? » Si les préoccupations
que lui donnèrent ses continuels procès, jointes au chagrin de les perdre
tous, troublèrent parfois ses travaux, ses études par contre lui firent
souvent négliger ses procès. En 1765, il vendit une terre qu'il possédait près de Compiègne, au sujet de laquelle il avait eu à soutenir un
long procès devant le Parlement de Paris, et acheta en Bourgogne du
prince de La Marche la baronnie de Cusseaux, qui devint, entre ses
mains, une source féconde de nouvelles contestations judiciaires. Il
mourut dans sa terre en 1771, laissant son bien au chevalier de Borda.
Le chevalier, peu tenté par un pareil legs, peut-être aussi, car il ne
faut enlever à personne le mérite de ses bonnes œuvres, par délicatesse
de cœur et générosité de caractère, rendit à la famille de Fontaine un
patrimoine que ses neveux hésitèrent à accepter.

Note 2, p. 126. — Il s'agit des Mémoires de l'Académie de Dijon,
dans lesquels sont insérés divers morceaux du président de Ruffey.

Note 3, p. 126. — Marie-Thérèse Richard de Ruffey, depuis marquise de Monnier, dont il a été précédemment parlé (p. 375).

CXII

Note 1, p. 127. — Sœur de Louis-Charles Comte d'Hervilly, né en
1755, mort le 14 novembre 1795, et connu par le désastre de Quiberon,
où il commandait le corps des émigrés.

Note 2, p. 127. — Antoine Dubois de Bellegarde, né en 1740, servit
dans les gardes du corps et obtint fort jeune la croix de Saint-Louis ;
mais ayant été chassé de son corps pour cause d'escroquerie, il quitta
la France et s'engagea dans l'armée prussienne.

Note 3, p. 127. — Charles-François, marquis de Saint-Lambert, né
en 1717, mort le 9 février 1803, fut élu membre de l'Académie française à la place de l'abbé Trublet. Le 23 juin 1770, il prononça son
discours de réception, auquel répondit M. de Coëtlosquet, ancien
évêque de Limoges, en sa qualité de directeur de l'Académie. Grimm
rend ainsi compte du discours de réception de Saint-Lambert : « M. de

Saint-Lambert, ayant été élu par l'Académie française à la place du feu archidiacre abbé Trublet, a prononcé son discours de remercî- ment le 23 du mois dernier, dans une séance publique de MM. les Quarante..... On reproche à M. de Saint-Lambert d'avoir tout loué et d'avoir trop loué ; mais c'est l'esprit de l'Institut, il ne faut donc pas chicaner l'orateur. On lui a donné à la porte de l'Académie un encen- soir, à condition qu'il en dirigerait les coups, non-seulement en arrière sur les fondateurs, mais encore en avant vers les principaux nez aca- démiques. Le nouvel académicien a fait son service d'encensoir à merveille, et il n'y a point d'habitué de paroisse qui sache mieux lancer le sien vers le porteur du Saint-Sacrement. Indépendamment de l'illustre président de Montesquieu et du grand patriarche de Ferney, qui ont des droits assurément incontestables à notre hom- mage et à la reconnaissance de tous les siècles, l'abbé de Condillac, M. Thomas, M. d'Alembert, ont eu leur portion d'éloges à part. Je ne sais par quelle fatalité M. de Saint-Lambert a oublié M. de Buffon, qui ne laisse pas d'être aussi un des Quarante ; et je suis tenté de faire comme cet officier gascon (l'aïeul de Mirabeau) qui, en revenant du palais où il avait monté la garde pour une séance de Louis XIV au Parlement, s'arrêta sur le Pont-Neuf, devant la statue de Henri IV, et dit à sa troupe : « Mes amis, saluons celui-ci, il en vaut bien un « autre. » Il ne faut pas croire que la boutade de Buffon : *C'est un poëte sans poésie*, ait été inspirée par cet inconcevable oubli. La lettre de Buffon est du 12 mai 1770, et le discours de Saint-Lambert ne fut prononcé que le 23 juin suivant.

Disons que si, cette fois, Saint-Lambert oublia Buffon, en 1788, le 11 décembre, lorsqu'il reçut Vicq-d'Azir, qui remplaçait à l'Aca- démie le grand écrivain que la mort venait d'enlever, il répara digne- ment son premier oubli, et fit, en bons termes, un bel éloge de Buffon.

Note 4, p. 127. — Étienne Bonnet de Condillac, frère de l'abbé de Mably, né en 1725, mort le 3 août 1780, donna en 1754, cinq ans après la publication des premiers volumes de l'Histoire naturelle, son *Traité des sensations.* Buffon avait déjà traité ce sujet, on sait avec quelle profondeur et avec quelle éloquence. Lorsque parut l'ouvrage de Condillac, on reprocha à l'auteur de s'être emparé de l'idée du naturaliste et de s'être contenté de la développer. Ce reproche fut sensible au philosophe, qui en ressentit un vif mécontentement et le fit bien voir. « On disait, dans le temps du *Traité des sensations*, écrit Grimm le 2 novembre 1755, que M. l'abbé de Condillac avait noyé la statue de M. de Buffon dans un tonneau d'eau froide. Cette critique, et le peu de succès de l'ouvrage ont aigri notre auteur et blessé son orgueil ; il vient de faire un ouvrage tout entier contre M. de Buffon, qu'il a intitulé *Traité des Animaux*. L'illustre auteur de l'Histoire naturelle y est traité durement, impoliment, sans égards et sans ménagements. Quand il serait vrai que M. de Buffon se fût peu gêné sur le *Traité des sensations*, et qu'il en eût dit beaucoup de mal dans le monde, la conduite de M. l'abbé de Condillac n'en serait pas moins inexcusable. C'est une plaisante manière de se venger d'un homme dont on a à se plaindre, que de faire un ouvrage contre lui, et de le remplir de choses dures et malhonnêtes. Cette façon prouve seulement peu d'éducation et beaucoup d'orgueil dans celui qui s'en sert. M. l'abbé de Condillac devrait savoir que, quand on manque d'égard aux autres, et surtout à des gens considérés, on ne fait pas le moindre tort à ceux à qui l'on manque, mais on se dégrade soi-même. Du reste, quoiqu'il ne soit certainement pas difficile de relever beaucoup de choses dans l'Histoire naturelle, il faut être un autre homme que M. l'abbé de Condillac, et savoir marcher moins pesamment, quand on veut entreprendre d'en dégoûter. M. de Buffon mettra plus de vues dans un discours que notre abbé n'en mettra de sa vie dans tous ses ouvrages. »

On pourra juger de l'amertume des critiques de Condillac par les lignes suivantes : « Qu'un philosophe qui ambitionne de grands succès, exagère les difficultés du sujet qu'il entreprend de traiter ; qu'il agite chaque question, comme s'il allait développer les ressorts les plus secrets des phénomènes ; qu'il ne balance pas à donner pour neufs les principes les plus rebattus ; qu'il les généralise autant qu'il lui sera possible, et qu'il affirme les choses dont son lecteur pourrait douter, et dont il devrait douter lui-même ; et qu'après bien des efforts, plutôt pour faire valoir ses veilles que pour rien établir, il ne manque pas de conclure qu'il a démontré ce qu'il s'était proposé de prouver : il lui importe peu de remplir son objet, c'est à sa confiance à persuader que tout est dit quand il a parlé. *Il ne se piquera pas de bien écrire* lorsqu'il raisonnera ; alors les constructions longues et embarrassées échappent au lecteur comme les raisonnements. Il réservera tout l'art de son éloquence pour jeter de temps en temps de ces périodes artistement faites, où l'on se livre à son imagination, sans se mettre en peine du ton que l'on vient de quitter et de celui qu'on va reprendre, où l'on substitue au terme propre celui qui frappe davantage, et où l'on se plaît à dire plus qu'on ne doit dire. Si quelques folles phrases, qu'un écrivain pourrait ne pas se permettre, ne font pas lire un livre, elles le font feuilleter, et l'on en parle. Traitassiez-vous les sujets les plus graves, on s'écriera : *Ce philosophe est charmant.* »

Condillac, qui avait eu pour concurrent à la place vacante l'abbé de Mably, son frère, entra à l'Académie française le 28 novembre 1768. Il succédait à l'abbé d'Olivet.

Note 5, p. 127. — Kien-Long, Empereur de la Chine, composa vers l'année 1743 un poëme en vers chinois et en vers tartares, ayant pour titre *Éloge de la ville de Moukden*. Ce poëme fut imprimé de soixante-quatre manières différentes et traduit en français en 1770. Voltaire adressa au roi de la Chine, l'année suivante, une Épître qui commence par ces vers :

> Reçois mes compliments, charmant roi de la Chine,
> Ton trône est donc placé sur la double colline.

Dans sa correspondance avec l'impératrice Catherine, il l'entretient souvent de son voisin, le roi-poële, et le compare à un autre poëte couronné, voisin de l'empire russe, à Frédéric II.

CXIII

Note 1, p. 128. — Étienne-Charles de Loménie de Brienne, cardinal et principal ministre, naquit en 1727 et mourut le 16 février 1794. C'est dans son archevéché de Toulouse que le futur ministre de Louis XVI commença à se faire connaître. Ses discours dans les diffé-rentes assemblées du clergé auxquelles il assista le firent regarder par le parti encyclopédique comme un de ses adhérents. Il fut porté par lui à l'Académie française, et y fut reçu le 27 juin 1770, à la place du duc de Villars. Au sujet de la candidature de l'archevêque, Voltaire écrivait le 11 juin à d'Alembert : « On dit que vous nous donnez pour confrère l'archevêque de Toulouse, qui passe pour une bête de votre façon, très-bien disciplinée par vous. »

Note 2, p. 128. — Honoré-Armand de Villars, fils du maréchal de ce nom, naquit le 4 décembre 1702 et mourut le 1er mai 1770. Il était pair de France , brigadier des armées du Roi et gouverneur de Pro-vence. Dans la riche succession de son père il trouva le fauteuil aca-démique, et vint en prendre possession le 9 décembre 1734. Il allait souvent à Ferney, où Voltaire lui faisait jouer la comédie. Un mot d'un abbé de Provence, dit un soir à la table du gouverneur, résume ce que pensèrent de lui les hommes de son temps : « L'abbé, lui avait dit M. de Villars, vous ressemblez à s'y méprendre à un portrait qui est

dans mon antichambre. — Monseigneur, répliqua l'abbé, vous n'êtes
point heureux en ressemblances ; car je ressemble à ce portrait comme
vous ressemblez à votre illustre père. »

CXIV

Note 1, p. 130. — Antoine Bougot, plus connu sous le nom de
P. Ignace, naquit à Dijon en 1721, et mourut à Buffon le 1er juillet 1798.
Il appartenait à une famille estimable et considérée. Fort jeune il
abandonna la maison paternelle pour s'attacher à la fortune d'une
troupe de saltimbanques qui parcouraient la France. Bientôt revenu
de ses erreurs, il entra dans l'ordre des capucins, où il prit le nom
de religion de R. P. Ignace. Longtemps frère servant, il devint frère
quêteur, puis gardien des capucins de Châtillon-sur-Seine, et enfin
gardien des capucins de Semur. Pendant un carême, le P. Ignace vint
prêcher à Montbard ; il dîna au château et sut plaire à Buffon, qui l'attacha à sa personne. Depuis ce jour le P. Ignace ne voulut plus être
appelé que : le *capucin de M. le comte de Buffon.* Buffon obtint l'érection
d'une cure dans sa terre, et le P. Ignace en fut nommé desservant. On
raconte de lui des traits et des plaisanteries qui n'étaient pas toujours
du meilleur goût, mais qui avaient le privilége de distraire le grave
auteur de l'Histoire naturelle. Du reste, si le plaisir que causait au
P. Ignace l'honneur d'être attaché à la personne d'un grand homme,
le fit parfois tomber dans quelques travers, ils ont été grandement
exagérés par les écrivains qui en ont évoqué le souvenir. Souvent admis
à la table de son bienfaiteur, il conservait, quel que fût le nombre et
la qualité des convives, son franc-parler. Un jour, au dessert, alors
que l'on aimait à provoquer ses reparties, il répondit à un grand seigneur, le baron d'Anstrud, qui lui demandait auquel de ses yeux il
donnait la préférence ; « Au moins rouge, monsieur le baron. »
Une année, dans un de ses voyages, Buffon l'emmena avec lui ; un
jour qu'il avait un discours à prononcer à l'Académie, il le fit monter
dans son carrosse, et asseoir dans son fauteuil académique. Le P. Ignace
conserva le souvenir de cette journée, qu'il regarda comme une des plus
glorieuses de sa vie, racontant que, durant la séance, le public n'avait
cessé de s'occuper de lui, et que, lorsqu'il monta dans la voiture de
l'académicien, sa curiosité n'était pas encore satisfaite. En 1770, les
toitures de la capucinière de Semur tombaient en ruine ; le P. Ignace
vint, au nom des religieux de son ordre, implorer la bienfaisance de
Buffon, qui lui donna par écrit la permission de *faire prendre dans ses*

bois autant d'arbres propres à la charpente qu'il pourra en être enlevé pendant un jour seulement. Le P. Ignace conserve l'ordre, attend le départ de Buffon, et ayant requis le concours de toutes les voitures des paysans de la seigneurie, enlève en un jour plus de charpente que n'en eût demandé la reconstruction entière de son couvent. On a conservé à Montbard le souvenir d'un grand nombre d'anecdotes de ce genre dont le P. Ignace fut le héros. Quoi qu'il en soit, et malgré son laisser-aller, il montra toujours pour Buffon, son bienfaiteur, un dévouement tendre et désintéressé. J'en citerai un seul exemple.

Buffon, qui se faisait coiffer chaque matin dans son cabinet de travail, ne s'habillait cependant, lorsqu'il n'avait personne à recevoir, qu'après son repas. Souvent, sans y prendre garde, il se mettait à table en robe de chambre et se coiffait la tête d'un chapeau galonné. La comtesse de Buffon, qui avait d'abord beaucoup ri de cette bizarre toilette, insista bientôt près de son mari pour qu'il fît l'emplette d'une coiffure plus en harmonie avec sa toilette du matin. Le P. Ignace entendit ce reproche, partit pour Dijon et acheta, parmi les plus chers et les plus beaux, un bonnet de velours. Depuis ce jour, chaque fois qu'il venait à Montbard, il apportait son bonnet. Plusieurs mois se passèrent, Mme de Buffon gardait le silence. Un jour cependant elle adressa de nouveaux reproches à son mari. Buffon répondit en souriant que c'était de sa part un oubli, et qu'à son premier voyage à Dijon, il achèterait une autre coiffure. Alors le P. Ignace, qui ce jour-là dînait au château, tira de dessous sa robe avec un soupir de satisfaction son riche bonnet et l'offrit à Buffon. Depuis six mois il le portait sur lui, attendant l'heure avec patience, et se disant chaque soir, en quittant Montbard et regardant son bonnet : « Allons, ce sera pour une autre fois ! »

Pendant le séjour que Buffon faisait chaque année à Montbard, le P. Ignace venait dîner trois fois par semaine au château; Buffon, à son tour, chaque fois qu'il allait visiter ses forges, dînait chez le P. Ignace. Il avait du reste une excellente table. Il habitait à Buffon la maison seigneuriale, et les gardes des bois de la seigneurie étaient à ses ordres. Il en administrait les affaires et en touchait les revenus.

Buffon le cite comme son ami dans l'article du serin, disant que c'est un homme *aussi expérimenté que véridique;* et je trouve sur le livre manuel des dépenses de sa maison ce singulier article : « Je dois au R. P. Ignace Bougot une pension, par forme d'aumône, de huit cents livres, payables par six mois. » En 1788, lorsque le P. Ignace apprit la gravité de la maladie dont Buffon était atteint, il accourut à Paris et administra à son bienfaiteur mourant les derniers secours de la religion. Il ramena son corps à Montbard, et se retira à Buffon dans la maison qu'il tenait de sa générosité. La présence du P. Ignace à Montbard rappelle celle du P. Adam à Ferney, avec cette différence que le P. Ignace fut toujours honnête, dévoué et sincèrement attaché à celui qui lui avait fait du bien. Le P. Adam était jésuite, faisait chaque jour la partie d'échecs de Voltaire et lui disait la messe, fait pour lequel il avait encouru l'interdiction de Mgr d'Annecy, son évêque; le P. Adam fut un complaisant, le P. Ignace un ami.

Je connais du P. Ignace un trait qui fait trop d'honneur à son caractère pour être passé sous silence. A la suite des difficultés de plus d'un genre que le jeune comte de Buffon eut à traverser dans les années qui suivirent la mort de son père, à une époque où les mesures révolutionnaires, dont ses biens étaient frappés, le laissaient sans ressources, le P. Ignace lui demanda la permission de lui assurer une fortune qu'il tenait de la générosité de son père. Le comte de Buffon refusa d'abord : mais le jour où il lui écrivit pour lui annoncer son second mariage avec la nièce de Daubenton, il lui dit : « Maintenant que je puis avoir des enfants, et beaucoup peut-être, je ne refuse plus rien ; au contraire, j'accepte, Ignace, entendez-vous ma franchise? » Il lui parle ainsi le 5 septembre 1793 ; le 21 septembre il lui dit encore : « Votre testament ne vaut plus rien, et le Code civil empêche qu'on ne puisse donner à un homme qui aura un revenu de plus de mille quintaux de blé ; ainsi, si vous voulez m'assurer ce que vous avez, il vous reste peu de temps. » La position du comte de Buffon s'aggrave, il est arrêté, conduit en prison, ses biens sont sous le séquestre de l'État; sa jeune femme est réduite à l'indigence. Le P. Ignace comprend alors que ce qu'il a fait ne suffit plus ; assurer son bien au comte de Buffon et à sa femme, c'est songer à l'avenir ; mais il faut s'occuper du présent, et il offre généreusement toutes les ressources dont il peut disposer. Le 4 prairial an II (2 juin 1793), le comte de Buffon lui adresse, de la prison du Luxembourg, cette lettre, la dernière qu'il lui écrivit :

« J'ai reçu votre lettre, mon très-cher ami, et je dois vous avouer, avec la franchise que vous me connaissez, que de tous les gens qui se disaient mes amis et qui, dans la prospérité, étaient occupés à me *cajoler* et à me faire des offres de services qu'ils savaient bien que je n'accepterais pas parce que je n'en avais pas besoin, vous êtes le seul qui, dans ce moment-ci, m'ayez offert un sou. Ma femme vous mandera si elle accepte ou non ce que vous lui offrez. Et si ma détention et le refus de la part des gens qui me doivent (ce qui n'est pas peu considérable, je vous assure) nous ont enfin, malgré toute ma sagesse et ma conduite, réduits à avoir recours à la bourse d'autrui pour subsister; ce qui, depuis que je suis au monde, ne m'était encore jamais arrivé, c'est entièrement dû à cette circonstance-ci. Enfin vous offrez ce que vous avez, ou du moins ce que vous pourrez vous procurer; je vous en sais, mon cher ami, un gré infini, et j'en serai toujours reconnaissant. Si *elle* en a besoin, elle acceptera; si nous pouvons nous en passer, nous ne le prendrons pas. Ce n'est plus moi qui puis le savoir, car depuis trois mois et demi je suis séquestré de la société, et c'est elle seule qui fait nos tristes et malheureuses affaires. Sur cela, mon cher ami, vous voudrez bien vous conformer à sa lettre.... Je ne sais plus ce que je dois croire ni penser ; ma sortie n'arrive pas, toutes mes affaires sont en stagnation, rien ne se fait. Les affaires que j'ai, tant à Paris qu'à Montbard, s'encombrent, et il me faudra du temps et des soins pour réparer le tort que cette détention me cause. Plassan * est arrêté, et le commerce de cet homme en souffre et ne va plus; par conséquent la part que j'y ai, et qui m'avait soutenu jusqu'au moment de mon arrestation, ne me produit rien maintenant, et je ne puis même rien toucher de ce qui est en recette : on ne paye pas les rentes de la ville aux détenus. Les impôts et les pensions faites par mon père emportent plus que les revenus libres. De quoi faut-il donc que je vive, après avoir eu une si belle fortune et dont je n'ai pas à me reprocher d'avoir dissipé cent louis mal à propos? Les commissions populaires qui doivent rendre la liberté aux patriotes, comme moi injustement incarcérés, n'ont encore point agi, ou au moins je ne sais rien de positif là-dessus. C'est bien long, bien coûteux, bien ruineux ! Je n'ai point fait usage des pièces que vous m'avez envoyées. J'en ferai l'usage que vous voulez qui en soit fait à ma sortie. Jusque-là je ne m'en occuperai pas. Adieu, cher ami, je vous embrasse de tout mon cœur. »

La fin tragique du jeune comte de Buffon remplit le cœur du P. Ignace d'un amer chagrin. C'était le fils de son bienfaiteur, il l'avait vu naître, il avait vu se former les belles qualités de son cœur et de son esprit, et avait souvent entendu prédire à celui qui devait mourir si jeune un brillant avenir. Retiré à Buffon, il mourut à son tour vieux et infirme, abandonné de ceux qui le servaient. Une domestique qu'il avait comblée de bienfaits fut soupçonnée d'avoir hâté sa mort par le poison.

Note 2, p. 130. — Michel-Joseph Cœur-de-Roi, fils d'un président aux requêtes du palais, fut pourvu de l'office de conseiller laïque au parlement de Bourgogne, vacant par la mort d'Edme-Étienne-François Champion de Nansouthil, le 16 juin 1758. En 1766, il obtint la charge

---

* Libraire chargé après Panckoucke de la vente de l'Histoire naturelle.

de premier président de la cour souveraine de Nancy. Il appartenait à une ancienne famille de robe de la province.

Note 3, p. 130. — Buffon parle du procès qui lui fut intenté par le couvent des Ursulines de Montbard pour une limite contestée entre ses bois et ceux de la communauté. Il en a été question plus haut. (Voy. p. 353.)

Note 4, p. 130. — Appelé plus communément Daubenton le Jeune, garde et sous-démonstrateur du Cabinet du Roi.

CXV

Note 1, p. 131. — Antoine Malvin de Montazet, né en 1715, mort le 2 mai 1788, fut évêque d'Autun en 1748, et archevêque de Lyon le 2 mars 1758. Il fut élu membre de l'Académie française en 1757, et remplacé dans cette compagnie par le chevalier de Boufflers.

Note 2, p. 131. — Jean-Baptiste de Lacurne de Sainte-Palaye, né en 1697, mort le 1er mars 1781, fut de l'Académie des inscriptions en 1724, et de l'Académie française en 1758.

Note 3, p. 131. — Hyacinthe-Pierrette de Brosses, mariée à Louis-Marie de Fargès, lieutenant général des armées du Roi, mourut à Dijon le 9 mai 1831.

Note 4, p. 132. — Gabriel-Henri Gaillard, né le 26 mars 1726, mort le 13 février 1806, fut membre de l'Académie des inscriptions en 1760. Le 21 mars 1771, il vint siéger à l'Académie française, où il fut reçu par l'abbé de Voisenon, le même jour que le prince de Beauvau.

Note 5, p. 132. — Étienne Laureault de Foncemagne, né en 1694, mort le 26 septembre 1779, fut membre de l'Académie des inscriptions en 1772. Le 10 janvier 1737, il devint membre de l'Académie française. Autrefois l'Académie française jouissait de quatre pensions. Dans les suppressions auxquelles donna lieu la pénurie du trésor furent comprises les pensions de l'Académie. On lui en rendit deux en 1770. Foncemagne eut la première et Batteux eut la seconde. Lorsqu'il mourut, on dit à l'Académie : « M. de Voltaire a emporté tout le génie de notre littérature et M. de Foncemagne toute son honnêteté. — Cela est dur pour les académiciens qui lui survivent, » répondit l'abbé Delille.

Note 6, p. 132. — Le président de Brosses avait nettement posé cette fois sa candidature à l'une des trois places vacantes à l'Académie. Il trouva de la part de Voltaire une opposition ardente et échoua. La correspondance de ce dernier témoigne de la passion qu'il apporta dans cette affaire et montre quels moyens il mit en œuvre pour enlever au président de Brosses une distinction que ses écrits lui avaient depuis longtemps méritée. Le 10 décembre 1770 il écrit à d'Alembert : « On dit que le président de Brosses se présente. Je sais qu'outre les *Fétiches* et les *Terres australes*, il a fait un livre sur les langues, dans lequel ce qu'il a pillé est assez bon et ce qui est de lui est détestable. Je lui ai d'ailleurs envoyé une consultation de neuf avocats, qui tous concluaient que je pouvais l'arguer de dol à son propre parlement. Il a eu un procédé bien vilain avec moi, et j'ai encore la lettre dans laquelle il m'écrit en mots couverts que, si je le poursuis, il pourra me dénoncer comme auteur d'ouvrages suspects, que je n'ai certainement point faits. Je puis produire ces belles choses à l'Académie et je ne crois pas qu'un tel homme vous convienne. » Le 9 janvier 1771, il écrit au maréchal de Richelieu : « Je suis obligé d'importuner mon héros pour des bagatelles académiques.... Mais on me mande que vous voulez avoir pour confrère un président de Bourgogne nommé de Brosses. Je vous demande en grâce, Monseigneur, de ne me le donner que pour successeur. Il n'attendra pas longtemps, et vous me feriez mourir de chagrin plus tôt qu'il ne faut, si vous protégiez cet homme. »

Note 7, p. 132. — Trois places étaient presque en même temps devenues vacantes à l'Académie française, par la mort de Moncrif, du président Hénaut et de l'abbé Alary.

Note 8, p. 132. — Ce règlement de l'Académie, qui exigeait la résidence, avait déjà été négligé dans plusieurs circonstances, et notamment lors de l'élection du président Bouhier, qui ne cessa pas d'habiter Dijon, où le retenaient les devoirs de sa charge.

Note 9, p. 132. — L'abbé Barthélemy, né en 1716 en Provence, mort à Paris en 1794, devint garde du cabinet des médailles de la Bibliothèque du Roi en 1753, et enrichit beaucoup ce magnifique musée. Il était entré à l'Académie des inscriptions et belles-lettres en 1747 ; mais il ne put arriver à l'Académie française qu'en 1789, et c'est son ouvrage le plus populaire, le *Voyage du jeune Anacharsis en Grèce*, publié en 1788, qui lui en ouvrit les portes. On voit par la lettre de Buffon que, dès 1770, l'abbé Barthélemy aspirait au fauteuil académique, fort de l'appui du ministère, c'est-à-dire de M. de Choiseul qu'il avait connu à Rome, et qui eut le bon goût de protéger ce véritable savant.

CXVI

Note 1, p. 133. — Au commencement du mois de février, Buffon fut atteint d'une maladie grave qui fit craindre pour ses jours. Un instant on désespéra de le sauver. On lit dans les Mémoires de Bachaumont, à la date du 16 février 1771 : « M. de Buffon de l'Académie française, *dont les ouvrages lui assurent l'immortalité*, est à toute extrémité; ce sera une grande perte pour les lettres. » Durant cette cruelle maladie, M. Laude, gouverneur du jeune Buffon, et Charles-Benjamin Leclerc, prieur de l'abbaye du Petit-Cîteaux et vicaire général du même ordre, qu'on avait appelé en toute hâte près de son frère, tinrent tour à tour Gueneau de Montbeillard au courant des différentes phases du mal. Ces lettres sont un bulletin complet et quotidien des crises successives par lesquelles Buffon passa dans cette terrible maladie, dont sa forte constitution finit cependant par triompher. Elles ont trait à un des principaux événements de sa vie, et à ce titre ne nous paraissent pas dépourvues d'intérêt; nous les rapportons ici :

« Paris, le 13 février 1771.

« Je vous laissai sans doute, monsieur, dans la plus cruelle inquiétude, en vous apprenant la maladie de M. de Buffon; mais ma seconde lettre ne la diminuera pas malheureusement. L'état de M. de Buffon est très-critique; les selles sont sanguinolentes et d'une fétidité inconcevable, et les médecins regardent ces deux caractères comme produits par un vice intérieur qui doit donner les plus vives alarmes. Je sens, monsieur, quel coup je vais porter à la sensibilité d'un de ses meilleurs amis, et j'ai moi-même le cœur déchiré en vous annonçant le danger où est M. de Buffon. Mais je n'ai pu me dispenser, quelque douloureuse que soit ma commission, de vous en informer; c'est là le moment, monsieur, d'en instruire M. le chevalier de Saint-Belin. Envoyez chez lui, si vous voulez bien, et prenez, dans cette triste circonstance, les mesures que votre prudence et votre attachement vous suggéreront respectivement. Le médecin a passé cette nuit auprès de M. de Buffon, et c'est d'après une longue conversation que je viens d'avoir avec lui, que je vous fais ce détail affligeant. J'écrivis il y a trois jours à Dom Leclerc, prieur du Petit-Cîteaux, et je l'attends aujourd'hui ou demain au plus tard. Depuis le plus mal de M. de Buffon, je suis retenu au lit par la goutte, qui me tourmente d'autant plus cruellement que je ne peux vaquer qu'aux choses qui demandent des réponses.

« Je n'ai pas le courage de vous en écrire plus long, monsieur, et il n'y en a que trop.

« LAUDE. »

« Le 15 février, une heure après midi.

« M. le Prieur, monsieur, contre mon espérance et la sienne propre, arrive dans le moment. J'en suis très-charmé, et sa présence ne peut qu'être très-nécessaire dans une circonstance comme celle-ci. M. de Buffon a pris tantôt une petite médecine qui lui a fait rendre des glaires, sans aucun sang. Hélas! monsieur, nous serions sûrement dans des inquiétudes moins vives, s'il se fût déterminé plus tôt à en faire usage. Mais c'est beaucoup d'avoir fait un pas; puisse-t-il ramener un peu l'espoir!

« LAUDE. »

« Paris, le 18 février 1771.

« M. le Prieur, monsieur, a bien voulu se charger de vous faire le détail de la maladie et du traitement de M. de Buffon, qui est maintenant absolument sans danger. Cette révolution est d'autant plus heureuse qu'elle était inattendue; mais elle est certaine. Je n'ai le temps, monsieur, que de vous écrire un mot pour m'unir d'intention à la joie que cette heureuse nouvelle va porter dans votre cœur et dans celui de votre chère famille, à qui je dis comme à vous, monsieur, les choses les plus tendres et les plus respectueuses.

« M. le Prieur fera réponse pour moi à M. Le Mulier.

« Je viens d'écrire cette heureuse nouvelle à M. le chevalier de Saint-Belin, et je prie M. Daubenton de lui envoyer la lettre par un exprès.

« LAUDE. »

On lit dans les Mémoires de Bachaumont, à la date du 18 février 1771 : « M. de Buffon est hors d'affaire, et l'on en est d'autant plus aise, que personne n'aurait pu continuer comme lui son ouvrage important et original sur l'histoire naturelle. »

« Paris, le 18 février 1771.

« *Te Deum laudamus.* En musique, s'il vous plaît.

« Depuis la dernière lettre que M. Laude a eu l'honneur de vous

écrire, monsieur, je suis arrivé en assez bonne santé auprès de notre
cher malade. Je ne l'ai pas trouvé seul, mais accompagné de MM. Lory
et Deschesnet, médecins, et dans l'état le plus critique. Heureusement,
monsieur, les choses sont bien changées depuis deux jours, et tout
commence à nous promettre une guérison prochaine. Cette nuit, qui
est celle du 15 au 16, a été peu tranquille; mais sur le matin le malade a dormi une heure et demie de suite; les évacuations ont été
moins fréquentes et de bonne qualité; aujourd'hui 16, notre malade
s'est levé; il s'est recouché sans aucun accident. Le mieux continue,
actuellement qu'il est cinq heures du soir.

« Aujourd'hui 17, j'ai laissé M. de Buffon à cinq heures dans le
mieux. Cet état heureux n'a fait qu'augmenter; la nuit du 16 au 17 a
été meilleure; M. de Buffon a dormi une partie de cette nuit, c'est-à-
dire environ sept à huit heures. Les évacuations sont modérées et le
malade se sent mieux, de façon que MM. les docteurs ont déclaré qu'il
n'y avait plus rien à craindre du tout. Le reste de ce jour, le mieux a
toujours continué, et la nuit du 17 au 18, M. de Buffon n'a pas si
bien dormi. Il n'est pas allé à la garde-robe. Il sent encore quelques épreintes, et son pouls est toujours très-bon. M. Deschesnet,
l'un des médecins, sort de ma chambre aujourd'hui 18, neuf heures
du matin, et continue d'assurer le mieux être de M. de Buffon,
qui même va commencer aujourd'hui à prendre un peu de riz et quelques petites nourritures. Voilà, monsieur, l'état au vrai de mon frère.

« C'est avec le plus grand plaisir que j'ai l'honneur de vous annoncer
ces heureuses nouvelles; la part que vous prenez à tout ce qui le regarde ne me permet pas de douter un instant de votre joie et de votre
satisfaction; vous jugez bien, mon cher monsieur, de la mienne. J'embrasse à chaque instant le pauvre petit neveu dont le gouverneur gémit encore aujourd'hui dans son lit sous le poids de sa malheureuse
goutte.

« Mme de Montbeillard, que j'ai l'honneur d'assurer de mon respect,
ainsi que Mlle Boucheron, voudront bien, sur ma réquisition, faire
entonner au bon Allemand * un *Te Deum* en musique. Mlle Boucheron
accompagnera sur son clavecin, pendant que M. de Montbeillard prendra son violon et M. votre fils son instrument favori, pour former un
concert spirituel en faveur de M. de Buffon. Voulez-vous bien, monsieur,
me permettre de présenter à tous ceux-ci, ainsi qu'à Mme de Montbeillard, mes respects et mes tendres compliments?

« J'écris par le même ordinaire à M. Le Mulier, au R. P. Ignace, mais
plus en abrégé. Je les renvoie à votre audience pour avoir des nou-

---

* M. Hemberger, dont il sera parlé ci-après (p. 421).

velles plus étendues. Je joins ici un mot de lettre de M. Laude. Adieu,
monsieur; recevez, je vous prie, avec bonté tous mes tendres et respectueux compliments.

« J'ai l'honneur d'être, monsieur, votre très-humble et très-obéissant
serviteur.

« F. DE BUFFON, LE PRIEUR. »

« Le 25 février, dix heures du matin, 1771.

« Il est bien agréable d'écrire, mon cher monsieur, quand on n'a
que de bonnes nouvelles à donner et que l'on peut ouvrir son cœur à
la joie avec ses amis. M. de Buffon nous met dans ce cas-là. Le concert,
le souper et le bal ont fait effet jusqu'ici, et le convalescent n'en est
que mieux. Souffrez donc que j'aie l'honneur de vous remercier même
en son nom de cette marque de votre amitié. Nous avons cependant
éprouvé un petit revers causé par un peu trop de *mangeaille*, qui a
manqué à nous faire repentir de nous être laissé succomber aux effets
d'une faim insupportable. Nous en avons été quittes pour la peur et
pour quelques sermons qui jusqu'à ce moment ont fait impression. Si
le R. P. Ignace prêchait aussi onctueusement, on l'appellerait *saint
Ignace de Dijon*. Cette nuit a été tranquille et parfaite, et ce matin
notre malade est entièrement bien. Il ne nous faut à présent que des
forces, et nous travaillons à les faire augmenter chaque jour.

« J'écris par ce même ordinaire à M. le chevalier de Saint-Belin qui
s'est retiré à Fontaine, où je lui adresse ma lettre.

« M. Laude vous présente son tendre respect ainsi qu'à votre maison.
Permettez-moi, monsieur, de vous en offrir autant et de vous charger
de vouloir bien le faire agréer à Mme de Montbeillard, Mlle Boucheron, M. votre fils, etc. J'ai l'honneur d'être, monsieur, votre très-
humble et très-obéissant serviteur.

« F. DE BUFFON, LE PRIEUR. »

« Je ne vous envoie pas de bulletin; l'impression en est arrêtée
depuis hier. *Buffonet* vous baise les mains à tous. »

« Paris, le 11 mars 1771.

« Je partage bien vos inquiétudes, monsieur, sur l'état de M. de
Buffon, et je trouve, comme vous, sa convalescence trop lente. Je n'ai
point eu l'honneur de vous écrire, parce que M. le Prieur s'était
chargé de vous en donner régulièrement des nouvelles : sans cela,
monsieur, je n'aurais sûrement laissé passer aucune poste sans vous

en faire parvenir. L'état actuel de M. de Buffon, comparé avec les premiers jours de sa convalescence, est à mon avis moins bon. Il était faible, à la vérité, et exténué par le mal, mais il ne souffrait plus. Depuis plus de quinze jours il a repris des forces, et en a maintenant assez ; mais il a depuis ce terme, et même a eu avant, des douleurs dans les voies de l'urine qui n'ont fait qu'augmenter ; celles de l'anus sont moins considérables. Il a rendu et rend encore plus ou moins abondamment, par le canal de l'urètre, des graviers et des glaires dont la sortie lui a causé des douleurs très-vives, et deux fois des faiblesses, qui ne furent cependant que momentanées. Hier M. Deschesnet introduisit son doigt, le plus avant qu'il put, dans le canal intestinal, et trouva de la dureté le long et à la marge de l'anus, du côté droit ; mais il ne trouva point de dépôt : il est cependant certain qu'il y en a un. On le vit clairement dans une garde-robe d'hier la nuit, dans laquelle M. de Buffon, sans beaucoup de douleur, et sans aucune autre matière, rendit une assez grande quantité de pus, qui avait été comme annoncée, dans les garde-robes précédentes, par quelques parcelles sanguinolentes et quelques taches purulentes. Il y a donc lieu de croire, monsieur, que le siége du mal est plus haut que l'endroit qu'a sondé M. Deschesnet, et qu'il est voisin de la vessie, à laquelle sans doute il s'est communiqué. Il y a plus de dix ou douze jours que les médecins insistent sur la nécessité des injections et de l'usage du lait ; mais M. de Buffon, qui sent renaître ses forces, imagine qu'elles seules le rétabliront, et refuse constamment toute espèce de remèdes. Il argumente fortement avec ses docteurs, et finit par ne rien croire et ne rien faire. Cette sécurité afflige ses amis, et je vous avouerai, monsieur, que je ne serai tranquille que quand elle diminuera, et que M. de Buffon sera déterminé au régime qu'on lui propose, et auquel la nécessité l'amènera tôt ou tard. Voilà l'état présent de votre illustre ami, monsieur, et vous ne trouverez pas dans ce détail de quoi vous rassurer. Il ne faut cependant pas qu'il redouble vos craintes. Les médecins regardent ce double accident comme un mal local, et le pus que M. de Buffon rendit avant-hier comme une évacuation salutaire. Ils ne sont inquiets que de l'opposition de M. de Buffon, qui recule beaucoup sa guérison en s'opiniâtrant à rejeter tout remède propice. Il paraît encore par la vivacité alternative des yeux de M. de Buffon, par le teint animé qu'il a certains jours, et par la brièveté de sa parole, qu'il y a un fort agacement dans les nerfs. Il y a des jours où ces caractères ne sont presque pas sensibles. Ma plus grande crainte est la réunion des graviers, dont les suites seraient très-fâcheuses.

« Ma santé, monsieur, quoique bien faible, est en bon train, et je voudrais n'avoir que le soin de la rétablir ; il ne m'occuperait pas beaucoup. Recevez, monsieur, avec votre bonté ordinaire, les compliments de M. le Prieur, l'amitié de son neveu et l'assurance du sincère et respectueux attachement avec lequel je serai toujours, monsieur, votre très-humble et très-obéissant serviteur.

« LAUDE.

« C'est à Dauché qu'on peut adresser à Montbard le vin de M. de Mussy.

« Vous trouverez, monsieur, de la différence dans le détail de ma lettre et celle de M. le Prieur ; mais il juge de l'état de M. de Buffon par le désir qu'il aurait qu'il fût rétabli ; et, quoique j'aie dans le cœur la même mesure, j'observe cependant de plus près, je confère journellement et longtemps avec M. Deschesnet, et ce que j'écris est le résultat de ma conversation.

« J'ai fait une erreur de date, monsieur, et au lieu de dater ma lettre du 10, je l'ai datée du 11. Pour la réparer, monsieur, ne pouvant pas, à cause du temps qui me manque, en écrire une autre, je vous envoie un petit mot de plus, dans lequel vous aurez, monsieur, le détail d'une bonne nuit qu'a passée M. de Buffon. Ma lettre d'hier vous faisait celui des jours précédents et de la nuit d'hier ; mais celle-ci sera plus consolante, puisqu'elle vous apprendra que M. de Buffon est aujourd'hui beaucoup mieux, qu'il a dormi et que les urines coulent bien plus aisément. Il a encore rendu, dans les évacuations de la nuit dernière, des parcelles de sang et de pus ; mais les médecins sont plus tranquilles que je ne les ai encore vus, et regardent ces évacuations mêlées de l'un et de l'autre comme la fin du dépôt et l'indice d'une entière convalescence. Puissent-ils ne pas se tromper ! J'aurai soin de vous écrire souvent.

« Lundi midi, 11 mars. C'est à cette date qu'il faut vous arrêter. »

« 22 avril 1771.

« Notre départ est prolongé d'un peu de temps, monsieur, et il y a apparence que nous entamerons le mois de mai ; mais cette prolongation vient moins de la santé de M. de Buffon, qui n'a pas encore toutes ses forces cependant, que de la difficulté où il serait en ce moment de se procurer à Montbard toutes les petites douceurs de la vie qu'on trouve ici avec beaucoup d'argent. Il est depuis quatre ou cinq jours on ne peut pas mieux, et s'il tempère assez ses repas pour qu'il n'en survienne plus de dévoiement, il sera dans peu de temps absolument rétabli. Les jambes lui reviennent sensiblement, et sont néanmoins enflées le soir; mais on ne regarde pas cela comme un mauvais symptôme, on le juge au contraire comme la fin de la maladie. J'aurai, monsieur, à notre retour, à vous faire le récit de la plus grossière et de la plus atroce calomnie de la part de Mlle Bertin et autres. Elle concerne Mlle Blesseau et moi. Mais j'aurai l'honneur de vous communiquer la plus ample et la plus juste réparation. M. de Buffon en a été indigné et il punira les coupables comme ils le méritent : je n'ai pas le temps de la détailler, je n'ai que celui de vous assurer du désir que j'ai de vous revoir.

« Laude. »

(Ces différentes lettres sont inédites; elles appartiennent à la bibliothèque de la ville de Semur; nous en devons la connaissance à M. Beaune.)

A Montbard, on partageait toutes les inquiétudes que la maladie de Buffon inspira à ses parents et à ses amis; ce fut avec une tristesse profonde que l'on y apprit les dangers que courait sa vie, et avec une joie bien vive que l'on y reçut la nouvelle de sa convalescence. Lorsqu'on fut assuré de sa prochaine arrivée, le maire et les échevins se réunirent et prirent, à la date du 6 mai 1771, la délibération suivante : « La Chambre ayant appris que M. de Buffon, intendant du Jardin du Roi, devait être de retour ici le 8 de ce mois, et mettant en considération que le vœu des habitants de cette ville est de lui témoigner l'intérêt qu'ils ont pris au danger qu'il a couru dans la maladie fâcheuse qu'il vient d'essuyer, et de lui donner des marques publiques de leur attachement, à l'occasion du rétablissement de sa santé, il a été délibéré que, pour rendre à M. de Buffon les honneurs de cette ville, l'on fera tirer le canon à son arrivée, que l'on mettra sous les armes une compagnie de milice bourgeoise, composée de jeunes gens, qui se trouvera à son entrée à la ville, et que la Chambre ira en corps lui faire compliment. » (*Archives de l'hôtel de ville de Montbard.*)

Note 2, p. 134. — « La côte de Genay, » dit l'abbé Courtépée, dans sa description du bailliage de Semur, » produit le meilleur vin de ces cantons. On distingue le climat de la confrairie. »

Je ne puis résister au plaisir de rapporter un charmant billet de Montbeillard qui trouvera naturellement sa place ici : « Je suis bien fâché de vos deux rhumes, mes chers enfants; il faut que vous ayez pris la vendange trop à cœur, ou que vous n'ayez pas pris garde aux soirées et aux matinées qui sont fraîches. Choyez-vous bien et guérissez-vous sur toutes choses. A l'égard du vin de *Genay*, je ne vois pas un grand inconvénient à le jeter sur celui de Chevigny. Au reste on peut le faire dans une cuve à part; mais point de tonneaux, cela est trop long. Ma tête va comme la girouette, et presque mon talon aussi. Voilà les quatre tabliers, le canard, deux pains et deux baisers : vous partagerez tout cela. »

Note 3, p. 134. — Le nouveau Parlement, auquel l'histoire a donné le nom de Parlement Maupeou, fut en effet installé le 13 avril 1771. Les princes du sang, qui faisaient cause commune avec les membres exilés de l'ancien Parlement, ne parurent pas à la séance royale, à l'exception toutefois du comte de La Marche, auquel le Roi dit en le voyant entrer : « Mon cousin, soyez le bienvenu, nous n'aurons pas nos parents. » Il y eut deux discours, l'un du chancelier Maupeou, l'autre de l'avocat général Séguier, dans lequel il parla en faveur des exilés ; puis on procéda à l'enregistrement des différents édits ; ils portaient suppression des offices de l'ancien Parlement, institution des membres du grand Conseil comme membres du Parlement nouveau, suppression de la vénalité des charges et fixation du traitement accordé à cette nouvelle magistrature. Après l'enregistrement des édits, le Roi prit la parole en ces termes : « Vous venez d'entendre mes volontés ; je vous ordonne de vous y conformer, et de commencer vos fonctions dès lundi. Mon chancelier vous installera aujourd'hui. Je défends toute délibération contraire à mes édits, et toute démarche au sujet des anciens officiers de mon Parlement ; je ne changerai jamais. » Au sortir du lit de justice, les membres du nouveau Parlement dînèrent à Versailles chez le chancelier, qui les conduisit ensuite en toute hâte à Paris, où il les installa et reçut leur serment. Le lendemain courut dans Paris un vaudeville commençant par ce couplet :

> Enfin un parlement tout neuf,
> Qui vient d'éclore comme un œuf,
> A déjà la science . . . . eh bien !
> De prendre des vacances. Vous m'entendez bien.

Bien d'autres couplets suivirent. Les avocats refusèrent de plaider devant la nouvelle cour, et les mémoires écrits par Beaumarchais contre Goezman achevèrent de la discréditer.

Note 4, p. 135. — Un édit du mois de février 1771 avait créé dans le ressort de l'ancien parlement de Paris dix conseils supérieurs qui avaient hérité de toutes ses attributions. Un grand nombre de bailliages refusèrent de reconnaître l'autorité des nouveaux conseils, qui ne tardèrent pas à être supprimés.

Note 5, p. 135. — L'abbé Terray était alors contrôleur général des finances. Il chercha à combler le déficit du Trésor par les moyens les plus simples : en augmentant les impôts et en diminuant les charges de l'État. Il réduisit les rentes de toute nature, même les pensions servies par l'État, de un à trois dixièmes, ce qui fit dire à un plaisant, un soir où l'on étouffait au parterre de l'Opéra : « Que l'abbé Terray n'est-il ici ! il nous réduirait d'un tiers. » Il assujettit à de nouvelles finances toutes les charges publiques. Les opérations de l'abbé Terray, qui ruinèrent un grand nombre de particuliers, tandis que le contrôleur général ouvrait un crédit illimité à la comtesse du Barri, déchaînèrent contre lui la haine publique. L'abbé Terray ne s'en inquiétait guère : « Il faut bien les laisser crier, disait-il, puisqu'on les écorche. » La rue Vide-Gousset ne s'appela plus que la rue Terray. Un particulier du nom de Billard ayant fait une banqueroute scandaleuse, on trouva un matin sur la porte du contrôle général cette inscription : « Ici l'on joue au noble jeu de *billard.* » On disait que l'abbé Terray était sans foi, qu'il enlevait l'espérance et réduisait à la charité; on disait encore, en faisant allusion à sa laideur :

> Midas avait des mains qui changeaient tout en or :
> Que notre contrôleur n'en a-t-il de pareilles !
> Pour l'État épuisé ce serait un trésor;
> Mais, hélas! de Midas il n'a que les oreilles.

Note 6, p. 135. — M. Laude était à cette époque précepteur du fils de Buffon. On a vu (p. 388 et suiv.), par les lettres qu'il adressa à Montbeillard durant la maladie de son ami, qu'il savait écrire, et qu'il était attaché au père de son élève par les liens de l'affection et de la reconnaissance.

CXVII

Note 1, p. 136. — Le président de Ruffey était alors chancelier de l'Académie de Dijon. Fatigué d'un emploi qui lui avait suscité mille contrariétés avec les académiciens ses confrères, il avait manifesté l'intention de se retirer et avait, en même temps, désigné le président de Brosses pour son successeur. Ce ne fut que le 3 janvier 1772, et alors qu'il venait d'être envoyé en exil à la suite des résistances du Parlement, que le président de Brosses fut élu à la place du président de Ruffey.

Note 2, p. 136.—Depuis le 20 janvier 1771, l'ancien parlement de Paris n'existait plus; la juridiction du parlement nouveau avait été amoindrie, et dix conseils supérieurs avaient été créés dans le ressort de cette cour souveraine. Les différents parlements du royaume ne tardèrent pas à prendre parti pour le parlement de Paris. Le cours de la justice était partout suspendu. Les chambres demeurèrent assemblées, occupées à discuter et à rédiger des remontrances dont la violence étonne, et dont les termes nouveaux et les pensées hardies étaient bien faits pour surexciter les esprits. Le 4 février 1771, le parlement de Dijon rédigea une protestation contre le *nouveau tribunal* installé à Paris, ainsi qu'une lettre au Roi pour lui porter les plaintes de son parlement de Bourgogne au sujet des dernières mesures prises par Sa Majesté. Cette lettre hardie qui posait, en fait de droit politique, d'assez singuliers principes, fut rédigée par le conseiller de Bévy, avec le concours du président de Brosses. La lettre au Roi ainsi que la protestation du Parlement furent envoyées aux princes et aux pairs, qui avaient de leur côté protesté contre les mesures prises à Paris par le chancelier Maupeou.

Le 4 et le 25 mars, nouveaux arrêts du parlement de Bourgogne ordonnant à tous les officiers du ressort de ne point obéir aux arrêts rendus par les *prétendus conseils supérieurs*. Le 13 avril, de nouvelles protestations et de nouvelles remontrances furent rédigées; le 1er mai, fut rendu un arrêt plus violent que tous ceux qui l'avaient précédé; il fut imprimé, tiré à un grand nombre d'exemplaires, affiché et distribué dans tout le ressort. Le 13 juillet, sur la dénonciation qui en fut faite aux chambres assemblées par le conseiller de Torcy, le Parlement fit brûler, par la main du bourreau, trois apologies du chancelier. De pareils actes d'opposition, poussés jusqu'à ce degré de violence, ne pouvaient manquer d'entraîner la suppression du Parlement; chacun s'y attendait, et ceux-là même qui devaient souffrir de cette mesure s'étonnaient de la lenteur mise par la cour à punir une résistance dont ils avaient compris toute la portée, et dont ils attendaient avec une certaine impatience les trop tardifs effets.

CXVIII

Note 1, p. 137. — Claude-Jean Rigoley, baron d'Ogny, né le 12 octobre 1725, mort le 10 août 1793, entra au parlement de Bourgogne le 21 juillet 1745. Son office fut supprimé en 1765, et en 1770 il devint interdant général des postes. En 1787, on ajouta à sa charge celle de Directeur général des Postes du royaume, qui valait plus de 50 000 livres de revenu, et dont le duc de Polignac s'était démis, à la prière

de la Reine. Lorsque Roland occupa le ministère de l'intérieur, il retira
au baron d'Ogny le service des Postes, dans lequel furent alors introduites d'importantes réformes.

Note 2, p. 137. — En marge d'un manuscrit où sont consignées les
observations recueillies par Gueneau de Montbeillard sur les tourterelles, dans le temps où il écrivait leur histoire, on lit les vers suivants :

> Oiseaux plaintifs et plus heureux que nous,
> Vos cœurs sont faits pour la tendresse ;
> Vous vous aimez, vous vous baisez sans cesse :
>   Ah ! que vos passe-temps sont doux !
> Vous vous aimez, vos amants sont fidèles ;
>   Plaintives tourterelles,
>   De quoi vous plaignez-vous ?

Note 3, p. 137. — Renée de Colombet de Cissey, mariée à Joseph
François de Saint-Belin, seigneur de Fontaine, aïeule de la comtesse
de Buffon.

Note 4, p 138. — Cette maison, originaire de Beaune, a donné,
dans l'espace de cent ans, trois conseillers au Parlement et cinq présidents à la Chambre des Comptes. Jean de Massol, qui vivait vers 1630,
a laissé des écrits estimés.

CXIX

Note 1, p. 138. — Mlle Boucheron, qui devient bientôt après
Mme Daubenton, était la nièce de Gueneau de Montbeillard ; elle habitait la ville de Semur, à une très-petite distance de Montbard.
Buffon la vit tour à tour dans la famille de son oncle et dans la famille de son mari, et lui voua un attachement qui dura pendant toute
la vie de celle qui l'avait inspiré. C'était du reste une femme de cœur
et d'esprit, écrivant avec une facilité charmante et possédant le rare
talent de plaire et d'attacher. Betzy Daubenton, que Buffon appelle
souvent dans sa Correspondance *la charmante Betzy* et qui épousa par
la suite le jeune comte de Buffon, est sa fille et n'eut pas d'autre
institutrice que sa mère. Mme Daubenton fit en même temps l'éducation des filles de M. Coutts, riche banquier anglais ; l'une d'elles,
misse Burdett-Coutts, réunit aujourd'hui sur sa tête les trois plus
grandes fortunes de l'Angleterre.

Note 2, p. 139. — Gueneau de Montbeillard.

CXX

Note 1, p. 139. — Pierre-Joseph Macquer, né en 1718, mort en 1784, vint en 1771 occuper au Jardin du Roi la chaire de chimie, que la retraite de Bourdelin avait laissée vacante. Depuis plusieurs années déjà, avec Maloin, il suppléait Bourdelin dans son cours ; ses travaux en chimie, la réputation que lui firent comme professeur ses leçons au Jardin du Roi, l'avaient de bonne heure signalé à l'attention de Buffon, qui saisit avec empressement la première occasion qui s'offrit de l'attacher définitivement aux écoles du Cabinet. Macquer fut membre de l'Académie des sciences, et appelé comme chimiste à diriger les travaux de la manufacture de Sèvres.

A la mort de Macquer, Fourcroy, protégé par Bucquet, et qui avait Berthollet pour concurrent, fut choisi par Buffon pour lui succéder. Le brevet qui nomme Fourcroy professeur de chimie au Jardin du Roi est conservé dans les archives du Muséum. Il montre quelle était l'étendue des pouvoirs dont Buffon était revêtu ; il montre aussi que les professeurs du Jardin étaient nommés par l'intendant seul, sans le concours du ministre.

Ce brevet est ainsi conçu :

« Nous Georges-Louis Leclerc, Chevalier, Comte et Seigneur de Buffon, la Mairie, les Berges et autres lieux, Vicomte de Quincy, Marquis de Rougemont, l'un des Quarante de l'Académie Française, Trésorier perpétuel de l'Académie Royale des Sciences de Paris, des Académies de Londres, Édimbourg, Berlin, Pétersbourg, Florence, Philadelphie, Boston, etc., Intendant du Jardin et du Cabinet du Roi. A tous ceux qui ces présentes lettres verront, salut.

« Sur ce qui nous a été représenté que l'office de professeur de chimie aux écoles du Jardin du Roi.... est actuellement vacant par le décès du sieur Macquer, et qu'il est nécessaire de nommer un successeur capable de remplir les fonctions de cet office de professeur de chimie aux écoles dudit Jardin. En conséquence et en vertu des pouvoirs à nous accordés par le Roi, ainsi qu'à nos prédécesseurs Intendants dudit Jardin royal de nommer et présenter à Sa Majesté, tous les officiers qui dépendent de cet établissement, nous nous sommes dûment informés de la personne et de la capacité du sieur Antoine-François Fourcroy, docteur en Médecine de la Faculté de Paris, comme aussi de sa bonne vie et mœurs et religion, et nous l'avons, sous le bon plaisir de Sa Majesté, nommé..... »

Note 2, p. 139. — On vient de le dire, Buffon nommait seul aux
différents emplois du Cabinet du Roi, et disposait sans contrôle des
différentes chaires de professeurs attachées à cet établissement. La liste
des hommes éminents qui se sont distingués dans les différentes branches de l'enseignement donné au Muséum, durant la longue et glorieuse dictature de Buffon, témoigne de son discernement et de son
impartialité.

La chimie y est tour à tour enseignée par Bourdelin, par Rouelle, par
Maloin, par Macquer et enfin par Fourcroy. La chaire de botanique, si
longtemps et si dignement occupée par Antoine de Jussieu, est donnée
à Lemonnier, auquel succède à Antoine-Laurent de Jussieu. Dans la
chaire d'anatomie, Hunauld a Winslow pour successeur, et Antoine
Ferrein, dont Portal fut le suppléant, fait place à Antoine Petit; les
noms de Duverney et de Mertrud se rattachent encore à cette partie
de l'enseignement.

Les deux Daubenton, les deux Thouin, Lacépède, dont Buffon encou-
ragea les débuts, Van Spaendonk qui enrichit les herbiers du Muséum,
et qui en devint un des professeurs, sont encore des noms qui appartiennent à l'histoire du Jardin du Roi pendant l'administration de
Buffon. On ne doit pas oublier non plus les noms de ces naturalistes
voyageurs institués par Buffon, et dont les découvertes ont fait faire
de si grands pas à la science. Poivre que Buffon fit connaître, Dombey
en faveur duquel il obtint une pension, Commerson, Bougainville,
Sonnerat, Dolimieu, Sonnino, Arthur et d'autres encore, font partie
du groupe d'hommes éminents dont Buffon s'entoura pour achever
l'œuvre qu'il avait entreprise.

Il fut heureux dans ses choix parce qu'il fut toujours impartial.
Parfois on le vit offrir à des savants avec lesquels il différait d'opinion,
à des hommes qui avaient critiqué sa méthode, des postes auxquels
les appelait la spécialité de leurs travaux. Dans ces différents choix,
il consulta toujours l'opinion et ne se laissa jamais aller à ses répugnances ou à ses sympathies personnelles. Ce que Buffon fit au Jardin
du Roi pour le bien-être matériel et l'augmentation des richesses de
cet établissement, il le fit au même degré pour la perfection de l'enseignement et le bon choix des professeurs chargés de le distribuer.

Note 3, p. 139. — Louis Phelyppeaux, comte de Saint-Florentin et.
depuis 1770, duc de La Vrillière, dont il a été déjà précédemment
question (voy. p. 327), fut ministre pendant cinquante ans. En 1740
il devint membre de l'Académie des sciences, et en 1757 de l'Académie des belles-lettres. Le jour où Diderot vint lui annoncer son
voyage en Russie : « J'espère, Monseigneur, dit-il en prenant congé du

ministre, que Sa Majesté ne le trouvera point mauvais. — Soyez-en
sûr, répondit aussitôt le duc; on vous permet même d'y rester. »

Le jour même où il mourut on lui fit cette épitaphe :

Ci-gît un petit homme à l'air assez commun,
Ayant porté trois noms et n'en laissant aucun.

CXXI

Note 1, p. 140. — Ce Robinet, créature de M. Amelot, est connu
par une histoire assez dramatique, dans laquelle il a joué le principal
rôle. En janvier 1781, par son ordre, et à l'instigation de M. Amelot,
alors ministre d'État, un ancien major des armées du Roi, le marquis
de Saint-Huruge, fut arrêté à Mâcon et conduit à Charenton, où il demeura enfermé dans le quartier des fous et des épileptiques, depuis le
14 janvier 1781 jusqu'au 7 décembre 1784. Le marquis de Saint-Huruge, pendant le séjour d'une année qu'il fit à Dijon, avait, dans une
circonstance dont on n'a point conservé le souvenir, outragé Mme Amelot, dont le mari était alors intendant de la province, et M. Amelot,
ministre de Paris, dans le département duquel rentrait l'expédition
des lettres de cachet, ne l'avait point oublié. Le prétexte de cet enlèvement fut la plainte portée contre le marquis par sa femme, une demoiselle Mercier, comédienne, qu'il avait épousée à Lyon et qui, sous
le nom de Laurence, était fort connue à Paris. Voulant se défaire d'un
mentor qui devenait gênant, elle accusa d'assassinat et d'infanticide
celui qui avait été assez imprudent pour lui donner son nom, et ce
fut à la suite de cette accusation aussi absurde que ridicule qu'eut lieu
l'arrestation du marquis. Lorsque M. Amelot quitta le ministère, le
prisonnier de Charenton parvint à faire passer une lettre à un de ses
amis; le parlement de Bourgogne prit connaissance de cette affaire, et
ajourna pour comparaître devant lui M. Amelot et le sieur Robinet, son
principal agent. A la suite de cette démarche, le marquis de Saint-
Huruge sortit de Charenton et se réfugia en Angleterre. Le procès
commencé contre le sieur Robinet et M. Amelot n'eut pas de suites;
mais de Londres, le marquis adressa au Roi un mémoire dans lequel il
rapporte les étranges persécutions auxquelles il a été en butte, et flétrit, en les dévoilant, les noms des deux hommes qui, selon lui, y ont
eu la part la plus directe et la plus active.

Note 2, p. 140. — Jean-Baptiste-René Robinet, né le 23 juin 1735,
mort le 24 mars 1820, fut un des collaborateurs de l'*Encyclopédie*. On

I   26

trouve dans les Mémoires de Bachaumont, sur son principal ouvrage, le jugement suivant : « Un M. Robinet, très-savant homme, mais très-dépourvu de goût, très-ennuyeux conséquemment, a imaginé depuis quelques années de composer un *Dictionnaire universel des sciences morales, économiques, politiques et diplomatiques*, ou *Bibliothèque de l'homme d'État et du citoyen*, avec cette épigraphe fastueuse : *Au temps et à la vérité*. Il y a déjà vingt-un volumes de cette monstrueuse compilation, quoique le rédacteur ait tout au plus parcouru le tiers des lettres de l'alphabet. Chaque volume a près de sept cents pages en caractères très-serrés ; et cependant à une vente publique, dernièrement, ce livre a été vendu sur le pied de vingt sols le volume. Quel défaut de lumières dans les acquéreurs ! Quelle humiliation pour l'amour-propre du philosophe ! les bibliographes n'ont pas manqué de consigner sur leur calepin cette anecdote remarquable. »

Note 3, p. 140. — Antoine-Morel de Tolincourt fut procureur au bailliage de Châtillon, de 1736 à 1777.

Note 4, p. 140. — En 1771, Jean-Jacques visita Montbard. Buffon le reçut avec une distinction marquée, lui fit les honneurs de sa maison, et, comme sa récente maladie l'obligeait encore à des ménagements, il chargea le chevalier de Saint-Belin son beau-frère de le conduire dans ses jardins. Arrivé sur la dernière terrasse, devant le cabinet d'étude dans lequel furent écrites les plus belles pages de l'Histoire naturelle, Rousseau se prosterna, adressant une invocation inspirée au génie de Buffon. Longtemps on put lire sur la porte du cabinet ces deux vers rappelant l'hommage de Rousseau :

> Passant, prosterne-toi ; c'est devant cet asile
> Qu'aux pieds du grand Buffon tomba l'auteur d'Émile.

Buffon, sur le conseil de Guéneau de Montbeillard, envoya à Rousseau, avec une lettre dans laquelle il le remerciait de sa visite, la grande édition de l'Histoire naturelle richement reliée. Si les différends qui séparèrent longtemps Voltaire et Buffon les empêchèrent de se rendre mutuellement justice, il n'en fut pas de même entre Buffon et Rousseau. Buffon mettait Rousseau au-dessus de Voltaire, répétant souvent que *dans tout ce que Voltaire avait écrit il n'avait pas trouvé une philosophie aussi élevée ni autant de poésie que dans certaines pages de Rousseau*. Lorsque la *Nouvelle Héloïse* lui fut envoyée à Montbard, il en parcourut quelques lettres, puis referma le livre. Il disait dans la suite qu'*il admirait le génie de Rousseau, mais que depuis le livre de ses Confessions il avait appris à ne plus l'estimer*. Dans son *Histoire de l'homme*, Buffon s'élève avec force contre les inconvénients et les dangers du maillot, engageant les mères à nourrir elles-mêmes leurs enfants. Ces idées lui furent communes avec Jean-Jacques, qui se fit après Buffon leur défenseur dans son livre sur l'éducation. Buffon disait à ce propos, à qui voulait l'entendre : « Oui, nous avons dit tout cela ; mais M. Rousseau seul le commande et se fait obéir. » Dans l'*Émile*, l'opinion de Buffon est souvent citée avec de grands éloges. Rousseau rapporte des passages entiers de l'Histoire naturelle, disant de son auteur : « C'est un philosophe dont je cite souvent le livre, et dont les grandes vues m'instruisent encore plus souvent. » L'Histoire naturelle est encore souvent citée dans le discours *sur l'Inégalité des conditions*.

M. Flourens a fait entre Buffon et Rousseau le parallèle suivant : « J. J. Rousseau déclame contre la *société*, contre la *propriété*, contre les *sciences*, contre tout ce qui lie l'homme à l'homme et les peuples entre eux : Buffon laisse déclamer J. J. Rousseau ; il nous prouve que « l'homme ne peut que par le monde, et qu'il n'est fort que par sa « réunion; » il nous montre « la propriété naissant partout du tra- « vail, » et « l'attachement à la patrie, des premiers actes de la « propriété; » il laisse Jean-Jacques écrire contre les lettres et les cultiver avec passion ; et il nous fait voir que l'intelligence de l'homme est sa force, et « sa vraie gloire la science. »

Il y a un autre parallèle entre Buffon et Rousseau, écrit par Hérault de Séchelles à Montbard, publié dans son livre, et dont j'ai l'original entre les mains. « Rousseau a, dit-il, le génie de l'éloquence; Buffon l'éloquence du génie. Rousseau analyse chaque idée; Buffon généralise la science et ne daigne particulariser que l'expression. » Et plus loin : « Rousseau n'a écrit que pour des auditeurs, Buffon que pour des lecteurs..... Rousseau a mis en activité tous les sens que donne la nature, et Buffon, par une plus grande activité, semble s'être créé un sens de plus. »

Note 5, p. 140. — Lorsque, au mois de février 1771, Buffon fit cette cruelle maladie, dans laquelle on désespéra un instant de le sauver, les ambitions s'agitèrent à Versailles autour de sa succession, que l'on regardait déjà comme ouverte. Il avait tellement agrandi, par le prestige dont il l'avait entourée, la place d'Intendant du Jardin du Roi, que l'honneur de lui succéder était brigué par les plus grands seigneurs. Un homme de la cour, bien posé près du Roi, avec lequel sa charge de surintendant des bâtiments de la Couronne lui ménageait de fréquents entretiens, bien vu du Dauphin dont il caressait les idées, et déjà revêtu de plusieurs charges importantes, se mit sur les rangs.

Ses titres scientifiques étaient nuls, et la formation d'un riche cabinet de minéralogie témoignait seule de son goût pour les sciences naturelles. Le comte d'Angeviller, appuyé par le Dauphin, obtint du Roi la promesse de la survivance de Buffon. Cette négociation fut tenue secrète; on savait que Buffon, sur la promesse expresse du Roi, comptait que son fils lui succéderait dans sa charge, et qu'il dirigerait son éducation dans ce sens; on ne pouvait douter dès lors que la nouvelle de ces arrangements pris sans son consentement, et contrairement aux premiers engagements de Louis XV, ne lui fût pénible. A la cour, un secret est rarement bien gardé. Quel que fût le mystère qui enveloppa cette intrigue, elle transpira dans le public, et Buffon en fut averti. Il fut profondément affecté de ce qu'il regarda comme une ingratitude, et fit un pénible retour sur lui-même, en reconnaissant que ni la gloire ni les services rendus ne mettent l'homme à l'abri des coups que lui porte l'envie ou des traitements injustes que lui ménage l'intrigue. Il se plaignit avec quelque amertume de ce qui avait été fait, et on s'empressa de lui démontrer, non sans quelque habileté, que son intérêt seul avait été pris en considération. La négociation à laquelle donna lieu cette affaire est curieuse; on en trouvera le détail dans les lettres qui suivent, et on verra par combien de ménagements et par quelles prévenances on parvint à calmer le juste mécontentement de Buffon.

« A Versailles, ce dimanche.

« M. le duc d'Aumont, avec lequel je soupai hier ici, m'a fait part, monsieur, de la conversation qu'il a eue avec vous vendredi dernier. Il sait combien je suis de vos amis, et il m'a paru désirer que je vous disse ce que je pense de M. d'Angeviller. Il est mon ami depuis vingt ans, c'est un homme de beaucoup d'esprit, et je n'en connais point de plus vertueux. Je pense, et je crois être bien certain, que l'assurance que feu M. le Dauphin avait demandée pour lui, et qui lui a été donnée à la sollicitation de M. le duc d'Aumont, qui s'en était chargé, est le plus sûr moyen de conserver à M. votre fils une place à laquelle il est destiné par son nom, et le sera sans doute par son éducation. Vous pouvez être assuré, monsieur, que cette place que vous avez honorée d'un nom qui restera à jamais célèbre serait passée en d'autres mains, pour rester unie à une autre place à laquelle elle l'était autrefois. J'ai su que, pendant votre maladie, il y avait eu là-dessus des instances dont le Roi ne s'est débarrassé qu'en disant qu'il avait pris l'engagement qu'il avait pris en effet. M. d'Angeviller n'a voulu de l'assurance qu'on lui a donnée qu'à condition qu'on mettrait sur la feuille que, dans le cas où M. votre fils se tournerait du côté des sciences, il s'en-

gageait à lui faire obtenir et à lui laisser sa survivance. Il a plus de
quarante ans, et, suivant le cours ordinaire, M. votre fils se trouvera
dans le cas d'en jouir à l'âge où l'on peut confier les places d'administration. Je voudrais bien, monsieur, que M. d'Angeviller, que
j'aime et estime infiniment, pût obtenir votre amitié, qu'il mérite à tous
égards. Vous pouvez le demander aussi au chevalier de Chatelus,
qui est de ses amis, et qui vous est fort attaché. J'espère bien que
votre séjour à Montbard achèvera de rétablir votre santé. Je vous
prie de vouloir bien quelquefois m'en donner ou faire donner des
nouvelles, et compter bien entièrement sur les profonds sentiments
d'estime et d'amitié avec lesquels j'ai l'honneur d'être, monsieur,
votre très-humble et très-obéissant serviteur.

« LE ROY. »

(Lettre inédite de M. Le Roy, premier commis à Versailles, conservée
dans les papiers de Buffon. — Collection de M. Henri Nadault de Buffon.)

Les cinq lettres qui suivent se trouvent rapportées par extrait dans
un registre in-folio ayant pour titre : *Inventaire raisonné de titres et
papiers fait d'après les ordres de Messire Louis-Marie Leclerc, chevalier
comte de Buffon, premier vicomte de Tonnerre, seigneur de Quincy-
le-Vicomte, de Rougemont et autres lieux, major du régiment d'Angou-
mois, gouverneur de la ville de Montbard, et seigneur engagiste du
domaine du Roi en cette dernière ville, par le sieur Jacques Trécourt,
archiviste, année 1789.*

Ces lettres, ainsi que la précédente, sont inédites.

Les deux lettres dont suit l'analyse ont été écrites à Buffon par
M. L'Échevin, premier commis des bureaux de la maison du Roi.

« Le 24 mai.

« Soyez intimement persuadé que ce que l'on a fait est une nouvelle
preuve de l'amitié du ministre, et que cela était indispensablement
nécessaire pour assurer la place à votre aimable enfant, que j'embrasse
de tout mon cœur. Je serais désespéré qu'il vous restât la plus légère
inquiétude sur ce point. »

« Le 30 avril 1771.

« J'ai trouvé M. d'Angeviller bien disposé à adoucir vos peines en
tout ce qui pourra dépendre de lui..... Il m'a dit vous avoir fait sa
profession de foi..... Vous trouverez en lui un consolateur et un ami

tendre..... Il n'existe plus entre vous qu'une difficulté; vous m'avez paru y tenir fortement : c'est l'assurance de la place pour M. votre fils lorsqu'il aura vingt-cinq ans..... Faits tous deux pour vous aimer, faits pour courir ensemble une carrière heureuse, il faut tâcher d'aplanir toutes les difficultés. Je suis bien assuré que, lorsque vous connaîtrez l'âme de M. d'Angeviller, vous lui saurez gré du parti que l'amitié seule lui a fait prendre sur cette affaire.

« Monsieur le Dauphin, d'après ce que lui a dit M. le duc d'Aumont, avait fait de son vivant tout ce qui avait dépendu de lui pour engager M. d'Angeviller à demander cette survivance; il s'y est toujours refusé, parce que M. de Buffon avait un fils; l'état où il a su le père l'a seul déterminé à l'accepter pour la transmettre au fils; elle était perdue pour lui sans retour; l'une des brigues qui voulaient la réunion à la place de premier médecin l'aurait emporté.... M. d'Angeviller est homme de condition, je connais ses projets à venir; j'y ai donné mon agrément. M. de Buffon est trop juste et trop honnête pour vouloir exiger qu'il n'ait que l'air de passer dans cette place et qu'il ne l'ait occupée que pour servir de tuteur à son fils et la lui conserver, s'il avait le malheur de perdre son père. Ce projet est dans le cœur de celui qui lui succédera; mais il ne faut pas lui en faire une loi dure, qui lui ôterait le mérite de son action, le dégoûterait de la place, l'engagerait à s'en démettre, et elle serait perdue pour le fils. Enfin que M. de Buffon réfléchisse qu'il est impossible que son fils puisse obtenir l'agrément de cette place avant vingt-cinq ans.... M. d'Angeviller sera dans vingt ans fort aise de trouver du repos, et s'estimera heureux d'avoir le fils de son ami, qui sera tout pour lui. Que M. de Buffon s'occupe donc à mettre son fils en état de lui succéder, il en est capable à tous égards. Son père ne doit envisager la place destinée à son fils que comme un avantage de plus; c'est un bien substitué dans sa famille, et qui doit y rester tant qu'il y en aura de capables de la remplir aussi dignement que lui.... M. de Buffon a ouvert une belle carrière à son fils, il faut qu'il la suive. Cette place doit faire un jour le but de son repos. »

Les deux lettres qui suivent furent écrites à Buffon par le comte d'Angeviller.

« Le 1er mai 1771.

« Lorsque Monsieur le Dauphin pensa pour moi à cette place, je commençai par m'y refuser pour deux raisons; la première, monsieur, que vous aviez un fils qui devait naturellement recueillir le fruit de vos peines. On me répondit que l'âge de M. votre fils était un obstacle

insurmontable; qu'il fallait la grande majorité, parce qu'il y avait des
états à signer, et que d'ailleurs il y avait une sorte de supériorité sur
les savants attachés au Cabinet et aux Écoles, qui ne pouvait être
déposée entre les mains d'un jeune homme.

« Une seconde objection portait sur moi-même. Je représentai que
n'étant point savant, que n'ayant que les connaissances superficielles
d'un homme du monde, je n'étais pas fait pour la place, encore moins
pour remplacer M. de Buffon : on me répondit à cela que ce n'était pas
une place attachée aux sciences; que c'était uniquement une place
d'administrateur, pour laquelle on voulait un homme d'un état supérieur à celui des savants ordinaires; que vous réunissiez ces avantages
au mérite personnel, et que c'était à ce titre que l'on vous avait placé
là.... Sur la promesse verbale du Roi, je demandai que l'on mît sur
la feuille que, si M. votre fils s'attachait aux sciences, je lui ferais
avoir la survivance de la place qui aurait été si dignement remplie par
son père. Cette demande fut saisie par tout le monde, comme elle devait l'être : c'est donc, monsieur, au bas de cet engagement qu'est le
bon du Roi.... J'ai pensé que ce qui avait l'apparence d'un tort fait à
M. votre fils pouvait prendre celle d'un avantage, vu les démarches
vives de personnes puissantes pour assurer cette place à des gens qui
n'auraient pas eu le même intérêt que moi à s'honorer des mêmes engagements, ou pour la faire réunir à celle de premier médecin, ce qui
avait les mêmes suites fâcheuses pour vous. J'ai pensé que la différence d'âge entre M. votre fils et moi, qui ai quarante-un ans, était
telle qu'elle lui assurait dans l'ordre de la nature une jouissance assez
prompte pour pouvoir balancer le risque de perdre à jamais une place
à laquelle il aurait tant de droits. J'étais empressé aussi de prendre
vis-à-vis de vous-même des engagements pareils à ceux que j'ai pris
vis-à-vis de moi, et j'ai vu que vous pourriez y prendre quelque
confiance en pensant que l'engagement que j'ai contracté était volontaire et devait être toujours ignoré de vous. »

« Le 9 mai 1771.

« A l'égard de l'article de la *Gazette*, mandez-moi s'il est bien, et
changez-le si vous ne le trouvez pas bien.

« M. de Buffon ayant désiré un survivancier pour la place d'Intendant du Jardin du Roi, Sa Majesté y a nommé M. de La Billarderie d'Angeviller, et Sa Majesté, pour donner à cet homme illustre une marque
particulière de sa bonté, a érigé la terre de Buffon en comté et lui a
accordé les entrées de sa Chambre. »

Suit une lettre de Mgr de Maupeou, chancelier de France, en date du

18 mai 1771, par laquelle il annonce à Buffon que le Roi a bien voulu
accorder l'érection en comté de la terre de Buffon : il ajoute qu'il est
fort aise d'avoir contribué à procurer cette grâce, et que Buffon peut
être assuré qu'il en sera de même de toutes les choses qui pourront
lui être agréables.

*Survivance de l'Intendance du Jardin royal des Plantes et du Cabinet
du Roi, pour le sieur comte de La Billarderie d'Angeviller.*

« Louis, etc.... Le sieur Georges-Louis Leclerc, comte de Buffon, de
notre Académie française et de celle des sciences de notre bonne ville
de Paris, Intendant de notre Jardin royal des Plantes et de notre
Cabinet d'histoire naturelle, nous ayant représenté que sa santé
affaiblie par ses travaux ne lui permettait plus de veiller avec le
même soin et la même activité à l'établissement que nous lui avons
confié, nous aurait en même temps supplié de vouloir bien agréer pour
son survivancier le sieur Charles-Claude de Flahaut, comte de La Billarderie d'Angeviller ; nous nous sommes d'autant plus volontiers porté
à donner cette marque de notre bienveillance et de notre estime
particulière pour ledit sieur comte de Buffon, que son choix remplit
entièrement nos vues, et que la connaissance que nous avons des
bonnes et vertueuses qualités dudit sieur comte de La Billarderie d'Angeviller, les preuves qu'il nous a données de son zèle, de son attachement à Notre personne et à Notre service, tant dans nos armées qu'en
qualité de gentilhomme de la Manche de nos petits-fils le Dauphin,
comte de Provence et d'Artois ; les connaissances multipliées qu'il a
acquises par un travail assidu et pénible dans toutes les sciences qui
ont rapport à la physique et à l'histoire naturelle, nous persuadent
qu'il remplira cette place avec la distinction qu'elle exige, et soutien-
dra l'honneur de l'établissement de Notre Jardin royal des Plantes et
de Notre Cabinet d'Histoire naturelle, qui par les soins infatigables
dudit sieur comte de Buffon, et ses connaissances profondes dans tous
les genres, est devenu un des établissements les plus célèbres de l'Europe, non-seulement par les richesses qu'il renferme, mais aussi par
l'ordre qui y règne pour l'utilité des sciences, et qui est si sagement établi qu'il a fait l'admiration des savants et des étrangers. A ces causes et
autres à ce nous mouvant, de notre certaine science, pleine puissance
et autorité royale, nous avons donné et octroyé, et par ces présentes
signées de notre main donnons et octroyons audit sieur comte de La
Billarderie d'Angeviller, l'intendance de Notre Jardin royal des Plantes
et de Notre Cabinet d'Histoire naturelle, vacante par la démission, à
condition de survivance, qu'en a faite en nos mains ledit sieur comte

de Buffon, pour, par ledit sieur de La Billarderie d'Angeviller, l'avoir, tenir et exercer en l'absence et survivance dudit sieur comte de Buffon et sous l'autorité du Secrétaire d'État ayant le département de notre maison, en jouir et user aux honneurs, prérogatives et droits y attribués, et aux appointements de six mille livres par an, dont il sera payé à compter du jour du décès dudit sieur comte de Buffon, par le Receveur général des domaines et bois de la généralité de Paris, et ce tant qu'il nous plaira ; sans qu'avenant le décès de l'un ou de l'autre, ladite place puisse être impétrable sur le survivant, attendu le don que nous lui en faisons dès à présent. Si donnons en mandement à nos amés et féaux conseillers, les gens tenant Notre Chambre des comptes à Paris, que ces présentes ils aient à faire registrer et le contenu en icelles garder et observer selon leur forme et teneur. Car tel est notre plaisir, en témoin de quoi nous avons fait mettre notre scel à cesdites présentes. Donné à Versailles, le onze décembre, l'an de grâce mil sept cent soixante-onze, et de notre règne le cinquante-septième. »

La rédaction des lettres de survivance semble indiquer que Buffon, se résignant à la volonté expresse du Roi, consentit de bonne grâce à ce qu'il n'était plus en son pouvoir d'empêcher. On le verra cependant, quelques jours avant sa mort, protester de nouveau contre cette mesure, et chercher, par l'appui du baron de Breteuil, à assurer sa survivance à son fils.

Lettres patentes du Roi données au mois de juillet 1772, portant érection de la terre de Buffon en comté.

« Pour exciter de plus en plus la noble émulation qui forme les grands hommes, Sa Majesté a toujours eu attention de les accueillir favorablement, et d'accorder à ceux qui se sont rendus recommandables, des marques particulières de son affection. Les sciences et les talents éminents méritent encore davantage sa protection, lorsqu'ils servent de relief et d'ornement à la nation. Ceux de M. de Buffon ont produit cet effet; la renommée a déjà publié et consacré ses ouvrages à l'immortalité. On ne peut être plus digne qu'il est de participer aux récompenses éclatantes qu'il n'appartient qu'à Sa Majesté de distribuer, par des titres de distinction dont il lui plaît d'illustrer les personnages vertueux, leur postérité, leurs maisons, leurs terres et leurs seigneuries; et c'est avec plaisir que Sa Majesté incline en faveur de M. Georges-Louis Leclerc de Buffon, gentilhomme de la province de Bourgogne, membre des Académies française et des sciences, de plusieurs autres

Académies étrangères, et Intendant du Cabinet du Roi et du Jardin
des Plantes, seigneur des terres de Buffon et de la Mairie situées en
Auxois, province de Bourgogne : il tient ces terres de ses ancêtres ;
son père a rendu au Roi des services distingués pendant une longue
suite d'années, en exerçant une charge de conseiller au parlement de
Bourgogne. Ses aïeuls et bisaïeuls et autres ascendants s'étaient acquis la considération et l'estime générale dans le canton de Montbard,
où ils vivaient noblement et honorablement, et où ils se faisaient chérir
et aimer par leur bienfaisance dont il a hérité ; il possède les terres et
seigneuries dont il s'agit à titre de haute, moyenne et basse justice,
relevant immédiatement de Sa Majesté, avec plus de deux mille ar-
pents de bois qui en dépendent; le tout forme un revenu suffisant pour
être décoré et pour soutenir la dignité dont Sa Majesté veut le revêtir.
Il jouit déjà dans la république des lettres de l'un des premiers rangs ;
il s'est donné des soins infatigables pour former le Cabinet d'Histoire
naturelle qui fait l'admiration des étrangers et qui servira à perfectionner une infinité de connaissances utiles et curieuses. Les dépenses
très-considérables qu'il a personnellement faites pour cet objet, son
zèle et son attention particulière dans l'administration qui lui est confiée depuis plus de trente ans ; les soins qu'il prend de l'éducation de
son fils, unique rejeton de son mariage avec une fille de l'ancienne
maison noble de Saint-Belin de la branche de Maslain, et l'envie que
Sa Majesté a de graver profondément dans le cœur de ce fils, que
M. de Buffon destine au service du Roi, des sentiments si dignes d'un
père qui s'est rendu estimable à tous égards et sur les traces duquel
il doit marcher, lui donnent sujet de compter sur la bienveillance de
Sa Majesté.

« A ces causes et pour d'autres considérations, le Roi joint, unit et
incorpore les terres de Buffon et de la Mairie avec toutes leurs dépendances situées en Bourgogne, pour ne former à l'avenir qu'un seul et
même domaine que Sa Majesté crée, érige et élève en titre, nom,
prééminence et dignité de comté, sous la dénomination de Buffon.

« Veut Sa Majesté :

« 1° Que ces seigneuries, terres, fiefs et droits qui en dépendent,
soient à l'avenir tenus et possédés comme un seul et même domaine,
par M. de Buffon, ses enfants, postérités et descendants mâles nés et
à naître en légitime mariage sous le titre et qualité de comté de
Buffon.

« 2° Que M. de Buffon et ses descendants mâles soient nommés et
qualifiés comtes de Buffon en tous actes, tant en jugement que dehors,
et qu'ils jouissent des mêmes droits, honneurs, titres, prérogatives, autorité, prééminence, dignité, rang, franchises et liberté, armes et bla-

sons, tant en fait de guerre, assemblées d'État et de noblesse qu'autrement, ainsi que de tous autres avantages et priviléges dont jouissent ou doivent jouir tous les autres comtes du Royaume.

« 3° Que tous commissaires, vassaux, arrière-vassaux, justiciers et autres, tenant noblement ou en roture des biens mouvants et dépendants dudit comté, reconnaissent M. de Buffon et ses descendants mâles pour comtes de Buffon ; qu'ils leur fassent et rendent les foi et hommage, aveu, déclaration et dénombrement, le cas y échéant, sous les titre et qualité de comtes de Buffon, et que les officiers exerçant la justice des terres et seigneuries en question intitulent à l'avenir leurs sentences, jugements et autres actes, du nom, titre et qualité de comte de Buffon, sans que, pour raison de la présente érection, le comte de Buffon et ses descendants soient tenus de payer à Sa Majesté ni à ses successeurs aucune finance ni indemnité, ni qu'ils soient assujettis envers elle, et leurs vassaux et tenanciers envers eux, à d'autres et plus grands droits que ceux dont ils sont actuellement tenus, et sans innover, nuire ni préjudicier en rien aux droits et devoirs qui pourraient être dus à d'autres qu'à Sa Majesté.

« A la charge toutefois par le comte de Buffon et ses descendants mâles, propriétaires du comté de Buffon, de relever de Sa Majesté en une seule foi et hommage, et de lui payer et aux rois ses successeurs les droits ordinaires et accoutumés, si aucuns sont dus, pour raison de la dignité de comte, tant que les terres et seigneuries dont il s'agit en seront décorés, et qu'au défaut d'enfants, d'hoirs et descendants mâles en loyal mariage, lesdites terres et seigneuries retourneront au même et semblable état et titre qu'elles étaient avant la présente érection, condition sans laquelle elle n'eût été faite. Signé *Louis*, et plus bas, par le roi, *Phelyppeaux*. »

Ces lettres patentes furent enregistrées au parlement de Bourgogne, le 22 avril 1773, et à la Chambre des Comptes, le 9 juin 1774.

On sera peut-être curieux de rapprocher des lettres patentes délivrées à Buffon en 1772, et lui conférant en récompense des services qu'il a rendus à la science une dignité nobiliaire, celles accordées trois ans plus tard, en 1775, à Gresset, lui donnant la noblesse comme récompense aussi d'une illustration toute littéraire. Le protocole de ces dernières est ainsi conçu : « .... Les avantages que les sciences, les belles-lettres et les arts procurent à notre Royaume, nous invitent à ne négliger aucun des moyens qui peuvent contribuer à leur maintien et à leurs progrès. Les titres d'honneur répandus avec discernement sur ceux qui les cultivent, nous paraissent l'encouragement le plus flatteur que nous puissions leur donner. Parmi ceux de nos sujets qui se sont livrés à l'étude des *Belles-lettres*, notre cher et bien-aimé *Jean-Baptiste-Louis Gresset* s'y est distingué par des ouvrages qui lui ont acquis une célébrité, d'autant mieux méritée, que la religion et la décence, toujours respectées dans ses écrits, n'y ont jamais reçu la moindre atteinte. Sa réputation a depuis longtemps engagé l'Académie française à le recevoir au nombre de ses membres, et nous l'avons vu, avec satisfaction, nous offrir, en qualité de directeur, les hommages de cette Académie, la première fois que nous avons bien voulu l'admettre à nous les présenter, à l'occasion de notre avénement à la couronne. Nous savons d'ailleurs qu'il est issu d'une famille honnête, de notre ville d'Amiens ; que son aïeul et son père y ont rempli différentes charges municipales, et qu'ils y ont toujours, ainsi que le sieur Gresset lui-même, vécu de manière honorable, qui, en rapprochant de la noblesse, est un degré pour y monter.... »

A Montbard, il y eut fête le jour où l'on apprit la nouvelle dignité conférée à Buffon. Gueneau de Montbeillard, qui connaissait la véritable cause de cette faveur que le public regarda comme une récompense méritée, s'affligea avec son ami de l'ingratitude des rois et des sourdes menées des cours. Il ne put cependant se défendre du plaisir de chanter ce grand événement, et composa l'impromptu suivant :

> Le roi Louis crut honorer ton nom
> En y joignant le beau titre de comte;
> Mais quel titre en effet vaut le nom de Buffon?
> C'est ton curé, Rois n'en ayez point honte,
> Qui, te nommant *Louis* *, illustra pour jamais
> Le nom de quinze rois français.

Ce ne fut pas tout. On comprit si bien à Versailles les torts qu'on avait envers Buffon, que l'on voulut, en le comblant de caresses, effacer de sa mémoire le souvenir de ce qui s'était passé. La noblesse de sa conduite en présence de cet injuste procédé, la dignité avec laquelle il se refusa à demander au Roi une compensation pour le dommage que son fils venait d'éprouver, le froid accueil qu'il fit à des avances venues de haut, contribuèrent encore à augmenter le désir d'une plus complète réparation. On choisit quelque chose de neuf et d'inaccoutumé, et on décida qu'il lui serait élevé, de son vivant, une statue au Jardin du Roi.

Le comte d'Angeviller commandait chaque année, au nom du Roi, trois statues des hommes dont les actions ou les écrits avaient illustré la France. La statue de Buffon fut confiée au sculpteur Pajou, qui se

* Les noms de baptême de Buffon étaient *Georges-Louis*, et on célébrait sa fête le jour de la Saint-Louis.

mit aussitôt à l'œuvre; le Roi voulut en payer les frais sur sa cassette particulière. La statue ne fut achevée qu'en 1777, et le public applaudit à une faveur qu'il trouvait justifiée par les éminents services de l'homme qui en était l'objet. Ce fut la première fois peut-être qu'une intrigue de cour devint l'occasion d'une manifestation impartiale de l'opinion publique.

CXXII

Note 1, p. 143. — Le mariage projeté, auquel Buffon avait eu la plus grande part, fut conclu le 24 décembre 1771, et célébré le 25 février 1772. Parmi les lettres de Buffon à Mme Daubenton, qui ont été conservées par la famille, se trouve l'épître respectueuse, et remplie d'une tendresse contenue, que le jeune Daubenton adressa à sa future, le jour même où sa demande fut agréée. C'est l'expression honnête et loyale d'un amour calme, aussi bien senti *qu'il pouvait l'être*, comme le dit Buffon dans une lettre postérieure, du mois de mai 1772. Malgré le ton solennel de cette déclaration qui fera peut-être sourire, nous la reproduisons textuellement comme détail de mœurs :

« Mademoiselle ,

« Depuis le temps que j'aspire au bonheur d'obtenir votre main, j'ai toujours fait taire le penchant pour n'écouter que le devoir, et, quoi qu'il m'en ait pu coûter, je me suis fait une loi inviolable de ne m'écarter en rien de ce qui pouvait vous témoigner ma soumission et mon respect : il ne m'en a cependant pas moins fallu combattre avec moi-même, mademoiselle, pour renfermer dans mon cœur les sentiments tendres et respectueux dont le vôtre était si digne, et que j'aurais eu tant de plaisir à vous exprimer. Mais actuellement, mademoiselle, que je suis assez heureux pour voir aplanir tous les obstacles qui les contraignaient, j'ose espérer, mademoiselle, que vous ne condamnerez pas la liberté que je prends de vous les offrir, et que vous ne dédaignerez pas un hommage que plus de deux ans de silence ont rendu légitime. Agréez donc, mademoiselle, l'expression de tout ce qu'une âme tendre et reconnaissante peut éprouver ; partagez un plaisir que vous avez fait naître , et permettez-moi de me livrer à la douceur de croire que vous n'y êtes pas insensible. Je ne vous parlerai pas, mademoiselle, de la joie que me procure le terme prochain de notre union: ce sentiment perdrait trop à être détaillé ; mais je ne peux me refuser à la satisfaction que j'éprouve toutes les fois que je

me retrace que je vais m'occuper du soin de vous rendre heureuse
et passer avec vous des jours que j'ai désiré de vous consacrer dès les
premiers temps où j'ai eu l'avantage de vous connaître. Le seul dédommagement qu'il m'ait été permis, mademoiselle, d'avoir pendant
votre absence, était d'aller souvent en causer avec vos respectables
parents. Mais qu'il y avait bien loin de ce plaisir à celui que j'aurais
goûté en vous voyant et en m'entretenant avec vous ! J'ai reçu, mademoiselle, avec la plus grande sensibilité, la lettre de M. votre père;
on ne peut rien de plus honnête et de plus obligeant, et je regarde
comme une marque très-précieuse de ses bontés la permission qu'il
veut bien m'accorder d'aller lui rendre les assurances de mon respect, puisque par l'effet de sa complaisance je pourrai tout à la fois
m'acquitter des sentiments de la vive reconnaissance que je lui dois,
et vous témoigner particulièrement ceux de la tendresse et du respect
que j'ai toujours eus pour vous et avec lesquels je serai toute ma vie
votre très-humble et très-obéissant serviteur.

« G. L. DAUBENTON.

« P.-S. Si je ne consultais, mademoiselle, que mes désirs, je me
rendrais avec le plus grand empressement auprès de vous, et j'ose
croire que vous êtes bien persuadée que cet objet serait le premier
dont je m'occuperais; mais je suis forcé pour le moment de différer
ce plaisir et d'attendre l'expiration du mois pour arrêter mes registres, former mes états, et envoyer mes fonds à Paris, pour être absolument libre et ne laisser plus d'affaires qui gênent celles de mon cœur. »

Mme Daubenton, née le 28 août 1746, morte le 22 juin 1793, dont
le nom reviendra souvent dans cette correspondance, se trouvait,
tant par sa propre famille que par celle dans laquelle elle venait
d'entrer, faire partie de l'entourage intime de Buffon. (Voir ci-dessus
p. 398.) On pourra en juger en lisant le protocole de son contrat de
mariage, rédigé par les soins de ce dernier.

Il est ainsi conçu :

« Pardevant les conseillers du Roi, résidant à Semur en Auxois,
soussignés, ce jourd'hui, 24 décembre 1771, ont comparu M. Georges-
Louis Daubenton, avocat en Parlement, subdélégué du bureau de la
ville de Paris, receveur des fermes du Roi au département de Montbard,
y demeurant, fils de M. Pierre Daubenton, aussi avocat en Parlement,
conseiller du Roi; maire, châtelain et lieutenant général de police de
ladite ville de Montbard, subdélégué de l'intendance de Bourgogne,
des Académies des sciences de Dijon, des Sociétés littéraires d'Auxerre

et d'agriculture de Rouen, et honoraire de la Société économique de Berne, demeurant audit Montbard, et de dame Bernarde Amyot, d'une part.

« Et demoiselle Anne-Marie-Madelaine-Bernarde Boucheron, demoiselle, fille de messire François Boucheron, écuyer, ancien conseiller auditeur en la Chambre des Comptes, Cour des aides, domaines et finances de Franche-Comté, demeurant à Beaune, et de défunte dame Catherine Potot, d'autre part.

« Lesquels ont fait les traités et conventions de mariage qui suivent, des avis, autorité et consentement de leurs parents et amis ci-après nommés. Savoir : Ledit sieur Georges-Louis Daubenton, des autorité et consentement dudit sieur Pierre Daubenton son père, et de l'avis de demoiselle Benigne-Rose Amyot, sa tante maternelle; de M. Louis-Jean-Marie Daubenton, docteur en médecine, garde et démonstrateur du cabinet d'Histoire naturelle du Jardin du Roi, de l'Académie royale des sciences de Paris, de celles de Berlin et Dijon, etc., etc.; de la Société royale de Londres, son oncle paternel. De messire Georges-Louis-Marie Leclerc de Buffon, gouverneur de la ville de Montbard, fils de messire Georges-Louis Leclerc, chevalier comte de Buffon, la Mairie et dépendances, Intendant du Jardin du Roi, trésorier de l'Académie des sciences, de l'Académie française, de la Société royale de Londres, de celle d'Édimbourg, des Académies de Berlin, Dijon, etc., parrain du dit futur ; et de messire Antoine-Ignace de Saint-Belin, chevalier de l'Ordre royal et militaire de Saint-Louis, tous cy présents et pour lui assemblés.

« Et ladite demoiselle Boucheron, de l'autorité et consentement dudit sieur François Boucheron son père, et de l'avis de Claude-François Boucheron, écuyer, son frère ; de Pierre Boucheron de Bussy, écuyer, lieutenant du corps royal artillerie, régiment de Toul, aussi son frère; de Barthélemy-Augustin Potot, écuyer, capitaine au même corps royal, artillerie, chevalier de l'ordre militaire de Saint-Louis, commandant à l'arsenal de Lyon, son oncle maternel; de François-Fiacre Potot de Montbeillard, écuyer, chevalier de l'ordre militaire de saint-Louis, lieutenant-colonel au même corps, artillerie, son oncle maternel ; de Philibert Gueneau, écuyer, seigneur de Montbeillard, aussi son oncle maternel à cause de dame Benigne-Élisabeth Potot sa femme, et de la dame Benigne-Élisabeth Potot, tous aussi présents et pour elle assemblés. »

Note 2, p. 141. — Gueneau et Potot de Montbeillard.

CXXIII

Note 1, p. 143. — Le 5 novembre 1771, neuf ans après la dissolution du parlement de Paris, le parlement de Bourgogne fut supprimé à son tour. Le 5, de grand matin, au milieu d'un certain appareil militaire, le marquis de la Tour-du-Pin, commandant de la province, et l'intendant Amelot, vinrent au palais, où les attendaient les chambres assemblées, et y procédèrent à la lecture et à l'enregistrement de l'édit du Roi qui supprimait les anciens offices de magistrature, en défendant à leurs titulaires d'en exercer les fonctions sous peine de faux.

Le même jour, vingt-huit membres du Parlement reçurent une lettre de cachet qui les envoyait en exil.

Dix jours après, le 15 novembre, la liste des proscrits s'augmenta de cinq nouveaux noms.

Note 2, p. 143. — Frédéric-Henri-Richard de Ruffey, alors conseiller, fit partie du nouveau Parlement, dont la première démarche fut une supplique en faveur des proscrits, et le dernier acte le refus d'enregistrer un édit contraire aux anciens priviléges de la province. Buffon a-t-il tort de dire que *l'on ne doit abandonner son état que quand on ne le peut exercer avec honneur?* Aux magistrats qui demeurèrent à leur poste après le coup d'État de 1771, l'histoire a adressé le reproche de faiblesse et de pusillanimité. L'histoire fut partiale et injuste. Chez eux, en effet, l'obéissance aux ordres du Roi, dont ils respectaient le pouvoir, parce qu'ils croyaient dangereux de toucher au prestige de la royauté; la conscience de leur utilité, l'amour de leurs fonctions, l'avaient emporté sur l'entraînement de l'exemple, sur les conseils de l'amour-propre. Interprètes de la loi, avant d'être les tuteurs de la chose publique, ils avaient mis en balance leur dignité blessée avec l'intérêt de leurs justiciables ; et ils étaient restés, pensant qu'un bon juge ne doit pas quitter son poste aux jours de lutte et de prochain orage ; qu'un honnête homme, un homme de cœur et d'énergie, ne doit pas se tenir à l'écart lorsque l'État est en danger et que le gouvernail dévie, conduit par des mains impuissantes et débiles. Buffon, au reste, dès le début de l'opposition de la magistrature aux actes du pouvoir, n'avait point caché sa façon de penser. Son beau-frère, Benjamin-Edme Nadault, qui pensait comme lui, conserva sa charge, fit partie du parlement Maupeou, et ne quitta sa robe de magistrat que le jour où la Révolution vint à son tour frapper les parlements qui, les premiers, avaient adopté ses dangereuses maximes et fait appel à ses funestes instincts.

Note 3, p. 143.—Le président de Brosses, à qui M. de La Tour-du-Pin avait laissé le choix de son exil, se retira à Neuville-les-Comtesses d'où il revint en 1775, après quatre années d'une disgrâce sans rigueurs, pour se mettre à la tête du Parlement réorganisé.

CXXIV

Note 1, p. 144. — A cette lettre est jointe celle du jeune Buffon, alors âgé de huit ans ; la voici dans toute sa naïveté :

« Madame et chère bonne amie ,

« Je me trouve très-bien au collége. Je suis à cet instant auprès de mon papa, je dîne chez lui. Je vous prie de m'envoyer le plus promptement que vous pourrez des nouvelles de *Vinchepils*, qui signifie en français *jeu du vent* ou *lévrier*, et du pauvre petit chevreuil. S'il est mort, cachetez, je vous prie, votre lettre de noir. Adieu, ma chère bonne amie, bien mes respects à tous mes bons amis et mes bonnes amies. Adieu encore une fois, je vous souhaite une bonne santé et vous demande permission de vous embrasser.

                                        « BUFFONET. »

Note 2, p. 144. — Lorsque la santé de M. Laude ne lui permit plus de s'occuper de l'éducation du jeune Buffon, il resta néanmoins au service de Buffon, en qualité de secrétaire, jusqu'au jour où sa santé s'étant entièrement remise, il quitta le Jardin du Roi pour occuper une position avantageuse que Buffon lui avait fait obtenir.

CXXV

Note 1, p. 144. — « L'histoire des miroirs ardents d'Archimède est fameuse ; il les inventa pour la défense de sa patrie, et il lança, disent les anciens, le feu du soleil sur la flotte ennemie, qu'il réduisit en cendres lorsqu'elle approcha des remparts de Syracuse. Mais cette histoire, dont on n'a pas douté pendant quinze ou seize siècles, a d'abord été contredite et ensuite traitée de fable dans ces derniers temps. Descartes, né pour juger et même pour surpasser Archimède, a

I   27

prononcé contre lui d'un ton de maître ; il a nié la possibilité de l'invention, et son opinion a prévalu sur les témoignages et sur la croyance de toute l'antiquité.... Les miroirs ardents d'Archimède étaient si décriés, qu'il ne paraissait pas possible d'en rétablir la réputation ; car, pour appeler du jugement de Descartes, il fallait quelque chose de plus fort que des raisons, et il ne restait qu'un moyen sûr et décisif, à la vérité, mais difficile et hardi, c'était d'entreprendre de trouver les miroirs, c'est-à-dire d'en faire qui pussent produire les mêmes effets. J'en avais conçu depuis longtemps l'idée, et j'avouerai volontiers que le plus difficile de la chose était de la voir possible, puisque, dans l'exécution, j'ai réussi au delà même de mes espérances..... Les miroirs d'Archimède peuvent servir en effet à mettre le feu dans des voiles de vaisseaux, et même dans le bois goudronné, à plus de 150 pieds de distance ; on pourrait s'en servir aussi contre les ennemis en brûlant les blés et les autres productions de la terre. Cet effet, qui serait assez prompt, serait très-dommageable ; mais ne nous occupons pas des moyens de faire du mal, et ne pensons qu'à ceux qui peuvent procurer quelque bien à l'humanité. » (Buffon, *Histoire des minéraux, partie expérimentale*, 6e Mém., art. 1er.)

Buffon fit ses premières expériences en 1747. Le Roi voulut assister à l'une d'elles. Elle eut lieu au château de la Muette et eut un plein succès. Buffon offrit au Roi le miroir dont il venait de se servir. Il resta longtemps au château, où on allait le voir par curiosité, ainsi que la glace qui l'accompagnait, et qui fut déposée dans la suite au Cabinet du Roi. Ces expériences furent renouvelées avec succès par M. de Mairan, de l'Académie des sciences.

Le président de Ruffey, qui s'associait à tous les succès de son ami d'enfance, fit sur cette importante découverte les vers suivants insérés au *Mercure* de l'année 1747, p. 114 :

Vers à M. de Buffon sur sa célèbre invention d'un miroir ardent
à plus de deux cents pieds.

Buffon ! Il n'est rien qui ne cède
A tes efforts ingénieux.
Quoi ! des miracles d'Archimède *
Tu ne fais que les jeux d'un loisir curieux.
La nature pour toi n'ose avoir de mystère ;
Jusqu'au fond de son sein tu portes le flambeau.

* Archimède, fameux mathématicien, inventa un miroir ardent avec lequel il brûlait les vaisseaux des Romains au siége de Syracuse, ce que tous les savants, et Descartes même, avaient toujours regardé comme une fable.

De ses rares trésors savant dépositaire *,
Ta docte main arrache le bandeau
Qui cachait ses secrets aux regards du vulgaire.
A l'envi tout Paris accourt pour l'admirer ;
Ce qu'il est de savants, du couchant à l'aurore,
Déjà s'empresse à célébrer
Un nom que l'Angleterre honore **.
Un grand Roi ***, favori de Mars et des neuf sœurs,
Se mêle à ses admirateurs,
Et de son auguste suffrage
Il daigne en ta faveur faire tracer le gage **** :
De ma tendre amitié reçois aussi l'hommage.
Plus modeste encor que savant
Je connais ta délicatesse,
Mais je crains peu que mon encens te blesse,
Puisque mon cœur en est garant.

Note 2, p. 145. — « J'exposai, » dit Buffon dans son *Histoire des mi-néraux*, à 40 ou 50 et jusqu'à 60 pieds de distance, des plaques et des assiettes d'argent ; je les ai vues fumer longtemps avant de se fondre, et cette fumée était assez épaisse pour faire une ombre très-sensible qui se marquait sur le terrain. On s'est depuis pleinement convaincu que cette fumée était vraiment une vapeur métallique ; elle s'attachait aux corps qu'on lui présentait et en argentait la surface. » (*De l'argent.*)

Note 3, p. 146. — L'argent est légèrement volatil ; il émet cepen-dant des vapeurs très-sensibles à la température du feu de forge. On peut ainsi expliquer le phénomène observé par Buffon ; mais les progrès de la chimie n'ont pas confirmé ses idées sur la décomposition de l'or, de l'argent et du platine en deux corps.

Note 4, p. 146. — Cette lettre donne l'époque certaine des premiers rapports scientifiques qui s'établirent entre Guyton de Morveau et Buffon. L'Académie de Dijon, dont ils étaient tous deux membres, une grande similitude de goûts, des relations communes les avaient depuis longtemps rapprochés ; mais ils n'avaient fait encore aucune expérience

---

* M. de Buffon est intendant du Jardin du Roi, où il a rassemblé tout ce que la nature a produit de plus précieux, tant en plantes qu'en curiosités de l'histoire naturelle.
** M. de Buffon est membre des Sociétés Royales de Londres et d'Édim-bourg.
*** Le roi de Prusse.
**** Le prince a fait écrire à M. de Buffon pour le féliciter de sa part sur sa découverte.

en commun. Buffon, occupé de son *Histoire des minéraux*, sentit bientôt
le besoin d'expériences que sa vue affaiblie ne lui permettait plus de
faire ; il jeta les yeux sur Guyton de Morveau et lui demanda son
concours. On trouve dans l'*Histoire des minéraux* la trace des travaux
nombreux de ce dernier ; Buffon cite ses expériences et avoue s'être
souvent laissé guider par ses lumières. Depuis ce jour, Guyton de
Morveau vint fréquemment à Montbard ; il trouvait dans les forges de
Buffon un vaste laboratoire, où pouvaient être tentées des expériences
sur une grande échelle ; il y rencontrait aussi un accueil amical auquel il attacha toujours un grand prix. A la mort de Buffon, il devint
l'ami de son fils, fut le témoin de son second mariage et le servit de
son influence tant qu'il eut quelque crédit.

CXXVI

Note 1, p. 146. — M. Taverne, ancien bourgmestre et subdélégué
de Dunkerque, avait envoyé à Buffon le portrait d'une négresse-pie,
au-dessous duquel se trouvait l'inscription suivante : « *Marie Sabina*,
née le 22 octobre 1736, à Matunia, plantation appartenant aux jésuites
de Carthagène en Amérique, de deux nègres esclaves, nommés *Marti-
niano* et *Padrona*. Ce portrait fut trouvé à bord du navire *le Chrétien*, de Londres, pris en 1746, à son retour de la Nouvelle-Angle-
terre, par un bâtiment français, *le Comte de Maurepas*, de Dunkerque,
commandé par le capitaine François Neyne. »

Note 2, p. 146. — Buffon, admirateur passionné de la nature, excuse ses caprices et cherche à expliquer ses plus étranges productions.
C'est chez elle une surabondance de séve ; ces créations bizarres sont
des témoignages de sa puissance et de sa force. Les singularités et
les monstres par lesquels la nature étonne et surprend parfois notre
esprit, servent à mieux faire comprendre la parfaite harmonie qui
règne dans son œuvre, à faire ressortir davantage les merveilleuses
proportions des êtres qu'elle produit. « Les vrais caractères des
erreurs de la nature sont, dit-il, la disproportion jointe à l'inuti-
lité. Toutes les parties qui, dans les animaux, sont excessives, sura-
bondantes, placées à contre-sens, et qui sont en même temps plus
nuisibles qu'utiles, ne doivent pas être mises dans le grand plan des
vues directes de la nature, mais dans la petite carte de ses caprices,
ou si l'on veut de ses méprises, qui néanmoins ont un but aussi direct
que les premières, puisque ces mêmes productions extraordinaires

nous indiquent que tout ce qui peut être est, et que, quoique les proportions, la régularité, la symétrie règnent ordinairement dans tous
les ouvrages de la nature, les disproportions, les excès et les défauts
nous démontrent que l'étendue de sa puissance ne se borne point à
ces idées de proportion et de régularité. » (*Histoire des oiseaux*, *Les
Toucans*.)

CXXVII

Note 1, p. 148. — Il existe un portrait de Buffon en miniature, par
Sauvage. C'est une grisaille exécutée avec un grand talent. Ce portrait
a été souvent reproduit soit sur des tabatières, soit sur des boîtes.
Mme Daubenton en possédait un que Buffon lui avait envoyé. D'autres ont été offerts par lui aux personnes qui, à différents titres, contribuèrent à l'agrandissement du Jardin du Roi.

Note 2, p. 148. — Gueneau de Montbeillard, qui venait à Paris pour
hâter l'achèvement de son histoire des oiseaux.

Note 3, p. 148. — Le comte du Luc, lieutenant général des armées
du Roi (1759), homme de cour et homme d'esprit, conserva toute sa
vie un grand crédit à Versailles sans avoir jamais exercé soit des
grandes charges à la cour, soit des emplois éminents en province.

CXXVIII

Note 1, p. 148. — Mme Daubenton.

Note 2, p. 148. — Depuis la mort de la comtesse de Buffon, à laquelle
elle était attachée par les liens d'une tendre amitié, Mme de Montbeillard
n'avait pas cessé de prodiguer au fils de son amie les soins les plus affectueux et les plus empressés. Le fils de Mme de Montbeillard était à
peu près du même âge que celui de Buffon; tous deux recevaient des
leçons des mêmes maîtres, et Buffon avait dans Mme de Montbeillard
une telle confiance, qu'au mois de novembre 1772, lorsqu'il partit pour
Paris, il laissa son fils avec M. Hemberger son gouverneur, à Semur,
près de celle dont il avait appris à connaître la tendresse et le dévouement. Buffon envoyait à son fils un nouveau gouverneur. M. Hemberger, qui lui avait jusqu'à ce jour donné ses soins, était plus fort en
musique qu'en pédagogie; et si sa qualité de musicien le faisait re-

chercher dans la société de Semur, et notamment dans la maison de
Gueneau de Montbeillard, Buffon craignait que l'éducation de son fils
ne s'en ressentît.

Quelques fragments de la correspondance de Gueneau de Montbeillard avec sa femme feront voir quelle part prennent chacun d'eux à
tout ce qui intéresse soit Buffon, soit son fils. On est touché en re-
cueillant les témoignages de cette affection profonde qui unissait
Montbeillard à Buffon; on aime à suivre les détails de ce tendre
attachement, si simple dans sa manifestation, et dont la délicatesse égale toujours la sincérité.

« Mercredi matin, 16 décembre.

« Enfin le choix est fait, mon cher *Mouton :* il est tombé sur
l'homme de Valogne; et il faut avouer que cet homme, sans être
à beaucoup près un aigle, est cependant celui qui méritait la préférence sur ceux qui se sont présentés. Un esprit médiocre, l'air du
collège, peu de conversation, beaucoup d'embarras, voilà l'homme.
Mais il y a à parier que c'est un homme sûr du côté des mœurs, de la
conduite et même du caractère et du bon sens; et ces qualités sont
préférables à de plus brillantes, vis-à-vis d'un père qui veut confier
son enfant à quelqu'un. Quoi qu'il en soit, cet homme doit partir
bientôt pour Montbard, et de Montbard pour Semur. Tu le recevras
bien, mon cher *Mouton ;* tu disposeras bien le petit bon ami en sa
faveur; tu installeras M. Dallet dans le lit non de M. Hemberger, mais
dans un lit de la petite maison, en attendant que M. Hemberger soit
parti. Ils se connaissent déjà (le gouverneur et l'élève), et ils seront
bientôt accoutumés ensemble. Ils resteront jusqu'au retour de M. de
Buffon, et jusqu'à ce qu'il les redemande. Voilà, mon cher *Mouton,*
toute l'histoire de ce gouvernement. Tu donneras à M. Hemberger pour
son voyage ce qu'il te demandera, et je lui payerai ici ce qui lui reste
dû. Il pourra partir dès que M. Dallet sera arrivé, et le plus tôt sera
le meilleur, soit par le carrosse de Montbard, soit par le coche d'eau,
en lui facilitant tous les moyens. Je dis que le plus tôt possible sera le
meilleur, parce que je serais bien aise qu'il arrivât pendant que je
suis ici, et même pendant que M. de Buffon y est. Il fera bien d'écrire
à M. Pasquier une lettre bien honnête, en partant pour Paris, et de se
ménager la protection de M. de Montigny. Je voudrais qu'il prospérât,
mais il faut pour cela employer toutes ses ressources; il faudra que
Montbeillard et tous ceux qui veulent du bien à M. Hemberger le recommandent aussi. Baise bien tendrement le petit bon ami, dont on
est si content. Nos amitiés à tous nos parents et amis et voisines. J'ai

vu M. Nicolas, je le verrai encore bientôt, et j'en rendrai compte à sa maman. Dis-moi des nouvelles de Mme de Mussy. Voilà un petit mot pour mon fils. Je t'embrasse, mon cher *Mouton*, du plus tendre de mon cœur. »

« Paris, le 21 décembre 1772.

« Je ne te recommande pas notre ami *Buffonet*, comme tu ne me recommandes pas ton *Fin-Fin*. Tiens surtout la main à ce qu'il ait le ton honnête avec ses inférieurs, et que lesdits inférieurs soient sourds, absolument sourds lorsqu'il ne prend pas avec eux le ton honnête. Il me paraît que c'est ce que le papa a le plus à cœur. Le digne papa partira le jour de Noël et arrivera pour la seconde fête : et quand il sera reposé, il ira lui-même reprendre son fils. Il faut tirer parti de cela pour engager notre bon ami à faire des progrès dans ses différents genres d'occupations, et dans la politesse, afin de donner à son excellent papa la satisfaction de le retrouver plus avancé et meilleur qu'il ne l'avait laissé.

« Adieu, mon cher *Mouton*, je te baise tendrement; *Fin-Fin* en fait presque autant et à *Buffonet*. Il faudra m'informer de la marche de M. Hemberger, et lui dire d'aller descendre chez le sieur Gaillardin, rue de Savoie, hôtel de Bourgogne, quartier Saint-André-des-Arcs. J'enverrai au-devant de lui si je sais comme il vient. M. de Buffon a déjà songé à lui procurer quelque chose. Adieu donc; nous saluons M. Hemberger. »

« M. Hemberger sera peut-être parti quand cette lettre arrivera; s'il ne l'était pas, tu lui feras mes compliments. J'ai peur que le coche d'eau ne soit trop froid. Il aura sans doute vu M. de Buffon et lui aura remis le précieux dépôt.

« M. de Buffon a dû arriver hier mardi à Montbard. Embrasse-le bien tendrement pour moi, comme je t'embrasse, et la princesse. »

« Notre Allemand est arrivé, mon cher *Mouton*, en bonne santé, non par le coche comme on l'attendait, mais par la diligence : il en est descendu, a pris un fiacre et s'est fait conduire chez notre ami Gaillardin, sans s'informer au bureau du coche, tout voisin de celui des diligences, s'il n'y avait pas quelqu'un qui l'attendît. C'eût été trop demander d'un homme qui n'a pas plus de raison qu'un Allemand. Au moyen de cette *allemanderie*, une voiture et mon laquais, que j'avais envoyés au-devant de lui au port Saint-Paul, l'ont attendu pendant quatre heures inutilement. Le voilà arrivé; il a déjà vu prendre leçon à mon fils et a été recommandé au maître; nous allons le recommander à bien d'autres. »

« .... J'ai remis ta lettre à Hemberger, que je ne vois presque
pas. M. Guillaumot lui a proposé de le prendre pour montrer à sa
fille, et lui aurait fait faire connaissance avec tous les virtuoses de
Paris, qui la plupart sont ses amis; il aurait fait valoir sa musique, etc. C'était, à mon avis, une occasion unique pour son avancement. Hemberger a vu autrement; il aime mieux faire des symphonies
pour l'électeur de Mayence, qui le prendra à coup sûr à son service, sur la recommandation d'une sienne sœur qui y est déjà, et, en
passant, il s'arrêtera sans doute quelque temps à Semur. Voilà son
plan, qui n'est peut-être pas bien réfléchi; mais il y tient, et j'en suis
bien aise pour notre musique. »

« Lundi 11 janvier 1773, 7 heures du matin.

« Il ne faut pas se presser de renvoyer bon ami *Buffonet* à Montbard, puisqu'il se plaît avec toi. Je sais d'ailleurs que tu te plais
avec lui lorsqu'il est raisonnable, et qu'il l'est presque toujours. J'ai
bien prié le papa de ne pas te l'enlever si tôt, et l'ai assuré que ce serait une véritable privation pour toi.

« .... Bon ami *Buffonet*, vous aurez un jouet comme vous le désirez
par la première occasion. M. Hemberger vous aime toujours tendrement, et il est très-sensible à l'amitié que vous lui témoignez. Il est
arrivé en bonne santé : il a déjà vu l'Opéra, la Comédie-Italienne, le
Concert de Saint-Georges, un autre encore, et aujourd'hui il verra le
Concert des Amateurs; mais il aimerait mieux vous voir que tout
cela. »

« Je suis bien aise, mon cher *Mouton*, que le papa ait trouvé notre
petit bon ami changé en bien; c'est le plus grand service qu'on
puisse rendre à un enfant de lui ôter de mauvaises habitudes, de
lui en donner de meilleures, et lui donner le goût des bonnes
choses; et ce sera une grande satisfaction pour toi d'avoir rendu
un peu de ce service à l'enfant de ta pauvre bonne amie, qui le
sentirait sûrement, si on sentait quelque chose dans le tombeau.
De toutes les fables, c'est celle que je regrette le plus. »

(Ces divers fragments sont extraits de la *Correspondance* de Gueneau de
Montbeillard, conservée dans la Bibliothèque de la ville de Semur.)

Note 3, p. 148. — Hemberger est l'auteur de plusieurs compositions musicales estimées. Il composa en l'honneur de Buffon, sur des
paroles de Gueneau de Montbeillard, un morceau qui fut exécuté à

Paris non sans quelque succès. Il a pour titre : *Bouquet à M. le Comte de Buffon, à quatre parties chantantes, avec accompagnement de violons, deux flûtes, deux cors de chasse, alto et basse, par son très-humble, très-obéissant et très-reconnaissant serviteur F. A. Hemberger. Gravé par Niquet.*

Note 4, p. 149. — Potot de Montbeillard, capitaine d'artillerie.

CXXIX

Note 1, p. 149. — François Lucas dut à Buffon la place de conservateur des galeries du Jardin du Roi, en même temps que celle d'huissier de l'Académie des sciences. Ce fut son homme de confiance; durant ses longues absences de Paris, Buffon chargeait Lucas de veiller aux intérêts du Jardin. Quelques biographes ont avancé que François Lucas était le fils naturel de Buffon. Rien ne peut justifier cette assertion. Lucas fut toute sa vie dévoué aux intérêts de son protecteur, qui, pour reconnaître ses bons soins, lui laissa dans son testament une marque de son souvenir : « Je donne et lègue, » y est-il dit, « au sieur Lucas, huissier de l'Académie des sciences, une somme de trois mille livres une fois payée, en reconnaissance des services assidus qu'il m'a toujours rendus. » — Jean-André-Henri Lucas, fils du précédent, né en 1780, mort le 6 février 1825, a publié divers ouvrages.

CXXX

Note 1, p. 150. — Buffon était le confrère de Macquer à l'Académie des sciences.

Note 2, p. 150. — Macquer fut, parmi les chimistes, un des premiers qui étudia le platine, nouvellement découvert et apporté en Europe; mais il ne put reconnaître la nature des métaux qui s'y trouvent communément réunis.

Note 3, p. 150. — Le *Dictionnaire de chimie* de Macquer fut son plus important ouvrage. Il est précieux à consulter en ce qu'il fixe l'état exact de la science à cette époque, où la chimie n'avait pas encore accepté la loi de Lavoisier.

Note 4, p. 150. — Le minerai de platine contient le plus souvent, avec de l'osmiure d'iridium et des composés de palladium, de rhodium, d'iridium, du fer titané qui est parfois magnétique et indissoluble par les acides ; cependant, lorsque la proportion du fer contenue est assez considérable, le fer titané est soluble dans l'eau régale.

CXXXI

Note 1, p. 150. — Mme Daubenton écrivait en effet à merveille et avec la plus grande facilité. Je trouve, sur un album qui lui a appartenu, les lignes suivantes : « Beauté, don précieux de la nature, brillante image des perfections de son auteur, c'est par toi, c'est par ton charme irrésistible que l'on vit tant de fois un jeune enfant dompter les lions farouches, et la faiblesse même triompher de la force et du courage. Souveraine de l'univers, exerce à jamais sur nous le plus doux des empires, règne sur nos esprits qui se plaisent à t'admirer sans pouvoir te comprendre ; sur nos cœurs, dont nous ne jouissons pas sans toi ; sur nos sens, dont tu nous rends l'usage délicieux. Comble surtout de tes faveurs les mortels courageux qui se sont consacrés à ta défense, en veillant sans cesse pour repousser les traits de ta plus cruelle ennemie ; mais cache-toi sous un voile impénétrable aux yeux de l'homme insensible, de l'homme au cœur dur, près de qui tes célestes appas ont besoin d'une recommandation étrangère. »

Parfois Buffon eut recours à la plume de Mme Daubenton, rendant ainsi un éclatant témoignage aux grâces de son style et à la facilité de sa pensée. Il l'employa surtout à sa correspondance, dont les exigences le fatiguaient. Les petits sujets, nous aurons souvent occasion de le remarquer, répugnaient à son esprit ; il aimait peu à écrire, soit pour ses affaires, soit pour celles du Jardin du Roi, soit pour répondre à ses nombreux correspondants, et faisait appel, pour ménager son temps, à des secours étrangers. Mme Nadault, sa sœur, avait, comme Mme Daubenton, la mission de le suppléer dans cette partie de ses occupations de chaque jour, souvent fort chargée. « C'est votre département, ma petite sœur, lui disait-il en l'appelant près de lui. Je dois reconnaître que vous vous en tirez mieux que moi. » Les quelques lettres de Mme Nadault qui nous sont parvenues, témoignent de la vérité du jugement porté sur elle par son frère. Elle écrivait près de Buffon, assise devant une petite table, lui donnant à signer les lettres qu'elle venait d'écrire, sans que ce dernier songeât la plupart du temps à en prendre lecture.

L'imagination surtout était, parmi les qualités du style, celle que

Buffon estimait le plus. Lorsqu'un ouvrage l'avait frappé, il témoignait le cas qu'il en faisait par une expression qui lui était familière : « C'est un bon ouvrage, disait-il, il y a de l'idée ! » Il n'aimait pas les courtes périodes, les phrases brèves et coupées ; il disait de cette façon d'écrire : « C'est un style asthmatique. » C'est en effet une manière qui lui est inconnue. Les longues périodes sont fréquentes dans Buffon ; ce sont elles qui communiquent à son style cette majesté toujours soutenue qui distingue son génie.

Si les longues périodes donnent au style de la dignité et de l'ampleur, parfois cependant elles nuisent à sa clarté. Buffon, qui en avait compris le danger, avait un moyen sûr de reconnaître si sa pensée avait été clairement rendue. Il assemblait quelques amis, souvent choisis parmi ceux qui paraissaient devoir être mauvais juges d'une œuvre d'esprit ; pendant qu'ils prenaient lecture de son ouvrage, il épiait sur leur physionomie l'impression produite, et notait avec soin, pour les corriger ensuite, les passages où sa pensée avait été mal comprise. « Il n'y a, disait-il souvent, homme si simple, dont les observations ne soient bonnes à consigner et dont on ne puisse tirer parti. »

Le style de Buffon, toujours élevé, toujours sublime (ses critiques ont dit toujours tendu), n'est jamais au-dessous de la hauteur de la pensée. Dans une œuvre sérieuse, Buffon voulait, outre le fond, rencontrer la forme. Il a dit dans son discours de réception à l'Académie française : « Les ouvrages bien écrits seront les seuls qui passeront à la postérité. » — « Le style est l'homme même, » dit-il dans un autre passage. Ce mot de Buffon a fait fortune, il est devenu une maxime souvent répétée. C'est qu'il est d'une grande vérité. Le style, pris dans son acception véritable, doit en effet rendre avec toutes ses nuances, et même avec ses égarements ou ses défauts, la pensée de l'écrivain. Le style, pour faire impression et assurer aux ouvrages de l'esprit quelque durée, doit avoir deux qualités essentielles : l'inspiration et la nouveauté. Il doit porter le caractère de l'œuvre, être pénétré du génie qui inspire l'écrivain. L'homme qui copie ou qui imite, quelque parfait que soit son ouvrage, ne sera jamais qu'un écrivain médiocre ; il pourra atteindre à la grâce ou à la facilité du style, mais il n'en aura ni le génie, ni l'originalité : l'originalité du style, sa puissance et sa force viennent de l'inspiration. Buffon, dont les écrits sont demeurés un des monuments les plus parfaits de notre langue, a donné la clef de sa méthode dans son *Discours à l'Académie.* Les règles qu'il a posées sont devenues la grande loi de tous ceux qui prétendent à l'art si difficile de bien écrire, et le morceau qui les renferme est lui-même un modèle ; c'est une page de la plus haute éloquence. On peut dire, avec Mme Necker, que « ce discours de M. de Buffon sur les difficultés et les beautés du style enregistrera pour jamais les titres de l'Académie dans le temple de la Renommée. »

Note 2, p. 151. — Le *charmant hanneton*, nous le savons déjà, c'est Mme Daubenton elle-même. Elle avait été ainsi baptisée par son oncle, et le nom de *hanneton* lui resta, comme celui de *mouton* était resté à la douce et indulgente compagne de Gueneau de Montbeillard.

Note 3, p. 151. — La *Légion corse* est un cousin de Mme Daubenton, un neveu de Potot de Montbeillard, capitaine de cavalerie. Entré par les soins de son oncle dans la légion étrangère formée lors de la conquête de la Corse, il désirait obtenir un poste sédentaire dans la maison d'un prince du sang. Buffon, sur la recommandation de Mme Daubenton, s'intéressa à sa demande ; il espéra un instant le placer dans la maison de M. le comte d'Artois, mais il échoua, et ce ne fut que quelques années plus tard qu'il put le faire entrer dans la petite écurie du Roi.

Note 4, p. 151. — Le premier volume des Suppléments à l'Histoire naturelle parut en 1774. Ce premier volume des Suppléments renferme, avec le résultat de différentes expériences faites par Buffon, la *suite de la Théorie de la terre* et l'*Introduction à l'Histoire des minéraux*, dont la première partie traite des *Éléments*. Pendant que Buffon travaillait aux Suppléments de l'Histoire naturelle, le corps principal de l'ouvrage, contenant l'*Histoire des oiseaux*, à laquelle travaillait Gueneau de Montbeillard, continuait à paraître.

Note 5, p. 151. — C'est le portrait gravé par Chevillet en 1773, d'après le tableau de Drouais. Cette gravure, placée en tête de la nouvelle édition de l'Histoire naturelle donnée à cette époque, est, tant par la perfection du burin que par la ressemblance et le fini du dessin, le meilleur des portraits gravés de Buffon.

CXXXII

Note 1, p. 151. — La fortune assez considérable de Buffon, les soins qu'elle exigeait, les intérêts nombreux qu'il avait à défendre, lui attirèrent de nombreux procès.

Le 2 novembre 1772, à une réunion du maire et des échevins de la ville de Montbard, se trouvait, parmi les pièces à examiner, une requête de Buffon à l'intendant de la province, pour obtenir que les murs des terrasses de ses jardins fussent reconstruits aux frais de la ville, qui en avait causé la chute en faisant élever dans leur voisinage une maison pour le curé. Au lieu de discuter avec ses collègues la demande qui leur était transmise, Mandonnet, premier échevin, s'emporta en paroles violentes contre Buffon, disant que c'était un *homme terrible, que son avidité était si grande que, s'il pouvait atteindre au Père éternel il lui prendrait son chapeau ou son manteau, que c'était un tyran et un usurpateur. Si M. de Buffon était mort lors de sa dernière maladie,* disait-il en s'animant, *la ville de Montbard y aurait beaucoup gagné. M. de Buffon ne méritait pas les honneurs que la ville lui avait rendus au retour de son dernier voyage à Paris.* (Archives de l'hôtel de ville de Montbard.) Une enquête eut lieu au sujet de ces propos, et il intervint une sentence qui condamna Mandonnet. (Voir p. 444, note 1, de la lettre CXXXIX).

Note 2, p. 152. — Buffon avait un grand nombre de chevreuils dans ses bois, et souvent les gardes en prenaient de jeunes que l'on élevait au château, et qui vivaient en liberté dans les jardins. Le chevreuil de Montbard était, du reste, renommé à l'égal de ses grives, dont les ducs de Bourgogne se montrèrent autrefois très-friands. « J'habite souvent, dit Buffon dans l'histoire du chevreuil, un pays dont les chevreuils ont une grande réputation. » Un jour, à Versailles, Louis XV fut pris de la fantaisie de manger du chevreuil de Montbard; il en envoya demander à Buffon. Ce dernier ne put offrir que la moitié d'un chevreuil et supplia le Roi de ne voir dans l'envoi de cette pièce, si peu digne d'être offerte à Sa Majesté, que l'empressement que l'on avait au Jardin du Roi de répondre sans retard à son désir. Le Roi, à son tour, envoya au naturaliste la moitié d'un pâté qui avait été servi sur sa table le matin, auquel il avait lui-même travaillé avec le duc d'Aumont et qu'il avait trouvé excellent. « De cette manière, dit-il, M. de Buffon ne regardera plus à m'envoyer une moitié de chevreuil. » Un autre jour, au mois de décembre 1775, ayant tué à la chasse des bécasses d'une espèce rare (des bécasses rousses), il ordonna qu'elles fussent envoyées au Jardin du Roi en ajoutant : « M. de Buffon seul est digne de manger ces oiseaux. » Buffon remercia le Roi et plaça les bécasses parmi les collections du Cabinet. Louis XV, on le sait, avait un goût prononcé pour les sciences naturelles, et ce prince avait à Trianon un jardin botanique dont il cultivait lui-même les plantes avec le plus grand soin. A différentes reprises Buffon fit ou répéta devant lui quelques-unes de ses plus importantes expériences, et notamment celle des miroirs ardents. Le Roi, qui n'aimait pas Voltaire, malgré la protection avouée dont il jouissait près de la favorite, témoigna toujours une affectueuse estime à Buffon, qui était loin d'être aussi bien vu par Mme de Pompadour. Cependant ils étaient en bons termes, et la marquise eut même pour le naturaliste des attentions qui, venant d'elle, pouvaient être regardées comme les témoignages d'une véritable faveur. (Voir p. 253, note 2 de la lettre XXIX.)

CXXXIII

Note 1, p. 152. — Le frère de Mme Daubenton faisait à Beaune un mariage d'inclination. Les deux familles, qui avaient d'abord résisté à une union projetée en dehors de leurs vues réciproques, y consentirent ensuite de bonne grâce, et célébrèrent, dans des fêtes qui durèrent plusieurs jours, le mariage de leurs enfants.

Note 2, p. 152. — Les deux oncles de Mme Daubenton, Gueneau de Montbeillard et Potot de Montbeillard, beau-frère de ce dernier, avaient été divisés par des intérêts de famille. Une de leurs nièces avait contribué par de faux rapports à entretenir une mésintelligence qui répugnait également au cœur loyal et sincère de tous deux. Mme Daubenton parvint, avec l'aide de Buffon, à rapprocher les deux frères; mais elle resta brouillée avec la jeune parente qui avait amené cette désunion.

Note 3, p. 152. — Yves-Marie Desmarets, comte de Maillebois, fils du maréchal de ce nom, lieutenant général, gouverneur de Douai, membre honoraire de l'Académie des sciences, né en 1715, mort le 14 décembre 1791, est surtout connu par ses démêlés avec le maréchal d'Estrées au sujet de la bataille d'Hastembeck. En 1789, il se prononça énergiquement contre les plans de réforme; lors de la détention du Roi, il rédigea un projet de contre-révolution, dans le temps où Mme de Staël proposait un plan d'évasion des Tuileries. Dénoncé en 1790 au comité des recherches de l'Assemblée nationale, il s'enfuit dans les Pays-Bas, où il mourut l'année suivante.

Note 4, p. 153. — Le *papa de Montbard*, c'est Pierre Daubenton, maire de la ville.

CXXXIV

Note 1, p. 153. — L'abbé de Piolenc était lié d'une amitié très-vive avec Gueneau de Montbeillard, et était en même temps de la société

intime de Buffon. Ce fut un homme de bien. Il était frère du marquis
de Piolenc, comte de Montbel, à qui on doit plusieurs observations
sur les oiseaux, insérées dans l'Histoire naturelle. Les deux frères,
issus d'une famille venue de la Provence et qui compte parmi ses
membres des premiers présidents et présidents aux parlements de
Provence et du Dauphiné, habitaient Semur l'hiver, et allaient passer
la belle saison dans leur terre de Montbel et d'Épine, en Savoie.

La fille du marquis de Piolenc a épousé Antoine-Athanase Royer-
Collard, professeur à la Faculté de médecine de Paris et frère du célèbre Royer-Collard (Pierre-Paul). M. Albert-Paul Royer-Collard,
professeur à la Faculté de droit de Paris, ayant réuni sur sa tête les
anciennes propriétés de la famille de Piolenc, le roi Charles-Albert lui
accorda le droit de prendre les armoiries de cette maison, et lui
reconnut en même temps le titre héréditaire de marquis de Montbel
et d'Épine. M. Royer-Collard, fier du nom qu'il porte, s'est toujours
abstenu de prendre les titres qui avaient appartenu à la famille de
son aïeule maternelle. L'oncle de M. Royer-Collard, le marquis de
Piolenc, actuellement vivant, sans enfants, est le dernier représentant
du nom de cette famille.

Note 2, p. 154. — En sa qualité de seigneur engagiste du domaine
du Roi à Montbard, Buffon nommait à un grand nombre d'emplois;
pour d'autres plus importants, il avait seulement un droit de présenta-
tion.

Note 3, p. 154. — Trois années avant cette grave maladie, durant
laquelle Buffon prodigua à son ami d'enfance les soins les plus affectueux, Jacques Varenne avait pu craindre un instant, comme nous
l'avons vu précédemment (note 2 de la lettre LXXXVIII, p. 347),
d'être de nouveau en butte aux persécutions du Parlement, dont il
n'avait pas craint d'attaquer les privilèges. Il s'agissait de son livre
intitulé : *Registre du parlement de Dijon durant la Ligue*, qui fut supprimé, mais non poursuivi, grâce à la dissolution du parlement de
Dijon, qui eut lieu l'année suivante.

Note 4, p. 155. — Varenne de Beost, fils aîné de Jacques Varenne,
accusa son père, dans des mémoires rendus publics, de lui avoir préféré son frère Varenne de Fenille, et d'avoir répondu par la froideur et
les mauvais procédés au constant dévouement dont il n'avait cessé de
lui donner des preuves dans le temps de ses malheurs. Il est vrai que
les poursuites dirigées contre son père lui avaient enlevé la survivance
de la charge de secrétaire en chef des États de Bourgogne, et que, loin

de se plaindre du préjudice que lui avait causé la lutte de ce dernier avec les cours souveraines, le jour où il comparut devant la cour des aides pour faire enregistrer ses lettres de grâce, Varenne de Beost voulut l'accompagner pour partager avec lui la honte d'une pareille cérémonie. Mais de graves désaccords l'éloignèrent par la suite d'un père auquel il avait donné un témoignage aussi éclatant de son dévouement, et il ne craignit pas d'initier le public à des démêlés de famille qui auraient dû être tenus secrets.

Note 5, p. 155. — Le frère de Mme de Montbeillard était alors à Paris pour solliciter un avancement mérité. Dans l'arme de l'artillerie, le ministre ne pouvait nommer à aucun emploi avant de s'être entendu avec le grand maître, qui seul avait droit de présenter les candidats aux différents postes vacants. M. de Montbeillard, appuyé par Buffon, sollicitait en outre sa nomination à un poste d'inspecteur des manufactures d'armes, que ce dernier lui fit obtenir durant l'administration de M. Necker.

Note 6, p. 156. — Mauduit, docteur régent de la Faculté de médecine de Paris, et membre de la Société royale, fut un des premiers savants qui s'occupèrent du magnétisme et en prouvèrent l'incontestable utilité. Buffon, qui écrivait vers le même temps un traité sur l'aimant, eut recours à ses lumières; il consulta beaucoup aussi l'abbé Le Noble, qui lui avait offert un aimant artificiel du poids de seize livres, lequel en portait deux cent cinquante.

En outre de ses travaux de physique fort étendus et très-variés, le docteur Mauduit s'occupait avec succès d'histoire naturelle, et avait formé un cabinet fort curieux, presque aussi riche que celui que le prince de Condé avait établi à Chantilly. « Ce M. Mauduit est furieusement riche, » écrit de Paris, à la date du 26 avril 1775, Gueneau de Montbeillard, qui travaillait alors, sous les yeux de Buffon, à l'histoire des oiseaux. Buffon dit de lui dans l'histoire du coucou de Chine (*Histoire naturelle des oiseaux étrangers*) : « C'est le nom que M. Mauduit a imposé à cette espèce nouvelle dont il m'a donné communication, ainsi que de tous les morceaux de son beau cabinet, dont j'ai eu besoin, avec un empressement et une franchise qui font autant d'honneur à son caractère qu'à son zèle pour le progrès des connaissances. »

CXXXV

Note 1, p. 156. — Jacques Trécourt fut neuf ans secrétaire du comte de Buffon ; à compter du jour où il cessa de remplir près de lui les fonctions de secrétaire, il devint son homme d'affaires, le fut aussi de son fils, de sa belle-fille, et mourut pauvre, emportant l'estime de tous ceux qui l'avaient connu. C'était un petit homme, sec et droit, irréprochable dans sa tenue, portant, aux jours où l'usage en avait disparu, une perruque poudrée à frimas et un habit de velours noir, coupé à la française, avec des boutons d'acier. On n'approche pas impunément de la personne d'un grand écrivain. Trécourt, en copiant les manuscrits de Buffon, fut pris du désir d'écrire pour son compte ; on a de lui divers mémoires manuscrits sur des objets d'histoire naturelle, qui ne manquent ni d'érudition ni de clarté. Durant la Terreur, il adressa, non sans quelque courage, à la Convention, différents mémoires dans lesquels il défend le jeune comte de Buffon, son maître, que son dévouement fut impuissant à sauver.

Quelques fragments de la correspondance que le comte de Buffon entretint avec lui dans ces temps malheureux, feront voir quelle entière confiance il avait dans le dévouement de Trécourt, et à quel point il comptait sur son zèle et sur son activité à le servir. Ils révèlent en outre un des traits les plus étranges de cette funeste époque, où ceux même qu'elle opprima ne parlent que de leur dévouement et de leur reconnaissance envers la République, et, confiants dans l'honneur des hommes qui la gouvernent, s'impatientent de la longue durée de leur détention, lorsque les portes de leur prison ne doivent s'ouvrir que pour l'échafaud.

En 1791, le comte de Buffon écrit de Paris à Trécourt : « J'ai prêté mon serment militaire, et les journaux d'ici l'ont imprimé ; j'ai suivi en cela les principes que j'ai professés depuis le commencement de la Révolution, et je l'ai prêté avec plaisir et résolution de l'exécuter ; malgré les désagréments que certaines gens cherchent à me donner en Bourgogne, je ne varierai jamais sur ce point. »

Le 1er juin 1793, le comte de Buffon apprend à Brienne, chez le comte de Loménie, que son nom vient d'être porté sur la liste des citoyens *qui ont émigré du département où ils ont leur domicile*, et que les scellés ont été apposés à Montbard.

« Je vous envoie, mon cher monsieur, écrit-il à Trécourt à ce propos, un certificat de civisme ; vous le produirez à votre district. Je ne l'ai pas fait viser au district de Brienne, afin de vous l'envoyer plus promptement. Si on exigeait cette formalité, j'en enverrais un autre visé ; mais j'espère que cela sera surabondant et que, d'après le certificat que j'ai envoyé, celui de non-émigration du département où j'ai mon domicile, et celui du ministre de la guerre, tout sera fini et que cette lettre trouvera les scellés levés. »

« Il est bien étonnant, lui dit-il dans une autre lettre, qu'à Semur on vous fasse tant de difficultés et que le district me traite ainsi. Que leur ai-je donc fait ? Ne suis-je pas patriote constant ? Ne leur en ai-je pas donné mille preuves ? N'ai-je pas aussi prouvé bien clairement que je ne crois pas aux revenants ? »

Après son arrestation il écrit encore : « Voilà bien trente-sept jours que cela dure, et je commence à trouver que c'est un peu long. Vous vous étonnerez sans doute de mon arrestation ; car vous savez, à n'en pas douter, que personne n'est meilleur patriote que moi. Dès que je pourrai parvenir à faire examiner mon affaire, *je suis bien sûr de sortir :* mais là est le difficile, à cause de l'immensité des affaires. Au reste, je n'en aimerais qu'un peu mieux la République, malgré toute cette petite aventure, s'il était possible que mon amour pour elle augmentât. Quand on n'a pas mérité son sort, il faut prendre patience ; le moment où on obtient justice vous dédommage de tout, et *ce moment arrivera pour moi.* Adieu. »

Lorsque le séquestre est mis sur ses biens, et que sa jeune et malheureuse femme, se trouvant sans ressources, est obligée, pour vivre, d'avoir recours à la générosité de quelques amis, un mois à peine avant sa fin tragique, le comte de Buffon, plein de confiance dans sa délivrance prochaine, écrit encore à son homme d'affaires, qui faisait des démarches pour obtenir que son maître pût prendre des arrangements relatifs à ses biens :

« J'ai reçu pour réponse de l'administration de police, cher citoyen, qu'il y avait défense de l'autorité supérieure de donner les permissions nécessaires pour que des notaires puissent entrer dans les maisons d'arrêt ou de santé. Mes amis ont consulté l'autorité supérieure et l'administration de police, et la réponse a été qu'il n'était pas possible d'accorder particulièrement une chose de cette espèce, mais que je devais être tranquille, que tout ce qu'on ferait était nul et serait détruit à ma sortie, si on passait outre malgré ma détention, qui raisonnablement ne pourrait pas se prolonger. D'un autre côté j'ai lieu de penser que maintenant *cette détention sera de courte durée,* et qu'après quatre mois d'arrêt, *je sortirai de là* bien pur et en bon et loyal patriote. »

Plus loin il dit encore : « N'ayez nulle espèce d'inquiétude relativement au séquestre qu'on vient de mettre sur mes biens. Je ne conçois pas pourquoi, mais nous l'éclaircirons et le ferons lever. C'est de la peine de plus, mais je sens qu'il faut la prendre avec patience, et que dans un moment comme celui-ci, où la première république du monde se fonde pour des milliers de siècles de gloire, de splendeur et de prospérité, les individus sont bien peu de chose et ne peuvent être étonnés d'être froissés par le mouvement révolutionnaire et la marche des événements. Je ne m'en plains pas pour ce qui me regarde. J'ai fourni tout ce qui a été nécessaire pour être rayé de la liste infâme où une erreur m'avait fait mettre. » On sent bien, dans ce passage empreint des exagérations du temps, qu'il y a là une phrase destinée aux geôliers par qui la lettre sera lue. Cette lettre est à la date du 23 prairial an II (11 juin 1793), et le 7 thermidor (10 juillet), moins d'un mois après, deux jours avant la chute de Robespierre, le comte de Buffon montait sur l'échafaud.

Durant tout le temps de sa longue captivité, qui suivit de quelques jours la célébration de son second mariage, sa jeune femme ne resta pas non plus inactive. Le 25 ventôse (15 mars 1793), elle écrit à Trécourt : « Je vous envoie, citoyen, une lettre que mon mari vous a écrite du Luxembourg; je ne puis rien faire pour son élargissement que je n'aie reçu les pièces que je vous ai demandées: je les attends avec impatience. S'il vous est possible de faire encore attester ce que je vous ai demandé par quelques membres du club, cela serait encore mieux, ou par le comité de surveillance. »

A la date du 5 germinal (25 mars 1793), elle lui écrit encore : « J'ai reçu, citoyen, votre lettre chargée qui contenait les attestations de la municipalité de Montbard. Je vous remercie de la diligence que vous avez mise à vous acquitter de cette commission; ces papiers me sont très-utiles, et je les attendais avec la plus grande impatience. Mon mari est, dans ce moment-ci, dans une autre maison d'arrêt que le Luxembourg; il est beaucoup mieux, il est dans une maison de santé, *j'espère qu'il n'y sera pas longtemps.* Je laisse passer les grandes affaires qui occupent maintenant et que vous savez sûrement; alors on s'occupera de la sienne. Je n'ai vu le citoyen Nadault qu'une seule fois; je ne sais pas ce qu'il est devenu. J'attends tous les jours qu'il revienne me voir; je ne puis point avoir de ses nouvelles, car je n'ai pas son adresse. »

La détention du comte de Buffon se prolonge, les démarches faites pour lui ouvrir les portes de sa prison restent infructueuses, ses biens demeurent sous le séquestre, sa jeune femme est dans le dénûment le plus complet, et cependant elle ne se décourage pas; à l'exemple de son mari, elle s'attend toujours à une prochaine délivrance. Singuliers temps que ceux où l'on croyait à la liberté jusqu'à l'heure où l'on montait à son tour sur l'échafaud ! Le 26 floréal (15 mai), elle écrit encore à Trécourt : « Faites-moi passer ce que vous aurez, n'importe la somme, telle petite qu'elle soit ; si vous trouvez par hasard à emprunter, je prendrai bien volontiers ce que vous vous serez ainsi procuré, même en mon nom, autorisée par le citoyen Buffon. *Aussitôt sa détention finie*, je serai tirée de cet instant de gêne incroyable jusqu'alors ; il pourra toucher ce qui lui est dû. Cette position est bien dure ! »

Trécourt, on le voit, se dévoua aux intérêts du fils de son bienfaiteur avec chaleur, et ne craignit pas, dans ces temps de défiance et de soupçons, de se compromettre à son tour. Après la mort de celui qu'il avait en vain tenté de sauver, il continua de servir avec zèle et désintéressement les intérêts de Mme de Buffon, veuve à dix-huit ans et jetée par son mariage dans la position la plus critique. Trécourt ne cacha pas sa conduite ; ses démarches furent faites au grand jour : aussi fut-il dénoncé et jeté en prison ; mais l'estime que son dévouement à ses anciens maîtres lui avait méritée parmi ses concitoyens lui valut sa liberté. Il prit même, à compter de ce jour, une certaine autorité sur les délibérations de la commune de Montbard. Appelé au district de Semur, il n'y fut pas non plus sans crédit, et une lettre, trouvée dans ses papiers, montre qu'il était noté comme un bon patriote. Elle lui est adressée par le conventionnel Florial Guiot, et mérite d'être conservée comme un des plus curieux monuments de l'histoire du temps.

Florial Guiot joua, on le sait, un rôle important dans la Révolution ; il fut tour à tour secrétaire du conseil des Anciens, porté en même temps que Talleyrand au ministère des affaires étrangères et candidat au Directoire.

« Paris, ce 14 fructidor, an III de la République, une et indivisible.

« ..... Votre observation que ceux qui ont beaucoup gagné et qui gagnent encore le plus à la Révolution sont précisément ceux qui la détestent davantage, est juste et ne doit point étonner. Voulez-vous donc que des hommes cupides, égoïstes ou brigands, soient des républicains ? Si cela était ainsi, les citoyens purs et vertueux deviendraient donc *royalistes* ! Mais c'est aux patriotes de 89, c'est aux vétérans de la Révolution à dénoncer les abus, les dilapidations qui se commettent sous leurs yeux ; c'est à eux à poursuivre rigoureusement les coupables, comme à démasquer leurs *honnêtes appuis*, je veux

parler de ces hommes qui ne se sont avisés d'être patriotes et républicains que depuis deux à trois mois. On peut aujourd'hui dire sans
crainte toutes les vérités, et le bon citoyen qui en tairait quelques-unes
utiles à son pays, ne serait plus à mes yeux qu'un être équivoque ou
pusillanime. Je vous envoie un exemplaire de la constitution, que vous
lirez avec tout l'intérêt d'un républicain. Les *royalistes absolus*, les
royalistes constitutionnels, tous les valets de Louis XVIII ou du duc
d'York, ne la liront qu'avec effroi et douleur. Ils se flattaient d'un
gouvernement aristocratique, et surtout qu'il y aurait un président
chargé de faire préparer et d'essayer les coussins du *fauteuil royal*.
Maintenant que leur attente est déçue, ils ont un autre projet et le
voici : ces nobles soutiens du trône demandent à grands cris le renouvellement en totalité de la Convention nationale. Ils savent que,
s'ils pouvaient tromper les assemblées primaires au point de leur
surprendre ce vœu ou plutôt cette volonté, l'intervalle qui s'écoule-
rait jusqu'à l'instant où le renouvellement serait effectué, nous entraî-
nerait dans la plus affreuse anarchie, et ils espèrent que du sein de
cette anarchie le despotisme renaîtrait plus fort qu'il ne l'a jamais
été ; mais ils se trompent encore même dans leur calcul : car les huit
cent mille républicains qui composent nos armées, et des millions de
républicains qui sont dans l'intérieur, jurent de ne jamais reprendre
les fers qu'ils ont brisés. Ce serait donc la guerre civile que l'anarchie amènerait à sa suite ; et qui peut, sans frémir, prononcer ce mot
horrible ? C'est aux vrais patriotes, c'est à tout citoyen qui aime son
pays, sa tranquillité, ses propriétés et sa vie, à repousser avec vigueur
et fermeté cette manœuvre liberticide. Le peuple veut la liberté et la
république ; qu'on lui montre le piége qui lui est tendu, et il l'évitera ;
qu'on lui présente ce qui est juste, bon et convenable, et il l'adoptera
avec enthousiasme. Je voudrais avoir le don d'assister aux assemblées
primaires, et je suis assuré que tous les hommes qui ouvriront
l'avis du renouvellement en totalité ou l'appuieront par des discours
apprêtés, sont précisément ceux qui n'ont constamment montré que
peu d'amour pour la liberté et peu d'attachement pour la Révolution.
Ne jugez point de l'esprit public de Paris par le langage de quelques
intrigants de section, les phrases séditieuses de quelques journa-
listes, trompettes bien soudoyées de Charette ou de Condé, ni par la
petite audace de *Royal-Cravate* ; ce serait comme si on jugeait de
l'honnêteté des Parisiennes par ces femmes officieuses qui habitent sur
le soir le Palais-Égalité. L'esprit public, c'est-à-dire celui de la masse
des citoyens actifs, laborieux, est très-républicain, si républicain que,
pour calomnier auprès d'eux la Convention nationale, on cherche à
leur persuader qu'elle veut rétablir le royalisme. Je vous réponds que

la constitution y sera acceptée sans modification, et que l'aristocratie aura encore un pied de nez....

« Salut et fraternité.   « FLORIAL GUIOT. »

(Inédite. — De la collection de M. Henri Nadault de Buffon.)

Note 2, p. 156. — Henri-Louis Desnos, né en 1716, fut sacré évêque de Rennes le 16 août 1761, et devint évêque de Verdun en 1769. Il succédait à M. de Drosménil, qui occupait ce siége depuis 1721.

Note 3, p. 157. — M. Guérard fut nommé échevin. C'est le grand-père de Benjamin-Edme-Charles Guérard, qui a consacré ses veilles à l'étude de nos antiquités nationales et a laissé au sein de l'Académie des inscriptions et belles-lettres un vide qu'on remplira difficilement. Des travaux opiniâtres, poursuivis avec un zèle que ne purent ralentir ni une santé délicate ni une maladie douloureuse, hâtèrent la fin d'un homme dont la vie s'écoula tout entière dans les plus arides études. M. N. de Wailly a écrit une notice sur sa vie (Paris, 1855, 1 vol. in-8°). L'Académie a composé pour sa tombe l'inscription suivante :

« Benjamin-Edme-Charles Guérard, né à Montbard le 15 mars 1797, mort à Paris le 20 mars 1854, membre de l'Académie des inscriptions et belles-lettres ; conservateur des manuscrits à la Bibliothèque impériale ; professeur à l'école des Chartes, directeur de la même école. Aussi estimable par l'intégrité de son caractère que par la sincérité scrupuleuse de son érudition ; digne continuateur des Bénédictins, il trouva dans les polyptyques et les cartulaires une source nouvelle de documents historiques, d'où il sut tirer des tableaux achevés de l'état des personnes et des choses au moyen âge. Ses deux frères lui ont élevé ce monument; l'Académie des inscriptions et belles-lettres associe ses regrets à leur douleur. MDCCCLIV. »

Note 4, p. 157. — M. Hobker, métallurgiste anglais distingué, vint visiter les forges de Buffon en l'absence du propriétaire. Il fut reçu à Montbard par Mme Daubenton ; et, de retour à Londres, il lut devant la Société royale un mémoire sur leur organisation, et sur les procédés employés par Buffon pour améliorer les fers nationaux.

CXXXVI

Note 1, p. 157. — Buffon, pendant sa longue carrière, ne se montra que fort rarement à Versailles; il ambitionnait peu les faveurs de la

cour. Sa fortune eut des bases plus solides. Ses travaux ne s'accom-
modaient guère d'ailleurs de la vie de courtisan, ce qui ne l'empêcha
pas d'obtenir tout le crédit qu'on ne pouvait refuser à sa haute position
littéraire et à la noble indépendance de son caractère. Il savait à
l'occasion défendre énergiquement la solitude dans laquelle il avait
besoin de s'enfermer. En voici un exemple peu connu. On vint un
jour de Versailles au Jardin du Roi, à franc étrier, le demander au
château. On voulait avoir l'avis du savant sur une question qui préoccupait fort une princesse du sang royal. C'était pendant le temps du
carême; on avait servi sur la table de l'Altesse un mets inconnu; elle
en avait mangé. La princesse avait-elle fait gras ou bien avait-elle
fait maigre? Telle était la grave question sur laquelle Buffon était
consulté. Le savant refusa de se déranger. L'Altesse fut au désespoir;
mais le Roi, qui sut l'aventure, en rit beaucoup, et blâma toutefois la
démarche qui avait été faite sans son aveu. Louis XV, qui voyait
s'avancer l'orage dont l'avenir était gros, mais qui en même temps
avait trop de paresse d'esprit pour imposer silence aux funestes doctrines qui le préparaient, eut toujours dans une estime singulière Buffon, qui s'était constamment tenu hors des cercles philosophiques.
Aussi, lorsque l'on conçut le dessein de lui élever une statue, Louis XV
décida-t-il que les fonds nécessaires seraient prélevés non pas sur le
crédit des bâtiments de la Couronne, mais sur sa cassette privée, voulant ainsi témoigner de la part qu'il désirait prendre à ce témoignage
d'une faveur éclatante.

Lors de l'érection de ses terres en comté, Buffon, encore souffrant
des suites de la cruelle maladie dont il relevait à peine, mécontent
aussi des procédés injustes dont on avait usé à son égard, ne se hâta
pas de faire ses visites à Versailles. Ce ne fut qu'un an après son
entier rétablissement qu'il accomplit ce devoir. Sa visite eut alors
un double but : remercier de la distinction dont on l'avait jugé digne,
et faire sa cour au nouveau roi. La faveur dont il avait joui à la
cour de Louis XV ne lui fut pas retirée; son crédit s'accrut même du
peu de sympathie que montrait Louis XVI pour les doctrines d'un
parti dont Buffon avait toujours vécu séparé. Le Jardin du Roi profita grandement de cette faveur nouvelle, et le jour où Louis XVI accorda à Bernardin de Saint-Pierre la direction du Jardin des Plantes,
il lui dit, en voulant lui témoigner la grande estime qu'il avait pour
son caractère : « Je nomme en vous un digne successeur de M. de Buffon. » Un autre jour il disait encore, en parlant de l'auteur de l'Histoire
naturelle : « On le nomme le Pline des Français, mais il serait plus
juste de nommer Pline le Buffon des Romains. » Depuis cette démarche
nécessaire faite à Versailles le 23 juin 1773, Buffon ne parut plus que

deux fois à la cour : ce fut en 1775, pour présenter au roi les deux discours qu'il devait prononcer, en sa qualité de directeur de l'Académie, à la réception du chevalier de Chatelux (15 avril) et à celle du maréchal duc de Duras (15 mai).

Note 2, p. 158. — Gueneau de Montbeillard, vivement pressé par Buffon, avait enfin paru consentir à venir se fixer à Paris. Les amis que sa liaison intime avec l'auteur de l'Histoire naturelle et ses propres travaux lui avaient faits dans les lettres, l'accueil qu'il avait reçu à Paris lors de son dernier séjour, l'engageaient également à se fixer dans une ville où il était déjà connu et apprécié. Au moment de se décider il hésita; les liens qui le retenaient dans sa ville natale furent plus forts que les conseils et les instances de l'amitié. Gueneau de Montbeillard resta à Semur. Lorsque Buffon revenait sur un projet qu'il eût aimé à voir se réaliser dans l'intérêt de l'amitié, Gueneau de Montbeillard lui répondait : « Vous-même avez contribué à changer ma résolution. Ici je vous vois chaque jour, plus que je ne vous verrais à Paris où vous allez peu et où le tourbillon vous emporte; je n'ai donc désormais aucune raison qui m'engage à abandonner ma chère patrie ! »

CXXXVII

Note 1, p. 158. — Mme Nadault chantait en effet fort bien. Benjamin Leclerc de Buffon, son père, était lui-même un excellent musicien; il fut le maître de tous ses enfants. Il reprochait à Buffon, son fils aîné, de ne pas comprendre la musique, et de ne point avoir l'oreille juste. Il était très-vif, et souvent à Dijon, dans des concerts auxquels il avait été invité, il s'écriait tout à coup, à haute voix : « Cela est faux, archifaux ! »

Mme Nadault fut d'un grand secours à son frère, qui la plaça de bonne heure à la tête de sa maison. Le jour où la renommée de Buffon dans tout son éclat eut attiré à Montbard des illustrations de plus d'un genre, elle en fit les honneurs avec un charme dont quelques écrivains contemporains nous ont conservé le souvenir. Personne, du reste, ne pouvait mieux convenir à cette mission toute de confiance. Joignant à une éducation parfaite un tact exquis, elle possédait au plus haut point le talent si rare de mettre chacun à son aise. C'était parfois une tâche difficile; à Montbard, en effet, se rencontraient les représentants des opinions les plus opposées. Mme Nadault avait su faire de la maison de son frère un terrain neutre où chacun se trouvait à l'aise, sans gêner personne. Avec beaucoup de sens et de justesse, elle avait un esprit gai, toujours en éveil, et une certaine inconstance d'humeur qui ne nuisait pas à son originalité. Sa conversation, naturelle et enjouée, avait mille charmes, et souvent des saillies vives et spirituelles avec le sel le plus fin. Elle trouva parfois dans son esprit ou dans son cœur de ces heureux à-propos qui semblent le privilége de certaines natures généreusement douées. J'en citerai un exemple. En 1784, lorsque le prince Henri de Prusse vint à Montbard, Buffon, accompagné de sa sœur, lui fit visiter ses jardins. Arrivé sur la plate-forme de l'ancien château, non loin du cabinet de travail de Buffon, le prince s'arrêta. D'anciennes pièces d'artillerie étaient rangées sur le rempart; il se mit à les examiner. « Mon prince, dit aussitôt Mme Nadault, si elles eussent été en état de servir, Votre Altesse les eût entendues saluer son arrivée. — Parbleu, petite sœur, lui dit Buffon lorsqu'ils furent seuls, vous avez eu là un heureux à-propos, on ne pouvait dire mieux ! »

Mme Nadault était d'un excellent conseil; Buffon, qui était son aîné de plus de trente ans, y eut souvent recours. Mme Necker, dont la nature aimante et sensible avait avec le caractère de la sœur de Buffon de nombreuses ressemblances, lui témoigna une constante amitié. Catherine-Antoinette Leclerc de Buffon mourut à Montbard le 21 juin 1832; elle était née à Buffon le 29 mai 1746, et avait épousé, le 24 juillet 1770, Benjamin-Edme Nadault, son cousin germain, conseiller au parlement de Bourgogne.

M. Humbert-Bazile, aux pages 23 et 361 de son manuscrit déjà cité, parle de la sœur de Buffon en ces termes : « Mme Nadault était de petite taille, mais elle avait une tournure distinguée et bien prise; sa figure était ronde, mais bien coupée cependant; elle avait des yeux remplis d'expression. Vive et enjouée, elle contribuait par le charme de son esprit à l'agrément de la société de Montbard. Excellente musicienne, elle conserva longtemps toute la fraîcheur et toute la souplesse de sa voix. J'ai vu Mme Nadault dans tout son éclat; elle m'a donné de salutaires conseils lors de mon départ pour Paris avec son frère, intendant du Jardin du Roi, en 1781. Après la mort de M. de Buffon et avec la pension qu'il lui avait laissée, Mme Nadault jouissait d'un revenu de 6000 livres de rentes. D'une grande simplicité dans ses goûts, la meilleure part de son revenu était consacrée à de bonnes œuvres; elle le réservait pour faire des heureux, et jamais on n'implora en vain sa générosité. Elle a conservé toute sa vie la vivacité de son esprit, et son grand usage du monde donnait, même dans la vieillesse, à ses moindres actions une grâce toute particulière. Ce fut vraiment une femme remarquable. A soixante-dix-sept ans, elle vint un soir chez

Mme Hivert, ma parente, pour lui offrir ses vœux à l'occasion de sa
fête. Elle chanta un duo avec sa petite-fille en s'accompagnant sur sa
guitare, et on s'étonnait de trouver encore sa voix fraîche, flexible et
bien conduite. « C'est pour vous que je chante, dit-elle à Mme Hivert,
« mais c'est bien pour la dernière fois. » Et elle a tenu parole, car on
ne la vit plus faire de musique depuis cette soirée. »

CXXXVIII

Note 1, p. 159. — Jean-François Le Mulier de Bressey, né le 9 février 1714, mort le 26 septembre 1783, entra au parlement de Dijon,
le 19 février 1737. Après vingt-quatre ans d'exercice, il obtint des
lettres d'honneur, et résigna ses fonctions en faveur de Jean Le Mulier
son fils, qui fut reçu le 3 mars 1761 avec dispense d'âge. M. Le Mulier,
quoique ne faisant plus à cette époque partie du Parlement, y avait
conservé un grand crédit, et avait laissé dans sa compagnie les plus
honorables souvenirs.

Note 2, p. 159. — Une cause importante ne se plaidait pas au Parlement sans que, auparavant, les plaideurs eussent été visiter leurs
juges. Les *visites d'honneur* se faisaient avec une certaine pompe;
chaque partie était accompagnée de ses parents ou de ses amis. Saint-
Simon parle ainsi de cette ancienne coutume, qui se maintint tant que
subsistèrent les parlements : « L'intérêt, qui amène la bassesse, avoit
introduit, depuis plusieurs années, la coutume de se faire accompagner
aux jugements des grands procès. Nous parûmes donc de part et d'autre, à l'entrée des juges au Conseil, avec une nombreuse parenté. Je
causois dans la pièce du Conseil avec quelques juges, tandis que
M. de Brissac étoit à la porte à les voir entrer. Il lui échappa quelques
bêtises sur Mme de Mailly, la dame d'atour, et tous les Bouillon qui
étoient avec nous, et bavardoit avec les juges qui entroient, avec
affectation, pour empêcher Mme de Saint-Simon de leur parler.... »

Note 3, p. 159. — Le docteur Barbuot, à qui Buffon accordait une
grande confiance, habitait Semur et était originaire d'une famille de
Flavigny, dont un membre, Jean Barbuot, docteur en médecine, mort
en 1665, à l'âge de trente-cinq ans, a fait imprimer en 1661 une brochure, écrite en latin, sur les vertus des eaux minérales de Sainte-
Reine.

Note 4, p. 159. — Philippe Barbuot de Palaiseau, né le 16 mars

1730, mort le 1er mai 1815, fut conseiller au parlement de Bourgogne, le 18 juin 1751.

Note 5, p. 159. — Mme Daubenton, le *charmant hanneton.*

Note 6, p. 159. — Louis-Étienne Lorenchet de Melonde, né à Beaune, fut pourvu, le 12 janvier 1762, d'un office de conseiller laïque, sur la résignation de Jean-Claude Perreney de Grosbois, promu à la dignité de premier président du parlement de Besançon. Il mourut en 1797.

Note 7, p. 159. — Cet avertissement est ainsi conçu : « J'en étais au seizième volume in-4° de mon ouvrage sur l'histoire naturelle, lorsqu'une maladie grave et longue a interrompu pendant près de deux ans le cours de mes travaux. Cette abréviation de ma vie, déjà fort avancée, en produit une dans mes ouvrages. J'aurais pu donner, dans les deux ans que j'ai perdus, deux ou trois autres volumes de l'*Histoire des oiseaux*, sans renoncer pour cela au projet de l'*Histoire des minéraux*, dont je m'occupe depuis plusieurs années. Mais me trouvant aujourd'hui dans la nécessité d'opter entre ces deux objets, j'ai préféré le dernier comme m'étant plus familier, quoique plus difficile, et comme étant plus analogue à mon goût, par les belles découvertes et les grandes vues dont il est susceptible. Et pour ne pas priver le public de ce qu'il est en droit d'attendre au sujet des oiseaux, j'ai engagé l'un de mes meilleurs amis, M. Gueneau de Montbeillard, que je regarde comme l'homme du monde dont la façon de voir, de juger et d'écrire, a plus de rapport avec la mienne ; je l'ai engagé, dis-je, à se charger de la plus grande partie des oiseaux ; je lui ai remis tous mes papiers à ce sujet.... Il a fait de ces matériaux informes un prompt et bon usage, qui justifie bien le témoignage que je viens de rendre à ses talents : car ayant voulu se faire juger du public sans se faire connaître, il a imprimé, sous mon nom, tous les chapitres de sa composition, depuis l'autruche jusqu'à la caille, sans que le public ait paru s'apercevoir du changement de main ; et parmi les morceaux de sa façon, il en est, tel que celui du *paon*, qui ont été vivement applaudis et par le public et par les juges les plus sévères.... »

A compter de ce jour, tous les articles fournis à l'Histoire naturelle par Gueneau de Montbeillard furent signés de son nom, malgré la résistance de ce dernier, qui prétendait ne fournir à son ami que de simples notes. Buffon l'avait ainsi voulu.

Vivre, pour Buffon, c'est travailler; une cruelle maladie, une longue convalescence ne lui laissent d'autres regrets que d'avoir perdu du temps et négligé ses travaux. On va le voir de plus en plus s'isoler des ambitions et des intérêts qui s'agitent autour de lui, se retirer à la campagne et se consacrer à ses études favorites. Il a regardé l'épreuve qu'il vient de subir comme un avertissement salutaire, et hâtera avec un courage nouveau l'achèvement d'une œuvre pour laquelle il craint que les forces ne viennent à lui manquer tout d'un coup.

CXXXIX

Note 1, p. 160. — Buffon était en procès avec la ville de Montbard, dont les échevins, dirigés par Maudonnet, saisissaient avec empressement toutes les occasions de lui faire de l'opposition. Il s'agissait cette fois d'un terrain sur lequel Buffon avait fait construire un petit hôtel qu'il destinait à son frère le chevalier, et que les habitants de Montbard réclamaient comme propriété communale. La contestation fut portée devant le Parlement. L'avocat de la ville produisit au procès un mémoire qui lui valut les éloges de celui contre qui il était dirigé. Le jour où se plaida sa cause, Buffon assista à la séance du Parlement dans une lanterne grillée. Lorsque l'avocat de la ville prit la parole, il commença son plaidoyer par un pompeux hommage rendu au génie du grand homme contre lequel il se voyait contraint de plaider. « Sortons, dit Buffon à Gueneau de Montbeillard qui l'accompagnait; car si je juge de la fin par le commencement, je vais être bien arrangé ! » Il perdit son procès; mais l'arrêt du Parlement ne fut point exécuté, et, l'année suivante, les habitants abandonnèrent de bonne grâce le terrain qu'ils avaient précédemment refusé.

Note 2, p. 160. — Mme Potot de Montbeillard.

Note 3, p. 160. — Mme Daubenton, qui était de son nom Bernarde Amyot.

CXL

Note 1, p. 161. — Charles-Claude de Flahaut, comte de La Billarderie d'Angeviller, directeur général des bâtiments du Roi, jardins, manufactures et académies, maréchal de camp, commandeur de l'ordre de Saint-Lazare, et membre de l'Académie des sciences, était un des gentilshommes de la Manche, attachés à l'éducation des enfants de France. Mme d'Angeviller, née Laborde, est connue par plusieurs essais littéraires : lui-même montra toujours un goût prononcé pour les sciences et la littérature. Il avait formé à grands frais un cabinet de minéralogie, qu'il céda en 1780 au Cabinet d'histoire naturelle. Il écrivait à ce sujet à l'abbé Delille : « M. de Buffon a enlevé mon cabinet.... je n'y ai pas de regret et vous savez que je n'avais fait des sacrifices considérables que dans ce seul objet.... » Il lui recommande en même temps de ne point parler de cette cession, *parce qu'il est inutile*, dit-il, *qu'elle soit connue*. Le comte d'Angeviller eut la confiance de deux rois et fut le favori de deux règnes. Il est vrai de dire que sa charge de directeur des bâtiments le mettait dans le cas d'avoir avec le chef de l'État les rapports les plus fréquents et les plus agréables. Abusant parfois de la faveur dont il jouissait, non content des charges de toute nature dont il était revêtu, il sollicitait et obtenait encore la survivance des gens en place. Il s'était fait nommer comme survivancier à la charge de conseiller d'État d'épée, dont le comte de Vergennes était titulaire : il en fut revêtu à sa mort. Il s'était en outre fait donner la charge d'intendant du Jardin du Roi en survivance de Buffon; mais, lorsque la place devint vacante, il n'osa en prendre possession et la fit transporter sur la tête de son frère. Les arts lui durent une protection éclairée, et les artistes des faveurs accordées avec discernement, distribuées avec choix. Quelques sages mesures furent prises sous son administration. Ce fut lui qui obtint de Louis XV que chaque année une somme importante serait consacrée à des tableaux d'histoire, genre alors en décadence dans l'école française, et que devait illustrer bientôt le peintre David. En 1777, il fit transporter aux Invalides les plans en relief des places fortes de France, exposés dans la grande galerie du Louvre, qu'il destinait à recevoir les richesses sans nombre en statues et en tableaux qui se trouvaient dispersées sans soins et sans goût dans les différentes résidences royales. Il voulait en outre y exposer les ouvrages des artistes vivants commandés ou achetés par le Roi, et former ainsi une galerie consacrée à l'École française moderne. Ces deux idées se sont réalisées depuis le comte d'Angeviller; mais il est bon de se souvenir qu'il en eut la première pensée. Il en eut une moins heureuse, qui s'est reproduite de nos jours avec plus de succès, et qu'il put réaliser alors, parce que sa mise à exécution ne demandait pas un grande dépense. Il couvrit de gazons les principales places de la ville. Il en mit sur la place Louis XV, qui, appelée jusqu'à ce jour la *plaine* Louis XV, fut alors trouvée trop étroite et incommode dans le temps de la foire Saint-Ovide, qui s'y tenait chaque année. Il en mit dans la cour du Louvre, jusque devant la porte de l'Académie française, ce qui donna lieu à cette mauvaise plaisanterie :

Des favoris de la muse française ·
D'Angeviller a le sort assuré :
Devant leur porte il a fait croître un pré,
Pour que chacun y pût paître à son aise.

Après avoir joui d'une grande faveur et avoir, pendant deux règnes, présidé en maître à l'administration des beaux-arts, le favori de deux rois vit un jour venir l'orage. Il fut surpris à l'improviste, et s'enfuit sans avoir pu assurer son avenir. Il s'arrêta en Russie. Pour lui l'exil fut rigoureux ; entièrement ruiné par la Révolution, il n'avait pour vivre qu'une fort modeste pension que lui fit Catherine II ; il mourut en 1810, presque dans la misère. Il y a de lui, parmi les miniatures du Louvre, un portrait qui dut être ressemblant : c'est bien l'homme de cour qui sent son crédit assuré, de la plus fine tournure et de la meilleure mine, portant haut la tête, et fort cavalièrement un frac à la mode. Ce n'est plus le seigneur évaporé du temps du feu roi ; c'est le favori de Louis XVI ; ce n'est point encore l'émigré malheureux de Saint-Pétersbourg.

Bien que Buffon eût eu fort à se plaindre de M. d'Angeviller, il entretint cependant avec lui, en apparence du moins, les meilleurs rapports. Le comte d'Angeviller lui écrivit, lors du mariage de son fils, la lettre suivante :

« Versailles, le 5 janvier 1781.

« Mon cher et respectable ami, j'ai reçu la lettre par laquelle vous me faites part du mariage de M. votre fils, et je m'empresse de vous marquer la part que Mme d'Angeviller et moi y prenons. Nous vous sommes attachés par un sentiment trop profond l'un et l'autre, pour ne pas former les vœux les plus sincères pour le bonheur de votre enfant ; c'est en faire en même temps pour le vôtre. Je n'ai pas mis le pied à Paris depuis un siècle ; vous croyez bien que, si j'y avais été, un de mes premiers soins aurait été d'aller vous chercher. Je n'ai appris cependant qu'il y a peu de jours que vous y étiez et que vous y étiez en bonne santé, et sans aucun ressentiment du mal qui vous a tant fait souffrir. Si je puis y aller passer quelques jours, un de mes premiers soins sera d'aller vous porter l'hommage de Mme d'Angeviller et celui de la vénération profonde, de l'attachement tendre, profond et inaltérable que je vous ai consacré, et dont j'ai l'honneur de vous assurer pour la vie, mon cher et respectable ami. »

(Inédite. — De la collection de M. Henri Nadault de Buffon.)

Note 2, p. 161. — Ce fut M. d'Angeviller qui mit Buffon en rapport avec M. et Mme Necker. La lecture de l'Histoire naturelle, dont Mme Necker aimait le *beau langage*, lui avait inspiré pour son auteur une profonde admiration; elle désira vivement le connaître, et M. d'Angeviller fut chargé de lui en ménager les moyens. On verra, par la suite, quelle place importante cette liaison tint dans la vie de Buffon, et, en reconnaissant combien elle eut pour lui de douceur et quel charme elle répandit sur ses dernières années, on saura peut-être quelque gré à M. d'Angeviller, qui lui causa un si vif chagrin en privant son fils de la survivance de l'intendance du Jardin, d'avoir ainsi indirectement réparé les suites de cette intrigue de cour.

Note 3, p. 161. — L'ouvrage dont il est ici question est l'*Éloge de Colbert*, par Necker, qui obtint, le 25 août 1773, le prix d'éloquence décerné par l'Académie française. Cet ouvrage, le premier de Necker, qui était alors ministre de la République de Genève à Paris, eut un grand retentissement. En même temps qu'il annonçait un écrivain ingénieux, il signalait à l'attention publique un homme profondément versé dans les questions de finance et de crédit. « L'*Éloge de Colbert*, dit Grimm, fait dans ce moment la plus grande sensation, et la postérité en parlera sans doute encore avec admiration, longtemps après qu'on aura oublié les clameurs que l'envie et l'esprit de parti excitent aujourd'hui contre lui.... L'*Éloge de Colbert* est suivi de notes. Ces notes ne sont pas des recherches isolées sur quelques circonstances de la vie de Colbert ou sur quelqu'une de ses opinions particulières; elles forment un système d'administration politique plein de vues utiles et, quoique fort court, plus complet peut-être que tout ce que nous avons vu dans ce genre. »

CXLI

Note 1, p. 162. — Jacques Necker, dont le nom se rattache à l'époque la plus orageuse des derniers jours de la monarchie, naquit en 1732, et mourut le 9 avril 1804, dans la retraite, après avoir connu tout ce que la popularité a de plus enivrant et tout ce que la haine publique a de plus amer.

Note 2, p. 162. — Buffon n'était pas partisan du libre échange; on en verra plus loin un nouvel exemple. Son jugement sur la secte économiste peut paraître sévère; en l'appuyant du témoignage d'hommes

qui l'ont vue à l'œuvre, il ne sera plus que juste. On lit.dans les Mémoires de Bachaumont, à la date du 20 décembre 1767 :

« Il s'est formé à Paris une nouvelle secte, appelée les *Économistes ;*
ce sont des philosophes politiques, qui ont écrit sur les matières
agraires ou d'administration intérieure, qui se sont réunis et prétendent
faire un corps de système qui doit renverser tous les principes reçus
en fait de gouvernement et élever un nouvel ordre de choses. Ces
messieurs avaient d'abord voulu entrer en rivalité contre les Encyclopédistes et former autel contre autel ; ils se sont rapprochés insensi-
blement : plusieurs de leurs adversaires se sont réunis à eux, et les
deux sectes parurent confondues dans une. Quesnay, ancien médecin
de Mme la marquise de Pompadour, est le coryphée de la bande ; il a
fait, entre autres ouvrages, la *Philosophie rurale.* M. de Mirabeau, l'auteur de *l'Ami des hommes* et de la *Théorie de l'impôt,* est le sous-di-
recteur. Les assemblées se tiennent chez lui tous les mardis, et il
donne à dîner à ces messieurs. Viennent ensuite M. l'abbé Baudot, qui
est à la tête des *Éphémérides du citoyen ;* M. Mercier de La Rivière,
qui est allé donner des lois dans le Nord et mettre en pratique en
Russie les spéculations sublimes et inintelligibles de son livre de
l'*Ordre naturel et essentiel des Sociétés politiques ;* M. Turgot, intendant de Limoges, philosophe pratique et grand faiseur d'expériences,
et plusieurs autres, au nombre de dix-neuf à vingt. Ces sages modestes prétendent gouverner les hommes de leur cabinet par leur influence sur l'opinion, reine du monde. »

« Une secte s'est élevée, disait dans le même temps l'avocat Linguet, qui s'est piquée surtout de diriger les princes et de maîtriser la
subsistance des peuples ; secte qui compte pour rien la vie des hommes,
et qui a osé, pour fondement de sa croyance, établir que les denrées
seules pouvaient être comptées pour quelque chose par la politique ;
secte qui a toujours le mot d'*économie* à la bouche et qui favorise,
sinon directement par ses principes, au moins certainement par ses
conséquences, la plus effroyable dissipation ; secte d'autant plus dangereuse, qu'elle s'attache à exciter le fanatisme ; qu'elle séduit de
belles âmes par l'apparence et la noblesse imposante de ses mystiques
spéculations ; qu'en affectant de la fierté elle s'insinue avec adresse
dans le cabinet des grands ; que ses adeptes parviennent à l'opulence
en parlant beaucoup de la misère des autres : monstrueux mélange,
enfin, de la frivolité française et de la pédante, de l'inhumaine incon-
séquence des Anglais.... »

Enfin Grimm, à la date du 1er janvier 1770, juge ainsi cette secte
nouvelle : « Il s'est élevé depuis quelque temps, dans le sein de cette
capitale, une secte d'abord aussi humble que la poussière dont

elle s'est formée, aussi pauvre que sa doctrine, aussi obscure que son style, mais bientôt impérieuse et arrogante ; ceux qui la composent ont pris le nom de *Philosophes économistes*. On les a appelés les Capucins de l'Encyclopédie, en réminiscence de ce que ces bons pères étaient jadis réputés les valets des autres. » Le docteur Quesnay était le chef du parti économiste. Les premières réunions des membres de la nouvelle société se tinrent dans le petit entre-sol que le docteur occupait au-dessous de l'appartement de Mme de Pompadour, dont il était le médecin. L'abbé Baudot, secrétaire de la société, rédigeait un journal, *les Éphémérides du citoyen*, destiné à répandre et propager ses maximes.

CXLII

Note 1, p. 162. — François-Pierre-Marie Gueneau de Mussy, avocat au Parlement, devint maire de Montbard. Avant d'entrer en fonctions, il demanda à Buffon la réforme de certaines mesures qu'il regardait comme contraires aux intérêts de la ville. Il eut trois fils, dont l'un fut Philibert Gueneau de Mussy, membre de l'ancien conseil royal de l'instruction publique. Fontanes l'avait, dès 1808, appelé près de lui, et profita de ses conseils pour organiser l'Université impériale. L'autre, François Gueneau de Mussy, fut longtemps chargé de la direction de l'École normale supérieure. Il était en même temps médecin de l'Hôtel-Dieu et du roi Charles X ; son fils Henri est attaché comme médecin à la famille d'Orléans. Buffon cite dans divers passages de l'Histoire naturelle le nom de M. de Mussy, major d'artillerie au service de la Hollande ; je n'ai pu savoir s'il appartenait à la famille Gueneau de Mussy.

Note 2, p. 162. — Chaque fois qu'il est parlé du docteur, il s'agit de Jean-Marie Daubenton, garde démonstrateur du Cabinet du Roi.

CXLIII

Note 1, p. 163. — Antoine-Jean Amelot de Chaillou entra jeune dans une carrière qui tôt ou tard conduisait au Conseil, la carrière des intendances. Intendant de la province de Bourgogne, de 1764 à 1774, il eut, en cette qualité, lors de la suppression du parlement de Dijon, en 1771, à signifier à cette cour les ordres du Roi. Lorsque, quelques années plus tard, Amelot fut appelé au Conseil, il obtint le dépar-

tement de Paris, dans les attributions duquel rentrait la direction de
l'Opéra. Un règlement nouveau, qu'il y voulut introduire, causa
une grande fermentation dans l'Académie royale de musique, et
Sophie Arnoux lui dit un jour à ce sujet : « Vous devez cependant
savoir, Monseigneur, qu'il est plus facile de composer un parlement
qu'un opéra. »

Note 2, p. 163. — La famille Daubenton avait à cette époque de
nombreux représentants. Le chef de la maison avait eu douze enfants.

Louis-Jean-Marie Daubenton, de l'Académie des sciences, et garde
démonstrateur du Cabinet d'histoire naturelle, le collaborateur de
Buffon, avait épousé, le 21 octobre 1754, Marguerite Daubenton, sa
cousine germaine, ainsi qu'on l'a dit précédemment (note 3 de la
lettre LIX, p. 303). Il n'avait point d'enfants.

Edme-Louis Daubenton, son cousin, garde et sous-démonstrateur
du Cabinet, membre de l'Académie de Nancy, habitait avec son parent
le Jardin du Roi. De son mariage avec Mlle Adélaïde de Bouttevilain de
La Ferté, il avait eu une fille unique, Zélie Daubenton. Si au Jardin du
Roi on s'occupait de sciences, on y écrivait aussi des romans, et bien
mieux, on trouvait le moyen d'en faire. Marguerite Daubenton était
une femme d'une intelligence distinguée et d'un cœur excellent, mais
d'une imagination romanesque et d'un esprit exalté, comme le témoigne son roman de *Zélie dans le désert* (Voy. la note ci-dessus rap-
pelée). Zélie Daubenton, privée de bonne heure des soins de sa mère
morte fort jeune, fut élevée par sa tante. L'éducation d'une jeune fille
et les soins qu'elle exige convenaient peu à sa nature ; aussi, pendant
que la tante écrivait des romans, la nièce faisait-elle le sien.

Antoine Petit, qui occupait une chaire d'anatomie au Cabinet d'histoire naturelle, avait introduit au Jardin du Roi, pour le suppléer
dans ses cours, un jeune homme récemment arrivé de Valognes
à Paris. Vicq-d'Azir, quoique fort jeune, avait publié sur l'anatomie
et la médecine des mémoires qui le firent remarquer. Antoine Petit
lui destinait sa succession ; mais Buffon en avait disposé à l'avance
en faveur d'Antoine Portal, membre de l'Académie des sciences, et
Vicq-d'Azir, qui avait perdu l'espoir de voir réussir son projet, dut
quitter le Jardin du Roi. Ce premier échec ne le troubla pas cependant ;
il professa, à l'École de médecine, un cours d'*Anatomie humaine
comparée avec celle des animaux*. Ses leçons attirèrent un nombreux
auditoire, succès qu'on ne vit pas sans envie ; la jalousie fit bientôt
fermer au jeune professeur les portes de la Faculté. Sans se laisser décourager, Vicq-d'Azir ouvrit à ses élèves son propre domicile. Il de-
meurait alors rue des Fossés-Saint-Victor, tout près du Jardin du Roi.

Pendant son court séjour au Muséum, Daubenton l'avait introduit dans sa famille, et Mlle Zélie Daubenton n'avait point oublié le jeune homme à qui son oncle prédisait un brillant avenir. Un soir d'été, passant avec sa tante devant la maison de Vicq-d'Azir, elle fut prise d'un évanouissement subit. Vicq-d'Azir, on le sait, était médecin; il fut appelé pour lui porter secours. Mlle Daubenton fut transportée dans sa maison, et quelques mois après, en 1773, elle devint Mme Vicq-d'Azir. Ce mariage porta bonheur au jeune savant : en 1774, il entra à l'Académie des sciences, et en 1788, à la mort de Buffon, il lui succéda à l'Académie française. Depuis plusieurs années il était le candidat de l'Académie. On lit à ce sujet dans les Mémoires de Bachaumont, à la date du 7 janvier 1787 :

« On n'a pas manqué de lancer des brocards contre l'Académie française, depuis qu'elle paraît décidée à écouter les sollicitations du docteur Vicq-d'Azir, pour remplacer l'abbé de Boismont * ; voici surtout une épigramme qui court et amuse les oisifs de la nation :

> Sait-on pourquoi l'Académie,
> A trente concurrents divers
> Du bel esprit, en prose, en vers,
> Ayant la brillante manie,
> Préfère un certain médecin,
> Exercé dans l'anatomie,
> Connaisseur en épidémie,
> Le fameux Vicq-d'Azir enfin?
> Elle craint l'épizootie **. »

Note 3, p. 164. — Buffon fait allusion au lieutenant général civil et criminel au bailliage de Charolles, qui était alors Étienne Déprez, seigneur de Crassier, chevalier de l'Ordre militaire de Saint-Louis.

CXLV

Note 1, p. 165. — Les cadeaux de porcelaine étaient alors à la mode. La porcelaine de Sèvres, quoique dans sa nouveauté, avait déjà atteint un degré de perfection inouï. Ce fut le 24 juillet 1748, qu'une ordonnance royale, rendue sous l'influence de la marquise de Pompadour, établit au château de Vincennes une manufacture pour la fabrication de porcelaines, dans le genre de celles de Saxe. Peu de

---

* Rulhières, protégé par Monsieur, près duquel il remplissait les fonctions de secrétaire de ses commandements, l'emporta cette fois sur Vicq-d'Azir.

** Épizootie veut dire épidémie sur les bêtes à cornes; les cures de Vicq-d'Azir dans ce genre de maladie ont fait en grande partie sa réputation de médecin.

temps après sa fondation, la nouvelle manufacture fut transportée à
Sèvres, et ses produits en prirent le nom. L'entretien de Sèvres exigeait de grandes dépenses, et, pour engager les courtisans à acheter de ses produits, on exposait chaque année dans la galerie de
Versailles ce qui avait été fabriqué de plus parfait. Louis XV dit un
jour à l'abbé de Vernon, conseiller au Parlement, en lui montrant un
service marqué à un prix fort élevé : « Achetez cela, l'abbé, c'est fort
beau. — Sire, répondit l'abbé, je ne suis ni assez riche, ni assez
grand seigneur. — Prenez toujours, reprit le Roi, une abbaye payera
votre marché. » Buffon avait reçu de nombreux cadeaux de ce genre;
la main qui les avait donnés ajoutait encore à leur valeur. Il avait
fait construire à Montbard, en face de sa maison, sur la première
terrasse de ses jardins, un cabinet destiné à recevoir cette précieuse
collection. C'était une construction d'un genre alors nouveau, une sorte
de *kiosque*, aujourd'hui démoli. On la nommait le *dôme*. Au-dessus d'une
grotte de stuc, dont l'intérieur était décoré de coquilles groupées avec
art et incrustées dans l'enduit, s'élevait un pavillon à deux étages.
Des rampes de pierre habilement ménagées et ornées de vases de
marbre et de statues conduisaient de la grotte aux étages supérieurs ; des volières et des massifs de fleurs en décoraient les abords.
Le dernier étage était appelé le *Cabinet des porcelaines*. Sur des rayons
en bois des îles, qui garnissaient entièrement les murs, étaient rangés
les divers et nombreux cadeaux que Buffon avait reçus des souverains
et des princes français ou étrangers, soit en œuvres d'art, soit en porcelaines de prix. Ce cabinet renfermait un grand nombre de pièces.
Après la fin tragique du fils de Buffon, le mobilier de Montbard fut
vendu au profit de la nation; les richesses que renfermait le *dôme*
furent estimées comme de la faïence commune et achetées à vil prix.

Un inventaire fort exact, dressé à Montbard, lors de la mort de
Buffon, nous a conservé la liste de ces objets précieux. Buffon, qui était
fier de ses porcelaines, faisait toujours servir le café dans le *dôme*, lequel n'était qu'à quelques pas du château.

A la page 127 de l'inventaire, se trouvent les détails suivants qui
nous ont paru dignes d'être sauvés de l'oubli, et qui donneront une
idée des richesses de cette collection, dont le prix serait aujourd'hui
très-élevé :

DÔME.

« Devant et derrière le dôme, il y a des doubles pentes sablées et
bordées de treillages peints en vert, par lesquelles on parvient au pied
de cet édifice qui est élevé sur un massif environné de murs garnis de

treillage semblables à ceux qui recouvrent les quatre faces de l'édifice et à ceux qui bordent les pentes sablées.

GROTTE.

« Une grotte marbrée et en compartiments, garnie de rocaille, de coquillages et d'autres productions marines, avec des bordures et pilastres formés par des lames de talc et de verre de glace et différents ornements de cuivre doré.

« Un gros bloc de marbre sculpté sert de tablette à cette grotte, au-devant de laquelle est suspendu un vase ovoïde de cristal, taillé à facettes, orné de cuivre au-dessus, et représentant une lanterne ou une lampe.

« Le plafond et partie des côtés ornés de petits coquillages rangés en compartiments et incrustés dans le plâtre comme ceux de la grotte même.

« Un banc de bois, en forme de fauteuil, sur lequel plusieurs personnes peuvent tenir assises.

« De chaque côté de la grotte, deux grandes volières de fil de fer maillé, ayant neuf faces en comptant celles des portes soutenues par des montants ou petits cylindres de fer, ornées d'un peu de cuivre vers le haut et terminées chacune par un chapiteau de tôle peinte en vert, au-dessus duquel il y a un oiseau. Ces volières sont meublées de leurs juchoirs, augettes et petits paniers en très-mauvais état.

« Sur le premier palier de l'escalier du dôme est un passage en forme de cintre, dans lequel il y a une autre volière de fil de fer maillé, ayant au-dessous une porte de bois, et intérieurement un juchoir et des augettes.

CHAMBRE AU PREMIER ÉTAGE DU DÔME.

« Escalier à plusieurs paliers, garni de plomb en lames dans une partie de sa hauteur, bordé de chaque côté par des rampes de fer peintes en vert et faites en forme de portiques, comme celles qui sont de chaque côté des principaux paliers.

« Dans la chambre dont il s'agit, il s'est trouvé une vieille commode avec trois tiroirs fermant à clef et garnis de leurs anneaux de fer.

« Une cuvette et un pot à l'eau de faïence.

« Un lit de camp avec ses sangles, garni d'indienne pareille à la courte-pointe ; une cartalogne de laine blanche, deux matelas de laine, couverts de toile bleue et blanche, un traversin couvert de coutil bleu et blanc. Les deux dossiers sont garnis d'indienne et la paillasse couverte de toile.

« Plusieurs plans des forges, du château et jardins de Quincy, cloués sur les murs.

« Deux dessus de porte représentant des ruines d'Égypte.

« Une tapisserie de papier de plusieurs couleurs.

« Huit portraits dans des bordures dorées.

« Deux globes anglais, l'un céleste, l'autre terrestre, montés sur bois et couverts de leurs robes.

« Deux tables divisées en plusieurs cases venant de la salle à manger.

« Dix fauteuils et deux chaises couverts de différentes étoffes de couleur.

TERRASSE DERRIÈRE LE PREMIER ÉTAGE DU DÔME.

« Cette terrasse, qui est soutenue par des piliers de pierre, est pavée de grands carreaux de pierres de taille et couronnée d'une rampe de fer façonnée en portique.

« Sur cette terrasse, une grande volière carrée de fil de fer maillé, dont la porte ferme à clef, meublée intérieurement de juchoirs et d'augettes. Les nappes de fil de fer qui forment cette volière, sont assujettis à des barreaux de fer assemblés en forme de châssis, et sont à très-grandes mailles.

DEUXIÈME ÉTAGE DU DÔME.

Cabinet des porcelaines.

« Six fauteuils de canne peints en gris, garnis de coussins de vieux taffetas à carreaux rouges et blancs.

« Quatre rideaux en cinq pièces de vieux taffetas à carreaux rouges et blancs pendant à leurs tringles, devant la porte vitrée et devant la croisée.

« Dans l'angle, à droite en entrant, il y a une encoignure composée de cinq rayons de bois peint couleur de chair.

« 1er Rayon supérieur. Un vase de cuivre doré, en forme d'urne.

« 2e Rayon. Une jatte de porcelaine bleue du Japon, ornée de fleurs jaunes.

« 3e Rayon. Une jatte de porcelaine festonnée et ornée de fleurs d'or sur fond blanc.

« 4e Rayon. Deux tasses avec leurs soucoupes de terre noire d'Angleterre, ornées de fleurs d'or.

« 5e Rayon. Une petite tasse avec sa soucoupe de porcelaine de Saxe.

« Au-dessous de ces rayons, il y en a un autre très-petit, sur lequel se trouve un vase avec son couvercle de porcelaine craquelée, bordé et monté en cuivre doré et ciselé.

« Plus bas, une encoignure de marbre blanc sur laquelle se trouve un marbre blanc veiné de gris, façonné en manière de coffre et ayant deux cases rondes à l'intérieur avec un couvercle.

« Sur le même côté, à droite et ensuite des précédents objets, il y a une tablette composée de cinq rayons de bois peint couleur de chair.

« 1er Rayon ou supérieur. Un ange de cuivre doré couché sur un piédestal de bois.

« 2e Rayon. Deux tasses dépareillées avec leurs couvercles et leurs soucoupes, et un sucrier uni avec son couvercle de porcelaine.

« 3e Rayon. Une jatte à filets de porcelaine bleue du Japon parsemée de fleurs d'or, et deux théières de porcelaine blanche à fleurs avec leurs couvercles.

« 4e Rayon. Un sanglier sur ses jambes, soutenu par un plateau de porcelaine ou faïence fine, et de chaque côté deux tasses de porcelaine de Chantilly avec leurs soucoupes.

« 5e Rayon. Un grand sucrier sans couvercle, de porcelaine de Chantilly à fleurs, et de chaque côté deux coquetiers de même substance, aussi ornés de fleurs.

« De chaque côté de la croisée à droite, il y a deux piédestaux de bois peint, surmontés de deux grandes tabagies de porcelaine de la Chine ou du Japon, ornées de fleurs d'or, bleues et rouges.

« Au-dessous de l'une de ces tabagies, il y a une petite table de bois de marqueterie dont le plateau est de marbre veiné de rouge et de blanc, sur laquelle se trouve une assiette ou laitière, avec son pot et son couvercle de porcelaine blanche à filet d'or et à fleurs.

« Ensuite et toujours du même côté à droite, on trouve une tablette de bois peint couleur de chair et composée de cinq rayons.

« 1er Rayon ou supérieur. Un ange de cuivre doré, couché sur un piédestal de bois peint couleur de chair.

« 2e Rayon. Une jatte de porcelaine à fleurs et filets dorés, et de chaque côté deux petites tasses en forme de pot, munies de leurs couvercles.

« 3e Rayon. Un sucrier à anses et à fleurs d'or, rouges et vertes, et deux petits vases à fleurs dont l'un n'a point de couvercle ; ces trois pièces sont de porcelaine de Saxe.

« 4e Rayon. Un pot en forme de marabout, avec son couvercle de porcelaine de Saxe bleue et blanche et à filets dorés, avec deux petits vases de même porcelaine, ayant leurs couvercles.

« 5e Rayon. Un mardi gras assis auprès de sa marmite de porcelaine à fleurs commune, et deux tasses à anse avec leurs couvercles de même porcelaine.

« Au-dessous de ces rayons, une table de bois peint couleur de chair, dont le plateau est de marbre blanc, sur laquelle il y a une écuelle avec son couvercle et son assiette de porcelaine de Saxe dorée et à filets, et deux tasses de même porcelaine avec leurs soucoupes ovales.

« Dans l'angle du fond du cabinet et toujours du côté droit, il y a une encoignure composée de cinq rayons de bois peint couleur de chair.

« 1er Rayon ou supérieur. Un vase de cuivre doré en forme d'urne.

« 2e Rayon. Un vase de porcelaine commune orné de fleurs et de forme octogone.

« 3e Rayon. Un sucrier de porcelaine commune, à fleurs et à filets ou rayures.

« 4e Rayon. Un grand pot à anse, évasé par le haut, avec sa soucoupe de porcelaine de Saxe, ornée de fleurs.

« 5e Rayon. Il n'y rien sur ce 5e rayon.

« Au-dessous de ces rayons, on trouve une encoignure en forme d'armoire dont le dessus est de marbre blanc veiné de gris, sur laquelle il y a un petit cabaret vernissé peint en rouge, contenant deux bocaux de forme carrée de porcelaine à fleurs d'or.

« Sur le mur du même cabinet qui fait face à la porte d'entrée, il y a huit figures plates par derrière, de cuivre doré, représentant des Indiens, dont quelques-uns sont armés de massues et les autres accompagnés d'animaux.

« Sur le même mur du fond du cabinet et ensuite de la précédente encoignure, il y a une tablette composée de deux rayons de bois vernissé, peint en rouge.

« 1er Rayon ou du dessus. Un cerf dans l'attitude de la marche, monté sur un plateau, le tout de porcelaine ou de faïence fine.

« 2e Rayon. Deux vases de porcelaine bleue du Japon, de forme allongée et évasée par le haut, dont les anses et le dessous sont de cuivre doré.

« Au-dessous de ces rayons il y a une double encoignure composée de trois rayons en demi-cercle, de chaque côté de laquelle sont deux petits ornements de cuivre.

« 1er Rayon ou du dessus. Un pot-pourri de porcelaine à fleurs avec son couvercle, sa bordure et d'autres ornements de cuivre doré, et une grande tasse à anses de porcelaine de Saxe à fleurs et filets d'or.

« 2e Rayon. Deux vases de porcelaine couleur vert d'eau à fleurs, lesquels sont de forme globuleuse dans le milieu et terminés par chacun un fût à leur partie supérieure.

« 3e Rayon. Un pot à l'eau à anse en forme d'aiguière, de porcelaine de Saxe, à fleurs de différentes couleurs et à filets d'or; et une saucière de même porcelaine aussi à filets d'or.

« Sur un autre rayon seul, au-dessous des précédents, on voit deux figures en biscuit de porcelaine, dont l'une représente un homme incliné en avant auprès d'une hotte et tenant des oiseaux dans sa main; l'autre figure représente une femme avec une corbeille sous son bras droit; il y a aussi un petit cygne de porcelaine.

« Au-dessous de ce rayon détaché, il y a une table avec son tiroir, peints en rouge sous vernis et à fleurs d'or, sur laquelle il y a : 1° une grande soupière avec son assiette et son couvercle surmonté d'un oiseau, le tout de porcelaine à fleurs de différentes couleurs; 2° six tasses de porcelaine, leurs soucoupes et leur sucrier qui a son couvercle, aussi de porcelaine à fleurs de différentes couleurs.

« Sous cette table, un très-grand et très-beau plat de porcelaine de la Chine à fleurs bleues et rouges et à filets d'or.

« A côté des précédentes tablettes et toujours en allant de droite à gauche, on voit une tablette composée de cinq rayons de bois peint couleur de chair.

« 1er Rayon ou du dessus. Un Cupidon de cuivre doré, tenant dans ses mains deux couronnes de laurier; de chaque côté sont deux petits ornements de cuivre en forme de vases.

« 2e Rayon. Une théière et deux sucriers avec leurs couvercles de porcelaine de Saxe à fleurs de différentes couleurs et à filets dorés.

« 3e Rayon. Deux figures représentant un jardinier et une jardinière, avec un vase à fleurs de porcelaine de Saxe dorée.

« 4e Rayon. Deux vases de fleurs et un moutardier de même porcelaine, ornés de fleurs et de dorures.

« 5e Rayon. Deux figures représentant l'une un faucheur avec sa faux, et l'autre une femme portant une corbeille de fleurs, avec un vase de fleurs dans le milieu, de même porcelaine que les précédents objets.

« Au-dessous de ces rayons, on voit un plateau de marbre blanc,

soutenu par des consoles de cuivre, sur lequel il y a une bergère assise
sur un rocher, avec un mouton et un vieux arbre, le tout tenant ensemble et ne formant qu'une seule pièce.

« Plus bas, une table de bois de marqueterie avec un tiroir fermant
à clef, sur laquelle il se trouve : 1° une écuelle à anse avec son couvercle à cercles d'argent et son assiette de porcelaine du Japon ; 2° une
grande tasse à chocolat avec son couvercle à cercles d'argent, et son
assiette sur le fond de laquelle il y a une corbeille d'argent pour
recevoir la tasse ; 3° un pot à l'eau dont le couvercle est attaché au
pot au moyen d'une charnière d'argent, le tout de fort belle porcelaine ; 4° quatre tasses avec leurs soucoupes de porcelaine commune
ornée de fleurs.

« Sous la précédente table et sur le carrelage de la chambre : 1° un
étui rond en forme de pot, dont le bois est peint en noir, orné de fleurs
d'or, contenant un pot d'étain à anse de cuivre avec son couvercle,
enveloppé dans un fourreau de damas vert doublé de bleu ; 2° un
petit cabaret de bois peint à la chinoise ; 3° un grand plat rond de
porcelaine ancienne, orné de fleurs et de dorures.

« Ensuite, et toujours en allant de droite à gauche, il y a une
tablette composée de deux rayons de bois vernissé et peint en
rouge.

« 1er Rayon ou du dessus. Une biche dans l'attitude de la marche.

« 2° Rayon. Trois vases de porcelaine bleue à l'extérieur avec leurs
couvercles, leurs anses étant de cuivre doré.

« Au-dessous de ces deux rayons il y a une double encoignure de
bois peint en brun, composée de trois rayons en forme de demi-cercle,
et accompagnée de deux petits ornements de cuivre qui sont de chaque
côté.

« 1er Rayon ou du dessus. Une vache couchée sur la laiterie en
forme de baignoire de vendange, avec une figure en biscuit de porcelaine représentant une beurrière et une femme qui bat du beurre.

« 2° Rayon. Deux petits vases en forme de bouquetiers.

« 3° Rayon. Une grande tasse à chocolat évasée par le haut, et
un autre vase aussi évasé à filets dorés, de porcelaine de Saxe ornée
de fleurs.

« Au-dessous de ces trois rayons, un autre rayon de bois sur lequel
il y a trois figures en biscuit de porcelaine : l'une représente une ven-
dangeuse ayant son tablier rempli de raisins ; l'autre un homme en
posture de suppliant, ayant l'air de faire une demande à la vendan-
geuse ; la troisième figure représente un enlèvement et paraît être
destinée à orner un plateau de dessert.

« Plus bas, une petite table de bois, peinte de diverses couleurs,

ornée de fleurs et de dorures avec son tiroir ; il y a sur cette table :
1º une belle écuelle avec son couvercle et son assiette de porcelaine
de Saxe, couleur vert d'eau, ornés de fleurs et de filets dorés ; 2º une
théière avec son couvercle et deux tasses avec leurs soucoupes pareilles à la théière de porcelaine ornée de fleurs ; 3º deux autres
tasses aussi avec leurs soucoupes de porcelaine à fleurs de différentes
couleurs ; 4º un petit sucrier avec son couvercle et sa jatte carrée de
même porcelaine, fleuris de différentes couleurs.

« Sous cette table, c'est-à-dire sur le carrelage de la chambre,
un grand plat de porcelaine de la Chine, orné de peintures et de
dorures.

« Dans l'angle où les murs du fond et de la gauche se réunissent,
il y a une encoignure composée de cinq rayons de bois peint couleur
de chair.

« 1er Rayon ou du dessus. Un vase de cuivre doré en forme
d'urne.

« 2e Rayon. Un vase de porcelaine de forme octogone et orné de
fleurs et de dorures.

« 3e Rayon. Un pot à l'eau en forme de cuve avec sa cuvette de
porcelaine de Saxe, ornés de fleurs et de dorures.

« 4e Rayon. Un vase en forme de sucrier, de porcelaine de Chantilly,
orné de filets.

« 5e Rayon. Un petit coffre aussi de porcelaine avec son couvercle.

« Sur un petit rayon, qui se trouve au-dessous des précédents, il y
a un bouquetier de forme allongée et de couleur rougeâtre.

« Plus bas, une encoignure de bois couleur de chair, fermant au
moyen d'un bouton, sur laquelle il se trouve : 1º deux grands vases
de porcelaine ou tabagies de forme à peu près cylindrique ; 2º et trois
assiettes dépareillées aussi de porcelaine.

« Dans l'intérieur de cette encoignure : trois soucoupes dépareillées
de porcelaine et une assiette de faïence.

« Ensuite et toujours en suivant, on trouve sur le mur à gauche de
la chambre, une tablette composée de cinq rayons de bois peint couleur de chair.

« 1er Rayon ou du dessus. Une figure de cuivre doré représentant
Louis XIV assis dans un fauteuil de bronze.

« 2e Rayon. Une grande tasse et deux petits pots avec leurs couvercles, de porcelaine de Chantilly.

« 3e Rayon. Un grand sucrier à filets d'or et deux tasses avec leurs
soucoupes, de porcelaine de Saxe.

« 4e Rayon. Deux petits pots évasés par le haut avec leurs couvercles, et un grand vase de forme ovale, de porcelaine de Chantilly à filets d'or et à fleurs de différentes couleurs.

« 5e Rayon. Deux figures, dont l'une est un berger jouant de la flûte et l'autre une bergère jouant de la harpe ; avec un petit pot à l'eau muni de son couvercle de porcelaine à filets dorés.

« Sous ces cinq rayons, il y a une petite table de bois couleur de chair, sur laquelle on voit : 1o une belle écuelle avec son couvercle et son assiette de porcelaine ornée de fleurs et de filets d'or ; 2o une tasse à anse avec sa soucoupe, à filets d'or de porcelaine de Saxe ; 3o un petit pot de même porcelaine avec une soucoupe, aussi ornés de fleurs et de dorures.

« Sous cette table, c'est-à-dire sur le carrelage, il se trouve un grand vase avec son couvercle, ornés de fleurs bleues sur fond blanc.

« De chaque côté de la croisée du mur à gauche, il y a deux bustes de cuivre ou bronze, grotesques, représentant un vieux et une vieille, sur leurs piédestaux.

« Au-dessous de l'un de ces bustes, qui est du côté de la porte d'entrée, il y a une petite table de bois de marqueterie dont le plateau est de marbre brèche : sur laquelle il se trouve une assiette ou laitière, avec son pot et son couvercle de porcelaine blanche, à filets d'or et à fleurs de différentes couleurs.

« Ensuite et toujours sur le mur à gauche, en revenant du côté de la porte, il se trouve une tablette composée de cinq rayons de bois peint couleur de chair.

« 1er Rayon ou du dessus. Un ange de cuivre doré couché sur un piédestal de bois peint.

« 2e Rayon. Une tasse avec sa soucoupe et deux petits vases de forme octogone, évasés par le haut, de porcelaine de Saxe.

« 3e Rayon. Une jatte à filets et à fleurs d'or sur fond bleu, de porcelaine de la Chine, et deux tasses avec leurs soucoupes, d'ancienne porcelaine du Japon.

« 4e Rayon. Une laie ou femelle de sanglier, dans l'attitude de la défense, montée sur un plateau de porcelaine ou de faïence fine, et cinq petites salières de porcelaine, dont trois sont réunies et dont l'extérieur représente les côtes d'un artichaut.

« 5e Rayon. Un vase ou sucrier et deux petits coquetiers de porcelaine de Chantilly.

« Dans l'angle que forme le mur à gauche avec celui où est la porte, il y a une encoignure composée de cinq rayons de bois peint couleur de chair.

« 1er Rayon ou du dessus. Un vase de cuivre doré en forme d'urne tronquée.

« 2° Rayon. Une jatte de porcelaine blanche du Japon, ornée de fleurs.

« 3e Rayon. Une autre jatte de porcelaine festonnée, aussi du Japon, ornée de peinture et de dorure sur fond blanc.

« 4e Rayon. Deux tasses et deux soucoupes de terre noire d'Angleterre, à fleurs d'or.

« 5e Rayon. Une petite tasse festonnée, de porcelaine avec sa soucoupe.

« Sur un petit rayon de marbre qui est immédiatement au-dessous des précédents, on voit un vase de porcelaine craquelée, avec son couvercle, leurs cercles et pieds ornés de cuivre ciselé.

« Plus bas, un autre rayon de marbre blanc, sur lequel se trouve une petite écuelle et une soucoupe de terre noire d'Angleterre, fleuries d'or; une tasse de porcelaine craquelée dont la soucoupe est d'autre porcelaine; enfin une autre tasse et sa soucoupe aussi de porcelaine.

« Sur le mur où est la porte d'entrée et à gauche en entrant, il se trouve une tablette composée de trois rayons de bois vernissé peint en rouge.

« 1er Rayon ou du dessus. Un ange de cuivre doré couché sur un piédestal de bois peint, et deux loupes ou verres ardents montés sur leurs pieds de bois d'ébène.

« 2e Rayon. Un pot de porcelaine de Chantilly, une théière de cuivre rosette avec son couvercle, et un vase de terre rougeâtre avec son couvercle en forme de théière.

« 3e Rayon. Une théière avec son couvercle, deux tasses et deux soucoupes de terre noire d'Angleterre, fleuries d'or.

« Au-dessous de ces rayons, il y a une double encoignure à trois rayons, sur lesquels il y a six tasses et six soucoupes de porcelaine du Japon, de différentes couleurs, dont quatre sont pareilles. »

Cet inventaire a été dressé sous la direction de Mlle Blesseau. Les porcelaines qui ne sont pas sorties des manufactures de Saxe ou de Chantilly, celles qui ne viennent point de la Chine ou du Japon, le rédacteur de la pièce qui précède les nomme des *porcelaines communes;* ce sont cependant des porcelaines de Sèvres, le dôme n'en renfermant point d'autres. Les débris de cette riche et précieuse collection, qui ont pu échapper à une destruction complète, nous ont permis, par la grande valeur qui leur est aujourd'hui attribuée, de nous rendre compte de son véritable prix, qui est considérable.

CXLVI

Note 1, p. 166. — Lorsqu'une famille noble avait exercé quelque emploi de roture, elle perdait par cela même les priviléges de sa noblesse, qui ne pouvaient lui être rendus que par un acte de réhabilitation. Dans la correspondance de Buffon avec Mme Daubenton, il sera d'autres fois encore question de cette réhabilitation, qui intéressait un membre de sa famille.

Note 2, p. 166. — Buffon fait allusion à l'opposition que le mari de Mme Daubenton faisait à son voyage. La famille était alors divisée par des questions d'intérêt, et les discussions auxquelles elles avaient donné lieu, mettaient de la gêne dans les relations de ses différents membres.

CXLVII

Note 1, p. 168. — Junot était fermier de Buffon ; son fils s'engagea dans les armées républicaines et devint duc d'Abrantès. Lors de la grande fortune politique de Junot, son père fut nommé conservateur des forêts à Dijon, et se fit bâtir à Montbard une maison en rapport avec la situation nouvelle de sa famille. En 1814, le duc d'Abrantès ruiné s'était réfugié chez son père, alors fort âgé, mais encore vert, qui vivait retiré dans cette maison où son fils était venu mourir atteint d'aliénation mentale. Un matin, le sous-préfet de Semur arrive à Montbard, suivi d'une brigade de gendarmerie, et entouré de tout l'appareil du pouvoir. On s'arrête devant le jardin de M. Junot ; des hommes de corvée sont requis et, sous les yeux du sous-préfet, en présence de la gendarmerie qui avait mis l'arme au poing, on abat un des deux pavillons dont le père du duc d'Abrantès avait décoré la terrasse de son jardin. Quel crime avait provoqué cette énergique démonstration? On le sut le lendemain. Les girouettes qui terminaient les deux pavillons avaient été dénoncées : l'une représentait un sauvage tenant à la main son arc bandé et sa flèche prête à partir ; sur l'autre s'agitait un dauphin qui, tournant au gré du vent, semblait ne pouvoir éviter le trait près de l'atteindre. L'administration avait vu là une allusion politique. Le sauvage armé visant le dauphin, n'était-ce pas en effet l'anarchie menaçant un fils de France? Le sous-préfet avait cru de son devoir de faire disparaître cet emblème séditieux.

CXLVIII

Note 1, p. 169. — César-Guillaume de la Luzerne, né à Paris en 1738, évêque de Langres le 26 août 1770. Philibert de Montmorin de Saint-Hérem, fut son successeur.

Note 2, p. 169. — Pierre-François Bienaimé, né à Montbard le 26 octobre 1737, mort le 9 février 1806, fut nommé à l'évêché de Metz le 27 juin 1802. L'abbé Bienaimé a fait paraître en 1780 un *Mémoire sur les abeilles*. La duchesse d'Abrantès prétend fort à tort, dans ses Mémoires, que Buffon profita de ses recherches.

CL

Note 1, p. 170. — Buffon avait été mis en rapport avec M. Leclerc d'Accolay, par le comte de La Rivière, son ami; la lettre suivante fera voir dans quel intérêt.

« Thôtes, le 12 janvier 1774.

« J'ai eu l'honneur de parler et d'écrire à M. de Buffon, monsieur, depuis que je vous ai vu en ce pays. Quoiqu'une naissance plus ou moins connue, pour un homme de la célébrité de M. de Buffon (célébrité qui rejaillira dans quelque temps que ce soit sur sa postérité), soit peu de chose, il convient que, si on pouvait trouver l'attache de MM. Leclerc du Nivernais avec le premier de ce nom qui fut anobli par Philippe de Valois en 1349, et dont il est démontré, par l'original de la réhabilitation que vous avez, que le chancelier Leclerc sortait, ce serait quelque chose de plus pour M. son fils, qui a d'ailleurs tout ce que l'on peut désirer de mieux pour être au niveau de quelque personne de condition que ce soit; mais sa santé ne lui permettant pas de faire les recherches nécessaires, je l'ai assuré qu'en vous aidant de tous les alentours qu'il a et de la très-grande considération dont il jouit, vous étiez l'homme qu'il lui fallait pour ces recherches, et d'autant plus que cela vous regarde un peu, si vous ou les vôtres vous veniez à une fortune qui vous permît de vous faire réhabiliter comme celui qui se fit réhabiliter sous le règne de Louis XIII, et qui n'était certainement pas d'autre famille que MM. Leclerc d'aujourd'hui, qui, manquant de fortune, ont été confondus; car la naissance sans bien est souvent plus à charge qu'utile. Enfin, monsieur, je vous invite à aller trouver M. de Buffon à son hôtel, près le Jardin du Roi ; cette lettre vous servira de passe-port ; vous en serez certainement bien reçu. MM. Leclerc de Fleurigny, qui, dans leur généalogie, ne remontent qu'au père du chancelier Leclerc, ne sortent pas d'autre que d'Étienne Leclerc, comme vous en avez la preuve sous les yeux, lequel Étienne, grand-père du chancelier, fut anobli en 1349. L'antiquité était assez grande, puisque c'était le cinquième ou le sixième anoblissement que les rois avaient faits jusque-là ; mais chacun voudrait tirer son origine du ciel, et, quoique l'on vive dans un temps où jamais la noblesse française ait été moins considérée, cette folie occupe cependant les hommes plus que jamais ; et des familles oubliées, à force de recherches, ont fini par faire connaître qu'elles sortaient de bon lieu. Je crois que MM. Leclerc du Nivernais y sont non-seulement bien fondés, mais qu'un aussi grand homme que M. de Buffon serait reçu à bras ouverts de MM. Leclerc de Fleurigny, en ménageant néanmoins l'anoblissement de l'aïeul du chancelier dont ils ne font pas mention dans leur généalogie, qui commence au père du chancelier et ne remonte pas au grand-père anobli par Philippe de Valois. Adieu, monsieur, soyez toujours bien persuadé de tout l'attachement de cette maison pour vous et de mon estime particulière.

« Le comte DE LA RIVIÈRE. »

(Cette lettre a été publiée dans l'Annuaire de l'Yonne pour l'année 1854.)

Le fils de Buffon avait à cette époque dix ans, et son père se préoccupait déjà de son état futur. Pour servir son pays, il fallait alors faire ses preuves de noblesse. Plus elles remontaient loin, moins les carrières parmi lesquelles on pouvait choisir étaient limitées. Buffon s'enquit des origines de sa famille, et, comme il rencontra vers 1603 des Leclerc venus du Nivernais en Bourgogne, dans une position fort modeste, il ne chercha plus. Cependant cette branche établie en Bourgogne appartenait à la maison des Leclerc, à laquelle fait allusion la lettre du comte de La Rivière, maison fort ancienne et dont le chef est Robert-Étienne Leclerc, né vers 1298, et anobli par Philippe de Valois, en 1349, *pour les services que Jehan, son fils, lui auroit rendus, tant en la guerre comme aultrement.*

Des découvertes précieuses faites dans les archives de la Bibliothèque impériale et dans d'anciens titres que renfermait un vieux château de Bourgogne, le château de Grignon, où s'établirent MM. Leclerc à leur arrivée dans le pays, ne m'ont plus permis de douter que Buffon n'appartînt en effet à la famille de Jean Leclerc, chancelier de France en 1420. Cette maison, dont la généalogie se trouve dans le P. Anselme et dans La Chesnaye-des-Bois, au nom de MM. Leclerc, comtes de Fleurigny, a donné, outre le chancelier, plusieurs illustrations : entre autres, Antoine Leclerc de La Forest, né le 13 septembre 1563, mort le 23 janvier 1628, qui, après avoir été un des plus ardents adversaires de la religion catholique, prit une part importante et active à tout ce qui se fit de son temps dans l'intérêt de cette religion. Elle a fourni un grand nombre de branches dont quelques-unes parvinrent à une haute fortune, tandis que d'autres, et dans le nombre, celle d'où est sorti Buffon, perdirent toute trace de leur ancienne origine. Le père et le grand-père de Buffon vécurent noblement et ne se virent jamais contester les priviléges attachés à leur noblesse.

Buffon portait les armoiries suivantes :

Écartelés aux I et IV d'argent plein à la bande de gueule, chargée de trois étoiles d'argent (qui est des Leclerc) ; aux II et III d'azur à cinq billettes d'argent posées en sautoir (qui est de Marlin). Son fils y ajouta les armes de sa mère, de la maison de Saint-Belin-Mâlain, qui sont d'azur à trois têtes de béliers d'argent, couronnées d'or et posées III et I.

Les titres donnés à Buffon, dans les actes officiels, contrats et autres actes publics, sont les suivants : Comte de Buffon, vicomte de Quincy, vidame de Tonnerre, marquis de Rougemont, seigneur de Montbard, la Mairie, les Harens, les Berges et autres lieux ; intendant du Jardin et du Cabinet du Roi, l'un des Quarante de l'Académie française, trésorier perpétuel de l'Académie des Sciences; des Académies de Londres, de Berlin, de Saint-Pétersbourg, d'Édimbourg, des Arcades, de celle des sciences, lettres et arts de Padoue, de l'Institut de Bologne et de presque toutes celles de l'Europe.

Buffon, dont les habitudes simples et sans faste sont trop peu connues, ne se montra jamais vain de ses titres. Il en refusa même, et des plus recherchés. Dans un temps où, en raison peut-être des attaques qu'une philosophie nouvelle commençait à diriger contre toutes les distinctions sociales, les titres avaient une grande valeur; aussi un pareil refus, à la cour de Louis XV, n'était pas chose si commune, que l'on ne dût reconnaître quelque dignité dans le caractère de celui qui l'avait prononcé. Le mot de Target, qui disait en voyant passer Buffon : « Voici un homme qui a beaucoup de vanité au service de son orgueil; » les attaques de d'Alembert et de Champcenetz, qui nous ont souvent entretenus *des grands airs du comte de Tuffières*, ont fait écho; et on parle aujourd'hui de la vanité de Buffon comme d'une chose si bien établie, qu'elle n'a pas besoin d'être prouvée. C'est une erreur cependant. Buffon reçut avec reconnaissance, mais sans transport, les distinctions qui lui vinrent d'elles-mêmes, et prit le rang que ses titres lui avaient attribué. L'avenir de son fils lui fit attacher par la suite quelque importance à des distinctions qui, même dans la société du dix-huitième siècle, n'étaient pas aussi futiles qu'on veut bien le dire. Un jour que le duc de Créqui faisait remarquer à Chamfort qu'un homme d'esprit est l'égal de tout le monde et que le nom ne change rien : « Vous en parlez bien à votre aise, monsieur le duc, répondit ce dernier avec grande raison ; mais au lieu d'être *le duc de Créqui*, soyez pour un instant *M. Criquet*, puis présentez-vous dans un salon, et vous verrez si l'effet sera le même. »

Buffon d'ailleurs, avec cet esprit d'ordre qui a dirigé tous les actes de sa vie, regardait la tradition comme le plus précieux patrimoine des familles. L'homme en effet qui compte des ancêtres honorés, comprend sans peine qu'à son tour il doit à ses enfants autant qu'il a reçu de ses pères. Il y a du fils au père et du père au fils une *solidarité* nécessaire, qui est la véritable origine des devoirs de la famille, généreusement acceptés et noblement compris. Si le fils est, à juste titre, fier du nom que lui a laissé son père, si la préoccupation constante de ne pas déchoir de la position qui lui a été faite, devient pour lui une noble cause d'émulation ; ne l'arrêtons pas pour lui dire qu'il se trompe, que son courage est mal employé, qu'il dépense inutilement ses forces. Car si un jour, sa tâche achevée, lui aussi a courageusement accompli sa mission, s'il a bien vécu à son tour, c'est qu'il a compris que l'opinion publique ne sépare jamais le nom du père de celui du fils ; que leur responsabilité est égale, que leur solidarité est la même ; c'est qu'il a su qu'un nom obscur, mais honnêtement porté, est une charge aussi lourde qu'un nom illustre qu'entoure le prestige de la fortune et des dignités. Il n'y a pas injustice à tenir compte à chacun de nous des services rendus par ceux d'où nous venons. Si nous reconnaissons l'inégalité des fortunes, reconnaissons aussi l'inégalité des positions, l'inégalité des souvenirs ; ne contestons pas à un homme son histoire domestique, cette épargne d'honneur mise en réserve à son profit par ceux de sa famille qui l'ont précédé dans la vie ; pas plus que nous ne lui dénions le patrimoine acquis et conservé par leurs peines, leurs services ou leurs travaux.

Buffon, dont je viens d'analyser les idées, telles que les a conservées dans ses notes un de ses secrétaires, n'attacha quelque prix aux distinctions nobiliaires que parce que son fils devait en profiter. S'il chercha toujours à éloigner de son esprit le penchant aux vanités puériles vers lesquelles incline la jeunesse, il s'efforça du moins d'y faire naître et d'y développer les sentiments élevés de la dignité du caractère et de la générosité de l'esprit. Il croyait à l'avenir de sa maison et travaillait pour sa gloire ; son esprit juste et clairvoyant lui avait bien fait découvrir dans les agitations politiques du temps un

prochain orage ; mais il ne croyait pas que la tempête pût être terrible
à ce point, qu'elle engloutît en un instant le fruit de tant de travaux.

CLI

Note 1, p. 171. — Suzanne-Curchod de Nasse-Necker, née en 1746,
morte en 1794, se fit une position à part dans la société du dix-huitième
siècle. Mêlée à toutes les grandes questions débattues de son temps,
se plaisant dans la société des philosophes et des encyclopédistes,
faisant son cercle habituel et préféré de tous ceux à qui la supériorité
de leur esprit ou la hardiesse de leur langage avait assigné une place
de choix dans l'histoire littéraire du siècle, elle resta, au milieu de
cette société de libres penseurs, ce qu'elle était en Suisse dans la maison paternelle, pure d'intention et pure d'esprit, avec des idées *sur
toutes choses*, simples et même un peu naïves, quoique rendues dans
un style toujours trop tendu. Un des principaux défauts du style de
Mme Necker est la recherche des comparaisons venues de loin, qui
l'emportaient sans cesse au delà de l'idée qu'elle voulait rendre. Les
quelques écrits qui sont sortis de sa plume, ses lettres surtout, nous
montrent sans cesse en présence ces deux penchants de son caractère : une grande candeur de cœur et une grande exagération d'i-
mages.

Sa première éducation contribua beaucoup, on doit le dire, à donner à son esprit cette tournure tout à fait particulière. Privée toute
jeune encore de son père, pasteur protestant, dont la modeste profession faisait vivre sa famille, elle dut chercher à tirer parti de
l'instruction qu'elle avait reçue. La République lui offrit un brevet
d'institutrice, et Mlle Curchod se mit à instruire la jeunesse. A l'âge
où le cœur et l'imagination emportent l'esprit bien loin des froides maximes de la raison et de la règle, Mlle Curchod en enseignait les préceptes inflexibles. Toutes ses facultés aimantes, comprimées et sans
cesse refoulées en elle, à un âge où elles sont si exigeantes et si vives,
ont donné à son cœur cette sensibilité profonde, ce tact exquis, qui se
retrouvent dans chacune de ses pensées et presque constamment dans
les deux sentiments qui ont dominé sa vie : son amour pour son mari
et son culte religieux pour l'amitié. Ce premier usage de ses facultés,
cette froide profession d'institutrice, commencée si jeune (elle n'avait
pas dix-huit ans alors), et dans un temps où toute impression est durable et forte, ont laissé sur son caractère une empreinte profonde, et
lui ont donné cette roideur un peu compassée et ces allures sévères,

presque sèches, qui furent les défauts essentiels de sa belle et riche nature.

Un jour vint où la belle Curchod, comme on l'appelait alors à Lausanne, se trouva seule au monde ; sa mère mourut, elle avait vingt-quatre ans : belle, c'était un grand danger ; sans fortune et sans appui, c'était un grand malheur. Chacun s'intéressait à cette jeune fille qui commençait la vie sous de si tristes présages ; mais aucun de ceux qui s'inquiétaient de son sort n'avait pris de détermination sur son avenir, lorsque Mme d'Anville, qui voyageait en Suisse, l'emmena à Paris. La sœur du banquier Thelusson, Mme de Vermenou, confia à Mlle Curchod l'éducation de ses enfants, et en 1764, l'orpheline de Lausanne épousait M. Necker, associé de M. Thelusson qui l'avait rencontrée chez Mme de Vermenou, où d'autres projets l'a-vaient d'abord conduit. Buffon fut mis en rapport avec M. Necker d'a-bord par M. d'Angeviller, et ensuite par des affaires de banque. Comme il se dévouait dès ce temps à l'agrandissement et à l'embellissement du Jardin du Roi, il était obligé d'emprunter pour faire face aux travaux entrepris par son ordre et approuvés par le ministre. M. Necker présenta Buffon à sa femme, et, dès ce jour, se forma entre eux une liaison étroite, qui ne s'est jamais affaiblie. (Voy. ci-dessus), sur Necker, la note 1 de la lettre CXLI, p. 447.

Note 2, p. 171. — Mme Necker était protestante.

Note 3, p. 171. — Le génie de Buffon, quels qu'aient été ses écarts, fut un génie essentiellement religieux. Buffon respecta toujours la religion, dont il suivait exactement les pratiques et dont jamais il n'attaqua les dogmes.

Si le nom de Dieu n'est pas souvent prononcé dans ses écrits, ce n'est point à dire que la pensée religieuse en soit bannie. Buffon du reste a pris soin de s'expliquer à ce sujet ; il a dit dans l'*Histoire de l'homme :* « Je suis affligé toutes les fois qu'on abuse de ce grand, de ce saint nom de Dieu ; je suis blessé toutes les fois que l'homme le profane et qu'il prostitue l'idée du premier être, en la substituant à celle du fantôme de ses opinions. Plus j'ai pénétré dans le sein de la nature, plus j'ai admiré et profondément respecté son auteur. »

Quelles armes Buffon a-t-il donc fournies au doute et à l'incrédulité ? Où trouve-t-on, dans ses écrits, de ces paroles amères ou de ces froids outrages qui révèlent et trahissent une âme rebelle à la foi ? On y rencontre, parmi des morceaux d'une philosophie vraiment chrétienne, une page inspirée. La plume qui a écrit l'invocation à l'Être suprême était certes conduite par une foi fervente. Si parfois son imagination l'a emporté trop loin, son humilité à reconnaître ses torts témoigne assez combien il craignait d'être soupçonné de manquer de respect pour les traditions de l'Église.

Ses opinions religieuses étaient sincères; il les professait hautement, sans ostentation, mais sans faiblesse. Il ne manqua jamais de faire, le jour de Pâques, une communion solennelle. Ce ne fut point, comme Voltaire à Ferney, pour jouer une comédie ridicule, mais par conviction et docilité de chrétien. Les pompes de la religion agissaient puissamment sur son imagination sensible et impressionnable; il disait un jour au curé de Montbard : « Dans les occasions solennelles où la religion catholique déploie toutes ses pompes, je ne puis assister sans verser des larmes à une si auguste cérémonie. » Lors de la construction de ses forges, il n'oublia pas d'y faire ériger une chapelle où ses ouvriers entendaient la messe chaque dimanche. A Montbard de même il fit bâtir une chapelle adossée à l'église paroissiale. Il disait aux ouvriers occupés à y creuser un caveau qu'il avait à l'avance désigné pour sa sépulture : « Faites-le solide, je serai là plus longtemps qu'ailleurs ! » Il exigeait de ses gens qu'ils remplissent exactement leurs devoirs religieux; lui-même, pendant son séjour à Montbard, assistait chaque dimanche à la messe paroissiale, donnant la valeur d'un louis aux différentes quêteuses.

De tous les préceptes catholiques, celui qu'il pratiquait le plus volontiers était la charité; chaque fois qu'une infortune frappait à sa porte, elle était aussitôt soulagée. Il donnait avec simplicité, s'efforçant de persuader toujours qu'entre le pauvre qu'on secourt et le riche qui lui ouvre sa bourse, le plus heureux est celui qui donne. Il aimait les pauvres et veilla avec soin à ce que, dans ses terres, ils fussent bien traités. « Il était familier avec le pauvre monde, » disait souvent à Mme Nadault une vieille fille nommée Lapierre, dont la famille, de père en fils, était au service de la maison. Il s'informait des besoins de chacun, distribuant à tous de ces bonnes paroles qui sont la meilleure aumône du riche. Lors de la naissance de son fils, il lui choisit pour parrain le plus pauvre homme de Montbard et pour marraine une mendiante; par esprit de *charité*, disent les registres de la paroisse (voy. l'acte de baptême du jeune Buffon, p. 322), pour avoir un prétexte, pouvons-nous dire, après en avoir recueilli des témoignages certains, de tirer de leur indigence deux malheureux sans asile et sans pain. Il envoya à diverses époques des sommes importantes à l'hospice de Montbard, et n'oublia pas les pauvres dans son testament.

Buffon n'était cependant pas exempt de certains préjugés que beaucoup de ses contemporains partagèrent avec lui : il n'aimait pas les couvents. Un jour que dom Gentil, prieur de Fontenay, lui demandait

de venir au secours de la fille d'un officier suisse qui, voulant se
retirer chez les religieuses de Montmartre, n'avait pas de quoi payer
son voyage. « Je serais bien plus heureux, écrivait-il, en joignant à sa
lettre une généreuse offrande, d'obliger une mère de famille vraiment
mère; ses soins sont plus respectables, ses peines plus chères au ciel
et à l'État, que l'indolence d'une vierge voilée. » Sa mort fut celle d'un
chrétien. On trouvera plus loin un journal exact de sa dernière agonie,
tenu heure par heure par une main amie qui lui a fermé les yeux.

Chateaubriand, qui reproche à Buffon d'avoir, dans son *Histoire
des animaux*, oublié celle du chien de l'aveugle, parce qu'une plume
chrétienne aurait pu seule l'écrire, s'exprime ainsi dans le *Génie du
christianisme* (liv. IV, ch. v) : « Buffon respectait tout ce qu'il faut
respecter. Il ne croyait pas que la philosophie consistât à afficher l'incrédulité, à insulter à la religion de 24 millions d'hommes. Il était ré-
gulier dans ses devoirs de chrétien, et donnait l'exemple à ses domestiques. Rousseau, s'attachant au fond et rejetant les formes du culte,
montre dans ses écrits la tendresse de la religion avec le mauvais ton
du sophiste; Buffon, par la raison contraire, à la sécheresse de la philosophie alliait les bienséances de la religion. Le christianisme a mis
au dedans du style du premier le charme d'abandon et l'amour ; et au
dehors du style du second, l'ordre, la clarté et la magnificence. Ainsi
les ouvrages de ces hommes célèbres portent en bien et en mal l'empreinte de ce qu'ils ont choisi et de ce qu'ils ont rejeté eux-mêmes
de la religion. » Ce jugement est trop sévère, surtout en ce qui concerne Buffon; mais un écrivain, M. Louis Veuillot, dont les emporte-
ments sont trop connus, dans un article plus récent (voy. l'*Univers*
du 15 octobre 1855), consacré à l'immortel naturaliste, a été plus loin
encore ; il l'accuse d'hypocrisie et de manque de foi. Nous avons répondu victorieusement, selon nous, à ces allégations plus que té-
méraires, et nous avons lieu d'espérer qu'on ne fera plus à la mémoire de Buffon une si criante injustice.

Note 4, p. 171. — Mme de Marchais fut, dit-on, la maîtresse du
comte d'Angeviller, directeur général des bâtiments de la Couronne.
Elle eut bientôt un salon qui fit concurrence au salon de Mme Necker, et où se rencontraient une fois par semaine les illustrations de
la politique et des lettres. Cette rivalité brouilla les deux amies, à ce
point que lorsqu'en 1780 le comte d'Angeviller présenta pour l'achèvement du Louvre un projet dont le devis montait à 500 000 francs, le
contrôleur général, cédant, dit-on, aux inspirations personnelles de
Mme Necker, refusa les fonds nécessaires pour l'exécution de ce
plan avantageux. Grâce à de plus favorables circonstances et à une

grande et puissante volonté, l'achèvement du Louvre n'est plus un projet; c'est un fait accompli.

Note 5, p. 171. — Mlle Necker, qui devint célèbre sous le nom de Mme de Staël, n'eut dans le salon de sa mère qu'un rôle très-effacé, malgré les rares qualités d'esprit qui déjà la distinguaient. Elle fut élevée sévèrement et trouva chez Mme Necker plus de froideur que de tendresse. Admise de bonne heure dans la société de sa mère, elle se tenait pendant toute la soirée assise au pied de son fauteuil, sur un petit tabouret de bois ; elle n'avait pas permission d'aller s'asseoir ailleurs. Elle écoutait beaucoup et parlait peu, de peur de mériter des reproches ou de s'attirer des regards sévères; puis, remontée dans sa chambre, elle jouait, avec des rois et des reines de papier découpés par elle, des tragédies dont elle composait le dialogue. Mlle Necker éprouvait pour sa mère peu de sympathie, ce qu'elle attribuait, elle l'a avoué depuis, à un sentiment de jalousie; Mme Necker en ressentit, elle aussi, les atteintes. Pour le cœur de ces deux femmes, Necker était une sorte d'idole, et parfois elles oubliaient en l'aimant que l'une était sa femme et l'autre sa fille. Mme Necker, qui a écrit de si belles pages sur l'amour maternel, fut parfois impuissante à cacher le dépit que lui causait la profonde sympathie qui rapprochait Necker de sa fille. Mlle Necker, de son côté, se sentait plus attirée vers son père, dont les franches et cordiales manières répondaient mieux à la nature de son esprit que les allures froides, sévères et un peu compassées de Mme Necker. Cependant, malgré le sentiment singulier qui éloignait la mère de la fille, Mlle Necker tint beaucoup de sa mère. On retrouve en elle les qualités de Mme Necker, les défauts de son esprit, les allures originales de son caractère, mais adoucis, atténués et comme amoindris.

La fille de Mme Necker et le fils de Buffon, à peu près du même âge, s'étaient liés dès l'enfance d'une de ces fortes amitiés qu'une crise seule peut briser. Le jeune comte de Buffon, à qui tout souriait dans l'avenir, périt sur l'échafaud révolutionnaire avant d'avoir atteint sa trentième année. Mme de Staël vécut treize années dans l'exil; mais, plus heureuse que le fils de l'illustre naturaliste, elle put revoir sa patrie et assister à l'expérience si difficile de ce gouvernement pondéré qu'avait rêvé son père.

CLII

Note 1, p. 172.— Necker s'était intéressé à une affaire compliquée, relative aux bois de Montbard, qui était pendante devant le contrôleur

général, et qui avait pour Buffon le plus grand intérêt. On trouvera à la
page 179 une lettre de ce dernier à M. de Vaines (19 janvier 1775), dans
laquelle il le remercie des démarches qu'il a faites pour cette même
affaire. Buffon qui possédait, tant en propre que comme seigneur engagiste du domaine du Roi à Montbard, une grande étendue de bois, fut
souvent contrarié par les agents de la grande maîtrise des eaux et forêts. Il soutint contre cette administration de nombreux procès dans
lesquels il eut le plus souvent gain de cause, notamment dans le temps
de ses premières expériences sur la force des bois, où, malgré les anciennes ordonnances, il gagna son procès devant le Conseil.

Note 2, p. 172. — Nous avons vainement cherché à découvrir quel
pouvait être le *morceau* envoyé par Buffon à Mme Necker. Ce ne peut
être ni le discours prononcé pour la réception du chevalier de Chastellux devant l'Académie française, ni celui du maréchal de Duras :
l'élection de ces deux académiciens ayant eu lieu à une époque postérieure. Ce ne peut être non plus un morceau détaché composé par
Buffon sur un sujet étranger à ses ouvrages. Il regardait, en effet,
comme une perte de temps, tout ce qui pouvait détourner sa pensée
de ses méditations habituelles ; ce sera sans doute un morceau de
philosophie dont la matière qu'il traitait alors lui aura fourni le sujet,
et qui prit place, par la suite, dans l'Histoire naturelle.

CLIII

Note 1, p. 173. — Pierre-Clément de Grignon, né à Saint-Dizier, le
24 août 1723, mort à Bourbonne-les-Bains, le 2 août 1784, était un
métallurgiste distingué, et mérita que le grand Frédéric lui écrivît
pour le féliciter sur ses découvertes et sur ses ouvrages. Directeur des
forges de Bayard, il fit des expériences qui le signalèrent à l'attention
du Gouvernement. A différentes fois, il exécuta pour le compte de
l'État des recherches et des expériences sur les fers ; l'Histoire naturelle renferme le détail de quelques-unes d'entre elles. Buffon se lia
avec M. de Grignon dans le temps où il entreprit la construction de ses
forges, et ce dernier lui fut d'un grand secours, tant pour les construire
que pour les diriger. Buffon le fit entrer à l'Académie des sciences et
obtint pour lui une inspection générale des manufactures. On trouvera
plus loin (t. II, p. 32) une lettre à Mme Necker, dans laquelle il sol-
licite du ministre des finances cette place pour son ami.

CLIV

Note 1, p.174. — Avant de transcrire ici la *Note* dont parle Buffon, il est bon de rappeler l'écrit qui y donna lieu. Dans le temps où Buffon écrivait les premiers volumes de son livre, il lui tomba sous les yeux un mémoire écrit en italien et adressé à l'Académie de Bologne. Il ne portait pas de nom d'auteur, mais la main qui l'avait écrit se reconnaissait sans peine. Il traitait des différents et successifs changements survenus dans la forme de la terre, et attaquait sans ménagement la théorie de Buffon. J'en citerai quelques passages :

« On a trouvé, dans les montagnes de la Hesse, une pierre qui paraissait porter l'empreinte d'un turbot, et sur les Alpes un brochet pétrifié; on en conclut que la mer et les rivières ont coulé tour à tour sur les montagnes. Il est plus naturel de soupçonner que ces poissons, apportés par un voyageur, s'étant gâtés, furent jetés et se pétrifièrent par la suite des temps ; mais cette idée était trop simple et trop peu systématique. » (*OEuvres de Voltaire*, édition de Kehl, tome XXXI, p. 376.)

« On a vu aussi dans des provinces d'Italie, de France, etc., de petits coquillages qu'on assure être originaires de la mer de Syrie. Je ne veux pas contester leur origine ; mais ne pourrait-on point se souvenir que cette foule innombrable de pèlerins et de croisés qui porta son argent dans la Terre-Sainte, en rapporta des coquillages ? Et aime-t-on mieux croire que la mer de Joppé et de Sidon est venue couvrir la Bourgogne et le Milanais? » (*Ibid.*, p. 377.)

« Les montagnes vers Calais et vers Douvres sont des rochers de craie; donc autrefois ces montagnes n'étaient point séparées par les eaux. » (*Ibid.*, p. 378.)

« L'extraordinaire, le vaste, les grandes mutations, sont des objets qui plaisent quelquefois à l'imagination des plus sages ; les philosophes veulent de grands changements sur la scène du monde, comme le peuple en veut aux spectacles. Du point de notre existence et de notre durée, notre imagination s'élance dans des milliers de siècles, pour voir, avec plaisir, le Canada sous l'équateur, et la mer de la Nouvelle-Zemble sur le mont Atlas. » (*Ibid.*, p. 381.)

« Le goût du merveilleux enfante les systèmes ; mais la nature paraît se plaire dans l'uniformité et dans la constance, autant que notre imagination aime les changements. » (*Ibid.*, p. 387.)

Ce n'était pas la première critique que se permettait Voltaire sur l'Histoire naturelle. Lorsqu'il dit :

Dans un style ampoulé parlez-nous de physique,

personne ne se trompe sur l'intention de l'écrivain ; ailleurs encore la critique renfermée dans ces vers est évidente :

Et les mers des Chinois sont encore étonnées,
D'avoir, par leurs courants, formé les Pyrénées.

Un jour que l'on vantait devant lui l'Histoire *naturelle* : « Pas si *naturelle*, » dit le malin vieillard.

Buffon s'était peu ému de toutes ces critiques ; aux attaques de Voltaire et à ses bons mots qui montraient plus de jalousie que de dédain, il répondit par la dignité de son silence. Le jour cependant où la lettre italienne tomba entre ses mains, il prit la plume et écrivit le passage suivant : « En lisant une *Lettre italienne* sur les changements arrivés au globe terrestre, imprimée à Paris cette année (1746), je m'attendais à y trouver ce fait rapporté par La Loubère (dans son *Voyage de Siam*); il s'accorde parfaitement avec les idées de l'auteur. Les poissons pétrifiés ne sont, à son avis, que des poissons rares, rejetés de la table des Romains parce qu'ils n'étaient pas frais ; et à l'égard des coquilles, ce sont, dit-il, les pèlerins de Syrie qui ont rapporté, dans le temps des Croisades, celles des mers du Levant qu'on trouve actuellement pétrifiées en France, en Italie et dans les autres États de la chrétienté. Pourquoi n'a-t-il pas ajouté que ce sont les singes qui ont transporté les coquilles au sommet des hautes montagnes et dans tous les creux où les hommes ne peuvent habiter ? Cela n'eût rien gâté et eût rendu son explication encore plus vraisemblable. Comment se peut-il que des personnes éclairées, et qui se piquent même de philosophie, aient encore des idées aussi fausses sur ce sujet ? »

Buffon regretta bientôt cet accès de mauvaise humeur, et saisit avec empressement l'occasion d'en effacer le souvenir.

La note qu'il envoya à Ferney fut insérée dans les nouvelles éditions de l'Histoire naturelle et imprimée à la suite du passage qui y avait donné lieu. Elle est ainsi conçue :

« Sur ce que j'ai écrit, au sujet de la *Lettre italienne*, on a pu trouver, comme je le trouve moi-même, que je n'ai pas traité M. de Voltaire assez sérieusement. J'avoue que j'aurais mieux fait de laisser tomber cette opinion que de la relever par une plaisanterie, d'autant que ce n'est pas mon ton, et que c'est peut-être la seule qui soit dans mes écrits. M. de Voltaire est un homme qui, par la supériorité de ses talents, mérite les plus grands égards. On m'apporta cette *Lettre italienne* dans le temps que je corrigeais la feuille de mon livre où il en est question. Je ne lus cette lettre qu'en partie, imaginant que c'était l'ouvrage de quelque érudit d'Italie qui, d'après ses connaissances historiques, n'avait suivi que son préjugé sans consulter la nature; et ce ne fut qu'après l'impression de mon volume sur la *Théorie de la terre*, qu'on m'assura que la lettre était de M. de Voltaire; j'eus regret alors de mes expressions. Voilà la vérité; je la déclare autant pour M. de Voltaire que pour moi-même et pour la postérité, à laquelle je ne voudrais pas laisser douter de la haute estime que j'ai toujours eue pour un homme aussi rare, et qui fait tant d'honneur à son siècle. » (*Théorie de la terre*, art. VIII.)

Buffon est-il sincère en déclarant qu'il ignorait que la lettre fût l'œuvre de Voltaire ? Il est au moins permis d'en douter. Il est sincère toutefois lorsqu'il explique comment l'idée lui vint de répondre sous l'impression d'un premier sentiment de mécontentement et d'humeur. Nulle part ailleurs dans ses écrits on ne rencontre soit une allusion malveillante, soit une critique indirecte à l'adresse de Voltaire. Cet échange de bons procédés dont Buffon eut l'initiative ne changea rien cependant à ses sentiments pour Voltaire; il admirait son génie, mais n'aimait pas son caractère. Un jour que le comte de Rochefort lui donnait, en public, l'assurance de l'attachement sincère que lui portait Voltaire, Buffon s'approcha de la comtesse de Fars-Fausselandry, qui rapporte ce fait dans ses mémoires, et lui dit : « Comment veut-il que je croie à la sincérité d'un homme qui ne croit pas en Dieu ? »

Note 2, p. 174. — La mésintelligence de Voltaire et de Buffon durait depuis longtemps, lorsque, dans le courant de l'année 1774, Mme de Florian, nièce de Voltaire, que l'on trouve quelques années plus tard établie à Semur, partit pour Ferney, emportant une lettre de Buffon et la grande édition de l'Histoire naturelle. Montbeillard s'était entremis pour amener cet accommodement. « Rien de plus vrai, rapportent les Mémoires de Bachaumont, que la réconciliation de M. de Voltaire avec M. de Buffon. C'est ce dernier qui a fait les avances par un billet qu'il remit le 22 octobre, à Mme de Florian, qui passait par Montbard. J'ai lu cet écrit, où il fait une espèce de réparation à M. de Voltaire de tout ce qu'il a pu écrire contre lui. Cette dame l'envoya sur-le-champ au grand poëte, qui en a été on ne peut plus content, et qui a répondu au philosophe, son confrère, par une lettre très-touchante et très-honnête. Celui-ci a riposté par une autre, qui a cimenté la réunion de ces deux grands hommes. M. de Voltaire, enchanté, a fait présent à Mme de Florian d'une montre d'or à répétition d'environ 60 louis, pour la remercier de cette heureuse négociation. Le vrai est que c'est M. Gueneau, ami de M. de Buffon, qui a seul opéré ce rapatriement. Ce M. Gueneau est un très-habile homme qui a beaucoup travaillé à l'Histoire naturelle. Celle des oiseaux, à l'exception du discours, est entièrement de lui. Il a donné aussi beaucoup d'articles pour l'*Encyclopédie*, entre autres celui d'é·tendue. » (*Mémoires* de Bachaumont. — *Extrait d'une lettre de Ferney du 6 janvier* 1775.)

Lorsque Gueneau de Montbeillard vit que sa négociation avait eu un aussi heureux succès, il envoya à Ferney la pièce suivante :

> Voltaire, sur ton front les lauriers d'Uranie
> Paraissent en ce jour et plus frais et plus beaux ;
> Dans tes mains, ô Buffon! la palme du génie
> Semble croître et donner des rejetons nouveaux.
> Palme et lauriers, tout prend une nouvelle vie,
> Quand l'arbre de la paix y mêle ses rameaux.

Voltaire répondit sans retard; on remarqua qu'il avait omis de prononcer le nom de Buffon.

> Dans le séjour d'Euclide, un compagnon d'Horace,
> Par ses vers délicats, pleins d'esprit et de grâce,
> Veut en vain ranimer nos esprits languissants.
> Ma muse eut quelque feu ; l'âge vient la morfondre.
> Que votre épouse et vous me prêtent leurs talents;
> Alors je pourrai vous répondre.

« Je savais bien, dit Voltaire, en se félicitant de cet échange réciproque de prévenances et de bons procédés, que je ne pouvais rester brouillé avec M. de Buffon pour des coquilles. »

Mais le rapprochement que Voltaire appelle lui-même, dans une lettre au cardinal de Bernis, un *raccommodage mal blanchi*, ne pouvait faire disparaître les différences profondes qui séparaient ces deux hommes. A compter de ce jour, comme l'a fort spirituellement dit une femme qui les a connus l'un et l'autre, la comtesse de Fars-Fausselandry, ce furent deux puissances alliées, mais non pas deux puissances amies. Ils différaient sur tous les points. Faits pour s'admirer et se rendre réciproquement justice, ils n'étaient point faits pour s'aimer.

Tous deux ont eu sur leur temps une grande influence, mais par des voies très-différentes. Voltaire flattait imprudemment les préjugés de ses contemporains; Buffon, en popularisant la science, en la dépouillant de la sécheresse des formules, en donnant à ses plus arides recherches des dehors enchanteurs, appliquait un précieux antidote aux maux que son rival de gloire devait déchaîner sur la France. Le génie de chacun d'eux a des traits tout à fait distincts. Buffon vit en dehors des préoccupations de son temps, et Voltaire se trouve mêlé à toutes les questions qui troublent les esprits. Buffon travaille dans le calme de la retraite, cherchant de bonne foi et par besoin le silence et le repos. Voltaire aime et recherche le bruit; retiré à la campagne, il jette son nom comme un brandon de discorde au milieu de l'agitation des partis. Buffon ne fit point d'avances à la gloire et à la renommée; mais elles vinrent un jour le trouver. Voltaire, qui arriva aussi à une grande illustration, prit une autre route pour y parvenir. On le voit sans cesse occupé du soin de sa popularité; il lui sacrifie tout, jusqu'à son repos et son honneur. Il faut qu'il prenne part à toutes les controverses et dispute sur tous les sujets dont se saisissent les passions de l'époque; et le rôle qu'il se choisit est celui qui le met le plus en évidence. Son œuvre est aussi diverse que les besoins de l'esprit sont variés; il est changeant comme l'opinion, parce qu'il veut paraître la diriger. Toujours à la tête des idées de son siècle, il veut toutes les personnifier en lui. Au reste, il a réussi, car on peut dire de la fin du dix-huitième siècle, sans faire une faute de langage, le *siècle de Voltaire*, comme on dit du grand siècle, le *siècle de Louis XIV*. Voltaire a vu les vices de son temps, et les a exploités au profit de sa gloire. Le dix-huitième siècle fut incrédule: Voltaire attaqua la religion avec l'arme puissante de l'ironie, battit en brèche les principes qui avaient dominé les esprits jusqu'alors, et auxquels on n'avait jamais demandé de quel droit ils les dirigeaient; il discrédita la famille, anéantit le prestige de l'autorité, et il fut applaudi! Les caractères principaux du génie de Voltaire furent une inépuisable fécondité, un travail rapide et facile, une égale habileté à traiter tous les sujets et tous les genres, et une imagination brillante, toujours au service des idées les plus hardies.

Le génie de Buffon fut tout différent. Un jour qu'on lui demandait ce qu'il entendait par le génie : « Le génie, dit-il, est une plus grande aptitude à la patience. » Cette maxime, si on lui en fait l'application, est remplie de vérité. C'est l'histoire de sa vie, c'est aussi celle de sa gloire. N'est-ce pas aussi l'histoire de toutes les grandes renommées? Bien des hommes ont doté leur époque d'œuvres spirituelles, ingénieuses ou savantes, mais sans avoir su leur imprimer ce cachet de puissance que donnent le temps, la patience et les longs travaux. Ceux-là seulement sont des hommes de génie qui ont consacré leur vie entière à la production d'une œuvre où ils ont mis en quelque sorte toute leur personnalité. Il faut en effet une patience plus grande que celle qui est familière à l'homme, pour imposer à chaque jour de sa vie un labeur continu, une tâche que ne viendra point décourager la souffrance ou distraire le plaisir. Voltaire et Buffon ont donné un grand exemple de cette rare vertu. Le travail répugne à l'homme;

son instinct le porte à la paresse et au repos. Pour donner quelques heures à l'étude, il lui faut un effort de volonté; pour y consacrer sa vie, il faut une puissance de résolution qui se trouve seulement chez les intelligences supérieures. Tous les hommes dont les noms ont grandi parmi nous, Buffon, Voltaire, Montesquieu, Rousseau, aux dons de l'intelligence ont joint cette qualité de l'esprit qui sanctionne et fait valoir toutes les autres : la patience.

On demandait un jour à Newton comment il avait pu faire tant de découvertes, et arriver à une si grande renommée : « En cherchant toujours, dit-il. — En passant quarante années de ma vie à mon bureau, répondit Buffon à une question analogue. — En travaillant sans cesse, aurait pu répondre Voltaire à son tour, et en variant mon œuvre suivant les besoins de mon temps, qui était ainsi contraint à toujours répéter mon nom. » La patience et l'esprit de suite sont donc les premiers rudiments du génie; et qu'on ne pense pas que nous abaissions ainsi cette faculté puissante. Si l'inspiration vient de Dieu, la patience, l'esprit de suite, la persévérance, la force de volonté nécessaire pour suivre sa voie sans s'en laisser détourner jamais, l'énergie que demande l'achèvement d'une œuvre qui doit absorber la vie entière; ce sont là des vertus tout humaines. Elles viennent de l'homme; mais comme elles ne sont obtenues qu'au prix d'énergiques efforts, elles sont rares et font les grands caractères. Si ces qualités étaient communes, on n'élèverait pas aussi haut les esprits d'élite qui les ont possédées. Les couronnes que met la gloire au front de ses élus sont une récompense bien faible, lorsqu'elle est décernée aux efforts soutenus d'une volonté courageuse! Helvétius attribue l'essor des talents distingués à l'ennui. Il se trompe; si la souffrance a parfois développé et mis dans leur jour de grandes intelligences, l'ennui les a toujours atrophiées.

CLV

Note 1, p. 176. — Un grand nombre de spectacles existaient alors à Paris. Les trois principaux étaient, comme aujourd'hui, l'Opéra, les Français, et les Italiens, nouvellement arrivés en France. L'Opéra se trouvait au Palais-Royal. Deux fois brûlé, le 6 avril 1763, et le 8 juin 1781, il fut transporté provisoirement dans la salle des Tuileries, tandis qu'une compagnie lui construisait, avec une rapidité que l'on a vu se reproduire dans les grands travaux entrepris de nos jours, la salle de la Porte-Saint-Martin. Il y demeura longtemps et, en 1784, le roi fit l'acquisition de cette salle moyennant 600 000 livres.

Elle devait servir aux répétitions des ballets et former un dépôt pour les machines et les décorations. Le Théâtre-Français occupa successivement plusieurs salles, fut longtemps aux Tuileries et finit par se fixer au carrefour Buci. Les comédiens italiens s'établirent d'abord rue Saint-Honoré, puis rue Mauconseil dans un ancien jeu de paume, devenu aujourd'hui la halle aux cuirs. En 1783, ils vinrent solennellement prendre possession de la nouvelle salle (la salle Favart, aujourd'hui théâtre de l'Opéra-Comique), que leur avait construite l'architecte Heurtin sur l'emplacement de l'ancien hôtel Choiseul. Ils avaient imposé une condition singulière à l'architecte de leur nouvelle salle. La façade principale ne devait point ouvrir sur le boulevard, où s'étaient établis un grand nombre de petits spectacles, avec lesquels le Théâtre-Italien n'entendait pas être confondu.

De ces spectacles de second ordre, on en pourrait citer un grand nombre dont quelques-uns eurent longtemps le privilège d'attirer la foule, et parfois le malheur d'inspirer de la jalousie aux grands théâtres. En première ligne, je nommerai le théâtre de Nicolet, dont le singe fut une célébrité du temps et dont les succès préoccupèrent à ce point les gentilshommes de la Chambre, qu'ils lui interdirent de représenter d'autres pièces que des pantomimes. Je citerai encore le théâtre d'Audinot, non moins célèbre que celui de Nicolet. Audinot, après avoir fait partie de l'Opéra, fonda en 1788 à la foire Saint-Germain un théâtre de marionnettes, sous le titre modeste de *Comédiens de bois*. Bientôt, en 1776, les marionnettes furent remplacées par des enfants. Cette innovation plut au public, le théâtre d'Audinot eut la vogue, et la comtesse Dubarri fit plusieurs fois venir la jeune troupe à Choisy pour distraire le Roi. En 1785, Audinot, qui avait jusqu'alors souvent changé de domicile, vint s'établir dans la salle de l'Ambigu-Comique. Sur les boulevards se trouvaient encore les grands danseurs du Roi et le *Vaux-Hall*, fondé en 1768 par le célèbre artificier Torré. Le *Vaux-Hall* fut le premier exemple d'un jardin public ouvert à Paris ; c'est au *Vaux-Hall* que fut donné pour la première fois *le divertissement du grand mât de cocagne;* la froideur avec laquelle fut accueillie cette nouveauté était loin de faire présager ses succès futurs.

On trouvait encore sur les boulevards, envahis à cette époque par les spectacles forains, la *Redoute chinoise*, de fondation plus récente, et dont le duc de Choiseul avait donné la première idée, par la construction de son pavillon de Chanteloup. Un soir, au grand scandale du public, on vit paraître à la redoute le comte de Maurepas, alors premier ministre. — Le lendemain, le comte travaillait dans son cabinet avec Beaumarchais (Beaumarchais fournissait alors secrètement des

armes aux insurgés d'Amérique). « Comment, lui dit le premier ministre en interrompant son travail, avez-vous pu, au milieu de si
grandes affaires, prendre le temps d'écrire une comédie qu'on dit être
très-plaisante ?— Il m'a fallu, répondit l'auteur du *Mariage de Figaro*,
précisément le temps que le premier ministre de Sa Majesté a daigné
perdre à la redoute chinoise. — Si votre pièce renferme beaucoup de
traits semblables, reprit M. de Maurepas, je vous promets un grand
succès ! »

Aux Champs-Élysées, les frères Ruggieri, émules de Torré, avaient
fondé un vaste établissement connu sous le nom de *Colisée;* des
sommes considérables y furent consacrées; mais les entrepreneurs
ayant fait banqueroute, l'établissement fut démoli, et les matériaux
vendus au profit de créanciers. Le Colisée, pendant le temps de sa
durée éphémère, fut, avec les jardins créés à Tivoli par le fermier
général Beaujon, une des merveilles de l'époque.

Les galeries nouvellement construites du Palais-Royal disputèrent
bientôt aux boulevards le privilége d'attirer les spectacles. On y
trouvait le *Cirque royal*, dirigé par le célèbre écuyer Astley et ouvert
le 30 juin 1777, les *Variétés amusantes*, les *Ombres chinoises*, les
Pygmées français, les *vrais Fantoccini italiens*, etc. On y trouvait
encore les *Petits comédiens de M. de Beaujolais*. La troupe était composée d'enfants qui jouaient la pantomime sur le théâtre, tandis
que le rôle était récité ou chanté dans la coulisse. La vogue dont
jouit ce petit spectacle alarma le Théâtre-Italien, qui demanda et
obtint qu'on le fermât au moins pour un temps.

Pour clore la liste des différents spectacles successivement ouverts,
à cette époque, dans Paris, nous devons nommer le *théâtre de Monsieur*, inauguré dans de bien tristes circonstances, le 26 janvier 1789.
Monsieur, depuis Louis XVIII, qui, à l'exemple du frère de Louis XIV,
obtenait ainsi le privilége d'une troupe de comédiens en possession des
mêmes avantages que les comédiens du Roi, voyait enfin se réaliser
une espérance longtemps caressée, mais bien tardivement satisfaite !

Quelques salles de spectacle appartenant à des particuliers, et dans
lesquelles un public d'élite était seul admis, ne doivent pas non plus
être oubliées. La reine avait mis de mode à Trianon la comédie
de société; Mme de Genlis en apporta bientôt le goût dans la Chaus-
sée-d'Antin, le baron d'Esclapon dans le faubourg Saint-Germain.
Le théâtre de la duchesse de Villeroy fut un des plus célèbres; on y
allait applaudir, après sa retraite, Mlle Clairon. Le théâtre de Mlle Guimard mérite aussi d'être nommé. — L'abbé Raynal, s'étonnant du
grand nombre de spectacles ouverts à Paris, et que la foule envahis-
sait chaque soir, malgré les préoccupations politiques du temps,

disait un jour dans le salon du comte de Brienne : « Quel peuple ! il
a trente-trois spectacles et à peine une église ! »

Note 2, page 176. — Le mari de Mme Daubenton était, on le sait,
lieutenant-juge subdélégué de la ville de Paris et receveur des fermes
du Roi. Il avait, en cette qualité, à des époques déterminées, des comptes à rendre et des recouvrements à effectuer à Paris, à l'hôtel des
fermes. Mais ses recouvrements les plus importants avaient une autre
cause. Il entretenait à Montbard une vaste pépinière que lui avait
léguée son père; et envoyait des arbres au loin. A plusieurs reprises,
M. d'Angeviller lui fit des commandes importantes pour Versailles et
pour d'autres résidences royales. M. Daubenton ne fut pas heureux
dans ses spéculations; de bonne heure ses affaires furent embarrassées, et sa mort laissa, on le verra bientôt, sa veuve dans une position difficile.

CLVI

Note 1, p. 176. — Gueneau de Montbeillard, qui venait à Paris,
au Jardin du Roi, pour travailler avec suite à l'*Histoire des oiseaux.*

Note 2, p. 177. — Dauché était le cuisinier de Buffon. Un sieur
Guénot le remplaça. Le nom de ce nouveau chef de cuisine donna
en 1823 à MM. de Rougemont, Merle et Simonnin, l'idée d'un vaudeville représenté pour la première fois sur le théâtre de la Porte-
Saint-Martin le 29 juillet. La scène se passe à Montbard durant une
absence de Buffon; on attend de Paris le nouveau cuisinier. L'abbé
Bexon et d'autres naturalistes, alors réunis à Montbard, le prennent,
à son arrivée, pour Gueneau de Montbeillard, qu'aucun d'eux ne
connaît. Arrive bientôt du Jardin des Plantes une bourriche expédiée
par M. Daubenton et renfermant des poissons rares et des canards du
Groënland destinés à être disséqués et décrits dans l'Histoire naturelle; le même courrier apporte un oiseau inconnu découvert par
M. de Bougainville dans son dernier voyage autour du monde. Les
savants réunis à Montbard font aussitôt les honneurs de ces deux en-
vois à M. Guénot, qui les accommode à sa façon. L'erreur se découvre;
le cuisinier, que l'intendant veut chasser, se justifie et reste au service
du comte de Buffon. Pothier eut un grand succès dans le rôle du cuisinier. Le rideau tombe sur un couplet qui se termine par ces vers :

> Du grand Buffon honorant la mémoire,
> Ah ! messieurs, puissiez-vous payer
> Par quelques bravos à sa gloire
> Les gages de son cuisinier !

Note 3, p. 177. — Anne de Vougny, dont le frère fut maître des requêtes et directeur de l'Opéra, épousa M. Amelot peu de temps avant sa nomination à l'intendance de Bourgogne. M. de Vougny, beau-père de M. Amelot, fut quelquefois pour le ministre de Paris un collaborateur embarrassant. Ses bons mots, qui lui avaient valu la protection de M. de Maurepas, compromirent parfois le ministre qui lui avait confié une branche importante de son administration. M. de Vougny entretenait avec M. de Maurepas des relations si intimes, que, dans le monde, on le connaissait sous le nom de *Vougny-Maurepas*. Grâce à son crédit, qui était grand, et à la bonté de son cœur, il put cependant réparer les torts que son esprit mordant et sa verve indiscrète causèrent trop souvent.

Note 4, p. 177. — Mme de Saint-Chamant avait épousé César-Arnaud, marquis de Saint-Chamant, qui se distingua fort jeune dans le régiment de royal étranger, où il servait en qualité de capitaine. La famille de Saint-Chamant était de la société intime du Jardin du Roi. La jeune comtesse de Buffon écrivait de Montbard à son mari, au mois de juin 1786 : « Je vous félicite d'avoir été faire l'aimable à Saint-Chamant auprès de la duchesse et de la vicomtesse. Le lieu, dit-on, est horrible et la solitude affreuse ; voilà le récit que m'en a fait M. de Laval. »

CLVII

Note 1, p. 178. — Le Jardin de l'Académie, tel était le nom du jardin botanique fondé à Dijon par Benigne Legouz de Gerland, ancien grand bailli du Dijonnais, qui fut élu membre de l'Académie le 30 juillet 1760, et devint un de ses bienfaiteurs (Voy. à ce sujet la note 3 de la lettre LXXV, p. 323). Le président de Ruffey fit construire dans le jardin botanique, et à ses frais, une serre pour les plantes des climats tempérés, et il en fit don à la compagnie dont il était alors chancelier. Consacrer à des fondations d'utilité publique le surplus d'une fortune dont les pauvres prennent une bonne part, est, chez certaines familles, une tradition et un besoin. Richard de Ruffey trouva dans sa maison bon nombre de ces exemples, lui-même les suivit ; parfois il les dépassa. (Voy. sur les origines et les accroissements de l'Académie de Dijon, la note 1 de la lettre LXXI, p. 320.)

Note 2, p. 178. — Le parlement de Bourgogne fut rétabli dans son ancienne forme le 21 avril 1775 ; parmi les candidats à la dignité de premier président, figurait Bénigne Bouhier de Lantenay. Né le 27 février 1723, il était entré au Parlement le 10 juillet 1747, et y occupait, depuis le 15 mai 1756, une place de président à mortier.

Note 3, p. 118. — Par lettres patentes données à Versailles le 30 mai 1775, Charles de Brosses devint premier président du Parlement réorganisé. Il fut solennellement installé dans cette haute dignité le 22 juin suivant. Il en remplit avec exactitude et conscience pendant trois années les rigoureux devoirs, malgré le grand nombre d'occupations diverses dont il était surchargé, et fut le plus exact des membres de sa compagnie, ne cherchant à se soustraire ni à la longueur des audiences, ni à la lenteur des délibérations. Sa mort fit passer la première présidence à Legouz de Saint-Seine, son beau-père, qui fut le dernier premier président du parlement de Bourgogne.

Note 4, p. 178. — Pierre-Anne Chesnard de Layé, né le 14 février 1719, fut nommé lieutenant général au bailliage de Mâcon le 15 janvier 1746. Le 2 mai 1748, il entra au parlement de Bourgogne, et devint, le 15 juin 1751, président à mortier. Le 27 avril 1772, se trouvant, par suite de la retraite du premier président de La Marche, le plus ancien du grand banc, il fut tout naturellement porté pour lui succéder dans la première présidence. Le président de Brosses, apprenant dans son exil la nomination de son ancien collègue, lui fit l'application de ce passage de Montaigne : « J'ay desiré avec passion d'estre chevalier de l'Ordre ; j'y suis parvenu contre toute probabilité : je n'ay peu m'élever jusqu'à l'Ordre, mais l'Ordre s'est abaissé jusqu'à moy. » Le 30 mai 1775, lors de la réorganisation de l'ancien Parlement, Charles de Brosses devint le successeur de Chesnard de Layé ; le Roi accorda à ce dernier, pour le dédommager de la première présidence, un brevet de conseiller d'État, et il conserva sa charge de président à mortier.

Note 5, p. 179. — En 1775, Turgot, qui poursuivait ses plans de réforme sans s'apercevoir qu'ils n'étaient pas mûrs et n'atteignaient pas leur but, présenta au Conseil six édits demeurés fameux, parce qu'ils furent le signal de sa disgrâce. Le premier portait suppression des corvées. Un seul fut enregistré sans difficulté par le Parlement ; un lit de justice fut nécessaire pour l'enregistrement des cinq autres. En faisant supporter au Parlement, à la noblesse et au clergé, l'impôt destiné à prendre la place des corvées, Turgot s'attira les inimitiés les plus redoutables. Lors du refus fait par le Parlement de procéder à l'enregistrement des derniers édits, un des amis de Turgot, grand seigneur et haut placé dans la confiance du Roi, sentant bien que les nouvelles difficultés qui allaient, à cette occasion, surgir entre la Cour

et le Parlement, seraient le signal de la perte du ministre, l'invita
un soir à souper chez lui, à Versailles, avec le premier président
et les membres les plus influents de la Compagnie. On avait supputé
les voix, un seul mot pouvait faire gagner à Turgot son procès; il se
contenta de répondre à l'ami qui avait entamé cette négociation : « Si
le Parlement veut le bien, il enregistrera l'édit. » Turgot tomba. Partout les corvées furent rétablies, et, par une instruction envoyée aux
commissaires, en 1776, le Roi en prescrivit et en régla l'organisation
d'une manière générale, pour toute la France.

LVIII

Note 1, p. 179. — Jean de Vaines, né en 1733, mort le 16 mars 1803,
était premier commis des bureaux du Contrôle général sous le ministère
de Turgot; ce dernier l'avait connu dans son intendance de Limoges,
où de Vaines exerçait les fonctions de directeur des domaines. Un
pamphlet dirigé contre lui, le 27 août 1775, sous le titre de *Lettre à
un profane*, fit grand bruit. Turgot, qui se regarda comme personnellement attaqué dans la personne de son premier commis, voulut en
connaître l'auteur. Plusieurs colporteurs et libraires, soupçonnés d'en
avoir répandu dans le public, furent mis à la Bastille; on exigea le
renvoi du secrétaire de d'Alembert, un sieur Ducroc de La Cour, qui,
après avoir promis à de Vaines de lui remettre l'édition entière
moyennant 50 louis, en envoya un exemplaire en Hollande. L'auteur
de cette trop fameuse brochure était un avocat nommé Blonde;
dénoncé par un colporteur, il fut arrêté et enfermé à son tour. Dans
toute cette affaire, Turgot montra une grande chaleur, et de Vaines
y gagna une faveur rarement accordée à un homme de finance. Le
contrôleur obtint pour son premier commis la création d'une charge
nouvelle, celle de lecteur de la Chambre, qui lui donnait les entrées
à la cour, et lui en annonça la nouvelle par une lettre en date du
18 octobre 1775, qu'on n'a point oubliée. Jean de Vaines fut successivement administrateur des domaines, receveur général des finances, commissaire du trésor public; sous le Consulat, il fit partie du
Conseil d'État, et devint membre de l'Institut.

Note 2, p. 179. — Buffon, par suite du grand nombre de forêts qu'il
possédait soit en toute propriété, soit en qualité de seigneur engagiste
du domaine du Roi à Montbard, eut de fréquents procès avec la grande
maîtrise des eaux et forêts. Le service forestier rentrait, comme au-

jourd'hui, dans les attributions du ministre des finances (le contrôleur général), auquel Buffon recommande son affaire par l'intermédiaire de son premier commis.

Note 3, p. 179. — L'hommage fait par Buffon de l'Histoire naturelle à des personnages influents et dont le crédit pouvait être utile au Cabinet du Roi, était encore pour lui un moyen d'assurer la prospérité de cet établissement. On lui envoyait en échange de son livre des collections qui enrichissaient les galeries du Jardin, et les sommes importantes accordées à diverses époques par les ministres pour l'agrandissement de ce magnifique musée, la prompte exécution des travaux entrepris à cet effet, furent dus en partie à ces appuis habilement ménagés. On trouve aux *Archives de l'Empire*, dans le carton du Jardin du Roi, parmi les articles relatifs à la dépense faite pour l'entretien du Cabinet pendant l'année 1772, l'article suivant : « Payé au sieur Panckoucke, libraire, pour les présents que j'ai été obligé de faire des volumes in-8 et in-12 de l'Histoire naturelle à différentes personnes utiles au Cabinet, la somme de mille douze livres. » On n'a pas besoin d'ajouter que les hommages faits par Buffon, en son nom personnel, à ses familiers ou à ses amis, demeuraient à sa charge, et qu'il n'en demanda jamais le remboursement au Roi.

CLIX

Note 1, p. 180. — La lettre que de Vaines écrivit à Buffon ne nous est point parvenue; il a donc été impossible de retrouver le passage de Cicéron auquel ce dernier fait allusion. Je connais un vers de l'*Anti-Lucrèce* dont l'application fut souvent faite, non sans justice, à Buffon :

« Naturæ genium, patriæ decus, ac decus ævi. »

CLX

Note 1, p. 180. — Benjamin-François Leclerc de Buffon, conseiller du Roi, ancien président au Grenier à sel de Montbard, ancien commissaire général des Maréchaussées de France, conseiller honoraire au parlement de Bourgogne, né le 1er mars 1683, mourut le 23 avril 1775, à l'âge de quatre-vingt-douze ans. Le 27 avril, quatre jours après une perte si cruelle, Buffon recevait à l'Académie française le chevalier de Chastelux, qui succédait à M. de Châteaubrun. M. de Châteaubrun venait de mourir; sa verte vieillesse avait presque atteint à l'âge auquel

Buffon venait de perdre son père. Ce rapprochement rouvrit la plaie de son cœur, toute vive encore et toute récente. Sa douleur éclata; il n'en put contenir les accents, et termina son discours par ces mots : « Je viens de perdre mon père précisément au même âge : il était comme M. de Châteaubrun plein de vertus et d'années. Les regrets permettent la parole; mais la douleur est muette. »

Note 2, p. 181. — Le gendre de Mme de Ruffey, le marquis de Monnier, était alors président à la chambre des comptes de Dôle. Il sollicitait la première présidence, vacante par la démission du titulaire, et il l'obtint l'année suivante.

Note 3, p. 181. — Armand-Thomas Huc de Miromesnil, né en 1723, mort le 3 juillet 1796, était devenu en 1775 premier président du parlement de Normandie. Par le chancelier Maupeou, M. de Miromesnil connut à Pontchartrain, dont sa terre était voisine, le comte de Maurepas, qui supportait avec une douce philosophie sa longue disgrâce. A Pontchartrain on jouait souvent la comédie, non pas la comédie classique ou sérieuse, celle qui inspire ou qui conseille; mais la comédie rieuse et folle, à saillies et à bons mots, qui déride l'esprit, sans toucher le cœur. Dans les rôles qui lui furent confiés, M. de Miromesnil montra un talent véritable; dans celui de *Crispin* il triomphait. Lorsque l'exilé de Pontchartrain fut élevé à la dignité de premier ministre, *Crispin* devint garde des sceaux. On raconte qu'une femme de la Cour, à qui tout était permis, entrant un soir chez le premier ministre en même temps que le garde des sceaux, prit familièrement son bras et le conduisit au comte de Maurepas en disant : « Je vous présente M. de *Miro....bolan.* » *Mirobolan* est le principal personnage d'une pièce d'Hauteroche fort connue, qui a pour titre *Crispin médecin.*

CLXI

Note 1, p. 181. — Louis-Élisabeth de Lavergne, comte de Tressan, né en 1705, mort en 1783, se distingua comme militaire et comme littérateur. On a de lui des extraits de nos romans de chevalerie, dont il avait découvert, dans la bibliothèque du Vatican, une collection complète écrite en langue romane. Il vint occuper en 1781 à l'Académie française la place que l'abbé de Condillac avait laissée vacante. Il dut son élection à Buffon, depuis longtemps son ami. On verra dans la suite comment il reconnut le zèle de Buffon dans cette circonstance, et la brouille qui s'ensuivit entre eux.

Note 2, p. 181. — On lit dans les *Mémoires* de Bachaumont, à la date du 11 mai 1775 : « M. le maréchal duc de Duras a été enfin élu de l'Académie française, à la place de M. du Belloy, le 2 de ce mois, et sa réception est fixée au 15. » (Voir la note 2 de la lettre suivante.)

Note 3, p. 181. — Le discours du maréchal fut court en effet, et fut remarqué. « Le discours du maréchal duc de Duras, dit La Harpe, a paru noble, simple, et d'un ton parfaitement convenable : il est fort court, comme il devait l'être. » Il dit encore plus loin : « Le discours de M. de Duras était simple et court, et avait singulièrement le mérite de la convenance. » (*Correspondance littéraire*, t. I, p. 165 et 169.)

Note 4, p. 181. — Jacques Delille, né le 22 juin 1738, mort le 1er mai 1803, entra en 1772 à l'Académie française, en même temps que Suard. Sa traduction des *Géorgiques* parut pour la première fois en 1769 ; l'*Énéide* en 1804.

Note 5, p. 182. — L'abbé de Tressan, né en 1749, mort en 1809, publia une traduction des sermons de Blair, et se lia avec Delille d'une étroite amitié.

CLXII

Note 1, p. 182. — Le discours dont parle ici Buffon est celui qu'il prononça à l'Académie française le 27 avril 1775, lors de la réception du chevalier de Chastelux, auteur du livre de *La félicité publique* et d'une Préface estimée, mise en tête de l'ouvrage posthume d'Helvétius *Sur le bonheur*. On a trouvé ce discours de Buffon fort au-dessous de ses autres productions en ce genre, et Mme Necker a fait à cet égard l'observation suivante : « M. de Buffon ne pouvait écrire sur des sujets de peu d'importance ; quand il voulait mettre sa grande robe sur de petits objets, elle faisait des plis partout : cette remarque se présente surtout à l'esprit, en lisant un discours qu'il composa pour la réception du chevalier de Chastelux. (*Mélanges*, t. I, p. 237). » L'éloge du chevalier de Chastelux, dit-elle plus loin, composé par M. de Buffon, quand le chevalier fut reçu à l'Académie française, est le seul mauvais ouvrage qu'ait fait M. de Buffon, et il est mauvais, parce que M. de Buffon s'est imité lui-même ; il n'avait que des idées communes sur ce sujet, et il a voulu cependant les couvrir de son beau style. » (*Mélanges*, t. II.)

Note 2, p. 182. — Emmanuel-Félicité de Durfort, duc de Duras, né le 19 décembre 1715, mort le 6 septembre 1789, était maréchal de France sans avoir commandé d'armées ; il fut membre de l'Académie française sans avoir rien écrit. Le maréchal de Duras fut toujours en grand crédit à Versailles, et lorsque, en 1768, le roi de Danemark vint en France, il obtint la faveur d'être attaché à sa personne. On lui reprocha d'avoir à cette occasion combattu chez le prince étranger son vif désir de voir et de voir souvent les hommes de lettres dont les travaux avaient illustré le nom ; en revanche, il lui fit donner des fêtes qui, malgré leur splendeur, parurent fatiguer le jeune roi ; de là l'impromptu suivant :

> Frivole Paris, tu m'assommes
> De soupers, de bals, d'opéras !
> Je suis venu pour voir des hommes :
> Rangez-vous, monsieur de Duras !

Créé maréchal de France au sacre de Louis XVI, le duc fut de la trop fameuse promotion des sept maréchaux de France qui provoqua un si grand nombre d'épigrammes et de quolibets. On compara les nouveaux élus aux sept péchés capitaux ; on voulait même les comparer aux sept planètes, mais on ajoutait qu'il était impossible de découvrir *Mars*. On dit encore :

> Réjouissez-vous, ô Français !
> Ne craignez de longtemps les horreurs de la guerre :
> Les prudents maréchaux que Louis vient de faire
> Promettent à vos vœux une profonde paix.

Le duc de Duras surtout, nommé presque en même temps maréchal de France et membre de l'Académie française, ne fut point épargné.

> Duras invoquait à la fois
> Le dieu des vers et le dieu de la guerre :
> Il réclamait le prix de ses vaillants exploits
> Et de son savoir littéraire :
> Tous deux, par un suffrage égal
> Ont satisfait sa noble envie ;
> Phébus lui dit : « Je te fais maréchal. »
> Mars lui donna place à l'Académie.

Il vint y prendre séance le 15 mai 1775, comme successeur de l'auteur du *Siége de Calais*, du Belloy. La réponse que lui fit Buffon a été critiquée par La Harpe et par d'autres écrivains qui trouvèrent déplacée une exhortation à l'union, à la bonne harmonie, adressée à une compagnie *qui n'en avait pas besoin*. Ce ne fut point l'avis de ceux qui entendirent Buffon. Dans sa bouche, en effet, de semblables conseils avaient une grande autorité. Ces sages paroles, lui seul pouvait les prononcer; on les écouta en silence, et personne ne se leva pour contester à Buffon le droit de les faire entendre. Le duc de Duras, partisan secret de l'*Encyclopédie*, fut accueilli par le parti philosophique de l'Académie comme une utile recrue. Au reste, les honneurs académiques, dans ce temps, n'étaient pas uniquement réservés aux illustrations littéraires; c'était, comme le dit fort bien Buffon dans sa réponse au maréchal, une « compagnie composée de l'élite des hommes *en tout genre.* » Ceci fait souvenir d'une certaine Académie fondée à Arles en 1668 par le duc de Saint-Agnan, et dans laquelle les gentilshommes seuls étaient admis. Dès 1715, il faut le dire bien vite, cette singulière compagnie littéraire avait cessé d'exister. Le duc de Duras ne fut pas un académicien modèle. Il avait bien autre chose à faire que d'assister aux séances. Il était gouverneur de la province de Franche-Comté et premier gentilhomme de la Chambre, ce qui lui donnait la surveillance des théâtres royaux. Il fut un jour, pour une question de théâtre, vivement attaqué par l'avocat Linguet dans son journal; on envoya au maréchal, qui avait méprisé l'injure, le quatrain suivant :

> Monsieur le Maréchal, pourquoi cette réserve,
> Lorsque Linguet hausse le ton?
> N'avez-vous pas votre bâton ?
> Au moins qu'une fois il vous serve.

Le maréchal duc de Duras mourut âgé de soixante-quatorze ans, un an après Buffon, dont il rechercha toujours l'amitié, témoin comme lui des premiers orages de la Révolution, attristé par les premiers symptômes d'une catastrophe prochaine, et se souvenant à son tour que Buffon, à son lit de mort, avait dit : « Je vois venir un mouvement terrible, et personne pour le diriger ! »

Note 3, p. 182. — Mme de Saint-Contest était veuve. Elle avait épousé fort jeune François-Dominique Barberie de Saint-Contest de La Châtaigneraie, né en janvier 1701, mort le 24 juillet 1754. M. de Saint-Contest avait été successivement maître des requêtes, intendant de Pau, puis de Dijon, de l'année 1740 à l'année 1749; ambassadeur en Hollande. Le 12 septembre 1751, lors de la retraite de M. de Puisieux, il devint ministre des affaires étrangères. Il avait longtemps fait partie du club célèbre dit *club de l'entre-sol* (1724-1734), dont l'abbé Alary fut le fondateur et le président. Mme de Saint-Contest, mariée à un homme beaucoup plus âgé qu'elle, devint veuve après quelques années de mariage; jeune encore, elle aima le monde et y obtint

des succès. Buffon l'avait connue en Bourgogne dans le temps où
M. de Saint-Contest était intendant de la province, et elle était familièrement reçue au Jardin du Roi.

Parmi les femmes qui se rencontraient habituellement au Jardin du
Roi, il faut mentionner encore, et au premier rang, Mme Necker, qui
en fit longtemps les honneurs; la comtesse de Genlis, qui y brillait
par son grand talent sur la harpe et sa voix harmonieuse au moins
autant que par son esprit; la comtesse Fanny de Beauharnais, qui y
lut ses meilleures compositions. La comtesse de Blot de Chauvigny,
dame pour accompagner la duchesse de Chartres, fut encore une des
habituées de cette société, au sein de laquelle le mariage du fils de
Buffon avec la fille de la marquise de Cepoy devait introduire toute
la jeune cour du Palais-Royal.

La comtesse de Blot, qui parlait beaucoup et sur tous les sujets, aimait, chaque fois qu'elle avançait quelque chose de neuf ou de hardi, à
s'abriter derrière le nom de Buffon, dont elle citait le témoignage fort
inconsidérément et à tout propos. On pourra en juger par le trait suivant. C'est au Palais-Royal, un jour de réception ; la comtesse de Blot
parle, assise au milieu d'un cercle nombreux.

« Je disais l'autre jour à M. de Buffon : « Puisqu'il faut du lait dans
« la nature, pourquoi les colombes ne nous en fournissent-elles pas? »
— C'était parler comme un ange! lui dit la maréchale de Luxembourg.
Oserais-je vous demander ce que M. de Buffon vous a répondu? — Il
a pris, je ne sais pourquoi, la chose en plaisanterie ; il m'a con-
seillé de ne boire que du lait d'amandes.» (*Souvenirs de la marquise
de Créqui*, t. II, ch. VI.)

La marquise de Valpaire, reçue aussi dans l'intimité de Buffon, était
en tout digne de figurer à côté de la comtesse de Blot. La marquise
avait une fille jeune et jolie, et elle consultait Buffon sur le régime
qu'elle devait lui faire suivre pour l'arracher aux dangers de son âge.
Elle ne lui permettait que les boissons rafraîchissantes, ce qui n'empêcha pas la jeune personne de prendre la fuite avec le valet de chambre
de sa mère. Le jour où la nouvelle de cet enlèvement parvint au Jardin
du Roi : « Vous verrez, dit Buffon, que ce sera arrivé un jour où
sa mère avait négligé de lui faire prendre sa potion rafraîchissante! »

Les Mémoires du temps nous ont conservé quelques anecdotes relatives aux soirées du Jardin du Roi.

« Le comte de Buffon, qui m'accordait son amitié, dit la vicomtesse
de Fars-Fausselandry dans ses Mémoires, avait invité un jour à dîner
une société nombreuse, dont le maréchal de Biron et le chevalier de
Mouhi devaient faire partie. Tous les convives étaient arrivés, hors
ces deux messieurs : une voiture se fait entendre ; le maître de la

maison jette un coup d'œil par la fenêtre : « Voici le maréchal, dit-il, « c'est sa voiture, et je reconnais le chevalier de Mouhi sur le devant. » Chacun se lève, le valet de chambre ouvre la porte, mais le chevalier se présente seul. « Où est donc M. le maréchal? lui demanda le comte « de Buffon avec impatience. — Il n'a pu venir, répliqua-t-il. — Vous « plaisantez, je vous ai vu assis sur le devant de sa voiture. — C'était « par respect, monsieur le comte. » Nous nous regardâmes tous, ne pouvant revenir de cet excès de bassesse. »

« M. de Beauvau m'a conté, est-il dit dans les *Souvenirs de la marquise de Créqui* (t. V, chap. iv), qu'on parlait un jour chez M. de Buffon des mouvements naturels, et que c'était dans son cabinet, au Jardin du Roi. « Il m'est impossible, dit le cardinal de « Bernis, de ne pas baisser la tête lorsque j'entre dans une église. — « Il y a comme cela des mouvements matériels et machinaux qu'il est « impossible d'analyser et d'expliquer, observa M. Rouelle, qui était « présent à l'entretien; car enfin, Monseigneur, pourquoi les ânes et « les canards baissent-ils toujours la tête en passant sous les portes co- « chères et les arcades les plus élevées? »

Je n'ai rapporté ici ces quelques anecdotes conservées dans les Mémoires du temps, que pour montrer que les réceptions et les dîners du Jardin du Roi ne réunissaient pas seulement les hommes illustres par leurs travaux ou éminents par leurs dignités, mais qu'on y trouvait un autre élément encore, et qu'une certaine gaieté n'en était point exclue.

CLXIII

Note 1, p. 183. — Mme Daubenton était grosse de son premier, de son unique enfant. Elle accoucha le 28 mai 1775 d'une fille, qui reçut le nom d'Élisabeth-Georgette, mais qui porta toujours celui de Betzy. Cette enfant, qui devint plus tard comtesse de Buffon, « eut pour parrain, disent les registres de la paroisse Saint-Urse de Montbard, messire Georges-Louis Leclerc, chevalier, comte de Buffon, de la Mairie et autres lieux, Intendant du Jardin du Roi, de l'Académie française, trésorier de celle des Sciences, de la Société royale de Londres, etc., etc., représenté par Jacques Trécourt, secrétaire dudit comte de Buffon; et pour marraine dame Élisabeth-Bénigne Potot, femme de messire Philibert Gueneau, écuyer, seigneur de Montbeillard, grand'tante maternelle de l'enfant, représentée par Jeanne Chambin, femme de chambre de ladite dame Daubenton. » On verra dans la suite que, d'autres fois encore, Buffon fut associé à Mme de Montbeillard dans des solennités du même genre. Il lui écrira à la date du 7 novembre 1784 : « Je suis enchanté, ma très-chère et très-respectable *commère*, de notre nouvelle alliance ; ce sont les seules noces qui conviennent à mon âge, et je vous promets fidélité pour le reste de ma vie. »

Note 2, p. 183. — Turgot, contrôleur général depuis un an, était arrivé aux affaires avec un système auquel on fit le juste reproche d'être trop radical et trop absolu. Lorsqu'on lui reprochait de se trop presser : « Que voulez-vous ? répondait-il ; les besoins du peuple sont immenses, et dans ma famille on meurt de la goutte à cinquante ans. » Au mois d'avril 1775, il fit rendre par le Conseil divers édits sur la libre circulation des grains. On y reconnaît au propriétaire le droit absolu de disposer de son blé à sa guise et de le vendre au prix qui lui conviendra. On pensait que la libre concurrence maintiendrait un prix moyen peu élevé. Ces mesures, qui n'ont aujourd'hui qu'un effet salutaire, mais qui avaient alors le tort de n'être pas préparées, favorisèrent l'industrie des accapareurs ; plusieurs financiers firent d'immenses approvisionnements et restèrent maîtres des marchés, où le blé atteignit bientôt une hausse exorbitante. Le pain enchérit, le peuple murmura, et le 2 novembre arriva de Pontoise à Versailles une bande de gens en guenilles demandant du pain. La surprise fut grande au château. On eut à peine le temps de fermer les grilles pour empêcher que les cours ne fussent envahies. Le Roi se montra au balcon pour haranguer les mutins, et le soir même le pain fut affiché dans Versailles à deux sous la livre. Pendant la nuit, la bande venue de Pontoise quitta Versailles et se dirigea sur Paris. La tête de la colonne se présenta aux barrières le 3, à sept heures du matin. On les laissa entrer ; les Parisiens regardaient passer ces hommes en haillons, criant dans les rues, et ne répondaient point à leurs cris. Le régiment des gardes-françaises, les mousquetaires noirs et gris qui composaient la garnison de Paris, étaient sur pied l'arme au poing ; mais, comme le Roi avait envoyé l'ordre de ne pas tirer un seul coup de fusil, l'émeute eut libre carrière. On pilla les boutiques des boulangers, et à midi, comme la circulation commençait à être interrompue, le maréchal de Biron fit faire des patrouilles, occupa militairement les carrefours, et les Parisiens, un instant inquiets, sortirent de leurs maisons pour se donner le spectacle de l'émeute. C'était la petite pièce avant la grande.

Le lendemain, tout était rentré dans l'ordre, et des mesures énergiques étaient prises par le gouvernement pour empêcher à l'avenir de pareils désordres ; la garnison de Paris fut portée à 25 000 hommes, le maréchal de Biron fut nommé général de l'armée de la haute et basse Seine, avec vingt mille livres par mois, et en outre une somme de quarante mille livres par an pour l'entretien de sa table. Tous les officiers reçurent la haute paye sur le pied de guerre. Le 17 mai on exécuta sur la place de Grève, au milieu d'un déploiement formidable de forces militaires, deux ouvriers convaincus d'avoir pris part à l'émeute; ils furent pendus à une potence de quarante pieds de haut. Mais cet acte de sévérité fut immédiatement suivi d'une amnistie générale, et quelques mois plus tard, en novembre, le Roi écrivit au maréchal de Biron une lettre dans laquelle il le remerciait de son dévouement, en lui annonçant la fin de son commandement extraordinaire, que les circonstances rendaient heureusement désormais inutile. L'émeute s'appela *la guerre des Farines*, et on fit des coiffures *à la Révolution*. La veille de l'émeute, alors qu'il y avait de la fermentation dans les rues et que l'on craignait pour la nuit, M. de Maurepas, ministre de Paris, se montra à l'Opéra. On fit à cette occasion les vers suivants :

> « Monsieur le comte, on vous demande;
> Si vous ne mettez le holà,
> Le peuple se révoltera;
> — Dites au peuple qu'il attende,
> Il faut que j'aille à l'Opéra. »

On chansonna le maréchal de Biron sur sa courte campagne.

> Biron, tes glorieux travaux,
>   En dépit des cabales,
> Te font passer pour un héros,
>   Sous les piliers des Halles :
> De rue en rue, au petit trot,
>   Tu chasses la famine :
> Général digne de Turgot,
>   Tu n'es qu'un *Jean-Farine !*

Mais tout le blâme de cette affaire retomba sur le contrôleur général, qui vit son crédit décliner et dut, l'année suivante, quitter le ministère. Les tabatières à la mode, appelées des *platitudes* à cause de leur forme, se nommèrent des *Turgotines*, sur un bon mot de la duchesse de Bourbon. On dit encore :

> Est-ce Maupeou, tant abhorré,
> Qui nous rend le blé cher en France?
> Ou bien est-ce l'abbé Terray?
> Est-ce le clergé, la finance?
> Des Jésuites est-ce vengeance?
> Ou de l'Anglais un tour salot?
> Non, ce n'est point là le fin mot....
> Mais voulez-vous qu'en confidence
> Je vous le dise?... C'est Turgot.

CLXIV

Note 1, p. 183. — Mme de Chomel.

Note 2, p. 184. — Buffon avait pour principe que les voyages sont le complément nécessaire d'une éducation soignée, et le meilleur emploi du temps durant les premières années de la jeunesse. Il voulut de bonne heure faire voyager son fils. Mme Necker, consultée à ce sujet, comme elle l'était sur toutes les affaires de la famille, ne fut pas de cet avis. « M. de Buffon, dit-elle dans ses *Mélanges*, avait cru qu'on pouvait former les jeunes gens à penser comme les gens d'un âge mûr ; il faut, disait-il, les faire voyager, cela leur fait de l'esprit. Mais il s'est trompé ; il a fait voyager son fils dans le temps peut-être où il fallait le faire lire. Les hommes, comme les oiseaux, ont besoin qu'on leur présente d'abord les aliments tout préparés ; mais quand ils sont grands, il faut qu'ils les préparent eux-mêmes. » Buffon, qui avait tant appris, voyagea fort peu ; son fils, qui devait savoir beaucoup moins, voyagea bien davantage. Après la Suisse, il visita la Hollande, puis l'Allemagne et enfin la Russie. Il devait aller en Suède et en Norvége, mais ce projet n'eut pas de suite. Pour gagner Genève on devait passer devant Ferney, et le gouverneur, qui avait reçu l'ordre de conduire à Dijon le jeune comte chez les amis de son père, reçut ordre aussi de s'arrêter avec son élève à Ferney. Depuis un an, grâce à l'entremise de Gueneau de Montbeillard et aux bons soins de Mme de Florian, Buffon et Voltaire étaient dans les meilleurs termes. Des lettres affectueuses avaient été échangées, et tout sujet de discussion paraissait, en apparence du moins, oublié. En arrivant à Ferney, le fils de Buffon remit à Voltaire une lettre de son père. Voltaire, qui aimait assez les démonstrations un peu théâtrales, prit l'enfant dans ses bras (le fils de Buffon avait onze ans à peine), l'embrassa à plusieurs reprises, et puis, avec une sorte de solennité, le plaça dans son vaste fauteuil et se tint devant lui debout et découvert, voulant, disait-il, lui rendre les honneurs avec lesquels il eût accueilli son père, si lui-même fût venu le voir.

CLXV

Note 1, p. 184. — La Bourgogne doit au libraire Frantin de nombreuses publications, quelques-unes fort importantes, qui se distinguent par la correction et l'exactitude. Plus heureux que son confrère Desventes, qui, impliqué dans l'affaire Varenne, fut obligé de quitter Dijon, il fit fortune et mourut honoré.

Ce ne fut pas seulement un excellent éditeur; il écrivait avec goût. Appelé aux fonctions d'échevin dans une ville où il jouissait de l'estime publique, il se montra toujours le zélé défenseur des droits de la commune. Un de ses fils, aujourd'hui vivant, est l'auteur des *Annales du moyen âge*, ouvrage qui lui a valu des éloges mérités.

CLXVI

Note 1, p. 185. — Dupleix de Bacquencourt, maître des requêtes en 1756, fut successivement intendant à la Rochelle en 1765, intendant à Amiens en 1766, puis en Bretagne en 1771, et enfin à Dijon en 1774, comme successeur d'Antoine Amelot de Chaillou, appelé au Conseil. En 1775, il devint chancelier de l'Académie, et obtint en 1780 un brevet de conseiller d'État.

Note 2, p. 186. — Mme Charault était parente éloignée de Buffon, et en même temps de Gueneau de Montbeillard. Dans le temps de son procès, ce dernier vint à Dijon, pour en surveiller les intérêts, et lui rendit compte de ses démarches dans la lettre qui suit :

« Jeudi matin.

« Il me paraît, ma chère parente, que nous aurons.... provision soit par l'arrêt qui interviendra demain, soit en vertu d'un commandement.... J'ai trouvé M. Ch.... fort connu ici dans plus d'une bonne maison, et je l'ai fait connaître dans d'autres. J'ai été chez tous vos juges plusieurs fois, et cependant je n'en ai vu encore que la moitié ; heureusement j'ai vu et entretenu les principaux, et je tâcherai de voir les autres avant qu'ils montent sur les bancs. C'est moins pour l'affaire de la provision, qui ne peut guère souffrir de difficulté, que pour donner une idée des procédés de M. votre.... Il paraît, ma chère parente, que le vœu du président et même des magistrats est que ce procès s'arrange à l'amiable. J'ai toujours cru que vous y seriez disposée, pourvu que l'on trouvât une manière solide de faire cet arrangement. M. Esmonin de Dampierre, votre président, paraît beaucoup désirer cela, et dit qu'il ne serait pas éloigné de se rendre arbitre, et d'employer tous les moyens pour donner à l'accommodement la forme d'un arrêt contradictoire. Nous avons causé longtemps avec lui, M. Boucheron et moi, et comme c'est l'ami de Mme de Bourbonne et celui de M. Broudault et de

Mme de La Madeleine, je crois qu'il serait bien disposé pour nous. Adieu, ma chère parente, ne soyez point inquiète.

« Je compte toujours arriver à Semur dimanche au soir, mais j'écrirai samedi sûrement.

« Guérissez votre rhume, et s'il est nécessaire,... un peu pour moi, tandis que je courrai pour vous. Je vous embrasse tendrement. Comptez sur tout mon zèle. Je ne vous dis pas tous ceux que j'ai vus, tout ce que je leur ai dit; cela serait immense. Aujourd'hui j'avais déjà lassé une paire de chevaux à neuf heures et demie, et je ne suis rentré qu'à onze heures et demie pour vous dire ce petit mot. Je vais courir après les juges que je n'ai pas encore vus. J'ai retrouvé chez M. Ranfer votre mémoire de 1760, où l'arrêt de Mme de Courbouzon est cité. Il m'est tombé, dans la recherche, une pile de mémoires sur la tête; mais cela n'a fait tort qu'à ma frisure. Permettez, ma chère parente, que j'embrasse ma femme et mon fils bien tendrement. Mme Barbuot a oublié d'envoyer à Mme Virely un bas pour modèle; je lui offre mon hommage. »

Note 3, p. 186. —Dans la lettre de Buffon, ainsi que dans celle de Gueneau de Montbeillard, les noms propres sont effacés.

Note 4, p. 186. — Gueneau de Montbeillard, que ses études en jurisprudence avaient rendu le conseil de sa famille et de ses amis, avait été chargé par Gueneau de Mussy, son frère, de surveiller ses intérêts et d'activer la solution de son procès. Montbeillard avait double mission, puisqu'il s'occupait, comme on l'a vu plus haut, du procès de Mme Charault, qui se jugeait au Parlement dans le même temps.

« Nous serons jugés mercredi, écrit-il encore, et nos conclusions sont si justes, si modérées, que je ne pense pas qu'on puisse nous les refuser.

« Tu diras à Mme Charault que je suis très-fâché du retour de ses douleurs; que M.... m'a remis sa lettre; que je verrai M. Virely ce matin pour la septième fois, et que j'espère obtenir ce qu'elle désire. Mais si, malgré tout mon zèle, je ne pouvais en venir à bout, je laisserai ses papiers à M. de..., en réitérant mes recommandations à.... M. de Virely est absorbé dans cette affaire de M. de Versailleux, qu'il a entreprise, qu'il plaide lui-même, quoiqu'il soit retiré de la plaidoirie, et qui est un objet de 1 500 000 francs. La nôtre ne monte pas si haut, mais elle me tient tout aussi fort au cœur, et je tâcherai d'inspirer à l'avocat une partie de l'intérêt que j'y prends. »

CLXVII

Note 1, p. 186. — Outre le premier enfant dont nous avons précédemment parlé (Voy. la note 1 de la lettre xcviii, p. 359), le président de Brosses avait eu deux filles de son second mariage. Olympiade de Brosses mourut en bas âge; Élisabeth-Pauline de Brosses épousa Guy-Hugues de Macheco, ancien colonel de cavalerie.

CLXVIII

Note 1, p. 189. — René, comte de Brosses, né à Dijon le 13 mars 1771, mort à Paris le 2 décembre 1834, fut, sous l'Empire, conseiller à la cour de Paris. Ayant quitté la magistrature, il entra dans l'administration, et fut successivement préfet de la Haute-Vienne, préfet de la Loire-Inférieure, puis du Doubs et du Rhône ; sa nomination au poste de conseiller d'État récompensa ses services administratifs. Le 6 août 1830, il se démit de ses fonctions pour vivre dans la retraite au sein de sa famille, où il continua de montrer les qualités aimables qui avaient fait de lui un des hommes les plus recherchés de son temps.

CLXIX

Note 1, p. 190. — Au mois de décembre 1775, M. de Boulongne parut un instant au contrôle général des finances.

Note 2, p. 190. — Buffon était partisan de la protection et ennemi du libre échange, qui, en effet, ne peut être pratiqué sans dommage que le jour où les industries nationales sont fortement organisées et ont l'espoir de lutter contre la concurrence étrangère. Le passage de Turgot au contrôle général avait donné lieu à des mesures imprudentes concernant la libre entrée des produits étrangers. Le parti économiste, profitant de la présence d'un de ses plus zélés partisans au ministère, avait fait, pour la liberté du commerce, des essais qui ne furent pas heureux. (Voy. la note 2 de la lettre clxiii, p. 492.) Buffon était protectioniste, parce qu'une longue expérience lui avait appris que certaines industries exercées en France dans des conditions peu favorables, la fabrication du fer en première ligne, ne peuvent se développer qu'à l'ombre d'une protection énergique. « La matière du fer, dit-il dans l'*Histoire des minéraux*, ne manque en aucun lieu du monde; mais l'art de la travailler est si difficile, qu'il n'est pas encore universellement répandu, parce qu'il ne peut être avantageusement pratiqué que chez les nations les plus policées, et où le gouvernement concourt à favoriser l'industrie; car, quoiqu'il soit physiquement très-possible de faire partout du fer de la meilleure qualité, comme je m'en suis assuré par ma propre expérience, il y a tant d'obstacles physiques et moraux qui s'opposent à cette perfection de l'art, que, dans l'état présent des choses, on ne peut guère l'espérer.... Un autre obstacle moral tout aussi opposé, quoique indirectement, à la bonne fabrication de nos fers, c'est le peu de préférence qu'on donne aux bonnes manufactures, et le peu d'attention pour cette branche de commerce, qui pourrait devenir l'une des plus importantes du royaume, et qui languit par la liberté de l'entrée des fers étrangers.... Je pourrais m'étendre bien davantage sur les obstacles qui, par des règlements mal entendus, s'opposent à la perfection de l'art des forges en France. »

Note 3, p. 190. — On faisait alors aux forges de Buffon, par ordre du gouvernement, des expériences sur les fers nationaux comparés aux fers étrangers ; elles furent plusieurs fois renouvelées depuis.

Note 4, p. 191. — Buffon devint, l'année suivante, propriétaire du bois de Chaumour, situé à peu de distance de Montbard. Le 11 janvier 1776, il écrit à M. Humbert, marchand de bois : « Je vous fais bien des remercîments de l'amitié que vous me témoignez au sujet du succès de l'affaire de Chaumour. On m'en a accordé la totalité, c'est-à-dire les 847 arpens restant des 881 qui font toute l'étendue de ce bois.... Je l'ai acheté 90 livres la toise ; j'ai été forcé de passer par ce prix sans savoir si les autres coupes sont meilleures ou plus mauvaises que la coupe actuelle, et on a cru me faire une grande faveur et un présent de 40 à 50 francs par arpent ; car le procureur du Roi a envoyé un mémoire particulier où il porte la valeur de ces bois à 130 ou 140 livres l'arpent. Je crois que sans cela je les aurais eus à meilleur marché, car l'intention du Conseil était de me dédommager des frais de mes expériences. »

On sait que Buffon débuta dans sa carrière scientifique par des Mémoires sur des expériences tendant à augmenter la force des bois, lus à l'Académie des sciences. Un curieux incident auquel donna lieu cette lecture est moins connu.

Buffon ayant été instruit que du Hamel du Monceau, son collègue à l'Académie, s'occupait des mêmes expériences, hâta la lecture de son mémoire. Du Hamel, qui se voyait ainsi devancé, présenta quelques observations au sujet des expériences faites par Buffon, et demanda que son propre manuscrit fût paraphé, afin que l'Académie pût s'assurer de la sorte qu'il n'avait point copié le mémoire de son confrère. A la séance suivante, Buffon demanda à être de nouveau entendu. Il fit une seconde lecture de son travail, auquel il avait apporté d'importants changements. « Mon cher confrère, dit du Hamel, en reconnaissant ses propres idées, vous avez bonne mémoire. — Mon cher confrère, répliqua Buffon, je sais profiter du bon partout où je le trouve. » Les mémoires furent imprimés sous le nom des deux académiciens. Louis XV, qui aimait la chasse et tenait à ses forêts, ayant entendu parler des expériences de Buffon et de ses recherches touchant le meilleur aménagement des bois, le fit venir à Fontainebleau, et lui proposa de le mettre à la tête des forêts de la Couronne. C'était créer une charge nouvelle qui aurait présenté l'avantage, si ardemment ambitionné, d'un travail particulier avec le Roi. Buffon refusa, et continua ses expériences; mais la grande maîtrise des eaux et forêts, plus occupée de l'observation rigoureuse des anciens règlements que des progrès de la science, actionna Buffon et ses fondés de pouvoirs, leur fit des procès et les condamna à des amendes considérables. Buffon fut chaque fois déchargé des condamnations par lui encourues; et le 10 juillet 1742 un arrêt du Conseil, en annulant une sentence de la maîtrise des eaux et forêts, le garantit pour l'avenir contre toute nouvelle recherche.

Cet arrêt du Conseil est ainsi conçu :

« Sur la requête présentée au Roi en son Conseil, par le sieur Leclerc de Buffon, de l'Académie des sciences et de la Société royale de Londres, Intendant du Jardin royal des Plantes; contenant qu'en l'année 1734, il reçut des ordres de Sa Majesté de travailler à des expériences sur les bois, et qu'en conséquence le Conseil ordonna dans la même année aux officiers de la maîtrise particulière des eaux et forêts d'Avallon de ne point l'inquiéter au sujet de ces expériences et des bois qu'il pourrait faire planter ou abattre dans sa terre de la Mairie, située en Bourgogne ; que malgré ces ordres du Conseil il a été inquiété tous les ans par les officiers de ladite maîtrise, qui ont fait des procès à ceux qu'il a employés, ce qui l'a mis dans la nécessité de les défendre au siège de la table de marbre du palais à Dijon, où il a fait mettre à néant ou réformer les sentences de ladite maîtrise; qu'en dernier lieu il a fait écorcer dans ses bois une assez grande quantité de chênes, pour parvenir à une expérience fort utile, et sur laquelle il a adressé un mémoire qui se trouve imprimé dans le recueil de ceux de l'Académie de l'année 1738, et que la chose a paru assez importante pour que le Roi en ait été informé et que Sa Majesté lui ait ordonné de réitérer les mêmes expériences dans les forêts de Saint-Germain-en-

Laye et de Marly, où il a fait écorcer plusieurs arbres, et où on les a laissés sécher sur pied, pour prouver que cette opération rend le bois beaucoup plus solide et plus durable ; que n'ayant travaillé que pour l'utilité publique, et avec permission du Conseil, il avait lieu de croire que les officiers de ladite maîtrise ne l'inquiéteraient pas au sujet des arbres qu'il a fait écorcer dans ses propres bois, cependant le procureur du Roi de cette maîtrise l'a attaqué sur cela, en la personne du nommé Mastret, à qui il avait donné ordre de couper les bois qu'il avait fait écorcer, et par l'événement de la procédure ce particulier a été condamné par sentence rendue en ladite maîtrise, le 26 septembre 1741, en 800 livres d'amende envers Sa Majesté.... le Roi en son Conseil, ayant égard à la requête par grâce et sans tirer à conséquence, les a déchargés et décharge de l'amende de 800 livres prononcée solidairement contre eux par sentence de la maîtrise particulière des eaux et forêts d'Avallon, du 26 décembre 1741, à condition de payer les frais, suivant la taxe qui en sera faite par le sieur d'Auxy, grand maître des eaux et forêts du département de Bourgogne et Alsace. »

Buffon, en rendant compte de ses expériences et de l'importante découverte à laquelle elles le conduisirent, ajoute : « Je ne l'aurais point faite, si les attentions de M. le comte de Maurepas pour les sciences ne m'eussent procuré la liberté de faire mes expériences, sans avoir à craindre de les payer trop cher. »

Paris. — Imprimerie de Ch. Lahure et Cⁱᵉ, rue de Fleurus, 9.

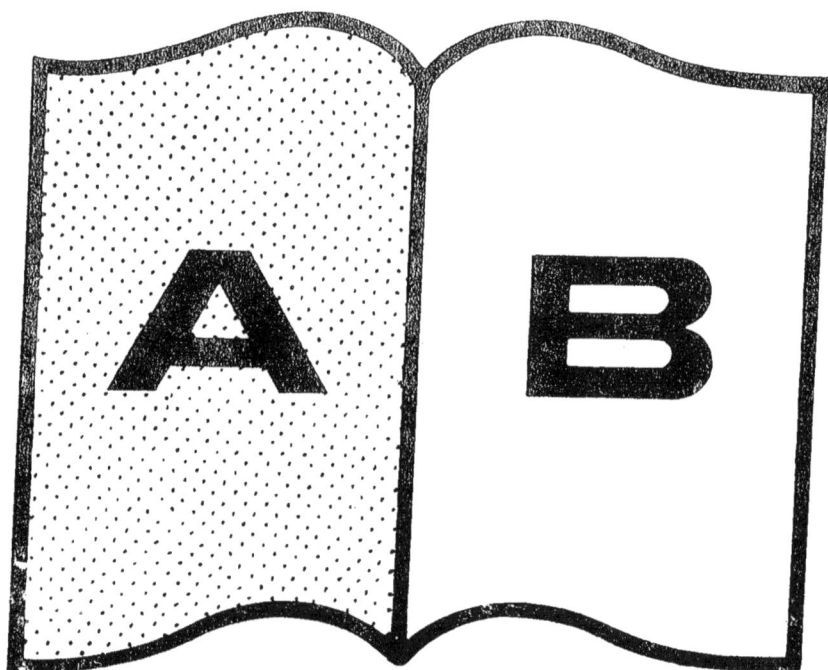

Contraste insuffisant

NF Z 43-120-14

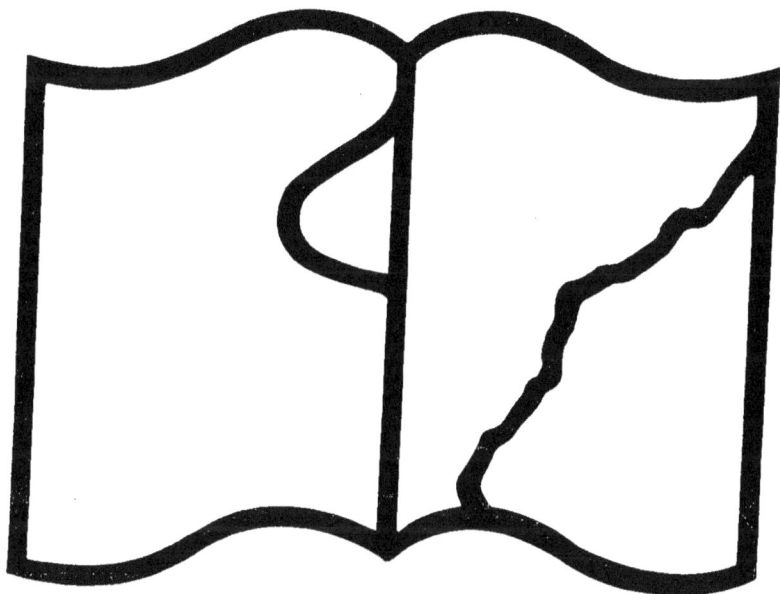

Texte détérioré — reliure défectueuse

NF Z 43-120-11